TECHNOSUP

Les FILIÈRES TECHNOLOGIQUES des ENSEIGNEMENTS SUPÉRIEURS

CALCUL SCIENTIFIQUE

Analyse de Fourier

Théorie et applications pour l'ingénieur et le physicien
Cours et exercices corrigés

Patrice STRUILLOU

Professeur agrégé
ENSSAT Lannion

ellipses

Dans la même collection :

- Éléments d'analyse Calcul intégral et différentiel. Cours et exercices (A) 240 p. — B. RADI, A. EL HAMI
- Méthodes numériques pour l'ingénieur, (B) 312 p. — B. RADI, A. EL HAMI
- Analyse harmonique. Cours et exercices (B) 192 p. — Bruno ROSSETTO
- Suites et séries, Cours et exercices corrigés (B) 192 p. — Alain-Jérôme RIQUET
- Mathématiques des sciences appliquées (B) 216 p. — Philippe GOLDNER
- Modélisation et analyse des systèmes linéaires (C) 224 p. — J.F.MASSIEU, Ph.DORLEANS
- Tenseurs, variations et milieux continus (C) 288 p. — Jean-François GANGHOFFER
- Calcul scientifique avec Matlab (B) 288 p. — Jonas KOKO
- Méthodes spectrales (C) 360 p. — J-M. LABROSSE
- VBA pour Excel, Bibliothèque mathématique avec applications pratiques (C) 600 p. — Daniel ROUX

ISBN 978-2-7298-7254-0

www.editions-ellipses.fr

Avant-Propos

Ce qui caractérise l'enseignement des mathématiques dans les écoles d'ingénieurs, c'est qu'il convient de trouver un équilibre entre les nécessaires applications possibles (des mathématiques « qui servent ») et la rigueur inhérente à la discipline. Le choix de la collection *TECHNOSUP* indique clairement que j'espère que cet ouvrage pourra aider les étudiants engagés dans un cursus technologique en apportant l'éclairage des mathématiques.

Parmi les mathématiques de l'ingénieur, l'analyse de Fourier est peut-être le sujet qui possède le spectre (sans jeu de mots) d'applications le plus large. Toutefois, dans l'école où j'enseigne (*École Nationale Supérieure des Sciences Appliquées et de Technologie - Lannion*), ces applications concernent essentiellement l'optique et le traitement du signal ou de l'image, ce qui a probablement influencé les remarques et interprétations physiques qui accompagnent l'exposé.

L'ouvrage est un cours de mathématiques, en aucun cas un recueil de « recettes ». On y vérifie soigneusement l'existence des objets qu'on manipule (intégrales par exemples) et si parfois on se permet un « calcul formel » pour introduire un sujet de façon graduelle, on le justifie en général dans la suite. Toutefois, les démonstrations abstraites qui n'apportent pas d'aide à la compréhension de fond du sujet sont omises au profit de nombreux exemples et exercices corrigés. Il y a ici le parti-pris de ne pas insister sur des concepts que ne rencontrera pas un élève-ingénieur dans les applications. Par exemple, il est possible pour ce que l'on veut faire de décider arbitrairement que « toutes les fonctions sont mesurables » ou que « toutes les formes linéaires définies sur $\mathcal{D}$ sont continues ». C'est ce qui distingue cet ouvrage des livres plus classiques, en général destinés aux mathématiciens, ainsi que le fait que le moindre calcul est détaillé afin de ne perdre personne en route.
A contrario, les preuves qui sont faites doivent être comprises : si l'on a choisi de les détailler, c'est qu'elles permettent de maîtriser les concepts rencontrés ou qu'elles introduisent des techniques à connaître. Par exemple, il est facile de retrouver en quelques lignes les formules donnant la dérivée de la transformée de Fourier ou la transformée de Fourier de la dérivée (ainsi que leurs conditions d'application, ce qui est tout aussi important) lorsque l'on a compris les preuves des propositions relatives à ces résultats.

Quelques compléments en petits caractères peuvent être omis en première lecture. Il sont surtout destinés aux éventuels lecteurs étudiants en mathématiques afin de leur permettre de faire le lien avec les enseignements classiques (analyse fonctionnelle par exemple). Il me semble en effet que les étudiants des licences et masters de mathématiques, ainsi que les élèves préparant les concours d'enseignants du second degré, peuvent trouver un intérêt à d'abord lire ce livre avant d'attaquer des ouvrages plus ambitieux sur le sujet. D'une part, cela leur permettra d'aborder des thèmes tels que l'intégration, les distributions ou les espaces de Hilbert de façon graduelle, d'autre part il me paraît important que ces élèves se rendent compte que les mathématiques ne sont pas isolées dans une tour d'ivoire mais au contraire en interaction constante avec les autres disciplines scientifiques.

Les pré-requis pour aborder cet ouvrage sont normalement au programme des classes préparatoires et des licences scientifiques, à savoir l'algèbre linéaire élémentaire (espaces vectoriels, applications linéaires, matrices, déterminants, systèmes d'équations) et l'analyse courante (développements limités, formules de Taylor, intégration, séries). Ceci ne pose en général pas trop de problèmes. À toute fin utile, j'ai regroupé à la fin, dans deux annexes, des rudiments de topologie de $\mathbb{R}^n$ et quelques résultats concernant la continuité et la différentiabilité des fonctions de plusieurs variables réelles. En effet, ces notions sont nécessaires pour la lecture de ce livre alors que les programmes des différentes filières scientifiques n'ont pas tous les mêmes objectifs sur ces sujets.

En principe, il vaut mieux respecter l'ordre des chapitres. Toutefois, l'étude du chapitre II sur les distributions peut être entreprise après celle des chapitres III et IV sur la convolution et la transformation de Fourier des fonctions. Par contre, il faut évidemment avoir lu les chapitres II, III et IV avant de s'attaquer au chapitre V sur la convolution et la transformation de Fourier des distributions. Les chapitres VI et VII constituent un ensemble cohérent sur les développements en série de fonctions orthogonales pouvant être, si on le souhaite, étudiés indépendamment du reste.

La lecture du chapitre VIII, qui est une introduction à la théorie des ondelettes, nécessite d'avoir parfaitement assimilé les notions des chapitres IV et VI. Les chapitres IX et X sur les fonctions analytiques de la variable complexe doivent être lus dans cet ordre. On peut, si on le souhaite, lire cette partie indépendamment du reste de l'ouvrage. On étudie dans le chapitre XI quelques applications des fonctions analytiques en se limitant à des thèmes connexes à l'analyse de Fourier. Tout cela s'appuie sur le chapitre I concernant l'intégration dont les concepts doivent être bien compris avant toute autre étude.

Malgré leur omniprésence en physique et en traitement du signal, l'enseignement des distributions a été abandonné dans certaines écoles d'ingénieurs, le sujet semblant « trop abstrait ». J'ai cherché à montrer qu'en renonçant à une présentation trop complète, trop proche des cours d'analyse des masters de mathématiques, on peut pourtant initier les étudiants au sujet, en tout cas suffisamment pour leur permettre de comprendre ce que sont ces objets et comment on peut les utiliser proprement dans les applications. Une présentation sous forme de recettes (« ce n'est pas une fonction mais on va faire comme si ») n'est pas satisfaisante : les élèves ne savent pas de quoi on parle et, contrairement au but recherché, sont déstabilisés par ce manque de rigueur. D'un autre côté, vouloir tout démontrer est finalement contre-productif, d'où l'équilibre recherché ici. Si l'on souhaite malgré tout rester dans le cadre des fonctions, il est tout à fait possible d'omettre la lecture des chapitre II, V et des quelques paragraphes traitant de distributions dans la suite.

L'ouvrage contient une étude des applications de la convolution (fonctions et distributions) en traitement du signal, en particulier la théorie de l'échantillonnage grâce aux distributions « peignes de Dirac ». On y trouvera aussi une étude sérieuse de la transformation de Hilbert.
Les ondelettes sont devenues en quelques années un sujet majeur en analyse de Fourier, notamment pour des applications en traitement de l'image. Le chapitre VIII leur est consacré, après l'étude indispensable de la transformation de Fourier et des développements en série de fonctions orthogonales. Le sujet mérite cependant bien plus que ces quelques pages d'introduction. Ce cours prépare, je crois, efficacement à une étude plus approfondie des ondelettes.

Ce livre comporte 135 exercices ou problèmes corrigés rassemblés à la fin de chaque chapitre. L'ouvrage est ainsi un « tout en un » couvrant à la fois le cours et les travaux dirigés de plusieurs modules classiques de mathématiques de l'ingénieur. La plupart de ces exercices sont très classiques, mais certains sont plus originaux. À quelques exceptions près, les corrections données sont complètes. L'outil de traitement de texte utilisé est LaTeX. Les figures sont toutes originales et ont été réalisées à l'aide du package *pstricks*, ce qui a l'avantage de fournir les « véritables » courbes représentatives des fonctions considérées.

Je tiens à remercier chaleureusement mes collègues Nelly Barbot et Stéphane Balac, enseignants-chercheurs en mathématiques à l'ENSSAT. Ils se sont chargés respectivement de la relecture des chapitres I, II, III, IV et des chapitres V, VI, VII, VIII, IX, X. Il doit subsister quelques coquilles et fautes d'orthographe dont je suis le seul à blâmer. Je remercie également mon collègue Hervé Chuberre, enseignant de physique appliquée, d'électronique et de traitement du signal à l'ENSSAT, qui a relu toutes les pages où je m'aventure sur le terrain des applications, ainsi que l'intégralité des chapitres VIII et XI. Nos discussions fructueuses sur l'interaction mathématiques-physique-traitement du signal m'ont beaucoup appris.
Sans le retour de mes étudiants, il n'y aurait pas eu d'évolution possible des cours à l'origine de ce livre. Ils ont donc finalement joué involontairement le rôle le plus important en m'obligeant à remettre en question quelques certitudes pédagogiques. Je les remercie pour leurs remarques constructives.
Enfin, je remercie les éditions *Ellipses* et Claude Chèze, directeur de la collection TECHNOSUP, d'avoir intégré un ouvrage de mathématiques dans une série orientée vers les applications.

J'espère que ce livre pourra être un outil de travail utile pour nos étudiants.

Patrice Struillou, le 11 février 2012.

Table des matières

Notations et abréviations

Abréviations

e.v. ou $\mathbb{K}$-e.v. : espace vectoriel sur le corps $\mathbb{K}$ (avec $\mathbb{K} = \mathbb{R}$ ou $\mathbb{C}$ dans cet ouvrage).

s.e.v. : sous-espace vectoriel (d'un e.v.).

i.e. : « c'est-à-dire ».

p.p. : « presque-partout ».

T.F. et TFR : transformée de Fourier et algorithme *Transformée de Fourier Rapide.*

m.a.m.q. : meilleure approximation en moyenne quadratique.

Notations mathématiques

On utilise autant que faire se peut des notations internationales.

$\Re(z)$, $\Im(z)$: partie réelle et partie imaginaire[1] du nombre complexe z.

$\tan(x) = \frac{\sin(x)}{\cos(x)}$, $\operatorname{cotan}(x) = \frac{\cos(x)}{\sin(x)}$: tangente et cotangente du nombre x.

$\cosh(x) = \frac{e^x+e^{-x}}{2}$, $\sinh(x) = \frac{e^x-e^{-x}}{2}$: cosinus et sinus hyperboliques du nombre x.

$\tanh(x) = \frac{\sinh(x)}{\cosh(x)}$, $\coth(x) = \frac{\cosh(x)}{\sinh(x)}$: tangente et cotangente hyperboliques[2] du nombre x.

$\operatorname{sinc}(x) = \frac{\sin x}{x}$ pour $x \neq 0$, $\operatorname{sinc}(0) = 1$: sinus-cardinal du nombre x.

$\ln(x)$, $\operatorname{Log}(z)$: logarithme naturel du nombre $x > 0$ et logarithme du nombre complexe z.

Lorsque cela ne prête pas à confusion, on se permet d'écrire $\Re z$, $\Im z$, $\cos x$, $\sin x$, $\cosh x$, $\sinh x$, $\tan x$, $\operatorname{cotan} x$, $\tanh x$, $\coth x$, $\operatorname{sinc} x$, $\ln x$, $\operatorname{Log} z$ plutôt que $\Re(z)$, $\Im(z)$, $\cos(x)$, $\sin(x)$, $\cosh(x)$, $\sinh(x)$, $\tan(x)$, $\tanh(x)$, $\coth(x)$, $\operatorname{sinc}(x)$, $\ln(x)$, $\operatorname{Log}(z)$.

$\mathcal{F}$, $\mathcal{H}$, $\mathcal{L}$, $\mathcal{Z}$: transformation de Fourier, de Hilbert, de Laplace, en z.

$\mathcal{F}f$ ou $\widehat{f}$: transformée de Fourier de la fonction (ou de la distribution) f.

δ_a, $Ш_a$: distribution de Dirac au point a et peigne de Dirac de période a.

P.F. $\frac{1}{x}$: distribution « pseudo-fonction $1/x$ ».

V.P. $\int_{-\infty}^{+\infty} f(x)\,dx$: valeur principale de l'intégrale (éventuellement divergente) $\int_{-\infty}^{+\infty} f(x)\,dx$.

$L^1(J)$: e.v. des fonctions intégrables sur J.

$L^2(J)$: e.v. des fonctions de carré intégrable sur J.

$\mathcal{E}$ (ou $\mathcal{C}^\infty(\mathbb{R})$) : e.v. des fonctions de classe $\mathcal{C}^\infty$ sur $\mathbb{R}$.

$\mathcal{D}$: e.v. des fonctions de classe $\mathcal{C}^\infty$ sur $\mathbb{R}$ et à support borné.

$\mathcal{S}$: e.v. des fonctions de classe $\mathcal{C}^\infty$ sur $\mathbb{R}$ à décroissance rapide ainsi que leurs dérivées de tout ordre.

$\mathcal{D}'$, $\mathcal{E}'$, $\mathcal{S}'$: e.v. des distributions, des distributions à support borné, des distributions tempérées.

$\sup E$, $\inf E$: borne supérieure et inférieure d'une partie E de $\mathbb{R}$.

$\sup_{x\in I} f(x)$, $\inf_{x\in I} f(x)$: borne supérieure et inférieure d'une application $f : I \to \mathbb{R}$.

Soit E une partie de $\mathbb{R}$ (respectivement $f : I \to \mathbb{R}$ une application numérique). Lorsqu'il existe $a \in E$ (respectivement $x_0 \in I$) tel que $\sup E = a$ (respectivement $\sup_{x\in I} f(x) = f(x_0)$), on dit que la borne supérieure $\sup E$ (respectivement $\sup_{x\in I} f(x)$) est *atteinte* et on peut la noter $\max E$ (respectivement $\max_{x\in I} f(x)$).

Lorsque $\max E$ (respectivement $\max_{x\in I} f(x)$) existe, on dit que c'est le *maximum* de E (respectivement le maximum de f sur I). Lorsque la borne inférieure est atteinte[3], on a des définitions analogues pour $\inf E = \min E$ (respectivement $\inf_{x\in I} f(x) = \min_{x\in I} f(x)$).

1. Les notations usuelles françaises $\mathfrak{Re}(z)$ et $\mathfrak{Im}(z)$ ne sont pas utilisées dans cet ouvrage.
2. Les fonctions cosh, sinh et tanh sont celles que l'on note généralement ch, sh et th en France.
3. Rappelons qu'une application $f : [a, b] \to \mathbb{R}$ *continue* sur l'intervalle *fermé borné* $[a, b]$ atteint son minimum et son maximum.

Chapitre I

Intégration

Ce chapitre a pour but de donner, sans preuve, les résultats d'intégration utiles par la suite, en se plaçant d'emblée dans le cadre le plus pratique pour l'utilisateur. Ce cadre est celui de l'intégrale de Lebesgue, dont la construction est délicate. Tant qu'on se limite à des applications pratiques, il est possible de travailler avec l'intégrale de Lebesgue sans l'avoir construite car la théorie englobe celle de l'intégration au sens de Riemann des fonctions bornées sur un intervalle borné et celle des intégrales absolument convergentes. On donne néanmoins les grandes lignes de la construction pour le lecteur intéressé.
Pourquoi considérer l'intégrale de Lebesgue de fonctions dont l'intégrale se laisse définir de façon plus élémentaire ? L'intégrale de Lebesgue est pratique pour les physiciens et les ingénieurs car elle permet de s'affranchir d'hypothèses habituellement exigées dans les théorèmes d'intégration s'appuyant sur l'intégrale de Riemann (continuité par exemple). Lorsqu'on travaille avec l'intégrale de Lebesgue, il est de plus possible de remplacer une fonction par une autre qui lui est « presque-partout égale », ce qui est souvent utile. Les théorèmes de convergence sous le signe d'intégrale et ceux permettant d'étudier une fonction définie par une intégrale voient ainsi leurs hypothèses se simplifier.
Par ailleurs seule l'intégrale de Lebesgue permet de manipuler facilement et rigoureusement les intégrales multiples.
Travailler avec l'intégrale de Lebesgue devient de toute façon très vite « transparent » pour un utilisateur, et comme cela permet de minimiser les hypothèses des « grands théorèmes » d'intégration, il serait dommage de s'en priver.
Pour une construction rigoureuse de cette intégrale et une preuve des théorèmes fournis ici, on se reportera aux ouvrages classiques de théorie de la mesure.

1 Initiation à l'intégrale de Lebesgue

1.1 Notion de mesure

Il existe un moyen naturel de mesurer la « taille » des parties de $\mathbb{R}$, à la condition qu'elles soient *mesurables* (sous-entendu : *au sens de Lebesgue*), ce qui est le cas de toutes celles que l'on rencontre en pratique. Ce moyen est la *mesure de Lebesgue*/(, notée ici m. La définition des ensembles mesurables et la construction de la mesure de Lebesgue sortent du cadre de ce livre. Si A est une partie mesurable de $\mathbb{R}$, $m(A)$ est soit un réel positif, soit $+\infty$. Pour calculer la mesure de Lebesgue des parties de $\mathbb{R}$ rencontrées en pratique (qui sont toutes mesurables), il suffit d'utiliser les quelques propriétés suivantes.

- La mesure d'un intervalle (ouvert, fermé ou semi-ouvert, qu'il soit borné ou non) est sa longueur. Elle est infinie lorsque l'intervalle est non borné.

- Une mesure, en particulier la mesure de Lebesgue, possède la propriété d'additivité dénombrable. Cela signifie que si on se donne un ensemble d'indices $J \subset \mathbb{N}$ et une famille $(E_j)_{j\in J}$ de parties (mesurables) de $\mathbb{R}$ indexée par J, si
$$\forall (i,j) \in J^2 \quad i \neq j \Longrightarrow E_i \cap E_j = \emptyset$$
alors
$$m\Big(\bigcup_{j\in J} E_j\Big) = \sum_{j\in J} m(E_j)$$
Autrement dit, pour des sous-ensembles (mesurables) E_j de $\mathbb{R}$ *disjoints deux à deux*, la mesure d'une union *dénombrable* est la somme des mesures.
- La mesure de Lebesgue est *invariante par translation*. Autrement dit, pour tout réel λ et toute partie (mesurable) A de $\mathbb{R}$, on a
$$m\big(\{x+\lambda\,;\, x \in A\}\big) = m(A)$$

On en déduit notamment les cas particuliers importants suivants.

- On a $m(\emptyset) = m\big(]a,a[\big) = 0$.
- Un ensemble réduit à un point a également une mesure nulle (car $\{a\} = [a,a]$).
- La mesure d'une union d'intervalles *disjoints deux à deux* est la somme des longueurs des intervalles.
- La mesure d'un ensemble A fini ou dénombrable est nulle. En effet un ensemble dénombrable est soit fini, soit en bijection avec $\mathbb{N}$, de sorte que l'on peut *numéroter* ses éléments. Il s'écrit donc $A = \{x_n\,;\, n \in J\}$ avec $J \subset \mathbb{N}$, donc :
$$m(A) = m\Big(\bigcup_{n\in J}\{x_n\}\Big) = \sum_{n\in J} m(\{x_n\}) = \sum_{n\in J} 0 = 0$$

Signalons qu'il existe des parties de $\mathbb{R}$ non dénombrables et de mesure nulle [1].

Exemples.

1. $m(\mathbb{R}) = m\big(]-\infty,+\infty[\big) = +\infty$.
2. $m\big(]-\infty;5[\big) = +\infty$.
3. $m\big([-2;\sqrt{3}[\,\cup\,[5;7+\pi]\big) = (\sqrt{3}-(-2)) + (7+\pi-5) = 4+\sqrt{3}+\pi$.
4. $m\big(\mathbb{R}\setminus\mathbb{Z}\big) = m\big(\bigcup_{n\in\mathbb{Z}}]n,n+1[\big) = \sum_{n\in\mathbb{Z}} m\big(]n,n+1[\big) = \sum_{n\in\mathbb{Z}} 1 = +\infty$.
5. L'ensemble $\mathbb{Q}$ des rationnels est de mesure nulle. En effet, $\mathbb{Q}$ est dénombrable.

Définition 1.1 *On dit qu'une propriété $\mathcal{P}(x)$ ($x \in \mathbb{R}$) est vraie presque-partout (en abrégé, vraie p.p.), ou vraie pour presque-tout x, lorsque l'ensemble des valeurs de x qui ne vérifient pas cette propriété est de mesure nulle.*

Exemples.

1. La propriété « x est irrationnel » est vraie presque-partout, car $\mathbb{Q}$ est de mesure nulle.
2. On note $\mathbf{1}_E$ la fonction *indicatrice* d'un sous-ensemble E de $\mathbb{R}$, *i.e.* la fonction égale à 1 si $x \in E$ et 0 sinon. Alors les deux fonctions $\mathbf{1}_{[a,b]}$ et $\mathbf{1}_{]a,b[}$ sont égales presque-partout. Dans les applications on ne distingue pas ces deux fonctions : on considère qu'elles définissent le même signal (celui que l'on appelle « porte », ou « créneau », en traitement du signal).

   Dans ce chapitre on identifiera toujours deux fonctions égales p.p.

1. Par exemple *l'ensemble triadique de Cantor*, qui peut être défini comme l'ensemble des réels de $[0,1]$ dont le développement en base 3 ne comporte que les chiffres 0 et 2.

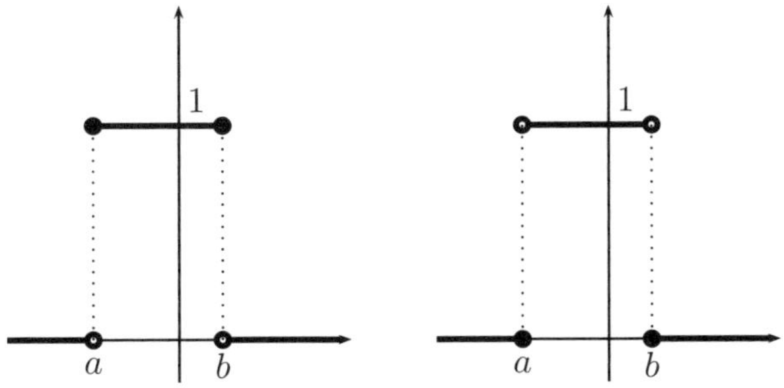

FIGURE I.1 – *Fonctions « Portes » égales presque-partout.*

1.2 Intégration au sens de Lebesgue

Au début du vingtième siècle, le mathématicien français Henri Lebesgue a élaboré une théorie de l'intégration plus générale et mieux adaptée aux applications que l'intégrale de Riemann. Cette théorie s'applique en effet à une classe très vaste de fonctions, dites *mesurables* (sous-entendu : *au sens de Lebesgue*).
Une fonction f, définie sur une partie J mesurable, à valeurs réelles, est mesurable si pour tout intervalle I, l'image réciproque de I, *i.e.* l'ensemble $f^{-1}(I) = \{x \in J\,;\, f(x) \in I\}$, est une partie mesurable de $\mathbb{R}$. Si f est à valeurs complexes, elle est dite mesurable lorsque sa partie réelle et sa partie imaginaire le sont. Or, nous avons signalé qu'en pratique on ne rencontre jamais de sous-ensembles de $\mathbb{R}$ non mesurables. Par conséquent, dans ce cours, tous les sous-ensembles de $\mathbb{R}$ seront supposés mesurables, ce qui implique que toutes les fonctions d'une partie de $\mathbb{R}$ dans $\mathbb{C}$ seront supposées mesurables. Cette convention sera utilisée sans rappel dans les énoncés des définitions ou des théorèmes.

Remarque. Cette convention peut choquer un mathématicien. Néanmoins, la construction de fonctions non mesurables fait appel à l'axiome du choix, de sorte que ces fonctions sont des objets mathématiques abstraits qu'un physicien ou un ingénieur ne risque pas de rencontrer. Mais il est évidemment fortement déconseillé à un étudiant en mathématiques d'oublier l'hypothèse de mesurabilité lorsqu'il fait appel à un théorème de la théorie de l'intégration...

Nous pourrons au besoin considérer des fonctions à valeurs dans la *droite numérique achevée* :

$$\overline{\mathbb{R}} = \mathbb{R} \cup \{-\infty, +\infty\}$$

Une telle fonction f est mesurable si l'ensemble $f^{-1}([a, +\infty])$ est mesurable pour tout réel a. Finalement, nous supposerons que toute fonction $f : J \to \overline{\mathbb{R}} = \mathbb{R} \cup \{-\infty, +\infty\}$ est mesurable.

Exemple. La fonction $f : x \mapsto 1/|x|$ peut être définie sur $\mathbb{R}$ si on considère que $f(0) = +\infty$. C'est une fonction à valeurs dans $[0, +\infty]$. Elle est mesurable.

Nous donnons plus loin, dans un complément à destination du lecteur curieux, les grandes étapes de la construction de l'intégrale de Lebesgue. Mais on peut heureusement travailler avec l'intégrale de Lebesgue sans connaître cette construction. Il suffit pour cela d'utiliser les règles fondamentales suivantes.

1. Toute fonction f (mesurable) **positive** sur une partie J (mesurable) de $\mathbb{R}$ possède une intégrale sur J, notée $\int_J f$, qui est soit un nombre positif, soit égale à $+\infty$:

$$f \geq 0 \text{ p.p. sur } J \Longrightarrow \int_J f \in [0, +\infty]$$

Pour comprendre cela, on peut se rappeler que si J est un intervalle et si $f \geq 0$ est assez régulière (par exemple continue sur J), $\int_J f$ est l'aire sous la courbe représentant f, pour $x \in J$. Cette aire peut effectivement être finie ou infinie.
Lorsque $\int_J f < +\infty$, on dit que f est *intégrable* sur J.

Remarques.

- On retiendra qu'une fonction *positive* a toujours une intégrale (finie ou infinie), même si elle n'est pas intégrable.
- Lorsque f est négative p.p. sur J, on peut bien sûr définir $\int_J f = -\int_J(-f)$.
- Lorsque l'on dit d'une fonction qu'elle est *positive* sur J, c'est à comprendre au sens large suivant : $f(x) \in [0, +\infty]$ pour $x \in J$.

2. Si f est positive sur J, alors

$$\int_J f = 0 \iff f(x) = 0 \text{ presque-partout sur } J$$

3. Si f n'est pas de signe constant, ou si f est à valeurs complexes, alors son intégrale sur J n'est définie que si l'intégrale de son module est finie, *i.e.* ssi

$$\int_J |f| < +\infty$$

Dans ce cas on dit que f est *intégrable* sur J (on dit aussi *sommable* sur J).
On retient que si f n'est pas de signe constant :

$$\int_J f \quad \text{existe} \iff \int_J |f| < +\infty \tag{I.1}$$

Si f est intégrable, son intégrale $\int_J f$ est un nombre réel ou complexe que l'on obtient *en pratique* par les techniques usuelles si f est suffisamment régulière (par exemple par un calcul de primitive si f est continue), puisque nous allons voir que toute fonction intégrable au sens de Riemann l'est aussi au sens de Lebesgue et que les deux intégrales sont les mêmes.

4. Si f et g sont intégrables sur J, alors pour toutes constantes complexes α et β, la fonction $\alpha f + \beta g$ est intégrable sur J et l'on a

$$\int_J (\alpha f + \beta g) = \alpha \int_J f + \beta \int_J g$$

Autrement dit, *l'intégration est linéaire.*

5. Deux fonctions intégrables égales p.p. ont la même intégrale.
Cela résulte de la propriété précédente et du deuxième point, car si $f = g$ p.p. sur J, on a $\int_J(f-g) = \int_J f - \int_J g$, avec $\int_J(f-g) = 0$ puisque $f - g$ est nulle p.p. sur J.
Cette propriété est celle qui permet d'identifier deux fonctions égales p.p. si on les considère du point de vue de l'intégration.

6. Si $f \geq g$ p.p. sur J, avec f et g intégrables sur J, alors $\int_J f \geq \int_J g$ (propriété de positivité de l'intégrale).
Cela résulte immédiatement de la linéarité et du premier point.

7. Si f est intégrable sur J, alors (inégalité fondamentale) :

$$\left| \int_J f \right| \leq \int_J |f| \tag{I.2}$$

Complément. Nous donnons ici (pour le lecteur désirant savoir d'où viennent les « recettes » précédentes) les grandes lignes de la construction de l'intégrale de Lebesgue.

Première étape. On appelle *fonction étagée* toute fonction f égale à une combinaison linéaire d'indicatrices de parties mesurables de $\mathbb{R}$, *i.e.* de la forme $f = \sum_{k=1}^{N} a_k \mathbf{1}_{E_k}$, où les E_k sont mesurables et les a_k des réels. On évitera de confondre la notion de fonction étagée avec celle de fonction en escalier utilisée pour construire l'intégrale de Riemann. Une fonction en escalier n'est qu'un cas particulier de fonction étagée (celui où les E_k sont des intervalles).
On définit l'intégrale de Lebesgue d'une telle fonction étagée par $\int_{\mathbb{R}} f = \sum_{k=1}^{N} a_k\, m(E_k)$, où $m(E_k)$ désigne la mesure de Lebesgue de E_k. Cette définition naturelle correspond à la notion « d'aire sous la courbe » lorsque f est positive. La définition a un sens, car d'une part l'hypothèse « E_k mesurable » implique que $m(E_k)$ est définie ; d'autre part on vérifie facilement qu'elle ne dépend pas de la décomposition en indicatrices choisie.

Deuxième étape. Si f est une fonction définie sur $\mathbb{R}$, mesurable et *positive* (*i.e.* à valeurs dans $[0, +\infty]$), f est la limite simple d'une suite **croissante** de fonctions étagées.
On peut par exemple vérifier que l'on a $f(t) = \lim_{n\to+\infty} f_n(t)$, où :

$$f_n(t) = \sum_{k=0}^{n2^n-1} \frac{k}{2^n} \mathbf{1}_{f^{-1}([\frac{k}{2^n}, \frac{k+1}{2^n}[)}(t) + n\mathbf{1}_{f^{-1}([n,+\infty])}(t) \tag{I.3}$$

La fonction f_n est étagée car les ensembles $f^{-1}\left(\left[\frac{k}{2^n}, \frac{k+1}{2^n}\right[\right)$ et $f^{-1}([2^n, +\infty])$ sont mesurables, par définition de « f mesurable ». On laisse le lecteur intéressé vérifier que la suite (f_n) est croissante et démontrer que (f_n) tend vers f (c'est le point fondamental de la construction de l'intégrale de Lebesgue). La suite de terme général $\int_{\mathbb{R}} f_n$ est croissante, donc possède une limite dans $[0, +\infty]$. Cette limite est, par définition, $\int_{\mathbb{R}} f$. On vérifie que cette définition de l'intégrale de f ne dépend pas de la suite croissante de fonctions étagées tendant vers f.

Troisième étape. Voyons comment l'intégration des fonctions à valeurs positives permet d'intégrer les fonctions à valeurs complexes dont le module a une intégrale finie.
Pour une fonction définie p.p. sur J à valeurs dans $\overline{\mathbb{R}}$ et de signe quelconque, on écrit :

$$f = f^+ - f^- \quad \text{avec} \quad f^+(x) = \max(f(x), 0) \quad \text{et} \quad f^-(x) = \max(-f(x), 0)$$

Remarquons que f^+ et f^- sont des fonctions positives, donc admettent une intégrale au sens de Lebesgue, finie ou infinie. *Par définition,* la fonction f est dite intégrable au sens de Lebesgue sur J si f^+ et f^- sont intégrables sur J (*i.e.* ont toutes deux une intégrales finie). Dans ce cas l'intégrale de f est, tout naturellement, définie par :

$$\int_J f = \int_J f^+ - \int_J f^-$$

Une fois que l'on a établi les propriétés de linéarité et de positivité, on voit que f est intégrable sur J ssi sa valeur absolue est intégrable sur J, comme l'affirme la troisième règle pratique énoncée plus haut. En effet on a

$$|f| = f^+ + f^-$$

Si $\int_J |f| < +\infty$, alors $\int_J f^+ < +\infty$ et $\int_J f^- < +\infty$ puisque $0 \leq f^+ \leq |f|$ et $0 \leq f^- \leq |f|$. Réciproquement, si $\int_J f^+ < +\infty$ et $\int_J f^- < +\infty$, alors $\int_J |f| = \int_J f^+ + \int_J f^- < +\infty$.

Considérons maintenant f définie p.p. sur J et à valeurs *complexes.* Elle est dite intégrable sur J si $\Re f$ et $\Im f$ sont intégrables sur J. L'intégrale de f est alors définie par :

$$\int_J f = \int_J \Re f + i \int_J \Im f$$

On voit que f est intégrable sur J ssi son module est intégrable sur J. En effet, $|\Re f| \leq |f|$ et $|\Im f| \leq |f|$, donc si $|f|$ est intégrable, il en est de même des parties réelles et imaginaires de f. Réciproquement, si $\Re f$ et $\Im f$ sont intégrables, alors $|f| = \sqrt{(\Re f)^2 + (\Im f)^2} \leq |\Re f| + |\Im f|$ aussi.

Remarque. Pour comprendre en quoi la construction de Lebesgue est différente de celle de Riemann, on notera qu'approcher l'intégrale d'une fonction positive par celle de la fonction étagée (I.3) revient à découper l'aire sous la courbe en bandes *parallèles à l'axe des abscisses* (et non parallèles à l'axe des ordonnées comme dans les sommes de Riemann). Toutes les fonctions positives rencontrées en pratique peuvent être approchées par de telles fonctions f_n, d'où la généralité du procédé, mais on notera que les ensembles $f^{-1}\left(\left[\frac{k}{2^n}, \frac{k+1}{2^n}\right[\right)$ et $f^{-1}([n, +\infty])$ peuvent avoir une structure bien plus complexe que les intervalles utilisés dans l'intégrale de Riemann.

1.3 Lien avec l'intégrale de Riemann

Pour des rappels sur l'intégrale de Riemann (notamment la notion de somme de Riemann) et les intégrales impropres (ou généralisées) au sens de Riemann, le lecteur pourra par exemple se reporter à *Algèbre et Analyse* de Balac et Sturm.

Théorème 1.1 *Soit f bornée sur un intervalle borné J. Si f est intégrable au sens de Riemann sur J, alors f est intégrable au sens de Lebesgue et on a :*

$$\int_J f = \int_J f(x)\,dx$$

où l'on a noté $\int_J f(x)\,dx$ l'intégrale de Riemann de f sur J.

Notamment le calcul de l'intégrale de Lebesgue d'une fonction *continue* se fait de façon tout à fait classique, par calcul d'une primitive, après avoir au besoin effectué une intégration par parties ou un changement de variable.

Remarque. La réciproque est fausse : il existe des fonctions bornées sur un intervalle borné non intégrables au sens de Riemann mais intégrables au sens de Lebesgue. Un contre-exemple classique est fourni par $f = \mathbf{1}_{\mathbb{Q}\cap[0,1]}$. La fonction f est p.p. nulle, donc est intégrable au sens de Lebesgue et d'intégrale nulle. Par contre, f n'est pas intégrable au sens de Riemann sur $[0, 1]$. En effet, l'ensemble des fonctions en escalier sur $[0, 1]$ majorant f possède un plus petit élément : la fonction constante égale à 1. De même, l'ensemble des fonctions en escalier minorant f possède un plus grand élément : la fonction constante égale à 0. Comme $\int_0^1 (1-0)\,dx = 1$, il n'est pas possible de trouver deux fonctions en escalier g et h telles que $g \leq f \leq h$ et $\int_0^1 \big(h(x) - g(x)\big)\,dx \leq 1/2$.

Théorème 1.2 *Soit J un intervalle quelconque et f une fonction définie sur J. Si l'intégrale impropre de f sur J (au sens généralisé de Riemann) converge absolument, alors f est intégrable au sens de Lebesgue sur J et on a*

$$\int_J f = \int_J f(x)\,dx$$

où l'on a noté $\int_J f(x)\,dx$ l'intégrale généralisée de Riemann de f sur J.

On peut donc utiliser tous les critères classiques d'étude des intégrales impropres de fonctions **positives** : majoration, minoration, équivalents.

Exemples.

1. La fonction $x \mapsto \frac{1}{x^\alpha}$ est intégrable sur $[1, +\infty[$ ssi $\alpha > 1$.
2. La fonction $x \mapsto \frac{1}{x^\alpha}$ est intégrable sur $]0, 1]$ ssi $\alpha < 1$.
3. Pour tout $\alpha \in \mathbb{R}$, la fonction $x \mapsto \frac{1}{x^\alpha}$ n'est pas intégrable sur $]0, +\infty[$.

On voit que l'intégrale de Lebesgue est une bonne généralisation de l'intégrale de Riemann. Par contre les intégrales impropres semi-convergentes (*i.e.* convergentes mais non absolument convergentes) ne rentrent pas dans ce cadre, ce qui n'empêche pas de les utiliser avec les techniques usuelles vues en premier cycle (passage à la limite dans des intégrales « ordinaires »).

Exemple. On considère la fonction, dite *sinus cardinal*, $x \mapsto \frac{\sin x}{x} = \operatorname{sinc}(x)$, prolongée par continuité en $x = 0$ par la valeur $\operatorname{sinc}(0) = 1$. Elle joue un rôle fondamental dans de nombreuses applications, notamment en traitement du signal et en optique. Il importe donc de conserver son graphe en mémoire (cf figure I.2).

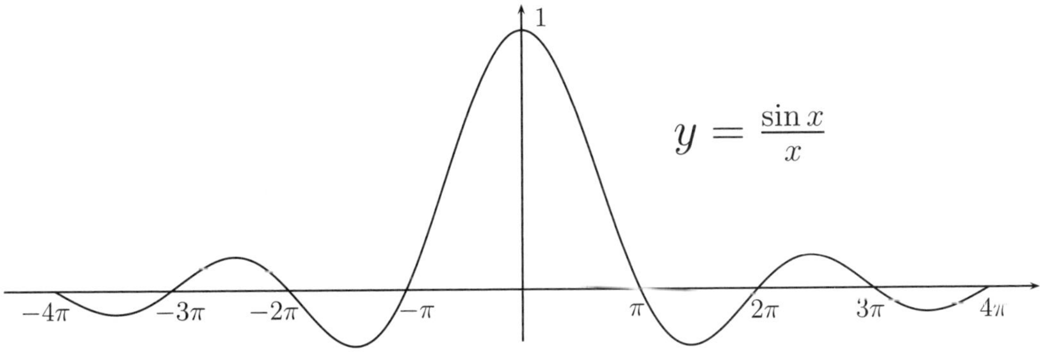

FIGURE I.2 – *La fonction* sinc.

On démontre (cf. exercice I.4) que l'intégrale impropre $\int_0^{+\infty} \frac{\sin x}{x}\, dx$ est convergente, mais non absolument convergente. Plus précisément, on a (cf. chapitre X paragraphe 5.5) :

$$\lim_{A \to +\infty} \int_0^A \frac{\sin x}{x}\, dx = \frac{\pi}{2}$$

mais on a aussi :

$$\int_0^{+\infty} \left| \frac{\sin x}{x} \right| dx = +\infty$$

En effet, cette intégrale est la somme d'une infinité d'aires (cf. figure I.3), et on montre que la série correspondante est divergente. La fonction sinc est donc non intégrable au sens de Lebesgue sur $[0, +\infty[$ bien que son intégrale au sens généralisé de Riemann converge. Autrement dit, $\int_0^{+\infty} \frac{\sin x}{x}\, dx$ ne désigne pas une intégrale de Lebesgue.

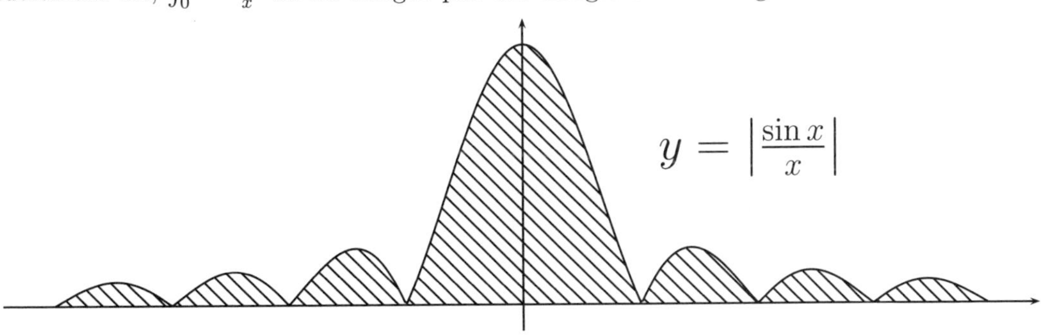

FIGURE I.3 – *La fonction* |sinc|. *La somme des aires hachurées est infinie.*

1.4 Espaces L^1 et L^2

Rappelons que nous considérons comme égales deux fonctions égales p.p. (et que nos fonctions sont toutes supposées mesurables). Avec cette convention, nous avons la définition suivante.

Définition 1.2 *Soit J un intervalle. On note $L^1(J)$ l'ensemble des fonctions à valeurs complexes intégrables sur J :*

$$L^1(J) = \left\{ f : J \to \mathbb{C}\ ;\ \int_J |f| < +\infty \right\}$$

On note $L^2(J)$ l'ensemble des fonctions à valeurs complexes de carré intégrable sur J :

$$L^2(J) = \left\{ f : J \to \mathbb{C}\ ;\ \int_J |f|^2 < +\infty \right\}$$

Lorsqu'il n'y aura pas de risque de confusion, nous noterons tout simplement L^1 et L^2 les espaces $L^1(\mathbb{R})$ et $L^2(\mathbb{R})$.

Exemples.

1. Soient $\alpha \in \mathbb{R}$ et f la fonction définie sur $]0, +\infty[$ par $f(x) = \frac{1}{x^\alpha}$. Alors :

$$\begin{array}{lcl} f \in L^1\big([1, +\infty[\big) & \Longleftrightarrow & \alpha > 1 \\ f \in L^1\big(]0, 1]\big) & \Longleftrightarrow & \alpha < 1 \\ f \in L^2\big([1, +\infty[\big) & \Longleftrightarrow & \alpha > \frac{1}{2} \\ f \in L^2\big(]0, 1]\big) & \Longleftrightarrow & \alpha < \frac{1}{2} \end{array}$$

Remarquons que cela implique que, pour toute valeur de α, $f \notin L^1\big(]0, +\infty[\big)$.

2. Démontrons que $\ln \in L^1\big(]0, 1]\big)$. On a

$$\int_{]0,1]} |\ln| = \lim_{\varepsilon \to 0^+} \int_\varepsilon^1 (-\ln x)\, dx = \lim_{\varepsilon \to 0^+} \big[-x \ln x + x \big]_\varepsilon^1 = 1 < +\infty$$

puisque $\varepsilon \ln \varepsilon$ tend vers 0 quand ε tend vers 0.
Notons que pour démontrer que l'intégrale sur $]0, 1]$ de la valeur absolue de ln est finie, on s'est ramené au calcul d'une intégrale impropre absolument convergente.
$\int_{]0,1]} \ln$ existe donc au sens de Lebesgue. Le même calcul sans les valeurs absolues montre que la valeur de l'intégrale est

$$\int_{]0,1]} \ln = \int_0^1 \ln x\, dx = -1$$

On peut aussi le voir en notant que ln reste négatif sur $]0, 1]$, de sorte que son intégrale sur $]0, 1]$ est l'opposée de l'intégrale de sa valeur absolue.
Géométriquement, l'intégrabilité de ln sur $]0, 1]$ signifie que l'aire du domaine limité par les droites d'équation $x = 0$, $x = 1$, $y = 0$ et la courbe $y = \ln x$ est finie (plus précisément, elle est égale à 1), bien que la fonction ln tende vers $-\infty$ en 0.

Remarque. Puisque nous identifions deux fonctions égales presque-partout, il n'y pas de différence à faire entre $L^1\big([a, b]\big), L^1\big(]a, b]\big), L^1\big([a, b[\big), L^1\big(]a, b[\big)$. Par exemple, nous aurions tout aussi bien pu dire que la fonction définie par $f(x) = \frac{1}{x^\alpha}$ est dans $L^1\big([0, 1]\big)$ ssi $\alpha < 1$, bien que la valeur de f en 0 ne soit pas définie (l'ensemble $\{0\}$ est de mesure nulle).

Rappels.

1. Une *norme* $\|\cdot\|$ sur un e.v. E (le corps de base étant $\mathbb{K}=\mathbb{R}$ ou $\mathbb{C}$) est une application de E dans $[0,+\infty[$ vérifiant les trois propriétés suivantes :
   (a) Si $x \in E$ vérifie $\|x\|=0$, alors $x=0_E$
   (b) $\forall(\lambda, x) \in \mathbb{K}\times E \quad \|\lambda x\| = |\lambda|\ \|x\|$
   (c) $\forall(x,y)\in E^2 \quad \|x+y\| \leq \|x\|+\|y\|$ (inégalité triangulaire).

   L'e.v. E muni de la norme $\|\cdot\|$ est appelé *espace vectoriel normé.*
2. Une *distance* d sur un ensemble X non vide est une application de $X\times X$ dans $[0,+\infty[$ vérifiant les trois propriétés suivantes :
   (a) $\forall(x,y)\in X^2 \quad d(x,y)=0 \Longleftrightarrow x=y$
   (b) $\forall(x,y)\in X^2 \quad d(x,y)=d(y,x)$
   (c) $\forall(x,y,z)\in X^3 \quad d(x,z)\leq d(x,y)+d(y,z)$

   L'ensemble X muni de la distance d est appelé *espace métrique.*
3. Si $\|\cdot\|$ est une norme sur l'e.v. E, alors d définie par $d(x,y)=\|x-y\|$ est une distance sur E, dite *distance associée à la norme* $\|\cdot\|$.

Théorème 1.3 *Soit J un intervalle. $L^1(J)$ et $L^2(J)$ sont des e.v. sur $\mathbb{C}$. On définit une norme sur $L^1(J)$ en posant*

$$\forall f\in L^1(J) \quad \|f\|_{L^1(J)} = \int_J |f| \tag{I.4}$$

On définit une norme sur $L^2(J)$ en posant

$$\forall f\in L^2(J) \quad \|f\|_{L^2(J)} = \left(\int_J |f|^2\right)^{\frac{1}{2}} \tag{I.5}$$

Ainsi, $L^1(J)$ et $L^2(J)$ sont des espaces vectoriels normés. Ce sont donc des espaces métriques, respectivement pour les distances d_1 et d_2 définies par $d_1(f,g)=\|f-g\|_{L^1(J)}=\int_J|f-g|$ et $d_2(f,g)=\|f-g\|_{L^2(J)}=\sqrt{\int_J|f-g|^2}$.

Interprétation. Soit f et g deux éléments de $L^1(J)$. Supposons que $d_1(f,g)=\|f-g\|_{L^1(J)}$ soit « petite ». Cela signifie que la *moyenne des écarts* $|f(x)-g(x)|$ pour $x\in J$ est petite. Autrement dit, les valeurs de $f(x)$ pour $x\in J$ sont *en moyenne* proches des valeurs de $g(x)$. Il peut tout de même exister des différences ponctuelles importantes par endroit (cf. figure I.4). Pour des éléments f et g de $L^2(J)$ tels que $d_2(f,g)=\|f-g\|_{L^2(J)}$ soit petite, c'est la *moyenne des carrés des écarts* qui est petite.

On dit qu'une suite (f_n) de fonctions de $L^1(J)$ (respectivement de $L^2(J)$) converge *en moyenne sur J* vers $f\in L^1(J)$ (respectivement *en moyenne quadratique sur J* vers $f\in L^2(J)$) si $d_1(f_n,f)=\|f_n-f\|_{L^1(J)}$ (respectivement si $d_2(f_n,f)=\|f_n-f\|_{L^2(J)}$) tend vers 0 quand n tend vers l'infini. Cela signifie que (f_n) converge vers f dans l'espace vectoriel normé $L^1(J)$ (respectivement dans l'espace vectoriel normé $L^2(J)$).

Soit $f : J\to\mathbb{C}$ une fonction *bornée* sur J. On peut alors définir

$$\|f\|_\infty = \sup_{x\in J}|f(x)| \tag{I.6}$$

On dit que $\|\cdot\|_\infty$ est la *norme de la convergence uniforme* sur J. On utilise cette terminologie pour la raison suivante : dire qu'une suite (f_n) converge vers f pour cette norme, *i.e.*

$d_\infty(f_n, f) = \|f_n - f\|_\infty = \sup_{x\in J} |f_n - f|$ tend vers 0 quand n tend vers l'infini, revient à dire que la suite (f_n) converge vers f uniformément sur J. Dans un tel cas, tous les écarts $|f_n(x) - f(x)|$ tendent vers 0 quand n tend vers $+\infty$, donc la suite $\big(f_n(x)\big)$ converge vers $f(x)$ pour toute valeur $x \in J$.

Si f et g sont bornées et intégrables sur J, il peut arriver que $\|f-g\|_\infty = \sup_{x\in J} |f(x) - g(x)|$ soit « grand » bien que $\|f-g\|_{L^1(J)} = \int_J |f-g|$ soit « petit » (cas de deux fonctions proches en moyenne sur J, mais non uniformément proches, comme sur la figure I.4). Ceci explique pourquoi une suite (f_n) peut converger en moyenne vers une fonction f sans pour autant converger uniformément.

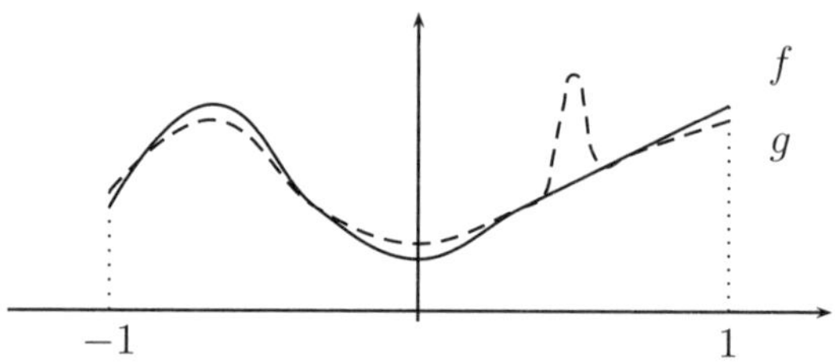

FIGURE I.4 – *Deux fonctions f et g proches en moyenne mais non uniformément proches*

Exemple. Il est facile de montrer que la suite de fonctions $\big(\mathbf{1}_{[-\frac{1}{n},\frac{1}{n}]}\big)_{n\in\mathbb{N}^*}$ converge en moyenne sur $\mathbb{R}$ vers la fonction nulle, mais ne converge pas uniformément sur $\mathbb{R}$ vers 0.

Pour $p = 2$, $\|f\|^2_{L^2(J)} = \int_J |f|^2$ s'interprète dans les applications (physique, électronique, théorie du signal...) comme l'énergie du signal f dissipée sur l'intervalle de temps J. Dire que $d_2(f,g) = \big(|f-g|^2\big)^{1/2}$ est petite signifie donc que l'énergie de $f-g$ est petite. Là aussi, il peut arriver que $\|f-g\|_{L^2(J)}$ soit petite sans que $\|f-g\|_\infty$ le soit (cas de deux fonctions proches en moyenne quadratique sur J, mais non uniformément proches).

Nous admettons l'important résultat suivant.

Théorème 1.4 ***Inégalité de Cauchy-Schwarz.***
Soient J un intervalle, f et g des fonctions définies p.p. sur J. On a

$$\int_J |fg| \le \left(\int_J |f|^2\right)^{\frac{1}{2}} \left(\int_J |g|^2\right)^{\frac{1}{2}} \tag{I.7}$$

En particulier, si f et g sont de carré intégrable, alors le produit fg est intégrable.

Proposition 1.1 ***Relations d'inclusion.***
*Soit J un intervalle **borné**.*

1. *Toute fonction (mesurable) **bornée** sur J est dans $L^p(J)$ pour $p = 1$ et $p = 2$.*
2. *$L^2(J) \subset L^1(J)$.*

Preuve.

1. On a, puisque J est du type $[a,b]$ (ou $[a,b[$, ou $]a,b]$, ou $]a,b[$), et puisque f est bornée :

$$\int_J |f|^p \le (b-a)\big(\sup_{x\in J} |f(x)|\big)^p < +\infty$$

Donc $f \in L^p(J)$.

2. Soit $f \in L^2(J)$. On a, d'après l'inégalité de Cauchy-Schwarz :
$$\int_J |f| = \int_J |f|1 \leq \left(\int_J |f|^2\right)^{\frac{1}{2}} \left(\int_J 1^2\right)^{\frac{1}{2}} = \sqrt{b-a}\|f\|_{L^2(J)} < +\infty$$
Donc $f \in L^1(J)$.

□

Remarque. Même lorsque J est borné, il n'y a pas égalité entre $L^2(J)$ et $L^1(J)$. De plus, lorsque l'intervalle J n'est pas borné, l'inclusion $L^2(J) \subset L^1(J)$ est fausse. Enfin, lorsque J est non borné, une fonction bornée n'est pas nécessairement dans $L^2(J)$, ni dans $L^1(J)$. Exhibons des contre-exemples illustrant dans l'ordre ces trois situations.

1. La fonction f définie sur $]0,1]$ par $f(x) = \frac{1}{\sqrt{x}}$ est dans $L^1(]0,1])$ mais pas dans $L^2(]0,1])$.
2. La fonction $x \mapsto \frac{1}{\sqrt{1+x^2}}$ est dans $L^2(\mathbb{R})$ mais pas dans $L^1(\mathbb{R})$.
3. La fonction constante égale à 1 n'est ni dans $L^1(\mathbb{R})$, ni dans $L^2(\mathbb{R})$, car $\int_{\mathbb{R}} 1 = +\infty$.

2 Théorèmes de convergence sous le signe somme

On va donner ces théorèmes pour des intégrales sur $\mathbb{R}$. On se ramène immédiatement à ce cas lorsqu'on travaille avec une intégrale sur une partie J de $\mathbb{R}$ en prolongeant f en dehors de J par la valeur 0.

2.1 Le théorème de convergence dominée et ses conséquences

Théorème 2.1 ***Théorème de convergence dominée de Lebesgue.***
Soit $(f_n)_{n\in\mathbb{N}}$ une suite de fonctions définies presque-partout sur $\mathbb{R}$, à valeurs complexes, telle que la suite $\big(f_n(x)\big)_{n\in\mathbb{N}}$ converge vers une valeur $f(x)$ pour presque-tout x quand n tend vers l'infini. S'il existe une fonction $g \in L^1(\mathbb{R})$ telle que
$$\forall n \in \mathbb{N} \quad |f_n(x)| \leq g(x) \quad \text{pour presque-tout } x \tag{I.8}$$
alors les fonctions f_n et f sont dans $L^1(\mathbb{R})$ et on a
$$\lim_{n\to+\infty} \|f_n - f\|_{L^1(\mathbb{R})} = 0 \tag{I.9}$$
En conséquence
$$\lim_{n\to+\infty} \int_{\mathbb{R}} f_n = \int_{\mathbb{R}} \lim_{n\to+\infty} f_n \tag{I.10}$$
Ce résultat est fondamental dans la théorie de Lebesgue. La condition (I.8) est appelée *hypothèse de domination.* La propriété (I.9) est la convergence de la suite (f_n) vers f dans $L^1(\mathbb{R})$ (la distance dans L^1 entre f_n et f tend vers 0). La propriété (I.10), qui exprime que l'on peut *intervertir limite et intégrale* sous l'hypothèse de domination des $|f_n|$ par une fonction g de L^1, se déduit de (I.9) puisque
$$\left|\int_{\mathbb{R}} f_n - \int_{\mathbb{R}} f\right| = \left|\int_{\mathbb{R}} (f_n - f)\right| \leq \int_{\mathbb{R}} |f_n - f| = \|f_n - f\|_{L^1}$$

Remarque. Le théorème de convergence dominée s'applique aussi dans la situation suivante. Considérons une *famille* de fonctions $(f_h)_{h>0}$ telle que $\lim_{h\to 0} f_h(x) = f(x)$ pour presque-tout x. S'il existe $g \in L^1(\mathbb{R})$ telle que pour tout $h > 0$ on ait $|f_h(x)| \leq g(x)$ pour presque-tout x, alors on a $\lim_{h\to 0} \|f_h - f\|_{L^1(\mathbb{R})} = 0$ (donc $\lim_{h\to 0} \int_{\mathbb{R}} f_h = \int_{\mathbb{R}} \lim_{h\to 0} f_h$).

Le théorème de convergence dominée possède deux conséquences très utiles dans l'étude des fonctions définies par une intégrale.

Continuité d'une fonction définie par une intégrale

Théorème 2.2 *Soient J un intervalle et $(t,x) \mapsto f(t,x)$ une fonction définie sur $J \times \mathbb{R}$, à valeurs complexes. On suppose que*

1. *la fonction $t \mapsto f(t,x)$ est continue sur J pour presque-tout x ;*
2. *il existe une fonction $g \in L^1(\mathbb{R})$ telle que, pour tout $t \in J$, $|f(t,x)| \leq g(x)$ pour presque-tout x.*

La fonction $t \mapsto F(t) = \int_{\mathbb{R}} f(t,x)\,dx$ est définie et continue sur J.

Preuve. Puisque pour tout $t \in J$, $\int_{\mathbb{R}} |f(t,x)|\,dx \leq \int_{\mathbb{R}} g(x)\,dx < +\infty$, la fonction $x \mapsto f(t,x)$ est intégrable sur $\mathbb{R}$, donc la fonction F est définie sur J.
Pour montrer que F est continue sur J, il faut montrer que, pour tout $t_0 \in J$, $F(t)$ tend vers $F(t_0)$ quand t tend vers t_0, ou encore que $\lim_{n\to+\infty} F(t_0+h_n) = F(t_0)$ pour toute suite (h_n) tendant vers 0. On a $F(t_0+h_n) = \int_{\mathbb{R}} f_n(x)\,dx$ où la suite (f_n) est définie p.p. par $f_n(x) = f(t_0+h_n, x)$. Or $f_n(x)$ tend vers $f(t_0,x)$ quand n tend vers l'infini, par continuité en t_0 de la fonction $t \mapsto f(t,x)$. Comme par ailleurs $|f_n(x)| = |f(t_0+h_n,x)|$ est majoré par $g(x)$ avec g intégrable, le théorème de convergence dominée s'applique et on a donc $\lim_{n\to+\infty} F(t_0+h_n) = \int_{\mathbb{R}} f(t_0,x)\,dx = F(t_0)$.

□

Dérivabilité d'une fonction définie par une intégrale

Théorème 2.3 *Soient J un intervalle et $(t,x) \mapsto f(t,x)$ une fonction définie sur $J \times \mathbb{R}$, à valeurs complexes. On suppose que :*

1. *la fonction $x \mapsto f(t,x)$ est intégrable sur $\mathbb{R}$ pour tout $t \in J$;*
2. *la fonction $t \mapsto f(t,x)$ est de classe $\mathcal{C}^1$ sur J pour presque-tout x ;*
3. *il existe une fonction $g \in L^1(\mathbb{R})$ telle que, pour tout $t \in J$, $\left|\frac{\partial f}{\partial t}(t,x)\right| \leq g(x)$ pour presque-tout x.*

La fonction $t \mapsto F(t) = \int_{\mathbb{R}} f(t,x)\,dx$ est définie et de classe $\mathcal{C}^1$ sur J. De plus, on a

$$\forall t \in J \quad F'(t) = \int_{\mathbb{R}} \frac{\partial f}{\partial t}(t,x)\,dx \tag{I.11}$$

Preuve. La première hypothèse garantit que F est définie sur J.
Soit (h_n) une suite de réels tendant vers 0 telle que $h_n \neq 0$ et $t_0 + h_n \in J$ pour tout $n \in \mathbb{N}$. On va montrer que F est dérivable en $t_0 \in J$ en considérant le taux d'accroissement

$$\frac{F(t_0+h_n) - F(t_0)}{h_n} = \int_{\mathbb{R}} \frac{f(t_0+h_n,x) - f(t_0,x)}{h_n}\,dx$$

Comme la fonction $t \mapsto f(t,x)$ est dérivable en t_0, la suite de fonctions (u_n) définie p.p. par $u_n(x) = \frac{f(t_0+h_n,x)-f(t_0,x)}{h_n}$ tend vers $\frac{\partial f}{\partial t}(t_0,x)$ quand n tend vers l'infini. D'autre part, puisque f est $\mathcal{C}^1$ par rapport à t, on peut appliquer le théorème des accroissements finis : il existe c entre t_0 et t_0+h_n tel que $f(t_0+h_n,x) - f(t_0,x) = h_n \frac{\partial f}{\partial t}(c,x)$. On a donc

$$\begin{aligned} \left|\frac{f(t_0+h_n,x) - f(t_0,x)}{h_n}\right| &= \left|\frac{\partial f}{\partial t}(c,x)\right| \\ &\leq g(x) \ \text{p.p.} \end{aligned}$$

En effet, ce nombre c dépend de t_0, de n et de x, mais cela n'interdit pas d'utiliser l'hypothèse de domination, car c est en position de « première variable » dans $\frac{\partial f}{\partial t}$.

Comme g est intégrable sur $\mathbb{R}$, on peut appliquer le théorème de convergence dominée à la suite (u_n) et conclure que

$$\lim_{n\to+\infty} \frac{F(t_0+h_n)-F(t_0)}{h_n} = \int_{\mathbb{R}} \frac{\partial f}{\partial t}(t_0,x)\,dx$$

Cela prouve que F est dérivable sur J et que l'on a la formule voulue pour $F'(t_0)$.
Enfin, on constate que le théorème 2.2 s'applique à $\frac{\partial f}{\partial t}$, donc F' est continue sur J, ce qui achève de prouver que F est $\mathcal{C}^1$ sur J.

□

Remarque. Il est facile de retrouver les hypothèses de ces deux théorèmes avec un peu de « bon sens ». On intègre par rapport à x, donc le majorant g doit être une fonction intégrable de x. Comme on veut que F soit une fonction continue de t, c'est par rapport à t que f doit être continue . Si on veut de plus pouvoir dériver $F(t)$ sous le signe $\int$, c'est également par rapport à t que f doit être $\mathcal{C}^1$, et c'est la dérivée par rapport à t de $f(t,x)$ que l'on doit majorer par une fonction de x intégrable.

Exemple. Considérons la fonction définie par

$$F(t) = \int_0^{+\infty} \frac{\cos(xt)}{1+x^3}\,dx$$

Montrons d'abord qu'on peut appliquer les théorèmes bien que l'on intègre sur une partie de $\mathbb{R}$ seulement, comme on l'affirmait au début de ce paragraphe. Il suffit pour le voir d'écrire

$$F(t) = \int_{\mathbb{R}} \frac{\cos(xt)}{1+x^3}\mathbf{1}_{[0,+\infty[}(x)\,dx$$

La fonction $t \mapsto \frac{\cos(xt)}{1+x^3}\mathbf{1}_{[0,+\infty[}(x)$ est continue sur $\mathbb{R}$ pour toute valeur de x. D'autre part on a

$$\left|\frac{\cos(xt)}{1+x^3}\mathbf{1}_{[0,+\infty[}(x)\right| \leq \frac{1}{1+x^3}\mathbf{1}_{[0,+\infty[}(x)$$

et la fonction $g(x) = \frac{1}{1+x^3}\mathbf{1}_{[0,+\infty[}(x)$ est intégrable sur $\mathbb{R}$. Il résulte donc du théorème 2.2 que F est continue sur $\mathbb{R}$.

Comme on peut toujours se ramener à l'intervalle d'intégration $\mathbb{R}$, il est bien entendu possible de travailler directement avec l'intervalle d'intégration initial $[0,+\infty[$. En pratique, lorsque $F(t)$ est définie par une intégrale sur un intervalle I, plutôt que de prolonger $f(t,x)$ par 0 en dehors de I, on cherche plutôt directement un majorant g appartenant à $L^1(I)$. L'étude suivante va illustrer cette remarque.

Étudions maintenant la dérivabilité de F. La première hypothèse du théorème 2.3 est bien sûr vérifiée (existence de $F(t)$). Il est clair que la fonction $t \mapsto \frac{\cos(xt)}{1+x^3}$ est $\mathcal{C}^1$ sur $\mathbb{R}$ pour tout x fixé dans $[0,+\infty[$. De plus, $\frac{\partial}{\partial t}\left(\frac{\cos(xt)}{1+x^3}\right) = -\frac{x\sin(xt)}{1+x^3}$ est majoré en valeur absolue par une fonction de x intégrable sur $[0,+\infty[$:

$$\left|\frac{x\sin(xt)}{1+x^3}\right| \leq \frac{x}{1+x^3}$$

Donc F est $\mathcal{C}^1$ sur $\mathbb{R}$, et sa dérivée est donnée par

$$F'(t) = -\int_0^{+\infty} \frac{x\sin(xt)}{1+x^3}\,dx$$

Remarque. Dans certains cas, on peut itérer ce raisonnement (lorsqu'on peut majorer les dérivées successives de $f(t,x)$ par rapport à t par des fonctions de x intégrables), ce qui permet de montrer que F est $\mathcal{C}^k$, voire $\mathcal{C}^\infty$, et que ses dérivées successives s'obtiennent par dérivation sous le signe $\int$. Mais dans notre exemple, le théorème 2.3 ne semble pas pouvoir s'appliquer une fois de plus : comment majorer $\frac{\partial^2 f}{\partial t^2} = -\frac{x^2\cos(xt)}{1+x^3}$ par une fonction intégrable ? Le majorant « naturel », qui est $\frac{x^2}{1+x^3}$, n'est pas intégrable à l'infini. En fait, la fonction $x \mapsto \frac{x^2\cos(xt)}{1+x^3}$ n'est pas intégrable sur $[0,+\infty[$ pour $t=0$, de sorte qu'il n'est pas possible de dériver deux fois sous le signe somme pour toute valeur de t.

2.2 Théorème de convergence monotone

Ce théorème permet lui aussi d'inverser limite et intégrale, lorsque la suite de fonctions est positive et monotone.

Ce théorème est très simple d'utilisation. On considère une suite (f_n) *croissante* de fonctions *positives.* Ce qu'on appelle ici fonction « positive » est une fonction à valeurs dans $[0,+\infty]$ (elle prend des valeurs finies positives ou bien la valeur $+\infty$). Et une suite « croissante » de fonctions est une suite (f_n) qui vérifie, pour presque-tout x réel, la propriété $f_{n+1}(x) \geq f_n(x)$. Une suite croissante est soit convergente, soit tend vers l'infini. Il en résulte que la suite $\big(f_n(x)\big)$ possède, pour presque-tout x, une limite dans $[0,+\infty]$, que l'on note $f(x)$. Sous ces hypothèses très simples à vérifier en pratique, $\int_{\mathbb{R}} f_n$ tend vers $\int_{\mathbb{R}} f$ quand n tend vers l'infini. Bien entendu le même résultat est vrai pour une suite décroissante de fonctions négatives (il suffit de remplacer f_n par $-f_n$ pour le voir). En résumé, nous avons le théorème suivant.

Théorème 2.4 *Soit $(f_n)_{n\in\mathbb{N}}$ une suite croissante de fonctions positives. On a*

$$\lim_{n\to+\infty} \int_{\mathbb{R}} f_n = \int_{\mathbb{R}} \lim_{n\to+\infty} f_n$$

Remarque. Dans ce théorème, l'égalité peut se réduire à $+\infty = +\infty$ (lorsque les f_n ne sont pas intégrables par exemple).

Exemples.

1. Considérons la suite de fonctions définies par $f_n(x) = \frac{n}{|x|}$. On a $f_n(x) \geq 0$ si $x \neq 0$, et $f_n(0) = +\infty$. D'autre part on a $f_{n+1}(x) = \frac{n+1}{|x|} \geq \frac{n}{|x|} = f_n(x)$ pour $x \neq 0$ (et $f_{n+1}(0) = f_n(0)$). On peut appliquer le théorème de convergence monotone, mais ici il se réduit à une trivialité, car $\int_{\mathbb{R}} f_n = +\infty$, qui tend bien vers $+\infty$ quand n tend vers l'infini, et d'autre part la limite des f_n quand n tend vers $+\infty$ est la fonction égale à $+\infty$ en tout point, qui a bien une intégrale égale à $+\infty$.
2. On considère la suite $(f_n)_{n\geq 1}$ de fonctions définies sur $[1,+\infty[$ par

$$f_n(x) = \frac{1}{x^2+\frac{1}{n}} \mathbf{1}_{[1,n]}(x)$$

Il est clair que la suite $\big(f_n(x)\big)$ converge vers $f(x) = \frac{1}{x^2}$ pour tout $x \geq 1$. En effet, pour x fixé, on a $f_n(x) = \frac{1}{x^2+\frac{1}{n}}$ dès que $n \geq x$, et cette quantité tend vers $\frac{1}{x^2}$ quand n tend vers $+\infty$.

De plus, pour tout $x \geq 1$, on a $f_n(x) \geq 0$ et $f_{n+1}(x) \geq f_n(x)$. Plus précisément :
– pour $x \in [1,n]$, on a $f_{n+1}(x) > f_n(x) > 0$,
– pour $x \in]n, n+1]$, on a $f_{n+1}(x) > 0 = f_n(x)$,
– pour $x \in]n+1,+\infty[$, on a $f_{n+1}(x) = 0 = f_n(x)$.

Le théorème de convergence monotone implique donc que

$$\lim_{n\to\infty}\int_{[1,+\infty[} f_n(x)\,dx = \int_1^{+\infty}\frac{dx}{x^2} = 1$$

Remarque. Pour cet exemple, on aurait aussi pu utiliser le théorème de convergence dominée, car il est clair que $|f_n(x)| \leq \frac{1}{x^2}$, et la fonction $g : x \mapsto \frac{1}{x^2}$ est intégrable sur $[1, +\infty[$. Par contre, pour la suite de fonctions définie par :

$$g_n(x) = \frac{1}{x+\frac{1}{n}}\,\mathbf{1}_{[1,n]}(x)$$

le théorème de convergence dominée ne s'applique pas, car la fonction $x \mapsto \frac{1}{x}$ n'est pas intégrable sur $[1, +\infty[$, mais le théorème de convergence monotone s'applique encore et nous donne

$$\lim_{n\to\infty}\int_{[1,+\infty[} g_n(x)\,dx = \int_1^{+\infty}\frac{dx}{x} = +\infty$$

ce que l'on peut d'ailleurs vérifier directement, en calculant $\int_{[1,+\infty[} g_n(x)\,dx$.

Il résulte de ce théorème de convergence monotone que pour une *série* de fonctions *positives*, on peut inverser, sans autre vérification, les signes $\int$ et $\sum$.

Corollaire 2.1 *Soit $(f_n)_{n\in\mathbb{N}}$ une suite de fonctions positives. Alors on a*

$$\int_{\mathbb{R}}\left(\sum_{n=0}^{+\infty} f_n(x)\right)dx = \sum_{n=0}^{+\infty}\int_{\mathbb{R}} f_n(x)dx \tag{I.12}$$

Preuve du corollaire. On considère la suite des sommes partielles

$$S_n(x) = \sum_{k=0}^{n} f_k(x)$$

C'est une suite de fonctions positives, et elle est croissante puisque $S_{n+1}(x) = S_n(x) + f_{n+1}(x)$ avec $f_{n+1}(x) \geq 0$ pour presque-tout x. On a

$$\int_{\mathbb{R}} S_n = \int_{\mathbb{R}}\left(\sum_{k=0}^{n} f_k(x)\right)dx = \sum_{k=0}^{n}\int_{\mathbb{R}} f_k(x)dx$$

On a donc

$$\lim_{n\to+\infty}\int_{\mathbb{R}} S_n = \sum_{k=0}^{+\infty}\int_{\mathbb{R}} f_k(x)dx$$

Appliquons le théorème de convergence monotone à la suite (S_n). On obtient

$$\sum_{k=0}^{+\infty}\int_{\mathbb{R}} f_k(x)dx = \int_{\mathbb{R}}\lim_{n\to+\infty} S_n(x)dx = \int_{\mathbb{R}}\left(\sum_{n=0}^{+\infty} f_n(x)\right)dx$$

□

Remarque. Bien entendu dans l'égalité (I.12), l'une ou l'autre des séries peut diverger, auquel cas l'égalité reste vraie mais elle se réduit à $+\infty = +\infty$, puisque les fonctions sont positives.

3 Intégrales multiples

3.1 Théorème de Fubini

Il est possible de construire la mesure de Lebesgue sur $\mathbb{R}^n$. Par exemple, dans $\mathbb{R}^2$, le rectangle $[a,b] \times [c,d]$ a pour mesure de Lebesgue son *aire* $(b-a)(d-c)$ et un point ou une courbe (régulière) sont des ensembles de mesure nulle dans $\mathbb{R}^2$.
De même la mesure de Lebesgue d'une partie de $\mathbb{R}^3$ représente son *volume*, de sorte qu'une surface (régulière) de l'espace $\mathbb{R}^3$ est de mesure nulle.

À partir de la mesure de Lebesgue sur $\mathbb{R}^n$, on peut construire l'intégrale de Lebesgue de fonctions de n variables réelles (mesurables) positives ou intégrables. On appelle cette intégrale une *intégrale multiple*. On va écrire les résultats pour des intégrales doubles, mais tout ceci se généralise à la dimension $n \geq 2$. On suppose qu'on intègre sur $\mathbb{R}^2$ en entier car on peut toujours se ramener à ce cas en prolongeant la fonction par la valeur 0 en dehors du domaine d'intégration. On a

$$f \in L^1(\mathbb{R}^2) \iff \iint_{\mathbb{R}^2} |f(x,y)|\, dxdy < +\infty \tag{I.13}$$

et si $f \in L^1(\mathbb{R}^2)$:

$$\left| \iint_{\mathbb{R}^2} f(x,y)\, dxdy \right| \leq \iint_{\mathbb{R}^2} |f(x,y)|\, dxdy \tag{I.14}$$

On se souviendra que l'on peut négliger des ensembles de mesure nulle lors du calcul des intégrales multiples. Le calcul pratique de ces intégrales utilise la règle de Fubini qui permet de se ramener à des intégrales simples. Cette règle s'appuie sur les deux théorèmes suivants.

Théorème 3.1 ***Théorème de Tonelli.***
Soit $(x,y) \mapsto f(x,y)$ une fonction ***positive*** *p.p. sur $\mathbb{R}^2$. On a :*

$$\iint_{\mathbb{R}^2} f(x,y)\, dxdy = \int_{\mathbb{R}} \left(\int_{\mathbb{R}} f(x,y)\, dx \right) dy = \int_{\mathbb{R}} \left(\int_{\mathbb{R}} f(x,y)\, dy \right) dx \tag{I.15}$$

Remarque. L'égalité (I.15) peut se réduire à $+\infty = +\infty = +\infty$. Cela arrive ssi $f \notin L^1(\mathbb{R}^2)$.

Théorème 3.2 ***Théorème de Fubini.***
Soit $f \in L^1(\mathbb{R}^2)$. On a :

1. *La fonction $x \mapsto f(x,y)$ est intégrable sur $\mathbb{R}$ pour presque-tout y.*
2. *La fonction $y \mapsto \int_{\mathbb{R}} f(x,y)\, dx$ (définie p.p.) est intégrable sur $\mathbb{R}$.*
3. *On peut inverser les rôles de x et de y dans ce qui précède.*
4. *On a :*

$$\iint_{\mathbb{R}^2} f(x,y)\, dxdy = \int_{\mathbb{R}} \left(\int_{\mathbb{R}} f(x,y)\, dx \right) dy = \int_{\mathbb{R}} \left(\int_{\mathbb{R}} f(x,y)\, dy \right) dx$$

Pratique. Ces deux théorèmes sont complémentaires. Supposons que l'on souhaite intervertir l'ordre des intégrations dans une intégrale double. On commence par le faire sur l'intégrale de $|f(x,y)|$ (car le théorème de Tonelli nous y autorise), puis, si l'un des moyens de calculer l'intégrale du module de f donne un résultat $< +\infty$, alors $f \in L^1(\mathbb{R}^2)$ et on peut refaire les calculs sur l'intégrale de f, sans le module.

3.2 Changement de variables

Les notions d'ouverts et de $\mathcal{C}^1$-difféomorphisme sont rappelées aux annexes A et B.

Théorème 3.3 *Soient D un ouvert de $\mathbb{R}^n$ et ϕ un $\mathcal{C}^1$-difféomorphisme de D sur l'ouvert $D' = \phi(D)$ de $\mathbb{R}^n$. Soit $f \in L^1(D)$. La fonction $(f \circ \phi^{-1})\,|\det(J(\phi^{-1}))\,|$ est intégrable sur D' et on a*

$$\int_D f(x)\,dx = \int_{D'} f(\phi^{-1}(u))\,\left|\det\left(J(\phi^{-1})(u)\right)\right|\,du \tag{I.16}$$

La formule (I.16) est également vraie lorsque f est positive (même si f n'est pas intégrable sur D, auquel cas l'égalité se réduit à $+\infty = +\infty$).

Lorsqu'on utilise (I.16), on dit qu'on fait le changement de variable $u = \phi(x)$ dans l'intégrale multiple. Rappelons que $\det\left(J(\phi^{-1})\right)$ est le *jacobien* du difféomorphisme ϕ^{-1}, *i.e.* le déterminant de la matrice des dérivées partielles des composantes de ϕ^{-1}.

Exemples classiques.

1. **Passage en polaires.** Dans $\mathbb{R}^2$, le passage en coordonnées polaires correspond à $(x,y) = \phi^{-1}(r,\theta) = (r\cos\theta, r\sin\theta)$. On se reportera à l'annexe B page 375 pour le calcul du déterminant jacobien et la preuve que l'application $\phi\,:\,(x,y) \mapsto (r,\theta)$ est un difféomorphisme de l'ouvert de $\mathbb{R}^2$ défini par $D = \mathbb{R}^2 \setminus \{(x,0)\,;\, x \geq 0\}$ sur l'ouvert $D' =]0,+\infty[\times]0,2\pi[$. Le jacobien vaut $\det\left(J(\phi^{-1})(r,\theta)\right) = r$. On retient l'écriture formelle usuelle $dxdy = r\,drd\theta$.
2. **Passage en cylindriques.** Dans $\mathbb{R}^3$, le passage en coordonnées cylindriques correspond à $(x,y,z) = \phi^{-1}(r,\theta,z) = (r\cos\theta, r\sin\theta, z)$. L'application $\phi\,:\,(x,y,z) \mapsto (r,\theta,z)$ est un difféomorphisme de l'ouvert de $\mathbb{R}^3$ défini par $D = \mathbb{R}^3 \setminus \{(x,0,z)\,;\, x \geq 0\}$ sur l'ouvert $D' =]0,+\infty[\times]0,2\pi[\times\mathbb{R}$. On vérifiera à titre d'exercice que le jacobien vaut r. On retient l'écriture formelle $dxdydz = r\,drd\theta dz$.
3. **Passage en sphériques.** Voir l'exercice I.14.

Terminons par un exemple d'utilisation des théorèmes 3.1 et 3.3.

Exemple. Soit $\alpha \in \mathbb{R}$ et f définie sur $\mathbb{R}^2$ par $f(x,y) = \frac{1}{(1+x^2+y^2)^\alpha}$. Pour quelle valeur de α la fonction f est-elle intégrable sur $\mathbb{R}^2$?

Cette fonction f est positive, on peut donc calculer son intégrale « sans prendre de précautions ». Par changement de variables en polaires et utilisation du théorème de Tonelli :

$$\begin{aligned}
\iint_{\mathbb{R}^2} f(x,y)\,dxdy &= \iint_{]0,+\infty[\times]0,2\pi[} \frac{1}{(1+r^2)^\alpha} r\,drd\theta \\
&= \int_0^{2\pi}\int_0^{+\infty} \frac{r}{(1+r^2)^\alpha}\,dr\,d\theta \\
&= 2\pi \int_0^{+\infty} \frac{r}{(1+r^2)^\alpha}\,dr
\end{aligned}$$

Cette quantité est finie ssi $2\alpha - 1 > 1$, donc $f \in L^1(\mathbb{R}^2) \iff \alpha > 1$.

On notera que pour être sous les hypothèses de la formule du changement de variables ($D' =]0,+\infty[\times]0,2\pi[$ ouvert), on a exclu du domaine initial d'intégration ($D = \mathbb{R}^2$) la demi-droite $[0,+\infty[\times\{0\}$, ce qui n'a aucune incidence sur la valeur de l'intégrale double puisque cette demi-droite est de mesure nulle dans $\mathbb{R}^2$.

Pour $\alpha > 1$, quelle est la valeur de $I = \iint_{\mathbb{R}^2} f(x,y)\,dxdy$? On a

$$I = 2\pi \int_0^{+\infty} r(1+r^2)^{-\alpha}\,dr = \frac{\pi}{1-\alpha}\left[(1+r^2)^{-\alpha+1}\right]_0^{+\infty} = \frac{\pi}{\alpha-1}$$

En effet, $-\alpha+1 < 0$, donc $\lim_{r\to+\infty}(1+r^2)^{-\alpha+1} = 0$.

4 Exercices corrigés

Les exercices I.4, I.7 et I.13 sont des « grands classiques ». Il est important de savoir les (re)faire mais aussi de connaître le résultat.

Exercice I.1 *Démontrer que la seule fonction périodique intégrable sur $\mathbb{R}$ est la fonction nulle.*

Solution. Soit $T > 0$ une période de f. On a $\int_{\mathbb{R}} |f| = \sum_{n=-\infty}^{+\infty} \int_{[nT,(n+1)T[} |f|$. Or, par périodicité de $|f|$, toutes ces intégrales sont égales. Si f n'est pas la fonction nulle, alors la valeur commune de ces intégrales est > 0. Il en résulte que $\int_{\mathbb{R}} |f| = +\infty$ (on somme une infinité de fois le même nombre strictement positif).

Exercice I.2 *Démontrer que* $\ln \in L^2(]0,1])$.

Indication. S'inspirer de la preuve du fait que $\ln \in L^1(]0,1])$. Il suffit donc de calculer $\int_\varepsilon^1 \ln^2(x)\,dx$ (en intégrant par parties) et de montrer que cette intégrale tend vers une valeur finie lorsque ε tend vers 0^+.

Exercice I.3 *Étudier l'appartenance à $L^1(I)$ de la fonction $x \mapsto \frac{1}{x^\alpha |\ln x|^\beta}$ lorsque $I =]0,1/2]$, $I = [1/2,1[$, $I = [2,+\infty[$.*

Solution succincte. C'est un exercice de révision des techniques d'étude d'intégrabilité. Rappelons que pour étudier l'intégrabilité d'une fonction f au voisinage de $a \in [-\infty,+\infty]$, on peut remplacer $|f|$ (fonction positive) par un équivalent au voisinage de a, ou chercher un majorant intégrable de $|f|$ si on veut montrer que f est intégrable, ou un minorant non-intégrable si on veut montrer que f ne l'est pas.
Ici, la fonction à étudier étant positive, elle est égale à sa valeur absolue.

1. Étude de $\int_0^{1/2} \frac{1}{x^\alpha |\ln x|^\beta}\,dx = \int_0^{1/2} \frac{1}{x^\alpha (-\ln x)^\beta}\,dx$ (dite *intégrale de Bertrand en* 0).
   - Pour $\alpha < 1$, on démontre qu'il existe un voisinage de 0 sur lequel la fonction à intégrer est majorée par $\frac{1}{x^\gamma}$ avec $\alpha < \gamma < 1$. Pour cela, on note que l'on a $\lim_{x\to 0^+} \frac{x^\gamma}{x^\alpha(-\ln x)^\beta} = 0$, donc, pour x assez proche de 0, on a $0 < \frac{x^\gamma}{x^\alpha(-\ln x)^\beta} < 1$.
     On a donc $\int_0^{1/2} \frac{1}{x^\alpha |\ln x|^\beta}\,dx < +\infty$ dans ce cas.
   - Pour $\alpha > 1$, on démontre, par le même type de technique, qu'on peut minorer la fonction à intégrer par $\frac{1}{x^\gamma}$ avec $\alpha > \gamma > 1$ pour x assez proche de 0. On a donc $\int_0^{1/2} \frac{1}{x^\alpha |\ln x|^\beta}\,dx = +\infty$.
   - Pour $\alpha = 1$, l'intégrale se laisse calculer (par primitive). On voit alors directement que $\int_0^{1/2} \frac{1}{x |\ln x|^\beta}\,dx < +\infty$ ssi $\beta > 1$.

   Finalement, $f \in L^1(]0,1/2]) \iff (\alpha < 1)$ ou $(\alpha = 1$ et $\beta > 1)$.

2. Étude de $\int_2^{+\infty} \frac{1}{x^\alpha |\ln x|^\beta}\,dx = \int_2^{+\infty} \frac{1}{x^\alpha (\ln x)^\beta}\,dx$ (dite *intégrale de Bertrand en* $+\infty$).

   C'est très similaire, et on emploie les mêmes techniques.
   - Pour $\alpha > 1$, on démontre que, pour x assez grand, on peut majorer la fonction à intégrer par $\frac{1}{x^\gamma}$ avec $\alpha > \gamma > 1$. On a donc $\int_2^{+\infty} \frac{1}{x^\alpha (\ln x)^\beta}\,dx < +\infty$.
   - Pour $\alpha < 1$, on démontre que, pour x assez grand, on peut minorer la fonction à intégrer par $\frac{1}{x^\gamma}$ avec $\alpha < \gamma < 1$. On a donc $\int_2^{+\infty} \frac{1}{x^\alpha (\ln x)^\beta}\,dx = +\infty$.
   - Pour $\alpha = 1$, l'intégrale se laisse calculer (par primitive). On voit alors directement que $\int_2^{+\infty} \frac{1}{x (\ln x)^\beta}\,dx < +\infty$ ssi $\beta > 1$.

   Finalement, $f \in L^1([2,+\infty[) \iff (\alpha > 1)$ ou $(\alpha = 1$ et $\beta > 1)$.

3. Étude de $\int_{1/2}^{1} \frac{1}{x^\alpha |\ln x|^\beta}\, dx = \int_{1/2}^{1} \frac{1}{x^\alpha (-\ln x)^\beta}\, dx$.

   La fonction à intégrer étant positive, on peut remplacer son étude par celle d'un équivalent au voisinage de 1^-. On pose $t = 1 - x$, de sorte que t est au voisinage de 0^+, et on utilise le développement limité $\ln(1-t) = -t + \circ(t)$, ce qui nous donne :

$$\frac{1}{x^\alpha(-\ln x)^\beta} \sim_{1^-} \frac{1}{(-\ln x)^\beta} = \frac{1}{(t+\circ(t))^\beta} \sim_{0^+} \frac{1}{t^\beta}$$

   Ainsi $f \in L^1([1/2, 1[)$ ssi $\beta < 1$.

Exercice I.4 ***Fonction Sinus Cardinal***
On considère la fonction f définie par $f(x) = \frac{\sin x}{x}$. Démontrer que l'intégrale impropre (au sens généralisé de Riemann) $\int_0^{+\infty} f(x)dx$ converge, mais que $f \notin L^1(]0, +\infty[)$.

Solution. La fonction $f = \operatorname{sinc}$ est continue sur $]0, 1]$ et prolongeable par continuité en 0 (par la valeur 1). Par conséquent $\int_0^1 \frac{\sin x}{x}\, dx$ existe au sens de Riemann. On doit montrer que $\int_1^A \frac{\sin x}{x}\, dx$ possède une limite finie quand A tend vers $+\infty$. Or, en intégrant par parties :

$$\int_1^A \frac{\sin x}{x}\, dx = -\frac{\cos A}{A} + \cos 1 - \int_1^A \frac{\cos x}{x^2}\, dx$$

Lorsque A tend vers $+\infty$, la quantité $\cos 1 - \frac{\cos A}{A}$ tend vers $\cos 1$. Par ailleurs, $\int_1^A \frac{\cos x}{x^2}\, dx$ tend également vers une valeur finie, car l'intégrale $\int_1^{+\infty} \frac{\cos x}{x^2}\, dx$ est absolument convergente, comme le montre la majoration $\left|\frac{\cos x}{x^2}\right| \leq \frac{1}{x^2}$. Il en résulte que $\int_0^A \frac{\sin x}{x}\, dx$ possède une limite finie quand A tend vers $+\infty$, que l'on peut noter $\int_0^{+\infty} \frac{\sin x}{x}\, dx$ (c'est une intégrale généralisée au sens de Riemann, encore appelée *intégrale impropre convergente*).

Montrons maintenant que, bien que l'intégrale sur $\mathbb{R}^+$ de la fonction (non-positive) sinc puisse être définie au sens généralisé de Riemann, cette fonction n'est pas intégrable au sens de Lebesgue sur $\mathbb{R}^+$. Il faut prouver que $\int_0^{+\infty} \left|\frac{\sin x}{x}\right| dx = +\infty$. Comme on l'a vu au paragraphe 1.3 (cf. figure I.3), l'idée est de prouver que la série de terme général positif $\int_{n\pi}^{(n+1)\pi} \left|\frac{\sin x}{x}\right| dx$ est divergente.
Or sur $[n\pi, (n+1)\pi]$, on a $\left|\frac{1}{x}\right| \geq \frac{1}{(n+1)\pi}$, donc :

$$\int_{n\pi}^{(n+1)\pi} \left|\frac{\sin x}{x}\right| dx \geq \frac{1}{(n+1)\pi} \int_{n\pi}^{(n+1)\pi} |\sin x|\, dx = \frac{2}{(n+1)\pi}$$

Comme $\sum_{n=0}^{+\infty} \frac{2}{(n+1)\pi} = +\infty$, on a bien $\int_0^{+\infty} \left|\frac{\sin x}{x}\right| dx = +\infty$, *i.e.* $f \notin L^1([0, +\infty[)$.

Exercice I.5 *Démontrer que* $\lim_{n\to+\infty} \int_0^{+\infty} e^{-nx} x^{-\frac{1}{2}}\, dx = 0$.

Solution. La suite de fonctions définie par $f_n(x) = e^{-nx}x^{-\frac{1}{2}}$, pour $n \in \mathbb{N}^*$ et $x > 0$, vérifie les hypothèses du théorème de convergence dominée. En effet, on a :

$$\forall x > 0 \quad \lim_{n\to+\infty} f_n(x) = 0$$

et, puisque la suite (f_n) est manifestement décroissante :

$$\forall x > 0\ \forall n \in \mathbb{N}^* \quad |f_n(x)| = f_n(x) \leq f_1(x)$$

Or, la fonction f_1 est élément de $L^1(]0, +\infty[)$. En effet $f_1(x) \geq 0$, donc pour l'étude de l'intégrabilité au voisinage de 0 on peut utiliser un équivalent. Comme $f_1(x) \sim_0 \frac{1}{x^{1/2}}$ qui est intégrable sur $]0, 1]$, on a $f_1 \in L^1(]0, 1])$. D'autre part, pour $x \geq 1$, $|f_1(x)|$ est majoré par e^{-x}, qui est intégrable sur $[1, +\infty[$, donc $f_1 \in L^1([1, +\infty[)$.
Il en résulte que :

$$\lim_{n\to+\infty} \int_0^{+\infty} e^{-nx}x^{-\frac{1}{2}}\, dx = \int_0^{+\infty} \lim_{n\to+\infty} f_n(x)\, dx = \int_0^{+\infty} 0\, dx = 0$$

Exercice I.6 *On considère la suite de fonctions définie par*

$$f_n(x) = \frac{1}{|x|}\mathbf{1}_{\left[-\frac{1}{n},\frac{1}{n}\right]}(x)$$

Démontrer que $\lim_{n\to+\infty}\int_{\mathbb{R}} f_n(x)\,dx \neq \int_{\mathbb{R}} \lim_{n\to+\infty} f_n(x)\,dx$. *Cela montre que ni le théorème de convergence dominée, ni le théorème de convergence monotone ne s'appliquent ici. Vérifier cela directement.*

Solution. La suite de fonctions (f_n) est positive (plus précisément, à valeurs dans $[0,+\infty]$, car on a $f_n(0) = +\infty$). On remarque que f_n n'est pas intégrable sur $\mathbb{R}$, puisque

$$\int_{\mathbb{R}} f_n(x)\,dx = \int_{-\frac{1}{n}}^{\frac{1}{n}} \frac{1}{|x|}\,dx = +\infty$$

Le membre de gauche est donc égal à $+\infty$. Par ailleurs, on a $\lim_{n\to+\infty} f_n(x) = 0$ pour tout $x \neq 0$. Ainsi, la limite de la suite (f_n) existe : c'est la fonction nulle (p.p.) dont l'intégrale est nulle (le fait qu'en $x = 0$, f_n ait une limite infinie ne change rien à la valeur de l'intégrale puisque l'ensemble $\{0\}$ est de mesure nulle). On a bien sûr $+\infty \neq 0$, donc $\lim_{n\to+\infty}\int_{\mathbb{R}} f_n(x)\,dx \neq \int_{\mathbb{R}} \lim_{n\to+\infty} f_n(x)\,dx$.

Effectivement, le théorème de convergence monotone ne s'applique pas puisque (f_n) est une suite de fonctions positives vérifiant $f_{n+1}(x) = 0 < f_n(x)$ pour tout $x \in \left]\frac{1}{n+1}, \frac{1}{n}\right]$.

Le théorème de convergence dominée ne s'applique pas non plus, car, (f_n) étant une suite décroissante de fonction positives, le plus petit des majorants est la fonction $g = f_1$ qui n'est pas intégrable sur $\mathbb{R}$. Ainsi, aucune fonction majorant les $|f_n| = f_n$ ne peut être intégrable sur $\mathbb{R}$.

Exercice I.7 ***Fonction Gamma***

La fonction Γ *(considérée dans la suite comme une fonction usuelle) est définie, sous réserve d'existence, par la formule intégrale*

$$\Gamma(x) = \int_0^{+\infty} e^{-t}t^{x-1}\,dt \tag{I.17}$$

où la variable x *est réelle.*

1. *Démontrer que le domaine de définition de* Γ *est* $]0,+\infty[$.
2. *Démontrer que* Γ *est continue sur son domaine de définition.*
3. *Démontrer que* Γ *est de classe* $\mathcal{C}^1$ *sur son domaine de définition et donner sa dérivée. Itérer le raisonnement.*
4. *Démontrer la relation fonctionnelle de la fonction* Γ, *en précisant bien sûr son domaine de validité :*
$$\Gamma(x+1) = x\Gamma(x) \tag{I.18}$$
5. *En déduire que* $\Gamma(n) = (n-1)!$ *lorsque* n *est un entier naturel non nul.*
6. *Calculer* $\Gamma(1/2)$ *en utilisant le résultat de l'exercice I.13.*
   En déduire $\Gamma(n+1/2)$ *pour* n *entier naturel.*

Solution.

1. On doit regarder pour quelles valeurs de x la fonction $t \mapsto e^{-t}t^{x-1}$ est intégrable sur $]0,+\infty[$. On a une étude d'intégrabilité à faire au voisinage de 0 (car $e^{-t}t^{x-1} = e^{-t}e^{(x-1)\ln t}$) et au voisinage de l'infini. La fonction à intégrer est positive.
   Pour l'intégrabilité en 0, on remarque que $e^{-t}t^{x-1} \sim_0 t^{x-1} = \frac{1}{t^{1-x}}$, qui est intégrable sur $]0,1]$ ssi $1-x<1$. On a donc la condition d'intégrabilité $x > 0$.
   D'autre part, $\lim_{t\to+\infty} e^{-t}t^{x-1}t^2 = 0$, donc on a $0 < e^{-t}t^{x-1} < \frac{1}{t^2}$ pour t assez grand. Donc $t \mapsto e^{-t}t^{x-1}$ est intégrable sur $[1,+\infty[$ pour toute valeur de x.
   Finalement le domaine de définition de Γ est constitué des $x > 0$.

2. Il s'agit d'utiliser le théorème de continuité d'une fonction définie par une intégrale.
Pour $t > 0$ fixé, la fonction $x \mapsto e^{-t}e^{(x-1)\ln t}$ est continue sur $\mathbb{R}$, donc sur $]0, +\infty[$.
Malheureusement, on ne voit pas de majorant $g(t)$ de $|e^{-t}t^{x-1}| = e^{-t}e^{(x-1)\ln t}$, avec g intégrable sur $]0, +\infty[$, valable pour tout $x > 0$. Dans cette situation, on peut chercher une fonction intégrable sur $]0, +\infty[$ majorant $|e^{-t}t^{x-1}|$ pour tout $x \in [a, b]$, où $0 < a < b$. Si cette recherche aboutit, cela prouve que Γ est continue sur tout intervalle $[a, b]$ de ce type, donc que Γ est continue sur $]0, +\infty[$.
Pour $0 < t < 1$, on a $\ln t < 0$, et pour $t \geq 1$, on a $\ln t \geq 0$, donc :

$$\forall x \in [a, b] \begin{cases} \forall t \in]0, 1[& (b-1)\ln t \leq (x-1)\ln t \leq (a-1)\ln t \\ \forall t \in [1, +\infty[& (a-1)\ln t \leq (x-1)\ln t \leq (b-1)\ln t \end{cases}$$

d'où l'on déduit :

$$\forall x \in [a, b] \begin{cases} \forall t \in]0, 1[& e^{-t}t^{b-1} \leq e^{-t}t^{x-1} \leq e^{-t}t^{a-1} \\ \forall t \in [1, +\infty[& e^{-t}t^{a-1} \leq e^{-t}t^{x-1} \leq e^{-t}t^{b-1} \end{cases}$$

La fonction g définie par :

$$g(t) = \begin{cases} e^{-t}t^{a-1} & \text{pour } t \in]0, 1[\\ e^{-t}t^{b-1} & \text{pour } t \in [1, +\infty[\end{cases} \tag{I.19}$$

est intégrable sur $]0, +\infty[$ (d'après l'étude faite à la première question, puisque $a > 0$), et majore $|e^{-t}t^{x-1}|$ pour tout $x \in [a, b]$.
Ainsi Γ est bien continue sur son domaine de définition $]0, +\infty[$.

3. On utilise le théorème de dérivation d'une fonction définie par une intégrale.
On sait déjà que $t \mapsto e^{-t}t^{x-1}$ est intégrable sur $]0, +\infty[$ pour tout $x > 0$.
Pour $t > 0$ fixé, la fonction $x \mapsto e^{-t}e^{(x-1)\ln t}$ est $\mathcal{C}^1$ sur $\mathbb{R}$, donc sur $]0, +\infty[$.
Il faut majorer $\left|\frac{\partial}{\partial x}(e^{-t}t^{x-1})\right| = |\ln t|\, e^{-t}t^{x-1}$ par une fonction $t \mapsto g(t)$ intégrable sur $]0, +\infty[$.
On utilise le même artifice (étude pour $x \in [a, b]$, avec $0 < a < b$) que pour l'étude de la continuité, un majorant qui convient étant cette fois :

$$g(t) = \begin{cases} |\ln t|\, e^{-t}t^{a-1} & \text{pour } t \in]0, 1[\\ |\ln t|\, e^{-t}t^{b-1} & \text{pour } t \in [1, +\infty[\end{cases}$$

Celle fonction g est bien intégrable sur $]0, +\infty[$. En effet au voisinage de 0 elle est équivalente à $|\ln t|\, t^{a-1}$ (cf. étude de l'intégrale de Bertrand en 0, en notant que $a - 1 > -1$), et en $+\infty$ elle est majorée, par exemple, par $\frac{1}{t^2}$, puisque $\lim_{t\to+\infty} t^2 \ln t\, e^{-t}t^{b-1} = 0$.
On a donc Γ de classe $\mathcal{C}^1$ sur $]0, +\infty[$, et :

$$\forall x > 0 \quad \Gamma'(x) = \int_0^{+\infty} \ln t\, e^{-t}t^{x-1}\, dt$$

On peut en fait itérer le procédé et montrer que Γ est de classe $\mathcal{C}^\infty$ sur son domaine de définition, les dérivées successives s'obtenant par dérivation (par rapport à x bien sûr) sous le signe $\int$. En effet, à chaque dérivation par rapport à x, il sort un $\ln t$ supplémentaire, et il suffit d'en tenir compte dans la définition d'une fonction majorante g intégrable. On a donc :

$$\forall x > 0 \quad \Gamma^{(n)}(x) = \int_0^{+\infty} (\ln t)^n\, e^{-t}t^{x-1}\, dt$$

4. Une intégration par parties donne immédiatement la relation fonctionnelle (I.18), valable pour tout $x > 0$.

5. Lorsque $x = n$ est un entier naturel non nul, un raisonnement par récurrence permet de déduire de (I.18) que $\Gamma(n) = (n-1)(n-2)\ldots 1\,\Gamma(1)$, avec $\Gamma(1) = \int_0^{+\infty} e^{-t}\, dt = 1$.

6. Faire le changement de variable $t = u^2$ dans l'intégrale définissant $\Gamma(1/2)$. On retrouve l'intégrale d'une gaussienne, déjà calculée, et on trouve $\Gamma(1/2) = \sqrt{\pi}$.
   Pour en déduire la valeur de $\Gamma(n + 1/2)$, il suffit d'utiliser la relation fonctionnelle (I.18).

Exercice I.8 *Montrer que* $F : \lambda \mapsto \int_1^{+\infty} \frac{\ln t}{t^{3/2}+\lambda^2}\, dt$ *est de classe* $\mathcal{C}^1$ *sur* $\mathbb{R}$ *et calculer* $F'(\lambda)$.

Solution. Pour $t \geq 1$, $\lambda \mapsto f(t,\lambda) = \frac{\ln t}{t^{3/2}+\lambda^2} \in \mathcal{C}^1(\mathbb{R})$. On a $|f(t,\lambda)| \leq \frac{\ln t}{t^{3/2}} \leq \frac{1}{t^{5/4}}$ pour t assez grand, donc $F \in \mathcal{C}^0(\mathbb{R})$. On a $\left|\frac{\partial f}{\partial \lambda}\right| = \frac{2|\lambda| \ln t}{(t^{3/2}+\lambda^2)^2} \leq \frac{2\lambda_0}{t^{11/4}}$ pour $|\lambda| \leq \lambda_0$, ce qui montre que F est de classe $\mathcal{C}^1$ sur tout intervalle $[-\lambda_0, \lambda_0]$, donc sur $\mathbb{R}$. Pour tout réel λ, on a $F'(\lambda) = -2\lambda \int_1^{+\infty} \frac{\ln t}{(t^{3/2}+\lambda^2)^2}\, dt$.

Exercice I.9 *Soit* α *un paramètre réel. On considère la* ***transformée de Laplace*** *de la fonction* $t \mapsto t^\alpha \mathbf{1}_{]0,+\infty[}(t)$, *i.e. la fonction* $p \in \mathbb{R} \mapsto F_\alpha(p) = \int_0^{+\infty} t^\alpha e^{-pt}\, dt$.
Étudier l'existence de $F_\alpha(p)$ *et montrer que* F_α *est de classe* $\mathcal{C}^1$ *sur son domaine de définition. Donner la dérivée. Exprimer* $F_\alpha(p)$ *à l'aide des fonctions usuelles. Préciser le cas où* $\alpha \in \mathbb{N}$.

Indications. Une condition nécessaire d'existence de cette transformée de Laplace est $\alpha > -1$, sinon la fonction $t \mapsto t^\alpha e^{-pt}$ n'est pas intégrable sur $]0,1]$. On suppose dans la suite cette condition réalisée. On voit alors facilement que F_α est définie et $\mathcal{C}^1$ pour $p \in]0,+\infty[$. Le théorème de dérivation sous le signe $\int$ s'applique ici sans difficulté, et nous donne $F'_\alpha(p) = -F_{\alpha+1}(p)$ pour $p > 0$.
Supposons toujours $\alpha > -1$ et $p > 0$. Le changement de variable $u = pt$ dans l'intégrale permet d'écrire $F_\alpha(p)$ à l'aide de la fonction Γ. On trouve ainsi que la transformée de Laplace cherchée s'écrit $F_\alpha(p) = \frac{\Gamma(\alpha+1)}{p^{\alpha+1}}$. Pour $\alpha \in \mathbb{N}$, on a donc $F_\alpha(p) = \frac{\alpha!}{p^{\alpha+1}}$.

Exercice I.10 *Démontrer l'existence de l'intégrale* $I = \iint_{\mathbb{R}\times\mathbb{R}^+} xe^{-x^2-y}\, dxdy$ *et calculer* I.

Solution. I existe ssi $J = \iint_{\mathbb{R}\times\mathbb{R}^+} \left|xe^{-x^2-y}\right| dxdy < +\infty$. La fonction $(x,y) \mapsto \left|xe^{-x^2-y}\right|$ étant positive, on peut utiliser le théorème de Tonelli. Tenant compte de la parité de $x \mapsto |x|e^{-x^2}$, on obtient

$$J = \int_{\mathbb{R}} |x|e^{-x^2}\, dx \int_{\mathbb{R}^+} e^{-y}\, dy = 2\int_0^{+\infty} xe^{-x^2}\, dx = \left[-e^{-x^2}\right]_0^{+\infty} = 1 < +\infty$$

Ainsi $(x,y) \mapsto xe^{-x^2-y} \in L^1(\mathbb{R}\times\mathbb{R}^+)$, donc l'intégrale double I existe et on peut la calculer grâce au théorème de Fubini. Le calcul de I est d'ailleurs le même que celui de J mais sans les valeurs absolues, de sorte que la fonction de x à intégrer est impaire. On a donc finalement $I = 0$.

Exercice I.11 *Soit* $D = \{(x,y) \in \mathbb{R}^2 \,;\, x \geq 1\,, 0 \leq y \leq 1/x\}$ *et* $\alpha \in \mathbb{R}$. *Calculer l'intégrale double* $I_\alpha = \iint_D x^\alpha y\, dxdy$.

Solution. L'ensemble D est limité par l'arc d'hyperbole $y = 1/x$ ($x \geq 1$) et par les droites d'équations $x = 1$ et $y = 0$. D n'est pas borné, mais la fonction $f : (x,y) \mapsto x^\alpha y\, \mathbf{1}_D(x,y)$ est positive, donc I_α existe dans $[0,+\infty]$ et peut être calculée en utilisant le théorème de Tonelli :

$$I_\alpha = \iint_{\mathbb{R}^2} x^\alpha y\, \mathbf{1}_D(x,y)\, dxdy = \int_1^{+\infty} x^\alpha \left(\int_0^{1/x} y\, dy\right) dx$$

On a $x^\alpha \int_0^{1/x} y\, dy = x^\alpha \frac{1}{2x^2} = \frac{1}{2}\frac{1}{x^{2-\alpha}}$. La fonction $x \mapsto \frac{1}{x^{2-\alpha}}$ est intégrable sur $[1,+\infty[$ ssi $2-\alpha > 1$. Ainsi, si $\alpha \geq 1$, alors $I_\alpha = +\infty$, et si $\alpha < 1$, alors $I_\alpha = \frac{1}{2}\left[\frac{1}{\alpha-1}x^{\alpha-1}\right]_1^{+\infty} = \frac{1}{2(1-\alpha)}$.

Exercice I.12 *Soit* D *le disque de centre* $(0,0)$ *et de rayon* 1 *et* α *un paramètre réel. À quelle condition la fonction* $(x,y) \mapsto \frac{1}{(x^2+y^2)^\alpha}$ *est-elle dans* $L^1(D)$ *? Sous cette condition, donner la valeur de son intégrale étendue à* D.

Solution. La fonction $f : (x,y) \mapsto \frac{1}{(x^2+y^2)^\alpha}$ est positive sur D. Par passage en polaires, puis utilisation du théorème de Tonelli :

$$I_\alpha = \iint_D \frac{1}{(x^2+y^2)^\alpha}\,dxdy = \int_0^{2\pi} d\theta \int_0^1 \frac{1}{r^{2\alpha}} r\,dr = 2\pi \int_0^1 \frac{1}{r^{2\alpha-1}}\,dr$$

Ainsi, $I_\alpha < +\infty$ ssi $2\alpha - 1 < 1$. Autrement dit, $f \in L^1(D)$ ssi $\alpha < 1$. Si cette condition est réalisée, on a

$$I_\alpha = 2\pi \lim_{\varepsilon \to 0^+} \left[\frac{r^{2-2\alpha}}{2-2\alpha}\right]_\varepsilon^1 = \frac{\pi}{1-\alpha}$$

Exercice I.13 ***Intégrale d'une gaussienne***
Soit $a > 0$. En calculant $J_a = \iint_{\mathbb{R}^+ \times \mathbb{R}^+} e^{-a(x^2+y^2)}\,dxdy$, démontrer que :

$$I_a = \int_0^{+\infty} e^{-ax^2}\,dx = \frac{1}{2}\sqrt{\frac{\pi}{a}} \tag{I.20}$$

Solution. La fonction $(x,y) \mapsto e^{-a(x^2+y^2)}$ est positive. On peut donc calculer J_a en utilisant au besoin les théorèmes de Tonelli et du changement de variables. Grâce au théorème de Tonelli, on a :

$$J_a = \int_0^{+\infty} e^{-ax^2}\,dx \int_0^{+\infty} e^{-ay^2}\,dy = I_a^2$$

D'autre part, par passage en polaires, on a $J_a = \iint_{]0,+\infty[\times]0,\pi/2[} e^{-ar^2} r\,drd\theta$. On utilise de nouveau le théorème de Tonelli :

$$J_a = \int_0^{+\infty} re^{-ar^2}\,dr \int_0^{\pi/2} d\theta = \frac{\pi}{2}\left[-\frac{1}{2a}e^{-ar^2}\right]_0^{+\infty} = \frac{\pi}{4a}$$

On a donc $I_a^2 = \frac{\pi}{4a}$, et $I_a > 0$, donc $I_a = \frac{1}{2}\sqrt{\frac{\pi}{a}}$.

Commentaire. *La fonction $x \mapsto e^{-ax^2}$ est une* ***gaussienne****. On ne sait pas écrire ses primitives à l'aide des fonctions usuelles, mais cette méthode indirecte nous a permis de calculer son intégrale sur $\mathbb{R}^+$ (dont on déduit celle sur $\mathbb{R}$ par parité). La valeur de cette intégrale est très utile (notamment en probabilités et dans plusieurs branches de la physique) et sera considérée usuelle dans la suite.*

Exercice I.14 *Définir un difféomorphisme correspondant au passage en coordonnées sphériques dans $\mathbb{R}^3$, calculer le jacobien de ϕ^{-1} et retrouver le volume de la boule de rayon R.*

Solution succincte. Les coordonnées sphériques d'un point M de coordonnées cartésiennes (x,y,z) sont $r = OM$, la longitude $\varphi \in [0, 2\pi[$ et la latitude $\psi \in [-\pi/2, \pi/2]$. En physique, on préfère souvent remplacer la latitude par la colatitude $\theta \in [0,\pi]$, mesurée à partir du pôle nord au lieu de l'équateur. On a, suivant le système de coordonnées sphériques choisi, l'expression suivante pour le difféomorphisme réciproque (dont il convient de définir soigneusement les ouverts de départ et d'arrivée) :

$$\begin{cases} x = r\cos\psi\cos\varphi \\ y = r\cos\psi\sin\varphi \\ z = r\sin\psi \end{cases} \quad \text{ou} \quad \begin{cases} x = r\sin\theta\cos\varphi \\ y = r\sin\theta\sin\varphi \\ z = r\cos\theta \end{cases}$$

Le calcul du déterminant jacobien ne présente pas de difficulté, et on trouve, suivant le choix fait (latitude ou colatitude) :

$$dxdydz = r^2\cos\psi\,drd\varphi d\psi \quad \text{ou} \quad dxdydz = r^2\sin\theta\,drd\varphi d\theta$$

(en tenant compte de $\cos\psi > 0$ pour $\psi \in]-\pi/2, \pi/2[$ ou de $-\sin\theta > 0$ pour $\theta \in]0,\pi[$, car il ne faut pas oublier de prendre la valeur absolue du jacobien).
On en déduit le volume de la boule B_R de centre $(0,0,0)$ et de rayon R :

$$\mathcal{V}(B_R) = \iiint_{B_R} dxdydz = \int_0^{2\pi}\int_0^R\int_0^\pi r^2\sin\theta\,d\theta\,dr\,d\varphi = 2\pi\left[r^3/3\right]_0^R\left[-\cos\theta\right]_0^\pi = \frac{4}{3}\pi R^3$$

Chapitre II

Éléments de théorie des distributions

Au milieu du vingtième siècle, le mathématicien français Laurent Schwartz a développé la ***théorie des distributions****. Le mathématicien russe Sobolev avait donné une nouvelle définition de la dérivation s'appliquant à des fonctions non forcément dérivables au sens classique. Cette définition est à la base des méthodes variationnelles en équations aux dérivées partielles. Schwartz réussit quant à lui à définir les principales opérations de l'analyse, en particulier la dérivation, sur des objets plus généraux que les fonctions, auquel il donne le nom de « distributions ». L'ensemble des distributions est devenu un cadre de travail naturel pour l'étude moderne des équations aux dérivées partielles.*
En physique, le travail de Schwartz donne une existence mathématique à la « fonction » δ de Dirac (cette « impulsion idéale » n'est pas une fonction, mais elle peut être définie en tant que distribution), et il fournit a posteriori une légitimité au calcul symbolique d'Heaviside utilisé en électricité. En électromagnétisme, un traitement mathématique correct des « charges ponctuelles » (ou des « masses ponctuelles » en mécanique) devient possible à l'aide de ces distributions de Dirac. Les distributions de charges dites « linéïques » ou « surfaciques » peuvent être représentées mathématiquement par des distributions sur $\mathbb{R}^3$ supportées par une courbe ou une surface. C'est d'ailleurs la raison principale du choix du terme « distributions » par Schwartz.
En ce qui concerne la théorie du signal, les distributions fournissent une modélisation mathématique aussi bien des signaux dits « continus » (par des fonctions ordinaires) que des signaux dits « discrets » (à l'aide de superpositions de distributions de Dirac). La force de cette modélisation des signaux par des distributions est son pouvoir unificateur : elle permet de passer d'un type de signal à un autre. Elle autorise par exemple une présentation rigoureuse et élégante de la théorie de l'échantillonnage.
Nous étudions dans ce chapitre les rudiments sur les distributions. Après avoir étudié la convolution, la transformation de Fourier et les séries de Fourier dans le cadre usuel des fonctions, nous verrons au chapitre V que le cadre naturel de ***l'analyse de Fourier*** *est en fait celui des distributions tempérées. C'est un outil fondamental. Dans ce cadre, la théorie des séries de Fourier et celle de la transformation de Fourier s'unifient de façon très naturelle. Entre autres domaines d'application, citons la théorie de la diffraction et l'optique de Fourier, le traitement du signal et de l'image.*

1 L'idée de départ

On rencontre en physique une « fonction » δ qui serait paire et telle que

$$\begin{cases} \delta(t) = 0 \text{ pour } t \neq 0 \\ \delta(0) = +\infty \\ \int_{\mathbb{R}} \delta(t)dt = 1 \end{cases} \tag{II.1}$$

Une telle fonction ne peut pas exister. En effet, une fonction nulle p.p. a une intégrale nulle (et non égale à 1). Schwartz souhaitait légitimer l'utilisation de δ.

En réalité, par (II.1), les physiciens veulent exprimer que δ est une *impulsion idéale* localisée à $t = 0$, limite quand n tend vers l'infini *d'impulsions approchées* f_n qui, elles, sont bien des fonctions d'intégrale 1, très localisées lorsque n devient grand, mais pas au point de n'avoir pour *support* que le point $\{0\}$ (cf. figure II.1).

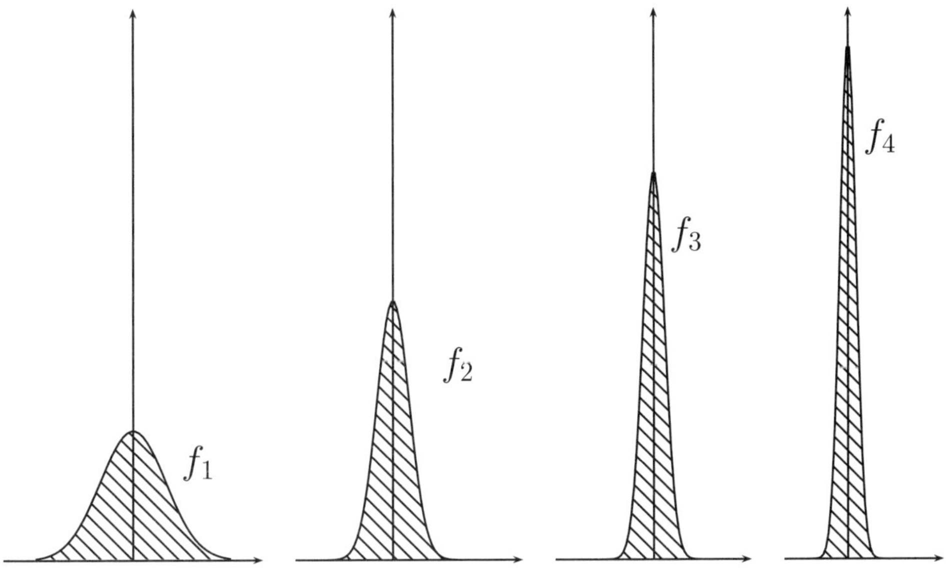

FIGURE II.1 – *Construction d'une suite d'impulsions approchées : l'aire reste égale à* 1

Dirac était lui-même conscient du paradoxe, mais l'usage de cette « fonction de Dirac » en physique est très pratique. Schwartz a vu que la principale propriété de δ utilisée en physique est :

$$\int_{\mathbb{R}} \delta(x)\phi(t-x)dx = \int_{\mathbb{R}} \delta(t-x)\phi(x)dx = \phi(t) \tag{II.2}$$

Si l'égalité (II.2) avait un sens mathématique, elle exprimerait que δ est *élément neutre pour la convolution* (cf. chapitre III pour la définition de la convolution), *i.e.*

$$\delta * \phi = \phi * \delta = \phi \tag{II.3}$$

Si on fait $t = 0$ dans (II.2), en utilisant la parité de δ, on obtient l'égalité suivante.

$$\int_{\mathbb{R}} \delta(x)\phi(x)dx = \phi(0) \tag{II.4}$$

Cela donne l'idée suivante à Schwartz : s'il existe un objet mathématique qui modélise l'impulsion idéale au point 0, cet objet (qui ne peut pas être une fonction) doit associer à « toute » fonction ϕ le nombre $\phi(0)$. Il convient donc de **définir** δ comme l'application

$$\phi \mapsto \phi(0)$$

Si on choisit comme ensemble de départ un $\mathbb{C}$-e.v. $\mathcal{T}$ de fonctions définies dans un voisinage de 0 et à valeurs complexes, alors cette application δ sera linéaire de $\mathcal{T}$ dans $\mathbb{C}$. En effet, on a

$$\forall(\phi_1,\phi_2) \in \mathcal{T}^2 \;\; \forall(\alpha_1,\alpha_2) \in \mathbb{C}^2 \quad (\alpha_1\phi_1 + \alpha_2\phi_2)(0) = \alpha_1\phi_1(0) + \alpha_2\phi_2(0)$$

Ainsi, δ existe non pas en tant que fonction de $\mathbb{R}$ dans $\mathbb{C}$, mais en tant qu'application linéaire de $\mathcal{T}$ dans $\mathbb{C}$. On dit que δ est une *forme linéaire* sur $\mathcal{T}$ (on dit aussi *fonctionnelle linéaire* sur $\mathcal{T}$).

Plus généralement, pour tout $a \in \mathbb{R}$, on définit la *masse de Dirac au point* a comme l'application linéaire δ_a de $\mathcal{T}$ dans $\mathbb{C}$ qui à ϕ associe $\phi(a)$ (où l'e.v. $\mathcal{T}$ reste à préciser). Cette masse de Dirac δ_a modélise mathématiquement une impulsion idéale en a, celle que les physiciens notent improprement comme la fonction $\delta(t-a)$.

Une telle définition abstraite de δ_a ne présente un intérêt que si l'on peut également voir les « vraies » fonctions comme des formes linéaires sur l'e.v. $\mathcal{T}$ (afin que δ_a apparaisse comme un cas particulier d'une théorie bien plus générale, englobant les signaux « classiques »). C'est bien le cas, car pour de nombreuses fonctions f, connaître les nombres complexes $\int_{\mathbb{R}} f\phi$ pour tout ϕ dans certaines classes de fonctions, revient à connaître $f(t)$ presque-partout. Par exemple, la théorie des séries de Fourier montre que pour une fonction f périodique, de période T, assez régulière (disons, pour simplifier, de classe $\mathcal{C}^1$), connaître $f(t)$ pour tout t est équivalent à connaître les *coefficients de Fourier* de f :

$$c_n(f) = \int_0^T f(x)\phi_n(x)dx \quad (n \in \mathbb{Z}) \quad \text{où} \quad \phi_n(x) = \frac{1}{T}e^{-2i\pi nx/T}$$

Nous verrons également, au chapitre IV, que si f et sa *transformée de Fourier* $\widehat{f}$ sont intégrables sur $\mathbb{R}$, il est équivalent de connaître $f(t)$ pour tout t (représentation temporelle du signal f) ou $\widehat{f}(\nu)$ pour tout ν (représentation fréquentielle du même signal). Autrement dit la connaissance de la famille de nombres :

$$\widehat{f}(\nu) = \int_{\mathbb{R}} f(t)\phi_\nu(t)dt \quad (\nu \in \mathbb{R}) \quad \text{où} \quad \phi_\nu(t) = e^{-2i\pi\nu t}$$

est équivalente à la connaissance de f.

Ainsi, il y a d'autres moyens pour connaître une fonction f que de se donner $f(t)$ pour tout t. Certaines fonctions f peuvent être identifiées à des applications linéaires définies sur un e.v. $\mathcal{T}$ et à valeurs dans $\mathbb{C}$:

$$\phi \mapsto \int_{\mathbb{R}} f\phi$$

à condition de ne pas choisir n'importe quoi pour $\mathcal{T}$. Il est clair que l'application de $\mathcal{T}$ dans $\mathbb{C}$ qui à ϕ associe $\int_{\mathbb{R}} f\phi$ est linéaire :

$$\forall(\phi_1,\phi_2) \in \mathcal{T}^2 \ \ \forall(\alpha_1,\alpha_2) \in \mathbb{C}^2 \qquad \int_{\mathbb{R}} f(\alpha_1\phi_1 + \alpha_2\phi_2) = \alpha_1 \int_{\mathbb{R}} f\phi_1 + \alpha_2 \int_{\mathbb{R}} f\phi_2$$

Comme les fonctions ϕ ne jouent *a priori* pas d'autre rôle que celui de *tester* ce que représente f (ou δ_a, ou d'autres objets similaires), Schwartz appelle ces fonctions ϕ des *fonctions tests*. L'e.v. $\mathcal{T}$ sera l'espace des fonctions tests. Plusieurs choix sont possibles pour l'e.v. $\mathcal{T}$, suivant ce qu'on veut faire.
Ainsi, ce qu'il y a de commun à δ_a et à (certaines) fonction(s) f, c'est qu'on peut les connaître à travers leur *action* sur une famille de fonctions tests. On notera cette action de la façon suivante

$$\langle \delta_a, \phi \rangle = \phi(a)$$

$$\langle f, \phi \rangle = \int_{\mathbb{R}} f\phi$$

On dira que δ_a est une *distribution* et que la fonction f est ici *considérée comme une distribution.*

Schwartz a choisi le terme « distribution » pour rappeler aux physiciens (et aux mathématiciens) qu'ils manipulaient en fait ces objets mathématiques apparemment abstraits depuis longtemps. Ces exemples sont tous antérieurs à la théorie des distributions.

1. **Distributions de charges en électromagnétisme.**
   Pour respecter le sens physique, les distributions considérées ici sont des distributions sur $\mathbb{R}^3$, et non sur $\mathbb{R}$ comme au début de ce paragraphe introductif.
   - Une charge ponctuelle q située en $a \in \mathbb{R}^3$ peut être modélisée mathématiquement comme la distribution $q\delta_a$, où δ_a est la distribution qui à une fonction ϕ définie sur $\mathbb{R}^3$ associe $\phi(a)$.
     Si on choisit comme fonction test la fonction constante $\phi = 1$, on obtient $\langle q\delta_a, 1\rangle = q$. Plus généralement, à une distribution de n charges ponctuelles $q_1, \ldots, q_n$, situées respectivement aux points $a_1, \ldots, a_n$, on peut associer la distribution mathématique $T = \sum_{i=1}^{n} q_i\delta_{a_i}$. L'action de T sur la fonction test particulière $\phi = 1$ redonne la charge totale $q_1 + \ldots + q_n = q$. On parle de *distribution ponctuelle de charges* dans un tel cas.
   - Considérons maintenant une charge q distribuée suivant la densité de charges f dans un domaine D borné de $\mathbb{R}^3$. Cette distribution volumique de charges, notée ici V_f, peut être modélisée par la distribution mathématique associée à la fonction f, définie par :
     $$\forall\phi \in \mathcal{T} \quad \langle V_f, \phi\rangle = \iiint_D f(x,y,z)\,\phi(x,y,z)\,dxdydz \qquad \text{(II.5)}$$
     On a en particulier $\langle V_f, 1\rangle = \iiint_D f(x,y,z)\,1\,dxdydz = q$. Ainsi, là aussi, on retrouve la charge totale en faisant agir la distribution sur la fonction test particulière $\phi = 1$.
   - Considérons une charge q distribuée sur une surface $(\mathcal{S})$ (bornée) de $\mathbb{R}^3$ suivant une densité surfacique de charges f. On peut là aussi associer à la distribution surfacique de charges, notée ici S_f, une distribution mathématique, de la façon suivante :
     $$\forall\phi \in \mathcal{T} \quad \langle S_f, \phi\rangle = \iint_{(\mathcal{S})} f(M)\phi(M)\,dS_M \qquad \text{(II.6)}$$
     où l'intégrale est une intégrale de surface. On retrouve encore la charge totale q en prenant $\phi = 1$.
   - Considérons enfin une charge q distribuée le long d'une courbe $(\mathcal{C})$ (bornée) de $\mathbb{R}^3$ suivant une densité linéïque de charges f. On peut là encore associer à cette distribution linéïque de charges, notée ici L_f, une distribution mathématique, de la façon suivante :
     $$\forall\phi \in \mathcal{T} \quad \langle L_f, \phi\rangle = \int_{(\mathcal{C})} f(M)\phi(M)\,ds_M \qquad \text{(II.7)}$$
     où l'intégrale est une intégrale curviligne, le long de la courbe $(\mathcal{C})$. On retrouve encore la charge totale q en prenant $\phi = 1$.

2. **Distributions de masses en mécanique.**
   On peut reprendre les quatre exemples précédents en remplaçant la charge q par une masse m. On peut en effet associer :
   - à une distribution de n masses ponctuelles $m_1, \ldots, m_n$ (où $m_1 + \ldots + m_n = m$), respectivement aux points $a_1, \ldots, a_n$, la distribution mathématique $\sum_{i=1}^{n} m_i\delta_{a_i}$;
   - à une distribution « continue » de masses, définie par une densité de masses notée f, la distribution mathématique (II.5), (II.6) ou (II.7) suivant que l'on est en présence d'une densité volumique, surfacique ou linéïque de masses.

3. **Distributions de probabilité.**
   Pour simplifier, considérons des distributions de probabilité sur $\mathbb{R}$.
   - Considérons une variable aléatoire X pouvant prendre les valeurs $a_1, \ldots, a_n$ avec respectivement les probabilités $p_1, \ldots, p_n$ (où $p_j > 0$ et $p_1 + \ldots + p_n = 1$). Alors la *loi de probabilité* de X peut être définie mathématiquement comme la distribution

$$p_X = \sum_{j=1}^{n} p_j \delta_{a_j} \tag{II.8}$$

   Si on fait agir p_X sur la fonction test $\phi = 1$, on trouve $\langle p_X, 1 \rangle = \sum_{j=1}^{n} p_j = 1$, *i.e.* la probabilité de l'événement certain. Si on fait agir p_X sur une fonction test ϕ « quelconque », on obtient :

$$\langle p_X, \phi \rangle = \sum_{j=1}^{n} p_j \phi(a_j) = E\big(\phi(X)\big) \tag{II.9}$$

   où $E\big(\phi(X)\big)$ désigne l'espérance (ou valeur moyenne) de la variable aléatoire $\phi(X)$.
   - Dans l'exemple précédent la variable aléatoire X était *discrète*. Considérons maintenant une variable aléatoire X *continue*, de *densité* f. Alors la loi p_X de X peut être définie comme la distribution associée à la fonction f.
   On a encore $\langle p_X, 1 \rangle = \int_{\mathbb{R}} f(x) 1 \, dx = 1$ et si on fait agir p_X sur une fonction test ϕ « quelconque », on obtient là aussi :

$$\langle p_X, \phi \rangle = \int_{\mathbb{R}} f(x)\phi(x) \, dx = E\big(\phi(X)\big) \tag{II.10}$$

On voit donc que l'objet « distribution » n'est pas si abstrait et, qu'en quelque sorte, il généralise l'objet « fonction ». On va maintenant définir rigoureusement les fonctions tests et les distributions. Il s'agit notamment de préciser ce que l'on doit considérer comme e.v. $\mathcal{T}$ de fonctions tests.

2 Définition des distributions - Premiers exemples

Afin de ne pas multiplier d'entrée les difficultés d'assimilation de cette théorie délicate, nous détaillons ici surtout le cas des distributions sur $\mathbb{R}$, dites « distributions d'une variable réelle ». Il n'est pas difficile d'étendre les définitions et la plupart des résultats au cas des distributions sur un ouvert de $\mathbb{R}^n$ (à l'exception notable du « problème de la division », considérablement plus difficile en dimension quelconque). Ceci est d'ailleurs indispensable pour l'étude des équations aux dérivées partielles.

2.1 Fonctions tests

On rappelle que le support d'une fonction f continue sur $\mathbb{R}$ (ou seulement continue par morceaux[1]) est la fermeture (*i.e.* l'adhérence) de l'ensemble $\{x \in \mathbb{R}\,;\ f(x) \neq 0\}$. Un support est donc **fermé**. On note $\operatorname{Supp} f$ le support de la fonction f.

1. On rappelle qu'une fonction est continue par morceaux, en abrégé $\mathcal{C}^0_m$, lorsque dans tout intervalle borné il n'y a au plus qu'un nombre fini de discontinuités et qu'elles sont *de première espèce*, ce qui signifie que les limites à gauche et à droite en ces discontinuités existent dans $\mathbb{C}$.

Exemple. Le support de la fonction d'Heaviside $x \mapsto H(x) = \mathbf{1}_{]0,+\infty[}(x)$ est la fermeture de $]0, +\infty[$, *i.e.* $[0, +\infty[$.

Suivant leurs propriétés (régularité, intégrabilité, croissance à l'infini, etc), les distributions vont pouvoir être définies sur des e.v. $\mathcal{T}$ plus ou moins gros.

Par exemple l'action de δ sur ϕ est définie dès que ϕ est continue au voisinage de 0. Nous allons voir que l'action d'une fonction f localement intégrable, *i.e.* intégrable sur tout intervalle compact, peut être définie sur toute fonction ϕ continue et nulle en dehors d'un intervalle compact.

On voit donc qu'il est intéressant, mais pas forcément nécessaire pour toutes les distributions, que les fonctions tests soient continues et *à support compact.* Cela permet de considérer toute fonction localement intégrable comme une distribution. En fait, pour obtenir le plus de distributions possibles, il convient de choisir des fonctions tests ayant le plus de bonnes propriétés possibles (car plus l'e.v. $\mathcal{T}$ est petit, plus il est facile de définir une forme linéaire sur $\mathcal{T}$). Puisque l'on cherche un ensemble de fonctions tests commun à toutes les distributions, on a intérêt à choisir comme e.v. $\mathcal{T}$ un espace de fonctions très régulières et à support compact.

Ces considérations ont conduit Schwartz à choisir pour l'ensemble $\mathcal{T}$ de définition des distributions **l'e.v. des fonctions indéfiniment dérivables sur $\mathbb{R}$, à valeurs complexes et à support borné**[2]. On note cet e.v. $\mathcal{D}$. C'est l'espace des *fonctions tests* commun à toutes les distributions, mais certaines d'entre elles peuvent être prolongées à des ensembles plus gros.

Ces fonctions tests ont forcément un graphe à l'allure non conventionnelle : elles sont parfaitement « lisses », puisque $\mathcal{C}^\infty$, et elles s'annulent en dehors d'un ensemble borné. Voici un exemple non trivial (différent de la fonction nulle) de fonction de $\mathcal{D}$.

$$\begin{cases} \phi(x) = e^{\frac{1}{x^2-1}} & \text{pour} \quad -1 < x < 1 \\ \phi(x) = 0 & \text{pour} \quad x \in]-\infty, -1] \cup [1, +\infty[\end{cases} \tag{II.11}$$

Il est évident que le support de ϕ est $[-1, 1]$. La démonstration du fait que ϕ est indéfiniment dérivable est laissée au lecteur. On a représenté cette fonction dans un repère orthonormé à la figure II.2. On notera que les tangentes aux points d'abscisse ± 1 sont horizontales, manifestation du fait que ϕ est $\mathcal{C}^1$ à support compact. On a la même propriété pour les courbes représentatives des dérivées successives de ϕ puisque $\phi^{(n)}(\pm 1) = 0$ pour tout $n \in \mathbb{N}$.

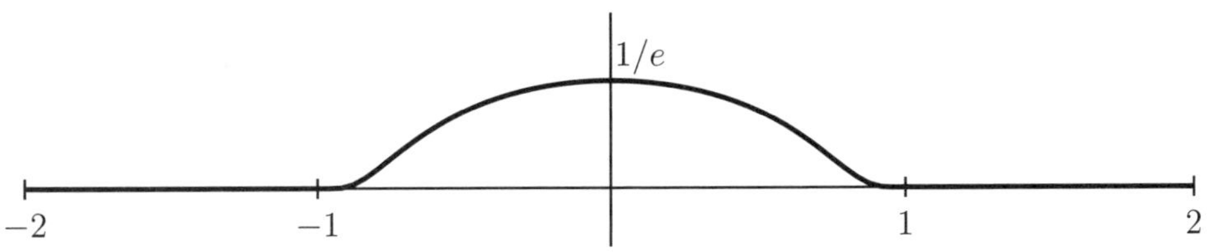

FIGURE II.2 – *La fonction test ϕ définie par (II.11).*

2.2 Définition d'une distribution

Définition 2.1 *Une distribution sur $\mathbb{R}$ est une application T définie sur $\mathcal{D}$, à valeurs dans $\mathbb{C}$, linéaire et continue.*

2. Il est équivalent de dire d'une fonction à support borné qu'elle est « à support compact », car un support est fermé.

Comme on l'a signalé dans l'introduction, on utilise très souvent la notation « produit scalaire de dualité » qui exprime bien le fait qu'une distribution T *agit* sur une fonction test $\phi \in \mathcal{D}$. On peut donc noter indifféremment $T(\phi)$ ou $\langle T, \phi \rangle$ l'action de la distribution T sur la fonction test ϕ, avec une préférence pour la deuxième notation.

Remarques.

1. Une application linéaire définie sur un e.v. E et à valeurs dans le corps de base est une *forme linéaire* sur E. Muni de l'addition des applications de $\mathcal{D}$ dans $\mathbb{C}$ et du produit d'une telle application par un scalaire, l'ensemble de ces formes linéaires est un e.v., appelé *dual algébrique* de E et noté E^*. Le s.e.v. de E^* composé des formes linéaires continues est le *dual topologique* de E, noté E'. Les distributions sont donc les éléments du dual topologique de $\mathcal{D}$. On doit donc noter $\mathcal{D}'$ l'e.v. des distributions.
2. Pour montrer qu'une forme linéaire définie sur $\mathcal{D}$ est continue, on peut utiliser le critère (II.12) décrit dans le complément suivant. Néanmoins, en pratique, on ne rencontre jamais de forme linéaire définie sur $\mathcal{D}$ mais non continue. Pour un physicien ou un ingénieur, cela signifie que si le nombre complexe $T(\phi)$ existe pour tout ϕ de $\mathcal{D}$ et si T est linéaire, T est très certainement une distribution. On ne démontrera donc pas la continuité des formes linéaires sur $\mathcal{D}$ dans ce cours d'initiation, sauf dans quelques compléments destinés surtout aux étudiants en mathématiques.

Proposition 2.1 *L'ensemble des distributions, muni de l'addition et du produit par un scalaire, est un e.v. sur $\mathbb{C}$, noté $\mathcal{D}'$. C'est le dual topologique de $\mathcal{D}$.*

Complément. Pour les lecteurs intéressés, signalons que la topologie de $\mathcal{D}$ est telle qu'une forme linéaire T sur $\mathcal{D}$ est continue ssi pour toute partie compacte K de $\mathbb{R}$, il existe une constante $C_K > 0$ et un entier naturel N_K tels que, pour toute fonction test ϕ dont le support est contenu dans K, on ait

$$|\langle T, \phi \rangle| \leq C_K \sum_{j=0}^{N_K} \max_{x \in K} |\phi^{(j)}(x)| \tag{II.12}$$

Si l'entier $N = N_K$ ne dépend pas du compact K, on dit que la distribution T est *d'ordre au plus* N. On démontre qu'il est alors possible de prolonger T en une forme linéaire continue sur l'e.v. $\mathcal{C}_c^N(\mathbb{R})$ des applications de classe $\mathcal{C}^N$ à support compact. Cela permet d'identifier l'e.v. des distributions d'ordre au plus N au dual de $\mathcal{C}_c^N(\mathbb{R})$.

2.3 Exemples de distributions

Distributions de Dirac

Soit a un réel. On note δ_a la *distribution de Dirac* au point a (ou *masse de Dirac* en a). Par définition, c'est l'application de $\mathcal{D}$ dans $\mathbb{C}$ qui à toute fonction test ϕ fait correspondre $\phi(a)$:

$$\forall \phi \in \mathcal{D} \quad \delta_a(\phi) = \langle \delta_a, \phi \rangle = \phi(a) \tag{II.13}$$

δ_a est bien une forme linéaire sur $\mathcal{D}$, car $\langle \delta_a, \phi \rangle = \phi(a)$ est un scalaire pour tout $\phi \in \mathcal{D}$, et l'on a, pour ϕ et ψ des fonctions tests, α et β des scalaires :

$$\langle \delta_a, \alpha\phi + \beta\psi \rangle = \alpha\phi(a) + \beta\psi(a) = \alpha\langle \delta_a, \phi \rangle + \beta\langle \delta_a, \psi \rangle$$

Comme nous avons décidé d'admettre la continuité des formes linéaires sur $\mathcal{D}$, δ_a est donc bien une distribution.

Complément. Pour les lecteurs intéressés, voici comment on démontre la continuité de δ_a sur $\mathcal{D}$, en utilisant le critère donné dans le complément ci-dessus. Soit K un compact de $\mathbb{R}$. Pour tout $\phi \in \mathcal{D}$ dont le support est inclus dans K, on a

$$|\langle \delta_a, \phi \rangle| = |\phi(a)| \leq \max_{x \in K} |\phi(x)|$$

ce qui démontre (II.12) avec $N_K = 0$ et $C_K = 1$.
De plus, comme $N_K = 0$ ne dépend pas de K, la distribution δ_a est d'ordre 0, ce qui implique en particulier qu'on peut la prolonger en une forme linéaire continue sur l'espace $\mathcal{C}_c^0(\mathbb{R})$ des fonctions continues à support compact.

On note simplement δ la distribution δ_0. On a vu que δ modélise une impulsion idéale au point 0 et qu'elle est notée en physique improprement comme une fonction $\delta(t)$.
Plus généralement, la distribution δ_a modélise une impulsion au point a, et elle est tout naturellement interprétée comme la translatée de la « fonction » $\delta(t)$, de sorte que δ_a est notée $\delta(t - a)$ en physique et en traitement du signal. Cette notation est très pratique mais impropre. Dans ce cours d'initiation, pour éviter les confusions et faciliter l'apprentissage de la théorie, nous nous en tiendrons à des notations rigoureuses. Nous ferons néanmoins le lien avec la physique en écrivant certaines formules deux fois : avec des notations mathématiquement correctes et avec les abus de notation habituels.

Fonctions localement intégrables

Une fonction f définie p.p. sur $\mathbb{R}$ et à valeurs complexes est dite *localement intégrable* ou *localement sommable* si pour tout intervalle **borné** J on a

$$\int_J |f(t)| dt < +\infty$$

On note L^1_{loc} l'e.v. des fonctions localement intégrables.

À toute fonction $f \in L^1_{loc}$ on peut associer une distribution, ainsi définie : notons T_f l'application de $\mathcal{D}$ dans $\mathbb{C}$ qui à toute fonction test ϕ fait correspondre le nombre complexe :

$$\langle T_f, \phi \rangle = \int_{\mathbb{R}} f(x)\phi(x)\, dx \tag{II.14}$$

Il est clair que T_f est bien définie sur $\mathcal{D}$. En effet, les fonctions tests sont continues et ont un support borné, donc

$$\int_{\mathbb{R}} |f\phi| \leq \max_{x \in \mathbb{R}} |\phi(x)| \int_{\text{Supp}\,\phi} |f| < +\infty$$

car f est par hypothèse intégrable sur le compact $\text{Supp}\,\phi$. D'autre part T_f est manifestement linéaire, par linéarité de l'intégration. C'est donc une distribution.

Complément. Démontrons la continuité de T_f sur $\mathcal{D}$. Soit K un compact de $\mathbb{R}$. Pour tout $\phi \in \mathcal{D}$ dont le support est inclus dans K, on a

$$|\langle T_f, \phi \rangle| \leq \max_{x \in K} |\phi(x)| \int_K |f(x)|\, dx$$

ce qui démontre (II.12) avec $N_K = 0$ et $C_K = \int_K |f|$.
Comme $N_K = 0$ ne dépend pas de K, la distribution T_f est d'ordre 0. On peut donc la prolonger en une forme linéaire continue sur l'espace $\mathcal{C}_c^0(\mathbb{R})$ des fonctions continues à support compact.

On peut montrer que deux fonctions de L^1_{loc} définissent la même distribution ssi elles sont égales presque-partout (*i.e.* égales sauf sur un ensemble de mesure nulle) :

$$T_f = T_g \iff f(x) = g(x) \ \ p.p. \tag{II.15}$$

Il est donc possible d'identifier $f \in L^1_{loc}$ et sa distribution associée T_f.

Lorsqu'une distribution T est de la forme T_f pour un certain f de L^1_{loc}, on dira que la distribution T est *régulière* (dans le cas contraire elle est *singulière*). On dit alors que T « est une fonction » f. Cela revient à identifier L^1_{loc} avec le sous-ensemble de $\mathcal{D}'$ composé des distributions régulières. En utilisant cette identification, on peut donc se permettre d'écrire :

$$L^1_{loc} \subset \mathcal{D}'$$

Remarquons que toutes les fonctions continues sur $\mathbb{R}$, ou seulement continues par morceaux, sont localement intégrables, donc définissent des distributions régulières. Il existe des fonctions localement intégrables qui ne sont pas continues par morceaux, par exemple la fonction définie par $f(x) = 1/x^\alpha$ pour $x > 0$ et nulle sur $]-\infty, 0]$, où $0 < \alpha < 1$. Pour cet exemple, f admet une discontinuité *de deuxième espèce* en 0 (la limite à droite en 0 n'est pas finie), de sorte que $f \notin \mathcal{C}^0_m(\mathbb{R})$. On a tout de même $f \in L^1_{loc}$, donc f définit la distribution régulière $T_f : \phi \in \mathcal{D} \mapsto \int_0^{+\infty} \frac{\phi(x)}{x^\alpha}\, dx$.
La fonction $x \mapsto \ln|x|$ définit elle aussi une distribution régulière, bien que f ne soit pas $\mathcal{C}^0_m$ (voir exercice II.5).

Remarques

1. Comme on l'a vu dans l'introduction, la distribution de Dirac est singulière : δ **n'est pas une fonction**. Malgré la clarification apportée par la théorie de Schwartz, on continue d'écrire dans les applications (physique ou traitement du signal) :

$$\langle \delta, \phi \rangle = \int_{-\infty}^{+\infty} \delta(t)\phi(t)dt = \phi(0)$$

bien que l'intégrale n'ait pas de sens. Les utilisateurs préfèrent en effet employer une notation qui serait valable si δ était une fonction (localement intégrable), ce qui leur permet de voir δ comme un signal particulier.

2. Les masses de Dirac et les distributions régulières peuvent être définies sur un espace de fonctions test $\mathcal{T}$ plus gros que $\mathcal{D}$: l'espace des fonctions continues à support compact. Comme on le verra au paragraphe 5, on peut aussi abandonner l'hypothèse de compacité du support des fonctions tests pour δ_a et pour les distributions régulières T_f associées à une fonction f qui est elle-même à support compact.
En fait, pour de nombreuses distributions T, des propriétés particulières peuvent permettre de donner un sens à l'expression $\langle T, \phi \rangle$ pour des fonctions tests non forcément $\mathcal{C}^\infty$, ou non forcément à support compact. Par exemple les distributions de probabilité peuvent être définies sur l'e.v. des fonctions continues et bornées.

Distributions discrètes

Soient $(x_n)_{n\in\mathbb{Z}}$ une suite de nombres complexes et $a > 0$. Remarquons que pour tout ϕ de $\mathcal{D}$, l'expression $\langle T, \phi \rangle = \sum_{n\in\mathbb{Z}} x_n \phi(na)$ est en réalité une somme finie $\sum_{n=p}^{q} x_n\phi(na)$ (où p et q dépendent de ϕ), car ϕ est à support borné. L'application $T : \phi \mapsto \sum_{n\in\mathbb{Z}} x_n\phi(na)$ ainsi définie sur $\mathcal{D}$ est linéaire. Comme $\phi(na) = \langle \delta_{na}, \phi \rangle$, il est logique de noter cette distribution :

$$T = \sum_{n=-\infty}^{+\infty} x_n \delta_{na} \tag{II.16}$$

Complément. Démontrons la continuité de T sur $\mathcal{D}$. Soit K un compact de $\mathbb{R}$. Pour tout $\phi \in \mathcal{D}$ dont le support est inclus dans K, on a

$$|\langle T_f, \phi \rangle| \leq \max_{x \in K} |\phi(x)| \sum_{n=p}^{q} |x_n|$$

ce qui démontre (II.12) avec $N_K = 0$ et $C_K = \sum_{n=p}^{q} |x_n|$ (noter que p et q dépendent de K). La distribution T est donc d'ordre 0.

Cette distribution $\sum_{n=-\infty}^{+\infty} x_n \delta_{na}$ est une modélisation possible, très utilisée en théorie du signal, du **signal discret** prenant la valeur x_n à l'instant na. Nous verrons que cette modélisation, qui peut paraître *a priori* abstraite, est en fait particulièrement bien adaptée aux signaux échantillonnés.
Dans les applications, on représente parfois la distribution de Dirac au point a par une flèche de longueur unité située à l'abscisse a. Le signal discret $\sum_{n=-\infty}^{+\infty} x_n \delta_{na}$ est alors représenté par une suite de flèches aux abscisses na tenant compte de la valeur de x_n (cf. figure II.3).

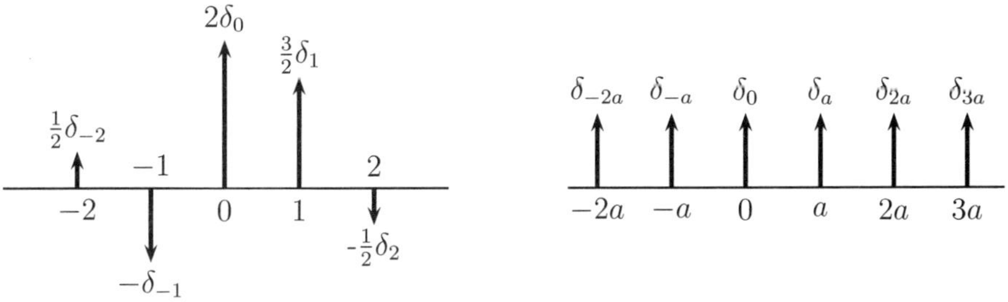

FIGURE II.3 – *La distribution* $\frac{1}{2}\delta_{-2} - \delta_{-1} + 2\delta_0 + \frac{3}{2}\delta_1 - \frac{1}{2}\delta_2$ *et le peigne de Dirac.*

Lorsque $x_n = 1$ pour tout $n \in \mathbb{Z}$, la distribution T est notée $\sqcup\!\sqcup_a$ et appelée *peigne de Dirac* de période a (cf. figure II.3) :

$$\sqcup\!\sqcup_a = \sum_{n \in \mathbb{Z}} \delta_{na} \tag{II.17}$$

La pseudo-fonction $1/x$

La fonction $x \mapsto \frac{1}{x}$ n'est pas dans L^1_{loc} puisque $\int_0^1 \frac{dx}{x}$ diverge. On peut néanmoins définir une distribution **singulière** associée à cette fonction, de la façon suivante.

$$\forall \phi \in \mathcal{D} \quad \left\langle \text{P.F.}\frac{1}{x}, \phi \right\rangle = \lim_{\varepsilon \to 0^+} \left(\int_{-\infty}^{-\varepsilon} \frac{\phi(x)}{x} dx + \int_{\varepsilon}^{+\infty} \frac{\phi(x)}{x} dx \right) \tag{II.18}$$

où P.F. se lit *pseudo-fonction*. Dans l'écriture P.F.$\frac{1}{x}$, on peut bien sûr remplacer la lettre x par toute autre lettre, puisque x se comporte comme une variable muette. On se permettra d'ailleurs parfois de noter $\langle \text{P.F.}\frac{1}{x}, \phi(x) \rangle$ plutôt que $\langle \text{P.F.}\frac{1}{x}, \phi \rangle$.
On remarquera le caractère *symétrique* du passage à la limite. Si on intégrait de $-\infty$ à $-\varepsilon_1$ et de ε_2 à $+\infty$, il n'y aurait pas de limite finie quand ε_1 et ε_2 tendent vers 0^+. En effet, si $\phi(0) \neq 0$, alors l'intégrale $\int_{\mathbb{R}} \frac{\phi(x)}{x} dx$ est divergente, car dans ce cas, pour $x > 0$ assez proche de 0, la quantité $\frac{\phi(x)}{x}$ est de signe constant et on a $\frac{\phi(x)}{x} \sim_{0^+} \frac{\phi(0)}{x}$.
Dans cette définition, la limite de $\int_{|x|>\varepsilon} \frac{\phi(x)}{x} dx$ quand ε tend vers 0 est appelée *valeur principale* de l'intégrale divergente $\int_{\mathbb{R}} \frac{\phi(x)}{x} dx$, et est notée V.P. $\int_{\mathbb{R}} \frac{\phi(x)}{x} dx$.

Montrons que cette expression est bien définie pour tout $\phi \in \mathcal{D}$. Puisque ϕ est à support borné, il n'y a pas de problème d'intégration en $\pm\infty$, et on a

$$\int_{-\infty}^{-\varepsilon} \frac{\phi(x)}{x}\, dx + \int_{\varepsilon}^{+\infty} \frac{\phi(x)}{x}\, dx = \int_{\varepsilon}^{+\infty} \frac{\phi(x) - \phi(-x)}{x}\, dx$$

Pour tout $x > 0$, ϕ est de classe $\mathcal{C}^1$ sur l'intervalle $[-x, x]$, donc, d'après le théorème des accroissements finis, il existe $c_x \in]-x, x[$ tel que $\phi(x) - \phi(-x) = 2x\,\phi'(c_x)$. On a donc

$$\int_{-\infty}^{-\varepsilon} \frac{\phi(x)}{x}\, dx + \int_{\varepsilon}^{+\infty} \frac{\phi(x)}{x}\, dx = \int_{\varepsilon}^{+\infty} 2\phi'(c_x)\, dx$$

Quand ε tend vers 0, cette quantité converge. En effet, en notant $a > 0$ un majorant de $\operatorname{Supp}\phi$, on peut écrire

$$\int_{\varepsilon}^{+\infty} \phi'(c_x) dx = \int_0^a \mathbf{1}_{[\varepsilon,a]}(x)\phi'(c_x)\, dx$$

On a $\lim_{\varepsilon\to 0^+} \mathbf{1}_{[\varepsilon,a]}(x)\phi'(c_x) = \mathbf{1}_{]0,a]}(x)\phi'(c_x)$. Or, la fonction $x \mapsto |\mathbf{1}_{[\varepsilon,a]}(x)\phi'(c_x)|$ est bornée (un majorant étant $\|\phi'\|_\infty$), et une constante est intégrable sur $[0, a]$. On peut donc invoquer le théorème de convergence dominée (plus précisément la remarque page 21 qui suit ce théorème) et conclure que $\langle \mathrm{P.F.}\frac{1}{x}, \phi\rangle$ est bien défini. La linéarité de l'application $\mathrm{P.F.}\frac{1}{x}$ ainsi définie sur $\mathcal{D}$ est évidente, de sorte que l'on a bien défini une distribution $\mathrm{P.F.}\frac{1}{x}$.
On note aussi cette distribution singulière $\mathrm{V.P.}\frac{1}{x}$ et elle joue un rôle important en pratique, notamment pour définir et inverser la transformation de Hilbert, utile en théorie du signal et en optique (cf. chapitre V paragraphe 2.11).

Complément. Démontrons la continuité de $\mathrm{P.F.}\frac{1}{x}$ sur $\mathcal{D}$. Soit K un compact de $\mathbb{R}$. Pour tout $\phi \in \mathcal{D}$ dont le support est inclus dans K, on a

$$\left|\left\langle \mathrm{P.F.}\frac{1}{x}, \phi \right\rangle\right| = \left|\lim_{\varepsilon\to 0^+} \int_{\varepsilon}^{+\infty} 2\phi'(c_x)\, dx\right| \leq 2\,\mathrm{mes}(K) \max_{x\in K} |\phi'(x)|$$

en notant $\mathrm{mes}(K)$ la mesure de Lebesgue (finie) du compact K. Cela démontre (II.12) avec $N_K = 1$. La pseudo-fonction $1/x$ est donc une distribution d'ordre au plus 1, et elle peut être prolongée à l'espace $\mathcal{C}_c^1(\mathbb{R})$ des fonctions de classe $\mathcal{C}^1$ sur $\mathbb{R}$ à support compact. Effectivement, le raisonnement fait plus haut (utilisation du théorème des accroissements finis) ne nécessite pas que ϕ soit $\mathcal{C}^\infty$, mais il faut tout de même qu'elle soit $\mathcal{C}^1$. On peut prouver que la pseudo-fonction $1/x$ n'est pas d'ordre 0.

3 Opérations sur les distributions

Pour définir des opérations sur les distributions, on doit à chaque fois s'assurer que lorsque les distributions « sont » des fonctions, *i.e.* sont régulières, la définition donnée coïncide avec la définition usuelle de l'opération correspondante sur des fonctions. Comme on va le voir, cette contrainte est d'ailleurs un guide dans le choix de la bonne définition.

3.1 Addition et produit par un scalaire

Définir la somme de deux distributions est très simple : $\mathcal{D}'$ est le dual de $\mathcal{D}$, il est donc naturellement muni d'une structure d'espace vectoriel. La somme T_1+T_2 de deux distributions est définie comme la somme des applications T_1 et T_2 :

$$\forall\phi \in \mathcal{D} \quad \langle T_1 + T_2, \phi\rangle = \langle T_1, \phi\rangle + \langle T_2, \phi\rangle \tag{II.19}$$

De même, le produit d'une distribution T par un scalaire λ est défini par :

$$\forall \phi \in \mathcal{D} \quad \langle \lambda T, \phi \rangle = \lambda \langle T, \phi \rangle \tag{II.20}$$

D'après l'introduction de ce paragraphe, il convient de vérifier que si T_1 et T_2 sont régulières, respectivement associées aux fonctions localement intégrables f_1 et f_2, si λ_1 et λ_2 sont deux scalaires, alors la combinaison linéaire $\lambda_1 T_1 + \lambda_2 T_2 = \lambda_1 T_{f_1} + \lambda_2 T_{f_2}$ est la distribution régulière associée à la combinaison linéaire $\lambda f_1 + \lambda_2 f_2$, *i.e.*

$$\lambda_1 T_{f_1} + \lambda_2 T_{f_2} = T_{\lambda f_1 + \lambda_2 f_2} \tag{II.21}$$

La relation (II.21) est une conséquence immédiate de la linéarité de l'intégrale. En ce sens, on peut donc dire que l'addition des distributions généralise l'addition des fonctions (de même pour le produit par un scalaire).

3.2 Translation

Soient a un réel et f une fonction définie p.p. sur $\mathbb{R}$. La a-translatée de f est la fonction $\tau_a f$ définie par :

$$\tau_a f(t) = f(t-a) \tag{II.22}$$

Cette fonction est également définie p.p. sur $\mathbb{R}$ car la mesure de Lebesgue est invariante par translation. Supposons que $f \in L^1_{loc}$. On calcule, pour $\phi \in \mathcal{D}$:

$$\langle T_{\tau_a f}, \phi \rangle = \int_{\mathbb{R}} f(t-a)\phi(t)dt = \int_{\mathbb{R}} f(x)\phi(x+a)dx = \langle T_f, \tau_{-a}\phi \rangle$$

On cherche une définition de la a-translatée d'une distribution u quelconque. On souhaite que les deux notions de translatée coïncident lorsque u est régulière. Autrement dit, la définition adoptée pour la a-translatée d'une distribution de la forme $u = T_f$ doit être telle que :

$$T_{\tau_a f} = \tau_a T_f$$

En effet, dire que les deux définitions coïncident dans le cas d'une distribution régulière revient à dire que la distribution régulière associée à la translatée de f doit être égale à la translatée de la distribution régulière associée à f. D'après le calcul précédent, il convient donc d'adopter la définition suivante.

Définition 3.1 *Soient u une distribution et a un réel. On appelle a-translatée de u la distribution, notée $\tau_a u$, définie par :*

$$\forall \phi \in \mathcal{D} \quad \langle \tau_a u, \phi \rangle = \langle u, \tau_{-a}\phi \rangle \tag{II.23}$$

Remarque. Autrement dit, la a-translatée de la distribution T est définie par :

$$\forall \phi \in \mathcal{D} \quad \langle \tau_a u, \phi \rangle = \langle u, \phi(\,\cdot\, + a) \rangle \tag{II.24}$$

Il est fréquent de noter $\langle u(t), \phi(t+a) \rangle$ ce qu'on devrait noter $\langle u, \tau_{-a}\phi \rangle$ ou $\langle u, \phi(\,\cdot\, + a) \rangle$. Dans cette notation (très abusive), la variable t est muette : exactement comme dans une intégrale, t n'apparaît pas dans le résultat final. Cela revient à noter $u(t-a)$ la translatée de la distribution u, bien qu'il n'y ait aucune raison que la notation $u(t)$ ait un sens (elle n'en a pas si u est singulière), mais cela a l'avantage de redonner directement la définition usuelle lorsque u est une fonction.

Exemple. Calculons la a-translatée de δ_b. Si ϕ est une fonction test, on a

$$\langle \tau_a \delta_b, \phi \rangle = \langle \delta_b, \tau_{-a}\phi \rangle = (\tau_{-a}\phi)(b) = \phi(b+a) = \langle \delta_{a+b}, \phi \rangle$$

Comme son nom l'indique, la fonction test ϕ n'a pas d'autre utilité que de « tester » la valeur de la distribution [3]. Notamment, si l'on trouve que pour tout $\phi \in \mathcal{D}$, $\langle T, \phi \rangle = \langle S, \phi \rangle$ où S est une distribution connue, on peut en déduire, par définition de l'égalité de deux applications définies sur $\mathcal{D}$, que $T = S$ dans $\mathcal{D}'$.
Ici, cela signifie que l'on peut « jeter » ϕ dans l'égalité $\langle \tau_a \delta_b, \phi \rangle = \langle \delta_{a+b}, \phi \rangle$ valable pour toute fonction test ϕ et en déduire l'égalité dans $\mathcal{D}'$:

$$\tau_a \delta_b = \delta_{a+b} \tag{II.25}$$

Cette formule était attendue. Notamment la a-translatée de δ est δ_a. Ceci justifie que les utilisateurs notent cette distribution $\delta(t-a)$, puisqu'ils notent $\delta(t)$ la distribution de Dirac.

Une fonction définie sur $\mathbb{R}$ est a-périodique ssi elle est égale à sa a-translatée, d'où la généralisation suivante :

Définition 3.2 *Une distribution u est périodique de période a si $u = \tau_a u$.*

Exemple. Le peigne de Dirac $ш_a = \sum_{n=-\infty}^{+\infty} \delta_{na}$ est périodique de période a. En effet, pour tout $\phi \in \mathcal{D}$, on a :

$$\langle \tau_a ш_a, \phi \rangle = \langle ш_a, \tau_{-a}\phi \rangle = \sum_{n\in\mathbb{Z}} \phi(na+a) = \sum_{n\in\mathbb{Z}} \phi\big((n+1)a\big)$$

Par changement d'indice dans la somme, on a $\sum_{n\in\mathbb{Z}} \phi\big((n+1)a\big) = \sum_{n\in\mathbb{Z}} \phi(na)$. On a donc $\langle \tau_a ш_a, \phi \rangle = \langle ш_a, \phi \rangle$ pour toute fonction test ϕ, d'où l'égalité $\tau_a ш_a = ш_a$ dans $\mathcal{D}'$.

Remarque. Puisque les physiciens notent $\delta(t-a)$ la distribution δ_a, ils notent $\sum_{n=-\infty}^{+\infty} \delta(t-na)$ la distribution $ш_a$, et ils en donnent la représentation reproduite à la figure II.3. Cette représentation illustre bien le caractère périodique de $ш_a$.

3.3 Symétrisation

La « symétrisée » d'une fonction f définie p.p. sur $\mathbb{R}$ est la fonction [4] $\check{f}$ définie p.p. par :

$$\check{f}(x) = f(-x) \tag{II.26}$$

Si $f \in L^1_{loc}$, on a, pour $\phi \in \mathcal{D}$:

$$\langle T_{\check{f}}, \phi \rangle = \int_{\mathbb{R}} f(-x)\phi(x)dx = \int_{\mathbb{R}} f(x)\phi(-x)dx = \langle T_f, \check{\phi} \rangle$$

La bonne définition de la symétrisée $\check{u}$ d'une distribution u quelconque doit être telle que, dans le cas particulier où u est régulière ($u = T_f$ pour $f \in L^1_{loc}$), l'on ait $\check{T_f} = T_{\check{f}}$ (la définition de la symétrisée au sens des distributions doit « coïncider » avec la définition de la symétrisée au sens usuel lorsque la distribution « est » une fonction). Cela nous conduit à adopter la définition suivante.

3. bien que, comme l'a montré l'introduction, la quantité $\langle T, \phi \rangle$ puisse, dans certains cas et pour certaines fonctions ϕ, avoir un sens physique.

4. $\check{f}$ se lit « f tchèche »

Définition 3.3 *Soit $u \in \mathcal{D}'$. La « symétrisée » de la distribution u est la distribution, notée $\check{u}$, définie par :*

$$\forall \phi \in \mathcal{D} \quad \langle \check{u}, \phi \rangle = \langle u, \check{\phi} \rangle \tag{II.27}$$

Autrement dit, avec des variables muettes et un abus de notation dangereux :

$$\langle u(-x), \phi(x) \rangle = \langle u(x), \phi(-x) \rangle$$

Une fonction définie sur $\mathbb{R}$ est paire (respectivement impaire) ssi elle est égale à sa symétrisée (respectivement égale à l'opposée de sa symétrisée), d'où la généralisation suivante :

Définition 3.4 *Une distribution u est dite paire (respectivement impaire) si $\check{u} = u$ (respectivement si $\check{u} = -u$).*

Exemples.

1. La symétrisée de δ_a est δ_{-a}. En effet, pour tout $\phi \in \mathcal{D}$, on a :

$$\langle \check{\delta}_a, \phi \rangle = \langle \delta_a, \check{\phi} \rangle = \check{\phi}(a) = \phi(-a) = \langle \delta_{-a}, \phi \rangle$$

   En particulier $\delta = \delta_0$ est paire.
2. On vérifie facilement que P.F.$\frac{1}{x}$ est impaire.

3.4 Multiplication par une fonction

On remarque d'abord que, si g est une fonction de L^1_{loc}, alors :

$$\langle T_{gf}, \phi \rangle = \int_{\mathbb{R}} g(x)f(x)\phi(x)dx = \langle T_g, f\phi \rangle$$

Il semblerait donc que l'on puisse définir le produit d'une distribution u par une fonction f, en posant $\langle fu, \phi \rangle = \langle u, f\phi \rangle$. Cette définition vérifierait, lorsque $u = T_g$, la propriété souhaitable $fT_g = T_{fg}$, ce qui généraliserait le produit de deux fonctions au produit d'une fonction par une distribution.

Ce raisonnement est correct, mais à condition que $f\phi$ soit une fonction test pour toute fonction test ϕ. Pour cela, on doit imposer $f \in \mathcal{C}^\infty(\mathbb{R})$. En effet, dans ce cas, f et ϕ étant toutes deux indéfiniment dérivables, leur produit l'est également. D'autre part, puisque ϕ s'annule en dehors d'un ensemble borné, $f\phi$ aussi.

Ainsi, si u est une distribution quelconque et f une fonction $\mathcal{C}^\infty$ sur $\mathbb{R}$, l'application qui à toute fonction test ϕ fait correspondre le nombre $\langle u, f\phi \rangle$ est une distribution (linéarité évidente, continuité admise).

Définition 3.5 *Le produit de la fonction indéfiniment dérivable f par la distribution u est la distribution définie par*

$$\langle fu, \phi \rangle = \langle u, f\phi \rangle \tag{II.28}$$

Exemple. Pour toute fonction f indéfiniment dérivable :

$$f\delta_a = f(a)\delta_a \tag{II.29}$$

En effet $\langle f\delta_a, \phi \rangle = \langle \delta_a, f\phi \rangle = f(a)\phi(a) = f(a)\langle \delta_a, \phi \rangle$.

Complément. On ne sait pas multiplier deux distributions quelconques. Mais rappelons que, dans certains cas, on peut prolonger la distribution u à un espace $\mathcal{T}$ de fonctions moins régulières que celles de $\mathcal{D}$. On peut alors affaiblir l'hypothèse « f indéfiniment dérivable ». Il faut simplement imposer à la fonction f des contraintes telles que $f\phi \in \mathcal{T}$ pour tout $\phi \in \mathcal{T}$.

Par exemple la continuité de f en a suffit pour donner un sens à la formule $f\delta_a = f(a)\delta_a$. On peut également vérifier que l'on peut multiplier toute distribution régulière, ou le peigne de Dirac, par une fonction continue sur $\mathbb{R}$, car ces distributions peuvent être prolongées à des fonctions tests continues et à support compact.

3.5 Dérivation

Il est essentiel de comprendre en profondeur l'introduction suivante. Considérons une fonction $f \in \mathcal{C}^1(\mathbb{R})$. Alors pour toute fonction test ϕ, on a

$$\begin{aligned}\langle T_{f'}, \phi\rangle &= \int_{\mathbb{R}} f'\phi \\ &= \left[f(x)\phi(x)\right]_{-\infty}^{+\infty} - \int_{\mathbb{R}} f\phi' \quad \text{puisque } f \text{ et } \phi \text{ sont } \mathcal{C}^1 \\ &= -\int_{\mathbb{R}} f\phi' \quad \text{puisque } \phi \text{ à support compact} \\ &= -\langle T_f, \phi'\rangle\end{aligned}$$

Si l'on veut définir la dérivée d'une distribution, il est évidemment nécessaire que la dérivation au sens des distributions de T corresponde à la dérivation au sens usuel lorsque T est une distribution régulière associée à une fonction $\mathcal{C}^1$. Autrement dit, pour $T = T_f$ avec $f \in \mathcal{C}^1(\mathbb{R})$, on doit avoir

$$(T_f)' = T_{f'} \tag{II.30}$$

Pour qu'il en soit bien ainsi, Laurent Schwartz a choisi la définition suivante de la dérivée d'une distribution *quelconque* (non forcément régulière).

Définition 3.6 *Soit T une distribution sur $\mathbb{R}$. Sa dérivée est la distribution T' définie par :*

$$\forall \phi \in \mathcal{D} \quad \langle T', \phi\rangle = -\langle T, \phi'\rangle \tag{II.31}$$

Plus généralement, sa dérivée d'ordre n est la distribution $T^{(n)}$ définie par :

$$\forall \phi \in \mathcal{D} \quad \langle T^{(n)}, \phi\rangle = (-1)^n \langle T, \phi^{(n)}\rangle \tag{II.32}$$

Notons que si $\phi \in \mathcal{D}$, alors ses dérivées de tout ordre sont également dans $\mathcal{D}$. Cette définition a donc un sens.

Exemple. La dérivée de la masse de Dirac δ_a est la distribution définie par :

$$\forall \phi \in \mathcal{D} \quad \langle \delta_a', \phi\rangle = -\phi'(a)$$

Sa dérivée seconde est définie par $\langle \delta_a'', \phi\rangle = \phi''(a)$, etc.

Remarques.

1. Toutes les distributions sont donc indéfiniment dérivables en ce sens.
2. On voit sur la définition qu'il est nécessaire de choisir des fonctions tests $\mathcal{C}^\infty$ pour donner un sens aux dérivées successives d'une distribution. On comprend ainsi le choix de $\mathcal{D}$ comme ensemble commun de définition pour toutes les distributions. Pour certaines distributions, il est toutefois possible, si nécessaire, de choisir des fonctions tests moins régulières, mais à condition de ne pas s'intéresser aux dérivées successives de ces distributions.
3. Lorsque $f \in \mathcal{C}^1(\mathbb{R})$, l'égalité $(T_f)' = T_{f'}$ permet, sans introduire d'ambiguïté, de parler de « la distribution f et de sa distribution dérivée f' » lorsqu'on voudra parler des distributions T_f et $(T_f)'$. Si f présente des irrégularités, ce ne sera plus le cas et il faudra alors clairement différencier la dérivation au sens usuel de la dérivation au sens des distributions, comme le montre l'exemple suivant et sa généralisation, dite *formule des sauts*.

Rappel. Une fonction f est dite « de classe $\mathcal{C}^1$ par morceaux » (en abrégé : « f est $\mathcal{C}^1_m$ ») si chaque intervalle borné peut être décomposé en un nombre fini d'intervalles $[a_i, a_{i+1}]$ tels que la restriction de f à $]a_i, a_{i+1}[$ puisse être prolongée en une fonction $\mathcal{C}^1$ sur $[a_i, a_{i+1}]$. Les discontinuités a_i de f ou de f' sont ainsi de première espèce, *i.e.* f et f' admettent en a_i une limite à gauche et une limite à droite (dans $\mathbb{C}$).

Exemple fondamental : dérivée de l'échelon unité

On considère la fonction « échelon unité » $x \mapsto H(x)$, égale à 1 sur $\mathbb{R}^+$ et à 0 ailleurs. C'est une fonction $\mathcal{C}^1_m$, donc localement intégrable. Elle définit une distribution appelée *distribution d'Heaviside*, qu'on peut noter H au lieu de T_H en identifiant $H \in L^1_{loc}$ et sa distribution régulière associée, définie pour $\phi \in \mathcal{D}$ par :

$$\langle H, \phi\rangle = \int_{\mathbb{R}} H(x)\phi(x)\,dx = \int_0^{+\infty} \phi(x)\,dx$$

Évidemment, H n'est pas dérivable sur $\mathbb{R}$ au sens usuel, puisqu'elle a un point de discontinuité. Elle est par contre dérivable au sens des distributions et sa dérivée se calcule aisément :

$$\langle H', \phi\rangle = -\langle H, \phi'\rangle = -\int_0^{+\infty} \phi'(x)dx = \phi(0)$$

car ϕ est à support compact. On a donc $\langle H', \phi\rangle = \langle \delta, \phi\rangle$ pour tout $\phi \in \mathcal{D}$, *i.e.*

$$H' = \delta \tag{II.33}$$

Ceci se généralise : l'existence de points de discontinuité pour une fonction $\mathcal{C}^1_m$ fait apparaître des masses de Dirac à la dérivation. Précisément, nous avons le théorème suivant.

Théorème 3.1 ***Formule des sauts***

Soit f une fonction $\mathcal{C}^1_m$ sur $\mathbb{R}$. On suppose qu'il existe un nombre fini de points a_1, a_2, ..., a_p où f admet des discontinuités de première espèce.

On note $s_{a_k}(f) = f(a_k^+) - f(a_k^-)$ le saut de f en a_k. On a alors :

$$(T_f)' = T_{f'} + \sum_{k=1}^{p} s_{a_k}(f)\ \delta_{a_k} \tag{II.34}$$

Preuve. Notons d'abord que, puisque f est $\mathcal{C}^1_m$, la fonction f' est définie presque partout et est localement intégrable, donc définit une distribution régulière $T_{f'}$.

Pour des commodités de notation, nous notons $a_0 = -\infty$, $a_{p+1} = +\infty$, et pour faciliter l'écriture de la preuve, nous supposons que les a_k sont les discontinuités de f ou de f'.

Soit $\phi \in \mathcal{D}$. Dans le calcul suivant, les intégrations par parties sur chaque intervalle $]a_k, a_{k+1}[$ sont justifiées car f est $\mathcal{C}^1$ sur ces intervalles et admet aux bornes de ces intervalles une limite finie. On obtient :

$$\begin{aligned}
\langle T_f', \phi\rangle &= -\int_{\mathbb{R}} f(x)\phi'(x)\,dx \\
&= -\sum_{k=0}^{p} \int_{a_k}^{a_{k+1}} f(x)\phi'(x)\,dx \\
&= -\sum_{k=0}^{p} \left([f(x)\phi(x)]_{a_k}^{a_{k+1}} - \int_{a_k}^{a_{k+1}} f'(x)\phi(x)\,dx \right) \\
&= \int_{\mathbb{R}} f'(x)\phi(x)\,dx - \sum_{k=0}^{p} \left(f(a_{k+1}^-)\phi(a_{k+1}) - f(a_k^+)\phi(a_k)\right)
\end{aligned}$$

Tenant compte de ϕ à support compact et regroupant les termes, on trouve :

$$\langle T_f', \phi\rangle = \langle T_{f'}, \phi\rangle + \sum_{k=1}^{p} \left(f(a_k^+) - f(a_k^-)\right)\phi(a_k) = \langle T_{f'}, \phi\rangle + \sum_{k=1}^{p} s_{a_k}(f)\,\langle \delta_{a_k}, \phi\rangle$$

On remarque que si a_k est une discontinuité de f' mais pas de f, le saut de f en a_k est nul, de sorte qu'on obtient bien la formule (II.34).

□

Remarques.

1. Comme $T_{f'}$ est la distribution régulière associée à la dérivée usuelle f' (définie p.p.), on retient ce résultat en disant que *la dérivée de f au sens des distributions $(T_f)'$ est la somme de la dérivée usuelle $T_{f'}$ et de la distribution singulière* $\sum_{k=1}^{p} s_{a_k}(f)\,\delta_{a_k}$.
   En physique ou en traitement du signal cette propriété très utile est souvent écrite (improprement) de la façon suivante :
   $$f'(t) = \{f(t)\}' + \sum_{k=1}^{p} s_{a_k}(f)\,\delta(t - a_k)$$
   Attention, comme souvent dans les applications, les notations sont ambiguës : dans cette écriture de la formule des sauts, f' désigne la dérivée au sens des distributions et $\{f\}'$ (ou toute autre notation équivalente) désigne la dérivée usuelle, définie seulement presque-partout.
2. Ce résultat se généralise à des fonctions $\mathcal{C}_m^1$ admettant une infinité (dénombrable) de discontinuités de première espèce. Pour s'en convaincre, il suffit de reprendre la démonstration avec une infinité d'intervalles $]a_k, a_{k+1}[$.
3. Lorsqu'il existe des discontinuités *de deuxième espèce* (*i.e.* lorsque f présente au moins une discontinuité qui n'est pas de première espèce), ce résultat ne s'applique pas, et il faut alors effectuer un calcul direct de la dérivée (en utilisant une fonction test).

Exemples.

1. La dérivée au sens des distributions de la fonction $\mathcal{C}_m^1$ définie par $f(t) = e^{2t}\mathbf{1}_{[0,1]}(t)$ est la distribution $(T_f)' = T_{f'} + \delta_0 - e^2\delta_1$, où $f'(t) = 2e^{2t}\mathbf{1}_{]0,1[}(t)$. En traitement du signal ou en physique, on noterait probablement cela :
   $$f'(t) = 2e^{2t} + \delta(t) - e^2\delta(t-1)$$
2. **Dérivée de** $\ln|x|$ au sens des distributions.
   La fonction $f : x \mapsto \ln|x|$ est localement intégrable donc définit une distribution régulière sur $\mathbb{R}$. Par contre elle n'est pas $\mathcal{C}_m^1$ puisque que f présente une discontinuité de deuxième espèce en 0. La formule des sauts ne s'applique donc pas. On verra en exercice que sa dérivée au sens des distribution est P.F.$\frac{1}{x}$.

Équations différentielles dans $\mathcal{D}'$

On admet le résultat suivant.

Proposition 3.1 *Les distributions T vérifiant $T' = 0$ sont exactement les distributions constantes, i.e. de la forme T_a où a désigne la fonction constante égale à a.*

On en déduit immédiatement :

Corollaire 3.1 *Si deux distributions ont la même dérivée, alors elles diffèrent d'une constante additive.*

La proposition 3.1 implique également que les équations différentielles d'ordre n linéaires *normalisées* à coefficients $\mathcal{C}^\infty$ avec second membre continu, lorsqu'on les résout au sens des distributions (ce qui signifie que l'on cherche l'inconnue dans $\mathcal{D}'$), ont pour seules solutions les distributions régulières T_f avec $f \in \mathcal{C}^n(\mathbb{R})$ solution au sens classique. Par changement d'inconnue, une telle équation différentielle se ramène en effet à $T' = 0$. Cela donne le corollaire suivant, dont la démonstration dans le cas particulier de l'équation d'ordre $n = 1$ fait l'objet de l'exercice II.10. On admettra la généralisation à n quelconque.

Corollaire 3.2 *Soit $n \in \mathbb{N}^*$, $a_0, \ldots, a_{n-1}$ des fonctions C^∞ sur $\mathbb{R}$, b une fonction continue sur $\mathbb{R}$. On considère l'équation différentielle linéaire normalisée d'ordre n*

$$y^{(n)} + a_{n-1}y^{(n-1)} + \ldots + a_0 y = b \tag{II.35}$$

Les distributions y vérifiant (II.35) sont de la forme $y = T_f$ avec f solution de (II.35) sur $\mathbb{R}$ au sens classique.

En résumé, on dira que si les coefficients sont C^∞ sur $\mathbb{R}$ et si le second membre est continu sur $\mathbb{R}$, alors *l'équation linéaire normalisée n'a que des solutions classiques.*

Problème de la division

Soit f une fonction $\mathcal{C}^\infty$ sur $\mathbb{R}$, et soit T, S des distributions. Supposons que l'on ait, dans $\mathcal{D}'$, l'égalité $fT = S$. On voudrait pouvoir en déduire l'égalité $T = \frac{1}{f}S$.

Lorsque f ne s'annule pas sur $\mathbb{R}$, cette égalité est vraie : il suffit de multiplier les deux membres de l'égalité par la fonction $\frac{1}{f}$ qui est, dans un tel cas, $\mathcal{C}^\infty$ sur $\mathbb{R}$. En effet, la distribution $\frac{1}{f}(fT)$ est bien égale à la distribution T, comme on le vérifie immédiatement en ayant recours à une fonction test. Autrement dit, la division d'une distribution par une fonction $\mathcal{C}^\infty$ ne s'annulant pas est possible.

Exemple. Résolvons dans $\mathcal{D}'$ l'équation $(x^2 - x + 1)\,T = e^x$.
Cela signifie que l'on cherche toutes les distributions T qui, multipliées par la fonction $\mathcal{C}^\infty$ définie par $f(x) = x^2 - x + 1$, donnent la distribution régulière $T_{\exp}$ associée à la fonction exponentielle. Or, la fonction f ne s'annule pas sur $\mathbb{R}$, donc la fonction $x \mapsto \frac{1}{x^2-x+1}$ est $\mathcal{C}^\infty$ sur $\mathbb{R}$. En multipliant les deux membres de l'égalité par cette fonction $\frac{1}{f}$, on obtient l'unique solution $T = T_g$, où g est la fonction définie par $g(x) = \frac{e^x}{x^2-x+1}$.

Lorsque la fonction par laquelle on veut diviser s'annule, on est confronté au problème dit *de la division.* On utilise alors le résultat suivant, que l'on admet.

Proposition 3.2 *Soit a un réel. Les distributions T sur $\mathbb{R}$ vérifiant $(x - a)^n T = 0$ sont exactement les combinaisons linéaires de δ_a, $\delta'_a, \ldots,$ $\delta_a^{(n-1)}$.*

Autrement dit, nous avons l'équivalence suivante :

$$\big(\, (x-a)^n T = 0 \,\big) \Longleftrightarrow \big(\, \exists (c_0, \ldots, c_{n-1}) \in \mathbb{C}^n \,\big) \quad \big(\, T = c_0\delta_a + \ldots + c_{n-1}\delta_a^{(n-1)} \,\big) \tag{II.36}$$

Il est facile d'en déduire que les distributions T vérifiant

$$(x - a_1)^{n_1}(x - a_2)^{n_2} \ldots (x - a_p)^{n_p}\, T = 0$$

sont exactement les combinaisons linéaires de

$$\delta_{a_1}, \ldots, \delta_{a_1}^{(n_1-1)}, \delta_{a_2}, \ldots, \delta_{a_2}^{(n_2-1)}, \ldots, \delta_{a_p}, \ldots, \delta_{a_p}^{(n_p-1)}$$

Exemple. Résolvons dans $\mathcal{D}'$ l'équation $(x^2+1)(x+1)(x-2)^3\,T=0$.

On peut simplifier par (x^2+1) puisque $x \mapsto \frac{1}{x^2+1}$ est $\mathcal{C}^\infty$ sur $\mathbb{R}$. Cette équation est donc équivalente à $(x+1)(x-2)^3\,T=0$, dont la solution générale s'écrit

$$T = a\delta_{-1} + b\delta_2 + c\delta_2' + d\delta_2''$$

où a, b, c, d sont des constantes complexes arbitraires.

Remarque. On peut montrer que la proposition 3.2 se généralise au cas de l'équation $fT=0$, où f est une fonction $\mathcal{C}^\infty$ sur $\mathbb{R}$ admettant une infinité dénombrable de racines d'ordre fini.

Exemple. Résolvons dans $\mathcal{D}'$ l'équation $\sin^2 x\,T=0$.

La fonction f définie par $f(x)=\sin^2 x$ est de classe $\mathcal{C}^\infty$ et admet tous les $k\pi$ $(k\in\mathbb{Z})$ comme racines *doubles* (rappelons que cela signifie que $f(x)$ et $f'(x) = 2\sin x\cos x$ s'annulent en $x=k\pi$, mais pas $f''(x)$). On peut immédiatement en déduire que la solution générale dans $\mathcal{D}'$ de l'équation $T\sin^2 x = 0$ est

$$T = \sum_{k\in\mathbb{Z}} a_k\delta_{k\pi} + b_k\delta_{k\pi}'$$

où les a_k et les b_k sont des constantes arbitraires.

4 Suites et séries de distributions

Nous admettrons que nous pouvons donner un sens à la notion de convergence d'une suite de distributions, de telle façon que :

Définition 4.1 *Une suite $(u_n)_{n\in\mathbb{N}}$ de distributions converge vers une distribution u si :*

$$\forall\phi\in\mathcal{D} \quad \langle u_n,\phi\rangle \underset{n\to+\infty}{\longrightarrow} \langle u,\phi\rangle$$

Cette notion de convergence dans $\mathcal{D}'$ permet de préciser ce que nous avons appelé dans l'introduction des *impulsions approchées.*

Proposition 4.1 ***Impulsions approchées***
Soit $f\in L^1(\mathbb{R})$ telle que $\int_{\mathbb{R}} f = 1$. La suite des distributions associées aux fonctions f_n définies par $f_n(x) = nf(nx)$ converge vers la distribution δ.

Preuve. La démonstration revient à établir que :

$$\forall\phi\in\mathcal{D} \quad \lim_{n\to+\infty}\int_{-\infty}^{+\infty} nf(nx)\,\phi(x)\,dx = \phi(0)$$

Nous avons $\int_{-\infty}^{+\infty} nf(nx)\,\phi(x)\,dx = \int_{-\infty}^{+\infty} f(y)\,\phi\left(\frac{y}{n}\right)\,dy$ avec $\lim_{n\to+\infty} f(y)\,\phi\left(\frac{y}{n}\right) = f(y)\,\phi(0)$. Le théorème de convergence dominée s'applique, car :

$$\left|f(y)\,\phi\left(\frac{y}{n}\right)\right| \leq \max_{x\in\mathbb{R}}|\phi(x)|\,|f(y)| \quad \text{avec } f\in L^1(\mathbb{R})$$

On a donc bien $\lim_{n\to+\infty}\int_{-\infty}^{+\infty} nf_n(x)\,\phi(x)\,dx = \int_{-\infty}^{+\infty} f(y)\,\phi(0)\,dy = \phi(0)$.

□

On dispose ainsi, au sens des distributions, d'approximations de δ par des impulsions approchées f_n. Voici quelques exemples usuels d'impulsions approchées, obtenus en faisant varier la forme de la fonction f :

1. Choisissons $f = \mathbf{1}_{\left[-\frac{1}{2},\frac{1}{2}\right]}$, qui est bien intégrable, d'intégrale 1. On obtient un procédé d'approximation de δ par les « fonctions portes » suivantes :

$$x \mapsto f_n(x) = n\mathbf{1}_{\left[-\frac{1}{2n},\frac{1}{2n}\right]}(x) \tag{II.37}$$

2. Choisissons pour f la gaussienne $x \mapsto \frac{1}{\sqrt{2\pi}}\, e^{-x^2/2}$. Tenant compte du résultat de l'exercice I.13, l'intégrale de f vaut 1. On peut donc approcher δ par les gaussiennes suivantes :

$$x \mapsto f_n(x) = \frac{n}{\sqrt{2\pi}}\, e^{-\frac{n^2x^2}{2}} \tag{II.38}$$

Ce sont d'ailleurs les gaussiennes f_n pour $n \in \{1, 2, 3, 4\}$ qui sont représentées figure II.1.

3. Choisissons $f : x \mapsto \frac{1}{\pi(1+x^2)}$, qui vérifie bien $\int_{-\infty}^{+\infty} \frac{dx}{\pi(1+x^2)} = \frac{2}{\pi}\left[\arctan x\right]_0^{+\infty} = 1$. La fonction f est appelée une *lorentzienne*. On peut donc approcher δ par les lorentziennes suivantes :

$$x \mapsto f_n(x) = \frac{1}{\pi}\frac{n}{1+n^2x^2} \tag{II.39}$$

Proposition 4.2 *Si une suite $(u_n)_{n\in\mathbb{N}}$ de distributions converge vers u, alors la suite $(u'_n)_{n\in\mathbb{N}}$ converge vers u'.*

Preuve. C'est immédiat : pour $\phi \in \mathcal{D}$, la suite de complexes $\langle u'_n, \phi\rangle = -\langle u_n, \phi'\rangle$ converge par hypothèse vers $-\langle u, \phi'\rangle = \langle u', \phi\rangle$, car ϕ' est une fonction test.

□

Remarque. Notamment, pour une suite (f_n) de fonctions $\mathcal{C}^1$ sur $\mathbb{R}$, on peut toujours dériver $\lim_{n\to+\infty} f_n$ sous le signe lim *au sens des distributions*, alors que la même opération *au sens usuel* nécessite des hypothèses supplémentaires (par exemple la convergence uniforme de la suite (f'_n) sur tout compact de $\mathbb{R}$).

Comme d'habitude, on définit la notion de série convergente à l'aide de la notion de suite convergente.

Définition 4.2 *On dit que la **série** de distributions $\sum_{n=0}^{+\infty} u_n$ converge vers une distribution S si la **suite des sommes partielles** $S_N = \sum_{n=0}^{N} u_n$ converge vers S.*

Exemple. On laisse le lecteur vérifier que les séries de distributions $\sum_{n=0}^{+\infty} \delta_{na}$ et $\sum_{n=1}^{+\infty} \delta_{-na}$ sont convergentes. On peut ainsi justifier la notation utilisée pour le peigne de Dirac, en considérant $\sum_{n=1}^{+\infty} \delta_{-na} + \sum_{n=0}^{+\infty} \delta_{na} = \sum_{n=-\infty}^{+\infty} \delta_{na}$.

Proposition 4.3 *Si la série de distributions $\sum_{n=0}^{+\infty} u_n$ converge vers S, alors la série des dérivées $\sum_{n=0}^{+\infty} u'_n$ converge vers S'.*

Preuve. C'est une conséquence directe de la proposition précédente, puisque la dérivation est linéaire. On peut donc, *au sens des distributions*, dériver une série de distributions terme à terme.

□

5 Support des distributions

5.1 Définitions et exemples

Définition 5.1 *Soit V un ouvert de $\mathbb{R}$. On dit que deux distributions u et v sont égales sur V si $\langle u, \phi \rangle = \langle v, \phi \rangle$ pour toute fonction test ϕ telle que* $\operatorname{Supp} \phi \subset V$.

Cette notion permet notamment de dire d'une distribution u qu'elle est « égale à une fonction f sur V » (lorsque $\langle u, \phi \rangle = \int_{\mathbb{R}} f(x)\phi(x)\,dx$ pour tout $\phi \in \mathcal{D}$ supportée dans V). Dans le cas particulier où $\langle u, \phi \rangle = 0$ pour tout $\phi \in \mathcal{D}$ supportée dans V, on dit que u est « nulle sur V ».

Exemples.

1. La distribution d'Heaviside est nulle sur l'ouvert $]-\infty, 0[$, car si ϕ est une fonction test supportée dans $]-\infty, 0[$, alors $\langle T_H, \phi \rangle = \int_0^{+\infty} \phi(x)\,dx = 0$.

2. La distribution $\text{P.F.}\frac{1}{x}$ n'est pas une fonction sur $\mathbb{R}$, mais elle est égale à la fonction $x \mapsto \frac{1}{x}$ sur l'ouvert $\mathbb{R}^*$. En effet, si $\phi \in \mathcal{D}$ est supportée dans $\mathbb{R}^*$, alors il existe $a > 0$ tel que ϕ soit nulle dans l'intervalle $]-a, a[$, donc on a

$$\left\langle \text{P.F.}\frac{1}{x}, \phi \right\rangle = \int_{-\infty}^{-a} \frac{\phi(x)}{x}\,dx + \int_a^{+\infty} \frac{\phi(x)}{x}\,dx = \int_{\mathbb{R}} \frac{\phi(x)}{x}\,dx = \left\langle \frac{1}{x}, \phi \right\rangle$$

Définition 5.2 *On appelle support d'une distribution u le complémentaire du plus grand ouvert de $\mathbb{R}$ où u est nulle. On le note* $\operatorname{Supp} u$.

Remarques.

1. Nous admettons que ce « plus grand ouvert » existe. Il faudrait montrer que si une distribution est nulle sur des ouverts, alors elle est nulle sur leur réunion, de sorte que la réunion des ouverts où T est nulle est le plus grand ouvert où T est nulle.
2. Le support d'une distribution est un **fermé** de $\mathbb{R}$, en tant que complémentaire d'un ouvert.

Exemples.

1. Le support de la distribution d'Heaviside est $[0, +\infty[$, car $]-\infty, 0[$ est le plus grand ouvert où H est nulle. En effet, supposons que T_H soit nulle sur un ouvert V contenant strictement $]-\infty, 0[$. Il existe alors un intervalle $[a, b]$ avec $0 \leq a < b$ sur lequel T_H est nulle. Considérons une fonction test ϕ_0 supportée dans V, positive sur V et strictement positive sur $[a, b]$. On a $\langle T_H, \phi_0 \rangle = \int_0^{+\infty} \phi_0(x)\,dx \geq \int_a^b \phi_0(x)\,dx > 0$, ce qui contredit le fait que T_H est nulle sur V.

2. Plus généralement, on peut démontrer que si f est une fonction continue par morceaux, alors le support de la distribution régulière T_f est égal au support de la fonction f.

3. Le support de δ_a et de ses dérivées successives est $\{a\}$. En effet, d'une part δ_a est nulle sur l'ouvert $\mathbb{R} \setminus \{a\}$ (car si $\phi \in \mathcal{D}$ est supportée dans cet ouvert, alors $\langle \delta_a, \phi \rangle = \phi(a) = 0$) ; d'autre part, si U est un ouvert contenant a, alors δ_a n'est pas nulle dans U (car si ϕ est une fonction test supportée dans U telle que $\phi(a) \neq 0$, alors $\langle \delta_a, \phi \rangle = \phi(a) \neq 0$).

5.2 Distributions à support borné

Le théorème suivant (admis) exprime que si T a un support borné, alors on peut donner un sens à $\langle T, \phi\rangle$ même si le support de ϕ n'est, lui, pas borné.

Théorème 5.1 *Soit u une distribution. Si le support de u est borné, alors on peut prolonger u en une application linéaire continue sur l'e.v. $\mathcal{E} = \mathcal{C}^\infty(\mathbb{R})$.*

Remarques.

1. Ce résultat montre qu'une distribution à support borné est dans le dual de $\mathcal{E} = \mathcal{C}^\infty(\mathbb{R})$. On peut montrer la réciproque, *i.e.* que toute forme linéaire continue sur $\mathcal{E}$ est en restriction à $\mathcal{D}$ une distribution à support borné. Finalement, le dual de $\mathcal{E}$ est constitué exactement des distributions à support borné. Nous noterons donc $\mathcal{E}'$ l'e.v. des distributions sur $\mathbb{R}$ à support borné.

   Cela signifie que si la distribution est « nulle à l'infini », ses fonctions tests n'ont plus besoin de l'être.

2. Ce résultat reste vrai pour des distributions sur $\mathbb{R}^n$. Par exemple les distributions de charges sur $\mathbb{R}^3$ décrites dans l'exemple introductif sont à support borné (si toutefois l'on considère que les charges sont confinées dans un volume fini). C'est la raison pour laquelle on a le droit de prendre la fonction test $\phi = 1$, qui n'est pas à support compact, dans le calcul de la charge totale.

Exemples.

1. La distribution régulière associée à la fonction porte $\mathbf{1}_{[a,b]}$, dont le support $[a, b]$ est borné, est un élément de $\mathcal{E}'$. On peut donc, pour cette distribution, choisir des fonctions tests à support quelconque.
2. La masse de Dirac δ_a, dont le support est $\{a\}$, est un élément de $\mathcal{E}'$.
3. Soit $a > 0$ et $(x_n)_{n\in\mathbb{Z}}$ une suite complexe. À quelle condition la distribution discrète $T = \sum_{n=-\infty}^{+\infty} x_n\delta_{na}$ est-elle élément de $\mathcal{E}'$?

   On démontre (cf. exercice II.14) que le support de cette distribution est l'ensemble $\{na\,;\, x_n \neq 0\}$. Pour que $T \in \mathcal{E}'$, il faut et il suffit que le support S de T soit compact, ce qui arrive lorsqu'il existe $N_0 \in \mathbb{N}$ tel que

   $$|n| > N_0 \Longrightarrow x_n = 0$$

   Effectivement, dans un tel cas, la somme $\sum_{n\in\mathbb{Z}} x_n\phi(na)$ se réduit à la somme finie $\sum_{n=-N_0}^{N_0} x_n\phi(na)$, de sorte que ϕ n'a plus besoin d'être à support compact pour que $\langle T, \phi\rangle$ existe. On peut donc effectivement définir T sur $\mathcal{E} = \mathcal{C}^\infty(\mathbb{R})$ (on peut même définir T sur l'e.v. des fonctions continues, si on n'a pas besoin de dériver T).

Les dérivées successives de δ_a, ou plus généralement les combinaisons linéaires de dérivées de δ_a, admettent l'ensemble $\{a\}$ pour support. Le théorème suivant (admis) exprime qu'en fait il n'y a pas d'autres distributions à support ponctuel que celles-ci.

Théorème 5.2 *Les distributions ayant pour support un point a sont de la forme $\sum_{k=0}^{n} c_k\delta_a^{(k)}$, où n est un entier naturel et les c_k des complexes quelconques.*

6 Exercices corrigés

Exercice II.1 *Soit α une constante réelle. On considère les fonctions définies par*

$$f(x) = |x|^\alpha, \; g(x) = x^\alpha H(x), \; h(x) = x^\alpha \mathbf{1}_{]0,1]}(x)$$

À quelle condition ces fonctions définissent-elles une distribution (régulière) et, sous cette condition, comment est définie cette distribution ?

Solution. Pour qu'une fonction f définisse une distribution, il faut et il suffit que $f \in L^1_{loc}$. Or, ces trois fonctions sont intégrables sur tout intervalle $[a,b]$ qui ne contient pas 0. Lorsque $[a,b]$ contient 0, elles sont intégrables sur $[a,b]$ ssi $\alpha > -1$. Finalement, f, g, h définissent des distributions (régulières) T_f, T_g, T_h ssi $\alpha > -1$. Ces distributions sont alors définies par

$$\forall \phi \in \mathcal{D} \quad \langle T_f, \phi \rangle = \int_{\mathbb{R}} |x|^\alpha \phi(x)\, dx$$

$$\forall \phi \in \mathcal{D} \quad \langle T_g, \phi \rangle = \int_0^{+\infty} x^\alpha \phi(x)\, dx$$

$$\forall \phi \in \mathcal{D} \quad \langle T_h, \phi \rangle = \int_0^1 x^\alpha \phi(x)\, dx$$

Exercice II.2 *L'application $T : \phi \mapsto \sum_{n\in\mathbb{N}} \phi^{(n)}(n)$ est-elle une distribution ? L'écrire à l'aide de distributions usuelles.*

Solution. Soit $\phi \in \mathcal{D}$. Alors d'une part $\phi^{(n)}(n)$ existe, puisque $\phi \in \mathcal{C}^\infty(\mathbb{R})$, d'autre part la somme $\sum_{n\in\mathbb{N}} \phi^{(n)}(n)$ ne comporte qu'un nombre fini de termes (ce nombre dépendant de ϕ). En effet, ϕ est à support borné, donc il existe $N_\phi \in \mathbb{N}$ tel que ϕ et toutes ses dérivées sont nulles sur $[N_\phi, +\infty[$. En particulier $\sum_{n\in\mathbb{N}} \phi^{(n)}(n) = \sum_{n=0}^{N_\phi} \phi^{(n)}(n)$.
Ainsi l'application T est définie sur $\mathcal{D}$. Par linéarité de la dérivation, il est clair que T est linéaire. T est une application linéaire de $\mathcal{D}$ dans $\mathbb{C}$, dont on admet la continuité, par conséquent $T \in \mathcal{D}'$.
On remarque que $\phi^{(n)}(n) = (-1)^n \langle \delta_n^{(n)}, \phi \rangle$, donc

$$T = \sum_{n\in\mathbb{N}} (-1)^n \delta_n^{(n)}$$

Complément. Si on souhaite prouver la continuité de T sur $\mathcal{D}$, on se donne un compact K de $\mathbb{R}$ et on note que pour tout ϕ de $\mathcal{D}$ supportée dans K, on a

$$|\langle T, \phi \rangle| \leq \sum_{n=0}^{N_K} \max_{x\in K} |\phi^{(n)}(x)|$$

où $N_K \in \mathbb{N}$ dépend clairement du compact K (on peut par exemple prendre pour N_K le plus petit entier naturel supérieur ou égal à $\max K$). Ainsi, T vérifie (II.12), ce qui prouve rigoureusement que c'est une distribution, mais il semble que cette distribution ne soit pas d'ordre fini.

Exercice II.3 *L'application $T : \phi \mapsto \sup_{x\in\mathbb{R}} |\phi(x)|$ est-elle définie sur $\mathcal{D}$? Est-ce une distribution ?*

Solution. Si $\phi \in \mathcal{D}$, alors ϕ est bornée sur $\mathbb{R}$ (l'application continue $|\phi|$ atteint son maximum en un point du support de ϕ, qui est compact). Par conséquent T est définie sur $\mathcal{D}$ et à valeurs dans $\mathbb{R}^+ \subset \mathbb{C}$. Mais T n'est pas une distribution car T n'est pas linéaire. En effet, en général

$$\sup_{x\in\mathbb{R}} |\phi_1(x) + \phi_2(x)| \neq \sup_{x\in\mathbb{R}} |\phi_1(x)| + \sup_{x\in\mathbb{R}} |\phi_2(x)|$$

Exercice II.4 *Calculer les deux premières dérivées au sens des distributions des fonctions*

$$t \mapsto t^2, t \mapsto (1-|t|)\mathbf{1}_{[-1,1]}(t), t \mapsto e^{-t}\mathbf{1}_{[0,1]}(t), t \mapsto |\sin(t)|$$

Solution.

1. On sait que si une fonction est $\mathcal{C}^1$ sur $\mathbb{R}$, sa dérivée au sens des distributions est la distribution associée à sa dérivée usuelle. La fonction définie par $f(t) = t^2$ est $\mathcal{C}^\infty$ sur $\mathbb{R}$. Par conséquent ses dérivées successives au sens des distributions $(T_f)^{(n)}$ « coïncident » avec les dérivées usuelles, *i.e.* $(T_f)^{(n)} = T_{f^{(n)}}$. On a ainsi $(T_f)' = T_{f'}$ avec $f'(t) = 2t$, *i.e.* $(T_f)' : \phi \mapsto 2\int_{-\infty}^{+\infty} t\phi(t)\,dt$. Puis $(T_f)''$ est la distribution constante égale à 2 (qui à toute fonction test ϕ associe $2\int_{\mathbb{R}} \phi(t)\,dt$). On peut ajouter que pour $n \geq 3$, $(T_f)^{(n)}$ est la distribution nulle, *i.e.* l'application $\phi \mapsto 0$.
2. La fonction définie par $f(t) = (1-|t|)\mathbf{1}_{[-1,1]}(t)$ est $\mathcal{C}^1_m$. On peut donc calculer $(T_f)'$ très simplement en appliquant la formule des sauts. En fait, f est continue sur $\mathbb{R}$. Par conséquent on a là aussi $(T_f)' = T_{f'}$, où f' est définie (p.p.) par $f'(t) = \mathbf{1}_{]-1,0[}(t) - \mathbf{1}_{]0,1[}(t)$.
Cette fonction f' est $\mathcal{C}^1_m$ (mais non continue en -1, 0, 1), donc la formule des sauts nous donne $(T_f)'' = (T_{f'})' = T_{f''} + s_{-1}(f')\delta_{-1} + s_0(f')\delta_0 + s_1(f')\delta_1$. Comme $f''(t) = 0$ presque-partout, $T_{f''}$ est la distribution nulle. On a finalement
$$(T_f)'' = \delta_{-1} - 2\delta_0 + \delta_1$$
ce que l'on écrirait sans doute $f''(t) = \delta(t+1) - 2\delta(t) + \delta(t-1)$ dans un cours de physique, ou en théorie du signal, mais dans ce cas il faut se souvenir que $f''(t)$ désigne alors la dérivée seconde de f au sens des distributions, et non la dérivée seconde usuelle.
3. On raisonne de la même façon pour $f(t) = e^{-t}\mathbf{1}_{[0,1]}(t)$, en remarquant que la dérivée usuelle, définie partout sauf en 0 et 1, vérifie $f'(t) = -f(t)$. On a donc
$$(T_f)' = -T_f + \delta_0 - e^{-1}\delta_1\ , \quad (T_f)'' = T_f + \delta_0' - e^{-1}\delta_1'$$
4. Pour $f(t) = |\sin(t)|$, on applique la formule des sauts, avec une infinité de discontinuités pour f' (mais pas pour f) en $k\pi$, $k \in \mathbb{Z}$. On a donc $(T_f)' = T_{f'}$, avec
$$f'(t) = \sum_{k\in\mathbb{Z}} (-1)^k \cos(t)\, \mathbf{1}_{]k\pi,(k+1)\pi[}(t)$$
On a de plus $f''(t) = -f(t)$ pour $t \neq k\pi$, donc $(T_f)'' = -T_f + \sum_{k\in\mathbb{Z}} s_{k\pi}(f')\delta_{k\pi}$, avec le saut de f' en $k\pi$ qui vaut 2. On a donc finalement
$$(T_f)'' = -T_f + 2\sum_{k\in\mathbb{Z}} \delta_{k\pi} = -T_f + 2Ш_\pi$$

Exercice II.5 *Justifier que la fonction* $f : x \mapsto \ln|x|$ *définit une distribution régulière et calculer sa distribution dérivée.*

Solution. On a $f \in L^1_{loc}$. En effet, si l'intervalle $[a,b]$ ne contient pas 0, alors f est continue sur $[a,b]$, et si $0 \in [a,b]$, on a encore $\int_a^b |\ln|x||\,dx < +\infty$ (on a vu au chapitre I que $\ln \in L^1([0,b])$, et f est paire).
Par contre la formule des sauts ne s'applique pas car $f \notin \mathcal{C}^1_m$ (0 est une discontinuité de deuxième espèce). Pour calculer la dérivée de la distribution régulière T_f, on revient donc à la définition. Elle est définie par
$$\forall\phi \in \mathcal{D} \quad \langle (T_f)', \phi\rangle = -\langle T_f, \phi'\rangle = -\int_{-\infty}^{+\infty} \ln|x|\phi'(x)\,dx$$
On écrit cette intégrale absolument convergente sous la forme
$$-\lim_{\varepsilon\to 0^+}\left(\int_{-\infty}^{-\varepsilon} \ln(-x)\phi'(x)\,dx + \int_\varepsilon^\infty \ln(x)\phi'(x)\,dx\right)$$

On intègre par partie, en notant que les deux intégrales sous le signe lim sont en fait étendues à un intervalle compact et que f et ϕ sont $\mathcal{C}^1$ sur ces compacts. On trouve

$$\langle (T_f)', \phi\rangle = \lim_{\varepsilon\to 0^+}\left(\ln(\varepsilon)\big(\phi(\varepsilon)-\phi(-\varepsilon)\big) + \int_{-\infty}^{-\varepsilon}\frac{\phi(x)}{x}\,dx + \int_{\varepsilon}^{\infty}\frac{\phi(x)}{x}\,dx\right)$$

Or, la quantité $\ln(\varepsilon)\big(\phi(\varepsilon)-\phi(-\varepsilon)\big)$ tend vers 0 quand ε tend vers 0^+, car elle est de la forme $2\varepsilon\ln(\varepsilon)\phi'(c_\varepsilon)$ avec $-\varepsilon < c_\varepsilon < \varepsilon$ (théorème des accroissements finis), et ϕ' est bornée. On a donc

$$\langle (T_f)', \phi\rangle = \lim_{\varepsilon\to 0^+}\left(\int_{-\infty}^{-\varepsilon}\frac{\phi(x)}{x}\,dx + \int_{\varepsilon}^{\infty}\frac{\phi(x)}{x}\,dx\right) = \left\langle \mathrm{P.F.}\frac{1}{x}, \phi\right\rangle$$

On a donc $(T_f)' = \mathrm{P.F.}\frac{1}{x}$.

Exercice II.6 *Calculer $x\,\mathrm{P.F.}\frac{1}{x}$ après avoir justifié son existence.*

Solution. La fonction $x\mapsto x$ étant $\mathcal{C}^\infty$ sur $\mathbb{R}$, la distribution $x\,\mathrm{P.F.}\frac{1}{x}$ est définie, par

$$\forall\phi\in\mathcal{D}\quad \left\langle x\,\mathrm{P.F.}\frac{1}{x}, \phi\right\rangle = \left\langle \mathrm{P.F.}\frac{1}{x}, x\phi(x)\right\rangle$$

(où la variable x est bien sûr muette). On a donc

$$\left\langle x\,\mathrm{P.F.}\frac{1}{x}, \phi\right\rangle = \lim_{\varepsilon\to 0^+}\left(\int_{-\infty}^{-\varepsilon}\frac{x\phi(x)}{x}\,dx + \int_{\varepsilon}^{\infty}\frac{x\phi(x)}{x}\,dx = \int_{-\infty}^{+\infty}\phi(x)\,dx\right)$$

Par conséquent la distribution $x\,\mathrm{P.F.}\frac{1}{x}$ est la distribution constante égale à 1.

Exercice II.7 *Soit u une fonction $\mathcal{C}^\infty$ sur $\mathbb{R}$, et soit T une distribution. Démontrer que*

$$(uT)' = u'T + uT'$$

Solution. On note d'abord que les deux membres de l'égalité ont un sens dans $\mathcal{D}'$, puisque u et u' sont des fonctions $\mathcal{C}^\infty$. Pour prouver cette égalité attendue, il suffit de vérifier l'égalité $\langle (uT)', \phi\rangle = \langle u'T + uT', \phi\rangle$, où ϕ est une fonction test quelconque, ce qui est immédiat en utilisant uniquement les définitions :

$$\begin{aligned}
\langle (uT)', \phi\rangle &= -\langle uT, \phi'\rangle && \text{(déf de la dérivée d'une distribution)}\\
&= -\langle T, u\phi'\rangle && \text{(déf du produit d'une distribution par une fonction } \mathcal{C}^\infty)\\
&= -\langle T, (u\phi)' - u'\phi\rangle && \text{(dérivée d'un produit de fonctions, au sens usuel)}\\
&= -\langle T, (u\phi)'\rangle + \langle T, u'\phi\rangle && \text{(linéarité de la distribution } T)\\
&= \langle T', u\phi\rangle + \langle u'T, \phi\rangle && \text{(déf de la dérivée et du produit par une fonction)}\\
&= \langle uT', \phi\rangle + \langle u'T, \phi\rangle && \text{(déf du produit par une fonction)}\\
&= \langle uT' + u'T, \phi\rangle && \text{(déf de la somme de deux distributions).}
\end{aligned}$$

Exercice II.8 *Démontrer qu'au sens des distributions la translation et la dérivation commutent. Qu'en déduire pour la dérivée d'une distribution périodique ?*

Indication. On prouve facilement que, pour tout $a\in\mathbb{R}$, on a $\tau_a(T') = (\tau_a T)'$ (comme pour une fonction). Pour cela il suffit d'introduire une fonction test et d'utiliser la définition de la a-translatée et de la dérivée d'une distribution.
Une distribution a-périodique vérifiant $\tau_a T = T$, cela implique que $\tau_a(T') = T'$, donc T' est elle aussi a-périodique.

Exercice II.9 *Que dire de la dérivée d'une distribution paire ? impaire ?*

Indication. Même démarche que dans l'exercice précédent : montrer d'abord que la « symétrisée » de la dérivée est égale à l'opposé de la dérivée de la symétrisée (comme pour une fonction), ce qui implique immédiatement que la dérivée d'une distribution paire (respectivement impaire) est impaire (respectivement paire).

Exercice II.10 *Démontrer le corollaire 3.2 dans le cas particulier $n = 1$.*

Solution. On doit prouver que, si $a \in \mathcal{C}^\infty(\mathbb{R})$ et $b \in \mathcal{C}^0(\mathbb{R})$, alors les seules distributions y solutions de $y' + ay = b$ sont celles de la forme $y = T_f$ avec $f \in \mathcal{C}^1(\mathbb{R})$ vérifiant

$$\forall x \in \mathbb{R} \quad f'(x) + a(x)f(x) = b(x)$$

Or, l'équation est linéaire, donc toute distribution y vérifiant l'équation est somme d'une solution particulière et d'une solution de l'équation homogène. On vérifie sans peine qu'une solution particulière est donnée par T_g, où g est solution particulière au sens classique sur $\mathbb{R}$. Par ailleurs, l'équation homogène $y' + ay = 0$ est équivalente à $(ye^A)' = 0$, où A est une primitive sur $\mathbb{R}$ de la fonction continue a. Le changement de distribution inconnue $z = ye^A$ a bien un sens, car a étant $\mathbb{C}^\infty$, il en est de même de la fonction e^A, qu'on peut donc multiplier par la distribution y. La proposition 3.1 implique alors que ye^A est une distribution constante, ce qui revient à dire que la solution générale (dans $\mathcal{D}'$) de l'équation homogène est $y = e^{-A}T_C$ où T_C est la distribution associée à la fonction constante égale à C. La solution générale de $y' + ay = b$ est donc de la forme $T_g + e^{-A}T_C = T_{g+Ce^{-A}}$. Comme $f = g + Ce^{-A}$ est la solution générale sur $\mathbb{R}$ de l'équation au sens classique, cela prouve le résultat voulu pour $n = 1$. Il ne serait pas très difficile d'en déduire le cas général.

Exercice II.11 *Résoudre dans $\mathcal{D}'$ l'équation différentielle $xT' = 1$.*

Solution. Bien sûr, xT' désigne le produit de la distribution T' par la fonction $x \mapsto x$ (qui est de classe $\mathcal{C}^\infty$). L'équation est linéaire, mais non normalisée. Sur chaque intervalle ne contenant pas 0, une solution évidente, au sens classique, est $f : x \mapsto \ln|x|$. Comme cette fonction est localement intégrable, on peut penser que T_f est une solution particulière au sens des distributions. Ceci découle immédiatement des résultats des exercices II.5 et II.6.
Reste à résoudre l'équation homogène $xT' = 0$ dans $\mathcal{D}'$. Comme 0 est racine simple de x, il découle de la proposition 3.2 (problème de la division) que

$$xT' = 0 \Longleftrightarrow T' = a\delta_0$$

avec a constante complexe arbitraire. Toujours par linéarité, la solution générale de $T' = a\delta$ est la somme de la solution particulière aH et de la solution générale de l'équation homogène $T' = 0$, *i.e.*

$$T' = a\delta \Longleftrightarrow T = aH + b$$

où H est la distribution d'Heaviside, et b une distribution constante quelconque.
Finalement la solution générale dans $\mathcal{D}'$ de $xT' = 1$ est la distribution régulière associée à la fonction $x \mapsto \ln x + aH(x) + b$, où a et b sont arbitraires.

Exercice II.12 ***Pseudo-fonction $\frac{1}{x^2}$.***
On note P.F.$\frac{1}{x^2}$ *la dérivée au sens des distributions de* $-$P.F.$\frac{1}{x}$.

1. *Démontrer que*

$$\forall \phi \in \mathcal{D} \quad \left\langle P.F.\frac{1}{x^2}, \phi \right\rangle = \lim_{\varepsilon \to 0^+} \left(-\left(\frac{\phi(\varepsilon) + \phi(-\varepsilon)}{\varepsilon} \right) + \int_{-\infty}^{-\varepsilon} \frac{\phi(x)}{x^2} dx + \int_{\varepsilon}^{+\infty} \frac{\phi(x)}{x^2} dx \right)$$

2. *Déterminer la distribution $x^2 P.F.\frac{1}{x^2}$, après avoir justifié son existence.*
3. *Résoudre dans $\mathcal{D}'$ l'équation $x^2 T' = 1$.*

Indications.

1. Très facile, avec une intégration par parties. Attention, il est essentiel de garder tous les termes sous le même signe limite (séparément, ils n'ont pas de limite quand ε tend vers 0).
2. En utilisant la définition du produit de la distribution $P.F.\frac{1}{x^2}$ par la fonction $x \mapsto x^2$ (qui est $\mathcal{C}^\infty$ sur $\mathbb{R}$), et la formule démontrée à la question précédente, on obtient immédiatement la formule $x^2 P.F.\frac{1}{x^2} = 1$ (*i.e.* $x^2 P.F.\frac{1}{x^2}$ est la distribution associée à la fonction constante égale à 1).
3. Raisonner comme dans l'exercice II.11. On trouve $T = -P.F.\frac{1}{x} + aH + b\delta + c$, où a, b, c sont arbitraires.

Exercice II.13 *Déterminer le support des distributions définies dans l'exercice II.1. L'une de ces distributions est élément de $\mathcal{E}'$. Laquelle ? Vérifier qu'on peut effectivement définir son action sur une fonction test de $\mathcal{E} = \mathcal{C}^\infty(\mathbb{R})$.*

Solution. Il est naturel d'essayer de montrer que T_f a pour support $\mathbb{R}$, que T_g a pour support $[0, +\infty[$, et que T_h a pour support $[0, 1]$.

Démontrons que $\operatorname{Supp} T_f = \mathbb{R}$. Il faut montrer que T_f n'est nulle sur aucun ouvert non vide. Soit U un ouvert non vide. Considérons une fonction test ϕ supportée dans U, positive mais non identiquement nulle. Alors on a $\langle T_f, \phi \rangle = \int_U |x|^\alpha \phi(x)\, dx > 0$.

Démontrons que $\operatorname{Supp} T_h = [0, 1]$ (la démonstration de $\operatorname{Supp} T_g = [0, +\infty[$ étant analogue). Il faut d'abord montrer que T_h est nulle sur l'ouvert $V =]-\infty, 0[\cup]1, +\infty[$. Soit $\phi \in \mathcal{D}$ supportée dans V. Alors $\langle T_f, \phi \rangle = \int_0^1 x^\alpha \phi(x)\, dx = 0$, car $\phi(x) = 0$ pour tout $x \in [0, 1]$. Il faut ensuite montrer que V est le plus gros ouvert où T_h est nulle. Soit V' un ouvert contenant strictement V. Alors V' contient un point a de $[0, 1]$. On considère une fonction test ϕ supportée dans V', positive, et strictement positive dans un voisinage de a. Alors $\langle T_h, \phi \rangle > 0$, donc T_h n'est pas nulle sur V'.

Puisque $\operatorname{Supp} T_h$ est compact, on a $T_h \in \mathcal{E}'$. Effectivement, pour $\alpha > -1$, l'intégrale $\langle T_h, \phi \rangle = \int_0^1 x^\alpha \phi(x)\, dx$ existe pour toute fonction ϕ de classe $\mathcal{C}^\infty$ sur $\mathbb{R}$, même si le support de ϕ n'est pas compact.

Remarque. On peut même définir $\langle T_h, \phi \rangle$ pour toute fonction ϕ continue sur $\mathbb{R}$ si on ne s'intéresse pas aux dérivées de la distribution T.

Exercice II.14 *Soit $a > 0$ et $(x_n)_{n \in \mathbb{Z}}$ une suite complexe. Déterminer le support de la distribution $T = \sum_{n \in \mathbb{Z}} x_n \delta_{na}$.*

Solution. En s'appuyant sur la représentation graphique d'une distribution discrète (cf. figure II.3), il est naturel d'essayer de montrer que le support de la distribution T est l'ensemble

$$S = \{na\,;\, n \in \mathbb{Z},\, x_n \neq 0\}$$

Le complémentaire de S est bien un ouvert V, union d'intervalles ouverts de la forme $]pa, qa[$ avec $p < q$, $x_p \neq 0, x_q \neq 0$ et $x_n = 0$ pour les entiers n vérifiant $p < n < q$ (s'il y en a). Vérifions que T est nulle sur un tel intervalle, cela prouvera que T est nulle sur V. Soit $\phi \in \mathcal{D}$ supportée dans $]pa, qa[$, alors $\langle T, \phi \rangle = \sum_{n \in \mathbb{Z}} x_n \phi(na) = \sum_{n=p+1}^{q-1} x_n \phi(na) = 0$.

Montrons maintenant que V est le plus grand ouvert où T est nulle. Un ouvert U contenant strictement V contient un point $n_0 a$ tel que $x_{n_0} \neq 0$. Soit $\phi \in \mathcal{D}$ supportée dans $](n_0 - 1)a, (n_0 + 1)a[\subset U$ et vérifiant $\phi(n_0 a) \neq 0$. Alors $\langle T, \phi \rangle = x_{n_0} \phi(n_0 a) \neq 0$, donc T n'est pas nulle sur U.

Remarque. On peut démontrer de façon analogue que la distribution $\sum_{n \in \mathbb{N}} (-1)^n \delta_n^{(n)}$, définie à l'exercice II.2, a pour support $\mathbb{N}$.

Chapitre III

Convolution des fonctions

La convolution est une opération qui permet d'exprimer la « réponse » de certains systèmes linéaires à une « entrée » à l'aide d'une fonction caractéristique du système. Grâce à ses propriétés régularisantes, la convolution est également utilisée pour construire des procédés d'approximation. On insiste ici surtout sur le premier point de vue car il est indispensable en physique et traitement du signal. On se contente de présenter la convolution des fonctions d'une seule variable réelle, la généralisation aux fonctions définies sur $\mathbb{R}^n$ étant très simple.

1 Définition et propriétés élémentaires de la convolution

1.1 Définition et commutativité

Définition 1.1 *Soient f et g des fonctions définies p.p. sur $\mathbb{R}$, à valeurs complexes. Leur produit de convolution (ou convoluée) est, sous réserve d'existence, la fonction $f*g$ définie par*

$$(f * g)(t) = \int_{-\infty}^{+\infty} f(x)g(t-x)\,dx \tag{III.1}$$

Si $x \mapsto f(x)g(t-x)$ n'est pas dans $L^1(\mathbb{R})$, alors $f*g$ n'est pas définie en t. Sinon, la proposition suivante montre qu'il revient au même de convoluer f par g ou g par f.

Proposition 1.1 *Si $(f*g)(t)$ existe, alors $(g*f)(t)$ existe et on a*

$$(f * g)(t) = (g * f)(t) \tag{III.2}$$

Preuve. Grâce au changement de variable $u = t - x$, $du = -dx$, on voit que la fonction $x \mapsto f(x)g(t-x)$ est dans $L^1(\mathbb{R})$ ssi la fonction $x \mapsto f(t-x)g(x)$ est dans $L^1(\mathbb{R})$. Cela prouve que $(f*g)(t)$ existe ssi $(g*f)(t)$ existe. Le même calcul, sans les modules, nous donne $(f*g)(t) = -\int_{+\infty}^{-\infty} f(t-u)g(u)du = \int_{-\infty}^{+\infty} f(t-u)g(u)du = (g*f)(t)$.

□

Remarque. La fonction $f*g$ peut ne pas être définie même pour des fonctions « très simples ». Par exemple, si f est la fonction constante égale à 1, $(f*f)(t)$ n'existe pour aucune valeur de t. En effet $\int_{-\infty}^{+\infty} f(x)g(t-x)\,dx = \int_{\mathbb{R}} 1\,dx = +\infty$ pour tout $t \in \mathbb{R}$.

1.2 Intérêt pratique : systèmes de convolution

De très nombreux systèmes physiques sont régis par des équations de convolution : la réponse $t \mapsto y(t)$ à une entrée $t \mapsto x(t)$ est la convoluée de l'entrée par une fonction $t \mapsto h(t)$ (ou plus généralement par une distribution : voir chapitre V). La fonction h est caractéristique du système considéré et on l'appelle *réponse impulsionnelle* (cf. figure III.1). Cette dénomination provient du fait que h est en fait la réponse à l'impulsion de Dirac δ, mais pour comprendre pleinement cela, il faudra étudier la convolution des distributions.

$$y(t) = (h * x)(t)$$

Ainsi, connaissant h, on peut calculer la réponse y à « n'importe quelle » entrée x admissible. Un tel système (S) est appelé *système de convolution.*

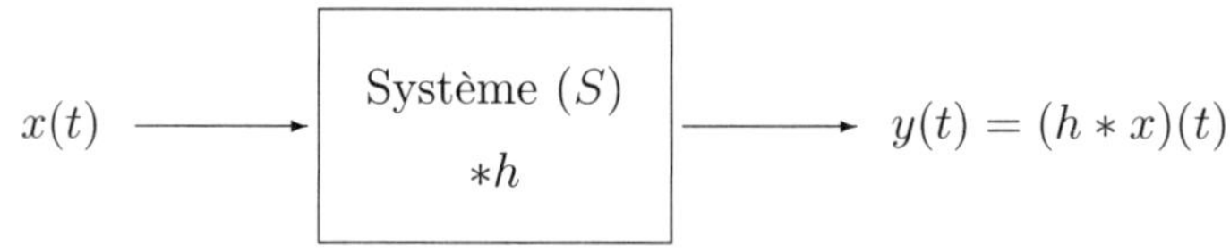

FIGURE III.1 – *Le système de convolution*

Exemple. L'*intégrateur* est le système qui accepte en entrée une fonction $t \mapsto x(t)$ causale, continue sur $]0, +\infty[$ et admettant une limite finie en 0^+, et qui renvoie comme réponse la primitive de x qui s'annule en $t = 0$, prolongée par 0 pour $t < 0$:

$$t \mapsto y(t) = H(t) \int_0^t x(u)\, du \tag{III.3}$$

En anticipant sur le paragraphe 2.6, on est ici dans le cadre de la convolution de fonctions causales. On peut en fait accepter en entrée toute fonction causale et localement intégrable. En utilisant la formule (III.14), on remarque que cela peut s'écrire

$$y(t) = \int_{-\infty}^{+\infty} H(t-u)x(u)\, du = (H * x)(t) \tag{III.4}$$

Autrement dit, l'intégrateur est le système de convolution dont la réponse impulsionnelle est la fonction d'Heaviside.

Si l'entrée x n'est pas causale mais est intégrable sur $\mathbb{R}$, alors $H * x$ est encore définie (voir paragraphe 2.2) mais la réponse $y = H * x$ de l'intégrateur à l'entrée x s'écrit sous la forme

$$y(t) = \int_{-\infty}^{t} x(u)\, du \tag{III.5}$$

1.3 Distributivité et invariance temporelle

Par linéarité de l'intégration, on a immédiatement le résultat suivant, qui exprime que la convolution est distributive par rapport à l'addition des fonctions.

Proposition 1.2 *Soient $(\alpha, \beta) \in \mathbb{C}^2$ et u, v, w des fonctions définies p.p. sur $\mathbb{R}$, à valeurs complexes. Sous réserve d'existence des produits de convolution, on a*

$$u * (\alpha v + \beta w) = \alpha(u * v) + \beta(u * w) \tag{III.6}$$

Interprétation physique. Considérons un système de convolution (S) de réponse impulsionnelle h. Supposons que la réponse à l'entrée x_1 soit y_1 (autrement dit, $y_1 = h * x_1$) et que la réponse à l'entrée x_2 soit y_2. Alors la réponse à l'entrée $\alpha x_1 + \beta x_2$ (où α et β sont des constantes complexes quelconques) est $\alpha y_1 + \beta y_2$. En effet :

$$h * (\alpha x_1 + \beta x_2) = \alpha(h * x_1) + \beta(h * x_2) = \alpha y_1 + \beta y_2$$

On dit que le système (S) est *linéaire*.

Rappelons que $\tau_a f$ désigne la fonction f translatée de a, définie par $(\tau_a f)(t) = f(t-a)$.

Proposition 1.3 *Si $(f * g)(t)$ existe, alors $\big((\tau_a f) * g\big)(t)$ existe et on a :*

$$\big((\tau_a f) * g\big)(t) = \big(\tau_a(f * g)\big)(t) \tag{III.7}$$

Preuve. En utilisant le changement de variable $u = x - a$, $du = dx$, on obtient

$$\big((\tau_a f) * g\big)(t) = \int_{-\infty}^{+\infty} f(x-a)g(t-x)\,dx = \int_{-\infty}^{+\infty} f(u)g(t-a-u)\,du$$

i.e. $\big((\tau_a f) * g\big)(t) = (f * g)(t-a)$.

□

La propriété (III.7) exprime que la convolution et la translation *commutent* : translater f puis convoluer avec g le résultat revient au même que convoluer f avec g puis translater le résultat.

Interprétation physique. Interprétons t comme le temps et considérons un système (S) de réponse impulsionnelle h. Alors si $t \mapsto y(t)$ est la réponse à l'entrée $t \mapsto x(t)$, la réponse à l'entrée $t \mapsto x(t-a)$ est $t \mapsto y(t-a)$. Si $a > 0$ (respectivement $a < 0$), $t \mapsto x(t-a)$ est l'entrée x retardée (respectivement avancée) de a unités de temps. On observe donc la même réponse si on « attaque » le système avec la même entrée mais plus tard (ou plut tôt). On dit que le système (S) est *invariant dans le temps.*

2 Conditions d'existence du produit de convolution

On va étudier quelques conditions suffisantes d'existence de $f * g$. On constatera que ces cas se complètent mutuellement, sans être disjoints, de sorte qu'en pratique on est souvent au moins sous l'une ou l'autre des hypothèses étudiées.

2.1 f et g sont localement intégrables et f est à support compact

Considérons d'abord le cas très simple où f est localement intégrable et à support compact et où g est continue par morceaux (ce qui implique que g est localement intégrable). Notons $[a, b]$ un intervalle compact qui contient le support de f. Puisque g est $\mathcal{C}^0_m$, la fonction $x \mapsto g(t-x)$ est bornée sur $[a, b]$. On a donc

$$\begin{aligned}\int_{-\infty}^{+\infty} |f(x)g(t-x)|dx &= \int_a^b |f(x)g(t-x)|\,dx \\ &\leq \sup_{x\in[a,b]} |g(t-x)| \int_a^b |f(x)|dx < +\infty\end{aligned}$$

En effet, f est par hypothèse intégrable sur l'intervalle compact $[a, b]$. Donc l'intégrale $\int_{\mathbb{R}} f(x)g(t-x)dx$ existe au sens de Lebesgue pour tout réel t, *i.e* $f * g$ est définie sur $\mathbb{R}$.

Remarque. Cette preuve est encore valable, sous les mêmes hypothèses sur f, si g est seulement supposée *localement bornée*, *i.e.* bornée sur tout intervalle compact.

Exemple. Le produit de convolution de la fonction continue $f(t) = e^t$ par la *fonction porte* $g(t) = \mathbf{1}_{[-1,1]}(t)$ existe. La très forte croissance en $+\infty$ de la fonction exponentielle n'empêche pas le produit de convolution d'exister car l'intégrale est étendue à un compact. On trouve :

$$(f * g)(t) = \int_{-1}^{1} e^{t-x}dx = e^t[-e^{-x}]_{-1}^{1} = e^{t+1} - e^{t-1}$$

Le résultat que nous venons de prouver se généralise en fait au cas où g est seulement supposée localement intégrable. Toute fonction continue par morceaux, ou même seulement localement bornée, est localement intégrable, mais la réciproque est fausse. Par exemple la fonction $x \mapsto 1/\sqrt{|x|}$ est localement intégrable mais tend vers $+\infty$ quand t tend vers 0. Nous avons donc le résultat suivant, dont la démonstration fait l'objet de l'exercice III.4.

Théorème 2.1 *Si f est localement intégrable et à support compact et si g est localement intégrable, alors $(f * g)(t)$ existe pour presque-tout t et la fonction $f * g$ ainsi définie presque partout est localement intégrable.*

2.2 f est bornée et g est intégrable

Existence et borne pour $f * g$

Supposons que f soit bornée sur $\mathbb{R}$ et que $g \in L^1(\mathbb{R})$. Alors :

$$\int_{-\infty}^{+\infty} |f(x)g(t-x)|dx \leq \sup_{x\in\mathbb{R}} |f(x)| \int_{-\infty}^{+\infty} |g(t-x)|dx$$

Or, $\sup_{x\in\mathbb{R}} |f(x)|$ est fini par hypothèse, et $\int_{-\infty}^{+\infty} |g(t-x)|dx = \int_{-\infty}^{+\infty} |g(u)|du < +\infty$. Ainsi, $(f * g)(t)$ existe et on a

$$\begin{aligned} \forall t \in \mathbb{R} \quad \left| \int_{-\infty}^{+\infty} f(x)g(t-x)\,dx \right| &\leq \int_{-\infty}^{+\infty} |f(x)g(t-x)|\,dx \\ &\leq \sup_{x\in\mathbb{R}} |f(x)| \int_{-\infty}^{+\infty} |g(u)|\,du \end{aligned}$$

Autrement dit, la fonction $f * g$ est bornée sur $\mathbb{R}$:

$$\forall t \in \mathbb{R} \quad |(f * g)(t)| \leq \|f\|_\infty \|g\|_{L^1(\mathbb{R})}$$

Nous avons démontré le résultat suivant.

Théorème 2.2 *Si f est bornée sur $\mathbb{R}$ et $g \in L^1(\mathbb{R})$, alors $(f * g)(t)$ existe pour tout réel t et la fonction $f * g$ est bornée. Plus précisément :*

$$\|f * g\|_\infty \leq \|f\|_\infty \|g\|_{L^1(\mathbb{R})} \tag{III.8}$$

Application : notion de filtre, stabilité BIBO

Rappelons un important résultat d'analyse.

Proposition 2.1 *Soit L une application linéaire d'un e.v. normé E dans un e.v. normé F. L'application L est continue sur E ssi il existe une constante $C \geq 0$ telle que*

$$\forall x \in E \quad \|L(x)\|_F \leq C\|x\|_E \tag{III.9}$$

Preuve. Il est clair que la condition (III.9) est suffisante : soit (x_n) une suite d'éléments de E qui converge vers un élément x de E, ce qui signifie que $\|x_n - x\|_E$ tend vers 0 quand n tend vers l'infini. En utilisant successivement la linéarité de L et la majoration (III.9), on obtient $\|L(x_n) - L(x)\|_F = \|L(x_n - x)\|_F \leq C\|x_n - x\|_E$, ce qui implique que la suite $\big(L(x_n)\big)$ d'éléments de F converge vers $L(x)$ dans F. Ainsi, L est continue sur E. On admet la réciproque.

□

Lorsque qu'un système physique est linéaire et invariant dans le temps, les utilisateurs disent qu'il s'agit d'un *filtre* à condition qu'il possède de plus une propriété de « continuité » ayant la signification suivante : si deux entrées possibles sont « proches » dans l'espace des signaux d'entrée, alors leurs réponses doivent être « proches » dans l'espace des signaux de sortie.
On a vu qu'un système de convolution, caractérisé par une réponse impulsionnelle, est linéaire et invariant dans le temps. Pour définir la notion, pour l'instant très vague, de « continuité d'un système », il convient de préciser l'e.v. E des signaux d'entrée (supposé normé) et l'e.v. F (supposé également normé) des signaux de sortie. Supposons que l'application linéaire $L_h : E \to F$ qui à une entrée $x \in E$ associe sa réponse $y = h * x \in F$ soit *continue*, *i.e.* vérifie une inégalité du type (III.9). D'un point de vue mathématique, l'action de la « boîte noire » (S) sur un signal x n'est autre que l'action sur x de cette application linéaire $L_h : x \mapsto L_h(x) = h * x$. Nous dirons que le système (S) est continu lorsque l'application linéaire $L_h : E \to F$ est continue.

L'inégalité (III.8) démontre la continuité d'un système de convolution (S) dont la réponse impulsionnelle h est une fonction intégrable sur $\mathbb{R}$. En effet, considérons l'e.v. $\mathcal{B}$ des fonctions bornées sur $\mathbb{R}$, normé par

$$\|x\|_{\mathcal{B}} = \sup_{t \in \mathbb{R}} |x(t)| = \|x\|_\infty$$

L'inégalité (III.8) nous montre que la réponse $y = h * x$ à une entrée bornée (*i.e.* $x \in \mathcal{B}$) est bornée et vérifie

$$\|y\|_\infty = \|h * x\|_\infty \leq \|h\|_{L^1(\mathbb{R})} \|x\|_\infty$$

Autrement dit, $L_h : \mathcal{B} \to \mathcal{B}$ est continue.

Cela s'interprète très bien en théorie du signal. *Si la réponse impulsionnelle d'un système de convolution est intégrable, à toute entrée bornée correspond une réponse bornée.* On peut de plus ici préciser ce qu'on entendait précédemment par système « continu » : à des entrées x_1 et x_2 proches au sens de la norme $\| \ \|_\infty$ (*i.e.* $\|x_1 - x_2\|_\infty$ est petite) correspondent des réponses $y_1 = L_h(x_1)$ et $y_2 = L_h(x_2)$ proches au sens de la même norme (ici $E = F = \mathcal{B}$), de sorte que le système (S) est un filtre (système linéaire, invariant dans le temps et continu). On dit en traitement du signal que le système (S) est *stable au sens BIBO* (« Bounded Input-Bounded Output »). Pour cette raison les signaux de $L^1(\mathbb{R})$ sont parfois appelés signaux *stables* par les utilisateurs, car ils correspondent à des réponses impulsionnelles de systèmes stables.

2.3 f et g sont de carré intégrable

Supposons que f et g soient dans $L^2(\mathbb{R})$. En vertu de l'inégalité de Cauchy-Schwarz, on a

$$\int_{-\infty}^{+\infty} |f(x)g(t-x)|dx \leq \left(\int_{-\infty}^{+\infty} |f(x)|^2 dx\right)^{\frac{1}{2}} \left(\int_{-\infty}^{+\infty} |g(t-x)|^2 dx\right)^{\frac{1}{2}}$$

Dans le membre de droite, la première intégrale est $\|f\|_{L^2(\mathbb{R})}$ et la deuxième intégrale est $\|g\|_{L^2(\mathbb{R})}$, comme on le voit en faisant le changement de variable $u = t - x, du = -dx$. Cette quantité est finie par hypothèse, donc $f * g$ est définie sur $\mathbb{R}$ et est bornée. Nous avons prouvé le résultat suivant.

Théorème 2.3 *Si f et g sont de carré intégrable sur $\mathbb{R}$, alors $(f*g)(t)$ existe pour tout réel t et la fonction $f * g$ est bornée. Plus précisément :*

$$\|f * g\|_\infty \leq \|f\|_{L^2(\mathbb{R})}\|g\|_{L^2(\mathbb{R})} \tag{III.10}$$

Remarques.

1. Il en résulte que si un système de convolution (S) a une réponse impulsionnelle *à énergie finie* (*i.e.* $h \in L^2(\mathbb{R})$), la réponse à toute entrée x *à énergie finie* est *bornée*, et l'application $L_h : L^2(\mathbb{R}) \longrightarrow \mathcal{B}$ qui caractérise le système est une application linéaire *continue*. Pour le système (S), il s'agit ici d'une autre propriété de stabilité, du type « entrée à énergie finie, réponse bornée ».
2. Sous les mêmes hypothèses, il est possible de démontrer que $f * g$ est continue sur $\mathbb{R}$ et tend vers 0 à l'infini (ce qui implique effectivement que $f * g$ est borné).

2.4 f est intégrable et g est de carré intégrable

Nous admettons le résultat suivant.

Théorème 2.4 *Si $f \in L^1(\mathbb{R})$ et $g \in L^2(\mathbb{R})$, alors $(f * g)(t)$ existe pour presque-tout t et $f * g \in L^2(\mathbb{R})$. De plus, on a*

$$\|f * g\|_{L^2(\mathbb{R})} \leq \|f\|_{L^1(\mathbb{R})}\|g\|_{L^2(\mathbb{R})} \tag{III.11}$$

Remarque. Il en résulte que si un système de convolution a une réponse impulsionnelle $h \in L^1(\mathbb{R})$, non seulement il est stable au sens BIBO, mais il est également stable au sens suivant : à toute entrée *à énergie finie* correspond une réponse *à énergie finie* et l'application linéaire $L_h : L^2(\mathbb{R}) \longrightarrow L^2(\mathbb{R})$ est *continue.*

2.5 f et g sont intégrables

L'espace $L^1(\mathbb{R})$ est bien adapté à l'étude de la convolution : il est stable par convolution et en plus des propriétés usuelles (commutativité, distributivité), nous avons l'associativité de l'opération $*$ dans $L^1(\mathbb{R})$.

Stabilité de la convolution dans L^1

Théorème 2.5 *Si $f \in L^1(\mathbb{R})$ et $g \in L^1(\mathbb{R})$, alors $(f * g)(t)$ existe pour presque-tout t et $f * g \in L^1(\mathbb{R})$. De plus, on a*

$$\|f * g\|_{L^1(\mathbb{R})} \leq \|f\|_{L^1(\mathbb{R})}\|g\|_{L^1(\mathbb{R})} \tag{III.12}$$

La preuve de ce théorème, et plus encore celle du théorème 2.6 qui suit, sont des excellents exemples d'utilisation des théorèmes de Tonelli et de Fubini.

Preuve. Puisqu'on veut prouver en particulier l'intégrabilité de $f*g$, il est logique de considérer l'intégrale double $\iint_{\mathbb{R}^2} |f(x)g(t-x)|\,dxdt$ et de tenter de montrer qu'elle est finie. D'après le théorème de Tonelli, elle vaut

$$\begin{aligned}\iint_{\mathbb{R}^2} |f(x)g(t-x)|\,dxdt &= \int_{-\infty}^{+\infty} |f(x)| \Big(\int_{-\infty}^{+\infty} |g(t-x)|\,dt \Big) dx \\ &= \|f\|_{L^1(\mathbb{R})} \|g\|_{L^1(\mathbb{R})} < +\infty\end{aligned}$$

où on a utilisé dans l'intégrale « intérieure » le changement de variable $u = t - x$.
Cela prouve que la fonction $(t, x) \mapsto f(x)g(t-x) \in L^1(\mathbb{R}^2)$. On peut donc utiliser le théorème de Fubini, ce qui nous donne :

1. Pour presque-tout t, la fonction $x \mapsto f(x)g(t-x)$ est élément de $L^1(\mathbb{R})$, donc $(f*g)(t)$ existe pour presque-tout $t \in \mathbb{R}$. Autrement dit, $f*g$ est définie presque-partout.
2. La fonction $t \mapsto \int_{-\infty}^{+\infty} f(x)g(t-x)\,dx$ est intégrable sur $\mathbb{R}$. Autrement dit, $f*g \in L^1(\mathbb{R})$.

De plus, $\int_{-\infty}^{+\infty} |(f*g)(t)|dt \leq \iint_{\mathbb{R}^2} |f(x)g(t-x)|\,dxdt$, *i.e.* $\|f*g\|_{L^1(\mathbb{R})} \leq \|f\|_{L^1(\mathbb{R})}\|g\|_{L^1(\mathbb{R})}$.

□

Remarques.

1. D'après le théorème de Fubini, le calcul du début de cette preuve peut être refait « sans les modules », ce qui donne

$$\int_{-\infty}^{+\infty} (f*g)(t)\,dt = \Big(\int_{-\infty}^{+\infty} f(t)\,dt \Big) \Big(\int_{-\infty}^{+\infty} g(t)\,dt \Big)$$

   i.e. l'intégrale du produit de convolution est le produit des intégrales.

2. Si un système de convolution (S) a une réponse impulsionnelle *intégrable sur* $\mathbb{R}$ (*i.e.* $h \in L^1(\mathbb{R})$), la réponse à toute entrée x *intégrable* est encore *intégrable*, et l'application $L_h : L^1(\mathbb{R}) \longrightarrow L^1(\mathbb{R})$ qui caractérise le système est une application linéaire *continue*.
3. On peut dire que si l'une des deux fonctions est intégrable, le produit de convolution hérite de certaines propriétés de l'autre. En effet, en récapitulant les propriétés de la convolution, on note que si $f \in L^1(\mathbb{R})$, alors $f*g$ est
   - bornée si g est bornée ;
   - intégrable si g est intégrable ;
   - de carré intégrable si g est de carré intégrable ;

Associativité du produit de convolution

Proposition 2.2 *Si u, v, w sont intégrables sur $\mathbb{R}$, alors*

$$u*(v*w) = (u*v)*w \tag{III.13}$$

Preuve. D'abord, puisque $u \in L^1(\mathbb{R}), v \in L^1(\mathbb{R}), w \in L^1(\mathbb{R})$, le théorème 2.5 montre que l'on a l'existence et l'appartenance à $L^1(\mathbb{R})$ des fonctions $v*w, u*(v*w), u*v, (u*v)*w$.
L'égalité (III.13) que l'on veut montrer s'écrit

$$\int_{-\infty}^{+\infty} u(x)(v*w)(t-x)\,dx = \int_{-\infty}^{+\infty} (u*v)(s)w(t-s)\,ds$$

Ceci revient à montrer que

$$\int_{-\infty}^{+\infty} u(x) \int_{-\infty}^{+\infty} v(y)w(t-x-y)\,dy\,dx = \int_{-\infty}^{+\infty}\int_{-\infty}^{+\infty} u(r)v(s-r)w(t-s)\,dr\,ds$$

Cette dernière égalité résulte, s'il est possible de le justifier, du changement de variables $(x,y) \mapsto (r,s) = (x, x+y)$. En effet $(x,y) \mapsto (x, x+y)$ est une application linéaire bijective de $\mathbb{R}^2$ sur $\mathbb{R}^2$ car son déterminant est non nul (il vaut 1). Or, pour une bijection linéaire, le déterminant jacobien n'est autre que le déterminant de l'application.
Pour justifier ce changement de variables, on doit vérifier que $(x,y) \mapsto u(x)v(y)w(t-x-y)$ est intégrable sur $\mathbb{R}^2$. Or, grâce au théorème de Tonelli, on a

$$\begin{aligned}\iiint_{\mathbb{R}^3} |u(x)v(y)w(t-x-y)|\,dxdydt &= \int_{\mathbb{R}} |u(x)| \Big(\int_{\mathbb{R}} |v(y)| \Big(\int_{\mathbb{R}} |w(t-x-y)|\,dt\Big)dy\Big)dx \\ &= \int_{\mathbb{R}} |u(x)| \Big(\int_{\mathbb{R}} |v(y)| \Big(\int_{\mathbb{R}} |w(s)|\,ds\Big)dy\Big)dx \\ &= \|u\|_{L^1(\mathbb{R})}\|v\|_{L^1(\mathbb{R})}\|w\|_{L^1(\mathbb{R})} < +\infty\end{aligned}$$

Donc $(x,y,t) \mapsto |u(x)v(y)w(t-x-y)| \in L^1(\mathbb{R}^3)$, ce qui entraîne, d'après le théorème de Fubini, que $(x,y) \mapsto |u(x)v(y)w(t-x-y)| \in L^1(\mathbb{R}^2)$

□

Interprétation. Considérons deux systèmes de convolution montés *en série*. On suppose que leurs réponse impulsionnelles h_1 et h_2 sont intégrables sur $\mathbb{R}$. La réponse à une entrée x intégrable est, d'après cette propriété d'associativité :

$$y = h_2 * (h_1 * x) = (h_2 * h_1) * x$$

ce qui prouve que le système composé des deux systèmes en série est de convolution et que sa réponse impulsionnelle est le produit de convolution des réponses impulsionnelles h_1 et h_2.

2.6 f et g sont causales et localement intégrables

Nous dirons qu'une fonction f, définie p.p. sur $\mathbb{R}$, est *causale* si elle est nulle sur $]-\infty, 0[$. Notons $t \mapsto H(t) = \mathbf{1}_{[0,+\infty[}(t)$ l'*échelon unité d'Heaviside* (plutôt noté $t \mapsto U(t)$ en traitement du signal). Une fonction définie p.p. sur $\mathbb{R}$ est causale ssi

$$f(t) = f(t)H(t)$$

On va vérifier que si f et g sont causales, alors leur produit de convolution existe *et est causal* sous des hypothèses peu restrictives sur f et sur g.

Supposons d'abord que $f \in L^1_{loc}$ et g bornée sur tout compact (c'est notamment le cas lorsque g est continue par morceaux sur $\mathbb{R}$).
Comme f est causale, $f(x) = 0$ pour $x < 0$. Comme g est causale, $g(t-x) = 0$ pour $t - x < 0$, *i.e.* pour $x > t$. Il en résulte que $\int_{-\infty}^{+\infty} |f(x)g(t-x)|\,dx$ est nulle pour $t < 0$ et que pour $t \geq 0$:

$$\int_{-\infty}^{+\infty} |f(x)g(t-x)|\,dx = \int_0^t |f(x)g(t-x)|\,dx \leq \sup_{x\in[0,t]} |g(t-x)| \int_0^t |f(x)|\,dx < +\infty$$

Ainsi, l'intégrale $\int_{-\infty}^{+\infty} f(x)g(t-x)\,dx$ existe au sens de Lebesgue, est nulle pour $t < 0$ et vaut $\int_0^t f(x)g(t-x)\,dx$ pour $t \geq 0$. Autrement dit, $f * g$ existe et est causale. On retient :

$$(f*g)(t) = H(t)\int_0^t f(x)g(t-x)dx \tag{III.14}$$

Remarque. En particulier si f et g sont toutes deux *causales et continues par morceaux*, alors $f * g$ existe et est causale. De plus, on peut démontrer que dans ce cas, $f * g$ est une fonction *continue* sur $\mathbb{R}$. Ainsi $f * g$ hérite des propriétés de f et de g, et est même un peu plus régulière que f et g. On dit que la convolution a un *effet régularisant.*

Exemple. Calculons $f * g$ lorsque $f(t) = tH(t)$ et $g(t) = e^t H(t)$.
Les fonctions f et g sont causales, f est continue sur $\mathbb{R}$ et $g \in \mathcal{C}_m^0$, donc $(f * g)(t)$ existe et vaut $H(t) \int_0^t x e^{t-x}\, dx = e^t H(t) \int_0^t x e^{-x}\, dx$. On a $\int_0^t x e^{-x}\, dx = [-xe^{-x}]_0^t + \int_0^t e^{-x}\, dx = -te^{-t} - e^{-t} + 1$, donc

$$(f * g)(t) = H(t)(e^t - t - 1)$$

Un développement limité au voisinage de 0 confirme immédiatement que $f*g$ est effectivement continue sur $\mathbb{R}$, et même de classe $\mathcal{C}^1$ (mais elle n'est pas $\mathcal{C}^2$). En quelque sorte, on a gagné « un cran » par rapport à la régularité de f et de g.

Nous allons maintenant démontrer qu'il est possible d'affaiblir les hypothèses : on n'exige plus que la fonction causale g soit bornée sur tout compact, mais seulement qu'elle soit localement intégrable, ainsi que f. L'essentiel des résultats subsiste (à part la continuité de $f * g$).

Théorème 2.6 *Si f et g sont localement intégrables et causales, alors $(f * g)(t)$ existe pour presque-tout t, $f * g$ est localement intégrable, causale et donnée par*

$$(f * g)(t) = H(t) \int_0^t f(x) g(t - x)\, dx$$

Preuve. On s'inspire de la preuve du théorème 2.5, où l'on avait prouvé l'existence et l'appartenance à L^1 de $f * g$ en utilisant le théorème de Tonelli. Comme on veut prouver l'existence et l'appartenance à L^1_{loc} de $f * g$, on considère cette fois

$$\iint_{[a,b]\times\mathbb{R}} |f(x)g(t-x)|\, dt dx$$

En effet, il faut prouver que le produit de convolution est intégrable sur tout intervalle compact $[a, b]$. Il suffit d'ailleurs de prouver que cette intégrale double est finie dans le cas où $a < 0$ et $b > 0$, car tout intervalle compact est inclus dans un tel intervalle. Tenant compte de la causalité de f, on a alors, d'après le théorème de Tonelli

$$\begin{aligned}\iint_{[a,b]\times\mathbb{R}} |f(x)g(t-x)|\, dt dx &= \int_{-\infty}^{+\infty} \left(\int_a^b |f(x)g(t-x)|\, dt \right) dx \\ &= \int_0^{+\infty} |f(x)| \left(\int_{a-x}^{b-x} |g(u)|\, du \right) dx\end{aligned}$$

Puisque g est causale, si $b - x < 0$, on a $\int_{a-x}^{b-x} |(g(u)|\, du = 0$, donc

$$\iint_{[a,b]\times\mathbb{R}} |f(x)g(t-x)|\, dt dx = \int_0^b |f(x)| \left(\int_{a-x}^{b-x} |g(u)|\, du \right) dx$$

De plus, puisque $a < 0$, pour tout $x \in [0, b]$, on a $a - x < 0$, donc

$$\begin{aligned}\iint_{[a,b]\times\mathbb{R}} |f(x)g(t-x)|\, dt dx &= \int_0^b |f(x)| \left(\int_0^{b-x} |g(u)|\, du \right) dx \\ &\leq \left(\int_0^b |f(x)|\, dx \right) \left(\int_0^b |g(u)|\, du \right) < +\infty\end{aligned}$$

En effet, f et g, localement intégrables, sont en particulier intégrables sur $[0, b]$.
Nous venons de prouver que la fonction $(t, x) \mapsto f(x)g(t-x)$ est un élément de $L^1([a, b] \times \mathbb{R})$, donc, d'après le théorème de Fubini, on a

1. Pour presque-tout t, la fonction $x \mapsto f(x)g(t-x)$ est élément de $L^1(\mathbb{R})$, donc $(f*g)(t)$ existe pour presque-tout $t \in \mathbb{R}$. Autrement dit, $f*g$ est définie presque-partout.
2. La fonction $t \mapsto \int_{-\infty}^{+\infty} f(x)g(t-x)\,dx$ est intégrable sur $[a,b]$. Autrement dit, on a $f*g \in L^1([a,b])$ pour tout intervalle $[a,b]$.

On a bien prouvé que $f*g$ existe et est localement intégrable. De plus, le raisonnement fait au début de ce paragraphe pour montrer la causalité de $f*g$ reste valable, ainsi que la formule (III.14).

□

Exemple. Considérons la fonction f causale définie sur $]0,+\infty[$ par $f(t) = \frac{1}{\sqrt{t}}$.
Lorsqu'une certaine fonction g est définie sur $]0,+\infty[$, on a l'habitude de noter improprement $f(t) = H(t)g(t)$ la fonction causale définie sur $\mathbb{R}$ en prolongeant g par 0 sur $]-\infty,0]$, même si g n'est pas définie sur $]-\infty,0]$. On écrit donc $f(t) = H(t)\frac{1}{\sqrt{t}}$.
Bien que $f \notin \mathcal{C}^0_m$, on a $f \in L^1_{loc}$. En effet, f est intégrable sur tout intervalle $[a,b]$ ne contenant pas 0, car sur un tel intervalle f est continue. Si $[a,b]$ contient 0, alors $f(t) = 0$ pour $t \in [a,0[$ et $f(t) = \frac{1}{t^{1/2}}$ pour $t \in]0,b]$, donc f est intégrable sur $[a,b]$. Il en résulte que $f*f$ existe et est causale. On a $(f*f)(t) = H(t)\int_0^t \frac{1}{\sqrt{x}}\frac{1}{\sqrt{t-x}}\,dx$. Pour $t>0$, on a

$$(f*f)(t) = \int_0^t \frac{dx}{\sqrt{tx-x^2}} = \int_0^t \frac{dx}{\sqrt{\frac{t^2}{4}-\left(x-\frac{t}{2}\right)^2}} = \int_0^t \frac{dx}{\frac{t}{2}\sqrt{1-\left(\frac{x-t/2}{t/2}\right)^2}} = \int_{-1}^1 \frac{du}{\sqrt{1-u^2}}$$

grâce au changement de variable $u = \frac{x-t/2}{t/2}$. Or, $\int_{-1}^1 \frac{du}{\sqrt{1-u^2}} = \left[\arcsin u\right]_{-1}^1 = \pi$. En conclusion :

$$(f*f)(t) = \pi H(t)$$

Autrement dit, $f*f$ est un échelon de hauteur π.

3 Régularité du produit de convolution

3.1 Continuité

Théorème 3.1 *Si $f \in L^1(\mathbb{R})$ et si g est bornée sur $\mathbb{R}$, alors $f*g$ est continue et bornée sur $\mathbb{R}$.*

Éléments de preuve. On a déjà prouvé que, sous ces hypothèses, $f*g$ est bornée, avec la meilleure borne qui vérifie $\|f*g\|_\infty \leq \|g\|_\infty \|f\|_{L^1(\mathbb{R})}$ (cf. majoration (III.8)). On admet la continuité dans le cas général, la preuve utilisant un résultat de théorie de la mesure non fourni dans le chapitre I, mais, à titre d'exercice, il est conseillé de démontrer ce théorème dans le cas particulier où g est, de plus, supposée continue sur $\mathbb{R}$. En effet, la preuve est alors quasi-immédiate en utilisant le théorème 2.2 du chapitre I.

□

3.2 Dérivabilité

Théorème 3.2 *Si $f \in L^1(\mathbb{R})$ et si g est de classe $\mathcal{C}^1$ sur $\mathbb{R}$ avec g et g' bornées sur $\mathbb{R}$, alors $f*g \in \mathcal{C}^1(\mathbb{R})$ et on a*

$$(f*g)' = f*g' \tag{III.15}$$

C'est facile à retenir car d'une part la formule (III.15) se retrouve immédiatement en dérivant sous le signe $\int$, d'autre part, comme l'une des fonctions est intégrable et l'autre de classe $\mathcal{C}^1$, il est normal de convoluer *celle qui est intégrable avec la dérivée de celle qui est dérivable.* L'importance des hypothèses g et g' bornées va apparaître lors de la preuve.

Preuve. D'après le théorème 3.1, $f * g$ et $f * g'$ existent et sont continues sur $\mathbb{R}$. De plus

1. $t \mapsto f(x)g(t-x)$ est de classe $\mathcal{C}^1$ sur $\mathbb{R}$, de dérivée $t \mapsto f(x)g'(t-x)$.
2. Les fonctions $x \mapsto f(x)g(t-x)$ et $x \mapsto \frac{\partial}{\partial t}[f(x)g(t-x)] = f(x)g'(t-x)$ sont intégrables sur $\mathbb{R}$ (existence de $f * g$ et de $f * g'$).
3. L'hypothèse de domination de la dérivée par rapport à t par une fonction intégrable est satisfaite :
$$\forall t \in \mathbb{R} \quad |f(x)g'(t-x)| \leq \sup_{u \in \mathbb{R}} |g'(u)| \, |f(x)|$$

On peut donc appliquer le théorème 2.3 du chapitre I : $f*g$ est de classe $\mathcal{C}^1$ sur $\mathbb{R}$ et $(f*g)'(t)$ s'obtient en dérivant (par rapport à t bien sûr) sous le signe $\int$. Cela donne

$$(f*g)'(t) = \int_{-\infty}^{+\infty} f(x)g'(t-x)dx = (f*g')(t)$$

□

On en déduit le corollaire suivant.

Corollaire 3.1 *Si $f \in L^1(\mathbb{R})$ et si g est de classe $\mathcal{C}^n$ sur $\mathbb{R}$ avec $g, g', \ldots, g^{(n)}$ bornées sur $\mathbb{R}$, alors $f * g \in \mathcal{C}^n(\mathbb{R})$ et on a*

$$\forall k \in \{0, 1, \ldots, n\} \quad (f*g)^{(k)} = f * g^{(k)} \tag{III.16}$$

Remarque. On peut donc presque dire que si l'une des deux fonctions est intégrable, le produit de convolution hérite de la régularité de l'autre, ce qui illustre le caractère *régularisant* de la convolution. Cette remarque complète ce qui a été dit au sujet de la convolution par une fonction de $L^1(\mathbb{R})$ à la remarque 3 du paragraphe 2.5.

3.3 Suites régularisantes

Considérons $f \in L^1(\mathbb{R})$ telle que $\int_{\mathbb{R}} f = 1$ et $(f_n)_{n\in\mathbb{N}^*}$ la suite de fonctions $x \mapsto nf(nx)$. Dans le chapitre II, on a appelé les éléments d'une telle suite des *impulsions approchées* et on a démontré que (f_n) tend au sens des distributions vers la distribution de Dirac à l'origine.
On peut prouver que si $(f_n)_{n\in\mathbb{N}^*}$ est une suite d'impulsions approchées et $g \in L^1(\mathbb{R})$, alors la suite $(g_n)_{n\in\mathbb{N}^*}$ définie par $g_n = g * f_n$ converge dans $L^1(\mathbb{R})$ vers g, *i.e.* $\|g_n - g\|_{L^1(\mathbb{R})}$ tend vers 0 quand n tend vers $+\infty$.
Supposons de plus que f soit de classe $\mathcal{C}^\infty$ sur $\mathbb{R}$ et que toutes ses dérivées soient bornées. Alors f_n possède les mêmes propriétés, donc, d'après le théorème 3.2, g_n est de classe $\mathcal{C}^\infty$ sur $\mathbb{R}$. On dispose donc d'une suite $(g_n) = (f_n * g)$ de fonctions très régulières qui approchent g dans $L^1(\mathbb{R})$, même si g est elle-même très irrégulière. Pour cette raison, on dit dans un tel cas que (f_n) est une *suite régularisante.*

Exemples. Les suites d'impulsions approchées définies au chapitre II par (II.38) et (II.39) (respectivement gaussiennes et lorentziennes) sont des suites régularisantes.

Plus généralement, il existe de nombreux procédés d'approximation utilisant la convolution. On peut notamment construire des suites régularisantes dans d'autres espaces que $L^1(\mathbb{R})$. Nous ne développerons pas plus ce point de vue, malgré son importance en mathématiques.

4 Exercices corrigés

On trouvera d'autres exercices traitant de la convolution dans le chapitre sur la transformation de Fourier.

Exercice III.1 *Après avoir justifié son existence, calculer le produit de convolution des fonctions définies par* $f(t) = H(t)e^{-t}$ *et* $g(t) = \mathbf{1}_{[-1,1]}(t)$*. Vérifier les propriétés attendues.*

Solution. Puisque f et g sont continues par morceaux et que g a un support compact, $(f*g)(t)$ existe pour tout t réel (cf. paragraphe 2.1). On peut en fait invoquer également les autres cas d'existence étudiés (sauf celui traitant de la convolution de fonctions causales, puisque g n'est pas causale), car f et g sont intégrables sur $\mathbb{R}$, de carré intégrable sur $\mathbb{R}$ et bornées sur $\mathbb{R}$. Pour le calcul, comme $f * g = g * f$, on a deux possibilités, qui semblent de difficulté équivalente :

$$(f * g)(t) = \int_0^{+\infty} e^{-x}\mathbf{1}_{[-1,1]}(t-x)\,dx = \int_{-1}^{1} e^{t-x}H(t-x)\,dx$$

Dans les deux cas, on a une étude de cas à faire suivant la valeur de t. Si on part sur la première possibilité, on commence par remarquer que $\mathbf{1}_{[-1,1]}(t-x) = \mathbf{1}_{[t-1,t+1]}(x)$. On a donc

$$(f * g)(t) = \int_{[0,+\infty[\cap[t-1,t+1]} e^{-x}\,dx$$

- Si $t+1 < 0$, le domaine d'intégration est vide, donc on a

$$(f * g)(t) = 0 \quad \text{pour} \quad t < -1$$

- Si $t-1 \leq 0 \leq t+1$, le domaine d'intégration est $[0, t+1]$, de sorte que

$$(f * g)(t) = -e^{-(t+1)} + 1 \quad \text{pour} \quad -1 \leq t \leq 1$$

- Si $t - 1 > 0$, le domaine d'intégration est $[t-1, t+1]$, donc

$$(f * g)(t) = -e^{-(t+1)} + e^{-(t-1)} = e^{-t}(e - e^{-1}) \quad \text{pour} \quad t > 1$$

On note que $f*g$ est continue sur $\mathbb{R}$, car il y a raccord par continuité en $t = -1$ et en $t = 1$. Cela était attendu, car $f \in L^1(\mathbb{R})$ et g est bornée. La même raison (ou bien le fait que f et g sont dans $L^2(\mathbb{R})$) explique que $f * g$ est bornée. Comme f et g sont dans $L^1(\mathbb{R})$, il doit en être de même de $f * g$, ce qui est bien le cas puisque $f * g$ est continue et à décroissance exponentielle en $+\infty$. Enfin, comme $f \in L^1(\mathbb{R})$ et $g \in L^2(\mathbb{R})$, on doit avoir aussi $f * g \in L^2(\mathbb{R})$, ce qui est également vérifié.

Exercice III.2 *Calculer* $H * H$ *et* $H * f$ *lorsque* $f(t) = H(t)\ln t$*. L'intégrateur est-il stable au sens BIBO ? Commenter.*

Solution. On a vu dans le cours que la fonction d'Heaviside est la réponse impulsionnelle de l'intégrateur. En effet, lorsque f est localement intégrable et causale, on a

$$(H * f)(t) = H(t)\int_0^t H(t-x)f(x)\,dx = H(t)\int_0^t f(x)\,dx$$

ce qui correspond, lorsque f est continue sur $]0, +\infty[$, à la fonction causale égale sur $]0, +\infty[$ à la primitive de f s'annulant en $t = 0$. En particulier

$$(H * H)(t) = H(t)\int_0^t dx = tH(t)$$

Cela signifie que la réponse de l'intégrateur à l'échelon unité d'Heaviside (dite « réponse indicielle ») est une « rampe » de pente 1.

La notation $f(t) = H(t)\ln t$ désigne la fonction causale égale à ln sur $]0, +\infty[$. La fonction f est localement intégrable et continue sur $]0, +\infty[$. On a donc

$$(H * f) = H(t)\int_0^t \ln x\, dx = H(t)\big(t\ln t - t\big)$$

L'entrée H est une fonction bornée. Sa réponse $tH(t)$ n'est pas bornée. Par conséquent l'intégrateur n'est pas stable au sens BIBO. Cela n'est pas étonnant, car sa réponse impulsionnelle H n'est pas intégrable sur $\mathbb{R}$: $\int_{\mathbb{R}} |H(t)|\, dt = \int_0^{+\infty} 1\, dx = +\infty$.

Exercice III.3 *On considère les fonctions* $t \mapsto f(t) = \frac{1}{\sqrt{1+t^2}}$ *et* $t \mapsto g(t) = \frac{1}{1+t^2}$.

1. *On s'intéresse à* $f * f$, $g * g$, $f * g$. *Justifier sans calcul l'existence de ces produits de convolution et donner leurs propriétés lorsque le cours permet de conclure : sont-ils bornés sur* $\mathbb{R}$ *(donner une borne quand c'est possible) ? intégrables sur* $\mathbb{R}$ *? de carré intégrable sur* $\mathbb{R}$ *? Quelle est leur régularité ?*
2. *On considère le système* (S) *dont la réponse impulsionnelle est* g. *Est-il stable (au sens BIBO) ? Calculer la réponse indicielle de ce système (c'est, par définition, la réponse à l'échelon unité d'Heaviside). Supposons que la variable* t *représente le temps. Le système* (S) *est-il réalisable ?*
3. *Donner un exemple simple de système réalisable mais non stable au sens BIBO.*

Solution.

1. L'intérêt de l'exercice est d'illustrer le cours. On laisse le lecteur retrouver dans le cours les propriétés et les inégalités utilisées dans la suite de ce corrigé. On commence donc par énumérer les propriétés d'intégrabilité et de régularité de f et de $g = f^2$.
   En ce qui concerne leur régularité, les deux fonctions sont $\mathcal{C}^\infty$ sur $\mathbb{R}$ et tendent vers 0 en $\pm\infty$ (elles sont paires et représentées par une courbe « en cloche »). Elles sont donc bornées et leur maximum (fonctions positives) vaut 1 (atteint en $t = 0$). Pour les propriétés d'intégrabilité, on a $g \in L^1(\mathbb{R}) \cap L^2(\mathbb{R})$ car $|g(t)| \sim_{\pm\infty} 1/t^2$ et $|g(t)|^2 \sim_{\pm\infty} 1/t^4$, donc $f \in L^2(\mathbb{R})$ puisque $|f|^2 = g$. Par contre $f \notin L^1(\mathbb{R})$ car $|f(t)| \sim_{\pm\infty} 1/|t|$. Enfin il est simple de vérifier que les dérivées successives de f et de g sont toutes bornées (obtenir par récurrence une expression de $f^{(n)}$ et de $g^{(n)}$ montrant que ces fonctions sont continues et tendent vers 0 en $\pm\infty$).
   On en déduit (presque sans calcul) que
   - $f * f$ existe (convolution dans L^2) et est bornée par $\|f\|_{L^2}^2 = \int_{\mathbb{R}} \frac{1}{1+t^2}\, dt = \pi$.
   - $f * g$ existe (convolution d'une fonction de L^1 par une fonction bornée) et est bornée par $1 \cdot \|g\|_{L^1} = \pi$ (on pourrait aussi utiliser la convolution dans L^2 et obtenir la borne $\|f\|_{L^2}\|g\|_{L^2}$ qu'il conviendrait dans l'idéal de calculer et de comparer avec π afin de conserver le plus petit majorant). De plus $f * g$ est de classe $\mathcal{C}^\infty$ avec $(f * g)^{(n)} = g * f^{(n)}$. Enfin, $f * g$ est de carré intégrable sur $\mathbb{R}$ en tant que convoluée d'une fonction de L^1 par une fonction de L^2.
   - $g * g$ existe et est bornée (là aussi deux moyens d'obtenir une borne), de classe $\mathcal{C}^\infty$ avec $(g * g)^{(n)} = g * g^{(n)}$, intégrable et de carré intégrable sur $\mathbb{R}$, car dans ce cas on peut invoquer tous les résultats relatifs à la convolution dans L^1, à la convolution dans L^2, ceux relatifs à la convolution d'une fonction de L^1 par une fonction bornée, et ceux relatifs à la convolution d'une fonction de L^1 par une fonction de L^2.
2. Puisque sa réponse impulsionnelle g est intégrable sur $\mathbb{R}$, le système(S) est stable au sens BIBO. La réponse indicielle est

$$(g * H)(t) = \int_{-\infty}^{+\infty} g(x)H(t - x)\, dx = \int_{-\infty}^{t} g(x)\, dx = \frac{\pi}{2} + \arctan t$$

   L'entrée H est causale mais la réponse $t \mapsto (g * H)(t)$ est non nulle pour $t < 0$. Lorsque t représente le temps, l'entrée H représente un signal constant (égal à 1) avec lequel on « attaque » le système à partir d'un instant pris comme origine des temps. Si ce système était réalisable, alors on observerait une réponse avant même d'avoir attaqué le système, ce qui est absurde. Ainsi g n'est la réponse impulsionnelle d'aucun système réalisable.

3. On vient de voir qu'un système peut être stable sans être réalisable. L'intégrateur est un exemple de système réalisable (la réponse à « toute » entrée causale est causale) mais non stable.

Exercice III.4 *Démontrer le théorème 2.1 page 64.*

Solution. Comme on veut prouver l'existence et l'appartenance à L^1_{loc} de $f * g$, il est naturel de s'inspirer de la preuve du théorème 2.6. On examine donc la quantité

$$\begin{aligned}\iint_{[a,b]\times\mathbb{R}} |f(x)g(t-x)|\,dtdx &= \int_{-\infty}^{+\infty}\Big(\int_a^b |f(x)g(t-x)|\,dt\Big)dx \\ &= \int_c^d |f(x)|\Big(\int_{a-x}^{b-x} |g(u)|\,du\Big)dx\end{aligned}$$

où $[c,d]$ est un intervalle compact contenant le support de f.
Pour $c \leq x \leq d$, on a $a-d \leq a-x \leq b-x \leq b-c$, donc

$$\begin{aligned}\iint_{[a,b]\times\mathbb{R}} |f(x)g(t-x)|\,dtdx &\leq \int_c^d |f(x)|\Big(\int_{a-d}^{b-c} |g(u)|\,du\Big)dx \\ &= \Big(\int_{a-d}^{b-c} |g(u)|\,du\Big)\Big(\int_c^d |f(x)|\,dx\Big) < +\infty\end{aligned}$$

car f et g sont localement intégrables. On vient de prouver que, pour tout intervalle compact $[a,b]$, la fonction $(t,x) \mapsto f(x)g(t-x)$ est élément de $L^1([a,b]\times\mathbb{R})$, donc, d'après le théorème de Fubini :

1. Pour presque-tout t, la fonction $x \mapsto f(x)g(t-x)$ est élément de $L^1(\mathbb{R})$, *i.e.* $(f*g)(t)$ existe pour presque-tout t.
2. La fonction $t \mapsto (f*g)(t)$ ainsi définie presque-partout est élément de $L^1([a,b])$ pour tout intervalle compact $[a,b]$, *i.e.* $f*g$ est localement intégrable.

Exercice III.5 ***Filtre** RC. On considère un circuit composé d'un générateur de tension, d'une résistance R et d'une capacité C. L'entrée du système est la tension $x(t)$ délivrée par le générateur. La réponse est la tension $v(t)$ aux bornes de la capacité. Montrer qu'on est en présence d'un système de convolution dont on donnera la réponse impulsionnelle.*

Solution. Pour des raisons d'ordre physique, la tension $v(t)$ est une fonction causale et dérivable sur $]0,+\infty[$. Le système est régi par l'équation différentielle

$$\forall t \in]0,+\infty[\quad RCv'(t) + v(t) = x(t)$$

Le point $t = 0$ est soit un point de continuité de x, soit une discontinuité de première espèce (*i.e.* le saut $x(0^+) - x(0^-) = x(0^+)$ est fini). Cette équation différentielle linéaire du premier ordre avec second membre se résout de la façon habituelle (résoudre l'équation homogène et « faire varier la constante »). Si on tient compte du principe de causalité (v est identiquement nulle si x est identiquement nulle), on voit que « la » solution de l'équation homogène disparaît. On trouve

$$\forall t \geq 0 \quad v(t) = \frac{1}{RC}e^{-\frac{t}{RC}}\int_0^t x(u)e^{\frac{u}{RC}}\,du$$

Tenant compte de $v(t) = 0$ pour $t < 0$, on peut écrire

$$v(t) = H(t)\int_0^t x(u)\frac{1}{RC}e^{-\frac{t-u}{RC}}\,du = (h*x)(t)$$

où h est la fonction causale définie par $h(t) = \frac{1}{RC}e^{-\frac{t}{RC}}H(t)$. Ainsi, le filtre RC est le système de convolution de réponse impulsionnelle h.

Chapitre IV

Transformation de Fourier des fonctions

En traitement du signal, en automatique et en physique, la transformation de Fourier permet de décrire le spectre d'un signal. Le lien avec la convolution permet d'analyser les filtres dans le domaine fréquentiel.
En mathématiques, la transformation de Fourier est notamment utilisée dans la résolution de certaines équations aux dérivées partielles linéaires.
Comme pour la convolution, on se contente d'une présentation pour les fonctions d'une seule variable réelle, la généralisation aux fonctions définies sur $\mathbb{R}^n$, indispensable dans l'étude des équations aux dérivées partielles, ne posant aucun problème.

1 Définitions et propriétés

1.1 Définition de la transformation de Fourier dans L^1

Définition 1.1 *Soit $f \in L^1(\mathbb{R})$. Sa transformée de Fourier (en abrégé, sa T.F.) est la fonction définie par*

$$\forall \nu \in \mathbb{R} \quad \mathcal{F}f(\nu) = \int_{-\infty}^{+\infty} f(t)e^{-2i\pi t\nu}\, dt \tag{IV.1}$$

On note également $\mathcal{F}f(\nu) = \widehat{f}(\nu)$.

La condition $f \in L^1(\mathbb{R})$ est nécessaire et suffisante pour que la fonction $\widehat{f}$ soit définie sur $\mathbb{R}$. En effet, l'intégrale (IV.1) existe au sens de Lebesgue ssi $f \in L^1(\mathbb{R})$:

$$\forall \nu \in \mathbb{R} \quad \int_{-\infty}^{+\infty} |f(t)e^{-2i\pi t\nu}|dt = \int_{-\infty}^{+\infty} |f(t)|dt = \|f\|_{L^1(\mathbb{R})} < +\infty$$

Remarque. Il existe d'autres définitions de la transformée de Fourier, chaque communauté scientifique ayant ses habitudes. En fait, il s'agit d'associer à une fonction f intégrable une autre fonction T.F.(f) définie par

$$\text{T.F.}(f)(\xi) = C \int_{\mathbb{R}} f(x)e^{ikx\xi}\, dx \tag{IV.2}$$

où C est une constante non nulle et k une constante réelle non nulle. En physique les variables x et ξ ont en général une signification (donc une unité).

Notamment, en traitement du signal on utilise soit la définition donnée par (IV.1) (dans ce cas, lorsque t représente le temps, ν représente une *fréquence*), soit la définition (IV.3) suivante, *i.e.* (IV.2) avec $C = 1, k = -1$ (lorsque t est le temps, ω est une *pulsation*).

$$\text{T.F.}(f)(\omega) = \int_{\mathbb{R}} f(t)e^{-i\omega t}dt \tag{IV.3}$$

En probabilités il est usuel d'utiliser la définition (IV.2) avec $C = 1, k = 1$ (cela donne la *fonction caractéristique* d'une *densité* de probabilité f).

En physique quantique, la constante k est liée à la constante de Planck $\hbar$.

Il faut s'habituer à passer de l'une à l'autre de ces définitions. Tous les résultats de ce chapitre sont bien sûr valables avec ces autres définitions mais avec des modifications éventuelles sur les constantes (attention à la formule d'inversion et à la formule de Parseval).

Proposition 1.1 *Soit $f \in L^1(\mathbb{R})$. La fonction $\widehat{f}$ est bornée sur $\mathbb{R}$ et on a*

$$\|\widehat{f}\|_\infty \leq \|f\|_{L^1(\mathbb{R})} \tag{IV.4}$$

Preuve. On a

$$\forall \nu \in \mathbb{R} \quad |\widehat{f}(\nu)| \leq \int_{-\infty}^{+\infty} |f(t)e^{-2i\pi t\nu}|dt = \|f\|_{L^1(\mathbb{R})}$$

ce qui donne l'inégalité (IV.4) en passant à la borne supérieure sur les valeurs de ν.

□

1.2 Continuité de la T.F. et lemme de Riemann-Lebesgue

Proposition 1.2 *Soit $f \in L^1(\mathbb{R})$. La fonction $\widehat{f}$ est continue sur $\mathbb{R}$.*

Preuve. On a déjà vu que $\widehat{f}$ est définie sur $\mathbb{R}$. On va utiliser le théorème 2.2 du chapitre I de continuité d'une fonction définie par une intégrale. Vérifions ses hypothèses :

1. La fonction $\nu \mapsto f(t)e^{-2i\pi t\nu}$ est continue sur $\mathbb{R}$ (car $f(t)$ ne dépend pas de ν et la fonction exp est continue).
2. La fonction $t \mapsto f(t)e^{-2i\pi t\nu}$ est « dominée » pour tout ν par une fonction de t intégrable sur $\mathbb{R}$, indépendamment de ν (en effet, $|f(t)e^{-2i\pi t\nu}| = |f(t)|$ et f est intégrable).

Il en résulte que la fonction $\nu \mapsto \int_{\mathbb{R}} f(t)e^{-2i\pi t\nu}dt$ est continue sur $\mathbb{R}$.

□

La démonstration de la proposition suivante utilise un résultat de théorie de la mesure qui dépasse le niveau de ce cours. On admet donc ce résultat très important.

Proposition 1.3 ***Lemme de Riemann-Lebesgue.*** *Soit $f \in L^1(\mathbb{R})$. On a*

$$\lim_{\nu \to \pm\infty} \widehat{f}(\nu) = 0 \tag{IV.5}$$

Exemple. Considérons la fonction définie par $f(t) = e^{-\alpha t}H(t)$, où α est une constante complexe telle que $\Re\alpha > 0$. On a $\int_{\mathbb{R}} |f(t)|\, dt = \int_0^{+\infty} e^{-t\,\Re\alpha}\, dt < +\infty$, donc f est intégrable sur $\mathbb{R}$. Sa T.F. est $\widehat{f}(\nu) = \int_0^{+\infty} e^{-\alpha t - 2i\pi t\nu}\, dt$. Comme $\Re\alpha > 0$ et $\nu \in \mathbb{R}$, on a $\alpha + 2i\pi\nu \neq 0$, donc $\widehat{f}(\nu) = \left[-\frac{e^{-\alpha t-2i\pi t\nu}}{\alpha+2i\pi\nu}\right]_0^{+\infty}$. De plus, $\lim_{t\to+\infty} e^{-\alpha t-2i\pi t\nu} = 0$ car $\left|e^{-\alpha t-2i\pi t\nu}\right| = e^{-t\Re\alpha}$ tend vers 0 quand t tend vers $+\infty$. On a donc $\widehat{f}(\nu) = \frac{1}{\alpha+2i\pi\nu}$.

Il est pratique de noter (improprement) $\mathcal{F}(f(t))(\nu)$ ce qu'on devrait noter $\mathcal{F}f(\nu)$ (cela revient à considérer t comme une *variable muette*). Avec cette convention, on a prouvé

$$\mathcal{F}\left(e^{-\alpha t}H(t)\right)(\nu) = \frac{1}{\alpha + 2i\pi\nu} \tag{IV.6}$$

On constate directement sur cet exemple que $\widehat{f}$ est effectivement bornée, continue sur $\mathbb{R}$ et tend vers 0 à l'infini.

1.3 L'opérateur de Fourier

La *transformation de Fourier* est l'opérateur $\mathcal{F}$ qui à tout $f \in L^1(\mathbb{R})$ associe $\mathcal{F}f = \widehat{f}$. Cet opérateur est *linéaire* et, d'après les résultats précédents, son image est incluse dans l'e.v. $\mathcal{C}_0^0$ des fonctions continues sur $\mathbb{R}$ tendant vers 0 à l'infini.

Remarquons que les éléments de $\mathcal{C}_0^0$ sont nécessairement bornés sur $\mathbb{R}$. On peut donc munir l'e.v. $\mathcal{C}_0^0$ de la norme $\| \ \|_\infty$. D'après la proposition 2.1 du chapitre III, l'inégalité (IV.4) exprime que la transformation de Fourier est une application linéaire *continue*. Cela signifie que deux fonctions proches au sens de la norme L^1 auront des T.F. proches au sens de la norme uniforme.

Remarque. Il convient d'être rigoureux dans le vocabulaire utilisé. Par exemple on ne dit pas « la transformée de Fourier est linéaire » (cela signifierait que $\widehat{f}(\alpha\nu_1 + \beta\nu_2)$ est égal à $\alpha\widehat{f}(\nu_1) + \beta\widehat{f}(\nu_2)$, ce qui est bien sûr faux), mais « la transformation de Fourier est linéaire », ce qui signifie

$$\mathcal{F}(\alpha f_1 + \beta f_2) = \alpha\mathcal{F}f_1 + \beta\mathcal{F}f_2 \tag{IV.7}$$

Autre exemple : les deux phrases « la transformée de Fourier est continue » et « la transformation de Fourier est continue » sont toutes deux vraies, comme on vient de le voir, mais n'ont pas du tout la même signification !

1.4 Propriétés élémentaires

On a vu que sous la seule hypothèse $f \in L^1(\mathbb{R})$, sa T.F. est bornée, continue et tend vers 0 à l'infini. Elle bénéficie en outre d'autres propriétés intéressantes en pratique. Pour énoncer ces propriétés nous employons l'abus de notation $\mathcal{F}(f(t))(\nu)$ (pour $\mathcal{F}f(\nu)$).

Proposition 1.4 *Soit $f \in L^1(\mathbb{R})$.*

1. ***Modulation en fréquence.*** *Pour $\nu_0 \in \mathbb{R}$, on a*

$$\mathcal{F}\big(e^{2i\pi\nu_0 t} f(t)\big)(\nu) = \mathcal{F}f(\nu - \nu_0) \tag{IV.8}$$

2. ***Translation.*** *Pour $\tau \in \mathbb{R}$, on a*

$$\mathcal{F}\big(f(t-\tau)\big)(\nu) = e^{-2i\pi\tau\nu}\mathcal{F}f(\nu) \tag{IV.9}$$

3. ***Changement d'échelle.*** *Pour $k \in \mathbb{R}^*$, on a*

$$\mathcal{F}(f(kt))(\nu) = \frac{1}{|k|}\mathcal{F}f\left(\frac{\nu}{k}\right) \tag{IV.10}$$

Preuve. La formule (IV.8) est évidente. La formule (IV.9) résulte du changement de variable $x = t - \tau$ et la formule (IV.10) du changement de variable $x = kt$.

□

En traitement du signal, « moduler » un signal revient à le multiplier par une fonction sinusoïdale. Grâce à la formule d'Euler, on déduit immédiatement de (IV.8) la T.F. du signal modulé $t \mapsto \cos(2\pi\nu_0 t) f(t)$:

$$\mathcal{F}\big(\cos(2\pi\nu_0 t) f(t)\big)(\nu) = \frac{1}{2}\big(\mathcal{F}f(\nu - \nu_0) + \mathcal{F}f(\nu + \nu_0)\big)$$

Dans ce contexte, la fonction $t \mapsto \cos(2\pi\nu_0 t)$ est une « porteuse » de fréquence ν_0.

Si on interprète t comme le temps, considérer $t \mapsto f(t - \tau)$ c'est effectuer un *retard* (lorsque $\tau > 0$) ou une *avance* (lorsque $\tau < 0$) sur le signal f. La formule (IV.9) nous donne la T.F. du signal retardé (ou avancé).

Proposition 1.5 ***Propriétés de parité.*** *Soit $f \in L^1(\mathbb{R})$.*
Si f est paire (respectivement impaire), alors $\widehat{f}$ est paire (respectivement impaire).
Si f est paire et à valeurs réelles (respectivement impaire et à valeurs réelles), alors $\widehat{f}$ est à valeurs réelles (respectivement à valeurs imaginaires pures).

Preuve. On a $\widehat{f}(\nu) = \int_{-\infty}^{+\infty} f(t)\cos(2\pi t\nu)\,dt - i\int_{-\infty}^{+\infty} f(t)\sin(2\pi t\nu)\,dt$.
Si f est *paire*, alors $\widehat{f}(\nu) = 2\int_0^{+\infty} f(t)\cos(2\pi t\nu)\,dt$. Cela implique que $\widehat{f}(-\nu) = \widehat{f}(\nu)$, *i.e.* $\widehat{f}$ est *paire*. Il est clair que si de plus f est à valeurs réelles, alors $\widehat{f}$ est à valeurs réelles.
Si f est *impaire*, alors $\widehat{f}(\nu) = -2i\int_0^{+\infty} f(t)\sin(2\pi t\nu)\,dt$. Cela implique que $\widehat{f}(-\nu) = -\widehat{f}(\nu)$, *i.e.* $\widehat{f}$ est *impaire*. Si de plus f est à valeurs réelles, alors $\widehat{f}$ est à valeurs imaginaires pures.

□

2 Transformation de Fourier et dérivation

2.1 Dérivée de la T.F.

Proposition 2.1 *Si f est une fonction intégrable sur $\mathbb{R}$ telle que la fonction $t \mapsto tf(t)$ soit également intégrable sur $\mathbb{R}$, alors $\widehat{f}$ est de classe $\mathcal{C}^1$ sur $\mathbb{R}$ et sa dérivée se calcule par dérivation sous le signe $\int$, i.e.*

$$\frac{d\widehat{f}}{d\nu} = -2i\pi \int_{-\infty}^{+\infty} tf(t)e^{-2i\pi t\nu}dt = -2i\pi\mathcal{F}\big(tf(t)\big)(\nu) \tag{IV.11}$$

Preuve. Vérifions les hypothèses du théorème 2.3 du chapitre I qui permet de dériver sous le signe $\int$.

1. La fonction $t \mapsto f(t)e^{-2i\pi t\nu}$ est intégrable sur $\mathbb{R}$ (c'est équivalent à l'intégrabilité de f).
2. La fonction $\nu \mapsto f(t)e^{-2i\pi t\nu}$ est de classe $\mathcal{C}^1$ sur $\mathbb{R}$.
3. Pour tout $\nu \in \mathbb{R}$, $\left|\frac{\partial}{\partial\nu}\big(f(t)e^{-2i\pi t\nu}\big)\right| = |-2i\pi tf(t)e^{-2i\pi t\nu}| = 2\pi|tf(t)|$. Or, la fonction $t \mapsto g(t) = 2\pi|tf(t)|$ est intégrable sur $\mathbb{R}$ par hypothèse (« domination » de la dérivée par rapport à ν par une fonction intégrable indépendante de ν).

On conclue que $\widehat{f}$ est de classe $\mathcal{C}^1$ sur $\mathbb{R}$ et que sa dérivée s'obtient par dérivation par rapport à ν sous le signe $\int$, d'où (IV.11).

□

Remarque. Il ne faut pas chercher à retenir la formule (IV.11) puisqu'elle est particulièrement simple à retrouver par dérivation sous le signe $\int$ (par rapport à ν, bien sûr : c'est $\widehat{f}(\nu)$ qu'on veut dériver). Si on change de définition pour la transformation de Fourier, on retrouve ainsi immédiatement la nouvelle formule.
De plus, en ce qui concerne les hypothèses de la proposition 2.1, elles sont minimales (cf. la remarque 1 page 80), de sorte qu'on les retrouve facilement.

En itérant la proposition 2.1, on obtient le corollaire suivant.

Corollaire 2.1 *Si les fonctions $t \mapsto t^k f(t)$ sont intégrables sur $\mathbb{R}$ pour $0 \leq k \leq n$, alors $\widehat{f}$ est de classe $\mathcal{C}^n$ sur $\mathbb{R}$ et ses dérivées successives jusqu'à l'ordre n se calculent par dérivation sous le signe $\int$:*

$$\forall k \in \{0, 1, ..., n\} \quad \frac{d^k\widehat{f}}{d\nu^k} = (-2i\pi)^k\mathcal{F}\big(t^k f(t)\big)(\nu) \tag{IV.12}$$

Exemple. Supposons que l'on veuille calculer la T.F. de $t \mapsto g(t) = te^{-\alpha t}H(t)$, où $\Re\alpha > 0$. On remarque que $g(t) = tf(t)$, où la fonction $f(t) = e^{-\alpha t}H(t)$ vérifie les deux hypothèses de la proposition 2.1. On a déjà calculé $\widehat{f}$ (cf. formule (IV.6). On a donc

$$\widehat{g}(\nu) = -\frac{1}{2i\pi}\frac{d\widehat{f}}{d\nu} = -\frac{1}{2i\pi}\frac{d}{d\nu}\left(\frac{1}{\alpha + 2i\pi\nu}\right) = \frac{1}{(\alpha + 2i\pi\nu)^2}$$

Plus généralement, pour tout $k \in \mathbb{N}$, on peut utiliser le corollaire et calculer à l'aide de k dérivations la T.F. de $t \mapsto t^k e^{-\alpha t}H(t)$:

$$\mathcal{F}\big(t^k e^{-\alpha t}H(t)\big)(\nu) = \frac{1}{(-2i\pi)^k}\frac{d^k}{d\nu^k}\left(\frac{1}{\alpha + 2i\pi\nu}\right) = \frac{k!}{(\alpha + 2i\pi\nu)^{k+1}} \tag{IV.13}$$

2.2 T.F. de la dérivée

Proposition 2.2 *Si $f \in L^1(\mathbb{R}) \cap \mathcal{C}^1(\mathbb{R})$ et $f' \in L^1(\mathbb{R})$, alors*

$$\mathcal{F}(f')(\nu) = 2i\pi\nu\widehat{f}(\nu) \tag{IV.14}$$

Preuve. D'abord, f est $\mathcal{C}^1$ sur $\mathbb{R}$, donc f' est définie sur $\mathbb{R}$. $\mathcal{F}(f')$ existe puisque f' est intégrable sur $\mathbb{R}$.

Pour calculer $\mathcal{F}(f')(\nu) = \int_{\mathbb{R}} f'(t)e^{-2i\pi t\nu}\,dt$, on intègre par parties $\int_{-A}^{A} f'(t)e^{-2i\pi t\nu}\,dt$ pour $A > 0$. Cette intégration par parties est licite car f est $\mathcal{C}^1$. Faisons tendre A vers $+\infty$ dans l'égalité obtenue. Comme $\int_{-A}^{A} f'(t)e^{-2i\pi t\nu}\,dt$ et $\int_{-A}^{A} f(t)e^{-2i\pi t\nu}\,dt$ admettent une limite quand A tend vers $+\infty$, il en est de même du « crochet » et on obtient

$$\begin{aligned}\mathcal{F}(f')(\nu) &= \Big[f(t)e^{-2i\pi t\nu}\Big]_{-\infty}^{+\infty} - \int_{-\infty}^{+\infty} f(t)(-2i\pi\nu)e^{-2i\pi t\nu}\,dt \\ &= \Big[f(t)e^{-2i\pi t\nu}\Big]_{-\infty}^{+\infty} + 2i\pi\nu\widehat{f}(\nu)\end{aligned}$$

Pour prouver la formule (IV.14), on doit montrer que le « crochet » est nul. Or le fait que f soit $\mathcal{C}^1$ sur $\mathbb{R}$ et que f' soit intégrable implique que

$$\lim_{t\to\pm\infty} f(t) = 0$$

En effet, puisque f est $\mathcal{C}^1$, on a $f(t) = f(0) + \int_0^t f'(x)\,dx$. Puisque f' est intégrable, $\int_0^t f'(x)\,dx$ tend vers une valeur finie quand t tend vers $\pm\infty$, donc $f(t)$ aussi. Or, si une fonction intégrable sur $\mathbb{R}$ admet une limite à l'infini, alors cette limite est nécessairement nulle, donc $f(t)$ tend vers 0 en $\pm\infty$. Le « crochet » est bien nul, d'où (IV.14).

□

En itérant la proposition 2.2, on obtient le corollaire suivant.

Corollaire 2.2 *Si f est de classe $\mathcal{C}^n$ sur $\mathbb{R}$ avec $f^{(k)}$ intégrable sur $\mathbb{R}$ pour $0 \leq k \leq n$, alors*

$$\forall k \in \{0, 1, \ldots, n\} \quad \mathcal{F}\big(f^{(k)}\big)(\nu) = (2i\pi\nu)^k\widehat{f}(\nu) \tag{IV.15}$$

On déduit de (IV.15) une estimation de la rapidité de convergence vers 0 de $\widehat{f}$.

Corollaire 2.3 *Si f est de classe $\mathcal{C}^n$ sur $\mathbb{R}$ avec $f^{(k)}$ intégrable sur $\mathbb{R}$ pour $0 \leq k \leq n$, alors quand ν tend vers $\pm\infty$, on a*

$$\widehat{f}(\nu) = o(|\nu|^{-n}) \tag{IV.16}$$

Preuve. Rappelons que $g(\nu) = \circ\big(h(\nu)\big)$ au voisinage de l'infini signifie que $g(\nu)$ est égal à $h(\nu)\varepsilon(\nu)$ où $\varepsilon(\nu)$ tend vers 0 quand ν tend vers $\pm\infty$. Lorsque $h(\nu)$ ne s'annule pas pour $|\nu|$ assez grand, cela revient à dire que le quotient g/h tend vers 0 quand ν tend vers $\pm\infty$, ce qui exprime que g est négligeable devant h au voisinage de l'infini.
En utilisant l'égalité (IV.15) avec $k = n$, on obtient $\widehat{f}(\nu) = (2i\pi\nu)^{-n}\mathcal{F}\big(f^{(n)}\big)(\nu)$. Or, en vertu du lemme de Riemann-Lebesgue appliqué à $f^{(n)} \in L^1(\mathbb{R})$, on a $\lim_{|\nu|\to+\infty} \mathcal{F}\big(f^{(n)}\big)(\nu) = 0$. On a donc bien (IV.16).

□

Remarques.

1. On notera que les hypothèses des propositions 2.1 et 2.2 sont *minimales*. En effet, la proposition 2.1 met en évidence un lien entre la T.F. de f et celle de $t \mapsto tf(t)$. Pour que ces T.F. existent, il faut bien que f et $t \mapsto tf(t)$ soient intégrables. La proposition 2.2 met quant à elle en évidence un lien entre la T.F. de f et celle de f'. Il est normal de demander que f soit $\mathcal{C}^1$ (afin que f' existe) et que f et f' soient intégrables (afin qu'elles admettent une transformée de Fourier).
   On peut en fait retrouver ainsi les hypothèses de nombreux théorèmes.
2. On a déjà noté qu'il était très simple de retrouver la formule donnant la dérivée de la transformée de Fourier (par dérivation sous le signe $\int$). Il est en fait également très facile de retrouver la formule donnant la transformée de Fourier de la dérivée : il suffit de faire le début de l'intégration par parties (ce qui est tout de même naturel) et de se souvenir que le « crochet » est nul sous les bonnes hypothèses, qui sont minimales comme on vient de le voir. Cela permet notamment de trouver les bonnes formules lorsqu'on change de définition pour la transformée de Fourier.
3. Nous pouvons dire des propositions 2.1 et 2.2 qu'elles sont « duales ». Elles expriment que la transformation de Fourier échange deux opérations : la dérivation et la multiplication par un monôme ($t \mapsto -2i\pi t$ ou $\nu \mapsto 2i\pi\nu$).
   Cette propriété rend la transformation de Fourier très utile dans la résolution de certaines équations différentielles ou aux dérivées partielles. Elle permet, entre autres, de résoudre *l'équation de la chaleur* $\frac{\partial u}{\partial t} - a^2\frac{\partial^2 u}{\partial x^2} = s(t,x)$ (qui régit la diffusion thermique dans une barre métallique recevant une source de chaleur représentée par $s(t,x)$) et *l'équation des ondes* $\frac{\partial^2 u}{\partial t^2} - c^2\frac{\partial^2 u}{\partial x^2} = 0$ (qui régit la propagation d'une onde unidimensionnelle se déplaçant à la vitesse c) quand la variable d'espace x varie dans $\mathbb{R}$ en entier, à condition de connaître la température initiale en tout point pour l'équation de la chaleur, la forme initiale de l'onde et sa dérivée par rapport à t à l'instant 0 pour l'équation des ondes. En appliquant la transformation de Fourier par rapport à la variable d'espace x, on remplace ces équations aux dérivées partielles par de simples équations différentielles linéaires sur la variable temps t. Cette méthode est également utilisable en dimension supérieure à 1.
4. Les deux propositions 2.1 et 2.2 et leurs corollaires nous montrent qu'il existe un lien entre la rapidité de décroissance de f à l'infini et la régularité de $\widehat{f}$:
   (a) En général, les éléments de $L^1(\mathbb{R})$ rencontrés en pratique tendent vers 0 à l'infini (bien qu'il existe des fonctions intégrables sur $\mathbb{R}$ ne possédant pas cette propriété). L'élément $n \in \mathbb{N}^* \cup \{+\infty\}$ maximal tel que $t \mapsto t^k f(t)$ soit intégrable pour $k < n$ est en quelque sorte une mesure de la rapidité de décroissance de f à l'infini. Le corollaire 2.1 dit que plus f tend rapidement vers 0, plus $\widehat{f}$ est régulière. En particulier, supposons que f soit localement intégrable et *à décroissance rapide*, *i.e.*

$$\forall k \in \mathbb{N} \quad \lim_{t\to\pm\infty} t^k f(t) = 0$$

Dans ce cas, la fonction $t \mapsto t^k f(t)$ est intégrable pour tout k, donc $\widehat{f}$ est $\mathcal{C}^\infty$, et ses dérivées successives se calculent par dérivation sous le signe $\int$.
Par exemple la fonction $t \mapsto e^{-\alpha t}H(t)$ est continue par morceaux et à décroissance rapide pour $\Re\alpha > 0$. On a calculé sa T.F. et on a trouvé $\frac{1}{\alpha+2i\pi\nu}$. On constate qu'effectivement cette fonction est $\mathcal{C}^\infty$ sur $\mathbb{R}$ car la condition $\Re\alpha > 0$ implique que $\alpha + 2i\pi\nu \neq 0$ pour tout $\nu \in \mathbb{R}$.

(b) Réciproquement, l'estimation (IV.16) nous montre que plus f est régulière, plus $\widehat{f}(\nu)$ tend rapidement vers 0 à l'infini. En particulier si f est $\mathcal{C}^\infty$ avec des dérivées toutes intégrables, alors $\widehat{f}$ est à décroissance rapide.

3 Inversion de la transformation de Fourier

3.1 Problématique de l'inversion de la transformation de Fourier

Nous avons vu que pour f intégrable, $\widehat{f}$ existe et est dans l'e.v. $\mathcal{C}_0^0$ des fonctions continues sur $\mathbb{R}$ tendant vers 0 en $\pm\infty$. On se pose maintenant le problème de *l'inversion* de la transformation de Fourier : étant donné une fonction g, existe-t-il $f \in L^1(\mathbb{R})$ telle que $\mathcal{F}f = g$? Il est déjà nécessaire que $g \in \mathcal{C}_0^0$. Mais cette condition n'est pas suffisante : il est possible de construire des fonctions continues tendant vers 0 à l'infini qui ne sont la T.F. d'aucune fonction intégrable (autrement dit, l'opérateur de Fourier $\mathcal{F} : L^1(\mathbb{R}) \to \mathcal{C}_0^0$ n'est pas surjectif). Ainsi l'espace L^1 apparaît, du point de vue de l'inversion, comme non adapté à la pratique de la transformation de Fourier. Cependant on peut démontrer que cet opérateur de Fourier est injectif, donc si $g \in \mathcal{C}_0^0$ possède un inverse $f \in L^1(\mathbb{R})$, alors cet inverse est unique. Il est donc possible de définir la *transformation de Fourier inverse* $\mathcal{F}^{-1}$ (elle est définie sur l'espace $\mathcal{F}\big(L^1(\mathbb{R})\big)$, qui est strictement inclus dans $\mathcal{C}_0^0$).

Dans le chapitre V, nous étendrons la transformation de Fourier à un sous-espace de $\mathcal{D}'$, noté $\mathcal{S}'$ et appelé espace des *distributions tempérées.* Nous verrons que cet espace $\mathcal{S}'$ « contient » L^1 et $\mathcal{C}_0^0$ (ce qui signifie que les distributions associées à des fonctions de L^1 ou de $\mathcal{C}_0^0$ sont éléments de $\mathcal{S}'$). Nous démontrerons que l'opérateur $\mathcal{F}$ défini sur $\mathcal{S}'$ est à valeurs dans $\mathcal{S}'$ et est bijectif, de sorte que les éléments de $\mathcal{C}_0^0$ n'ayant pas d'inverse de Fourier dans L^1 en ont un dans $\mathcal{S}'$.

Pour l'instant, nous disposons d'un moyen d'inverser $g \in \mathcal{C}_0^0$ **si g est elle-même intégrable**, ce qui n'a rien d'évident, car $f \in L^1(\mathbb{R})$ **n'implique pas** $\widehat{f} \in L^1(\mathbb{R})$.

Exemples. Nous avons vu que la T.F. de $t \mapsto e^{-\alpha t}H(t)$ ($\Re\alpha > 0$) est $\nu \mapsto \frac{1}{\alpha+2i\pi\nu}$, qui n'est pas intégrable sur $\mathbb{R}$ puisque

$$\left|\frac{1}{\alpha + 2i\pi\nu}\right| \sim_{\pm\infty} \frac{1}{2\pi|\nu|}$$

Voici un autre contre-exemple classique très simple et important dans les applications : considérons la fonction « porte » $\mathbf{1}_{[-a,a]}$, qui est bien sûr dans $L^1(\mathbb{R})$ en tant que fonction continue par morceaux à support borné. Pour $\nu \neq 0$, on a

$$\mathcal{F}(\mathbf{1}_{[-a,a]})(\nu) = \int_{-a}^{a} e^{-2i\pi t\nu}\,dt = \left[\frac{e^{-2i\pi t\nu}}{-2i\pi\nu}\right]_{-a}^{a} = \frac{\sin(2\pi a\nu)}{\pi\nu}$$

Pour $\nu = 0$, on a $\mathcal{F}(\mathbf{1}_{[-a,a]})(0) = \int_{-a}^{a} dt = 2a$. On a donc

$$\mathcal{F}(\mathbf{1}_{[-a,a]})(\nu) = 2a\,\mathrm{sinc}\,(2a\pi\nu) \tag{IV.17}$$

Or, nous avons vu dans l'exercice I.4 que $\mathrm{sinc} \notin L^1(\mathbb{R})$. Ainsi

$$\mathbf{1}_{[-a,a]} \in L^1(\mathbb{R}) \quad \text{mais} \quad \mathcal{F}(\mathbf{1}_{[-a,a]}) \notin L^1(\mathbb{R}) \tag{IV.18}$$

3.2 Inversion de la transformation de Fourier dans L^1

Voici ce théorème d'inversion dans L^1, que nous admettons [1]. On notera la belle symétrie qui existe entre f et $\widehat{f}$ dans la formule d'inversion.

Théorème 3.1 ***Théorème d'inversion de Fourier dans*** L^1.
Si $f \in L^1(\mathbb{R})$ *est telle que* $\widehat{f} \in L^1(\mathbb{R})$, *alors on a*

$$\forall t \in \mathbb{R} \quad f(t) = \int_{-\infty}^{+\infty} \widehat{f}(\nu) e^{2i\pi t\nu} d\nu \tag{IV.19}$$

Autrement dit

$$f = \check{\hat{\hat{f}}} \tag{IV.20}$$

De plus, f *et* $\widehat{f}$ *sont continues sur* $\mathbb{R}$ *et tendent vers* 0 *à l'infini.*

Commentaire. Rappelons que si h est une fonction définie p.p. sur $\mathbb{R}$, alors $\check{h}$ désigne la fonction définie pour presque-tout t par $\check{h}(t) = h(-t)$. L'égalité (IV.20) signifie que $f(t) = \big(\mathcal{F}\mathcal{F}f\big)(-t)$. Ainsi, si $g \in L^1(\mathbb{R})$ a un inverse de Fourier dans L^1, c'est $f = \check{\hat{g}}$. Or, les deux opérations « symétrisation » et transformation de Fourier commutent. En effet, pour toute fonction h intégrable sur $\mathbb{R}$, grâce au changement de variable $x = -t$, on a

$$\check{\hat{h}}(\nu) = \int_{-\infty}^{+\infty} h(t) e^{2i\pi t\nu}\, dt = \int_{-\infty}^{+\infty} h(-x) e^{-2i\pi x\nu}\, dx = \hat{\check{h}}(\nu) \tag{IV.21}$$

On a donc

$$\mathcal{F}^{-1} g = \check{\hat{g}} = \mathcal{F}\check{g} \tag{IV.22}$$

Ainsi, la transformée de Fourier inverse d'une fonction est la transformée de Fourier de sa symétrisée. C'est ce qu'on veut dire lorsqu'on parle de « belle symétrie de la formule d'inversion ». La formule (IV.22) n'a de sens que si $\check{g} \in L^1$, ce qui est équivalent à $g \in L^1$. On comprend ainsi pourquoi cette formule d'inversion ne s'applique que dans le cas où f et $\widehat{f}$ sont dans L^1. Comme la T.F. d'une fonction intégrable est continue et tend vers 0 à l'infini, il est normal que sous ces hypothèses f et $\widehat{f}$ soient éléments de $\mathcal{C}_0^0$.

Remarques.

1. Dans $L^1(\mathbb{R})$, on identifie deux fonctions égales presque-partout. Dire que f est continue sur $\mathbb{R}$ lorsque f et $\widehat{f}$ sont toutes deux intégrables signifie qu'il existe une fonction $\tilde{f}$ continue sur $\mathbb{R}$ telle que $f = \tilde{f}$ presque-partout. L'égalité (IV.19) signifie en fait
$$\forall t \in \mathbb{R} \quad \tilde{f}(t) = \int_{-\infty}^{+\infty} \widehat{f}(\nu) e^{2i\pi t\nu} d\nu$$
2. Lorsqu'une fonction intégrable n'est pas continue, on sait avant tout calcul que sa T.F. n'est pas intégrable (le contraire contredirait le théorème 3.1). Par exemple, les fonctions $t \mapsto e^{-\alpha t} H(t)$ et $t \mapsto \mathbf{1}_{[-a,a]}(t)$ ne sont pas continues sur $\mathbb{R}$. Nous avons constaté directement que leurs T.F. ne sont pas intégrables, mais à la lumière du théorème 3.1, nous savons maintenant qu'elles ne pouvaient pas l'être.

Le corollaire suivant montre que les fonctions pour lesquelles le théorème d'inversion dans L^1 s'applique sont non seulement continues, mais également de carré intégrable.

1. On trouvera une démonstration notamment dans les ouvrages *Méthodes mathématiques pour les sciences physiques* de Bony et *Analyse de Fourier et applications* de Gasquet et Witomski.

Corollaire 3.1 *Soit $f \in L^1(\mathbb{R})$ telle que $\widehat{f} \in L^1(\mathbb{R})$. On a $f \in L^2(\mathbb{R})$.*

Preuve. Puisque les hypothèses entraînent que f est continue, $|f|^2$ aussi, donc $|f|^2$ est localement intégrable. Puisque $\widehat{f} \in L^1$, le lemme de Riemann-Lebesgue appliqué à $\widehat{f}$ montre que $\hat{\hat{f}}(t)$ tend vers 0 quand t tend vers $\pm\infty$. Donc f, symétrisée de $\hat{\hat{f}}$, tend vers 0 à l'infini. Par conséquent, pour $|t|$ assez grand on a $|f(t)|^2 \leq |f(t)|$, donc $f \in L^2(\mathbb{R})$.

□

Nous verrons au paragraphe 5.2 que le fait que $f \in L^2(\mathbb{R})$ implique que $\widehat{f} \in L^2(\mathbb{R})$.

3.3 Cas d'échec du théorème d'inversion.

Les cas d'échec du théorème 3.1 proviennent du fait qu'une fonction n'a pas nécessairement les mêmes propriétés que sa T.F. : l'une est intégrable sur $\mathbb{R}$ mais n'a pas de raison d'être continue sur $\mathbb{R}$ (ni même, mais c'est plus rare en pratique, de tendre vers 0 à l'infini), alors que l'autre est continue et tend vers 0 à l'infini mais n'a pas de raison d'être intégrable. La formule d'inversion s'applique lorsque les deux fonctions ont toutes ces propriétés.

Lorsque nous aurons étudié la transformation de Fourier dans $\mathcal{S}'$, nous retrouverons une symétrie parfaite entre f et $\widehat{f}$, mais au prix de changer d'espace (et de définition de la T.F.). En effet, dans le cas où une seule des deux fonctions f et $\widehat{f}$ serait intégrable, les deux seraient de toute façon éléments de $\mathcal{S}'$, car nous verrons que $L^1 \subset \mathcal{S}'$ et $\mathcal{C}_0^0 \subset \mathcal{S}'$. Nous définirons deux opérateurs $\mathcal{F} : \mathcal{S}' \to \mathcal{S}'$ et $\mathcal{F}^{-1} : \mathcal{S}' \to \mathcal{S}'$ bijectifs et réellement inverses l'un de l'autre.

Le théorème d'inversion ne s'applique pas si f ou $\widehat{f}$ n'est pas intégrable, mais ces deux cas d'échec correspondent à des situations pratiques différentes, que l'on va maintenant commenter.

Premier cas d'échec. Supposons que l'on connaisse la fonction g que l'on souhaite inverser, mais que l'on ne dispose d'aucune information sur son éventuel inverse, situation évidemment fréquente en pratique. On commence par vérifier que $g \in L^1$. « L'inverse de Fourier » de g peut alors être calculé puisque c'est l'image de $\check{g} \in L^1$ par $\mathcal{F}$. Mais cet « inverse » f n'est pas nécessairement dans L^1. Par contre, comme on le verra au chapitre V, on a toujours f élément de l'espace de distributions $\mathcal{S}'$. L'égalité entre f et $\hat{\check{g}}$ n'a alors lieu qu'au sens des distributions, c'est à dire qu'elle est vraie presque-partout.
Si on veut avoir une chance que $f \in L^1$, il faut au moins vérifier que $g \in \mathcal{C}_0^0 \cap \in L^1$ avant d'appliquer la formule d'inversion. On trouve alors une fonction $f = \hat{\check{g}}$ qui peut être ou non dans L^1. Dans le cas où $f \in L^1$, la fonction f est elle aussi continue sur $\mathbb{R}$ et on peut affirmer que $f(t) = \mathcal{F}\mathcal{F}(-t)$ pour tout $t \in \mathbb{R}$. L'appartenance de g à $L^1 \cap \mathcal{C}_0^0$ est en pratique un bon indice d'appartenance de f à L^1, mais ne garantit pas que $f \in L^1$.

Deuxième cas d'échec. Supposons que l'on connaisse $f \in L^1$, que l'on ait calculé $g = \widehat{f}$, et que l'on constate que $g \notin L^1$. Il n'est plus possible d'appliquer le théorème 3.1, d'autant plus que l'intégrale qui figure dans la formule (IV.19) n'a plus de sens, la fonction $\nu \mapsto \widehat{f}(\nu)e^{2i\pi t\nu}$ n'étant pas intégrable (son module est $|\widehat{f}| = |g|$).

Il y a pourtant un cas intéressant à étudier dans la situation $f \in L^1$, $\widehat{f} \notin L^1$. On peut démontrer que si $f \in \mathcal{C}_m^1$ et si la fonction f' (définie p.p.) est intégrable, alors on a

$$\lim_{A \to +\infty} \int_{-A}^{A} \widehat{f}(\nu)e^{2i\pi t\nu} d\nu = \frac{1}{2}\big(f(t^+) + f(t^-)\big) \qquad \text{(IV.23)}$$

La formule (IV.23) est connue sous le nom de *formule d'inversion en valeur principale*, car la limite de l'intégrale à bornes *symétriques* quand A tend vers l'infini s'appelle la valeur principale de l'intégrale sur $\mathbb{R}$ (on a déjà rencontré cette notion lors de la définition de la distribution $P.F.\frac{1}{x}$, mais le problème d'intégration se situait alors en 0, de sorte qu'il s'agissait d'une limite d'intégrale à bornes symétriques quand ε tend vers 0). Cette intégrale en valeur principale peut exister même si $g = \widehat{f} \notin L^1$. C'est le cas sous les hypothèses $f \in L^1 \cap \mathcal{C}^1_m$ et $f' \in L^1$. Puisque f est ici supposée connue, cela permet de calculer la valeur d'une intégrale de la forme $\int_{-\infty}^{+\infty} g(\nu)e^{2i\pi t\nu}d\nu$ lorsqu'elle est convergente (au sens généralisé de Riemann) sans être absolument convergente. En fait, sous les hypothèses $f \in L^1 \cap \mathcal{C}^1_m$ et $f' \in L^1$, la valeur principale de l'intégrale existe même si l'intégrale généralisée de Riemann diverge.

Exemple. La T.F. de la fonction intégrable définie par $f(t) = e^{-t}H(t)$ est la fonction non intégrable $\nu \mapsto \widehat{f}(\nu) = \frac{1}{1+2i\pi\nu}$. Le théorème d'inversion dans L^1 ne s'applique pas. Par contre $f \in \mathcal{C}^1_m$ et sa dérivée, définie partout sauf en $t = 0$, est la fonction $t \mapsto f'(t) = -e^{-t}H(t)$, qui est intégrable. D'après la formule d'inversion en valeur principale, on a donc

$$\lim_{A\to+\infty} \int_{-A}^{A} \frac{1}{1+2i\pi\nu} e^{2i\pi t\nu} d\nu = \frac{1}{2}\big(f(t^+) + f(t^-)\big)$$

En particulier, appliquons ce résultat en $t = 0$, qui est un point de discontinuité de première espèce de f. On a $f(0^-) = 0$ et $f(0^+) = 1$, de sorte qu'on obtient

$$\lim_{A\to+\infty} \int_{-A}^{A} \frac{1}{1+2i\pi\nu} d\nu = \frac{1}{2}$$

On peut d'ailleurs vérifier cela directement par des calculs de primitives élémentaires, en séparant les parties réelle et imaginaire dans l'intégrale.

3.4 Formule d'inversion pour les autres définitions de la T.F.

La définition de la T.F. que nous avons choisie rend la formule d'inversion (IV.19) particulièrement facile à retenir (grâce à la symétrie entre f et $\widehat{f}$). Avec une autre définition, il apparaît en général une constante multiplicative qui nécessite un effort de mémoire. Pour la définition la plus générale (IV.2), la formule d'inversion s'écrit (sous les mêmes hypothèses bien sûr) :

$$f(x) = \frac{|k|}{2\pi C} \int_{-\infty}^{+\infty} \text{T.F.}(f)(\xi)e^{-ikx\xi}d\xi \qquad \text{(IV.24)}$$

En particulier, pour la définition « en pulsation ω » (*i.e.* $C = 1$ et $k = -1$) souvent utilisée en traitement du signal, on a

$$f(t) = \frac{1}{2\pi} \int_{-\infty}^{+\infty} \text{T.F.}(f)(\omega)e^{it\omega}d\omega$$

De même, pour la définition utilisée en probabilités (*i.e.* $C = k = 1$), la formule d'inversion s'écrit

$$f(x) = \frac{1}{2\pi} \int_{-\infty}^{+\infty} \text{T.F.}(f)(\xi)e^{-ix\xi}d\xi$$

ce qui permet dans ce contexte de retrouver la densité de probabilité f à partir de la fonction caractéristique T.F.(f).

3.5 Utilisation de la symétrie de la formule d'inversion

Si nous connaissons la T.F. d'une fonction f intégrable et si $g = \widehat{f} \in L^1$, alors nous connaissons également la T.F. de g, car la T.F. de la T.F. de f est la « symétrisée » de f. Cela rend de grands services et permet souvent d'éviter de longs calculs.

Exemple. Calculons la T.F. de $h\,:\,t \mapsto \frac{1}{(1+it)^2}$.
L'exemple (IV.13) montre que h est la T.F. de $g\,:\,x \mapsto xe^{-x}H(x)$ calculée en $\frac{t}{2\pi}$. En utilisant la formule du changement d'échelle et la linéarité de $\mathcal{F}$, on obtient

$$\widehat{h}(\nu) = \mathcal{F}\Big(\widehat{g}\Big(\frac{t}{2\pi}\Big)\Big)(\nu) = 2\pi\mathcal{F}\mathcal{F}\big(g(2\pi t)\big)(\nu)$$

Les fonctions g et $\widehat{g}$ sont toutes deux intégrables sur $\mathbb{R}$, donc la formule d'inversion s'applique. On a ainsi

$$\widehat{h}(\nu) = 2\pi g(-2\pi\nu) = -4\pi^2\nu\, e^{2\pi\nu}H(-\nu)$$

Remarque. Si f vérifie les hypothèses du théorème d'inversion et est, de plus, **paire**, la remarque précédente nous montre que le calcul de la T.F. de $\widehat{f}$ redonne tout simplement f. Cela donne en particulier deux « couples de Fourier » célèbres (les calculs seront faits dans les exercices IV.2, IV.3 et IV.4) :

$$\text{Pour } a > 0\,, \quad e^{-a|t|} \quad \rightleftharpoons \quad \frac{2a}{a^2 + 4\pi^2\nu^2} \tag{IV.25}$$

$$\text{Pour } a > 0\,, \quad e^{-at^2} \quad \rightleftharpoons \quad \sqrt{\frac{\pi}{a}}\, e^{-\frac{\pi^2\nu^2}{a}} \tag{IV.26}$$

La double-flèche $\rightleftharpoons$ signifie que l'on peut lire cette formule dans les deux sens en interprétant la flèche comme $\mathcal{F}$ ou comme $\mathcal{F}^{-1}$. C'est évidemment faux lorsque f n'est pas paire (dans ce cas, ne pas oublier de « symétriser » quand on utilise la formule d'inversion).

3.6 Interprétation physique de la formule d'inversion

En traitement du signal, on peut considérer les signaux $f(t)$ qui interviennent selon deux points de vue. On peut bien sûr étudier la fonction $t \mapsto f(t)$, cela revient à considérer une *représentation temporelle* du signal. Si ce signal est intégrable ainsi que sa transformée de Fourier, la formule d'inversion nous permet d'écrire

$$f(t) = \int_{-\infty}^{+\infty} \widehat{f}(\nu)e^{2i\pi t\nu}\,d\nu = \int_{0}^{+\infty} \big(\widehat{f}(\nu)e^{2i\pi t\nu} + \widehat{f}(-\nu)e^{-2i\pi t\nu}\big)\,d\nu$$

Comme l'intégration est en quelque sorte une « sommation continue », cette égalité représente la décomposition du signal $t \mapsto f(t)$ comme *superposition* des signaux *mono-fréquentiels* [2] $t \mapsto \widehat{f}(\nu)e^{2i\pi t\nu} + \widehat{f}(-\nu)e^{-2i\pi t\nu}$ (un tel signal de période $T = 1/\nu$ est dit mono-fréquentiel car seule la fréquence physique $\nu \geq 0$ intervient dans son développement en série de Fourier). Ainsi, le couple $\big(\widehat{f}(\nu), \widehat{f}(-\nu)\big)$ apparaît comme la contribution de la fréquence $\nu \geq 0$ au signal f. On dira que $\widehat{f}(\nu)$ est la *représentation fréquentielle* du signal f.

3.7 Relation d'incertitude

La formule (IV.10) nous montre que si, à l'aide du facteur d'échelle $k > 0$, on « dilate » (lorsque $k < 1$), le signal $t \mapsto f(t)$, alors sa transformée de Fourier est « comprimée » (du facteur d'échelle $1/k > 1$). De même, si l'on « comprime » le signal ($k > 1$), sa T.F. est « dilatée » ($1/k < 1$).

2. En optique, on dit plutôt « signaux monochromatiques ».

Considérons par exemple (IV.26), qui exprime que la T.F. d'une gaussienne $f_a : t \mapsto e^{-at^2}$ est une autre gaussienne. Si le paramètre a est « petit » (respectivement « grand »), alors f_a est relativement « étalée » (respectivement « localisée »). Dans ce cas, le paramètre $\frac{\pi^2}{a}$ est « grand » (respectivement « petit »), donc $\widehat{f_a}$ est « localisée » (respectivement « étalée »). On a représenté la situation à la figure IV.1 pour $a = 1/4$. L'échelle est la même pour les graphes de f_a et de $\widehat{f_a}$.

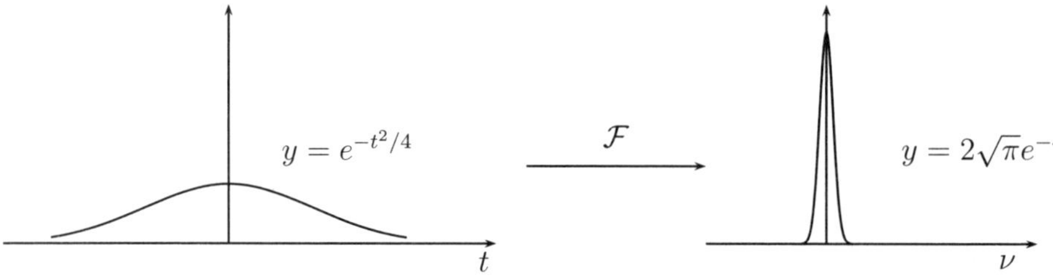

Figure IV.1 – *Relation d'incertitude : la T.F. d'une gaussienne « étalée » est une gaussienne « localisée ».*

On a également représenté sur la figure IV.2 l'exemple (IV.25) pour $a = 1/2$ (rappelons que, par parité, cet exemple se lit dans les deux sens). La fonction $g_a : t \mapsto \frac{2a}{a^2+4\pi^2t^2}$ est une *lorentzienne*, qui, pour $a = 1/2$, est relativement « localisée ». Le graphe de sa T.F. apparaît effectivement « étalé » (là aussi, l'échelle est la même pour les graphes de g_a et de $\widehat{g_a}$).

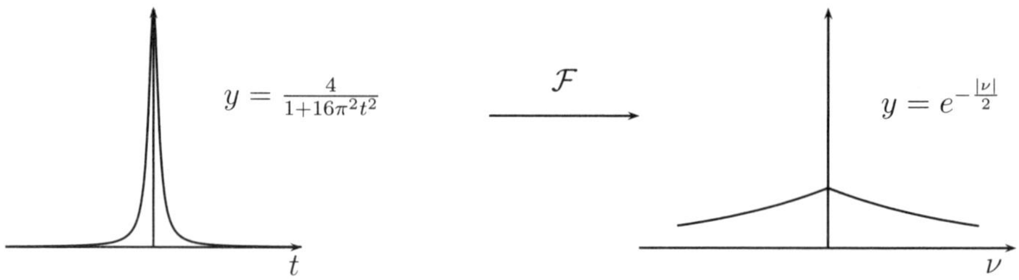

Figure IV.2 – *Relation d'incertitude : une lorentzienne « localisée » et sa T.F.*

En termes simples, la *relation d'incertitude* exprime qu'**il est impossible qu'une fonction et sa transformée de Fourier soient *toutes les deux* localisées**.

Interprétation physique.
En *traitement du signal* la relation d'incertitude signifie qu'un signal $t \mapsto f(t)$ bien localisé dans le domaine temporel aura un large spectre de fréquences, et réciproquement. Reconstituer un tel signal par la formule approchée $f(t) \approx \int_{-A}^{A} \widehat{f}(\nu)e^{2i\pi\nu t}\, d\nu$ est donc coûteux, puisque A doit être choisi suffisamment grand pour que $|\widehat{f}(\nu)|$ devienne négligeable.

En *mécanique quantique*, l'état d'une particule est défini par sa *fonction d'onde* ψ, qui est une fonction normée dans L^2 (on étudie la T.F. des fonctions de carré intégrable au paragraphe 5). Les physiciens interprètent $|\psi|^2$ comme la densité de probabilité de la mesure de la position de la particule et $|\mathcal{F}\psi|^2$ comme la densité de probabilité de la mesure de sa quantité de mouvement. La relation d'incertitude exprime, puisque ces deux densités de probabilité ne peuvent être toutes deux « bien concentrées », qu'il n'est pas possible de mesurer précisément à la fois la position d'une particule et sa quantité de mouvement. Plus précisément, il est possible de démontrer que σ_X et σ_P, respectivement écart-type des mesures de la position et de la quantité de mouvement (représentant la *dispersion* moyenne de la mesure de ces *observables*), sont tels que $\sigma_X\sigma_P \geq C$, où $C > 0$ est une constante. Cette inégalité exprime qu'il est impossible de diminuer l'incertitude sur la mesure de la position sans l'augmenter sur la mesure de la quantité de mouvement, et réciproquement.

Remarque. Un autre aspect de la relation d'incertitude est le fait que les propriétés de régularité locale sont échangées par transformation de Fourier en propriétés de régularité à l'infini, et réciproquement. Nous avons vu au paragraphe 2.2 qu'une fonction $\mathcal{C}^\infty$ (intégrable, ainsi que ses dérivées) a une T.F. à décroissance rapide, et réciproquement. L'exemple (IV.25) illustre bien cette situation : la fonction $t \mapsto e^{-a|t|}$ est à décroissance rapide mais n'est pas régulière localement (elle n'est pas dérivable en $t = 0$), alors que sa transformée de Fourier (une lorentzienne) est $\mathcal{C}^\infty$ sur $\mathbb{R}$ mais n'est pas à décroissance rapide (elle décroît seulement à la vitesse de ν^{-2}).

4 Transformation de Fourier et convolution

Le théorème suivant est fondamental dans les applications.

Théorème 4.1 *Si f et g sont éléments de $L^1(\mathbb{R})$, alors*

$$\mathcal{F}(f * g) = (\mathcal{F}f)(\mathcal{F}g) \tag{IV.27}$$

Preuve. On sait déjà que si f et g sont intégrables, alors $f * g$ existe et est intégrable. Ainsi, $\widehat{f}$, $\widehat{g}$ et $\widehat{f * g}$ existent. On a

$$\begin{aligned}\widehat{f * g}(\nu) &= \int_{\mathbb{R}} (f * g)(t) e^{-2i\pi\nu t} dt \\ &= \int_{\mathbb{R}} \int_{\mathbb{R}} f(x) g(t-x)\, dx\, e^{-2i\pi t\nu}\, dt\end{aligned}$$

On applique le théorème de Tonelli à l'intégrale double

$$\begin{aligned}\iint_{\mathbb{R}^2} \left| f(x) g(t-x) e^{-2i\pi t\nu} \right| dx dt &= \iint_{\mathbb{R}^2} \left| f(x) g(t-x) \right| dx dt \\ &= \int_{\mathbb{R}} |f(x)| \left(\int_{\mathbb{R}} |g(t-x)|\, dt \right) dx \\ &= \left(\int_{\mathbb{R}} |f(x)|\, dx \right) \left(\int_{\mathbb{R}} |g(u)|\, du \right) = \|f\|_{L^1} \|g\|_{L^1} < +\infty\end{aligned}$$

Ainsi la fonction $(t, x) \mapsto f(x) g(t-x) e^{-2i\pi t\nu}$ est dans $L^1(\mathbb{R}^2)$, donc le théorème de Fubini s'applique, ce qui justifie le calcul suivant.

$$\begin{aligned}\widehat{f * g}(\nu) &= \int_{\mathbb{R}} f(x) e^{-2i\pi x\nu} \left(\int_{\mathbb{R}} g(t-x) e^{-2i\pi(t-x)\nu}\, dt \right) dx \\ &= \left(\int_{\mathbb{R}} f(x) e^{-2i\pi x\nu}\, dx \right) \left(\int_{\mathbb{R}} g(u) e^{-2i\pi u\nu}\, du \right) \\ &= \widehat{f}(\nu) \widehat{g}(\nu)\end{aligned}$$

□

Exemple d'application. Soit $f_k(t) = t^k e^{-\alpha t} H(t)$ pour $k \in \mathbb{N}$ et $\Re\alpha > 0$. On souhaite calculer rapidement le produit de convolution $f_k * f_l$. D'abord, remarquons que ces fonctions sont dans L^1, donc le produit de convolution $f_k * f_l$ et $\widehat{f_k}$ existent, et on peut appliquer le théorème 4.1. Or, le calcul de $\widehat{f_k}$ a déjà été effectué : cf. formule (IV.13). On en déduit que

$$\widehat{f_k * f_l}(\nu) = \frac{k!\,l!}{(\alpha + 2i\pi\nu)^{k+l+2}}$$

À un facteur multiplicatif près, on reconnaît la T.F. de f_{k+l+1}. Précisément, la T.F. inverse de la fonction $\widehat{f_k * f_l}$ est définie par

$$(f_k * f_l)(t) = \frac{k!\,l!}{(k+l+1)!} f_{k+l+1}(t) = \frac{k!\,l!}{(k+l+1)!} t^{k+l+1} e^{-\alpha t} H(t) \qquad \text{(IV.28)}$$

5 La transformation de Fourier dans L^2

5.1 La formule d'échange

Proposition 5.1 *Si f et g sont éléments de $L^1(\mathbb{R})$, alors*

$$\int_{-\infty}^{\infty} f(x)\widehat{g}(x)\,dx = \int_{-\infty}^{\infty} \widehat{f}(x)g(x)\,dx \qquad \text{(IV.29)}$$

Preuve. D'abord, ces deux intégrales existent car f et g étant intégrables, leurs T.F. existent et sont *bornées*, donc $f\,\widehat{g}$ et $\widehat{f}\,g$ sont intégrables.
Pour établir la formule, il suffit de justifier l'interversion de dt et de dx dans le calcul suivant :

$$\begin{aligned}
\int_{-\infty}^{\infty} f(x)\widehat{g}(x)\,dx &= \int_{-\infty}^{\infty}\int_{-\infty}^{\infty} f(x)g(t)e^{-2i\pi tx}\,dt\,dx \\
&= \int_{-\infty}^{\infty}\int_{-\infty}^{\infty} f(x)g(t)e^{-2i\pi tx}\,dx\,dt \\
&= \int_{-\infty}^{\infty} \widehat{f}(t)g(t)\,dt
\end{aligned}$$

Or, le théorème de Fubini s'applique, car le fait que f et g soient dans $L^1(\mathbb{R})$ implique, grâce au théorème de Tonelli, que la fonction $(x,t) \to f(x)g(t)e^{-2i\pi tx}$ (qui a pour module $|f(x)g(t)|$) est dans $L^1(\mathbb{R}^2)$:

$$\iint_{\mathbb{R}^2} |f(x)g(t)|\,dtdx = \int_{\mathbb{R}} |f(x)|\,dx \int_{\mathbb{R}} |g(t)|\,dt = \|f\|_{L^1}\|g\|_{L^1} < +\infty$$

□

5.2 La formule de Parseval-Plancherel

Théorème 5.1 *Si f et g sont éléments de $L^1(\mathbb{R}) \cap L^2(\mathbb{R})$, alors $\widehat{f}$ et $\widehat{g}$ sont dans $L^2(\mathbb{R})$ et on a*

$$\int_{-\infty}^{\infty} f(t)\overline{g(t)}\,dt = \int_{-\infty}^{\infty} \widehat{f}(\nu)\overline{\widehat{g}(\nu)}\,d\nu \qquad \text{(IV.30)}$$

En particulier, pour $f = g$:

$$\int_{-\infty}^{\infty} |f(t)|^2\,dt = \int_{-\infty}^{\infty} |\widehat{f}(\nu)|^2\,d\nu \qquad \text{(IV.31)}$$

Interprétation mathématique

Notons $\langle \cdot | \cdot \rangle_{L^2}$ le produit scalaire usuel de $L^2(\mathbb{R})$ (on rappelle au besoin la définition d'un produit scalaire au chapitre VI), défini par

$$\forall f \in L^2(\mathbb{R}) \;\; \forall g \in L^2(\mathbb{R}) \quad \langle f|g\rangle_{L^2} = \int_{-\infty}^{\infty} f(x)\overline{g(x)}\, dx$$

La formule (IV.30), dite *de Parseval-Plancherel*, s'écrit

$$\langle f|g\rangle_{L^2} = \left\langle \widehat{f} \mid \widehat{g} \right\rangle_{L^2} \tag{IV.32}$$

La formule de Parseval-Plancherel exprime donc la *conservation du produit scalaire* de L^2 par transformation de Fourier. Comme la transformation de Fourier est linéaire, cela signifie que la transformation de Fourier $\mathcal{F}$ est une *isométrie* de $L^1 \cap L^2$ (muni de la norme de L^2) dans L^2. On dit que la transformation de Fourier est *unitaire.*
Le cas particulier $f = g$, *i.e.* la formule (IV.31), se traduit par

$$\|f\|_{L^2(\mathbb{R})} = \|\widehat{f}\,\|_{L^2(\mathbb{R})} \tag{IV.33}$$

Il s'agit de la *conservation de la norme* L^2 par $\mathcal{F}$.

Interprétation physique

L'égalité (IV.31) exprime que *l'énergie* du signal f peut se calculer en utilisant la représentation temporelle $t \mapsto f(t)$ du signal ou sa représentation fréquentielle $\nu \mapsto \widehat{f}(\nu)$. On voit que l'énergie « contenue » dans une « petite » bande de fréquence $[\nu, \nu + d\nu]$ est approximativement $|\widehat{f}(\nu)|^2 d\nu$. Pour cette raison, on dit en traitement du signal que la fonction $\nu \mapsto |\widehat{f}(\nu)|^2$ est la *densité spectrale d'énergie.*

Idée de la preuve de la formule de Plancherel-Parseval

On va donner une « preuve » très incomplète mais qui a l'avantage de mettre en avant l'idée principale. Supposons démontrée l'implication

$$f \in L^1 \cap L^2 \Longrightarrow \widehat{f} \in L^2$$

Puisque f et g sont dans $L^1 \cap L^2$, $\widehat{f}$ et $\widehat{g}$ sont dans L^2, de sorte que les deux quantités $\langle f|g\rangle$ et $\langle \widehat{f} \mid \widehat{g}\rangle$ sont bien définies.
Supposons de plus que $\widehat{g}$ est dans L^1 (c'est une hypothèse supplémentaire qui simplifie la preuve mais qui n'a pas de raison d'être réalisée). On peut alors utiliser la formule d'échange, ce qui donne $\langle \widehat{f} \mid \widehat{g}\rangle = \int_{-\infty}^{\infty} f(x)\widehat{\overline{\widehat{g}}}(x)\, dx$.
Or, on a $\int_{-\infty}^{+\infty} \overline{\widehat{g}(t)} e^{-2i\pi tx}\, dt = \overline{\int_{-\infty}^{+\infty} \widehat{g}(t) e^{2i\pi tx}\, dt}$, *i.e.* $\widehat{\overline{\widehat{g}}}(x) = \overline{\widehat{\widehat{g}}(-x)} = \overline{g(x)}$. En effet la formule d'inversion s'applique à g puisque $\widehat{g}$ a été supposée intégrable.
Ainsi, on obtient $\langle \widehat{f} \mid \widehat{g}\rangle = \int_{-\infty}^{\infty} f(x)\overline{g(x)}\, dx = \langle f|g\rangle$.

□

Remarque. Cette « preuve » montre que si l'on adopte pour définition de la T.F. celle où $C = 1, k = \pm 1$, alors la formule de Plancherel-Parseval devient

$$\int_{-\infty}^{\infty} f(t)\overline{g(t)}\, dt = \frac{1}{2\pi} \int_{-\infty}^{\infty} \text{T.F.}(f)(\omega)\, \overline{\text{T.F.}(g)(\omega)}\, d\omega$$

5.3 Extension de la transformation de Fourier à L^2

Le but de ce paragraphe est de définir la T.F. des fonctions de carré intégrable *même lorsqu'elles ne sont pas intégrables.* Nous avons le résultat suivant.

Proposition 5.2 *Si $f \in L^2(\mathbb{R})$, alors la suite (g_n) de fonctions définie par*

$$g_n(\nu) = \int_{-n}^{n} f(t)e^{-2i\pi t\nu}\,dt \tag{IV.34}$$

converge dans $L^2(\mathbb{R})$ vers une fonction $g \in L^2(\mathbb{R})$ appelée transformée de Fourier de f au sens de L^2. Pour toute suite (h_n) de $L^1 \cap L^2$ convergeant vers f dans L^2, la suite $(\mathcal{F}h_n)$ converge dans $L^2(\mathbb{R})$ vers g. Si de plus $f \in L^1(\mathbb{R})$, alors $g = \mathcal{F}f$.

Commentaire. La fonction g_n n'est autre que la T.F. de la fonction $f_n = f\,\mathbf{1}_{[-n,n]}$. Grâce à l'inégalité de Cauchy-Schwartz, on a $f_n \in L^1(\mathbb{R})$:

$$\int_{\mathbb{R}} \left|f(t)\,\mathbf{1}_{[-n,n]}(t)\right| dt \leq \left(\int_{\mathbb{R}} \left|f(t)\right|^2 dt\right)^{1/2} \left(\int_{\mathbb{R}} \left|\mathbf{1}_{[-n,n]}(t)\right|^2 dt\right)^{1/2} = \|f\|_{L^2}\sqrt{2n} < +\infty$$

De plus, $f_n = f\,\mathbf{1}_{[-n,n]} \in L^2$ car $|f\,\mathbf{1}_{[-n,n]}|^2 \leq |f|^2$ et $f \in L^2$ par hypothèse. Ainsi, $f_n \in L^1 \cap L^2$, de sorte que $g_n = \mathcal{F}f_n \in L^2$ en vertu du théorème 5.1. Nous admettons que la suite (g_n) converge dans L^2 vers une limite $g \in L^2(\mathbb{R})$ que nous pouvons noter $\mathcal{F}f$ (ou $\widehat{f}$) puisque g coïncide avec $\mathcal{F}f$ lorsque $f \in L^1 \cap L^2$. La fonction $\mathcal{F}f$ est par définition la T.F. au sens de L^2 de $f \in L^2(\mathbb{R})$. Elle peut en fait être obtenue en calculant la limite dans L^2 de $\mathcal{F}h_n$, où (h_n) est n'importe quelle suite de $L^1 \cap L^2$ convergeant vers f dans L^2 (cette propriété souhaitable est prouvée dans un complément à la fin du paragraphe).

Par une méthode classique en analyse fonctionnelle (décrite dans le complément), on montre que l'application $\mathcal{F} : L^2 \to L^2$ ainsi définie prolonge l'isométrie $\mathcal{F} : L^1 \cap L^2 \to L^2$. En particulier, l'égalité de Parseval-Plancherel est vraie dans L^2 en entier. Cette isométrie $\mathcal{F}$ de L^2, appelée *transformation de Fourier dans L^2*, est *bijective*, ce qui fait de L^2 un espace bien adapté à la pratique de la transformation de Fourier. Finalement, nous avons :

$$f \in L^2(\mathbb{R}) \Longleftrightarrow \mathcal{F}f \in L^2(\mathbb{R}) \tag{IV.35}$$

$$\forall (f,g) \in L^2(\mathbb{R})^2 \quad \int_{-\infty}^{\infty} f(t)\overline{g(t)}\,dt = \int_{-\infty}^{\infty} \widehat{f}(\nu)\overline{\widehat{g}(\nu)}\,d\nu \tag{IV.36}$$

$$\forall f \in L^2(\mathbb{R}) \quad \int_{-\infty}^{\infty} |f(t)|^2\,dt = \int_{-\infty}^{\infty} |\widehat{f}(\nu)|^2\,d\nu \tag{IV.37}$$

$$\forall f \in L^2(\mathbb{R}) \quad f(t) = \check{\widehat{f}}(t) \ \text{ p.p.} \tag{IV.38}$$

Remarques.

1. Lorsqu'on doit calculer numériquement une transformée de Fourier, comme on ne peut évidemment pas intégrer de $-\infty$ à $+\infty$, on est amené à faire un calcul approché en intégrant de $-n$ à n avec n « assez grand », ce qui revient à remplacer le signal f par le signal *tronqué* $f\,\mathbf{1}_{[-n,n]}$. La proposition 5.2 donne donc un sens concret à la T.F. d'une fonction de $L^2(\mathbb{R})$, *i.e.* à la T.F. d'un signal à énergie finie.

2. Il est important de se rappeler que lorsque $f \in L^2$ mais $f \notin L^1$, la formule intégrale $\mathcal{F}f(\nu) = \int_{\mathbb{R}} f(t)e^{-2i\pi t\nu}\,dt$ n'a pas de sens. Pour calculer $\mathcal{F}f$ dans un tel cas, on doit utiliser la proposition 5.2, à moins que f n'apparaisse comme la T.F. d'une fonction de L^1 déjà calculée (les « catalogues » de T.F. sont alors bien utiles). Dans un tel cas, il suffit d'utiliser la formule d'inversion (IV.38) pour obtenir presque sans calcul $\mathcal{F}f$. On donne ci-après deux exemples.

Exemples.

1. On a calculé la T.F. de la fonction g définie par $g(t) = e^{-\alpha t}H(t)$, pour $\Re\alpha > 0$, et on a trouvé $\widehat{g}(\nu) = \frac{1}{\alpha+2i\pi\nu}$. On a $g \in L^1 \cap L^2$. On constate que, conformément au théorème 5.1, $\widehat{g} \in L^2$. Par contre $\widehat{g} \notin L^1$. Sa T.F. au sens ordinaire n'existe pas, mais $\widehat{g}$ a une T.F. au sens de L^2, qui peut se calculer en utilisant la formule d'inversion. On a $\widehat{\widehat{g}}(x) = g(-x) = e^{\alpha x}H(-x)$ presque-partout. On a ainsi obtenu, sans aucun calcul d'intégrale :
$$\mathcal{F}\left(\frac{1}{\alpha + 2i\pi t}\right)(\nu) = e^{\alpha\nu}H(-\nu) \quad \text{dans } L^2(\mathbb{R}) \tag{IV.39}$$

2. Considérons un exemple particulièrement important. On veut calculer la T.F. de la fonction sinc, qui est élément de L^2 mais pas de L^1. On sait que la transformée de Fourier de $\mathbf{1}_{[-a,a]} \in L^1 \cap L^2$ est $f : \nu \mapsto \widehat{\mathbf{1}_{[-a,a]}}(\nu) = \frac{\sin(2\pi a\nu)}{\pi\nu}$. Là encore, on constate que $f \notin L^1$ mais que, conformément au théorème de Parseval-Plancherel, $f \in L^2$.
La T.F. de f au sens ordinaire n'est donc pas définie mais on pourra au besoin utiliser sa T.F. au sens de L^2, qui est, grâce à la formule d'inversion, $\widehat{f} = \widehat{\widehat{\mathbf{1}_{[-a,a]}}} = \mathbf{1}_{[-a,a]}$, par raison de parité. On obtient ainsi un autre « couple de Fourier » célèbre :
$$\mathbf{1}_{[-a,a]}(t) \rightleftharpoons \frac{\sin(2\pi a\nu)}{\pi\nu} \tag{IV.40}$$
La double-flèche doit être ici interprétée comme la transformation de Fourier (ou son inverse) dans L^2.

Complément. On précise ici la méthode de prolongement de l'isométrie $\mathcal{F} : L^1 \cap L^2 \to L^2$ à L^2. L'espace vectoriel $L^1 \cap L^2$ muni de la norme de L^2 est *dense* dans L^2 (admis), *i.e.* que pour tout $f \in L^2$, il existe une suite (f_n) de fonctions de $L^1 \cap L^2$ qui tend dans L^2 vers f :
$$\lim_{n\to+\infty} \|f_n - f\|_{L^2} = 0$$
On peut par exemple choisir $f_n = f\,\mathbf{1}_{[-n,n]}$ comme l'affirme la proposition 5.2.
La linéarité de $\mathcal{F}$ et l'égalité de Parseval-Plancherel nous donne
$$\|\mathcal{F}f_n - \mathcal{F}f_m\|_{L^2} = \|\mathcal{F}(f_n - f_m)\|_{L^2} = \|f_n - f_m\|_{L^2}$$
de sorte que, puisque la suite (f_n) est de Cauchy dans L^2, il en est de même de la suite $(\mathcal{F}f_n)$. Or, l'e.v. normé L^2 est complet (on définit cette notion dans le complément du paragraphe 1.3 du chapitre VI), donc la suite $(\mathcal{F}f_n)$ converge dans L^2 vers un élément g. Si on choisit une autre suite (h_n) de fonctions de $L^1 \cap L^2$ tendant vers f dans L^2, la suite $(\mathcal{F}h_n)$ converge elle aussi vers g dans L^2, car en appelant u sa limite, on a, grâce à l'égalité de Parseval-Plancherel et par continuité de l'application $\|\cdot\|_{L^2}$:
$$\|g - u\|_{L^2} = \Big\|\lim_{n\to+\infty}(\mathcal{F}f_n - \mathcal{F}h_n)\Big\|_{L^2} = \lim_{n\to+\infty}\|\mathcal{F}f_n - \mathcal{F}h_n\|_{L^2} = \lim_{n\to+\infty}\|f_n - h_n\|_{L^2} = 0$$
donc $u = g$ dans L^2.
La fonction $\mathcal{F}f$, également notée $\widehat{f}$, est alors définie par $\mathcal{F}f = g$, ce qui est cohérent puisque le résultat ne dépend pas de la suite (f_n) choisie.
Par passage à la limite, l'égalité de Parseval-Plancherel reste vraie dans L^2, et on a donc obtenu une isométrie $\mathcal{F}$ de L^2 qui prolonge la transformation de Fourier définie initialement sur $L^1 \cap L^2$. On peut alors démontrer que cette isométrie est bijective, l'inverse de Fourier de $g \in L^2$ étant, sans surprise, la fonction définie par $f(t) = \widehat{g}(-t)$. Mais comme ceci est vrai dans L^2, cette égalité n'est *a priori* vraie que presque-partout.

6 Calcul numérique des transformées de Fourier

Dans les applications, on rencontre essentiellement les deux situations suivantes :

- soit on observe un signal f sur une durée *finie* D et on cherche à déterminer une bonne approximation de son spectre à partir de cette information partielle (c'est *l'analyse de Fourier* du signal) ;
- soit on connaît une approximation de $\widehat{f}$ et on cherche à reconstituer le signal f (on dit qu'on souhaite en faire la *synthèse*) grâce à la formule d'inversion (on suppose que f et $\widehat{f}$ sont intégrables sur $\mathbb{R}$).

Tenant compte de la symétrie de la formule d'inversion, les deux problèmes reviennent au calcul numérique d'une transformée de Fourier. Traitons le cas de l'analyse de Fourier du signal $t \mapsto f(t)$, *i.e.* le calcul numérique de $\widehat{f}(\nu) = \int_{\mathbb{R}} f(t)e^{-2i\pi\nu t}\,dt$. Pour la synthèse de f par la formule $f(t) = \int_{\mathbb{R}} \widehat{f}(\nu)e^{2i\pi\nu t}\,d\nu$, il est clair qu'il suffit d'appliquer la même méthode en changeant les rôles de f et de $\widehat{f}$, le paramètre ν étant remplacé par $-t$.

On doit échantillonner le signal car le calculateur ne peut évidemment traiter qu'un nombre *fini* N de valeurs de f. Quitte à effectuer un changement d'origine, on peut supposer que l'intervalle d'observation du signal f est $[0, D]$. L'échantillonnage de f *à pas constant* $T_e = \frac{D}{N}$ (on dit que T_e est la *période d'échantillonnage*) nous donne les échantillons $x_k = f(kT_e)$ pour $k = 0, \dots, N-1$. Ce que l'on a observé est le signal *tronqué* $t \mapsto f(t)\,\mathbf{1}_{[0,D]}(t)$, dont la T.F. est $\nu \mapsto \int_0^D f(t)e^{-2i\pi\nu t}\,dt$. Calculons une valeur approchée de cette intégrale par la méthode des rectangles. On obtient l'approximation

$$\int_0^D f(t)e^{-2i\pi\nu t}\,dt \approx \sum_{k=0}^{N-1} T_e\, f(kT_e)\, e^{-2i\pi\nu kT_e} = T_e \sum_{k=0}^{N-1} x_k\, e^{-2i\pi\nu kT_e} \qquad \text{(IV.41)}$$

Pour le traitement numérique, on doit également discrétiser l'axe des fréquences, *i.e.* calculer cette T.F. approchée seulement en un nombre fini de valeurs de ν. On peut montrer qu'on a intérêt à choisir les N valeurs espacées régulièrement $\nu_n = \frac{n}{NT_e}$ pour $n = 0, 1, \dots, N-1$. Notons dans la suite $w_N = e^{2i\pi/N}$ (c'est une racine N-ième de l'unité). On est ainsi amené à considérer comme approximation de $\widehat{f}(\nu)$ la suite $(T_e\, X_n)_{n\in\{0,1,\dots,N-1\}}$, où

$$\forall n \in \{0, 1, \dots, N-1\} \qquad X_n = \sum_{k=0}^{N-1} x_k\, e^{-2i\pi\frac{nk}{N}} = \sum_{k=0}^{N-1} x_k\, w_N^{-nk} \qquad \text{(IV.42)}$$

La suite de N termes $X = (X_n)_{n\in\{0,1,\dots,N-1\}}$ définie par (IV.42) est appelée *transformée de Fourier discrète* (en abrégé, T.F.D.) de la suite $x = (x_k)_{k\in\{0,1,\dots,N-1\}}$ de N termes.

Introduisons la matrice

$$W_N = \begin{pmatrix} 1 & 1 & 1 & \dots & 1 \\ 1 & w_N & w_N^2 & \dots & w_N^{N-1} \\ 1 & w_N^2 & w_N^2 & \dots & w_N^{2(N-1)} \\ \vdots & \vdots & \vdots & \ddots & \vdots \\ 1 & w_N^{N-1} & w_N^{2(N-1)} & \dots & w_N^{(N-1)^2} \end{pmatrix} \qquad \text{(IV.43)}$$

La transformation de Fourier discrète associe au vecteur colonne $x^T = (x_0, \dots, x_{N-1})^T$ le vecteur colonne $X^T = \overline{W_N}\, x^T$. En utilisant des propriétés algébriques des N racines N-ièmes de l'unité 1, w_N, $w_N^2, \dots, w_N^{N-1}$, on montre que $W_N\,\overline{W_N} = N\,I_N$, donc W_N est inversible, d'inverse $W_N^{-1} = \frac{1}{N}\overline{W_N}$. Il en résulte que la transformation de Fourier discrète est une opération inversible et que l'on a $x^T = \frac{1}{N} W_N\, X^T$.

Autrement dit, on retrouve le vecteur x à partir du vecteur X grâce à la relation :

$$\forall k \in \{0,1,\ldots,N-1\} \qquad x_k = \frac{1}{N}\sum_{n=0}^{N-1} X_n\, w_N^{kn} \tag{IV.44}$$

Tenant compte de la symétrie des relations (IV.42) et (IV.44), tout algorithme de calcul des T.F.D. peut être utilisé pour calculer des T.F.D. inverses (avec des modifications mineures).

Intéressons nous à ces algorithmes. En pratique, les valeurs possibles de N sont souvent normalisées. Il est donc indiqué de stocker en mémoire une fois pour toutes les parties réelle et imaginaire des nombres complexes w_N^{-nk} pour n et k variant entre 0 et $N-1$. L'algorithme « naïf » permettant de calculer les nombres X_n donnés par (IV.42) nécessite N^2 multiplications entre nombres complexes (la multiplication est l'opération élémentaire à considérer dans l'étude de la complexité de l'algorithme car la plus coûteuse en temps). En fait, il existe un algorithme beaucoup plus efficace, appelé *Transformée de Fourier Rapide* ou *Fast Fourier Transform* (en abrégé, TFR ou FFT). Cet algorithme était semble-t-il déjà connu de Gauss et il a été redécouvert en 1965 par les américains Cooley et Tuckey. Il a permis à l'analyse de Fourier de passer du statut de belle théorie mathématique à l'outil indispensable en traitement du signal qu'elle est aujourd'hui. Expliquons les principes de TFR.

On suppose N pair, $N=2m$. On sépare dans (IV.42) les termes d'indice pair des termes d'indice impair. Cela donne

$$X_n = X_n^{\text{pair}} + w_N^{-n}\, X_n^{\text{impair}} \qquad \text{pour } n \in \{0,\ldots,2m-1\} \tag{IV.45}$$

où X_n^{pair} et X_n^{impair} sont définis par

$$X_n^{\text{pair}} = \sum_{l=0}^{m-1} x_{2l}\, w_N^{-2nl} \quad \text{et} \quad X_n^{\text{impair}} = \sum_{l=0}^{m-1} x_{2l+1}\, w_N^{-2nl} \tag{IV.46}$$

Le point clé est de remarquer que, puisque $w_N^2 = e^{4i\pi/N} = e^{2i\pi/m} = w_m$, la suite de m termes $(X_n^{\text{pair}})_{n\in\{0,\ldots,m-1\}}$ est la T.F.D. d'ordre $m = N/2$ de la suite $(x_{2l})_{l\in\{0,\ldots,m-1\}}$. De même, la suite de m termes $(X_n^{\text{impair}})_{n\in\{0,\ldots,m-1\}}$ est la T.F.D. d'ordre m de la suite $(x_{2l+1})_{l\in\{0,\ldots,m-1\}}$. Afin de déterminer une relation analogue pour les termes d'indice $n \in \{m,\ldots,2m-1\}$, calculons X_{n+m}^{pair} et X_{n+m}^{impair} pour $n \in \{0,\ldots,m-1\}$. On a

$$X_{n+m}^{\text{pair}} = \sum_{l=0}^{m-1} x_{2l}\, w_N^{-2(n+m)l} = X_n^{\text{pair}} \quad \text{et} \quad X_{n+m}^{\text{impair}} = \sum_{l=0}^{m-1} x_{2l+1}\, w_N^{-2(n+m)l} = X_n^{\text{impair}}$$

car $w_N^{-2ml} = (w_N^N)^{-l} = 1$. La relation (IV.45) nous donne $X_{n+m} = X_{n+m}^{\text{pair}} + w_N^{-(n+m)}\, X_{n+m}^{\text{impair}}$ pour $n \in \{0,\ldots,m-1\}$. Tenant compte de $w_N^{-m} = e^{-i\pi} = -1$, cela s'écrit

$$X_{n+m} = X_n^{\text{pair}} - w_N^{-n}\, X_n^{\text{impair}} \qquad \text{pour } n \in \{0,\ldots,m-1\} \tag{IV.47}$$

Puisque $(X_n^{\text{pair}})_{n\in\{0,\ldots,m-1\}}$ et $(X_n^{\text{impair}})_{n\in\{0,\ldots,m-1\}}$ sont des T.F.D. d'ordre $N/2$, les deux relations (IV.45) et (IV.47) montrent que le calcul d'une T.F.D. d'ordre N se ramène au calcul de deux T.F.D. d'ordre $N/2$. Lorsque N est de la forme 2^p, on peut donc calculer le vecteur X par un algorithme récursif du type « diviser pour régner ». C'est cet algorithme que nous appelons TFR. Notons $c(N)$ le nombre de multiplications à effectuer lorsqu'on utilise TFR sur un vecteur x de taille $N = 2^p$. On montre à l'exercice VII.17 page 222 (après l'étude des séries de Fourier, car le calcul des T.F.D. permet également de calculer numériquement les coefficients de Fourier d'une fonction périodique) que l'on a

$$c(N) = \frac{N}{2}\log_2 N \tag{IV.48}$$

Par rapport à la complexité en N^2 de l'algorithme naïf, le gain est énorme. Par exemple, pour $N = 2^{10} = 1024$, on passe de plus d'un million de multiplications à un peu plus de 5000.

7 Exercices corrigés

Exercice IV.1 ***Applications de la T.F. du sinus-cardinal.***
Soit $a > 0$ *et* $f = \mathbf{1}_{[-a,a]}$.

1. *Calculer* $f * f$ *et sa T.F.*
2. *Calculer par deux méthodes* $I_1 = \int_0^{+\infty} \frac{\sin^2 x}{x^2}\,dx$.
3. *Calculer* $I_2 = \int_0^{+\infty} \frac{\cos x \sin^2 x}{x^2}\,dx$.
4. *On sait que* $I_3 = \int_0^{+\infty} \frac{\sin x}{x}\,dx$ *existe au sens d'intégrale impropre convergente, mais pas au sens de Lebesgue. Démontrer que* $I_3 = \int_0^{+\infty} \frac{\sin x}{x}\,dx = \frac{\pi}{2}$ *en utilisant la formule d'inversion en valeur principale.*
5. *On pourrait prouver que l'intégrale impropre* $I_4 = \int_0^{+\infty} \frac{\sin x \cos x}{x}\,dx$ *est convergente. Déterminer sa valeur, d'abord avec la formule d'inversion, puis grâce à un changement de variable vous ramenant à* I_3.
6. *Calculer* $I_5 = \int_0^{+\infty} \frac{\sin^4 x}{x^4}\,dx$ *et* $I_6 = \int_0^{+\infty} \frac{\sin^3 x}{x^3}\,dx$.

Solution.

1. On a $\mathbf{1}_{[-a,a]}(t-x) = \mathbf{1}_{[t-a,t+a]}(x)$, donc

$$(f*f)(t) = \int_{-\infty}^{+\infty} \mathbf{1}_{[-a,a]}(x)\mathbf{1}_{[t-a,t+a]}(x)\,dx = \int_{[-a,a]\cap[t-a,t+a]} dx$$

Autrement dit, $(f*f)(t)$ est la mesure (de Lebesgue) de $D_a = [-a,a] \cap [t-a, t+a]$. On a une discussion en quatre cas suivant la valeur de t.
– Si $t + a < -a$, alors $D_a = \emptyset$, donc $(f*f)(t) = 0$ pour $t < -2a$.
– Si $t - a \leq -a \leq t + a$, alors $D_a = [-a, t+a]$, donc $(f*f)(t) = t + 2a$ pour $t \in [-2a, 0]$.
– Si $t - a \leq a \leq t + a$, alors $D_a = [t-a, a]$, donc $(f*f)(t) = 2a - t$ pour $t \in [0, 2a]$.
– Si $t - a > a$, alors $D_a = \emptyset$, donc $(f*f)(t) = 0$ pour $t > 2a$.
On note que $f*f$ est continue alors que f est seulement $\mathcal{C}_m^0$ (effet régularisant de la convolution).

Le théorème 4.1 s'applique car $f \in L^1(\mathbb{R})$, donc $\mathcal{F}(f*f) = (\mathcal{F}f)^2$. Ainsi

$$\forall \nu \in \mathbb{R}^* \quad \mathcal{F}(f*f)(\nu) = \frac{\sin^2(2\pi a\nu)}{\pi^2\nu^2} \quad \text{et} \quad \mathcal{F}(f*f)(0) = 4a^2$$

Cette fonction $4a^2\mathrm{sinc}^2$ apparaît notamment dans les figures d'interférences.

2. I_1 existe car sinc^2 est une fonction continue sur $\mathbb{R}$, positive et majorée par $1/x^2$.
On choisit (pour le reste de l'exercice) $a = \frac{1}{2\pi}$, de sorte que, par parité de $\mathcal{F}(f*f)$

$$I_1 = \frac{1}{2}\int_{\mathbb{R}} \pi^2\mathcal{F}(f*f)(x)\,dx = \frac{\pi^2}{2}\mathcal{F}\mathcal{F}(f*f)(0)$$

car l'intégrale sur $\mathbb{R}$ d'une fonction de $L^1(\mathbb{R})$ n'est autre que sa T.F. calculée en $\nu = 0$. La *formule d'inversion* s'applique car $f*f$ et $\mathcal{F}(f*f)$ sont éléments de $L^1(\mathbb{R})$ (on note d'ailleurs qu'effectivement ces deux fonctions sont éléments de $\mathcal{C}_0^0$, comme l'affirme le théorème 3.1). On a donc $\mathcal{F}\mathcal{F}(f*f)(0) = (f*f)(-0)$ avec $(f*f)(0) = 2a = 1/\pi$. Finalement on a

$$\int_0^{+\infty} \frac{\sin^2 x}{x^2}\,dx = \frac{\pi}{2} \qquad \text{(IV.49)}$$

La valeur de cette intégrale est « un grand classique ».

La deuxième méthode consiste à utiliser *l'égalité de Parseval-Plancherel.* On reconnaît en effet l'intégrale du carré de la T.F. de $f = \mathbf{1}_{[-a,a]} \in L^2(\mathbb{R})$, donc, en tenant compte de $\mathcal{F}f$ paire et réelle, avec $a = \frac{1}{2\pi}$:

$$I_1 = \frac{\pi^2}{2}\int_{\mathbb{R}} |\mathcal{F}f(x)|^2\,dx = \frac{\pi^2}{2}\int_{\mathbb{R}} |f(t)|^2\,dt$$

Or f est réelle et paire, donc on retrouve ainsi

$$I_1 = \frac{\pi^2}{2}2\int_0^{+\infty} (f(t))^2\,dt = \pi^2\int_0^a 1^2\,dt = \frac{\pi}{2}$$

3. I_2 existe car $x \mapsto \frac{\cos x \sin^2 x}{x^2}$ est continue (prolongement par continuité en 0) et $\left|\frac{\cos x \sin^2 x}{x^2}\right| \leq \frac{1}{x^2}$. On se ramène aisément à des intégrales de Fourier :

$$I_2 = \frac{\pi^2}{2}\int_{\mathbb{R}} \mathcal{F}(f*f)(x)\frac{e^{ix}+e^{-ix}}{2}\,dx = \frac{\pi^2}{4}\left(\mathcal{F}\mathcal{F}(f*f)\left(-\frac{1}{2\pi}\right) + \mathcal{F}\mathcal{F}(f*f)\left(\frac{1}{2\pi}\right)\right)$$

Comme la formule d'inversion s'applique à $f*f$, on a

$$I_2 = \frac{\pi^2}{4}\left((f*f)\left(\frac{1}{2\pi}\right) + (f*f)\left(-\frac{1}{2\pi}\right)\right) = \frac{\pi^2}{2}(f*f)\left(\frac{1}{2\pi}\right) = \frac{\pi^2}{2}\frac{1}{2\pi} = \frac{\pi}{4}$$

4. La fonction $f = \mathbf{1}_{[-a,a]}$ est intégrable sur $\mathbb{R}$ mais sa T.F. $\frac{1}{\pi}$sinc, n'est pas intégrable, donc la formule d'inversion dans L^1 ne s'applique pas à f. Néanmoins, f est $\mathcal{C}^1_m$, et f', qui est la fonction nulle (p.p.) est intégrable. Comme l'intégrale $\int_{-\infty}^{+\infty} \frac{\sin x}{x}\,dx$ est convergente (mais non absolument convergente), on peut calculer sa valeur en utilisant la formule (IV.23) d'inversion *en valeur principale*, avec $f = \mathbf{1}_{[-a,a]}$ en $t = 0$. On a donc

$$\int_{-\infty}^{+\infty} \frac{\sin\nu}{\nu}\,d\nu = \lim_{A\to+\infty}\int_{-A}^{A} \pi\mathcal{F}\mathbf{1}_{[-\frac{1}{2\pi},\frac{1}{2\pi}]}(\nu)\,d\nu = \pi\frac{1}{2}\big(f(0^-)+f(0^+)\big) = \pi f(0)$$

car f est continue en 0. Par parité de sinc, on obtient le résultat, également très classique :

$$\int_0^{+\infty} \frac{\sin x}{x}\,dx = \frac{\pi}{2} \tag{IV.50}$$

5. On utilise la même méthode (avec la même fonction f) que pour le calcul de I_3, en écrivant

$$I_4 = \frac{\pi}{2}\lim_{A\to+\infty}\int_{-A}^{A} \mathcal{F}f(x)\frac{e^{ix}+e^{-ix}}{2}\,dx$$

On doit utiliser la formule (IV.23) en $t = \frac{1}{2\pi}$ et en $t = -\frac{1}{2\pi}$, qui sont des points de discontinuité de $f = \mathbf{1}_{[-\frac{1}{2\pi},\frac{1}{2\pi}]}$. On a $f\big(\frac{1}{2\pi}^-\big) = 1$, $f\big(\frac{1}{2\pi}^+\big) = 0$, $f\big(-\frac{1}{2\pi}^-\big) = 0$, $f\big(-\frac{1}{2\pi}^+\big) = 1$, donc $I_4 = \frac{\pi}{4}$.
Deuxième méthode : $I_4 = \frac{1}{2}\int_0^{+\infty} \frac{\sin(2x)}{x}\,dx = \frac{1}{2}\int_0^{+\infty} \frac{\sin(y)}{y/2}\frac{1}{2}dy = \frac{1}{2}I_3$.

6. Les fonctions $x \mapsto \frac{\sin^4 x}{x^4}$ et $x \mapsto \frac{\sin^3 x}{x^3}$ sont continues sur $\mathbb{R}$ et majorées en valeur absolue respectivement par $1/x^4$ et $1/|x|^3$, donc sont dans $L^1(\mathbb{R})$, d'où l'existence de I_5 et de I_6. On note également que ces deux fonctions sont paires.
Pour le calcul de I_5, on utilise l'égalité de Parseval-Plancherel (conservation de la norme L^2 par $\mathcal{F}$) pour $f*f \in L^1\cap L^2$. On a $I_5 = \frac{\pi^4}{2}\int_{\mathbb{R}} |\mathcal{F}(f*f)(x)|^2\,dx = \frac{\pi^4}{2}\int_{\mathbb{R}} |(f*f)(t)|^2\,dt$, avec $f*f$ réelle et paire, nulle en dehors de $[-2a,2a]$, d'où $I_5 = \pi^4\int_0^{2a}(2a-t)^2\,dt = \frac{\pi}{3}$.
Pour le calcul de I_6, on utilise encore l'égalité de Parseval-Plancherel mais sous sa forme générale (conservation du produit scalaire de L^2 par $\mathcal{F}$, pour les fonctions $f \in L^1\cap L^2$ et $f*f \in L^1\cap L^2$). En effet $\mathcal{F}(f*f)$ est réelle, donc

$$I_6 = \frac{\pi^3}{2}\int_{\mathbb{R}} \mathcal{F}f(x)\,\overline{\mathcal{F}(f*f)(x)}\,dx = \frac{\pi^3}{2}\langle\mathcal{F}f|\mathcal{F}(f*f)\rangle_{L^2} = \frac{\pi^3}{2}\langle f|f*f\rangle_{L^2}$$

avec f et $f*f$ réelles et paires, leur produit étant nul en dehors de $[-a,a]$. On obtient $I_6 = \pi^3\int_0^a 1(2a-t)\,dt = \frac{3\pi}{8}$.

Exercice IV.2 *Soit $a > 0$. Calculer la T.F. de $f_1 : t \mapsto e^{-|t|}$ et en déduire la T.F. de $f_a : t \mapsto e^{-a|t|}$, de $t \mapsto t^2 e^{-a|t|}$, de $t \mapsto \cos(t) e^{-|t|}$, de $t \mapsto (t-2)e^{-|t-1|}$.*

Solution. On a $f_a \in L^1(\mathbb{R})$ (fonction continue et à décroissance rapide, en particulier majorée par $1/t^2$ pour $|t|$ assez grand). Le calcul suivant

$$\widehat{f_1}(\nu) = \int_{-\infty}^{0} e^t e^{-2i\pi t\nu}\, dt + \int_0^{+\infty} e^{-t} e^{-2i\pi t\nu}\, dt = \frac{1}{1-2i\pi\nu} - \frac{1}{-1-2i\pi\nu}$$

est justifié par le fait que $|e^{t(1-2i\pi\nu)}| = e^t$ tend vers 0 quand t tend vers $-\infty$ et $|e^{t(-1-2i\pi\nu)}| = e^{-t}$ tend vers 0 quand t tend vers $+\infty$. On a donc $\widehat{f_1}(\nu) = \frac{2}{1+4\pi^2\nu^2}$.

On en déduit $\widehat{f_a}(\nu)$ grâce à la formule du changement d'échelle. En effet, $f_a(t) = f_1(at)$ avec $a > 0$, d'où

$$\widehat{f_a}(\nu) = \frac{1}{a}\widehat{f_1}\left(\frac{\nu}{a}\right) = \frac{1}{a}\frac{2}{1+4\pi^2\left(\frac{\nu}{a}\right)^2} = \frac{2a}{a^2+4\pi^2\nu^2}$$

Les fonctions $t \mapsto f_a(t)$, $t \mapsto t f_a(t)$ et $t \mapsto t^2 f_a(t)$ sont dans L^1 (car f_a est à décroissance rapide) donc la formule (IV.12) (avec $k = 2$) nous donne $\mathcal{F}\big(t^2 f_a(t)\big)(\nu) = \frac{1}{(-2i\pi)^2}\frac{d^2\widehat{f_a}}{d\nu^2}$, et il reste à dériver deux fois $\frac{1}{a^2+4\pi^2\nu^2}$.

On a $\cos(t)e^{-|t|} = \frac{e^{it}+e^{-it}}{2} f_1(t)$ (modulation du signal f_1 à la fréquence $\nu_0 = \frac{1}{2\pi}$). La formule (IV.8) nous donne

$$\mathcal{F}\big(\cos(t)e^{-|t|}\big)(\nu) = \frac{1}{2}\Big(\widehat{f_1}(\nu - 1/2\pi) + \widehat{f_1}(\nu + 1/2\pi)\Big)$$

Pour la T.F. de $t \mapsto (t-2)e^{-|t-1|}$, on écrit $(t-2)e^{-|t-1|} = (t-1)f_1(t-1) - f_1(t-1)$ et on applique la formule (IV.9) avec le retard $\tau = 1$ à f_1 et à $t \mapsto t f_1(t)$, ainsi que la linéarité de $\mathcal{F}$ (la T.F. de $t \mapsto t f_1(t)$ a déjà été calculée à un facteur $-\frac{1}{2i\pi}$ près, lors de la première dérivation de $\widehat{f_1}$).

Exercice IV.3 ***T.F. et produit de convolution de lorentziennes.***
Soit $a > 0$ et soit g_a la fonction définie par $g_a(t) = \frac{1}{a^2+t^2}$ (dite lorentzienne).

1. *En utilisant un résultat de l'exercice IV.2, calculer $\widehat{g_a}$.*
2. *Calculer $I = \int_0^{+\infty} \frac{\cos(\pi x)}{1+x^2}\, dx$ et $J = \int_0^{+\infty} \frac{dx}{(1+x^2)^2}$.*
3. *Calculer $g_a * g_b$.*

Solution.

1. La fonction g_a est dans L^1 (fonction continue sur $\mathbb{R}$, vérifiant $|g_a(t)| \sim_{\pm\infty} 1/t^2$).
   Soit f_a la fonction définie par $f_a(t) = e^{-a|t|}$. On a calculé sa T.F. à l'exercice IV.2 et on a trouvé une lorentzienne, donc on peut obtenir la T.F. de la lorentzienne g_a sans aucun calcul d'intégrale, grâce à la formule d'inversion. Plus précisément, nous avons la relation

   $$g_a(t) = \frac{1}{2a}\widehat{f_a}\left(\frac{t}{2\pi}\right) = \frac{1}{2a}2\pi\mathcal{F}\big(x \mapsto f_a(2\pi x)\big)(t)$$

   On a donc

   $$\widehat{g_a}(\nu) = \frac{\pi}{a}\mathcal{F}\mathcal{F}\big(x \mapsto f_a(2\pi x)\big)(\nu)$$

   La formule d'inversion s'applique car $x \mapsto f_a(2\pi x) = e^{-2\pi a|x|} \in L^1$, et sa T.F. aussi puisque c'est g_a à un facteur multiplicatif près. On a donc finalement

   $$\widehat{g_a}(\nu) = \frac{\pi}{a} f_a(-2\pi\nu) = \frac{\pi}{a} e^{-2\pi a|\nu|}$$

2. On utilise les mêmes techniques que dans l'exercice IV.1. L'intégrale I se calcule grâce à la formule d'inversion en $t = \pm 1/2$ et l'intégrale J grâce à l'égalité de Parseval-Plancherel. On laisse les détails au lecteur, notamment la vérification des hypothèses.

3. Puisque $g_a \in L^1(\mathbb{R})$, $g_a * g_b$ existe et est dans $L^1(\mathbb{R})$.
Un calcul direct de $(g_a * g_b)(t) = \int_{-\infty}^{+\infty} \frac{dx}{(a^2+x^2)(b^2+(t-x)^2)}$ semble difficile. On essaye donc de passer par le calcul de la T.F. de $g_a * g_b$. Le théorème 4.1 s'applique, d'où

$$\mathcal{F}(g_a * g_b)(\nu) = \widehat{g_a}(\nu)\widehat{g_b}(\nu) = \frac{\pi^2}{ab} e^{-2\pi|\nu|(a+b)}$$

On a donc $\mathcal{F}(g_a * g_b)(\nu) = \frac{\pi^2}{ab}\mathcal{F}\big(\frac{a+b}{\pi} g_{a+b}\big)(\nu)$, donc, par identification :

$$(g_a * g_b)(t) = \frac{\pi(a+b)}{ab} g_{a+b}(t) \tag{IV.51}$$

Ainsi, le produit de convolution de deux lorentziennes est une lorentzienne.

Exercice IV.4 ***T.F. et produit de convolution de gaussiennes.***
Soit $a > 0$ et soit f_a la fonction définie par $f_a(t) = e^{-at^2}$ (dite gaussienne).

1. *Déterminer une équation différentielle dont $\widehat{f_a}$ est solution. En déduire $\widehat{f_a}$.*
2. *Calculer $f_a * f_b$.*

Solution.

1. Pour déterminer une équation différentielle dont la fonction $\widehat{f_a}$ est solution, il est logique de la dériver. Or, f_a est continue et à décroissance rapide, donc f_a et $t \mapsto tf_a(t)$ sont dans L^1. Ainsi, $\widehat{f_a} \in \mathcal{C}^1(\mathbb{R})$ et $\big(\widehat{f_a}(\nu)\big)' = -2i\pi\mathcal{F}\big(tf_a(t)\big)(\nu)$. Par ailleurs $tf_a(t) = te^{-at^2} = -\frac{1}{2a}f_a'(t)$. On utilise donc la formule donnant la T.F. de la dérivée après avoir utilisé celle donnant la dérivée de la T.F., ce qui est licite puisque $f_a \in L^1(\mathbb{R}) \cap \mathcal{C}^1(\mathbb{R})$ avec $f_a' \in L^1(\mathbb{R})$ (on l'a déjà prouvé puisque $f_a'(t)$ est proportionnel à te^{-at^2}). On a donc

$$\big(\widehat{f_a}(\nu)\big)' = \frac{i\pi}{a}\mathcal{F}(f_a')(\nu) = \frac{i\pi}{a}2i\pi\nu\widehat{f_a}(\nu) = -\frac{2\pi^2}{a}\nu\widehat{f_a}(\nu)$$

Ainsi $\widehat{f_a}$ est solution de l'équation différentielle $y'(\nu) = -\frac{2\pi^2}{a}\nu\, y(\nu)$, qui est linéaire homogène du premier ordre. Sa solution générale sur $\mathbb{R}$ est $y(\nu) = Ce^{-\frac{\pi^2}{a}\nu^2}$. La fonction $\widehat{f_a}$ est l'une de ces solutions, celle pour laquelle $C = \widehat{f_a}(0)$. Or $\widehat{f_a}(0)$ n'est autre que $\int_{-\infty}^{+\infty} e^{-at^2}\,dt$, intégrale sur $\mathbb{R}$ de la gaussienne qui a été calculée à l'exercice I.13. On a finalement

$$\widehat{f_a}(\nu) = \sqrt{\frac{\pi}{a}}\, e^{-\frac{\pi^2}{a}\nu^2}$$

Nous avons ainsi prouvé la formule (IV.26). C'est un résultat fondamental, qui exprime que la T.F. d'une gaussienne est une autre gaussienne.

2. Le produit de convolution $f_a * f_b$ existe et est dans $L^1(\mathbb{R})$ car $f_a \in L^1(\mathbb{R})$. Là aussi, un calcul direct de $(f_a * f_b)(t) = \int_{\mathbb{R}} e^{-ax^2}e^{-b(t-x)^2}\,dx$ semble difficile. La T.F. de $f_a * f_b$ est

$$\mathcal{F}(f_a * f_b)(\nu) = \widehat{f_a}(\nu)\widehat{f_b}(\nu) = \frac{\pi}{\sqrt{ab}}\, e^{-\pi^2\nu^2(\frac{1}{a}+\frac{1}{b})}$$

Ainsi $\mathcal{F}(f_a * f_b)$ est une gaussienne, ce qui prouve déjà que $f_a * f_b$ est une gaussienne. Pour identifier cette gaussienne, on note que par linéarité de $\mathcal{F}$, on a $f_a * f_b = \frac{\pi}{\sqrt{ab}}\sqrt{\frac{c}{\pi}}\, f_c$, où c est tel que $\frac{1}{a} + \frac{1}{b} = \frac{1}{c}$. On trouve $c = \frac{ab}{a+b}$, d'où finalement

$$(f_a * f_b)(t) = \sqrt{\frac{\pi}{a+b}}\, e^{-\frac{ab}{a+b}t^2} \tag{IV.52}$$

Exercice IV.5 *Résoudre dans $L^1(\mathbb{R})$ l'équation intégrale*

$$(E) \quad f(t) + \int_{-\infty}^{+\infty} f(x)e^{-|t-x|}dx = e^{-|t|}$$

Solution. Une équation intégrale est une équation dont l'inconnue est une fonction f figurant, entre autres, sous le signe $\int$. Celle-ci est une équation dite *de Fredholm de deuxième espèce.* Elle a de plus la particularité d'avoir un *noyau de convolution.* Cette terminologie provient du fait que si l'on note, comme dans l'exercice IV.2, $f_1(t) = e^{-|t|}$, l'équation (E) s'écrit sous la forme condensée

$$(E) \quad f + f * f_1 = f_1$$

On nous demande de trouver toutes les fonctions f de $L^1(\mathbb{R})$ vérifiant (E) (s'il y en a). Puisque f et f_1 sont dans $L^1(\mathbb{R})$, une solution éventuelle f vérifie, par transformation de Fourier

$$(E') \quad \widehat{f} + \widehat{f}\,\widehat{f_1} = \widehat{f_1}$$

Réciproquement, toute solution $f \in L^1(\mathbb{R})$ de (E') vérifie (E) par transformation de Fourier inverse, de sorte que (E) et (E') sont équivalentes tant qu'on se restreint à des solutions f de L^1.
L'équation (E') se réduit, puisque $\widehat{f_1}(\nu) = \frac{2}{1+4\pi^2\nu^2}$, avec $1 + 4\pi^2\nu^2$ et $3 + 4\pi^2\nu^2$ ne s'annulant pas sur $\mathbb{R}$, à $\widehat{f}(\nu) = \frac{2}{3+4\pi^2\nu^2}$. On reconnaît la lorentzienne $\nu \mapsto \widehat{f}(\nu) = \frac{1}{3}\widehat{f_1}(\frac{\nu}{\sqrt{3}})$, donc, grâce à la formule du changement d'échelle :

$$f(t) = \frac{1}{\sqrt{3}} f_1(\sqrt{3}t) = \frac{1}{\sqrt{3}} e^{-\sqrt{3}\,|t|}$$

Il y a donc existence et unicité d'une solution de (E) dans L^1.

Exercice IV.6 ***Théorème de Wiener-Khinchine.***
Soit $t \mapsto x(t)$ et $t \mapsto y(t)$ deux signaux. On appelle fonction d'intercorrélation[3] *de x et de y la fonction définie, si cela a un sens, par*

$$R_{x,y}(\tau) = \int_{-\infty}^{+\infty} x(t)\overline{y(t-\tau)}\,dt$$

Pour $x = y$, $R_{x,x}$ est la fonction d'autocorrélation de x.

1. *On suppose que les signaux x et y sont à énergie finie. Démontrer l'existence de $R_{x,y}(\tau)$.*
2. *On suppose que x et y sont intégrables sur $\mathbb{R}$. Justifier l'existence et l'intégrabilité de $R_{x,y}$ et calculer sa T.F. en fonction de celles des signaux x et y. En déduire le théorème de Wiener-Khinchine :*

   La T.F. de la fonction d'autocorrélation d'un signal $t \mapsto x(t)$ intégrable sur $\mathbb{R}$ est la densité spectrale d'énergie de ce signal.

Indications.

1. Les signaux x et y sont dans $L^2(\mathbb{R})$ par hypothèse. L'inégalité de Cauchy-Schwarz permet de montrer immédiatement que $\int_{\mathbb{R}} |x(t)\overline{y(t-\tau)}|\,dt < +\infty$.
2. On peut utiliser directement le théorème 4.1 en remarquant que $R_{x,y}$ est le produit de convolution de x et de $\overline{\check{y}}$, qui sont dans $L^1(\mathbb{R})$ par hypothèse. Mais l'esprit de l'exercice est plutôt de comprendre la preuve de ce théorème en l'adaptant. Cela permet en particulier de comprendre en profondeur l'utilisation et les conclusions des théorèmes de Tonelli et de Fubini, et de faire le calcul de $\mathcal{F}(R_{x,y})$ en changeant l'ordre des intégrations. On trouve

$$\mathcal{F}(R_{x,y})(\nu) = \widehat{x}(\nu)\,\overline{\widehat{y}(\nu)} \qquad \text{(IV.53)}$$

   En particulier, $\mathcal{F}(R_{x,x})(\nu) = |\widehat{x}(\nu)|^2$, et on a vu dans le cours que $|\widehat{x}(\nu)|^2$ s'interprète, grâce à l'égalité de Parseval-Plancherel, comme la densité spectrale d'énergie du signal x.

3. Pour le sens physique de cette notion, voir *Analyse et traitement du signal* de Gaillard et Lengellé.

Chapitre V

Convolution et transformation de Fourier des distributions

On étend ici la définition du produit de convolution à certaines distributions, ce qui permet notamment de justifier une grande partie du vocabulaire et des calculs formels utilisés en théorie du signal. Dans un deuxième temps on étend la définition de la transformation de Fourier à un espace de distributions, déjà évoqué sous le nom de $\mathcal{S}'$. Cet espace $\mathcal{S}'$ fournit le cadre général le plus pratique pour l'analyse de Fourier et ses applications. En effet, d'une part la formule d'inversion de Fourier est toujours vraie dans l'espace $\mathcal{S}'$, d'autre part, lorsque l'on travaille au sens des distributions, les hypothèses permettant d'utiliser les formules liant la transformation de Fourier à la dérivation et au produit de convolution sont très faibles.

1 Convolution des distributions

1.1 Où nous découvrons la définition de la convolution des distributions

On cherche à étendre la définition du produit de convolution à certaines distributions. Considérons d'abord des distributions régulières, ce qui va nous permettre de « deviner » la bonne définition du produit de convolution *au sens des distributions.*

Considérons f et g intégrables sur $\mathbb{R}$. Toute fonction intégrable sur $\mathbb{R}$ étant localement intégrable, nous pouvons considérer les distributions régulières associées à f et à g. Nous avons établi que le produit de convolution de deux éléments de $L^1(\mathbb{R})$ est bien défini et est élément de $L^1(\mathbb{R})$. On cherche une définition du produit de convolution des distributions telle que le produit de convolution des distributions régulières associées à f et à g soit égal à la distribution régulière associée à $f * g$ au sens classique. En abrégé, on veut que notre définition impose

$$T_f * T_g = T_{f*g}$$

en notant $*$ aussi bien le produit de convolution des fonctions que celui des distributions.

Soit $\phi \in \mathcal{D}$. Par application du théorème de Fubini, on a

$$\begin{aligned}
\langle T_{f*g}, \phi \rangle &= \int_{\mathbb{R}} \left(\int_{\mathbb{R}} f(x-y)g(y)\,dy \right) \phi(x)\,dx \\
&= \iint_{\mathbb{R}^2} f(x-y)g(y)\,\phi(x)\,dxdy \\
&= \iint_{\mathbb{R}^2} f(X)g(Y)\,\phi(X+Y)\,dXdY
\end{aligned}$$

On a effectué le changement de variable $(x, y) \mapsto (X, Y) = (x - y, y)$, qui est bien un difféomorphisme de $\mathbb{R}^2$ sur $\mathbb{R}^2$ en tant qu'application linéaire bijective (son déterminant est non nul). Le déterminant de cette application linéaire est aussi le jacobien du changement de variable et il est égal à 1. Par ailleurs, l'utilisation du théorème de Fubini et du théorème du changement de variable dans ce calcul est justifiée, car

$$\begin{aligned}\iint_{\mathbb{R}^2} |f(x-y)g(y)\,\phi(x)|\,dxdy &\leq \max_{t\in\mathbb{R}} |\phi(t)| \int_{\mathbb{R}} |g(y)| \left(\int_{\mathbb{R}} |f(x-y)|\,dx\right) dy \\ &= \|\phi\|_\infty \|f\|_{L^1(\mathbb{R})} \|g\|_{L^1(\mathbb{R})} < +\infty\end{aligned}$$

puisque ϕ est bornée sur $\mathbb{R}$ et que f et g sont éléments de $L^1(\mathbb{R})$.

La quantité $\langle T_{f*g}, \phi\rangle = \iint_{\mathbb{R}^2} f(x)g(y)\,\phi(x+y)\,dxdy$ doit donc être égale à $\langle T_f * T_g, \phi\rangle$. Formellement, cette intégrale double peut s'écrire de deux manières :

$$\begin{aligned}\langle T_{f*g}, \phi\rangle &= \int_{\mathbb{R}} f(x) \int_{\mathbb{R}} g(y)\phi(x+y)\,dy\,dx = \big\langle T_f, \langle T_g, \phi(x+y)\rangle\big\rangle \\ &= \int_{\mathbb{R}} g(y) \int_{\mathbb{R}} f(x)\phi(x+y)\,dx\,dy = \big\langle T_g, \langle T_f, \phi(x+y)\rangle\big\rangle\end{aligned}$$

Bien sûr, $\langle T_{f*g}, \phi\rangle$ ne dépend ni de x, ni de y, mais noter $\phi(x+y)$ sous les crochets de dualité facilite l'écriture des formules sans nuire à leur compréhension. Nous utiliserons cet abus de notation pratique à chaque fois que nous en aurons besoin.

Si u et v sont deux distributions (non forcément régulières), et si ϕ est une fonction test, ce calcul nous conduit à tenter de définir leur produit de convolution :

- soit en faisant d'abord agir v sur la fonction $y \mapsto \phi(x+y)$ à x fixé, puis à faire agir u sur le résultat, qui est la fonction $x \mapsto \langle v, \phi(x+\cdot)\rangle$;
- soit en faisant d'abord agir u sur la fonction $x \mapsto \phi(x+y)$ à y fixé, puis à faire agir v sur le résultat, qui est la fonction $y \mapsto \langle u, \phi(\cdot+y)\rangle$.

Regardons si la première méthode définit une distribution (pour la deuxième méthode, il suffit bien sûr d'inverser les rôles de u et de v dans le raisonnement). La fonction $y \mapsto \phi(x+y)$, à x fixé, est un élément de $\mathcal{D}$. En effet, il s'agit d'une translatée de ϕ : le support est translaté mais reste compact, et la fonction translatée reste $\mathcal{C}^\infty$ sur $\mathbb{R}$. Par contre, il n'y a pas de raison que la fonction $x \mapsto \langle v, \phi(x+\cdot)\rangle$ soit un élément de $\mathcal{D}$. Il faut donc que les distributions u et v bénéficient de propriétés supplémentaires pour que ce calcul ait un sens. Par exemple, nous venons de voir que si $u = T_f$ et $v = T_g$ avec f et g intégrables sur $\mathbb{R}$, on peut, grâce au théorème de Fubini, donner un sens aux deux expressions $\big\langle T_f, \langle T_g, \phi(x+y)\rangle\big\rangle$ et $\big\langle T_g, \langle T_f, \phi(x+y)\rangle\big\rangle$ pour tout $\phi \in \mathcal{D}$, bien que les deux fonctions $x \mapsto \langle T_g, \phi(x+y)\rangle$ et $y \mapsto \langle T_f, \phi(x+y)\rangle$ n'aient pas de raison d'être à support compact.

Dans le cas de deux distributions non forcément régulières, nous voudrions que les deux moyens d'effectuer le calcul aient un sens et qu'ils donnent le même résultat. Ainsi, $u * v$ pourrait être défini par l'une ou l'autre des deux méthodes et on aurait $u * v = v * u$. Bien que les notations $u(x)$ et $v(y)$ n'aient aucun sens dans le cas général, on pourrait alors se permettre d'écrire, afin de préciser laquelle des deux méthodes de calcul est utilisée :

$$\begin{aligned}\forall\phi \in \mathcal{D} \quad \langle u * v, \phi\rangle &= \big\langle u(x), \langle v(y), \phi(x+y)\rangle\big\rangle && \text{(V.1)} \\ &= \big\langle v(y), \langle u(x), \phi(x+y)\rangle\big\rangle && \text{(V.2)}\end{aligned}$$

Ces notations sont doublement abusives : les variables x et y sont muettes (elles n'apparaissent pas dans le résultat final), et la notation $u(x)$ (respectivement $v(y)$) n'a aucun sens si u (respectivement v) n'est pas une fonction. Mais ces abus de notation permettent de préciser comment s'effectue le calcul des deux crochets de dualité successifs, exactement de la même manière que, dans un calcul d'intégrale double effectué par la règle de Fubini, les symboles dx et dy signalent dans quel ordre on doit effectuer les intégrations.

1.2 Condition sur les supports

Il existe une condition permettant de définir $u * v$ et $v * u$. Sous cette condition suffisante (mais non nécessaire) d'existence du produit de convolution, on a de plus la commutativité de l'opération $*$ ainsi définie. Nous admettons la proposition suivante.

Proposition 1.1 *Soit u et v deux distributions. On suppose que les supports de u et de v sont tels que, pour tout compact K de $\mathbb{R}$,*

$$\{(x, y) \in \mathbb{R}^2 \,;\, x \in \operatorname{Supp} u,\ y \in \operatorname{Supp} v,\ x + y \in K\} \text{ est borné dans } \mathbb{R}^2. \tag{V.3}$$

Alors les deux membres de droite des égalités (V.1) et (V.2) ont un sens pour tout $\phi \in \mathcal{D}$ et sont égaux.

On se reportera aux paragraphes 1.3 et 1.4 pour des exemples de distributions vérifiant la condition (V.3). Sans chercher à prouver la proposition 1.1, on peut tenter de comprendre l'intérêt de la condition (V.3). Supposons que u et v soient des distributions régulières associées respectivement à des fonctions f et à g vérifiant, pour tout compact K de $\mathbb{R}$,

$$\{(x, y) \in \mathbb{R}^2 \,;\, x \in \operatorname{Supp} f,\ y \in \operatorname{Supp} g,\ x + y \in K\} \text{ borné dans } \mathbb{R}^2$$

Alors, pour tout $\phi \in \mathcal{D}$, l'intégrale double $\iint_{\mathbb{R}^2} |f(x)g(y)\phi(x+y)|\, dxdy$ est en fait égale à $\iint_A |f(x)g(y)\phi(x+y)|\, dxdy$ où $A = \{(x,y) \,;\, x \in \operatorname{Supp} f,\ y \in \operatorname{Supp} g,\ x+y \in \operatorname{Supp} \phi\}$. L'ensemble A est borné dans $\mathbb{R}^2$ puisque $\operatorname{Supp}\phi$ est compact. Cette intégrale double est donc finie. Il en résulte que l'on a l'existence et l'égalité de $\int_{\mathbb{R}} f(x) \int_{\mathbb{R}} g(y)\phi(x+y)\, dy\, dx$ et de $\int_{\mathbb{R}} g(y) \int_{\mathbb{R}} f(x)\phi(x+y)\, dx\, dy$ (ces deux quantités sont égales à $\iint_{\mathbb{R}^2} f(x)g(y)\phi(x+y)\, dxdy$). On peut donc définir le produit de convolution de T_f et de T_g par l'une des deux égalités suivantes :

$$\forall \phi \in \mathcal{D} \quad \langle T_f * T_g, \phi\rangle = \int_{\mathbb{R}} f(x) \int_{\mathbb{R}} g(y)\phi(x+y)\, dy\, dx \tag{V.4}$$

$$= \int_{\mathbb{R}} g(y) \int_{\mathbb{R}} f(x)\phi(x+y)\, dx\, dy \tag{V.5}$$

Plus généralement, la proposition 1.1 rend cohérente la définition suivante :

Définition 1.1 *Si u et v sont deux distributions dont les supports vérifient, pour tout compact K de $\mathbb{R}$, la condition (V.3) de la proposition 1.1, alors l'une ou l'autre des égalités (V.1) et (V.2) définit une distribution notée indifféremment $u * v$ ou $v * u$.*

Nous avons de plus un résultat sur le support de la distribution $u * v = v * u$ ainsi définie.

Théorème 1.1 *Sous les hypothèses de la définition 1.1, on a*

$$\operatorname{Supp}(u * v) \subset \operatorname{Supp} u + \operatorname{Supp} v = \{x + y \,;\, x \in \operatorname{Supp} u,\ y \in \operatorname{Supp} v\} \tag{V.6}$$

Exemple. On a calculé à l'exercice IV.1 le produit de convolution au sens usuel de la « fonction porte » $f = \mathbf{1}_{[-a,a]}$ par elle-même. On a $f \in L^1(\mathbb{R})$, donc $T_f * T_f$ au sens des distributions est égal à T_{f*f}. Nous avons trouvé que la fonction « triangle » $f * f$ a pour support $[-2a, 2a]$. Nous avons donc ici l'égalité $\operatorname{Supp}(T_f * T_f) = \operatorname{Supp} T_f + \operatorname{Supp} T_f$.

1.3 Convolution par une distribution à support borné

Soit $u \in \mathcal{E}'$, *i.e.* $u \in \mathcal{D}'$ et $\operatorname{Supp} u$ borné. Soit $v \in \mathcal{D}'$. Vérifions que u et v vérifient la condition (V.3). Soit K un compact quelconque de $\mathbb{R}$. Considérons

$$E_K = \{(x,y) \in \mathbb{R}^2 \,;\, x \in \operatorname{Supp} u,\ x+y \in K\}$$

Pour raisonner, appuyons nous sur la figure V.1 où nous avons représenté (en hachuré) celui de ces ensembles E_K correspondant au cas où K est un intervalle compact $[a,b]$. L'ensemble E'_K des (x,y) tels que $x+y \in K$ est la réunion des droites d'équation $y = -x + c$ avec c décrivant K. Dans le cas général, K est une réunion d'intervalles compacts, donc E'_K est une réunion de « bandes » parallèles à la deuxième bissectrice $y = -x$. Comme K est borné, la « largeur » de cette réunion de bandes est finie. E_K est la partie de cet ensemble correspondant à x variant dans $\operatorname{Supp} u$, qui est borné. L'ensemble E_K est donc borné. Or :

$$\{(x,y) \in \mathbb{R}^2 \,;\, x \in \operatorname{Supp} u,\ y \in \operatorname{Supp} v,\ x+y \in K\} \subset E_K$$

La condition (V.3) est donc vérifiée pour tout compact K de $\mathbb{R}$.

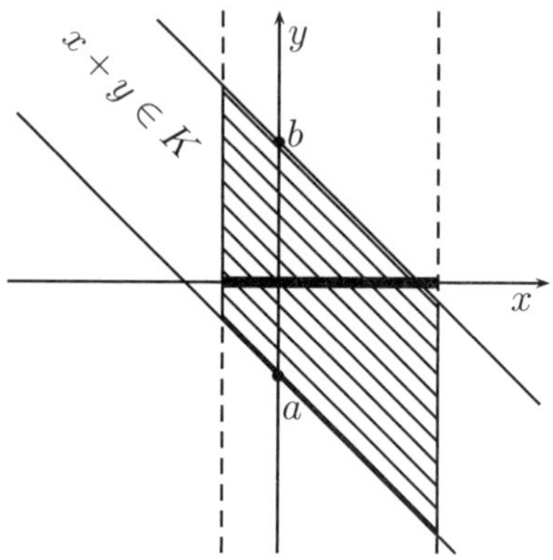

FIGURE V.1 – *Condition sur les supports : cas où le support de u (en gras) est borné.*

Nous avons prouvé le résultat suivant.

Théorème 1.2 *Soit u et v deux distributions dont l'une est à support borné. Alors la distribution $u * v$ existe et peut être calculée en utilisant (V.1) ou (V.2).*

Remarque. Dans le cas où $u \in \mathcal{E}'$, il est possible de voir que le membre de droite de (V.1) a un sens pour tout $\phi \in \mathcal{D}$ sans faire appel à la proposition 1.1. Il est en effet possible de démontrer que la fonction $x \mapsto \langle v(y), \phi(x+y)\rangle$ est $\mathcal{C}^\infty$ sur $\mathbb{R}$. Elle n'a par contre pas de raison d'être à support compact. Mais ce n'est pas grave, car on sait que toute distribution à support compact peut être prolongée à l'ensemble $\mathcal{E} = \mathcal{C}^\infty(\mathbb{R})$, donc l'expression $\langle u(x), \langle v(y), \phi(x+y)\rangle\rangle$ a un sens. Le membre de droite de (V.2) existe également, car il est possible de démontrer que si u est à support compact, pour tout $\phi \in \mathcal{D}$, la fonction $y \mapsto \langle u(x), \phi(x+y)\rangle$ est élément de $\mathcal{D}$, donc la distribution v peut agir sur cette fonction test.

La convolution avec une distribution à support borné généralise la convolution (au sens usuel) de deux fonctions f et g localement intégrables dont l'une (f pour fixer les idées) est à support borné (cf. paragraphe 2.1 du chapitre III). En effet, sous ces conditions, le produit de convolution $f * g$ au sens usuel existe et est localement intégrable. La distribution régulière T_{f*g} est donc définie. Le produit de convolution des distributions T_f et T_g est lui aussi défini puisque T_f est à support borné. Dans l'exercice V.1, nous établirons que l'on a $T_f * T_g = T_{f*g}$.

Étudions maintenant deux cas particuliers importants pour les applications, ce qui nous donnera l'occasion de calculer des produits de convolution de distributions non régulières.

Théorème 1.3 *La masse de Dirac est élément neutre pour la convolution ; autrement dit*

$$\forall u \in \mathcal{D}' \quad \delta * u = u * \delta = u \tag{V.7}$$

Plus généralement la convolution par δ_a coïncide avec la translation de a :

$$\forall u \in \mathcal{D}' \quad \delta_a * u = \tau_a u \tag{V.8}$$

Preuve. Le premier résultat est un cas particulier du deuxième, correspondant au choix $a = 0$. D'après le théorème 1.2, le produit de convolution par δ_a est toujours défini puisque δ_a est à support borné. Soit $u \in \mathcal{D}'$. Pour toute fonction test ϕ, on a

$$\langle \delta_a * u, \phi \rangle = \big\langle u(y), \langle \delta_a(x), \phi(x+y) \rangle \big\rangle = \langle u(y), \phi(a+y) \rangle$$

i.e. $\langle \delta_a * u, \phi \rangle = \langle \tau_a u, \phi \rangle$. On a donc $\delta_a * u = \tau_a u$.

□

Remarque. Comme nous le signalions dans la remarque précédente, on peut se passer, pour cette preuve, de faire appel au théorème 1.2. En effet, l'expression $\langle \delta_a(x), \phi(x+y) \rangle = \phi(a+y)$ donne une fonction de y appartenant à $\mathcal{D}$ en tant que translatée d'une fonction de $\mathcal{D}$. Il est donc possible de faire agir u, distribution quelconque, sur cette fonction test et on obtient bien $\langle \tau_a u, \phi \rangle$. Vérifions que l'autre moyen de calculer $\langle \delta_a * u, \phi \rangle$ donne le même résultat. La quantité $\big\langle \delta_a(x), \langle u(y), \phi(x+y) \rangle \big\rangle$ est la valeur en $x = a$ de la fonction $x \mapsto \langle u(y), \phi(x+y) \rangle$, *i.e.* $\langle u, \tau_{-a}\phi \rangle = \langle \tau_a u, \phi \rangle$. Notons que la fonction $x \mapsto \langle u(y), \phi(x+y) \rangle$ n'a pas de raison d'être à support compact, mais elle est élément de $\mathcal{E}$, ce qui suffit pour faire agir δ_a.

Interprétation physique. Le fait que $u * \delta = u$ explique la terminologie « réponse impulsionnelle » employée en théorie du signal pour désigner la distribution h qui se convolue avec l'entrée x d'un filtre pour donner la réponse $y = h * x$. En effet la réponse à l'impulsion de Dirac à l'origine est

$$h * \delta = h$$

Théorème 1.4 *Convoluer par δ' équivaut à dériver au sens des distributions, i.e.*

$$\forall u \in \mathcal{D}' \quad u * \delta' = u' \tag{V.9}$$

Preuve. La convolution par δ' est toujours définie, car δ' est à support borné. Soit u une distribution. Pour toute fonction test ϕ, on a

$$\begin{aligned}
\big\langle \delta' * u, \phi \big\rangle &= \big\langle u(y), \langle \delta'(x), \phi(x+y) \rangle \big\rangle \\
&= \left\langle u(y), \left\langle \delta(x), -\frac{d}{dx}(\phi(x+y)) \right\rangle \right\rangle \\
&= \langle u(y), -\phi'(y) \rangle
\end{aligned}$$

i.e. $\big\langle \delta' * u, \phi \big\rangle = \langle u', \phi \rangle$. On a donc $\delta' * u = u'$.

□

En itérant ce résultat, on obtient par récurrence sur n le corollaire suivant.

Corollaire 1.1 *Convoluer une distribution par $\delta^{(n)}$ équivaut à la dériver n fois, i.e*

$$\forall u \in \mathcal{D}' \quad u * \delta^{(n)} = u^{(n)} \tag{V.10}$$

1.4 Convolution de distributions causales

Si les distributions u et v ont toutes deux leur support *limité à gauche*, *i.e.* contenu dans une demi-droite $[a, +\infty[$, alors leur produit de convolution existe. En effet, dans un tel cas, la condition (V.3) sur les supports est vérifiée. Pour le voir, on s'appuiera sur la figure V.2, où les supports de u et v (en gras) sont égaux à $[0, +\infty[$.

Théorème 1.5 *Soit* $u \in \mathcal{D}'$ *et* $v \in \mathcal{D}'$ *tels que* $\operatorname{Supp} u \subset [a, +\infty[$ *et* $\operatorname{Supp} v \subset [b, +\infty[$. *Alors* $u * v$ *existe et peut être calculé en utilisant (V.1) ou (V.2). De plus, on a*

$$\operatorname{Supp}(u * v) \subset [a + b, +\infty[\tag{V.11}$$

Remarques.

1. La propriété (V.11) provient bien sûr de (V.6).
2. On a bien entendu un résultat analogue si les supports de u et v sont tous deux *limités à droite* : si les supports de u et v sont inclus respectivement dans $]-\infty, a]$ et $-\infty, b]$, alors $\operatorname{Supp}(u * v) \subset]-\infty, a + b]$.

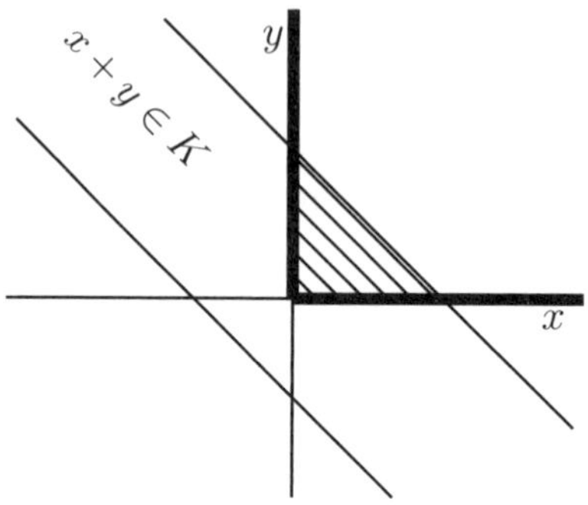

FIGURE V.2 – *Condition sur les supports : cas où u et v sont causales.*

Un cas particulièrement important de distributions à supports limités à gauche, fréquent dans les applications lorsque la variable est le temps, est celui où u et v sont des distributions *causales*, c'est à dire à support dans $[0, +\infty[$. Il résulte du théorème 1.5 que le produit de convolution de deux distributions causales est toujours défini. De plus, d'après (V.11), le produit de convolution de deux distributions causales est une distribution causale.

Cela généralise l'étude de la convolution de fonctions causales localement intégrables effectuée au paragraphe 2.6 du chapitre III. En effet, si f et g sont causales et localement intégrables, elles définissent des distributions régulières causales T_f et T_g. Le produit de convolution (au sens des distributions) $T_f * T_g$ est donc défini. Le produit de convolution (au sens usuel) $f * g$ est défini presque-partout, est causal, et est localement intégrable, donc il définit une distribution régulière causale T_{f*g}. Vérifions que $T_{f*g} = T_f * T_g$. On a, pour tout $\phi \in \mathcal{D}$:

$$\begin{aligned}
\langle T_{f*g}, \phi \rangle &= \int_{-\infty}^{+\infty} \left(\int_{-\infty}^{+\infty} f(x-y) g(y)\, dy \right) \phi(x)\, dx \\
\langle T_f * T_g, \phi \rangle &= \iint_{\mathbb{R}^2} f(X) g(Y) \phi(X+Y)\, dX dY
\end{aligned}$$

Comme on l'a vu dans l'introduction dans un autre cas (celui où f et g sont intégrables sur $\mathbb{R}$), on aura l'égalité de ces deux expressions si l'on peut justifier l'utilisation du théorème de Fubini et le changement de variable $(x, y) \mapsto (X, Y) = (x - y, y)$. Il suffit pour cela de vérifier que l'on a, pour tout $\phi \in \mathcal{D}$:

$$\iint_{\mathbb{R}^2} |f(x-y)g(y)\,\phi(x)|\,dxdy = \iint_{\mathbb{R}^2} |f(X)g(Y)\,\phi(X+Y)|\,dXdY < +\infty$$

Or nous avons vu au paragraphe 1.2 que si des distributions régulières vérifient la condition (V.3), cette intégrale double est en fait étendue à un ensemble borné. C'est le cas puisque f et g sont causales. On a donc bien, pour f et g causales et localement intégrables, $T_{f*g} = T_f * T_g$.

Remarque. Lorsque f et g sont causales et localement intégrables, on a de plus

$$\begin{aligned}\langle T_f * T_g, \phi\rangle = \langle T_{f*g}, \phi\rangle &= \int_{\mathbb{R}} H(x) \int_0^x f(x-y)g(y)\,dy\,\phi(x)\,dx \\ &= \int_0^{+\infty} \int_0^x f(x-y)g(y)\,dy\,\phi(x)\,dx\end{aligned}$$

Tout ceci se généralise à des fonctions f et g localement intégrables dont les supports sont tous deux limités à gauche (ou tous deux limités à droite). En effet, on a encore dans ce cas l'existence de $T_f * T_g$ puisque la condition (V.3) est vérifiée, l'existence de $f * g$ au sens usuel, ainsi que $f * g \in L^1_{loc}$, et $T_{f*g} = T_f * T_g$ par une preuve tout à fait analogue.

1.5 Convolution de distributions régulières sans condition sur les supports

Comme on l'a vu dans l'introduction, pour des distributions régulières T_f et T_g associées à des fonctions f et g intégrables sur $\mathbb{R}$, la condition (V.3) sur les supports n'est pas nécessaire pour que $T_f * T_g$ existe. On a de plus dans ce cas $T_{f*g} = T_f * T_g$. Il existe heureusement bien d'autres cas où la condition (V.3) sur les supports n'est pas nécessaire pour définir $T_f * T_g$.

Dans tous les cas d'existence du produit de convolution au sens usuel de deux fonctions f et g étudiés au chapitre III, $f * g$ est localement intégrable, donc la distribution régulière T_{f*g} associée au produit de convolution au sens usuel existe. Dans chaque cas, il reste à voir que l'on peut définir le produit de convolution des distributions T_f et T_g et que l'on a $T_f * T_g = T_{f*g}$. Or, $T_f * T_g$ existe si

$$\forall \phi \in \mathcal{D} \quad \iint_{\mathbb{R}^2} |f(X)g(Y)\,\phi(X+Y)|\,dXdY < +\infty \tag{V.12}$$

Si (V.12) est vérifiée, $T_f * T_g$ est automatiquement égal à T_{f*g}, comme le montre le changement de variable $(x, y) = (X + Y, Y)$.

Pour illustrer ces remarques, on montre à l'exercice V.2 que dans deux autres cas d'existence de $f * g$ étudiés au chapitre III (lorsque f est intégrable et g est bornée, puis lorsque f et g sont de carré intégrable), on peut définir $T_f * T_g$ au sens des distributions *sans condition de support* pour f ni pour g et que l'on a $T_f * T_g = T_{f*g}$.

Synthèse. En ce qui concerne les distributions régulières, on peut les convoluer au sens des distributions dans les cinq cas d'existence du produit de convolution usuel $f * g$ suivants :

- si f et g sont intégrables sur $\mathbb{R}$;
- si f est intégrable sur $\mathbb{R}$ et si g est bornée sur $\mathbb{R}$;
- si f et g sont de carré intégrable sur $\mathbb{R}$;
- si f et g sont localement intégrables, l'une étant à support borné ;

– si f et g sont localement intégrables et à supports limités à gauche (ou à droite).
De plus, dans tous ces cas on a bien $T_f * T_g = T_{f*g}$.

Cela permet de traiter un grand nombre de cas. Par contre, on ne peut pas convoluer deux distributions régulières quelconques. Le contre-exemple le plus simple est fourni par $1 * 1$, qui n'existe pas au sens usuel (on l'a déjà remarqué au chapitre III), ni au sens des distributions bien que la fonction $x \mapsto 1$ soit localement intégrable. En effet, considérons une fonction test ϕ telle que $\operatorname{Supp}\phi \subset [0,1]$, strictement positive dans $]0,1[$. On a

$$\begin{aligned}\iint_{\mathbb{R}^2} |1 \times 1 \times \phi(x+y)|\,dxdy &= \iint_{\{(x,y)\in\mathbb{R}^2\,;\,0\le x+y\le 1\}} \phi(x+y)\,dxdy \\ &= \int_{-\infty}^{+\infty}\left(\int_{-x}^{-x+1} \phi(x+y)\,dy\right)dx\end{aligned}$$

Appelons ψ la primitive de ϕ s'annulant en 0, *i.e.* $\psi(x) = \int_0^x \phi(t)\,dt$. On a $\frac{d}{dy}[\psi(x+y)] = \frac{d}{dy}(x+y)\psi'(x+y) = \psi'(x+y) = \phi(x+y)$, donc

$$\begin{aligned}\int_{-\infty}^{+\infty}\left(\int_{-x}^{-x+1} \phi(x+y)\,dy\right)dx &= \int_{-\infty}^{+\infty} \big(\psi(x+(-x+1)) - \psi(x+(-x))\big)\,dx \\ &= \int_{-\infty}^{+\infty} \psi(1)\,dx = +\infty\end{aligned}$$

car $\psi(1) = \int_0^1 \phi(t)\,dt$ est une constante strictement positive.

1.6 Associativité du produit de convolution

Lorsqu'il est défini, le produit de convolution est commutatif. Il est également associatif en restriction à $L^1(\mathbb{R})$ (la proposition 2.2 du chapitre III affirme que si u, v, w sont éléments de $L^1(\mathbb{R})$, alors $u * (v * w) = (u * v) * w$). Par contre, l'associativité est fausse en général : il peut arriver que les quatre produits de convolution $v * w$, $u * (v * w)$, $u * v$, $(u * v) * w$ existent, mais que $u * (v * w) \neq (u * v) * w$. Un contre-exemple simple est donné par $u = 1$ (*i.e.* la distribution régulière associée à la fonction constante égale à 1), $v = \delta'$, $w = H$ (distribution d'Heaviside). On a en effet $u * v = 1' = 0$, puis $(u * v) * w = 0 * H = 0$. D'autre part, $v * w = H' = \delta$, puis $u * (v * w) = 1 * \delta = 1$.

Donnons sans preuve deux résultats concernant l'associativité.

Proposition 1.2 *Soient u, v, w trois distributions dont deux au moins sont à support compact. On a*

$$u * (v * w) = (u * v) * w \tag{V.13}$$

Par récurrence sur n, on en déduit que l'on peut définir la distribution $u_1 * u_2 * \ldots * u_n$ lorsqu'au moins $n-1$ des distributions u_j sont à support compact (l'associativité nous dispense de préciser le parenthésage utilisé).

Application. On peut convoluer toute distribution u par $\delta_a^{(k)} = \delta_a * \delta^{(k)}$ car $\delta_a^{(k)}$ est à support borné. En utilisant la proposition 1.2 et les théorèmes 1.3 et 1.4, on peut effectuer le calcul de deux façons :

– On a $u * \delta_a^{(k)} = u * (\delta_a * \delta^{(k)}) = (u * \delta_a) * \delta^{(k)} = (\tau_a u)^{(k)}$.

– On a $u * \delta_a^{(k)} = u * (\delta^{(k)} * \delta_a) = (u * \delta^{(k)}) * \delta_a = \tau_a(u^{(k)})$.

Effectivement, la dérivation et la translation commutent, *i.e.* $(\tau_a u)^{(k)} = \tau_a(u^{(k)})$.

Ce résultat permet également de calculer le produit de convolution d'une distribution quelconque par une distribution dont le support est réduit à un point. En effet, le théorème 5.2 du chapitre II affirme qu'une distribution T dont le support est $\{a\}$ est une combinaison linéaire de δ_a et de ses dérivées successives : il existe un entier naturel n et des complexes $c_0, \ldots, c_n$ tels que $T = \sum_{k=0}^{n} c_k \delta_a^{(k)}$. On a donc

$$u * T = \sum_{k=0}^{n} c_k (u * \delta_a^{(k)}) = \sum_{k=0}^{n} c_k \tau_a(u^{(k)})$$

Proposition 1.3 *Soit u, v, w des distributions dont les supports sont limités à gauche (respectivement limités à droite). On a*

$$u * (v * w) = (u * v) * w \tag{V.14}$$

1.7 Algèbres de convolution

Définition 1.2 *Soit $\mathcal{A}$ un s.e.v. de $\mathcal{D}'$. On dit que $\mathcal{A}$ est une algèbre de convolution si*

1. *$\mathcal{A}$ est stable par convolution, i.e. pour tous u et v éléments de $\mathcal{A}$, $u * v$ existe et est élément de $\mathcal{A}$.*
2. *La convolution est associative dans $\mathcal{A}$, i.e. :*

$$\forall (u, v, w) \in \mathcal{A}^3 \quad (u * v) * w = u * (v * w)$$

3. *La distribution δ est élément de $\mathcal{A}$.*

Ainsi, $\mathcal{A}$ est une algèbre de convolution si c'est un s.e.v. de $\mathcal{D}'$ pour l'addition des distributions et le produit par un scalaire et si de plus la convolution est une loi de composition interne associative dans $\mathcal{A}$ possédant un élément neutre dans $\mathcal{A}$ (on peut démontrer qu'un tel élément neutre ne peut être que δ).

Exemples.

1. Soit $\mathcal{D}'_+$ le s.e.v. des distributions causales. $\mathcal{D}'_+$ est une algèbre de convolution.

   En effet, si u et v sont causales, $u*v$ existe et est causale. L'associativité de $*$ dans $\mathcal{D}'_+$ est un cas particulier de la proposition 1.3. Enfin, $\operatorname{Supp} \delta = \{0\} \subset [0, +\infty[$, donc $\delta \in \mathcal{D}'_+$.

   En traitement de signal, $\mathcal{D}'_+$ est un cadre naturel lorsque la variable est le temps et que les signaux ne sont définis qu'à partir d'une origine des temps. En effet, dans ce contexte, on peut prolonger ces signaux par 0 pour $t < 0$, de sorte qu'ils sont modélisés par des distributions causales. Considérons un système de convolution (un « filtre ») acceptant les signaux causaux en entrée. Lorsque la réponse impulsionnelle h du système est elle-même causale, la réponse du système à l'entrée x est $h * x$, qui est causale. On interprète cette propriété en disant qu'un tel système est *réalisable*, dans le sens où l'on n'observe pas de réponse tant qu'il n'y a pas d'entrée.

   Dans ce contexte, l'associativité de la convolution dans $\mathcal{D}'_+$ implique que si l'on monte deux tels systèmes de convolution réalisables en série, alors en appelant h_1 et h_2 leurs réponses impulsionnelles respectives, la réponse $h_2 * (h_1 * x) = (h_2 * h_1) * x$ à l'entrée x est la même que celle d'un unique système de convolution de réponse impulsionnelle $h_2 * h_1$. Comme de plus, on a $h_2 * h_1 = h_1 * h_2$, l'ordre dans lequel on monte ces deux systèmes n'importe pas.

2. L'e.v. $\mathcal{E}'$ des distributions **à support borné**, est une algèbre de convolution. En effet, le produit de convolution de distributions à support borné est défini et il est à support borné d'après la propriété (V.6). La convolution est associative dans $\mathcal{E}'$ d'après la proposition 1.2. Enfin $\delta \in \mathcal{E}'$.

3. Considérons le s.e.v. $\mathcal{A}$ de $\mathcal{D}'$ constitué des distributions régulières associées à des fonctions intégrables. On identifie $\mathcal{A}$ à $L^1(\mathbb{R})$. Bien que L^1 soit stable par convolution et que le produit de convolution soit associatif dans L^1, $\mathcal{A}$ n'est pas une algèbre de convolution, car $\delta \notin \mathcal{A}$ (on sait que δ n'est pas une distribution régulière). En fait, il n'existe pas d'élément neutre pour l'opération $*$ dans L^1.

1.8 Convolution et impulsions approchées

On a vu au chapitre II que si f est une fonction intégrable sur $\mathbb{R}$ telle que $\int_{\mathbb{R}} f = 1$, la suite de distributions associées aux fonctions définies par $f_n(x) = nf(nx)$ converge vers δ. Ces fonctions f_n ont été appelées *impulsions approchées*. Puisque pour toute distribution u, $\delta * u = u$, on peut espérer que la suite de distributions $(T_{f_n} * u)$, si elle est définie, converge vers la distribution u. Examinons le cas particulier où u est une distribution régulière associée à une fonction intégrable sur $\mathbb{R}$.

Soit g une fonction intégrable. Rappelons (cf. chapitre III paragraphe 3.3) que la suite $(f_n * g)$ converge vers g dans $L^1(\mathbb{R})$. Cela implique que la suite de distributions $(T_{f_n} * T_g) = (T_{f_n * g})$ converge vers la distribution T_g. En effet, pour toute fonction test ϕ, on a

$$\begin{aligned} |\langle T_{f_n*g}, \phi\rangle - \langle T_g, \phi\rangle| &= \left| \int_{\mathbb{R}} \big((f_n * g)(x) - g(x)\big)\phi(x)\, dx \right| \\ &\leq \|\phi\|_\infty \int_{\mathbb{R}} |(f_n * g)(x) - g(x)|\, dx \\ &= \|\phi\|_\infty \|(f_n * g) - g\|_{L^1(\mathbb{R})} \end{aligned}$$

et cette quantité tend vers 0 quand n tend vers $+\infty$. Nous pouvons donc dire que la convergence de la suite $(f_n * g)$ vers g dans L^1 implique la convergence de cette même suite vers g *au sens des distributions.*

2 Transformation de Fourier des distributions tempérées

Considérons un signal f intégrable sur $\mathbb{R}$. Pour $\nu \geq 0$, rappelons que nous pouvons interpréter $\widehat{f}(\nu)e^{2i\pi t\nu} + \widehat{f}(-\nu)e^{-2i\pi t\nu}$ comme la partie du signal f de fréquence ν. Il est donc tout à fait normal que les physiciens souhaitent avoir la possibilité de considérer la T.F. d'un signal monofréquentiel tel que $t \mapsto \cos(2\pi\nu t)$ ou $t \mapsto \sin(2\pi\nu t)$. Malheureusement, ces signaux ne sont pas intégrables sur $\mathbb{R}$ donc n'ont pas de T.F. au sens de L^1 (ni au sens de L^2 d'ailleurs). Il en est de même de tout signal périodique de fréquence ν non identiquement nul.
Plus généralement, on rencontre de nombreuses situations où il s'avère indispensable d'étendre la définition de la transformation de Fourier à des fonctions non intégrables, ou même à des distributions. Ce travail est, lui aussi, l'œuvre de Laurent Schwartz. Il a défini la transformation de Fourier sur un espace de distributions, noté $\mathcal{S}'$, déjà évoqué lors de l'étude de l'inversion de la transformation de Fourier.

2.1 Où nous découvrons la définition de la T.F. des distributions

Suivant notre principe d'extension aux distributions des opérations sur les fonctions, nous allons découvrir la « bonne » définition de la transformée de Fourier d'une distribution en exigeant qu'elle coïncide avec la T.F. au sens usuel lorsque la distribution est associée à une fonction de $L^1(\mathbb{R})$.

Étant donnée une distribution u, notons $\mathcal{F}u$ la distribution que nous voulons définir comme étant la T.F. de u. Dire que les deux définitions de la T.F. coïncident lorsque la distribution est régulière revient à dire que la T.F. (au sens des distributions) de la distribution régulière associée à f est égale à la distribution régulière associée à la T.F. (au sens usuel) de f. Autrement dit, nous devons avoir $\mathcal{F}T_f = T_{\widehat{f}}$ lorsque $f \in L^1(\mathbb{R})$, où $\widehat{f}$ est la T.F. de la fonction f au sens usuel.

Remarquons d'abord que si f est une fonction intégrable sur $\mathbb{R}$, la distribution régulière associée à $\widehat{f}$ est bien définie, car $\widehat{f}$ est continue sur $\mathbb{R}$, donc localement intégrable. Pour tout $\phi \in \mathcal{D}$, on a

$$\left\langle T_{\widehat{f}}, \phi \right\rangle = \int_{\mathbb{R}} \widehat{f}(x)\phi(x)\,dx = \int_{\mathbb{R}} f(x)\widehat{\phi}(x)\,dx = \left\langle T_f, \widehat{\phi} \right\rangle$$

en vertu de la *formule d'échange* (IV.29), qui s'applique puisque f et ϕ sont intégrables sur $\mathbb{R}$. Remarquons toutefois qu'écrire $\int_{\mathbb{R}} f(x)\widehat{\phi}(x)\,dx = \langle T_f, \widehat{\phi}\rangle$ n'a, *a priori*, de sens que si $\widehat{\phi}$ est une fonction test.
Comme l'on veut que $\left\langle T_{\widehat{f}}, \phi \right\rangle = \langle \mathcal{F}T_f, \phi\rangle$ pour tout ϕ de $\mathcal{D}$, la définition naturelle de $\mathcal{F}u$ pour une distribution u doit être telle que, pour toute fonction test ϕ :

$$\langle \mathcal{F}u, \phi\rangle = \langle u, \widehat{\phi}\rangle \tag{V.15}$$

Mais, à cause de la *relation d'incertitude*, la T.F. d'une fonction ϕ à support compact n'est pas à support compact sauf si ϕ est identiquement nulle, *i.e.* $\widehat{\phi} \notin \mathcal{D}$ pour $\phi \in \mathcal{D} \setminus \{0_{\mathcal{D}}\}$. Cela signifie que (V.15) n'a aucun sens pour une distribution u *quelconque*. Autrement dit, il n'est pas possible d'espérer que toutes les distributions admettent une transformée de Fourier.

Par contre nous avons signalé dans le chapitre II que beaucoup de distributions pouvaient être prolongées à des espaces de fonctions tests plus gros que $\mathcal{D}$. Si nous disposions d'un espace de fonctions tests *stable par transformation de Fourier*, alors en nous restreignant aux distributions u pouvant être définies sur cet espace, l'égalité (V.15) aurait un sens. Schwartz a construit un tel espace (appelé depuis *espace de Schwarz* et noté $\mathcal{S}$) pour résoudre ce problème de définition de la transformation de Fourier des distributions.

2.2 L'espace de Schwartz

Nous voulons construire un e.v. $\mathcal{S}$ de fonctions qui soit stable par transformation de Fourier. Puisque la rapidité de décroissance à l'infini de ϕ (respectivement de $\widehat{\phi}$) est reliée à la régularité de $\widehat{\phi}$ (respectivement de ϕ), l'idée est d'exiger des éléments de $\mathcal{S}$ à la fois la régularité et la rapidité de décroissance. Plus précisément, si ϕ est de classe $\mathcal{C}^\infty$ sur $\mathbb{R}$ et que toutes ses dérivées sont intégrables sur $\mathbb{R}$, alors $\widehat{\phi}$ est à décroissance rapide, *i.e*

$$\forall k \in \mathbb{N} \quad \lim_{\nu \to \pm\infty} \nu^k \widehat{\phi}(\nu) = 0$$

Réciproquement, si ϕ est continue sur $\mathbb{R}$ et à décroissance rapide, alors sa T.F. est de classe $\mathcal{C}^\infty$ sur $\mathbb{R}$. Ainsi, si ϕ est à la fois de classe $\mathcal{C}^\infty$ et à décroissance rapide ainsi que toutes ses dérivées, sa T.F. bénéficiera des mêmes propriétés. On est conduit à la définition suivante.

Définition 2.1 *On note $\mathcal{S}(\mathbb{R})$, ou plus simplement $\mathcal{S}$, l'e.v. des fonctions $\mathcal{C}^\infty$ sur $\mathbb{R}$, à valeurs complexes, à décroissance rapide ainsi que toutes leurs dérivées. Autrement dit, $\phi \in \mathcal{S}$ si*

$$\big(\phi \in \mathcal{C}^\infty(\mathbb{R})\big) \quad \textit{et} \quad \big(\forall k \in \mathbb{N} \ \ \forall n \in \mathbb{N} \ \lim_{x \to \pm\infty} x^k \phi^{(n)}(x) = 0\big) \tag{V.16}$$

Remarque. L'expression « à décroissance rapide » est un abus de langage : une fonction à décroissance rapide n'a aucune raison d'être monotone.

Exemples. Les fonctions $x \mapsto e^{-a(x-x_0)^2}$, où a est un complexe tel que $\Re a > 0$ et x_0 un réel sont des exemples classiques d'éléments de $\mathcal{S}$ (ce sont des gaussiennes centrées en x_0). La fonction $x \mapsto \frac{1}{\cosh x} = \frac{2}{e^x + e^{-x}}$ est un autre exemple d'élément de $\mathcal{S}$. Les vérifications sont laissées au lecteur.

Il résulte de la définition de $\mathcal{S}$ que si $f \in \mathcal{S}$ alors ses dérivées successives sont également éléments de $\mathcal{S}$ ainsi que Pf pour toute fonction polynomiale P. Il est facile de prouver que $\mathcal{S}$ est également stable par combinaison linéaire et que le produit de deux éléments de $\mathcal{S}$ est un élément de $\mathcal{S}$. Nous avons donc la proposition suivante.

Proposition 2.1 *$\mathcal{S}$ est un e.v. stable par dérivation, par produit et par produit par une fonction polynomiale.*

Vérifions maintenant que l'introduction de cet e.v. $\mathcal{S}$ résout le problème de la recherche d'un espace de fonctions tests stable par transformation de Fourier.

Proposition 2.2 *L'e.v. $\mathcal{S}$ est stable par transformation de Fourier.*

Preuve. Soit $f \in \mathcal{S}$. Puisque f est continue et à décroissance rapide, $\widehat{f}$ est $\mathcal{C}^\infty$. D'autre part, f est $\mathcal{C}^\infty$ et toutes ses dérivées sont intégrables puisqu'elles sont continues et à décroissance rapide, donc $\widehat{f}$ est à décroissance rapide.
De plus, pour tout $k \in \mathbb{N}$, on a $\frac{d^k \widehat{f}}{d\nu^k} = (-2i\pi)^k \mathcal{F}\big(t^k f(t)\big)(\nu)$, donc les dérivées successives de $\widehat{f}$ sont elles aussi à décroissance rapide puisque $t \mapsto t^k f(t)$ est dans $\mathcal{S}$. Nous avons bien démontré que si $f \in \mathcal{S}$, alors $\widehat{f} \in \mathcal{S}$.

□

Grâce à cette propriété de stabilité, l'e.v. $\mathcal{S}$ est parfaitement adapté à la pratique de la transformation de Fourier, dans le sens suivant : on reste dans $\mathcal{S}$ en appliquant la transformation de Fourier ou la transformation de Fourier inverse (on sait que ce n'est pas vrai dans L^1). Précisément nous avons le résultat suivant.

Proposition 2.3 *La transformation de Fourier $\mathcal{F}$ est un automorphisme de $\mathcal{S}$.*

Preuve. L'application $\mathcal{F} : \mathcal{S} \to \mathcal{S}$ est linéaire. Il reste à démontrer qu'elle est bijective. Soit $g \in \mathcal{S}$. Considérons $f = \check{g}$. On a $f \in \mathcal{S} \subset L^1(\mathbb{R})$, ainsi que $\widehat{f} \in \mathcal{S} \subset L^1(\mathbb{R})$ d'après la proposition 2.2. En vertu du théorème d'inversion dans L^1, on a $\mathcal{F}f = g$. Ainsi g possède un antécédent par $\mathcal{F}$ dans $\mathcal{S}$, donc $\mathcal{F} : \mathcal{S} \to \mathcal{S}$ est surjective. Comme l'inverse de Fourier de $g \in L^1$ est unique s'il existe, $\mathcal{F} : \mathcal{S} \to \mathcal{S}$ est également injective.

□

En résumé, nous avons

$$\phi \in \mathcal{S} \Longleftrightarrow \widehat{\phi} \in \mathcal{S} \tag{V.17}$$

Il en résulte la proposition suivante.

Proposition 2.4 *L'e.v. $\mathcal{S}$ est stable par convolution.*

Preuve. Soit f et g deux éléments de $\mathcal{S} \subset L^1(\mathbb{R})$. On a $f * g \in L^1(\mathbb{R})$ et $\mathcal{F}(f * g) = \mathcal{F}f\mathcal{F}g$. Or $\mathcal{F}f \in \mathcal{S}$ et $\mathcal{F}g \in \mathcal{S}$, donc $\mathcal{F}f\mathcal{F}g \in \mathcal{S}$. Grâce à (V.17), $\mathcal{F}(f*g) \in \mathcal{S}$ implique que $f*g \in \mathcal{S}$.

□

Remarque. Les propositions 2.3 et 2.4 montrent que l'e.v. $\mathcal{S}$ est particulièrement bien adapté à la pratique de la transformation de Fourier et de la convolution. Mais il est bien *trop petit* pour servir de cadre général d'étude, car la plupart des fonctions rencontrées en pratique ne sont pas assez régulières pour être éléments de $\mathcal{S}$. À ce titre, les *gaussiennes* et les fonctions qui en dérivent, si importantes en physique et en probabilités, font figure d'exception. Par exemple, on rencontre dans l'étude de l'oscillateur harmonique quantique les *fonctions d'Hermite*, qui sont éléments de $\mathcal{S}$ en tant que produit d'une gaussienne par une fonction polynomiale. Mais l'étude de la transformation de Fourier et de la convolution dans L^1 reste indispensable pour envisager des applications plus variées.

L'introduction de $\mathcal{S}$ est surtout motivé par le fait qu'il résout le problème consistant à trouver un espace de fonctions tests stable par transformation de Fourier, ceci pour définir les distributions admettant une T.F. Exactement comme $\mathcal{D}$ permet de définir les distributions comme éléments de son dual $\mathcal{D}'$, le dual $\mathcal{S}'$ de $\mathcal{S}$ est le plus gros espace sur lequel on peut définir la transformation de Fourier.

2.3 Les distributions tempérées et leurs transformées de Fourier

Définition 2.2 *Une distribution tempérée est une application définie sur $\mathcal{S}$, à valeurs dans $\mathbb{C}$, linéaire et continue. L'ensemble des distributions tempérées est donc le dual de $\mathcal{S}$. On le note $\mathcal{S}'$.*

Il conviendrait, pour que cette définition ait un sens, de définir la continuité pour la topologie de $\mathcal{S}$, ce que nous faisons dans le complément ci-après. Ce qui concerne la continuité sur $\mathcal{S}$ peut toutefois être omis en première lecture sans préjudice pour la suite du cours. En effet, de même qu'on ne rencontre pas en pratique de forme linéaire sur $\mathcal{D}$ *non continue*, on ne rencontre pas non plus de forme linéaire sur $\mathcal{S}$ *non continue*. Dans ce cours, les formes linéaires définies sur $\mathcal{S}$ seront donc, par défaut, supposées continues. Le lecteur plus exigeant trouvera une étude de la continuité pour quelques distributions tempérées dans les compléments ci-dessous.

Une fonction nulle en dehors d'un compact est bien sûr à décroissance rapide ainsi que toutes ses dérivées (on peut même dire qu'il n'y a pas plus rapide comme décroissance). On a donc $\mathcal{D} \subset \mathcal{S}$. Si une application linéaire est définie sur $\mathcal{S}$, elle est donc *a fortiori* définie sur $\mathcal{D}$. Signalons qu'une forme linéaire sur $\mathcal{S}$ continue pour la topologie de $\mathcal{S}$ est aussi, en restriction à $\mathcal{D}$, continue pour la topologie de $\mathcal{D}$. Cela signifie qu'une distribution tempérée est, en restriction à $\mathcal{D}$, une distribution. Le vocabulaire est donc cohérent : les distributions tempérées sont des distributions particulières.

Inversement, si nous rencontrons une distribution u pouvant être prolongée à $\mathcal{S}$, alors u est (très probablement) un élément du dual $\mathcal{S}'$ de $\mathcal{S}$. En effet, nous avons pris la décision d'admettre la continuité des formes linéaires sur $\mathcal{S}$ rencontrées en pratique, comme nous l'avons déjà fait pour les formes linéaires sur $\mathcal{D}$.

Ainsi, pour un physicien ou un ingénieur, une distribution est tempérée lorsque l'on peut la prolonger à $\mathcal{S}$. Autrement dit, si pour $u \in \mathcal{D}'$, on peut donner un sens à l'expression $\langle u, \phi \rangle$ pour $\phi \in \mathcal{S}$, la distribution u (ou plutôt son prolongement à $\mathcal{S}$) est (sûrement) tempérée. Pour nous, cela signifie que les distributions tempérées seront tout simplement celles qui admettent les fonctions de $\mathcal{S}$ comme fonctions tests. Mais en toute rigueur, pour *prouver* qu'une forme linéaire u sur $\mathcal{S}$ est une distribution tempérée, il conviendrait de démontrer que u vérifie le critère donné par le complément ci-dessous.

Complément. Pour les lecteurs intéressés, signalons que la topologie de $\mathcal{S}$ est définie par la famille $\left(N_{k,n}\right)_{(k,n)\in\mathbb{N}^2}$ de semi-normes suivantes :

$$N_{k,n} \,:\, \phi \in \mathcal{S} \mapsto N_{k,n}(\phi) = \max_{x\in\mathbb{R}} \left|x^k \phi^{(n)}(x)\right|$$

On notera que les $N_{k,n}(\phi)$ sont bien des quantités finies pour chaque ϕ de $\mathcal{S}$. Dire que $N_{k,n}$ est une semi-norme sur l'e.v. $\mathcal{S}$ signifie que $N_{k,n}$ est une application de $\mathcal{S}$ dans $\mathbb{R}^+$ vérifiant l'inégalité triangulaire et $N_{k,n}(\lambda\phi) = |\lambda| N_{k,n}(\phi)$ pour tout scalaire λ et tout vecteur ϕ. On prendra garde au fait que $N_{k,n}$ n'est pas une norme pour $n \geq 1$, car l'implication $N_{k,n}(\phi) = 0 \Rightarrow \phi = 0_{\mathcal{S}}$ est fausse. La topologie de l'espace $\mathcal{S}'$ n'est pas celle d'un espace vectoriel normé. Dire que la topologie de $\mathcal{S}$ est définie par cette famille de semi-normes signifie qu'une suite (ϕ_j) de $\mathcal{S}$ converge dans $\mathcal{S}$ vers $\phi \in \mathcal{S}$ ssi

$$\forall (k,n) \in \mathbb{N}^2 \quad \lim_{j\to+\infty} N_{k,n}(\phi_j - \phi) = 0$$

On en déduit qu'une forme linéaire u sur $\mathcal{S}$ est continue si

$$\big(\exists m \in \mathbb{N}\big)\ \big(\exists C > 0\big)\ \big(\forall \phi \in \mathcal{S}\big)\ \left(|\langle u, \phi\rangle| \leq C \sum_{n+k\leq m} N_{k,n}(\phi)\right) \tag{V.18}$$

Signalons aussi que muni de cette famille de semi-normes, $\mathcal{S}$ est métrisable, *i.e.* que sa topologie est celle de l'espace métrique $\mathcal{S}$ pour la distance définie par

$$\forall (\phi, \psi) \in \mathcal{S}^2 \quad d(\phi,\psi) = \sum_{k\in\mathbb{N}} \frac{1}{2^k} \frac{N_k(\phi-\psi)}{1 + N_k(\phi - \psi)}$$

Cet espace métrique est complet.

Nous sommes maintenant prêts à définir la transformation de Fourier sur l'espace $\mathcal{S}'$.

Définition 2.3 *Soit u une distribution tempérée. La forme linéaire $\mathcal{F}u$ (également notée $\widehat{u}$) définie sur $\mathcal{S}$ par*

$$\forall \phi \in \mathcal{S} \quad \langle \mathcal{F}u, \phi\rangle = \left\langle u, \widehat{\phi}\right\rangle \tag{V.19}$$

est appelée transformée de Fourier de u.

Remarques.

1. Nous avons tout fait pour que cette définition ait un sens, puisque $\widehat{\phi} \in \mathcal{S}$ pour tout $\phi \in \mathcal{S}$, de sorte que la distribution tempérée u peut agir sur la fonction test $\widehat{\phi}$.
2. Nous pouvons effectivement utiliser l'une ou l'autre des notations $\mathcal{F}u$ ou $\widehat{u}$ sans introduire d'ambiguïté, puisque si $u = T_f$ avec f intégrable, on a $\mathcal{F}T_f = T_{\widehat{f}}$. On a donc $\widehat{T_f} = T_{\widehat{f}}$ lorsque f est intégrable, ce qui permet de parler de « la T.F. de f au sens des distributions ». Il s'agit alors, indifféremment, de la distribution $\widehat{T_f}$ ou de la distribution $T_{\widehat{f}}$.
3. Retenir la définition de la T.F. d'une distribution tempérée est particulièrement simple : il suffit de « faire glisser le chapeau » de la gauche vers la droite dans le « crochet de dualité » :

$$\forall \phi \in \mathcal{S} \quad \langle \widehat{u}, \phi\rangle = \langle u, \widehat{\phi}\rangle \tag{V.20}$$

Exemples de distributions tempérées et de transformées de Fourier dans $\mathcal{S}'$.

1. Soit f une fonction intégrable sur $\mathbb{R}$. Puisque nous ambitionnons de prolonger la transformation de Fourier de L^1 à $\mathcal{S}'$, il faut vérifier que f définit une distribution tempérée, *i.e* que $T_f \in \mathcal{S}'$. Pour cela, vérifions que la distribution régulière T_f peut être prolongée à $\mathcal{S}$, *i.e.* que $\langle T_f, \phi \rangle = \int_{\mathbb{R}} f\phi$ a un sens pour tout ϕ de $\mathcal{S}$. On a

$$\int_{\mathbb{R}} |f\phi| \leq \sup_{x\in\mathbb{R}} |\phi(x)| \int_{\mathbb{R}} |f| = \|\phi\|_\infty \|f\|_{L^1(\mathbb{R})} < +\infty$$

car $\phi \in \mathcal{S}$ est bornée et $f \in L^1(\mathbb{R})$.

Pour $f \in L^1(\mathbb{R})$, la distribution T_f possède donc une T.F. et nous avons vu que, grâce à la formule d'échange :

$$\widehat{T_f} = T_{\widehat{f}}$$

Complément. En toute rigueur, pour montrer que l'application T_f ainsi définie sur $\mathcal{S}$ est une distribution tempérée, il faut montrer la continuité sur $\mathcal{S}$ de T_f. Pour cela, utilisons le critère (V.18). On a la majoration

$$|\langle T_f, \phi \rangle| \leq \int_{\mathbb{R}} |f\phi| \leq \|f\|_{L^1(\mathbb{R})} N_{0,0}(\phi)$$

car $\|\phi\|_\infty = N_{0,0}(\phi)$. Ainsi, on a (V.18) pour $m = 0$ et $C = \|f\|_{L^1(\mathbb{R})}$.

2. Soit f une fonction (mesurable) bornée sur $\mathbb{R}$. La distribution régulière T_f est définie puisque toute fonction (mesurable) bornée est localement intégrable. Vérifions que T_f est tempérée. La quantité $\langle T_f, \phi \rangle$ est définie pour tout ϕ de $\mathcal{S}$, car

$$\forall \phi \in \mathcal{S} \qquad \int_{\mathbb{R}} |f\phi| \leq \|f\|_\infty \|\phi\|_{L^1(\mathbb{R})} < +\infty$$

puisque f est bornée et $\phi \in \mathcal{S} \subset L^1(\mathbb{R})$. Ainsi, $\langle T_f, \phi \rangle = \int_{\mathbb{R}} f\phi$ existe pour tout ϕ de $\mathcal{S}$.

Complément. Si l'on souhaite démontrer la continuité de T_f sur $\mathcal{S}$, on utilise la décroissance rapide de ϕ de la façon suivante.

$$|\phi(x)| \leq \frac{1}{1+x^2} \max_{t\in\mathbb{R}} \left|(1+t^2)\phi(t)\right|$$

d'où

$$\begin{aligned} |\langle T_f, \phi \rangle| &\leq \|f\|_\infty \int_{\mathbb{R}} \frac{dx}{1+x^2} \max_{t\in\mathbb{R}} \left|(1+t^2)\phi(t)\right| \\ &\leq \pi \|f\|_\infty \left(\max_{t\in\mathbb{R}} |\phi(t)| + \max_{t\in\mathbb{R}} |t^2\phi(t)| \right) \\ &= \pi \|f\|_\infty \big(N_{0,0}(\phi) + N_{2,0}(\phi) \big) \end{aligned}$$

On a donc (V.18) avec $m = 2$ et $C = \pi \|f\|_\infty$.

Ce résultat montre que toute fonction bornée admet une T.F. au sens des distributions. Par exemple, les distributions associées aux fonctions sin et cos sont tempérées, ce qui signifie que ces fonctions admettent une T.F. (au sens des distributions) bien qu'elles ne soient pas intégrables sur $\mathbb{R}$. Le calcul de ces T.F. est fait plus loin, à l'aide de la formule d'inversion de Fourier dans $\mathcal{S}'$.

3. La distribution associée à une fonction f de $L^2(\mathbb{R})$ est tempérée. La démonstration fait l'objet de l'exercice V.5.
   Ainsi toute fonction de $L^2(\mathbb{R})$ admet une T.F. au sens des distributions, même si elle n'est pas intégrable. Nous avons vu au paragraphe 5.3 du chapitre IV qu'il est possible de définir la T.F. d'une fonction f de L^2 et que celle-ci est une fonction $\widehat{f}$ de L^2. Nous admettons que l'on a $\mathcal{F}T_f = T_{\widehat{f}}$, de sorte que l'on peut dire que la T.F. de f « au sens L^2 » coïncide avec sa T.F. « au sens des distributions ».

4. Pour tout $a \in \mathbb{R}$, la distribution de Dirac δ_a est tempérée. En effet, $\langle \delta_a, \phi \rangle = \phi(a)$ a un sens pour tout ϕ de $\mathcal{S}$.

   Complément. Démontrons la continuité de δ_a sur $\mathcal{S}$ en ayant recours au critère (V.18). On a

$$|\langle \delta_a, \phi \rangle| = |\phi(a)| \leq \max_{x \in \mathbb{R}} |\phi(x)| = N_{0,0}(\phi)$$

   Ainsi, δ_a admet une transformée de Fourier. Elle est facile à calculer en utilisant uniquement la définition de la T.F. d'une distribution tempérée :

$$\begin{aligned} \left\langle \widehat{\delta_a}, \phi \right\rangle = \left\langle \delta_a, \widehat{\phi} \right\rangle = \widehat{\phi}(a) &= \int_{-\infty}^{+\infty} \phi(x) e^{-2i\pi a x} dx \\ &= \left\langle e^{-2i\pi a x}, \phi(x) \right\rangle \end{aligned}$$

   où x est une variable muette. La transformée de Fourier de δ_a est donc la distribution régulière associée à la fonction $\nu \mapsto e^{-2i\pi a\nu}$. En particulier, la transformée de Fourier de δ « est » la fonction constante égale à 1.
   On retiendra ce résultat important sous la forme :

$$\forall \nu \in \mathbb{R} \quad \mathcal{F}\delta_a(\nu) = e^{-2i\pi a\nu} \tag{V.21}$$

5. Nous dirons qu'une fonction $f : \mathbb{R} \to \mathbb{C}$ est « à croissance lente » (ou « à croissance au plus polynomiale ») s'il existe $N \in \mathbb{N}$, $C > 0$ et $A \in \mathbb{R}^+$ tels que

$$(\forall x \in \mathbb{R}) \quad \big(|x| \geq A \Longrightarrow |f(x)| \leq C|x|^N\big) \tag{V.22}$$

   Le vocabulaire est abusif : une fonction à croissance lente n'a évidemment aucune raison d'être monotone.

   Toute fonction f localement intégrable à croissance lente définit une distribution tempérée. En fait le mot « tempérée » évoque précisément une **croissance lente à l'infini**. La démonstration que T_f est tempérée est faite dans l'exercice V.6.
   En particulier toute fonction polynomiale définit une distribution tempérée, de même que toute fraction rationnelle dont les pôles sont tous non réels. En effet, une telle fraction rationnelle $\frac{P}{Q}$ est continue sur $\mathbb{R}$ et elle est à croissance lente, puisqu'elle vérifie au voisinage de l'infini :

$$\left|\frac{P(x)}{Q(x)}\right| = \mathcal{O}\big(|x|^{\deg P - \deg Q}\big)$$

   Cela signifie qu'une fonction polynomiale ou une fraction rationnelle sans pôle réel admet une T.F. au sens des distributions. Notamment, une fonction polynomiale P non identiquement nulle n'est pas intégrable sur $\mathbb{R}$, donc la T.F. de P au sens usuel n'existe pas (l'intégrale $\int_{-\infty}^{+\infty} P(t) e^{2i\pi t\nu}\, dt$ n'a pas de sens), mais la distribution $\widehat{T_P}$ existe. Son calcul fait l'objet de l'exercice V.10.

6. *A contrario*, on montrera dans l'exercice V.11 que la distribution associée à la fonction $x \mapsto e^x$ n'est pas tempérée. Cela signifie que la fonction exponentielle croît trop vite en $+\infty$ pour que la distribution associée soit tempérée.

Proposition 2.5 *Si u est tempérée, alors il en est de même de ses dérivées successives ainsi que du produit de u par une fonction polynomiale.*

Preuve. Soit $u \in \mathcal{S}'$. Pour $n \in \mathbb{N}$, $\langle u^{(n)}, \phi\rangle = (-1)^n \langle u, \phi^{(n)}\rangle$ a un sens pour tout ϕ de $\mathcal{S}$ car $\phi^{(n)} \in \mathcal{S}$. On admet la continuité sur $\mathcal{S}$ de $u^{(n)}$. Ainsi $u^{(n)} \in \mathcal{S}'$.
Soit P une fonction polynomiale. La quantité $\langle Pu, \phi\rangle$, qui est égale à $\langle u, P\phi\rangle$, a un sens pour tout ϕ de $\mathcal{S}$ car $P\phi \in \mathcal{S}$. On admet la continuité sur $\mathcal{S}$ de Pu.

□

Exemples.

1. La proposition 2.5 permet de redémontrer facilement que la distribution associée à une fonction polynomiale P est tempérée. Il suffit de vérifier que $T_P = PT_1$: pour toute fonction test ϕ, on a
$$\langle PT_1, \phi\rangle = \langle T_1, P\phi\rangle = \int_{\mathbb{R}} 1P(t)\phi(t)\,dt = \langle T_P, \phi\rangle$$
Comme la fonction $t \mapsto 1$ est bornée, T_1 est tempérée, donc $T_P = PT_1$ aussi.

2. On a vu que les fonctions localement intégrables et à croissance lente « sont » des exemples usuels de distributions tempérées. Mais pour qu'une fonction localement intégrable définisse une distribution tempérée, il n'est pourtant pas nécessaire qu'elle soit à croissance lente. Pour le voir, considérons la fonction $f : x \in \mathbb{R} \mapsto f(x) = \exp(ie^x)$. On a $|f(x)| = 1$ donc f est bornée et T_f est tempérée. D'après la proposition 2.5, cela implique $(T_f)' \in \mathcal{S}'$. Or, f est $\mathcal{C}^1$ sur $\mathbb{R}$ donc $(T_f)' = T_{f'}$ avec $f'(x) = ie^x \exp(ie^x)$. On a $|f'(x)| = e^x$ donc f' n'est pas à croissance lente. Pourtant la distribution associée $T_{f'}$ est tempérée.

2.4 Inversion de la transformation de Fourier dans $\mathcal{S}'$

L'espace $\mathcal{S}'$ fournit un cadre idéal pour la pratique de la transformation de Fourier. En effet, $\mathcal{S}'$ est non seulement « le plus gros espace » sur lequel on peut définir la transformation de Fourier, mais on peut de plus inverser la transformation de Fourier sans sortir de $\mathcal{S}'$. On sait que c'est faux dans L^1. Plus précisément nous avons le résultat suivant.

Théorème 2.1 *La transformation de Fourier est un automorphisme de $\mathcal{S}'$ et l'on a*
$$\forall v \in \mathcal{S}' \quad \mathcal{F}^{-1}v = \check{\hat{v}} \tag{V.23}$$
Autrement dit, pour chaque $v \in \mathcal{S}'$, il existe un unique $u \in \mathcal{S}'$ tel que $v = \mathcal{F}u$ et l'on a $u = \check{\hat{v}}$.

Preuve. L'application $\mathcal{F}$ est défini sur $\mathcal{S}'$ et est linéaire. Il reste à démontrer qu'elle est à valeurs dans $\mathcal{S}'$ et que $\mathcal{F} : \mathcal{S}' \to \mathcal{S}'$ est bijective, l'antécédent de $v \in \mathcal{S}'$ étant $\check{\hat{v}}$. Pour $u \in \mathcal{S}'$, (V.19) définit une forme linéaire $\mathcal{F}u$ sur $\mathcal{S}$. C'est un élément de $\mathcal{S}'$ (en admettant sa continuité).
Montrons que $\mathcal{F} : \mathcal{S}' \to \mathcal{S}'$ est surjective. Soit $v \in \mathcal{S}'$. Vérifions que $\check{\hat{v}}$ est un antécédent de v. Pour tout ϕ de $\mathcal{S}$, on a
$$\langle \mathcal{F}\check{\hat{v}}, \phi\rangle = \langle \check{\hat{v}}, \mathcal{F}\phi\rangle = \left\langle \hat{v}, \check{\hat{\phi}}\right\rangle = \left\langle v, \hat{\check{\hat{\phi}}}\right\rangle$$

Or, par la formule d'inversion dans $\mathcal{S}$, on a $\hat{\check{\hat{\phi}}} = \check{\hat{\hat{\phi}}} = \phi$, d'où $\mathcal{F}\check{\hat{v}} = v$.
Il reste à établir que $\mathcal{F} : \mathcal{S}' \to \mathcal{S}'$ est injective. Pour cela, comme $\mathcal{F}$ est linéaire, montrons que son noyau est réduit à $\{0_{\mathcal{S}'}\}$. Soit $u \in \mathcal{S}'$ tel que $\mathcal{F}u = 0_{\mathcal{S}'}$, *i.e.*

$$\forall \phi \in \mathcal{S} \quad \langle \mathcal{F}u, \phi \rangle = \langle u, \mathcal{F}\phi \rangle = 0$$

Soit $\psi \in \mathcal{S}$. Comme l'opérateur de Fourier est surjectif de $\mathcal{S}$ sur $\mathcal{S}$, il existe $\phi \in \mathcal{S}$ tel que $\psi = \mathcal{F}\phi$. On a donc $\langle u, \psi \rangle = 0$ pour tout $\psi \in \mathcal{S}$, *i.e.* $u = 0_{\mathcal{S}'}$.
Ainsi, $\mathcal{F} : \mathcal{S}' \to \mathcal{S}'$ est bijective et l'application inverse $\mathcal{F}^{-1} : \mathcal{S}' \to \mathcal{S}'$ est telle que

$$\forall v \in \mathcal{S}' \quad \mathcal{F}^{-1} v = \check{\hat{v}}$$

□

Corollaire 2.1 *On a*

$$u \in \mathcal{S}' \iff \widehat{u} \in \mathcal{S}' \tag{V.24}$$

Corollaire 2.2 *On a la formule d'inversion de Fourier dans* $\mathcal{S}'$:

$$\forall u \in \mathcal{S}' \quad u = \check{\hat{\hat{u}}} \tag{V.25}$$

Remarques.

1. Le théorème 2.1 montre que tant que l'on travaille au sens des distributions tempérées l'inversion de la tansformation de Fourier peut se faire « sans prendre de précautions » : une distribution tempérée a forcément une T.F. inverse qui est elle aussi une distribution tempérée. Pour appliquer le théorème 2.1, la seule hypothèse à vérifier est $u \in \mathcal{S}'$. Si l'on se donne $v = \widehat{u} \in \mathcal{S}'$, on ne connaît pas encore u mais, grâce à (V.24), on sait à l'avance que $u \in \mathcal{S}'$. On peut donc justifier les calculs formels de T.F. et de T.F. inverses que l'on rencontre dans les applications (notamment en physique et en traitement de signal) : il suffit de travailler dans $\mathcal{S}'$.

2. L'inversion de la transformation de Fourier dans $\mathcal{S}'$ apparaît donc plus simple d'utilisation que dans L^1. Néanmoins, on prendra garde au fait suivant : si v et sa T.F. inverse u « sont » des fonctions, l'égalité $u(t) = \widehat{v}(-t)$ n'est *a priori* vraie que pour presque-tout t. En effet, l'égalité $u = \check{\hat{v}}$ est valable dans $\mathcal{S}'$. Or deux distributions régulières sont égales ssi leurs fonctions associées sont égales presque-partout. La formule d'inversion dans L^1 conserve donc un intérêt puisqu'elle affirme que si u et v sont dans L^1, l'égalité $u(t) = \widehat{v}(-t)$ est vraie pour tout réel t.

3. On rencontre parfois en physique la « formule » suivante :

$$\delta(t) = \int_{-\infty}^{+\infty} e^{2i\pi t\nu}\, d\nu \tag{V.26}$$

Même si l'on accepte l'abus de notation « $\delta(t)$ », (V.26) n'a pas de sens mathématique. En effet, la fonction $\nu \mapsto |e^{2i\pi t\nu}| = 1$ n'est pas intégrable au sens de Lebesgue sur $\mathbb{R}$. Il reste toutefois la possibilité qu'au sens d'intégrale de Riemann généralisée, cette intégrale soit convergente. Il n'en est rien : pour $t = 0$, elle vaut $+\infty$, et pour $t \neq 0$, on a

$$\int_A^B e^{2i\pi t\nu}\, d\nu = \frac{e^{2i\pi tB} - e^{2i\pi tA}}{2i\pi t}$$

Si on fait tendre A vers $-\infty$, ou B vers $+\infty$, cette expression n'a aucune limite (par exemple, à $t \neq 0$ fixé, $e^{2i\pi tB}$ parcourt le cercle unité sans se rapprocher d'un point fixe lorsque B augmente), donc l'intégrale généralisée $\int_{-\infty}^{+\infty} e^{2i\pi t\nu}\, d\nu$ est divergente.

Lorsqu'ils utilisent la formule (V.26), les physiciens veulent exprimer que δ est l'inverse de Fourier de la fonction égale à 1 sans abandonner l'interprétation de la T.F. inverse comme superposition de signaux monofréquentiels. Cette inversion se faisant dans $\mathcal{S}'$, l'intégrale est « symbolique ». Cette formule constitue donc la décomposition de l'impulsion de Dirac en signaux de fréquences ν. La relation d'incertitude est particulièrement bien mis en évidence dans (V.26) : le signal δ est « hyper-localisé » et, effectivement, sa T.F. est « hyper-étalée » puisque toutes les fréquences ν ont le même poids dans la décomposition.

Exemples usuels. Grâce à la formule d'inversion dans $\mathcal{S}'$, nous allons calculer la T.F. de la fonction $t \mapsto e^{2i\pi\nu_0 t}$, signal monofréquentiel de fréquence ν_0. Tout d'abord, cette fonction définit une distribution tempérée puisqu'elle est bornée ($|e^{2i\pi\nu_0 t}| = 1$). Elle admet donc une T.F. au sens des distributions bien qu'elle n'en admette pas au sens usuel. De plus cette fonction est la T.F. de la distribution tempérée $\delta_{-\nu_0}$ (cf. exemple V.21 du paragraphe 2.3). C'est d'ailleurs une autre façon de voir qu'elle définit un élément de $\mathcal{S}'$. Mais surtout, cela permet d'écrire :

$$\begin{aligned} \mathcal{F}(t \mapsto e^{2i\pi\nu_0 t}) &= \mathcal{F}\mathcal{F}\delta_{-\nu_0} \\ &= \check{\delta}_{-\nu_0} \end{aligned}$$

Évidemment, la notation $\mathcal{F}(t \mapsto e^{2i\pi\nu_0 t})$ doit s'interpréter comme la T.F. de la distribution régulière associée à la fonction $t \mapsto e^{2i\pi\nu_0 t}$. On a finalement :

$$\mathcal{F}(t \mapsto e^{2i\pi\nu_0 t}) = \delta_{\nu_0} \tag{V.27}$$

Dans les applications, on note δ_{ν_0} comme la « fonction » $\delta(\nu - \nu_0)$, donc on écrit improprement (V.27) sous la forme :

$$\mathcal{F}(e^{2i\pi\nu_0 t})(\nu) = \delta(\nu - \nu_0)$$

On interprète cette formule en disant que le signal monofréquentiel de fréquence ν_0 a un spectre constitué d'une seule « raie » (en ν_0).

Grâce aux formules d'Euler, on en déduit la T.F. des signaux monofréquentiels réels (non intégrables) $t \mapsto \cos(2\pi\nu_0 t)$ et $t \mapsto \sin(2\pi\nu_0 t)$. Par linéarité de $\mathcal{F}$ dans $\mathcal{S}'$, on a

$$\mathcal{F}\big(t \mapsto \cos(2\pi\nu_0 t)\big) = \frac{1}{2}(\delta_{\nu_0} + \delta_{-\nu_0}) \tag{V.28}$$

Avec des notations abusives, (V.28) s'écrit :

$$\mathcal{F}\big(\cos(2\pi\nu_0 t)\big)(\nu) = \frac{1}{2}(\delta(\nu - \nu_0) + \delta(\nu + \nu_0))$$

De même, on obtient :

$$\mathcal{F}\big(t \mapsto \sin(2\pi\nu_0 t)\big) = \frac{1}{2i}(\delta_{\nu_0} - \delta_{-\nu_0}) \tag{V.29}$$

2.5 Transformation de Fourier et dérivation des distributions

En tant qu'outil mathématique, grâce à la formule (IV.14), la transformation de Fourier permet de transformer sous des hypothèses minimales la dérivée d'une fonction en un produit de cette fonction par un monôme, et inversement grâce à la formule (IV.11).

Les formules (IV.11) et (IV.14) sont encore vraies quand on travaille avec des distributions tempérées **à condition que toutes les opérations soient prises au sens des distributions**. Précisément nous avons la proposition suivante.

Proposition 2.6 *Pour tout u de $\mathcal{S}'$, on a*

$$\mathcal{F}\big(u^{(n)}\big) = (2i\pi\nu)^n \mathcal{F}u \tag{V.30}$$

$$\big(\mathcal{F}u\big)^{(n)} = \mathcal{F}\big((-2i\pi t)^n u\big) \tag{V.31}$$

Preuve. Prouvons (V.30) en raisonnant par dualité. Pour tout $\phi \in \mathcal{S}$, on a

$$\langle \mathcal{F}(u^{(n)}), \phi\rangle = \langle u^{(n)}, \mathcal{F}\phi\rangle = (-1)^n \langle u, (\mathcal{F}\phi)^{(n)}\rangle$$

Remarquons que $\phi \in \mathcal{S}$ vérifie pour tout n les hypothèses du corollaire 2.1 du chapitre IV : pour tout entier k, les fonctions $t \mapsto t^k\phi(t)$ sont intégrables sur $\mathbb{R}$ en tant que fonctions continues à décroissance rapide. On a donc $(\mathcal{F}\phi)^{(n)}(\nu) = (-2i\pi)^n \mathcal{F}\big(t^n\phi(t)\big)(\nu)$, d'où

$$(-1)^n\langle u, (\mathcal{F}\phi)^{(n)}\rangle = (2i\pi)^n \langle u, \mathcal{F}\big(t^n\phi(t)\big)\rangle = (2i\pi)^n\langle \mathcal{F}u, t^n\phi(t)\rangle = \langle (2i\pi t)^n\mathcal{F}u, \phi(t)\rangle$$

où la variable t est muette. On a donc l'égalité $\mathcal{F}(u^{(n)}) = (2i\pi t)^n\mathcal{F}u$ entre distributions tempérées. La notation $(2i\pi t)^n\mathcal{F}u$ désigne bien sûr le produit de la fonction $t \mapsto (2i\pi t)^n$ (qui est bien $\mathcal{C}^\infty$ sur $\mathbb{R}$) par la distribution $\mathcal{F}u$. On peut tout aussi bien noter cette distribution $(2i\pi\nu)^n\mathcal{F}u$ et on a donc l'égalité (V.30).
La démonstration de (V.31) est analogue et fait l'objet de l'exercice V.9.

□

Remarque importante. Dans les formules (V.30) et (V.31), on utilise trois opérations :
- la transformation de Fourier $\mathcal{F}$,
- la dérivation d'ordre n,
- la multiplication par la fonction $x \mapsto x^n$ ($\mathcal{C}^\infty$ sur $\mathbb{R}$).

Ces trois opérations sont à comprendre *au sens des distributions*. Sous cette condition, on voit que les deux formules s'appliquent sans précaution pourvu que $u \in \mathcal{S}'$. Rappelons que les formules analogues pour les fonctions, pour lesquelles les trois opérations sont prises au sens usuel, nécessitent plus de soin dans la vérification des hypothèses, même si celles-ci sont minimales (voir les propositions 2.1 et 2.2 du chapitre IV). C'est donc plus simple de travailler dans $\mathcal{S}'$ que dans L^1, mais cela nécessite de « comprendre ce que l'on fait ». Pour illustrer cette remarque on méditera l'exemple suivant.

Exemple. Si on applique *sans précaution* la proposition 2.2 du chapitre IV à la fonction $\mathbf{1}_{[-a,a]}$, on obtient un résultat *faux*.
En effet, la dérivée usuelle de $\mathbf{1}_{[-a,a]}$, définie sur $\mathbb{R}\setminus\{-a,a\}$, est la fonction nulle. La T.F. de la fonction nulle p.p. est nulle. Un calcul formel au sens usuel nous donnerait donc l'égalité $0 = 2i\pi\nu\mathcal{F}\mathbf{1}_{[-a,a]} = 2i\pi\nu\,\frac{\sin(2\pi a\nu)}{\pi\nu}$, *i.e.* $0 = 2i\sin(2\pi a\nu)$ pour tout réel ν, ce qui est absurde.
On voit qu'il est essentiel de vérifier les hypothèses avant d'utiliser une formule de ce genre : il n'est pas étonnant que la formule donne un résultat faux puisque la fonction $\mathbf{1}_{[-a,a]}$ ne vérifie pas les hypothèses de la proposition 2.2 du chapitre IV (elle n'est pas de classe $\mathcal{C}^1$ sur $\mathbb{R}$ puisqu'elle n'est même pas continue).
Appliquons maintenant la proposition 2.6 et constatons que « tout se passe bien ».
La distribution régulière associée à $f = \mathbf{1}_{[-a,a]}$ vérifie l'unique hypothèse de la proposition 2.6 : f est une fonction intégrable, donc elle définit une distribution tempérée. On a donc, *au sens des distributions*, la formule (V.30). Or, d'après la formule des sauts, la dérivée au sens des distributions de $\mathbf{1}_{[-a,a]}$ est $\delta_{-a} - \delta_a$. Ainsi

$$\mathcal{F}\big((\mathbf{1}_{[-a,a]})'\big) = 2i\pi\nu\mathcal{F}(\mathbf{1}_{[-a,a]}) = 2i\sin(2\pi a\nu)$$

D'autre part

$$\mathcal{F}\big((\mathbf{1}_{[-a,a]})'\big) = \mathcal{F}(\delta_{-a} - \delta_a) = e^{2i\pi a\nu} - e^{-2i\pi a\nu} = 2i\sin(2\pi a\nu)$$

Ces deux façons de calculer $\mathcal{F}\big((\mathbf{1}_{[-a,a]})'\big)$ au sens des distributions donnent bien le même résultat.

2.6 Transformation de Fourier et convolution des distributions

Transformation de Fourier dans $\mathcal{E}'$

Toute distribution *à support borné* est tempérée. En effet, on sait qu'une telle distribution u peut être prolongée à l'espace $\mathcal{E} = \mathcal{C}^\infty(\mathbb{R})$, raison pour laquelle on note $\mathcal{E}'$ l'e.v. des distributions à support borné (le dual de $\mathcal{E}$). *A fortiori*, l'expression $\langle u, \phi \rangle$ est définie pour tout $\phi \in \mathcal{S}$ car $\mathcal{S} \subset \mathcal{E}$. Si on admet la continuité sur $\mathcal{S}$ de $u \in \mathcal{E}'$, on obtient $u \in \mathcal{S}'$. Les relations d'inclusion suivantes entre espaces de fonctions tests

$$\mathcal{D} \subset \mathcal{S} \subset \mathcal{E} \tag{V.32}$$

nous donnent les relations d'inclusion suivantes entre espaces de distributions :

$$\mathcal{E}' \subset \mathcal{S}' \subset \mathcal{D}' \tag{V.33}$$

Ainsi, toute distribution à support borné admet une transformée de Fourier. La proposition suivante, que l'on admet, donne un moyen simple de la calculer.

Proposition 2.7 *Si u est une distribution à support borné, sa transformée de Fourier est une fonction de classe $\mathcal{C}^\infty$ sur $\mathbb{R}$, définie par*

$$\widehat{u}(\xi) = \langle u, e^{-2i\pi \cdot \xi} \rangle \tag{V.34}$$

Avec les abus de notation déjà utilisés, $\langle u, e^{-2i\pi \cdot \xi} \rangle$ peut aussi être noté $\langle u(x), e^{-2i\pi x\xi} \rangle$ où la variable x est muette. Rappelons que lorsque nous disons que $\widehat{u} \in \mathcal{S}'$ « est » une fonction $\mathcal{C}^\infty$, nous voulons dire que c'est la distribution régulière associée à une fonction $\mathcal{C}^\infty$. Noter $\xi \mapsto \widehat{u}(\xi)$ cette fonction revient à identifier la distribution régulière $\widehat{u}$ à la fonction à laquelle elle est associée. On obtient directement $\widehat{u}(\xi)$ en faisant agir u sur la fonction test $x \mapsto e^{-2i\pi x\xi}$. L'expression $\langle u(x), e^{-2i\pi x\xi} \rangle$ a un sens parce que la distribution u est à support borné : elle peut agir sur une fonction $\mathcal{C}^\infty$ à support non compact. Ce mode de calcul de $\widehat{u}$ est très naturel : il ne fait que généraliser le cas où u est une fonction localement intégrable à support borné. En effet, dans un tel cas, u est intégrable sur $\mathbb{R}$ (puisque $\int_{\mathbb{R}} |u| = \int_{\operatorname{Supp} u} |u|$), donc admet une T.F. au sens usuel et celle-ci est donnée par

$$\widehat{u}(\xi) = \int_{\mathbb{R}} u(x) e^{-2i\pi x\xi}\, dx = \langle u(x), e^{-2i\pi x\xi} \rangle$$

Exemple. La distribution de Dirac δ_a est élément de $\mathcal{E}'$. On a déjà calculé sa transformée de Fourier en utilisant la définition de la transformation de Fourier dans $\mathcal{S}'$. Calculons de nouveau $\widehat{\delta_a}$, en utilisant cette fois la relation (V.34) :

$$\forall \xi \in \mathbb{R} \quad \widehat{\delta_a}(\xi) = \langle \delta_a, e^{-2i\pi \cdot \xi} \rangle = e^{-2i\pi a\xi}$$

La T.F. de δ_a « est » effectivement une fonction $\mathcal{C}^\infty$, comme l'affirme la proposition 2.7.

Propriétés des signaux à spectre borné

En traitement du signal, on appelle *spectre* d'un signal le support de sa transformée de Fourier. Nous allons voir que les signaux dont le spectre est borné sont très réguliers. Nous allons d'abord traiter le cas des fonctions intégrables à spectre borné, pour lesquelles le résultat est plus précis et de démonstration élémentaire. Dans un deuxième temps, nous traiterons le cas général des distributions à spectre borné.

Définition 2.4 *On dit que $u \in \mathcal{S}'$ est à spectre borné si il existe $\nu_0 \geq 0$ tel que*

$$\operatorname{Supp} \widehat{u} \subset [-\nu_0, \nu_0] \tag{V.35}$$

En particulier, une distribution régulière T_f tempérée est à spectre borné si

$$(\exists \nu_0 \geq 0) \ \Big(\nu \notin [-\nu_0, \nu_0] \Longrightarrow \widehat{f}(\nu) = 0\Big)$$

Proposition 2.8 *Si $f \in L^1(\mathbb{R})$ est à spectre borné, alors f est $\mathcal{C}^\infty$ sur $\mathbb{R}$ et $f \in L^2(\mathbb{R})$.*

Preuve. Comme $f \in L^1$, $\widehat{f}$ est continue sur $\mathbb{R}$, et comme $\widehat{f}$ est par hypothèse nulle en dehors de $[-\nu_0, \nu_0]$, cela implique que $\widehat{f}$ est intégrable sur $\mathbb{R}$. Le théorème d'inversion dans L^1 s'applique, donc f est continue sur $\mathbb{R}$ et on a $f(t) = \hat{\hat{f}}(-t)$ pour tout réel t. La fonction $\hat{f}$ est continue et à décroissance rapide (puisque nulle en dehors d'un intervalle borné), donc $\hat{\hat{f}}$ est $\mathcal{C}^\infty$ sur $\mathbb{R}$. Il en est de même de sa symétrisée f.
Le fait que $f \in L^2$ est une conséquence du fait que f et sa T.F. sont intégrables (cf corollaire 3.1 du chapitre IV).

□

Remarque. Une fonction de $L^2(\mathbb{R})$ à spectre borné n'est pas nécessairement dans $L^1(\mathbb{R})$, comme le montre l'exemple de la fonction $t \mapsto \frac{\sin t}{t}$ qui appartient à L^2 mais pas à L^1 et dont le spectre est borné puisque sa T.F. est une « fonction porte ». Toutefois, une telle fonction est bien de classe $\mathcal{C}^\infty$ comme l'indique la proposition 2.9 qui suit.

Proposition 2.9 *Si $u \in \mathcal{S}'$ est telle que $\widehat{u} \in \mathcal{E}'$, alors u est une distribution régulière associée à une fonction $\mathcal{C}^\infty$ sur $\mathbb{R}$.*

Preuve. Il s'agit d'un simple corollaire de la proposition 2.7. En effet, grâce à la formule d'inversion dans $\mathcal{S}'$, on a $u = \check{\hat{u}}$ avec $\hat{u}$ de classe $\mathcal{C}^\infty$.

□

T.F. d'un produit de convolution dans $\mathcal{E}' \times \mathcal{S}'$

Si $u \in \mathcal{E}'$ et $v \in \mathcal{D}'$ alors $u * v$ est défini. Le théorème suivant, que nous admettons, traite du cas particulier où $v \in \mathcal{S}'$.

Théorème 2.2 *Le produit de convolution d'une distribution u à support borné avec une distribution tempérée v est une distribution tempérée. De plus*

$$\forall u \in \mathcal{E}' \ \forall v \in \mathcal{S}' \quad \mathcal{F}(u * v) = \widehat{u}\,\widehat{v} \tag{V.36}$$

Remarques.

1. D'après la proposition 2.7, la distribution $\widehat{u}$ est régulière, associée une fonction indéfiniment dérivable. La distribution $\widehat{u}\,\widehat{v}$ est donc bien définie.
2. Grâce à la symétrie de la formule d'inversion dans $\mathcal{S}'$, on a aussi, sous les mêmes hypothèses
$$\mathcal{F}^{-1}(u * v) = \mathcal{F}^{-1}u\,\mathcal{F}^{-1}v$$
En effet, $\mathcal{F}^{-1}(u*v)$ est la symétrisée de $\mathcal{F}(u*v) = \widehat{u}\,\widehat{v}$. Puisque $u \in \mathcal{E}'$, $\widehat{u} \in \mathcal{C}^\infty(\mathbb{R})$, donc $\mathcal{F}^{-1}(u * v) = \check{\hat{u}}\,\check{\hat{v}} = \mathcal{F}^{-1}u\,\mathcal{F}^{-1}v$ (en raisonnant par dualité, on vérifie facilement que la symétrisée du produit d'une fonction $\mathcal{C}^\infty$ par une distribution est égale au produit des symétrisées).

3. On peut écrire la formule « duale » $\mathcal{F}(uv) = \widehat{u} * \widehat{v}$ (ou son analogue en remplaçant $\mathcal{F}$ par $\mathcal{F}^{-1}$) si u et v sont tempérées et si $\widehat{u}$ est à support borné. En effet, dans ce cas le produit de convolution $\widehat{u} * \widehat{v}$ est défini, ainsi que le produit uv, car u est alors une fonction $\mathcal{C}^\infty$ d'après la proposition 2.9. On a de plus, d'après le théorème 2.2 (appliqué à $\mathcal{F}^{-1}$, grâce à la remarque 2), $\mathcal{F}^{-1}(\widehat{u}*\widehat{v}) = uv$, d'où l'égalité $\mathcal{F}(uv) = \widehat{u}*\widehat{v}$ en composant par $\mathcal{F}$.
4. Les deux formules $\mathcal{F}(u * v) = \widehat{u}\widehat{v}$ et $\mathcal{F}(uv) = \widehat{u} * \widehat{v}$ (ou leurs analogues en remplaçant $\mathcal{F}$ par $\mathcal{F}^{-1}$) sont valables sous bien d'autres hypothèses que celles envisagés dans ce cours.

   Par exemple, si u et v sont toutes deux dans $L^2(\mathbb{R})$ alors $uv \in L^1(\mathbb{R})$, donc $\mathcal{F}(uv)$ existe au sens usuel. D'autre part, $\widehat{u}$ et $\widehat{v}$ sont toutes deux dans L^2 donc $\widehat{u} * \widehat{v}$ existe et est bornée. On peut démontrer que dans un tel cas on a bien l'égalité $\mathcal{F}(uv) = \widehat{u} * \widehat{v}$. On a aussi $\mathcal{F}^{-1}(uv) = \mathcal{F}^{-1}u * \mathcal{F}^{-1}v$ d'après la remarque 2. Par ailleurs, la fonction $u*v$ étant bornée, sa distribution associée est tempérée, donc $\mathcal{F}(u * v)$ existe dans $\mathcal{S}'$. Comme $\widehat{u}$ et $\widehat{v}$ sont dans L^2, on a $\mathcal{F}^{-1}(\widehat{u}\widehat{v}) = u * v$, de sorte que $\mathcal{F}(u * v)$ et $\widehat{u}\widehat{v}$ ont même T.F. inverse donc sont égales dans $\mathcal{S}'$. On a aussi $\mathcal{F}^{-1}(u * v) = \mathcal{F}^{-1}u\,\mathcal{F}^{-1}v$. Rappelons que, pour des fonctions, l'égalité dans $\mathcal{S}'$ signifie l'égalité presque-partout.

Exemple. Utilisons la relation (V.36) avec $u = \delta_a$ et v un élément quelconque de $\mathcal{S}'$. Cela donne

$$\mathcal{F}(\delta_a * v) = e^{-2i\pi a\nu}\mathcal{F}v$$

où $e^{-2i\pi a\nu}\mathcal{F}v$ est à comprendre comme le produit de la fonction $\nu \mapsto e^{-2i\pi a\nu}$, de classe $\mathcal{C}^\infty$, par la distribution tempéré $\mathcal{F}v$. Or $\delta_a * v = \tau_a v$. On a donc la relation

$$\forall v \in \mathcal{S}' \quad \mathcal{F}(\tau_a v) = e^{-2i\pi a\nu}\mathcal{F}v \tag{V.37}$$

qui n'est autre que la généralisation à l'espace $\mathcal{S}'$ de la relation (IV.9).

2.7 Suites et séries de distributions tempérées

Définition 2.5 *Soit $(u_n)_{n\in\mathbb{N}}$ une suite de distributions tempérées et u une distribution tempérée. On dit que la suite (u_n) converge vers u dans $\mathcal{S}'$ si*

$$\forall \phi \in \mathcal{S} \quad \lim_{n\to+\infty} \langle u_n, \phi\rangle = \langle u, \phi\rangle \tag{V.38}$$

Définition 2.6 *On dit que la série de distributions tempérées de terme général $u_n \in \mathcal{S}'$ converge si la suite des sommes partielles $S_n = \sum_{k=0}^n u_k$ converge dans $\mathcal{S}'$ vers une distribution tempérée S, dite somme de la série. On note $S = \sum_{k=0}^{+\infty} u_k$.*

La définition 2.6 a un sens car $u_k \in \mathcal{S}' \Longrightarrow S_n \in \mathcal{S}'$.

Remarque. Il résulte de la définition 2.6 que si une série de distributions tempérées de terme général u_n converge, alors

$$\forall \phi \in \mathcal{S} \quad \left\langle \sum_{n=0}^{+\infty} u_n, \phi \right\rangle = \sum_{n=0}^{+\infty} \langle u_n, \phi\rangle \tag{V.39}$$

L'opérateur de Fourier est *continu* sur $\mathcal{S}'$ au sens de la convergence dans $\mathcal{S}'$ que nous venons de définir. En effet, nous avons le résultat suivant.

Proposition 2.10 *Soit $(u_n)_{n\in\mathbb{N}}$ une suite de distributions tempérées et u une distribution tempérée. Si la suite (u_n) converge vers u dans $\mathcal{S}'$, alors la suite $(\widehat{u}_n)$ converge vers $\widehat{u}$ dans $\mathcal{S}'$.*

Preuve. Soit (u_n) une suite de $\mathcal{S}'$ convergeant vers $u \in \mathcal{S}'$. Par définition de la convergence dans $\mathcal{S}'$, pour tout $\phi \in \mathcal{S}$, on a $\langle \widehat{u_n}, \phi \rangle = \langle u_n, \widehat{\phi} \rangle \underset{n \to +\infty}{\to} \langle u, \widehat{\phi} \rangle$ car $\widehat{\phi} \in \mathcal{S}$. Autrement dit :

$$\forall \phi \in \mathcal{S} \quad \lim_{n \to +\infty} \langle \widehat{u_n}, \phi \rangle = \langle \widehat{u}, \phi \rangle$$

i.e. la suite $(\widehat{u}_n)$ converge vers $\widehat{u}$ dans $\mathcal{S}'$.

□

Corollaire 2.3 *Si une série de distributions tempérées de terme général u_n converge, alors il en est de même de la série de terme général $\widehat{u_n}$ et on a*

$$\mathcal{F}\left(\sum_{n=0}^{+\infty} u_n\right) = \sum_{n=0}^{+\infty} \mathcal{F}u_n \tag{V.40}$$

Preuve. Il suffit d'appliquer la proposition 2.10 à la suite des sommes partielles. En effet, la suite de terme général $S_n = \sum_{k=0}^{n} u_k \in \mathcal{S}'$ converge par hypothèse vers une distribution tempérée S. Il en résulte que $\mathcal{F}S_n = \sum_{k=0}^{n} \mathcal{F}u_k$ converge dans $\mathcal{S}'$ vers $\mathcal{F}S$. Autrement dit, la série de terme général $\mathcal{F}u_n$ est convergente dans $\mathcal{S}'$ et sa somme $\sum_{n=0}^{+\infty} \mathcal{F}u_n$ est égale à $\mathcal{F}S = \mathcal{F}\left(\sum_{n=0}^{+\infty} u_n\right)$.

□

Exemple important. Il est facile de prouver que le peigne de Dirac de période a est une distribution tempérée (cf. exercice V.7). Par ailleurs, la suite de distributions tempérées de terme général $S_n = \sum_{k=-n}^{n} \delta_{ak}$ converge dans $\mathcal{S}'$ vers $Ш_a$. En effet, pour tout ϕ dans $\mathcal{S}$, on a

$$\langle S_n, \phi \rangle = \sum_{k=-n}^{n} \phi(ak) \underset{n \to +\infty}{\to} \sum_{k=-\infty}^{+\infty} \phi(ak) = \langle Ш_a, \phi \rangle$$

Remarquons que nous avons utilisé la décroissance rapide de ϕ : les séries numériques de terme général $\phi(ak)$, $k \geq 0$ ou $k < 0$, sont convergentes car $|\phi(ak)| < \frac{1}{k^2}$ pour $|k|$ assez grand. Ceci justifie a posteriori que l'on se permette de noter $Ш_a = \sum_{k=-\infty}^{+\infty} \delta_{ak}$, puisque $Ш_a$ est la limite dans $\mathcal{S}'$ de la suite de terme général $\sum_{k=-n}^{n} \delta_{ak}$.

Remarque. On a raisonné ici avec la « somme symétrique » $\sum_{k=-n}^{n} \delta_{ak}$, mais il est facile de montrer (de la même façon) que les deux suites de terme général $S_{1,n} = \sum_{k=-n}^{-1} \delta_{ak}$ et $S_{2,n} = \sum_{k=0}^{n} \delta_{ak}$ sont convergentes dans $\mathcal{S}'$ et que la somme de leurs limites est $Ш_a$, de sorte qu'il est possible de dire que $Ш_a$ est la somme de la série de terme général δ_{an}, indexé par $n \in \mathbb{Z}$. Nous nous permettons cet abus de langage dans la suite, les exemples analogues pouvant tous se traiter ainsi, en décomposant la somme en deux.

Le corollaire 2.3) permet d'écrire :

$$\widehat{Ш_a} = \sum_{n=-\infty}^{+\infty} \widehat{\delta}_{an} = \sum_{n=-\infty}^{+\infty} e^{-2i\pi a n \nu} \tag{V.41}$$

Détaillons la signification de (V.41) et la façon dont on l'établit. $\sum_{n=-\infty}^{+\infty} e^{-2i\pi a n \nu}$ représente la somme de la série de distributions régulières associées aux fonctions $\nu \mapsto e^{-2i\pi a n \nu}$. Il résulte du corollaire 2.3 que cette série de distributions tempérées est convergente et que sa somme est la T.F. de $Ш_a$. Bien entendu, la série de fonctions $\nu \mapsto f_n(\nu) = e^{-2i\pi a n \nu}$ ne converge pas au sens usuel (le terme général ne tend même pas vers 0), mais la série de terme général T_{f_n} converge au sens des distributions tempérées.

2.8 Transformée de Fourier du peigne de Dirac

Nous nous proposons, dans ce paragraphe, de calculer la transformée de Fourier de la distribution tempérée Ш_a. Le résultat est en effet utilisé dans de nombreuses applications.

Proposition 2.11 *Le peigne de Dirac de période* 1 *est invariant par transformation de Fourier.*

Preuve. Démontrons tout d'abord que $\widehat{\text{Ш}_1}$ est périodique, de période 1. D'après (V.41), on a

$$\widehat{\text{Ш}_1} = \sum_{n=-\infty}^{+\infty} e^{-2i\pi n\nu}$$

Pour tout ϕ dans $\mathcal{S}$, on a

$$\langle \tau_1 \widehat{\text{Ш}_1}, \phi\rangle = \left\langle \sum_{n=-\infty}^{+\infty} e^{-2i\pi n\nu}, (\tau_{-1}\phi)(\nu) \right\rangle = \sum_{n=-\infty}^{+\infty} \int_{\mathbb{R}} e^{-2i\pi n\nu}\phi(\nu+1)\, d\nu$$

Notons que la deuxième égalité est une conséquence de (V.39). On a donc

$$\langle \tau_1 \widehat{\text{Ш}_1}, \phi\rangle = \sum_{n=-\infty}^{+\infty} \int_{\mathbb{R}} e^{-2i\pi n(x-1)}\phi(x)\, dx = \sum_{n=-\infty}^{+\infty} \int_{\mathbb{R}} e^{-2i\pi nx}\phi(x)\, dx$$

car $e^{-2i\pi n(x-1)} = e^{-2i\pi nx}e^{2i\pi n} = e^{-2i\pi nx}$. Ainsi, $\langle \tau_1 \widehat{\text{Ш}_1}, \phi\rangle == \langle \widehat{\text{Ш}_1}, \phi\rangle$ pour tout $\phi \in \mathcal{S}$, *i.e.*

$$\tau_1 \widehat{\text{Ш}_1} = \widehat{\text{Ш}_1} \tag{V.42}$$

Démontrons à présent que l'on a $\widehat{\text{Ш}_1} = e^{2i\pi\nu}\widehat{\text{Ш}_1}$. Pour tout ϕ dans $\mathcal{S}$, on a

$$\langle e^{2i\pi\nu}\widehat{\text{Ш}_1}, \phi\rangle = \sum_{n=-\infty}^{+\infty} \int_{\mathbb{R}} e^{-2i\pi n\nu}e^{2i\pi\nu}\phi(\nu)\, d\nu = \sum_{n=-\infty}^{+\infty} \int_{\mathbb{R}} e^{-2i\pi(n-1)\nu}\phi(\nu)\, d\nu$$

i.e. $\langle e^{2i\pi\nu}\widehat{\text{Ш}_1}, \phi\rangle = \sum_{m=-\infty}^{+\infty} \int_{\mathbb{R}} e^{-2i\pi m\nu}\phi(\nu)\, d\nu$.
On a donc la relation $e^{2i\pi\nu}\,\widehat{\text{Ш}_1} = \widehat{\text{Ш}_1}$, *i.e.* $(e^{2i\pi\nu}-1)\,\widehat{\text{Ш}_1} = 0$. On est en présence du problème de la division par $e^{2i\pi\nu}-1$. Cette fonction $\mathcal{C}^\infty$ a des racines simples en tout $\nu \in \mathbb{Z}$. Il en résulte (cf. paragraphe 3.5 du chapitre II) qu'il existe une suite $(a_n)_{n\in\mathbb{Z}}$ telle que

$$\widehat{\text{Ш}_1} = \sum_{n=-\infty}^{+\infty} a_n\delta_n$$

En utilisant la périodicité de $\widehat{\text{Ш}_1}$, on obtient, pour tout ϕ de $\mathcal{S}$

$$\sum_{n=-\infty}^{+\infty} a_n\phi(n) = \sum_{n=-\infty}^{+\infty} a_n\phi(n+1) = \sum_{n=-\infty}^{+\infty} a_{n-1}\phi(n)$$

Soit p un entier quelconque. Choisissons une fonction test ϕ supportée dans $]p-1, p+1[$ et telle que $\phi(p) \neq 0$. Pour cette fonction ϕ, la relation $\sum_{n=-\infty}^{+\infty} a_n\phi(n) = \sum_{n=-\infty}^{+\infty} a_{n-1}\phi(n)$ s'écrit $a_p = a_{p-1}$. Il en résulte que la suite $(a_n)_{n\in\mathbb{Z}}$ est constante. Appelons a cette constante. On a

$$\widehat{\text{Ш}_1} = a\sum_{n\in\mathbb{Z}} \delta_n = a\text{Ш}_1$$

Il reste à montrer que $a = 1$. On a $\langle \widehat{ш_1}, \phi \rangle = a \langle ш_1, \phi \rangle = \left\langle ш_1, \widehat{\phi} \right\rangle$. Considérons une fonction test particulière invariante par transformation de Fourier, par exemple $x \mapsto \phi(x) = e^{-\pi x^2} = \widehat{\phi}(x)$. On obtient

$$a \sum_{n \in \mathbb{Z}} e^{-\pi n^2} = \sum_{n \in \mathbb{Z}} e^{-\pi n^2}$$

d'où $a = 1$, ce qui termine la preuve.

□

Plus généralement, en utilisant la formule du changement d'échelle dans $\mathcal{S}'$ (cf. exercice V.14), on obtient le résultat suivant.

Proposition 2.12 *Soit $a > 0$. On a*

$$\mathcal{F} ш_a = \frac{1}{a} ш_{\frac{1}{a}} \tag{V.43}$$

Autrement dit, la transformée de Fourier d'un peigne de Dirac de période a est un peigne de Dirac de période $\frac{1}{a}$ (si $a \neq 1$, la « longueur des dents » ainsi que leur « écartement » change). En physique, cette propriété est écrite sous la forme

$$ш_a = \sum_{n=-\infty}^{+\infty} \delta(t - nT) \stackrel{\mathcal{F}}{\rightarrow} \frac{1}{a} \sum_{n=-\infty}^{+\infty} \delta\left(\nu - \frac{n}{a}\right) = \frac{1}{a} ш_{\frac{1}{a}} \tag{V.44}$$

2.9 Formule sommatoire de Poisson

Proposition 2.13 *On a*

$$\forall \phi \in \mathcal{S} \quad \sum_{-\infty}^{+\infty} \phi(n) = \sum_{-\infty}^{+\infty} \widehat{\phi}(n) \tag{V.45}$$

Preuve. On a $ш_1 = \widehat{ш_1}$ dans $\mathcal{S}'$, *i.e.* $\langle ш_1, \phi \rangle = \langle \widehat{ш_1}, \phi \rangle = \left\langle ш_1, \widehat{\phi} \right\rangle$ pour tout $\phi \in \mathcal{S}$. Or, $\langle ш_1, \phi \rangle = \sum_{-\infty}^{+\infty} \phi(n)$ et $\left\langle ш_1, \widehat{\phi} \right\rangle = \sum_{-\infty}^{+\infty} \widehat{\phi}(n)$.

□

Remarque. La formule sommatoire de Poisson est en fait valable dans un cadre plus large que $\mathcal{S}$. On peut démontrer qu'elle est encore vraie lorsque ϕ et $\widehat{\phi}$ sont de classe $\mathcal{C}^1$ par morceaux et éléments de $L^1(\mathbb{R})$ (elles sont alors continues sur $\mathbb{R}$ en vertu du théorème d'inversion de Fourier dans L^1).

Exemple. En choisissant pour ϕ la gaussienne $t \mapsto e^{-at^2}$, où $a > 0$, on obtient

$$\sum_{n=-\infty}^{+\infty} e^{-an^2} = \sqrt{\frac{\pi}{a}} \sum_{n=-\infty}^{+\infty} e^{-\frac{\pi^2}{a} n^2}$$

Supposons que l'on souhaite calculer une approximation de la valeur numérique de

$$\sum_{n=-\infty}^{+\infty} e^{-an^2} = 1 + 2 \sum_{n=1}^{+\infty} e^{-an^2}$$

Lorsque $\frac{\pi^2}{a} > a$, la série de terme général $e^{-\frac{\pi^2}{a} n^2}$ converge plus rapidement que la série de terme général e^{-an^2}. On a donc intérêt dans ce cas à calculer plutôt $\sum_{n=1}^{N} e^{-\frac{\pi^2}{a} n^2}$ que $\sum_{n=1}^{N} e^{-an^2}$: pour le même nombre N de termes calculés, l'approximation sera meilleure avec la première somme qu'avec la deuxième.

2.10 Théorème d'échantillonnage de Shannon

Considérons une fonction $t \mapsto f(t)$ définie sur $\mathbb{R}$ (ce qu'on appelle un « signal analogique » en traitement du signal). Si on échantillonne ce signal au pas $c > 0$, on obtient une suite $x_n = f(cn)$ indexée par $n \in \mathbb{Z}$. Cette opération d'échantillonnage se solde *a priori* par une perte d'information, dans le sens suivant : si on se donne seulement $(x_n)_{n\in\mathbb{Z}}$, il semble impossible de retrouver $f(t)$, puisqu'une infinité de fonctions possèdent les mêmes échantillons au pas c (cf. figure V.3).

Toutefois, si le signal analogique f est à énergie finie et **à spectre borné**, alors il est possible de reconstituer f par une *formule d'interpolation* à partir de ses échantillons pourvu que le pas c d'échantillonnage soit suffisamment petit (ce qui revient à dire que la *fréquence d'échantillonnage* $1/c$ doit être suffisamment grande). Ce résultat, fondamental en traitement du signal, est appelé *théorème de Shannon.* Il est *a priori* contre-intuitif de pouvoir retrouver f à partir de ses échantillons, mais il ne faut pas perdre de vue que l'hypothèse que le support de $\widehat{f}$ est borné est très forte et qu'elle implique en fait que f est très régulière. En effet, on a vu que, sous cette hypothèse, f est de classe $\mathcal{C}^\infty$, mais on peut en fait démontrer que f est encore plus régulière : elle est prolongeable en une fonction *analytique* sur $\mathbb{C}$ (cf. chapitre IX pour la définition de cette notion). Or nous verrons que les différentes valeurs d'une fonction analytique sont en quelque sorte « liées entre elles », grâce au *principe du prolongement analytique*, ce qui rend plausible qu'une suite de valeurs de f puisse redonner toutes ses valeurs.

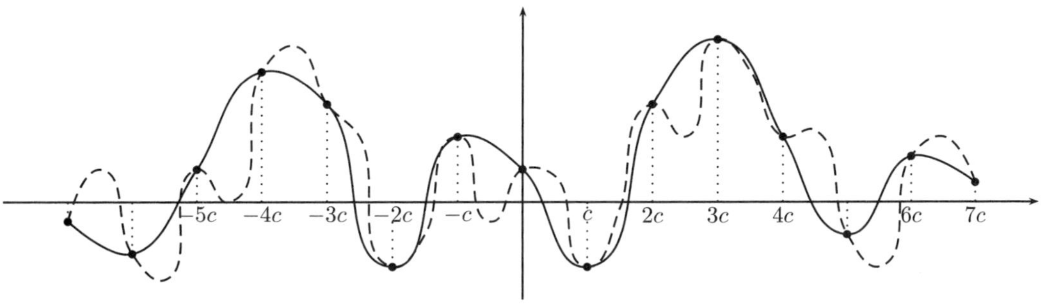

FIGURE V.3 – *Deux fonctions ayant les mêmes échantillons au pas c*

Considérons $f \in L^2(\mathbb{R})$ telle que $\operatorname{Supp} \widehat{f} \subset [-\nu_0, \nu_0]$. On commence par remarquer qu'échantillonner f au pas c revient à construire le signal discret

$$f\text{Ш}_c = \sum_{n\in\mathbb{Z}} f(cn)\delta_{cn} \tag{V.46}$$

Puisque f est à spectre borné, on a $f \in \mathcal{C}^\infty(\mathbb{R})$, donc la distribution $f\text{Ш}_c$ est bien définie. En vertu du théorème 2.2, le produit de convolution $\widehat{f} * \widehat{\text{Ш}_c}$ existe et est dans $\mathcal{S}'$, car par hypothèse $\widehat{f} \in \mathcal{E}'$. De plus sa T.F. inverse est $f\text{Ш}_c$. On a donc

$$\mathcal{F}(f\text{Ш}_c) = \widehat{f} * \widehat{\text{Ш}_c} = \widehat{f} * \frac{1}{c}\text{Ш}_{\frac{1}{c}}$$

Formellement, on obtient

$$\mathcal{F}(f\text{Ш}_c) = \frac{1}{c}\sum_{n\in\mathbb{Z}} \widehat{f} * \delta_{\frac{n}{c}} = \frac{1}{c}\sum_{n\in\mathbb{Z}} \tau_{\frac{n}{c}}\widehat{f} \tag{V.47}$$

Ce calcul formel se justifie : pour $u \in \mathcal{E}'$, on démontre dans l'exercice V.3 la relation

$$u * ш_a = u * \sum_{n\in\mathbb{Z}} \delta_{an} = \sum_{n\in\mathbb{Z}} \tau_{an} u$$

d'où le résultat en l'appliquant à $u = \widehat{f}$.

Par ailleurs, f est une fonction de $L^2(\mathbb{R})$, donc $\widehat{f}$ aussi. Si $\frac{1}{c} \geq 2\nu_0$, la somme $\sum_{n\in\mathbb{Z}} \tau_{\frac{n}{c}} \widehat{f}$, qui n'est autre que la fonction de période $\frac{1}{c}$ égale à $\widehat{f}(\nu)$ pour $\nu \in \left[-\frac{1}{2c}, \frac{1}{2c}\right]$, reproduit le « motif central » du graphe de la fonction $\widehat{f}$ à support borné (cf. figure V.4, où on a représenté le cas particulier où f est réelle et paire, avec $\operatorname{Supp} \widehat{f} = [-\nu_0, \nu_0]$). Il est donc possible de retrouver $\widehat{f}$ à partir de la T.F. du signal échantillonné, donc de retrouver f à partir de son échantillonnage, pourvu que $c \leq \frac{1}{2\nu_0}$.
On retiendra notamment qu'**échantillonner le signal à la fréquence** $1/c \geq 2\nu_0$ **revient à « périodiser » sa transformée de Fourier, à la période** $1/c$.

Remarque. Le raisonnement précédent est valable lorsque le pas c d'échantillonnage est inférieur ou égal à $\frac{1}{2\nu_0}$. Lorsque $c > \frac{1}{2\nu_0}$, il est possible que les différentes translatées de $\widehat{f}$ « se mélangent » (on parle alors de *recouvrement de spectre*) et il n'est plus possible de reconstruire f à partir de son échantillonnage. La fréquence minimale d'échantillonnage $2\nu_0$ s'appelle *fréquence critique de Nyquist*.

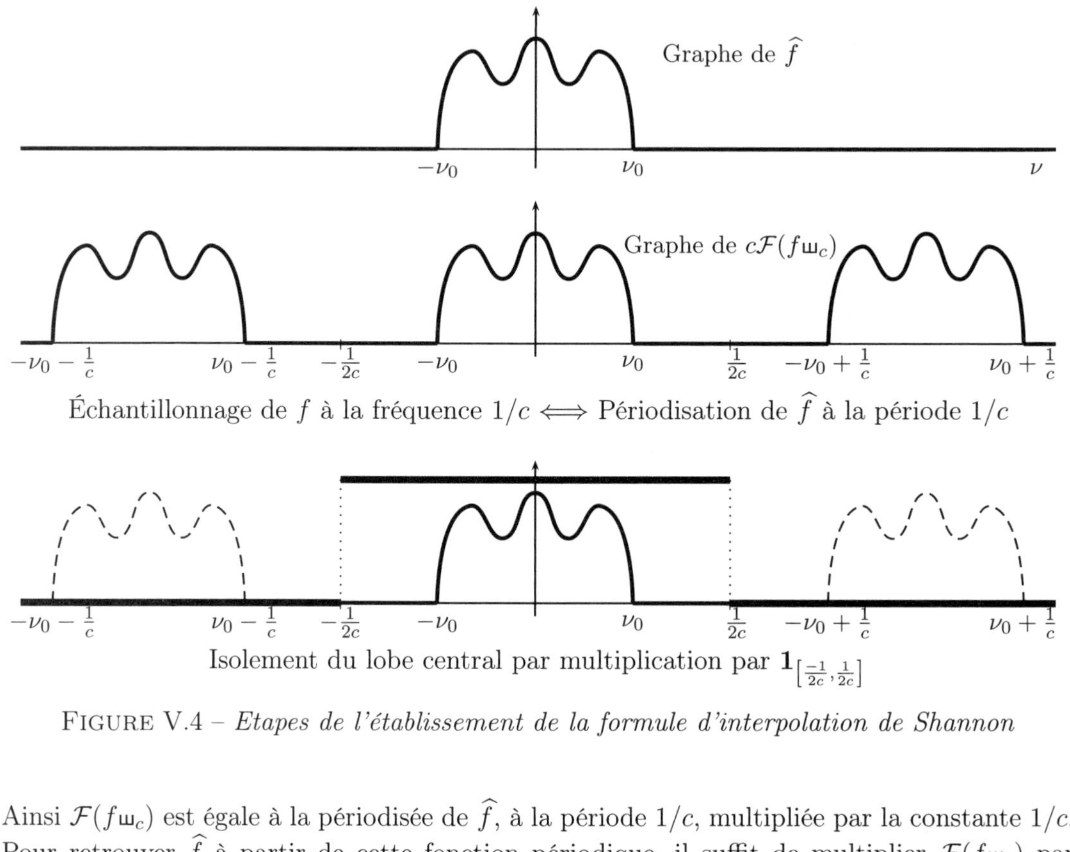

FIGURE V.4 – *Etapes de l'établissement de la formule d'interpolation de Shannon*

Ainsi $\mathcal{F}(f ш_c)$ est égale à la périodisée de $\widehat{f}$, à la période $1/c$, multipliée par la constante $1/c$. Pour retrouver $\widehat{f}$ à partir de cette fonction périodique, il suffit de multiplier $\mathcal{F}(f ш_c)$ par $c\mathbf{1}_{\left[\frac{-1}{2c}, \frac{1}{2c}\right]}$.

Finalement nous avons, au sens des distributions tempérées :

$$f = \mathcal{F}^{-1}\left(c\mathbf{1}_{\left[\frac{-1}{2c},\frac{1}{2c}\right]}\left(\widehat{f} * \frac{1}{c}Ш_{\frac{1}{c}}\right)\right)$$

Formellement, la T.F. inverse d'un produit étant un produit de convolution, f est le produit de convolution de la T.F. inverse de $c\mathbf{1}_{\left[\frac{-1}{2c},\frac{1}{2c}\right]}$ par la T.F. inverse de $\widehat{f} * \frac{1}{c}Ш_{\frac{1}{c}}$. Or :

- La T.F. inverse de $c\mathbf{1}_{\left[\frac{-1}{2c},\frac{1}{2c}\right]}$ est $\operatorname{sinc}\left(\frac{\pi t}{c}\right)$ où $\operatorname{sinc}(x) = \frac{\sin x}{x}$.
- La T.F. inverse de $\widehat{f} * \frac{1}{c}Ш_{\frac{1}{c}}$ est le produit de f par la T.F. inverse de $\frac{1}{c}Ш_{\frac{1}{c}}$, *i.e.* est égale à $fШ_c = \sum_{n\in\mathbb{Z}} f(cn)\delta_{cn}$.

Toutefois, il n'est pas évident que nous ayons le droit d'utiliser ici la formule $\mathcal{F}(u * v) = \widehat{u}\,\widehat{v}$. En effet, si $u = \operatorname{sinc}\left(\frac{\pi t}{c}\right)$ et $v = \sum_{n\in\mathbb{Z}} f(cn)\delta_{cn}$ sont bien éléments de $\mathcal{S}'$, aucun des deux n'est à support compact. Si nous admettons que cette opération est licite, nous obtenons l'égalité dans $\mathcal{S}'$:

$$f(t) = \operatorname{sinc}\left(\frac{\pi t}{c}\right) * \sum_{n\in\mathbb{Z}} f(cn)\delta_{cn} = \sum_{n\in\mathbb{Z}} f(cn)\operatorname{sinc}\left(\frac{\pi}{c}(t-cn)\right) \tag{V.48}$$

L'égalité (V.48), dite *formule de Shannon*, signifie que la série du membre de droite converge dans $\mathcal{S}'$ vers la distribution régulière associée à f. Il n'y a *a priori* pas de raison que l'égalité soit vraie pour tout réel t. On peut toutefois démontrer que $\sum_{n=-N}^{N} f(cn)\operatorname{sinc}\left(\frac{\pi}{c}(t-cn)\right)$ converge vers f dans $L^2(\mathbb{R})$ quand N tend vers $+\infty$.

Si de plus $\sum_{n=-\infty}^{+\infty} |f(cn)| < +\infty$, alors la série converge normalement sur $\mathbb{R}$ (car les translatées du sinus-cardinal sont toutes bornées par 1). La somme S de la série est une fonction continue sur $\mathbb{R}$ en tant que somme d'une série normalement convergente. Par ailleurs, pour tout $(a,b) \in \mathbb{R}^2$ avec $b > a$, on a $\|S_N - S\|_{L^2([a,b])} \leq \sqrt{b-a}\|S_N - S\|_\infty$, donc S_N converge vers S dans $L^2([a,b])$. Comme on a $\|S_N - f\|_{L^2([a,b])} \leq \|S_N - f\|_{L^2(\mathbb{R})}$, S_N converge vers f dans $L^2([a,b])$, donc on a $f = S$ dans $L^2([a,b])$ pour tout $(a,b) \in \mathbb{R}^2$. Cela implique que $f = S$ presque-partout. Mais comme f et S sont continues sur $\mathbb{R}$, il en résulte que $f(t) = S(t)$ pour tout réel t.

Finalement, nous pouvons énoncer le théorème suivant.

Théorème 2.3 ***Théorème d'échantillonnage de Shannon***
Soit $f \in L^2(\mathbb{R})$ telle que

$$\operatorname{Supp}\widehat{f} \subset [-\nu_0, \nu_0] \tag{V.49}$$

Si $0 < c \leq \frac{1}{2\nu_0}$, alors la fonction $t \mapsto \sum_{n=-N}^{N} f(cn)\frac{\sin\left(\frac{\pi}{c}(t-cn)\right)}{\frac{\pi}{c}(t-cn)}$ converge dans $L^2(\mathbb{R})$ vers f quand N tend vers l'infini.
Si de plus $\sum_{n=-\infty}^{+\infty} |f(cn)| < +\infty$, alors on a la formule d'interpolation

$$\forall t \in \mathbb{R} \quad f(t) = \sum_{n\in\mathbb{Z}} f(cn)\frac{\sin\left(\frac{\pi}{c}(t-cn)\right)}{\frac{\pi}{c}(t-cn)} \tag{V.50}$$

Remarques.

1. L'hypothèse « f à spectre borné » est très forte. Elle n'a pas de raison d'être vérifiée par les signaux rencontrés en pratique. En traitement du signal, on commence par éliminer les hautes fréquences grâce à un filtre passe-bas (dit *anti-repliement*). Idéalement, cela revient mathématiquement à tronquer la T.F. $\widehat{f}(\nu)$ en la multipliant par une « porte

en fréquences » $\mathbf{1}_{[-\nu_0,\nu_0]}$ ou une de ses approximations[1]. Le signal obtenu vérifie par construction l'hypothèse de la formule de Shannon, mais évidemment ce n'est plus qu'une approximation du signal original.

2. D'un point de vue strictement mathématique, si f est à spectre borné, alors on ne peut pas faire l'hypothèse que $f(t)$ est nulle en dehors d'un intervalle $[-t_0, t_0]$. En effet, hormis la fonction identiquement nulle, aucune fonction ne peut à la fois avoir un support borné et un spectre borné (nous avons vu que c'est une conséquence de la *relation d'incertitude*).

3. Le théorème de Shannon est très utile en théorie du signal. Mais en pratique, la formule de Shannon a un inconvénient majeur : pour retrouver $f(t)$, elle nécessite de connaître aussi les échantillons futurs, *i.e.* les $f(cn)$ avec $cn > t$. De plus, la convergence de la série est lente, d'où la nécessité de considérer un grand nombre de $f(cn)$ pour retrouver $f(t)$ avec une précision acceptable.

2.11 La transformation de Hilbert

Dans ce paragraphe, nous allons établir qu'il existe une relation entre la partie réelle et la partie imaginaire de la T.F. d'un signal **causal** à énergie finie. Soit $f \in L^2(\mathbb{R})$ une fonction causale. On a

$$f(t) = f(t)H(t) \quad \text{pour presque-tout } t$$

Formellement, en prenant la T.F. du membre de gauche et du membre de droite de cette égalité, on obtient

$$\widehat{f} = \widehat{f} * \widehat{H}$$

Il s'agit d'un calcul formel dans la mesure où il n'est pas évident qu'on puisse convoluer $\widehat{f} \in L^2(\mathbb{R})$ par $\widehat{H} = \widehat{T_H} \in \mathcal{S}'$. Le calcul de la T.F. de H dans $\mathcal{S}'$ est fait à l'exercice V.15 (cf. formule (V.67)). On remarque que $\widehat{H} = \frac{1}{2i\pi}\,\mathrm{P.F.}\frac{1}{\nu} + \frac{1}{2}\,\delta$ n'est pas une fonction. Ce produit de convolution n'est donc pas du type de ceux étudiés au chapitre III. Par ailleurs, le support de $\widehat{T_H}$ est $\mathbb{R}$, donc, sauf cas particulier pour f, la condition suffisante d'existence du produit de convolution (V.3) n'est pas vérifiée par les distributions $\widehat{T_f}$ et $\widehat{T_H}$

Il convient donc de justifier que le produit de convolution de tout élément g de $L^2(\mathbb{R})$ par $\widehat{H}$ peut être défini. Il suffit de définir $g * \mathrm{P.F.}\frac{1}{\nu}$. On décompose $\mathrm{P.F.}\frac{1}{\nu}$ en la somme d'un élément de $\mathcal{E}'$ et d'un élément de $L^2(\mathbb{R})$ de la façon suivante : pour tout $\phi \in \mathcal{D}$, on peut écrire

$$\left\langle \mathrm{P.F.}\frac{1}{\nu}, \phi(\nu) \right\rangle = \lim_{\varepsilon \to 0^+} \left(\int_{-1}^{-\varepsilon} \frac{\phi(\nu)}{\nu}\, d\nu + \int_{\varepsilon}^{1} \frac{\phi(\nu)}{\nu}\, d\nu \right) + \int_{-\infty}^{-1} \frac{\phi(\nu)}{\nu}\, d\nu + \int_{1}^{+\infty} \frac{\phi(\nu)}{\nu}\, d\nu$$

L'expression $\lim_{\varepsilon \to 0^+} \left(\int_{-1}^{-\varepsilon} \frac{\phi(\nu)}{\nu}\, d\nu + \int_{\varepsilon}^{1} \frac{\phi(\nu)}{\nu}\, d\nu \right)$ existe pour la même raison que $\langle \mathrm{P.F.}\frac{1}{\nu}, \phi \rangle$, et cela définit une distribution, que l'on peut noter $\mathrm{P.F.}\frac{1}{\nu}\mathbf{1}_{[-1,1]}(\nu)$:

$$\begin{aligned} \forall \phi \in \mathcal{D} \quad \left\langle \mathrm{P.F.}\frac{1}{\nu}\mathbf{1}_{[-1,1]}(\nu), \phi(\nu) \right\rangle &= \lim_{\varepsilon \to 0^+} \left(\int_{-1}^{-\varepsilon} \frac{\phi(\nu)}{\nu}\, d\nu + \int_{\varepsilon}^{1} \frac{\phi(\nu)}{\nu}\, d\nu \right) \\ &= \mathrm{V.P.} \int_{-1}^{1} \frac{\phi(\nu)}{\nu}\, d\nu \end{aligned}$$

1. En effet, le passe-bas idéal, dont la fonction de transfert est $\mathbf{1}_{[-\nu_0,\nu_0]}$, n'est pas réalisable, car sa réponse impulsionnelle, qui est la T.F. inverse de la fonction de transfert, est un sinus-cardinal, donc n'est pas causale. On peut par exemple utiliser un *filtre de Butterworth* ou un *filtre de Tchebychev*, dont la fonction de transfert est une approximation régulière de la porte et dont la réponse impulsionnelle est causale. En conséquence, il n'y a pas réellement élimination des hautes fréquences, mais seulement atténuation. Voir *Analyse et traitement du signal* de Gaillard et Lengellé.

De plus, on a

$$\int_{-\infty}^{-1} \frac{\phi(\nu)}{\nu}\, d\nu + \int_{1}^{+\infty} \frac{\phi(\nu)}{\nu}\, d\nu = \left\langle \frac{1}{\nu}\mathbf{1}_{]-\infty,-1[\cup]1,+\infty[}(\nu), \phi(\nu) \right\rangle$$

Or, la fonction $\nu \mapsto \frac{1}{\nu}\mathbf{1}_{]-\infty,-1[\cup]1,+\infty[}(\nu)$ appartient à $L^2(\mathbb{R})$ car $\int_{-\infty}^{-1} \frac{1}{\nu^2}\, d\nu + \int_{1}^{+\infty} \frac{1}{\nu^2}\, d\nu < +\infty$.

Il reste à noter que $\text{P.F.}\frac{1}{\nu}\mathbf{1}_{[-1,1]}(\nu)$ est une distribution à support borné. Plus précisément, le lecteur pourra vérifier à titre d'exercice que

$$\text{Supp}\left(\text{P.F.}\frac{1}{\nu}\mathbf{1}_{[-1,1]}(\nu)\right) = [-1, 1]$$

En résumé, on a

$$\left\{\begin{array}{l} \text{P.F.}\frac{1}{\nu} = S + T_h \\ S = \text{P.F.}\frac{1}{\nu}\mathbf{1}_{[-1,1]}(\nu) \in \mathcal{E}' \\ h \,:\, \nu \mapsto \frac{1}{\nu}\mathbf{1}_{]-\infty,-1[\cup]1,+\infty[}(\nu) \in L^2(\mathbb{R}) \end{array}\right. \tag{V.51}$$

Comme le produit de convolution de $g \in L^2(\mathbb{R})$ par un élément de $\mathcal{E}'$ est défini (c'est une distribution) ainsi que le produit de convolution de g par un autre élément de $L^2(\mathbb{R})$ (c'est une fonction bornée), le produit de convolution de g par la distribution tempérée $\text{P.F.}\frac{1}{\nu}$ est défini.

Il nous reste à justifier le passage $\mathcal{F}(fH) = \widehat{f} * \widehat{H}$. Maintenant, on sait que l'on peut écrire

$$\widehat{f} * \widehat{H} = \widehat{f} * \left(\frac{1}{2i\pi}\,\text{P.F.}\frac{1}{\nu} + \frac{1}{2}\,\delta\right) = \widehat{f} * \left(S + T_h + \frac{1}{2}\,\delta\right) = \left(\widehat{f} * S\right) + \left(\widehat{f} * T_h\right) + \left(\widehat{f} * \frac{1}{2}\,\delta\right)$$

Ce produit de convolution est donc la somme de trois produits de convolution dont la transformée de Fourier inverse est bien le produit des transformées de Fourier inverses, car cette formule est valable en particulier si

- l'une des distributions est dans $\mathcal{E}'$, ce qui est le cas de S et de δ ;
- les deux distributions sont dans $L^2(\mathbb{R})$, ce qui est le cas de $\widehat{f}$ et de h.

Il en résulte que $\mathcal{F}(fH)$ et $\widehat{f} * \widehat{H}$ ont même transformée de Fourier inverse dans $\mathcal{S}'$, donc sont égales dans $\mathcal{S}'$.

Nous avons donc, pour tout f dans $L^2(\mathbb{R})$ et causale :

$$\widehat{f} = \widehat{f} * \left(\frac{1}{2i\pi}\,\text{P.F.}\frac{1}{\nu} + \frac{1}{2}\,\delta\right) = \frac{1}{2i\pi}\left(\text{P.F.}\frac{1}{\nu} * \widehat{f}\right) + \frac{1}{2}\,\widehat{f}$$

On en déduit :

$$\widehat{f} = \frac{1}{i\pi}\,\text{P.F.}\frac{1}{\nu} * \widehat{f} \tag{V.52}$$

Appelons $A(\nu)$ et $B(\nu)$ les parties réelles et imaginaires de $\widehat{f}(\nu)$. Les fonctions A et B sont de carré intégrable sur $\mathbb{R}$. En séparant les parties réelle et imaginaire dans (V.52), on peut donc écrire les deux relations

$$A = \frac{1}{\pi}\,\text{P.F.}\frac{1}{\nu} * B \tag{V.53}$$

$$B = -\frac{1}{\pi}\,\text{P.F.}\frac{1}{\nu} * A \tag{V.54}$$

Cela montre que les parties réelles et imaginaires de la T.F. d'un signal causal ne sont pas indépendantes [2].

La symétrie entre les formules (V.53) et (V.54) est remarquable. Elle nous conduit à la définition suivante.

2. Ceci peut d'ailleurs constituer un critère de vérification de causalité dans le domaine fréquentiel.

Définition 2.7 *On appelle transformation de Hilbert l'application $\mathcal{H}$ définie sur $L^2(\mathbb{R})$ par*

$$\forall g \in L^2(\mathbb{R}) \quad \mathcal{H}g = \frac{1}{\pi}\,\text{P.F.}\frac{1}{x} * g \tag{V.55}$$

On précise plus loin l'ensemble d'arrivée de l'application $\mathcal{H}$.

Les relations (V.53) et (V.54) expriment que $A = \mathcal{H}B$ et $B = -\mathcal{H}A$. On peut énoncer la proposition suivante.

Proposition 2.14 *Pour tout $f \in L^2(\mathbb{R})$ causale, la partie réelle de $\widehat{f}$ est la transformée de Hilbert de sa partie imaginaire et la partie imaginaire de $\widehat{f}$ est l'opposé de la transformée de Hilbert de sa partie réelle.*

Le fait que $A = \mathcal{H}B$ et $B = -\mathcal{H}A$ semble indiquer que l'on a $\mathcal{H}^{-1} = -\mathcal{H}$. Pour pouvoir écrire cela, il faut préciser l'image de l'application linéaire $\mathcal{H}$ et vérifier que $\mathcal{H} : L^2(\mathbb{R}) \to \operatorname{Im}\mathcal{H}$ est inversible.

On a vu que $\mathcal{H}g$ est bien défini pour tout g de L^2. D'après le calcul de la T.F. de P.F.$\frac{1}{x}$ fait dans l'exercice V.15 (cf. formule (V.68)), on a

$$\forall g \in L^2(\mathbb{R}) \quad \mathcal{F}(\mathcal{H}g) = \frac{1}{\pi}\mathcal{F}\left(\text{P.F.}\frac{1}{x} * g\right) = -i\,\widehat{g}\,\text{sgn} \tag{V.56}$$

Comme $\widehat{g} \in L^2(\mathbb{R})$, il en est de même de la fonction $-i\widehat{g}\,\text{sgn}$, qui a le même module. Ainsi, $\mathcal{H}g \in L^2(\mathbb{R})$ pour tout g de $L^2(\mathbb{R})$, *i.e.* $\operatorname{Im}\mathcal{H} \subset L^2(\mathbb{R})$.
De plus, d'après l'égalité de Parseval-Plancherel :

$$\|\mathcal{H}g\|_{L^2} = \|\mathcal{F}(\mathcal{H}g)\|_{L^2} = \|-i\,\widehat{g}\,\text{sgn}\|_{L^2} = \|g\|_{L^2}$$

Cela prouve que $\mathcal{H} : L^2 \to L^2$ est une isométrie de L^2. En particulier cette application linéaire est injective : si $g \in L^2$ est dans le noyau de $\mathcal{H}$, on a $\|\mathcal{H}g\|_{L^2} = \|0_{L^2}\|_{L^2} = 0$, *i.e.* $\|g\|_{L^2} = 0$, donc $g = 0_{L^2}$.
Démontrons que $\mathcal{H}$ est également surjective, *i.e.* $\operatorname{Im}\mathcal{H} = L^2(\mathbb{R})$. On doit prouver que tout $v \in L^2$ possède un antécédent u par $\mathcal{H}$. Pour deviner ce qu'est u, on se laisse guider par (V.53) et (V.54) : on devrait avoir $u = -\mathcal{H}v$. La relation (V.56) permet d'obtenir l'expression suivante de la transformée de Hilbert d'une fonction g quelconque dans L^2 :

$$\forall g \in L^2(\mathbb{R}) \quad \mathcal{H}g = \mathcal{F}^{-1}(-i\,\widehat{g}\,\text{sgn}) \tag{V.57}$$

On a donc $\mathcal{H}(-\mathcal{H}v) = i\mathcal{F}^{-1}(\widehat{\mathcal{H}v}\,\text{sgn}) = i\mathcal{F}^{-1}(-i\,\widehat{v}\,\text{sgn}\,\text{sgn}) = v$. L'application linéaire $\mathcal{H}$ est bien surjective.
Nous avons prouvé que $\mathcal{H} : L^2 \to L^2$ est une isométrie bijective et que $\mathcal{H}^{-1}v = -\mathcal{H}v$.

Nous avons démontré le résultat suivant.

Théorème 2.4 *La transformation de Hilbert, définie sur $L^2(\mathbb{R})$, est à valeurs dans $L^2(\mathbb{R})$. De plus, $\mathcal{H} : L^2(\mathbb{R}) \to L^2(\mathbb{R})$ est une isométrie de $L^2(\mathbb{R})$, i.e. $\|\mathcal{H}g\|_{L^2(\mathbb{R})} = \|g\|_{L^2(\mathbb{R})}$ pour tout $g \in L^2(\mathbb{R})$. Cette isométrie est bijective et d'inverse $\mathcal{H}^{-1} = -\mathcal{H}$.*

Remarque. Suivant le contexte, on utilisera (V.55) ou (V.57) pour calculer la transformée de Hilbert d'une fonction $g \in L^2(\mathbb{R})$.

Il résulte du théorème 2.4 que la transformation de Hilbert et sont inverse sont des opérateurs *continus* sur $L^2(\mathbb{R})$.

Corollaire 2.4 *L'application* $\mathcal{H} : L^2(\mathbb{R}) \to L^2(\mathbb{R})$ *est continue, ainsi que* $\mathcal{H}^{-1} = -\mathcal{H}$.

Preuve. L'égalité $\|\mathcal{H}g\|_{L^2} = \|g\|_{L^2}$ montre que $\mathcal{H}$ est continue sur $L^2(\mathbb{R})$ (appliquer la proposition 2.1 du chapitre III à l'application linéaire $\mathcal{H}$). Puisque $\mathcal{H}^{-1} = -\mathcal{H}$, l'application $\mathcal{H}^{-1}$ est elle aussi continue.

□

Complément. En fait, toute isométrie bijective $\mathcal{T} : E \to E$ d'un espace vectoriel normé $(E, \|\cdot\|_E)$ est continue ainsi que son inverse $\mathcal{T}^{-1}$. En effet, pour tout $x \in E$, on a $\|\mathcal{T}x\|_E = \|x\|_E$, donc $\mathcal{T}$ est continue. Par ailleurs, pour tout $y \in E$ il existe un unique $x \in E$ tel que $y = \mathcal{T}x$. On a $\|\mathcal{T}^{-1}y\|_E = \|x\|_E = \|\mathcal{T}x\|_E = \|y\|_E$, donc $\mathcal{T}^{-1}$ est continue.
Ainsi, le simple fait que la transformation de Hilbert soit une isométrie bijective de $L^2(\mathbb{R})$ implique que la transformation inverse est continue sur $L^2(\mathbb{R})$. On connaît un autre exemple : en vertu de l'égalité de Parseval-Plancherel, la transformation de Fourier $\mathcal{F} : L^2(\mathbb{R}) \to L^2(\mathbb{R})$, définie au paragraphe 5.3 du chapitre IV par prolongement de $\mathcal{F} : L^1 \cap L^2 \to L^2$, est continue sur $L^2(\mathbb{R})$ ainsi que la transformation de Fourier inverse $\mathcal{F}^{-1} : L^2 \to L^2$.

Pour tout $g \in L^2(\mathbb{R})$, $\mathcal{H}g$ est une fonction de $L^2(\mathbb{R})$. Est-il possible de trouver une expression « simple » de cette fonction ? La définition (V.55) donne envie d'écrire

$$\mathcal{H}g(x) = \frac{1}{\pi}\int_{-\infty}^{+\infty} \frac{g(x-y)}{y}\,dy = \frac{1}{\pi}\int_{-\infty}^{+\infty} \frac{g(y)}{x-y}\,dy$$

Mais, sauf cas particulier, ces intégrales divergent (la première au point 0, la deuxième au point x). Par contre, nous allons voir que si g est assez régulière, cette égalité est vraie à condition de prendre l'intégrale *en valeur principale* :

$$\mathcal{H}g(x) = \frac{1}{\pi}\,\text{V.P.}\int_{\mathbb{R}} \frac{g(x-y)}{y}\,dy \tag{V.58}$$

où

$$\text{V.P.}\int_{\mathbb{R}} \frac{g(x-y)}{y}\,dy = \lim_{\varepsilon\to 0^+}\left(\int_{-\infty}^{-\varepsilon} \frac{g(x-y)}{y}\,dy + \int_{\varepsilon}^{+\infty} \frac{g(x-y)}{y}\,dy\right) \tag{V.59}$$

Si g vérifie la relation (V.58), par changement de variable $z = x - y$, on peut aussi écrire

$$\mathcal{H}g(x) = \frac{1}{\pi}\,\text{V.P.}\int_{\mathbb{R}} \frac{g(z)}{x-z}\,dz \tag{V.60}$$

où

$$\text{V.P.}\int_{\mathbb{R}} \frac{g(z)}{x-z}\,dz = \lim_{\varepsilon\to 0^+}\left(\int_{-\infty}^{x-\varepsilon} \frac{g(z)}{x-z}\,dz + \int_{x+\varepsilon}^{+\infty} \frac{g(z)}{x-z}\,dz\right) \tag{V.61}$$

Pour justifier ces égalités, considérons la décomposition $\text{P.F.}\frac{1}{x} = S + T_h$ avec $S \in \mathcal{E}'$ et $h \in L^2(\mathbb{R})$. On a $T_g * T_h = T_{g*h}$ (cf. exercice V.2). Voyons ce que donne l'action de la distribution tempérée $T_g * S$ sur une fonction test $\phi \in \mathcal{D}$. On a

$$\begin{aligned}
\langle T_g * S, \phi\rangle &= \langle S(x), \langle g(y), \phi(x+y)\rangle\rangle \\
&= \text{V.P.}\int_{-1}^{1} \frac{1}{x}\left(\int_{\mathbb{R}} g(y)\phi(x+y)\,dy\right) dx \\
&= \text{V.P.}\int_{-1}^{1} \frac{1}{x}\left(\int_{\mathbb{R}} g(t-x)\phi(t)\,dt\right) dx \\
&= \lim_{\varepsilon\to 0^+}\int_{[-1,-\varepsilon]\cup[\varepsilon,1]} \frac{1}{x}\left(\int_{\mathbb{R}} g(t-x)\phi(t)\,dt\right) dx \\
&= \lim_{\varepsilon\to 0^+}\int_{\mathbb{R}} \phi(t)\left(\int_{[-1,-\varepsilon]\cup[\varepsilon,1]} \frac{g(t-x)}{x}\,dx\right) dt
\end{aligned}$$

Pour conclure, il suffirait de justifier que l'on peut échanger $\lim_{\varepsilon\to 0^+}$ et $\int_{\mathbb{R}}$, ce qui donnerait

$$\langle T_g * S, \phi\rangle = \int_{\mathbb{R}} \phi(t) \lim_{\varepsilon\to 0^+}\left(\int_{[-1,-\varepsilon]\cup[\varepsilon,1]} \frac{g(t-x)}{x}\,dx\right) dt \tag{V.62}$$

Le membre de droite de (V.62) est l'action sur ϕ de la distribution associée à la fonction

$$t \mapsto \lim_{\varepsilon\to 0^+} \int_{[-1,-\varepsilon]\cup[\varepsilon,1]} \frac{g(t-x)}{x}\,dx = \text{V.P.} \int_{-1}^{1} \frac{g(t-x)}{x}\,dx$$

En ajoutant $\langle S * T_g, \phi\rangle$ et $\langle T_h * T_g, \phi\rangle = \langle T_{h*g}, \phi\rangle$, on aurait l'égalité entre $\langle \mathcal{H}g, \phi\rangle$ et l'action sur ϕ de la distribution associée à la fonction $t \mapsto$ V.P. $\int_{\mathbb{R}} \frac{g(t-x)}{x}\,dx$. Cela prouverait (V.58) presque-partout.

Comme nous l'annoncions plus haut, on peut justifier cet échange limite-intégrale en faisant une hypothèse de régularité sur g.

Proposition 2.15 *Si $g \in L^2(\mathbb{R}) \cap \mathcal{C}^1(\mathbb{R})$ alors on a les relations (V.58) et (V.60).*

Preuve. Soit $g \in L^2(\mathbb{R}) \cap \mathcal{C}^1(\mathbb{R})$. Nous allons prouver l'existence de V.P. $\int_{-1}^{1} \frac{g(t-x)}{x}\,dx$ et justifier l'échange limite-intégrale qui permet de conclure. On a

$$\int_{[-1,-\varepsilon]\cup[\varepsilon,1]} \frac{g(t-x)}{x}\,dx = \int_{\varepsilon}^{1} \frac{g(t-x)-g(t+x)}{x}\,dx$$

On applique le théorème des accroissements finis à la fonction $y \mapsto g(t-y)$ (cette fonction est $\mathcal{C}^1$ comme composée de fonctions $\mathcal{C}^1$). Pour chaque $x \in]0,1]$, il existe $c_x \in]-x, x[$ tel que $g(t-x) - g(t+x) = \big(x-(-x)\big)\big(-g'(t-c_x)\big)$, d'où

$$\int_{[-1,-\varepsilon]\cup[\varepsilon,1]} \frac{g(t-x)}{x}\,dx = \int_{\varepsilon}^{1} -2g'(t-c_x)\,dx$$

La fonction $x \mapsto g'(t-c_x)$ est bornée sur $]0,1]$, d'où l'existence de la limite de cette intégrale quand ε tend vers 0 (le raisonnement est calqué sur celui que l'on a fait page 44 lorsqu'il s'agissait de prouver l'existence de la valeur principale de $\phi(x)/x$ pour une fonction test ϕ). Si on pose

$$f_\varepsilon(t) = \phi(t) \int_{[-1,-\varepsilon]\cup[\varepsilon,1]} \frac{g(t-x)}{x}\,dx$$

on a

$$\lim_{\varepsilon\to 0^+} f_\varepsilon(t) = \phi(t)\,\text{V.P.} \int_{-1}^{1} \frac{g(t-x)}{x}\,dx$$

De plus, en notant C un majorant de $x \mapsto |g'(t-c_x)|$ sur $]0,1]$, on a $|f_\varepsilon(t)| \leq \|\phi\|_\infty 2C$. L'intégrale sur $\mathbb{R}$ qu'on veut échanger avec $\lim_{\varepsilon\to 0}$ est en fait une intégrale sur $\operatorname{Supp}\phi$. Une constante est intégrable sur le compact $\operatorname{Supp}\phi$, donc on peut utiliser le théorème de convergence dominée, ce qui permet de conclure.

□

Exemple. Considérons le signal $f : t \mapsto e^{-t}H(t)$, dont la T.F. est $\widehat{f} : \nu \mapsto \frac{1}{1+2i\pi\nu} = \frac{1-2i\pi\nu}{1+4\pi^2\nu^2}$. Le signal f est causal et de carré intégrable. De plus, les parties réelle et imaginaire de $\widehat{f}$ sont des fonctions de classe $\mathcal{C}^1$ sur $\mathbb{R}$. En vertu des propositions 2.14 et 2.15, on a donc

$$\frac{1}{1+4\pi^2\nu^2} = -\frac{1}{\pi}\,\text{V.P.} \int_{\mathbb{R}} \frac{2\pi\xi}{(1+4\pi^2\xi^2)(\nu-\xi)}\,d\xi \quad \text{et} \quad \frac{2\pi\nu}{1+4\pi^2\nu^2} = \frac{1}{\pi}\,\text{V.P.} \int_{\mathbb{R}} \frac{d\xi}{(1+4\pi^2\xi^2)(\nu-\xi)}$$

Si on le souhaite, il est naturellement possible de vérifier ces égalités par calcul de primitives de fractions rationnelles (c'est fastidieux).

3 Exercices corrigés

Exercice V.1 *Démontrer que si f et g sont deux fonctions localement intégrables et telle que l'une des deux soit à support compact, alors le produit de convolution des distributions régulières T_f et T_g est défini et est égal à T_{f*g}.*

Solution. Supposons f à support compact. D'après le théorème 1.2, le produit de convolution des distributions régulières T_f et T_g est défini. Par ailleurs, d'après le théorème 2.1 du chapitre III, le produit de convolution $f*g$ au sens usuel est lui aussi défini (presque-partout), et $f*g$ est localement intégrable. Reste à justifier l'égalité $T_{f*g} = T_f * T_g$. Il suffit pour cela de s'assurer que pour tout ϕ de $\mathcal{D}$, $\langle T_f * T_g, \phi\rangle$ est égal à l'intégrale double $\iint_{\mathbb{R}^2} f(X)g(Y)\phi(X+Y)\,dXdY$, car, si elle existe, cette intégrale est égale à

$$\iint_{\mathbb{R}^2} f(x-y)g(y)\phi(x)\,dxd = \int_{\mathbb{R}} (f*g)(x)\phi(x)\,dx = \langle T_{f*g}, \phi\rangle$$

en vertu du changement de variable $(x,y) = (X+Y, Y)$, de jacobien 1. Or $\langle T_f * T_g, \phi\rangle$ peut se calculer avec l'expression donnée par (V.1) ou avec celle donnée par (V.2), *i.e.* que l'on a

$$\langle T_f{*}T_g, \phi\rangle = \int_{-\infty}^{+\infty} f(X)\Big(\int_{-\infty}^{+\infty} g(Y)\phi(X{+}Y)\,dY\Big)dX = \int_{-\infty}^{+\infty} g(Y)\Big(\int_{-\infty}^{+\infty} f(X)\phi(X{+}Y)\,dX\Big)dY$$

de sorte que l'égalité voulue est acquise dès que l'intégrale double existe, en vertu du théorème de Fubini. Il reste donc à vérifier que l'on a $\iint_{\mathbb{R}^2} |f(X)g(Y)\phi(X+Y)|\,dXdY < +\infty$. Or, comme f et ϕ sont à support compact, cette intégrale est en fait étendu à un compact de $\mathbb{R}^2$ (cf. figure V.1, où K est le support de ϕ, et où le support de $u = T_f$ est le support de f). Si $[a,b]\times[c,d]$ est un pavé contenant ce compact, on a

$$\iint_{\mathbb{R}^2} |f(X)g(Y)\phi(X+Y)|\,dXdY \leq \|\phi\|_\infty\Big(\int_a^b |f(X)|\,dX\Big)\Big(\int_c^d |g(Y)|\,dY\Big) < +\infty$$

puisque ϕ est bornée, $f \in L^1_{loc}$, $g \in L^1_{loc}$.

Exercice V.2 *Démontrer que si f et g sont deux fonctions vérifiant l'une des deux propriétés*

- *f bornée sur $\mathbb{R}$ et $g \in L^1(\mathbb{R})$;*
- *f et g éléments de $L^2(\mathbb{R})$;*

alors le produit de convolution des distributions régulières T_f et T_g est défini (sans condition de support) et est égal à T_{f*g}.

Solution.

- Si f est bornée sur $\mathbb{R}$ et $g \in L^1(\mathbb{R})$, alors le produit de convolution au sens usuel $f*g$ existe et est borné. Toute fonction (mesurable) bornée est localement intégrable, donc la distribution régulière T_{f*g} est définie. Vérifions la condition (V.12) d'existence de $T_f * T_f$ au sens des distributions. Si elle est remplie, rappelons que l'on aura automatiquement $T_f * T_g = T_{f*g}$. Pour toute fonction test ϕ, on a, grâce au changement de variable $(u,v) = (x+y, y)$:

$$\begin{aligned}\iint_{\mathbb{R}^2} |f(x)g(y)\phi(x+y)|\,dxdy &= \iint_{\mathbb{R}^2} |f(u-v)g(v)\phi(u)|\,dudv \\ &\leq \sup_{t\in\mathbb{R}} |f(t)|\Big(\int_{\mathbb{R}} |g(v)|\,dv\Big)\Big(\int_{\mathbb{R}} |\phi(u)|\,du\Big) \\ &= \|f\|_\infty \|g\|_{L^1} \|\phi\|_{L^1} < +\infty\end{aligned}$$

– Si f et g sont éléments de $L^2(\mathbb{R})$, on a aussi $f * g$ bornée, donc T_{f*g} est définie. On a

$$\begin{aligned}\iint_{\mathbb{R}^2} |f(u-v)g(v)\phi(u)|\, du dv &= \int_{\mathbb{R}} |\phi(u)| \Big(\int_{\mathbb{R}} |f(u-v)g(v)|\, dv \Big)\, du \\ &\leq \int_{\mathbb{R}} |\phi(u)| \Big(\int_{\mathbb{R}} |f(u-v)|^2\, dv \Big)^{1/2} \Big(\int_{\mathbb{R}} |g(v)|^2\, dv \Big)^{1/2} du \\ &= \|\phi\|_{L^1} \|f\|_{L^2} \|g\|_{L^2} < +\infty\end{aligned}$$

Exercice V.3 *Soit $a > 0$ et $u \in \mathcal{E}'$. Démontrer la relation*

$$u * \text{Ш}_a = \sum_{n \in \mathbb{Z}} \tau_{an} u$$

Solution. Puisque u est à support compact, $u * \text{Ш}_a$ est défini. Pour tout $\phi \in \mathcal{D}$, on a

$$\langle u * \text{Ш}_a, \phi \rangle = \langle \text{Ш}_a(x), \langle u(y), \phi(x+y) \rangle \rangle$$

Pour x fixé, la fonction $y \mapsto \phi(x+y)$ est élément de $\mathcal{D}$, et $u \in \mathcal{E}'$, donc $x \mapsto \langle u(y), \phi(x+y) \rangle$ est élément de $\mathcal{D}$. Par conséquent on peut faire agir Ш_a sur cette fonction test, et on obtient l'expression suivante (qui est une somme ne comportant en réalité qu'un nombre fini de termes) :

$$\langle u * \text{Ш}_a, \phi \rangle = \sum_{n \in \mathbb{Z}} \langle u(y), \phi(an+y) \rangle$$

Autrement dit, nous avons

$$\langle u * \text{Ш}_a, \phi \rangle = \sum_{n \in \mathbb{Z}} \langle \tau_{an} u, \phi \rangle$$

La somme $\sum_{n \in \mathbb{Z}} \langle \tau_{an} u, \phi \rangle$ ne comporte effectivement qu'un nombre fini de termes, puisque pour $|n|$ assez grand, les supports compacts de $\tau_{an} u$ et de ϕ sont d'intersection vide. La distribution $\sum_{n \in \mathbb{Z}} \tau_{an} u$ est bien sûr définie de la façon suivante :

$$\forall \phi \in \mathcal{D} \quad \Big\langle \sum_{n \in \mathbb{Z}} \tau_{an} u, \phi \Big\rangle = \sum_{n \in \mathbb{Z}} \langle \tau_{an} u, \phi \rangle$$

d'où le résultat voulu.

Exercice V.4 *L'énoncé de cet exercice est volontairement écrit dans le langage « signaux-systèmes ».*

1. *On considère un système ne modifiant pas la « forme » du signal d'entrée, mais le retardant de a unités de temps. Vérifier que c'est un système de convolution, dont on donnera la réponse impulsionnelle.*
2. *On considère le système dérivateur, dont la réponse à un signal d'entrée $x(t)$ est la dérivée de x* ***au sens des distributions****. Quelle est la réponse indicielle ? Quelle est la réponse à l'entrée $x(t) = e^{-t}H(t)$? Quelle est la réponse impulsionnelle de ce système ?*
3. *On considère un système qui, lorsque le signal d'entrée $x(t)$ est causal et de classe $\mathcal{C}^1$ sur $\mathbb{R}$, associe la réponse*

$$H(t) \left(x'(t-3) + \int_0^t (t-u) x(u) du \right)$$

Quelle est la réponse impulsionnelle de ce système ?

4. *En pratique il est difficile de simuler l'impulsion de Dirac δ, donc difficile d'observer la réponse impulsionnelle d'un système. Il est par contre aisé de simuler l'échelon unité d'Heaviside, donc facile d'observer la réponse indicielle. On suppose que les signaux d'entrée admissibles sont causaux. Comment en déduire la réponse impulsionnelle ?*

Solution.

1. La réponse à une entrée $x(t)$ est $(\tau_a x)(t) = x(t-a)$. Comme on a $\tau_a x = \delta_a * x$, ce système, qu'on peut appeler « retardateur », est le système de convolution dont la réponse impulsionnelle est δ_a. Notons que le même raisonnement est valable pour $a < 0$, mais que dans ce cas le système réalise une « avance » de $|a|$ unité de temps.
2. La réponse indicielle du dérivateur est la dérivée de la fonction d'Heaviside au sens des distributions, donc c'est δ. D'après la formule des sauts, la réponse du dérivateur à l'entrée $x(t) = e^{-t}H(t)$ est $-e^{-t}H(t) + \delta$. La réponse impulsionnelle est la dérivée de δ, *i.e* la distribution δ'. C'est aussi la distribution par laquelle on doit convoluer une entrée x quelconque pour obtenir la réponse (on a bien $x' = \delta' * x$).
3. Si x est $\mathcal{C}^1$ sur $\mathbb{R}$, il en est de même de $x(t-3)$, de sorte que sa dérivée usuelle $\big(x(t-3)\big)' = x'(t-3)$ est égale à sa dérivée au sens des distributions. Par ailleurs, x étant causale et continue, $H(t)\int_0^t (t-u)x(u)du$ est le produit de convolution de $x(t)$ par $tH(t)$. Finalement, lorsque l'entrée x est causale et $\mathcal{C}^1$, la réponse est la convoluée de $x(t)$ par $(\delta' * \delta_3) + tH(t) = \delta_3' + tH(t)$, ce qu'on écrirait sans doute $\delta'(t-3) + tH(t)$ en traitement du signal. On a donc, en utilisant le même abus de notation :
$$h(t) = \delta'(t-3) + tH(t)$$
4. Démontrons que si l'on dérive au sens des distributions la réponse indicielle d'un système de convolution, on obtient sa réponse impulsionnelle. Si on appelle h la réponse impulsionnelle, la réponse indicielle est $h * H$, dont la dérivée au sens des distributions est $(h * H) * \delta'$. Comme les signaux d'entrée appartiennent tous à la même algèbre de convolution $\mathcal{D}'_+$ (car ils sont supposés causaux), on a l'associativité du produit de convolution, donc la dérivée de la réponse indicielle est $(h * H) * \delta' = h * (H * \delta') = h * H' = h * \delta = h$.

Exercice V.5 *Vérifier que toute fonction de carré intégrable sur $\mathbb{R}$ définit une distribution tempérée.*

Solution. Soit $f \in L^2(\mathbb{R})$. On doit vérifier que $\langle T_f, \phi\rangle = \int_{\mathbb{R}} f\phi$ existe pour tout $\phi \in \mathcal{S}$, ce qui provient de l'inégalité de Cauchy-Schwartz (ϕ est continue et à décroissance rapide, donc *a fortiori* de carré intégrable sur $\mathbb{R}$) : on a $\int_{\mathbb{R}} |f\phi| \leq \|f\|_{L^2}\|\phi\|_{L^2} < +\infty$. On admet la continuité de l'application T_f ainsi prolongée à $\mathcal{S}$. Si on souhaite néanmoins la prouver, on doit vérifier que le critère (V.18) est vérifié (*i.e.* majorer $\|\phi\|_{L^2}$ par une somme de semi-normes de ϕ). Pour cela, on utilisera le fait que ϕ est à décroissance rapide.
On a finalement $T_f \in \mathcal{S}'$.

Exercice V.6 *Soit $f \in L^1_{loc}$ à croissance lente. Vérifier que la distribution régulière associée à f est tempérée.*

Solution. La distribution régulière T_f est bien définie (sur $\mathcal{D}$ *a priori*) puisque f est supposée localement intégrable. Par ailleurs, dire que f est à croissance lente signifie qu'il existe $N \in \mathbb{N}$, $C > 0$ et $A > 0$ tels que $|x| \geq A \Longrightarrow |f(x)| \leq C|x|^N$.
On doit vérifier l'existence de $\langle T_f, \phi\rangle = \int_{\mathbb{R}} f\phi$ pour tout $\phi \in \mathcal{S}$. D'abord, $f\phi$ est localement intégrable (car ϕ est bornée et f localement intégrable). D'autre part, puisque ϕ est à décroissance rapide, il existe $B > 0$ tel que $|x| \geq B \Longrightarrow |\phi(x)| \leq \frac{1}{|x|^{N+2}}$. Donc, pour $|x| \geq \max(A, B)$, on a $|f(x)\phi(x)| \leq \frac{C}{x^2}$.
Finalement, $f\phi \in L^1(\mathbb{R})$. On admet la continuité de l'application T_f ainsi prolongée à $\mathcal{S}$.

Exercice V.7 *Justifier que le peigne de Dirac de période a est une distribution tempérée.*

Solution. Le peigne de Dirac de période 1 est la dérivée au sens des distributions de la fonction « partie entière » (appliquer la formule des sauts à cette fonction $x \mapsto E(x)$, qui est $\mathcal{C}^1_m$ et discontinue en chaque point de $\mathbb{Z}$). Or la distribution associée à la fonction E est tempérée, car E est à croissance lente (on a $|E(x)| \leq |x| + 1$). Donc $ш_1$ est tempérée. Il en est naturellement de même du peigne de Dirac de période a quelconque, par une adaptation évidente du raisonnement. En particulier, la transformée de Fourier de $ш_a$ existe.
Il est aussi possible de vérifier directement que $ш_a \in \mathcal{S}'$, en vérifiant que son action sur une fonction test de $\mathcal{S}$ est bien définie (et en admettant sa continuité sur $\mathcal{S}$). C'est bien le cas car pour tout $\phi \in \mathcal{S}$, la série de terme général $\phi(n)$ est absolument convergente. En effet, puisque ϕ est à décroissance rapide, il existe $N \in \mathbb{N}$ tel que $|n| \geq N \Longrightarrow |\phi(n)| \leq \frac{1}{n^2}$.

Exercice V.8 *Soit $T \in \mathcal{S}'$. Quelle relation a-t-on entre $\hat{\check{T}}$ et $\check{\hat{T}}$? Que dire de la T.F. d'une distribution tempérée paire ? impaire ?*

Solution. Au sens usuel, transformation de Fourier et « symétrisation » commutent. Démontrons que c'est encore vrai au sens des distributions tempérées. Pour $T \in \mathcal{S}'$ et $\phi \in \mathcal{S}$, on a

$$\langle \hat{\check{T}}, \phi \rangle = \langle \check{T}, \hat{\phi} \rangle = \langle T, \check{\hat{\phi}} \rangle$$

Comme $\phi \in \mathcal{S} \subset L^1(\mathbb{R})$, on a $\check{\hat{\phi}} = \hat{\check{\phi}}$, d'où

$$\langle \hat{\check{T}}, \phi \rangle = \langle T, \hat{\check{\phi}} \rangle = \langle \hat{T}, \check{\phi} \rangle = \langle \check{\hat{T}}, \phi \rangle$$

On a donc bien

$$\forall T \in \mathcal{S}' \quad \hat{\check{T}} = \check{\hat{T}}$$

Dire que T est paire signifie que $T = \check{T}$. En prenant leurs transformée de Fourier, on obtient $\hat{T} = \hat{\check{T}} = \check{\hat{T}}$, donc $\hat{T}$ est elle-aussi paire. On démontre de la même façon que si T est impaire (*i.e.* $T = -\check{T}$), alors $\hat{T}$ est elle-aussi impaire.

Exercice V.9 *Démontrer (V.31), pour $u \in \mathcal{S}'$.*

Solution. (V.31) se démontre comme (V.30), par dualité. En laissant les détails au lecteur, on a tout d'abord, pour tout $\phi \in \mathcal{S}$

$$\langle (\mathcal{F}u)', \phi \rangle = -\langle u, \mathcal{F}(\phi') \rangle$$

Comme ϕ est intégrable et de classe $\mathcal{C}^1$, avec ϕ' intégrable, on a $\mathcal{F}(\phi')(\nu) = 2i\pi\nu(\mathcal{F}\phi)(\nu)$ (au sens usuel, bien sûr). On en déduit

$$\langle (\mathcal{F}u)', \phi \rangle = -\langle u, 2i\pi\nu(\mathcal{F}\phi)(\nu) \rangle = \langle \mathcal{F}(-2i\pi t u), \phi \rangle$$

où ν et t sont des variables muettes, d'où le résultat.

Exercice V.10 *Calculer la T.F. d'une fonction polynomiale.*

Solution. Soit $t \mapsto P(t) = \sum_{k=0}^{n} a_k t^k$ une fonction polynomiale. Sauf si P est identiquement nulle, $P \notin L^1(\mathbb{R})$, donc n'a pas de T.F. au sens usuel. Par contre P est continue et à croissance lente donc sa distribution associée T_P est tempérée, donc admet une T.F. au sens $\mathcal{S}'$.
Pour calculer cette transformée de Fourier, on utilise la formule (V.31) itérée, écrite sous la forme

$$\forall u \in \mathcal{S}' \quad \mathcal{F}(t^k u) = \frac{1}{(-2i\pi)^k} (\mathcal{F}u)^{(k)}$$

La distribution $u = T_1$ associée à $t \mapsto 1$ admet δ pour transformée de Fourier, donc la distribution associée à $t \mapsto t^k$, qui n'est autre que le produit de la fonction $t \mapsto t^k$ par T_1, admet pour T.F. la distribution tempérée $\frac{1}{(-2i\pi)^k}(\mathcal{F}T_1)^{(k)}$. Autrement dit, on a le résultat important

$$\mathcal{F}(t^k) = \frac{\delta^{(k)}}{(-2i\pi)^k} \tag{V.63}$$

d'où, par linéarité, $\mathcal{F}\left(\sum_{k=0}^{n} a_k t^k\right) = \sum_{k=0}^{n} \frac{a_k}{(-2i\pi)^k}\,\delta^{(k)}$.

Exercice V.11 *Justifier que la fonction $\frac{1}{\cosh}$ est un élément de $\mathcal{S}$. La fonction $x \mapsto e^x$ définit-elle une distribution tempérée ? Même question pour $x \mapsto e^{-x}$.*

Solution. La fonction $\psi : x \mapsto \frac{1}{\cosh x} = \frac{2}{e^x+e^{-x}}$ est $\mathcal{C}^\infty$ sur $\mathbb{R}$. On a $|\psi(x)| = \psi(x) \sim 2e^{-x}$ en $+\infty$ et $\psi(x) \sim 2e^x$ en $-\infty$. Donc ψ est à décroissance rapide. Il en est de même de sa dérivée première $\psi'(x) = -\frac{\sinh x}{(\cosh x)^2}$, qui vérifie $|\psi'(x)| = 2\frac{|e^x-e^{-x}|}{(e^x+e^{-x})^2} \sim 2e^{-x}$ en $+\infty$ et $|\psi'(x)| \sim 2e^x$ en $-\infty$. On démontre qu'à chaque dérivation, on a au dénominateur une puissance de $\cosh x$ suffisante pour « contrer » la forte croissance du numérateur, de sorte que, pour tout $k \in \mathbb{N}$, $\phi^{(k)}$ est à décroissance rapide. Ainsi, $\phi \in \mathcal{S}$.
Remarquons alors que si l'on tente de faire agir la distribution régulière $T_{\exp}$ associée à la fonction $x \mapsto e^x$ sur cet élément ψ de $\mathcal{S}$, on obtient l'intégrale $\int_{-\infty}^{+\infty} \frac{2e^x}{e^x+e^{-x}}\,dx = +\infty$ (la fonction à intégrer tend vers 2 quand x tend vers $+\infty$ donc n'est pas intégrable au voisinage de $+\infty$). Cela prouve que $T_{\exp}$ n'est pas prolongeable à $\mathcal{S}$, donc $T_{\exp} \notin \mathcal{S}'$, ce qui n'est pas étonnant puisque la croissance de l'exponentielle à l'infini « n'est pas tempérée ». En ce qui concerne la distribution associée à $x \mapsto e^{-x}$, on a le même problème de « trop forte croissance », mais en $-\infty$ cette fois, donc elle n'est pas tempérée non plus.

Exercice V.12 *Existe-il une relation d'inclusion entre L^1_{loc} et $\mathcal{S}'$?*

Solution. Précisons d'abord le sens de la question posée. On sait que L^1_{loc} s'identifie au s.e.v. de $\mathcal{D}'$ dont les éléments sont les distributions régulières. En faisant l'identification, on peut écrire $L^1_{loc} \subset \mathcal{D}'$. A-t-on aussi $L^1_{loc} \subset \mathcal{S}'$? Non : la fonction exp est localement intégrable, mais $T_{\exp} \notin \mathcal{S}'$. On n'a pas non plus l'inclusion dans l'autre sens, car $\delta \in \mathcal{S}'$, mais δ n'est pas une distribution régulière.

Exercice V.13 *Résoudre l'équation différentielle*

$$-y'' + y = \delta$$

On cherchera d'abord les solutions tempérées, puis on en déduira la solution générale.

Solution. Dans cette équation différentielle, les dérivations doivent bien sûr être prises au sens des distributions, puisque le second membre δ n'est pas une fonction. Chercher sa solution générale, c'est déterminer tous les $y \in \mathcal{D}'$ vérifiant $-y''+y = \delta$. On commence par chercher les solutions tempérées. Soit $y \in \mathcal{S}'$ une solution. La distribution y possède une transformée de Fourier. On utilise (V.30). On a dans $\mathcal{S}'$

$$\mathcal{F}(-y''+y)(\nu) = \widehat{\delta}(\nu) \Longleftrightarrow 4\pi^2\nu^2\widehat{y}(\nu) + \widehat{y}(\nu) = 1$$

On est confronté au problème de la division dans $\mathcal{S}'$. Mais la fonction $\nu \mapsto 1 + 4\pi^2\nu^2$ ne s'annule pas sur $\mathbb{R}$, donc la fonction $\nu \mapsto \frac{1}{1+4\pi^2\nu^2}$ est $\mathcal{C}^\infty$ sur $\mathbb{R}$, ce qui prouve (par multiplication des deux membres par cette fonction $\mathcal{C}^\infty$) que

$$\widehat{y}(\nu) = \frac{1}{1+4\pi^2\nu^2}$$

Donc la solution, si elle existe, est unique. En fait elle existe dans $\mathcal{S}'$ car $\widehat{y}$ est bornée (elle est continue sur $\mathbb{R}$ et tend vers 0 en $\pm\infty$), donc définit une distribution tempérée, donc admet une T.F. inverse dans $\mathcal{S}'$. En fait $\widehat{y}(\nu)$ est une T.F. usuelle : c'est une lorentzienne. Il y a donc une unique solution tempérée

$$y(t) = \mathcal{F}^{-1}\left(\frac{1}{1+4\pi^2\nu^2}\right)(t) = \frac{1}{2}e^{-|t|}$$

L'équation différentielle est linéaire, donc on obtient toutes les solutions dans $\mathcal{D}'$ en ajoutant à cette solution particulière les solutions de l'équation homogène $-z''+z=0$. Or, en vertu du corollaire 3.2 du chapitre II, l'équation différentielle linéaire normalisée $z''-z=0$ n'a que des solutions classiques. Finalement, la solution générale dans $\mathcal{D}'$ de l'équation $-y''+y=\delta$ est la distribution régulière associée à la fonction

$$y(t) = \frac{1}{2}e^{-|t|} + Ae^{t} + Be^{-t}$$

où A et B sont arbitraires.

Exercice V.14 *Formule du changement d'échelle dans $\mathcal{S}'$*

1. *Pour $k>0$ et f fonction définie sur $\mathbb{R}$, on note $\mathcal{H}_k f$ la fonction définie sur $\mathbb{R}$ par*

$$(\mathcal{H}_k f)(x) = f(kx)$$

Définir l'opérateur $\mathcal{H}_k$ sur $\mathcal{D}'$, en utilisant la démarche classique d'extension des opérations sur les fonctions à des distributions.

2. *Démontrer que l'on a*

$$\forall u \in \mathcal{S}' \quad \mathcal{F}(\mathcal{H}_k u) = \frac{1}{k}\mathcal{H}_{\frac{1}{k}}(\mathcal{F}u) \tag{V.64}$$

Solution. On peut appeler $\mathcal{H}_k$ « l'opérateur d'homothétie d'ordre k ».

1. On commence par regarder la distribution régulière associée à $\mathcal{H}_k f$, où f est une fonction définie sur $\mathbb{R}$ localement intégrable (par exemple f continue sur $\mathbb{R}$). Pour tout ϕ de $\mathcal{D}$, on a

$$\begin{aligned}\langle T_{\mathcal{H}_k f}, \phi\rangle &= \int_{\mathbb{R}} f(kx)\phi(x)\,dx \\ &= \int_{\mathbb{R}} f(t)\phi(t/k)\,\frac{1}{k}\,dt \\ &= \frac{1}{k}\left\langle T_f, \mathcal{H}_{\frac{1}{k}}\phi\right\rangle\end{aligned}$$

Pour $u\in\mathcal{D}'$, la définition de $\mathcal{H}_k u$ doit être telle que si $u=T_f$, alors $\mathcal{H}_k T_f = T_{\mathcal{H}_k f}$. Pour cela, on définit $\mathcal{H}_k u$ de la façon suivante :

$$\forall \phi \in \mathcal{D} \quad \langle \mathcal{H}_k u, \phi\rangle = \frac{1}{k}\left\langle u, \mathcal{H}_{\frac{1}{k}}\phi\right\rangle \tag{V.65}$$

2. Soit $u\in\mathcal{S}'$. Pour tout $\phi\in\mathcal{S}$, la fonction $\mathcal{H}_{\frac{1}{k}}\phi$ est élément de $\mathcal{S}$, ce qui permet de justifier que $\mathcal{H}_k u \in \mathcal{S}'$, puisque (V.65) a un sens pour tout ϕ de $\mathcal{S}$. Donc $\mathcal{H}_k u$ possède une transformée de Fourier. Pour tout ϕ de $\mathcal{S}$, on a

$$\begin{aligned}\langle \mathcal{F}(\mathcal{H}_k u), \phi\rangle &= \langle \mathcal{H}_k u, \mathcal{F}\phi\rangle \\ &= \frac{1}{k}\left\langle u, \mathcal{H}_{\frac{1}{k}}(\mathcal{F}\phi)\right\rangle\end{aligned}$$

D'après la formule du changement d'échelle dans L^1, on a

$$\mathcal{H}_{\frac{1}{k}}(\mathcal{F}\phi)(\nu) = (\mathcal{F}\phi)(\nu/k) = k\mathcal{F}(\phi(kt))(\nu)$$

Autrement dit, on a $\mathcal{H}_{\frac{1}{k}}(\mathcal{F}\phi) = k\mathcal{F}(\mathcal{H}_k\phi)$. Finalement

$$\begin{aligned}\langle \mathcal{F}(\mathcal{H}_k u), \phi \rangle &= \frac{1}{k}\langle u, k\mathcal{F}(\mathcal{H}_k\phi)\rangle \\ &= \langle \mathcal{F}u, \mathcal{H}_k\phi\rangle \\ &= \frac{1}{k}\left\langle \mathcal{H}_{\frac{1}{k}}(\mathcal{F}u), \phi \right\rangle\end{aligned}$$

On a donc (V.64), *i.e.* la formule du changement d'échelle dans $\mathcal{S}'$.

Exercice V.15 ***T.F. de la distribution d'Heaviside et de la pseudo-fonction*** $\frac{1}{x}$**.**

1. *Justifier l'existence de la T.F. de la distribution d'Heaviside, et déterminer une relation satisfaite par* $\widehat{T_H}$.
2. *En déduire qu'il existe une constante* a *telle que* $\widehat{T_H} = \frac{1}{2i\pi}\,\text{P.F.}\frac{1}{\nu} + a\delta$.
3. *En déduire la transformée de Fourier de la distribution « signe », associée à la fonction* $\text{sgn}\,(x) = H(x) - H(-x)$.
4. *En déduire la T.F. de* $\widehat{T_H}$ *et celle de* $\text{P.F.}\frac{1}{x}$.

Solution.

1. On commence par noter que $H \notin L^1(\mathbb{R})$ donc n'admet pas de T.F. au sens usuel. Par contre, H est une fonction bornée, donc sa distribution associée est tempérée. Ainsi, H admet une transformée de Fourier « au sens $\mathcal{S}'$ », *i.e.* la distribution $\widehat{T_H} \in \mathcal{S}'$.
On part de $(T_H)' = \delta$ et on utilise (V.30) dans $\mathcal{S}'$. On obtient
$$2i\pi\nu\,\widehat{T_H} = 1$$
2. L'équation $\nu\,T = \frac{1}{2i\pi}$, d'inconnue $T \in \mathcal{D}'$, est linéaire, donc on obtient toutes ses solutions en ajoutant à une solution particulière les solutions de l'équation homogène $\nu S = 0$. En vertu de la proposition 3.2 du chapitre II, les distributions S vérifiant $\nu S = 0$ sont de la forme $S = a\delta$ avec a constante quelconque. D'autre part, on a vu à l'exercice II.6 du chapitre II que $\nu\,\text{P.F.}\frac{1}{\nu} = 1$, donc la distribution $\frac{1}{2i\pi}\,\text{P.F.}\frac{1}{\nu}$ est une solution particulière. Finalement les distributions vérifiant $\nu T = \frac{1}{2i\pi}$ sont de la forme
$$T = \frac{1}{2i\pi}\,\text{P.F.}\frac{1}{\nu} + a\delta$$
$\widehat{T_H}$ est l'une de ces distributions. Pour toute valeur de a, $\frac{1}{2i\pi}\,\text{P.F.}\frac{1}{\nu} + a\delta$ est tempérée, donc trouver la constante a qui convient nécessite un peu de travail, d'où les questions suivantes.
3. La fonction sgn est bornée, donc admet une T.F. au sens $\mathcal{S}'$, qu'on notera simplement $\widehat{\text{sgn}}$. On a $\text{sgn} = H - \check{H}$, donc
$$\widehat{\text{sgn}} = \widehat{T_H} - \widehat{T_{\check{H}}} = \widehat{T_H} - \check{\widehat{T_H}} = \frac{1}{2i\pi}\,\text{P.F.}\frac{1}{\nu} + a\delta + \frac{1}{2i\pi}\,\text{P.F.}\frac{1}{\nu} - a\delta$$
car $\text{P.F.}\frac{1}{\nu}$ est impaire et δ est paire. Ainsi
$$\widehat{\text{sgn}} = \frac{1}{i\pi}\,\text{P.F.}\frac{1}{\nu} \tag{V.66}$$
4. On a aussi la relation $H + \check{H} = 1$, qui donne $\widehat{T_H} + \check{\widehat{T_H}} = \delta$. En additionnant cette dernière relation et (V.66), on obtient $2\,\widehat{T_H} = \frac{1}{i\pi}\,\text{P.F.}\frac{1}{\nu} + \delta$, d'où finalement
$$\widehat{T_H} = \frac{1}{2i\pi}\,\text{P.F.}\frac{1}{\nu} + \frac{1}{2}\delta \tag{V.67}$$
La relation (V.66) donne aussi $\mathcal{F}\left(\text{P.F.}\frac{1}{x}\right) = i\pi\widehat{\widehat{\text{sgn}}} = i\pi\,\check{\text{sgn}}$ (formule d'inversion de Fourier dans $\mathcal{S}'$), *i.e*
$$\mathcal{F}\left(\text{P.F.}\frac{1}{x}\right) = -i\pi\,\text{sgn} \tag{V.68}$$

Exercice V.16 *On considère la fonction f définie par $f(t) = e^{-|t|}$.*

1. *Donner les deux premières dérivées au sens des distributions de f (c-à-d déterminer $(T_f)'$ et $(T_f)''$).*
2. *Déterminer la T.F. de la dérivée seconde par deux méthodes.* ***Au sens des fonctions,*** *a-t-on $\mathcal{F}(f'')(\nu) = -4\pi^2\nu^2\mathcal{F}f(\nu)$? Expliquer.*

Solution. On laisse les détails au lecteur, notamment la vérification des hypothèses exigées par l'application des résultats utilisés.

1. La formule des sauts s'applique deux fois successivement. On obtient $(T_f)'' = T_f - 2\delta$.
2. On a $T_f \in \mathcal{S}'$, d'où $\mathcal{F}\left[(T_f)''\right] = -4\pi^2\nu^2\mathcal{F}T_f$, où $\mathcal{F}T_f = T_{\widehat{f}}$, avec $\widehat{f}(\nu) = \frac{2}{1+4\pi^2\nu^2}$. On peut aussi calculer $\mathcal{F}\left[(T_f)''\right]$ de la façon suivante :

$$\mathcal{F}\left[(T_f)''\right] = \mathcal{F}T_f - 2\mathcal{F}\delta = T_{\widehat{f}} - 2$$

et on retrouve le fait que $\mathcal{F}\left[(T_f)''\right]$ est la distribution régulière associée à la fonction

$$\nu \mapsto \frac{2}{1+4\pi^2\nu^2} - 2 = \frac{-8\pi^2\nu^2}{1+4\pi^2\nu^2}$$

La dérivée usuelle de f est définie partout sauf en 0, et on a $f''(t) = f(t)$. La fonction $f = f''$ est intégrable sur $\mathbb{R}$, mais la formule $\mathcal{F}(f'')(\nu) = -4\pi^2\nu^2\mathcal{F}f(\nu)$ est fausse. Il n'y a pas de paradoxe : f n'est pas $\mathcal{C}^2$ sur $\mathbb{R}$, donc la formule ne s'applique pas au sens usuel, mais seulement au sens des distributions.

Exercice V.17 *Le but de l'exercice est le calcul de la T.F. d'une « gaussienne causale ». On considère la fonction f définie par $f(t) = H(t)e^{-\pi t^2}$, où H désigne la fonction d'Heaviside.*

1. *Justifier que f admet une T.F.*
2. *Calculer la dérivée de f au sens des distributions.*
3. *En déduire une équation différentielle satisfaite dans $\mathcal{S}'$ par $\widehat{f}$. Justifier que cette équation différentielle, résolue dans $\mathcal{D}'$ donc a fortiori dans $\mathcal{S}'$, n'a que des solutions classiques.*
4. *Résoudre l'équation différentielle. Pour cela on utilisera la technique classique de variation de la constante.*
5. *En déduire une expression de $\widehat{f}$ à l'aide de fonctions usuelles et d'une primitive d'une fonction usuelle.*
6. *Détailler ce que donne l'application de la proposition 2.14, du théorème 2.4 et de la proposition 2.15 à la fonction f.*

Solution. On laisse les détails au lecteur, notamment la vérification des hypothèses exigées par l'application des résultats utilisés.

1. Il est clair que $f \in L^1(\mathbb{R})$, donc f admet une T.F. au sens usuel (*a fortiori* au sens des distributions). Le calcul direct de $\widehat{f}(\nu) = \int_0^{+\infty} e^{-\pi t^2 - 2i\pi t\nu}\,dt$ semble impossible. On va donc utiliser une méthode indirecte.
2. Grâce à la formule des sauts, on a

$$(T_f)' = -2\pi t\,T_f + \delta$$

3. On en déduit, en utilisant (V.30) et (V.31) que l'on a, dans $\mathcal{S}'$:

$$2i\pi\nu\,\widehat{T_f} = -i\left(\widehat{T_f}\right)' + 1$$

On est donc amené à résoudre dans $\mathcal{S}'$ l'équation différentielle $y' + 2\pi\nu\, y = -i$. Cette équation est linéaire et normalisée, le coefficient $\nu \mapsto 2\pi\nu$ est une fonction $\mathcal{C}^\infty$ sur $\mathbb{R}$, et le second membre $\nu \mapsto -i$ est une fonction continue sur $\mathbb{R}$. On peut donc invoquer le corollaire 3.2 du chapitre II, et conclure que les seules distributions solutions sont les distributions régulières associées aux solutions sur $\mathbb{R}$ au sens classique. *A fortiori*, les solutions tempérées sont toutes des solutions classiques.

4. On résout donc cette équation différentielle linéaire par la méthode habituelle. L'équation homogène $z' + 2\pi\nu\, z = 0$ a pour solution générale $z(\nu) = C\exp\left(-\int 2\pi\nu\, d\nu\right) = Ce^{-\pi\nu^2}$ avec C constante complexe arbitraire. On cherche une solution particulière w sous la forme $w(\nu) = C(\nu)e^{-\pi\nu^2}$ avec C dérivable sur $\mathbb{R}$ (méthode de variation de la constante). On obtient $C'(\nu)e^{-\pi\nu^2} = -i$, donc $w(\nu) = -ie^{-\pi\nu^2}\int_0^\nu e^{\pi s^2} ds$ convient. Ainsi la solution générale dans $\mathcal{D}'$ est la distribution régulière associée à

$$y(\nu) = e^{-\pi\nu^2}\left(C - i\int_0^\nu e^{\pi s^2} ds\right)$$

5. Puisque $f \in L^1(\mathbb{R})$, on a $T_{\widehat{f}} = \widehat{T_f}$, donc $T_{\widehat{f}}$ est l'une des solutions déterminées à la question précédente. Il suffit de déterminer la constante C qui convient en utilisant une condition initiale. On a $\widehat{f}(0) = \int_{\mathbb{R}} f(t)\, dt = C$. La valeur de $\int_{\mathbb{R}} f(t)\, dt = \int_0^{+\infty} e^{-\pi t^2}\, dt$ est usuelle (cf. exercice I.13 du chapitre I). Finalement

$$\widehat{f}(\nu) = e^{-\pi\nu^2}\left(\frac{1}{2} - i\int_0^\nu e^{\pi s^2} ds\right)$$

On a obtenu la décomposition en partie réelle et imaginaire de la T.F. de cette « gaussienne causale ». On notera que la partie réelle est une gaussienne et que la partie imaginaire est une gaussienne multipliée par une primitive non calculable à l'aide des fonctions usuelles.

6. La fonction f est causale et élément de $L^2(\mathbb{R})$, donc la partie imaginaire de $\widehat{f}(\nu)$ est la transformée de Hilbert inverse de sa partie réelle, avec $\mathcal{H}^{-1} = -\mathcal{H}$, donc on a

$$e^{-\pi\nu^2}\int_0^\nu e^{\pi s^2} ds = \mathcal{H}\left(\frac{1}{2}e^{-\pi\nu^2}\right)$$

Puisque $\nu \mapsto e^{-\pi\nu^2} \in \mathcal{C}^1(\mathbb{R})$, cela donne l'égalité

$$e^{-\pi\nu^2}\int_0^\nu e^{\pi s^2} ds = \frac{1}{2\pi}\,\text{V.P.}\int_{-\infty}^{+\infty}\frac{e^{-\pi s^2}}{\nu - s}\, ds$$

où

$$\text{V.P.}\int_{-\infty}^{+\infty}\frac{e^{-\pi s^2}}{\nu - s}\, ds = \lim_{\varepsilon\to 0^+}\left(\int_{-\infty}^{\nu-\varepsilon}\frac{e^{-\pi s^2}}{\nu - s}\, ds + \int_{\nu+\varepsilon}^{+\infty}\frac{e^{-\pi s^2}}{\nu - s}\, ds\right)$$

Chapitre VI

Fonctions orthogonales

Lorsqu'on munit un espace vectoriel E d'un produit scalaire, on peut définir dans E la projection orthogonale sur un s.e.v. F de dimension finie. Nous allons voir que cela fournit un moyen d'obtenir une approximation, en un certain sens, d'un élément de E par un élément de F, puis nous appliquerons cette théorie à l'approximation de fonctions « quelconques » par des « fonctions de référence ».

1 Produit scalaire

Nous faisons dans ce paragraphe un certain nombre de rappels ou compléments d'algèbre. [1]

1.1 Définitions et exemples

Définition 1.1 *Soit E un e.v. sur $\mathbb{K} = \mathbb{R}$ ou $\mathbb{C}$. Un produit scalaire de E est une application φ définie sur $E \times E$ et à valeurs dans $\mathbb{K}$ vérifiant*

$$\forall(\alpha, \beta) \in \mathbb{K}^2 \ \forall(x, y, z) \in E^3 \quad \varphi(\alpha x + \beta y, z) = \alpha\varphi(x, z) + \beta\varphi(y, z) \tag{VI.1}$$

$$\forall(x, y) \in E^2 \quad \varphi(y, x) = \overline{\varphi(x, y)} \tag{VI.2}$$

$$\forall x \in E \quad \varphi(x, x) \geq 0 \tag{VI.3}$$

$$\forall x \in E \quad \varphi(x, x) = 0 \Longrightarrow x = 0_E \tag{VI.4}$$

La relation (VI.1) est la *linéarité de φ par rapport à la première variable.*

Si $\mathbb{K} = \mathbb{R}$, les deux propriétés (VI.1) et (VI.2) expriment que φ est une *forme bilinéaire symétrique*. En effet la relation (VI.2) s'écrit dans ce cas plus simplement :

$$\forall(x, y) \in E^2 \quad \varphi(y, x) = \varphi(x, y) \tag{VI.5}$$

et exprime le fait que que φ est *symétrique*. Tenant compte de la linéarité par rapport à la première variable, φ est linéaire par rapport aux deux variables.

Si $\mathbb{K} = \mathbb{C}$, les deux propriétés (VI.1) et (VI.2) expriment que φ est linéaire par rapport à la première variable et qu'elle est *à symétrie hermitienne*. Dans ce cas, il n'y pas linéarité par rapport à la seconde variable, mais la propriété suivante :

$$\forall(\alpha, \beta) \in \mathbb{C}^2 \ \forall(x, y, z) \in E^3 \quad \varphi(x, \alpha y + \beta z) = \overline{\alpha}\varphi(x, y) + \overline{\beta}\varphi(x, z) \tag{VI.6}$$

1. Pour plus de détails sur l'algèbre bilinéaire, on pourra se reporter au chapitre 8 de *Analyse et algèbre - cours de deuxième année* de Balac et Chupin.

La relation (VI.3) exprime que φ est *positive*. On prendra garde au fait suivant : la positivité de φ ne signifie pas que $\varphi(x,y) \geq 0$ pour tous x et y dans E, mais que l'on a cette propriété pour $x = y$.
Les deux propriétés (VI.3) et (VI.4) expriment que φ est *définie-positive*.

On notera désormais le produit scalaire de deux vecteurs x et y de l'e.v. E :

$$\varphi(x,y) = \langle x, y\rangle$$

ce qui revient à noter $\langle \cdot, \cdot \rangle$ l'application ϕ.

Exemples.

1. Le $\mathbb{R}$-e.v. $\mathbb{R}^n$ peut être muni du produit scalaire usuel défini de la façon suivante :

$$\forall x = (x_1, \ldots, x_n) \in \mathbb{R}^n \quad \forall y = (y_1, \ldots, y_n) \in \mathbb{R}^n \quad \langle x, y\rangle = \sum_{i=1}^{n} x_i y_i = X^T Y \qquad \text{(VI.7)}$$

où X (respectivement Y) désigne le vecteur *colonne* des coordonnées de x (respectivement de y), et où X^T désigne le transposé du vecteur colonne X, *i.e.* le vecteur *ligne* de mêmes coordonnées.

De même, le $\mathbb{C}$-e.v. $\mathbb{C}^n$ peut être muni du produit scalaire (hermitien) usuel défini par

$$\forall x = (x_1, \ldots, x_n) \in \mathbb{C}^n \quad \forall y = (y_1, \ldots, y_n) \in \mathbb{C}^n \quad \langle x, y\rangle = \sum_{i=1}^{n} x_i \overline{y_i} = X^T \overline{Y} \qquad \text{(VI.8)}$$

2. Le lecteur pourra vérifier en exercice que la quantité suivante est bien définie pour tous f et g dans $E = \mathcal{C}([a,b], \mathbb{K})$ et que $\langle \cdot, \cdot \rangle$ est un produit scalaire sur le $\mathbb{K}$-e.v. E.

$$\langle f, g\rangle = \int_a^b f(x)\overline{g(x)}\, dx$$

Bien entendu, la conjugaison sur la « deuxième variable » est inutile si $\mathbb{K} = \mathbb{R}$, mais on ne l'oubliera pas si $\mathbb{K} = \mathbb{C}$. On dit que $\langle \cdot, \cdot \rangle$ est le produit scalaire usuel de $\mathcal{C}([a,b], \mathbb{K})$

3. Soit J un intervalle de $\mathbb{R}$. On peut munir le $\mathbb{C}$-e.v. $E = L^2(J)$ d'un produit scalaire, dit usuel, défini par

$$\langle f, g\rangle = \int_J f(x)\overline{g(x)}\, dx$$

On démontrera et généralisera ce résultat au paragraphe 2.

Exercice. Démontrer que la forme bilinéaire symétrique sur $\mathbb{R}^3$ définie de la façon suivante est positive mais n'est pas un produit scalaire :

$$\varphi\big((x_1, x_2, x_3), (y_1, y_2, y_3)\big) = x_1 y_1 + 4x_2 y_2 + x_3 y_3 - 2x_1 y_2 - 2x_2 y_1$$

Définition 1.2 *Un e.v. E sur $\mathbb{R}$ muni d'un produit scalaire est appelé espace préhilbertien réel. Dans le cas où la dimension de E est finie, on parle d'espace euclidien.*
Un e.v. E sur $\mathbb{C}$ muni d'un produit scalaire est appelé espace préhilbertien complexe. Dans le cas où la dimension de E est finie, on parle d'espace hermitien.

On note $\big(E, \langle \cdot, \cdot \rangle\big)$ un espace préhilbertien (réel ou complexe : les résultats présentés dans la suite sont valables dans les deux cas). On se permettra de parler de l'espace préhilbertien E lorsqu'il n'y aura pas d'ambiguïté sur le produit scalaire utilisé.
Par exemple, $\mathbb{R}^n$ muni de son produit scalaire usuel est un espace euclidien, $\mathbb{C}^n$ muni de son produit scalaire usuel est un espace hermitien, $\mathcal{C}([a,b], \mathbb{C})$ et $L^2(J)$, munis de leurs produits scalaires usuels, sont des espaces préhilbertiens complexes de dimension infinie.

1.2 Inégalités de Schwarz et de Minkowski

Théorème 1.1 ***Inégalité de Schwarz.*** *Soit $\big(E, \langle\cdot,\cdot\rangle\big)$ un espace préhilbertien. On a :*

$$\forall (x,y) \in E^2 \quad |\langle x,y\rangle|^2 \leq \langle x,x\rangle\langle y,y\rangle \tag{VI.9}$$

De plus l'égalité a lieu ssi x et y sont colinéaires.

On admet ce résultat très important, la preuve n'étant pas représentative des notions et techniques à acquérir dans ce chapitre.

Théorème 1.2 ***Inégalité de Minkowski.*** *Soit $\big(E, \langle\cdot,\cdot\rangle\big)$ un espace préhilbertien. On a :*

$$\forall (x,y) \in E^2 \quad \sqrt{\langle x+y, x+y\rangle} \leq \sqrt{\langle x,x\rangle} + \sqrt{\langle y,y\rangle} \tag{VI.10}$$

Preuve. Il suffit de remarquer que (VI.10) est vraie ssi on a

$$\forall (x,y) \in E^2 \quad \langle x+y, x+y\rangle \leq \langle x,x\rangle + \langle y,y\rangle + 2\sqrt{\langle x,x\rangle}\sqrt{\langle y,y\rangle}$$

En développant $\langle x+y, x+y\rangle = \langle x,x\rangle + \langle x,y\rangle + \langle y,x\rangle + \langle y,y\rangle$, d'après (VI.1) et (VI.6), on voit que cette inégalité est elle-même vraie ssi on a

$$\forall (x,y) \in E^2 \quad \langle x,y\rangle + \langle y,x\rangle \leq 2\sqrt{\langle x,x\rangle}\sqrt{\langle y,y\rangle}$$

Or $\langle x,y\rangle + \langle y,x\rangle = \langle x,y\rangle + \overline{\langle x,y\rangle} = 2\,\Re\langle x,y\rangle \leq 2\,|\langle x,y\rangle|$. L'inégalité (VI.10) résulte donc de l'inégalité de Schwarz (VI.9).

□

1.3 Norme associée à un produit scalaire

On s'appuie dans ce paragraphe sur les concepts de norme et de distance associée, rappelés au chapitre I.

Théorème 1.3 *Soit $\big(E, \langle\cdot,\cdot\rangle\big)$ un espace préhilbertien. L'application $\|\cdot\|$ qui à tout x de E associe $\|x\| = \sqrt{\langle x,x\rangle}$ est une norme sur E, dite norme associée au produit scalaire $\langle\cdot,\cdot\rangle$.*

Preuve. L'application $\|\cdot\|$ est définie sur E car $\langle x,x\rangle \geq 0$ d'après (VI.3) et est à valeurs dans $[0,+\infty[$. On vérifie aisément les trois axiomes d'une norme :

1. Si $\|x\| = 0$, alors $\langle x,x\rangle = 0$, donc $x = 0_E$ par (VI.4).
2. Soit $\lambda \in \mathbb{K}$ et $x \in E$, on a $\|\lambda x\| = \sqrt{\langle \lambda x, \lambda x\rangle} = \sqrt{\lambda\overline{\lambda}\langle x,x\rangle} = \sqrt{|\lambda|^2\langle x,x\rangle} = |\lambda|\|x\|$.
3. Pour tous x et y éléments de E, on a l'inégalité triangulaire $\|x+y\| \leq \|x\| + \|y\|$, qui n'est autre que l'inégalité de Minkowski (VI.10).

□

Muni de la norme $\|\cdot\|$ associée au produit scalaire, E est un espace vectoriel normé. C'est donc un espace métrique pour la distance associée à la norme, dite aussi *distance associée au produit scalaire*, définie par

$$\forall (x,y) \in E^2 \quad d(x,y) = \|x-y\| = \langle x-y, x-y\rangle^{\frac{1}{2}} \tag{VI.11}$$

Exemples.

1. La norme associée au produit scalaire usuel de $\mathbb{R}^n$ est définie par

$$\forall x = (x_1, \ldots, x_n) \in \mathbb{R}^n \quad \|x\| = \sqrt{\langle x, x\rangle} = \sqrt{\sum_{i=1}^{n} x_i^2}$$

   On reconnaît la *norme euclidienne* de x.

2. La norme associée au produit scalaire usuel de $\mathbb{C}^n$ est définie par

$$\forall x = (x_1, \ldots, x_n) \in \mathbb{C}^n \quad \|x\| = \sqrt{\langle x, x\rangle} = \sqrt{\sum_{i=1}^{n} x_i \overline{x_i}} = \sqrt{\sum_{i=1}^{n} |x_i|^2}$$

3. La norme associé au produit scalaire usuel de $L^2(J)$ est définie par

$$\forall f \in L^2(J) \quad \|f\| = \sqrt{\langle f, f\rangle} = \left(\int_J f(x)\overline{f(x)}\, dx\right)^{\frac{1}{2}} = \left(\int_J |f(x)|^2\, dx\right)^{\frac{1}{2}}$$

   qui n'est autre que $\|f\|_{L^2(J)}$.

Complément. Soit $\big(E, \langle\cdot,\cdot\rangle\big)$ un espace préhilbertien et soit d la distance associée au produit scalaire. On dit que E est un *espace de Hilbert* si l'espace métrique (E, d) est *complet.*

Rappelons que (E, d) est complet si toute suite de Cauchy $(x_n)_{n\in\mathbb{N}}$ d'éléments de E est convergente vers un élément x de E. Rappelons enfin qu'une suite $(x_n)_{n\in\mathbb{N}}$ d'éléments de E est de Cauchy si on a

$$(\forall \varepsilon > 0)\ (\exists N_\varepsilon \in \mathbb{N})\ (\forall (m,n) \in \mathbb{N}^2)\ \big((m \geq n \geq N_\varepsilon) \Longrightarrow (d(x_n, x_m) < \varepsilon)\big) \tag{VI.12}$$

(E, d) complet signifie donc que si l'on a (VI.12), alors on a l'existence d'un élément x de E tel que $d(x_n, x_m) = \|x_n - x\|$ tende vers 0 quand n tend vers l'infini.

Exemples.

1. $\mathbb{R}$ muni de la distance définie par $d(x, y) = |x - y|$ est complet (ce qui est à la base du *critère de Cauchy*, permettant de montrer qu'une suite réelle est convergente sans connaître *a priori* sa limite). Il en résulte que $\mathbb{R}^n$ muni de la distance euclidienne est complet. C'est d'ailleurs vrai aussi pour toute autre distance associée à une norme quelconque sur $\mathbb{R}^n$, car en dimension finie toutes les normes sont équivalentes (donc les suites de Cauchy pour une norme le sont aussi pour une autre norme, ainsi que les suites convergentes). Comme la distance euclidienne est justement la distance associée au produit scalaire usuel de $\mathbb{R}^n$, cela prouve que $\mathbb{R}^n$ muni de son produit scalaire usuel est un espace de Hilbert.
2. On peut démontrer que $L^2(J)$ muni de la distance associée à $\|\cdot\|_{L^2(J)}$ est complet. Comme cette distance est justement celle associée au produit scalaire de $L^2(J)$, cela indique que $L^2(J)$ est un espace de Hilbert.
3. Par contre, il est possible de montrer que $\mathcal{C}([a, b])$ muni de la distance de $L^2([a, b])$ n'est pas complet. C'est donc un espace préhilbertien mais pas un espace de Hilbert. Or on démontre que *muni de la norme uniforme* $\|\cdot\|_\infty$, cet e.v. est complet. On voit donc *qu'en dimension infinie* un e.v. peut être complet pour une norme et non pour une autre.

L'intérêt de travailler dans un espace E complet est le suivant. On est fréquemment amené à construire un élément x de E comme limite d'une suite (x_n) de E. Bien qu'on ne connaisse pas explicitement x (puisqu'on doit le construire), on peut affirmer son existence lorsque la suite (x_n) est de Cauchy et E complet. On a utilisé ce procédé au paragraphe 5.3 du chapitre IV pour définir la transformée de Fourier d'un élément f de $L^2(\mathbb{R})$.

1.4 Orthogonalité

Il est naturel de vouloir étendre la notion d'orthogonalité usuelle dans $\mathbb{R}^2$ ou $\mathbb{R}^3$ à un espace préhilbertien quelconque. On prendra garde toutefois au fait que cette notion dépend du produit scalaire utilisé (un même e.v. pouvant en général être muni de plusieurs produits scalaires). Autrement dit, dans la définition 1.3, il est sous-entendu que x et y sont orthogonaux *par rapport au produit scalaire* $\langle\cdot,\cdot\rangle$.

Définition 1.3 *Soit* $\big(E,\langle\cdot,\cdot\rangle\big)$ *un espace préhilbertien.*

1. *On dit que deux vecteurs x et y sont orthogonaux si $\langle x,y\rangle = 0$.*
2. *On dit qu'une famille $\big(x_i\big)_{i\in I}$ de vecteurs de E est orthogonale si :*

$$\forall (i,j)\in I^2 \quad (i\neq j \Longrightarrow \langle x_i,x_j\rangle = 0) \tag{VI.13}$$

3. *On dit qu'une famille $\big(x_i\big)_{i\in I}$ de vecteurs est orthonormée si elle est orthogonale et si de plus :*

$$\forall i\in I \quad \|x_i\| = 1 \tag{VI.14}$$

Le théorème de Pythagore, bien connu en géométrie élémentaire, se généralise de la façon suivante.

Théorème 1.4 ***Théorème de Pythagore.***
Soit $\big(E,\langle\cdot,\cdot\rangle\big)$ *un espace préhilbertien. Si x et y sont orthogonaux, alors*

$$\|x+y\|^2 = \|x-y\|^2 = \|x\|^2+\|y\|^2 \tag{VI.15}$$

Plus généralement, pour toute famille orthogonale $\big(x_i\big)_{i\in\{1,2,\ldots,n\}}$ et pour toute famille $\big(\alpha_i\big)_{i\in\{1,2,\ldots,n\}}$ de scalaires, on a

$$\left\|\sum_{i=1}^{n}\alpha_i x_i\right\|^2 = \sum_{i=1}^{n}|\alpha_i|^2\|x_i\|^2 \tag{VI.16}$$

Preuve. En utilisant (VI.1) et (VI.6), on a :

$$\begin{aligned}
\left\|\sum_{i=1}^{n}\alpha_i x_i\right\|^2 &= \left\langle \sum_{i=1}^{n}\alpha_i x_i, \sum_{j=1}^{n}\alpha_j x_j\right\rangle \\
&= \sum_{i=1}^{n}\alpha_i\left\langle x_i, \sum_{j=1}^{n}\alpha_j x_j\right\rangle \\
&= \sum_{i=1}^{n}\sum_{j=1}^{n}\alpha_i\overline{\alpha_j}\langle x_i,x_j\rangle
\end{aligned}$$

Dans la somme sur j, puisque $\langle x_i,x_j\rangle = 0$ lorsque $j\neq i$, il ne reste que le terme pour lequel $j=i$, qui vaut $\alpha_i\overline{\alpha_i}\langle x_i,x_i\rangle = |\alpha_i|^2\|x_i\|^2$, d'où (VI.16). Il est clair que (VI.15) est un cas particulier de (VI.16).

□

1.5 Procédé d'orthogonalisation de Gram-Schmidt

Théorème 1.5 *Soit $\big(E, \langle\cdot,\cdot\rangle\big)$ un espace préhilbertien. Une famille orthogonale de vecteurs tous non nuls est libre.*

Preuve. Soit $(x_i)_{i\in I}$ une famille orthogonale de E telle que $x_i \neq 0_E$ pour tout i de I. Pour montrer qu'elle est libre, il suffit de montrer que toute sous-famille finie est libre. Soit $\{x_{i_1},\ldots,x_{i_n}\}$ une telle sous-famille et $(\lambda_1,\ldots,\lambda_n) \in \mathbb{K}^n$ tel que $\sum_{j=1}^n \lambda_j x_{i_j} = 0_E$. On a $\left\| \sum_{j=1}^n \lambda_j x_{i_j} \right\|^2 = 0$. D'après le théorème de Pythagore, on a donc $\sum_{j=1}^n |\lambda_j|^2 \|x_{i_j}\|^2 = 0$. Une somme de termes positifs n'étant nulle que dans le cas où chaque terme est nul, il en résulte que

$$\forall j \in \{1,\ldots,n\} \quad |\lambda_j|^2 \|x_{i_j}\|^2 = 0$$

Par hypothèse, les vecteurs x_{i_j} sont tous non nuls, donc $\lambda_1 = \ldots = \lambda_n = 0$.

□

Réciproquement, à partir d'une famille libre de E, il est possible de construire une famille orthogonale (et même orthonormée) engendrant le même s.e.v. de E. Précisément nous avons le résultat suivant, très utile en pratique. La notation $Vect\{x_0,\ldots,x_k\}$ désigne le s.e.v. engendré par $\{x_0,\ldots,x_k\}$. On rappelle que c'est l'ensemble des combinaisons linéaires des vecteurs $x_0,\ldots,x_k$.

Théorème 1.6 *Soit $\big(x_i\big)_{i\in\{0,\ldots,n\}}$ une famille libre de l'espace préhilbertien E. Il existe une famille orthonormée $\big(e_i\big)_{i\in\{0,\ldots,n\}}$ telle que :*

$$\forall k \in \{0,\ldots,n\} \quad Vect\{e_0,\ldots,e_k\} = Vect\{x_0,\ldots,x_k\} \tag{VI.17}$$

La construction effective de cette famille orthonormée (ou simplement orthogonale suivant les besoins) constitue le *Procédé de Gram-Schmidt.* La preuve de ce théorème est constructive, dans le sens où elle détaille *l'algorithme de construction* de la famille orthonormée $\big(e_i\big)_{i\in\{0,\ldots,n\}}$.

Preuve. On raisonne par récurrence sur k.

1. *Initialisation.* On veut construire e_0 engendrant le même s.e.v. que x_0 et de norme 1, donc $e_0 = \lambda x_0$ où λ est un scalaire vérifiant $|\lambda|\,\|x_0\| = 1$. Comme $\big(x_i\big)_{i\in\{0,1,\ldots,n\}}$ est libre, on a $x_i \neq 0_E$ pour tout i et on peut donc choisir

   $$e_0 = \frac{1}{\|x_0\|} x_0$$

   On remarque que les autres vecteurs e_0 qui conviennent se déduisent de celui-ci par multiplication par une constante de module 1.

   Si $n = 0$, cette étape suffit. Supposons maintenant $n \geq 1$.

2. *Progression.* Pour $1 \leq m < n$, on suppose construits $e_0,\ldots,e_{m-1}$ constituant une famille orthonormée telle que

   $$\forall k \in \{0,\ldots,m-1\} \quad Vect\{e_0,\ldots,e_k\} = Vect\{x_0,\ldots,x_k\}$$

   Ceci constitue notre hypothèse de récurrence. Pour construire e_m, on remarque que ce vecteur doit être une combinaison linéaire de $e_0,\ldots,e_{m-1},x_m$ car le s.e.v. engendré par $\{x_0,\ldots,x_m\}$ est égal au s.e.v. engendré par $\{e_0,\ldots,e_{m-1},x_m\}$ (d'après l'hypothèse de récurrence pour $k = m-1$).

Construisons d'abord un vecteur y_m combinaison linéaire de $e_0, \dots, e_{m-1}, x_m$ qui soit orthogonal à chaque e_i, pour $i \leq m-1$. On aura ainsi une famille *orthogonale* engendrant le même s.e.v. que $x_0, \dots, x_m$. Un tel vecteur y_m s'écrit

$$y_m = \alpha x_m + \sum_{i=0}^{m-1} \beta_i e_i$$

où α, $\beta_0, \dots, \beta_{m-1}$ sont des scalaires à déterminer. On veut que $\langle y_m, e_k \rangle = 0$ pour chaque $k \in \{0, \dots, m-1\}$. Par linéarité du produit scalaire par rapport à la première variable, on obtient

$$\alpha \langle x_m, e_k \rangle + \sum_{i=0}^{m-1} \beta_i \langle e_i, e_k \rangle = 0$$

Or, d'après l'hypothèse de récurrence, on a $\langle e_i, e_k \rangle = 0$ si $i \neq k$, et $\langle e_k, e_k \rangle = \|e_k\|^2 = 1$. On en déduit que

$$\beta_k = -\alpha \langle x_m, e_k \rangle$$

Ainsi, les vecteurs orthogonaux à e_i pour tout $i \leq m-1$ et engendrant le même s.e.v. que $\{x_0, \dots, x_m\}$ sont de la forme

$$y_m = \alpha \left(x_m - \sum_{i=0}^{m-1} \langle x_m, e_i \rangle e_i \right) \tag{VI.18}$$

où α est un scalaire quelconque.
Il reste à choisir α de telle manière que $\|y_m\| = 1$. On peut, par exemple, prendre

$$\alpha = \left\| x_m - \sum_{i=0}^{m-1} \langle x_m, e_i \rangle e_i \right\|^{-1} \tag{VI.19}$$

Les autres valeurs de α qui conviennent s'obtiennent à partir de celle ci par multiplication par une constante de module 1.

□

Remarques.

1. Cette preuve fournissant le procédé pratique de construction, il est important d'en avoir compris le mécanisme. En effet, en pratique on « suit la preuve » en construisant d'abord e_0 à partir de x_0, puis e_1 à partir de de x_1 et e_0, puis e_2 à partir de x_2, e_0 et e_1, etc. Pour cela, on peut choisir d'apprendre par cœur la formule (VI.18), mais il est probablement plus satisfaisant d'avoir compris grâce à cette démonstration que pour construire un vecteur y_m orthogonal aux vecteurs déjà construits $e_0, \dots, e_{m-1}$ et engendrant $Vect\{e_0, \dots, e_{m-1}, x_m\}$, on doit soustraire à x_m son *projeté orthogonal* sur le s.e.v. engendré par $e_0, \dots, e_{m-1}$. Or, ce projeté orthogonal n'est autre que $\sum_{i=0}^{m-1} \langle x_m, e_i \rangle e_i$.

2. Si E est de dimension infinie, rien n'empêche, en théorie, de poursuivre indéfiniment le procédé de Gram-Schmidt afin de construire une suite $(e_i)_{i \in \mathbb{N}}$ orthonormée.

3. La preuve montre qu'il n'y a pas unicité de la suite $(e_i)_{i \in \{0, \dots, n\}}$ satisfaisant aux conditions voulues. Lorsque l'on n'exige pas que la suite orthogonale construite soit normée, la formule (VI.18) montre qu'il y a « unicité à des constantes multiplicatives près » (tout α de $\mathbb{K}$ convenant dans ce cas). Lorsque l'on exige, comme dans la preuve du théorème, que cette suite soit orthonormée, il y a « unicité à des constantes multiplicatives de module 1 près » (autrement dit, lorsque $\mathbb{K} = \mathbb{R}$, on peut changer le signe de la constante α définie par (VI.19), et lorsque $\mathbb{K} = \mathbb{C}$, on peut multiplier α par $e^{i\theta}$, $\theta \in \mathbb{R}$).

Exemple. Soit $E = L^2([-1,1])$ muni de son produit scalaire usuel. Construisons, grâce au procédé de Gram-Schmidt, une base orthonormée du s.e.v. F de E composé des fonctions polynomiales de degré au plus 2. F est de dimension 3. On part de la base canonique (f_0, f_1, f_2) de F, définie par $f_k(x) = x^k$ pour $k \in \{0,1,2\}$. On va construire successivement e_0, e_1, e_2 orthogonaux deux à deux et normés, de telle manière que :

1. $Vect\{e_0\} = Vect\{f_0\}$, *i.e.* $Vect\{e_0\}$ est le s.e.v. des fonctions constantes ;
2. $Vect\{e_0, e_1\} = Vect\{f_0, f_1\}$, *i.e.* $Vect\{e_0, e_1\}$ est le s.e.v. des fonctions polynomiales de degré au plus 1 ;
3. $Vect\{e_0, e_1, e_2\} = Vect\{f_0, f_1, f_2\}$, *i.e.* $Vect\{e_0, e_1, e_2\}$ est le s.e.v. F des fonctions polynomiales de degré au plus 2.

Nous venons de voir que ces polynômes seront définis à une constante multiplicative de module 1 près. Nous construisons ici ceux dont le terme de plus haut degré est strictement positif. Les calculs de produits scalaires sont très rapides si on utilise les propriétés de parité, car on intègre sur l'intervalle symétrique $[-1,1]$.

1. On a $e_0 = \frac{f_0}{\|f_0\|}$, avec $\|f_0\|^2 = \int_{-1}^{1} 1^2\, dx = 2$, donc e_0 est le polynôme constant égal à $\frac{1}{\sqrt{2}}$.
2. On construit d'abord un polynôme y_1 tel que $Vect\{e_0, y_1\} = Vect\{f_0, f_1\}$, ce qui implique que y_1 est de degré 1, en imposant que y_1 soit orthogonal à e_0. On enlève donc à f_1 son projeté orthogonal sur $Vect\{e_0\}$, *i.e.* on pose $y_1 = f_1 - \langle f_1, e_0\rangle e_0$.
   On a $\langle f_1, e_0\rangle = \int_{-1}^{1} x \frac{1}{\sqrt{2}}\, dx = 0$.
   On a donc $y_1 = f_1$, puis on norme y_1, *i.e.* on pose $e_1 = \frac{y_1}{\|y_1\|}$.
   On a $\|y_1\|^2 = \int_{-1}^{1} x^2\, dx = 2/3$, d'où
   $$e_1(x) = \sqrt{\frac{3}{2}}\, x$$
3. Lors de cette troisième (et ici dernière) étape, on construit d'abord un polynôme y_2 tel que $Vect\{e_0, e_1, y_2\} = Vect\{f_0, f_1, f_2\}$, ce qui implique que y_2 est de degré 2, en imposant que y_2 soit orthogonal à e_0 et à e_1. On enlève donc à f_2 son projeté orthogonal sur $Vect\{e_0, e_1\}$, *i.e.* on pose $y_2 = f_2 - \langle f_2, e_0\rangle e_0 - \langle f_2, e_1\rangle e_1$.
   On a $\langle f_2, e_0\rangle = \int_{-1}^{1} x^2 \frac{1}{\sqrt{2}}\, dx = \frac{2}{3\sqrt{2}}$ et $\langle f_2, e_1\rangle = \sqrt{\frac{3}{2}} \int_{-1}^{1} x^3\, dx = 0$.
   On a donc $y_2 = f_2 - \frac{2}{3\sqrt{2}} e_0$, *i.e.* $y_2(x) = x^2 - \frac{2}{3\sqrt{2}}\frac{1}{\sqrt{2}} = x^2 - \frac{1}{3}$.
   Enfin, on norme y_2, *i.e.* on pose $e_2 = \frac{y_2}{\|y_2\|}$.
   On a $\|y_2\|^2 = \int_{-1}^{1} \left(x^2 - \frac{1}{3}\right)^2 dx = \frac{8}{45}$, d'où
   $$e_2(x) = \sqrt{\frac{45}{8}}\left(x^2 - \frac{1}{3}\right)$$

2 L'espace de Hilbert $L_s^2(J)$

L'espace $L_s^2(J)$ est l'exemple d'espace de Hilbert le plus important en pratique, ce qui justifie une étude particulière.

Définition 2.1 *Soit J un intervalle de $\mathbb{R}$ et soit s une fonction vérifiant $s(x) > 0$ presque-partout sur J. On note $L_s^2(J)$ l'e.v. des fonctions définies p.p. sur J, à valeurs complexes, vérifiant*

$$\int_J |f(x)|^2 s(x)dx < +\infty \tag{VI.20}$$

Exemples.

1. Lorsque s est la fonction constante égale à 1, l'espace $L^2_s(J)$ n'est autre que l'espace $L^2(J)$.
2. Considérons l'intervalle $J =]0, +\infty[$ et la fonction s définie par $s(x) = e^{-x}$. Toute fonction polynomiale p vérifie $\int_0^{+\infty} |p(x)|^2 e^{-x}\, dx < \infty$. En effet, d'une part la fonction $x \mapsto |p(x)|^2 e^{-x}$ est continue sur $[0, +\infty[$, d'autre part cette fonction positive est majorée par $1/x^2$ pour x assez grand, car $\lim_{x\to+\infty} x^2 |p(x)|^2 e^{-x} = 0$. Ainsi, toute fonction polynomiale est élément de $L^2_s([0, +\infty[)$ lorsque $s(x) = e^{-x}$.

Théorème 2.1 *Soient f et g des éléments de $L^2_s(J)$. On définit un produit scalaire $\langle\cdot,\cdot\rangle_s$ sur $L^2_s(J)$ de la façon suivante :*

$$\forall f \in L^2_s(J) \;\; \forall g \in L^2_s(J) \quad \langle f, g\rangle_s = \int_J f(x)\overline{g(x)} s(x)\, dx \tag{VI.21}$$

L'application $\langle\cdot,\cdot\rangle_s$ est appelé « produit scalaire de poids s sur J ».

Preuve. Remarquons tout d'abord que la quantité (VI.21) est bien définie pour tous f et g dans $L^2_s(J)$. En effet, par hypothèse $s > 0$ p.p. sur J, donc on peut écrire $s(x) = \left(\sqrt{s(x)}\right)^2$, d'où, en vertu de l'inégalité de Cauchy-Schwarz :

$$\int_J |f(x)\overline{g(x)}s(x)| dx \leq \left(\int_J |f(x)|^2 s(x) dx\right)^{\frac{1}{2}} \left(\int_J |\overline{g(x)}|^2 s(x) dx\right)^{\frac{1}{2}}$$

Donc $\int_J |f(x)\overline{g(x)}s(x)|\, dx < +\infty$ puisque f et g vérifient (VI.20).
Vérifions les quatre axiomes de définition d'un produit scalaire.
La propriété (VI.1) (linéarité de l'application $\langle\cdot,\cdot\rangle_s$ par rapport à la première variable) résulte de la linéarité de l'intégration.
La propriété (VI.2) (symétrie hermitienne de l'application $\langle\cdot,\cdot\rangle_s$) résulte du fait que le conjugué d'un produit est le produit des conjugués et le conjugué d'une intégrale est l'intégrale de la fonction conjuguée.
La propriété (VI.3) (positivité de l'application $\langle\cdot,\cdot\rangle_s$) est claire : pour tout $f \in L^2_s(J)$

$$\langle f, f\rangle_s = \int_J f\overline{f}s = \int_J |f|^2 s \geq 0$$

Le seul point difficile est la preuve de la propriété (VI.4), *i.e.* de l'implication

$$\left(\langle f, f\rangle_s = 0\right) \Longrightarrow \left(f = 0_{L^2_s(J)}\right)$$

Si $\langle f, f\rangle_s = \int_J f\overline{f}s = \int_J |f|^2 s = 0$, alors on a $|f(x)|^2 s(x) = 0$ presque-partout sur J. En effet une fonction *positive* d'intégrale nulle est p.p. nulle. Donc il existe un sous-ensemble M_1 de $\mathbb{R}$ de mesure nulle et tel que

$$\forall x \in J \setminus M_1 \quad |f(x)|^2 s(x) = 0$$

Par ailleurs, s est p.p. strictement positive, donc il existe $M_2 \subset J$ de mesure nulle tel que

$$\forall x \in J \setminus M_2 \quad s(x) > 0$$

Si $x \in J \setminus (M_1 \cup M_2)$, alors $s(x) \neq 0$ et $|f(x)|^2 s(x) = 0$, donc $|f(x)|^2 = 0$, d'où $f(x) = 0$. Or, $M_1 \cup M_2$ est de mesure nulle puisque $m(M_1 \cup M_2) \leq m(M_1) + m(M_2) = 0$. On vient de prouver que f est p.p. nulle sur J. Comme nous identifions les fonctions égales presque-partout, l'élément neutre de l'e.v. $L^2_s(J)$ est la fonction nulle presque-partout. Ainsi, f est bien égal à $0_{L^2_s(J)}$.

□

3 Meilleure approximation en moyenne quadratique

Soit $(E, \langle\cdot,\cdot\rangle)$ un espace préhilbertien. On cherche à approcher un élément f quelconque dans E par une combinaison linéaire d'éléments particuliers $f_0, \dots, f_n$ de E. Par exemple, on peut souhaiter approcher un signal f à énergie finie (*i.e.* une fonction $f \in L^2(\mathbb{R})$, qui peut être très irrégulière) par une combinaison linéaire de « signaux de base » f_j de classe $\mathcal{C}^\infty$. Le terme « approcher » fait référence à la distance associée au produit scalaire de E : il s'agit de trouver des scalaires α_j tels que la distance entre f et $\sum_{j=1}^n \alpha_j f_j$ soit la plus petite possible.

3.1 Définition et théorème de projection

Définition 3.1 *Soient $(E, \langle\cdot,\cdot\rangle)$ un espace préhilbertien, $f \in E$, F un sous-ensemble de E. On appelle meilleure approximation en moyenne quadratique (en abrégé, m.a.m.q.) de f par un élément de F un élément $f^\star$ de F vérifiant*

$$\|f - f^\star\| = \min_{g \in F} \|f - g\| \tag{VI.22}$$

Autrement dit, s'il existe, $f^\star$ minimise la distance (associée au produit scalaire) entre f et le sous-ensemble F.

Remarque. L'expression « meilleure approximation en moyenne quadratique » provient du fait que dans le cas où $E = L^2_s([a,b])$ muni du produit scalaire de poids s, on cherche à minimiser, lorsque la fonction g décrit un sous-ensemble F de E, la quantité

$$\|f - g\|^2 = \int_a^b |f(x) - g(x)|^2 \, s(x) \, dx \tag{VI.23}$$

L'expression $\frac{1}{b-a} \int_a^b |f(x) - g(x)|^2 \, s(x) \, dx$ est la moyenne des carrés des écarts $|f(x) - g(x)|$ pondérés par $s(x)$, *i.e.* l'écart quadratique moyen (pondéré par s) entre f et g. Ainsi, minimiser (VI.23), c'est chercher la meilleure approximation en moyenne quadratique de f par un élément de F.

Nous admettrons le théorème suivant [2].

Théorème 3.1 *Soit F un s.e.v. de E de dimension finie et $f \in E$. La m.a.m.q. de f par un élément de F existe et est unique. Elle est caractérisée par*

$$\forall g \in F \quad \langle f - f^\star, g \rangle = 0 \tag{VI.24}$$

Le théorème 3.1 généralise une situation géométrique évidente dans le cas $E = \mathbb{R}^2$ ou $E = \mathbb{R}^3$. Ce théorème affirme en effet que la m.a.m.q. de f par un élément de F est tout simplement le ***projeté orthogonal*** de f sur le s.e.v. F (cf. figure VI.1).

3.2 Méthode de Gram

Dans la suite, F désignera toujours un s.e.v. de dimension finie de E et $f^\star$ la m.a.m.q. d'un élément f de E par un élément de F. Cet élément $f^\star$ existe d'après le théorème 3.1. On suppose F de dimension égale à $n + 1$ (où $n \in \mathbb{N}$).

2. On trouvera une preuve dans *Analyse et algèbre* de Balac et Chupin ou dans *Analyse de Fourier et applications* de Gasquet et Witomski.

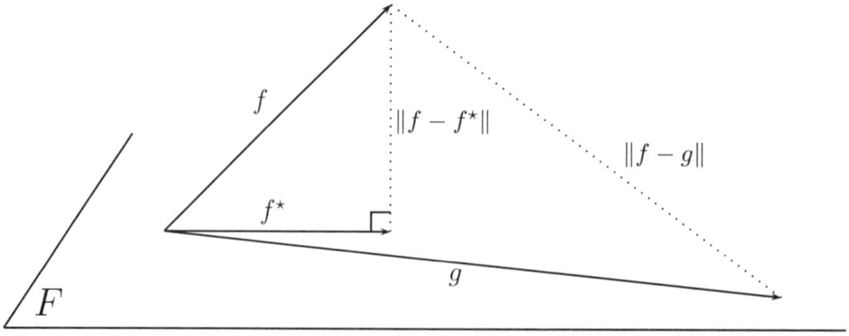

FIGURE VI.1 – *Le projeté orthogonal $f^\star$ de f sur F réalise le minimum de $\|f-g\|$, distance de f à g, lorsque g décrit F.*

On déduit de la caractérisation (VI.24) un moyen de calcul de $f^\star$. Si on introduit une base $(f_0, \dots, f_n)$ de F, alors $f^\star$ est une combinaison linéaire de $f_0, \dots, f_n$:

$$f^\star = \sum_{j=0}^{n} \alpha_j f_j \tag{VI.25}$$

où $\alpha_0, \dots, \alpha_n$ sont des scalaires à déterminer.
En utilisant (VI.24) avec $g = f_i$ pour chaque $i \in \{0, \dots, n\}$, on obtient le système d'équations linéaires

$$\forall i \in \{0, \dots, n\} \quad \sum_{j=0}^{n} \alpha_j \langle f_j, f_i \rangle = \langle f, f_i \rangle \tag{VI.26}$$

Ce système linéaire est appelé *système de Gram*. Il peut s'écrire sous la forme

$$GX = B$$

où X est le vecteur colonne inconnu, de coordonnées α_i, où le second membre B est le vecteur de coordonnées $\langle f, f_i \rangle$ et où G est la *matrice de Gram associée à* $(f_0, \dots, f_n)$, définie[3] par

$$G = \big(\langle f_j, f_i \rangle\big)_{i\in\{0,\dots,n\},\, j\in\{0,\dots,n\}} \tag{VI.27}$$

On remarque que la matrice G est hermitienne, *i.e.*

$$\overline{G}^T = G$$

En pratique la résolution du système de Gram fournit les coefficients α_i, donc la m.a.m.q. $f^\star$ d'après (VI.25). On remarque que les coefficients de G ne dépendent pas de f, mais seulement de $f_0, \dots, f_n$, donc une fois la matrice G calculée, le calcul de la m.a.m.q. d'un autre vecteur f par un élément de F ne nécessitera « que » le calcul des $n+1$ produits scalaires $\langle f, f_i \rangle$ et la résolution d'un système de $n+1$ équations à $n+1$ inconnues.

Exemple. Soit f la fonction définie sur $[-1,1]$ par $f(x) = |x|$. Cette fonction n'est pas très régulière (f est continue sur $[-1,1]$, mais non dérivable à l'origine). On peut vouloir l'approcher en moyenne quadratique sur $[-1,1]$ par une fonction $\mathcal{C}^\infty$, par exemple par une fonction polynomiale. Déterminons, dans $E = L^2([-1,1])$ muni de son produit scalaire usuel, sa m.a.m.q. par un élément du s.e.v. F de E constitué des fonctions polynomiales de degré au plus 2.

3. Dans (VI.27), i désigne le numéro de ligne et j le numéro de colonne, lignes et colonnes étant numérotées de 0 à n.

On applique la méthode de Gram. Déterminons la matrice de Gram G associée à la base canonique de F que nous notons (f_0, f_1, f_2), où $f_i(x) = x^i$. G est une matrice carrée d'ordre 3, où nous numérotons lignes et colonnes de 0 à 2. Le terme d'indice (i, j) est $\langle f_j, f_i\rangle = \int_{-1}^{1} x^j x^i \, dx$. Le calcul est immédiat si on tient compte des propriétés de parité de la fonction $x \mapsto x^{i+j}$. En effet, si $i+j$ est pair, alors cette fonction est paire et on a $\int_{-1}^{1} x^{j+i} \, dx = 2\int_0^1 x^{i+j} \, dx = \frac{2}{i+j+1}$. Si $i+j$ est impair, alors cette fonction est impaire et on a $\int_{-1}^{1} x^{j+i} \, dx = 0$. En résumé :

$$\langle f_j, f_i\rangle = \begin{cases} \frac{2}{i+j+1} & \text{si } i+j \text{ est pair} \\ 0 & \text{si } i+j \text{ est impair} \end{cases}$$

Nous avons déterminé la matrice de Gram associée à la base canonique du s.e.v. des fonctions polynomiales de degré au plus n, et non seulement la matrice correspondant au cas particulier $n = 2$. Pour $n = 2$, nous avons

$$G = \begin{pmatrix} 2 & 0 & \frac{2}{3} \\ 0 & \frac{2}{3} & 0 \\ \frac{2}{3} & 0 & \frac{2}{5} \end{pmatrix}$$

Le corps de base étant ici égal à $\mathbb{R}$, il est normal que la matrice G soit symétrique réelle. Le second membre du système de Gram est le vecteur colonne de coordonnées

$$\langle f, f_i\rangle = \int_{-1}^{1} |x| x^i \, dx = \begin{cases} \frac{2}{i+2} & \text{si } i \text{ est pair} \\ 0 & \text{si } i \text{ est impair} \end{cases}$$

où le calcul est facilité par le fait que la fonction $x \mapsto |x|x^i$ est impaire si i est impair, paire si i est pair, valant x^{i+1} pour $x \geq 0$. Notons a, b, c les coordonnées de f^* dans la base (f_0, f_1, f_2), de sorte que $f^*(x) = a + bx + cx^2$. Il nous reste à résoudre le système linéaire

$$\begin{cases} 2a & & +\frac{2}{3}c & = & 1 \\ & \frac{2}{3}b & & = & 0 \\ \frac{2}{3}a & & +\frac{2}{5}c & = & \frac{1}{2} \end{cases}$$

On trouve $a = \frac{3}{16}$, $b = 0$, $c = \frac{15}{16}$, de sorte que la m.a.m.q. f^* de f par une fonction polynomiale de degré au plus 2 est définie par

$$\forall x \in [-1, 1] \quad f^*(x) = \frac{3}{16} + \frac{15}{16} x^2$$

Il est instructif de représenter graphiquement f et sa m.a.m.q. sur la même figure. Ces représentations graphiques appellent en effet plusieurs commentaires (cf. figure VI.2).

1. La fonction f est paire. Il en est de même de f^*, ce qui était prévisible puisque le produit scalaire utilisé est une intégrale sur un intervalle de la forme $[-a, a]$, sans poids « déséquilibrant ». Il n'en serait pas de même si, par exemple, on avait travaillé dans l'espace $L_s^2([-1, 1])$ avec $s(x) = e^x$. Une telle fonction de poids tendrait à diminuer la contribution des valeurs de $f(x)$ avec x proche de -1, et donnerait au contraire beaucoup d'importance aux valeurs de $f(x)$ avec x proche de 1, de sorte que la m.a.m.q. d'une fonction paire par une fonction polynomiale de degré au plus 2, pour ce produit scalaire pondéré, ne serait pas une fonction paire.
   Par contre la parité de f^* subsiste si la fonction de poids utilisée est elle-même paire (nous avons en fait calculé f^* dans le cas où $s(x) = 1$).
   Grâce à cette propriété de parité, on peut affirmer sans calcul que la m.a.m.q. de la fonction $f : x \mapsto |x|$ par une fonction polynomiale de degré au plus 3 est en fait de degré 2, *i.e.* est celle que nous venons de calculer.

2. Supposons que l'on souhaite calculer la m.a.m.q. de f par une fonction polynomiale de degré au plus 4 (ou 5, d'après la remarque précédente). Ce travail, si on souhaite le mener à terme, est facile puisque nous avons déjà calculé en fonction de (i, j) les coefficients de la matrice (d'ordre 5) de Gram correspondante, ainsi que le second membre en fonction de i. Il ne reste donc qu'à résoudre le système de Gram, composé de 5 équations à 5 inconnues.

3. On note une grosse erreur *ponctuelle* $|f(x) - f^*(x)|$ en certains points x, notamment au voisinage de $x = 0$. En effet, cette erreur ponctuelle est de $3/16$ en $x = 0$, ce qui peut paraître beaucoup compte-tenu du fait que le maximum de $|f(x)|$ sur $[-1, 1]$ est de 1. Ce n'est pas contradictoire avec le fait que f^* est la *meilleure* approximation de f par un polynôme de degré au plus 2. En effet, il s'agit d'une approximation *en moyenne*, sur l'intervalle $[-1, 1]$, de sorte que la présence de zones où l'erreur ponctuelle est importante n'empêche pas l'approximation d'être bonne *globalement*. Nous calculerons plus loin l'erreur quadratique moyenne, et nous observerons qu'elle est petite comparativement à l'ordre de grandeur des valeurs de la fonction f.

   Si nous avions cherché à minimiser $\|f-g\|_\infty = \sup_{x\in[-1,1]} |f(x)-g(x)|$, pour g décrivant l'ensemble des fonctions polynomiales de degré au plus 2, nous aurions rendu *toutes* les erreurs ponctuelles petites (approximation *uniforme* sur $[-1, 1]$). Mais ce n'est pas ce que nous avons fait : nous avons minimisé $\|f - g\|_{L^2([-1,1])} = \sqrt{\int_{-1}^{1} |f(x) - g(x)|^2\, dx}$.

4. Pourquoi l'erreur ponctuelle est-elle plus forte au voisinage de $x = 0$ qu'ailleurs ?
   En $x = 0$, la fonction f n'est pas dérivable, de sorte que son graphe n'admet pas de tangente au point $\big(0, f(0)\big) = (0, 0)$. Il est difficile d'approcher f par une fonction g de classe $\mathcal{C}^\infty$ au voisinage de 0. En effet, le graphe de f^* est muni d'une tangente au point d'abscisse 0 (d'ailleurs horizontale par raison de parité), alors que le point d'abscisse 0 du graphe de f est « anguleux ».

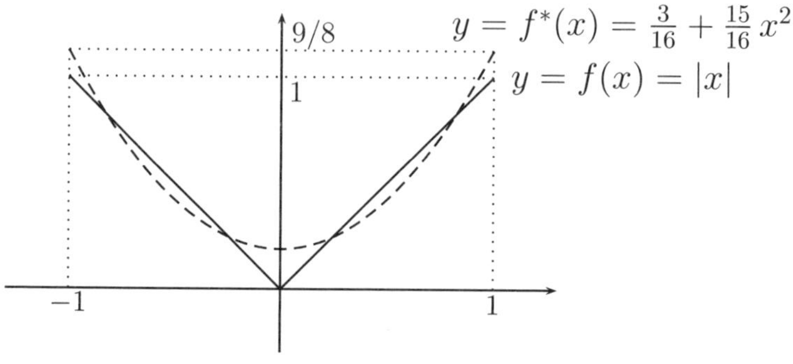

FIGURE VI.2 – *La fonction* $|\cdot|$ *et sa m.a.m.q. sur* $[-1, 1]$.

3.3 Coefficients de Fourier relativement à une famille orthogonale

Supposons que la famille $(f_0, \ldots, f_n)$ soit **orthogonale**. Dans ce cas, la matrice de Gram est *diagonale*. Or, les éléments diagonaux $\|f_i\|^2$ sont non nuls pour tout $i \in \{1, \ldots, n\}$ car $(f_0, \ldots, f_n)$ est une base de F. La résolution du système de Gram est donc immédiate :

$$\forall i \in \{1, \ldots, n\} \quad \alpha_i = \frac{\langle f, f_i\rangle}{\|f_i\|^2}$$

On a démontré le théorème suivant.

Théorème 3.2 *Soient* $(f_0, \ldots, f_n)$ *une famille orthogonale composée de vecteurs tous non nuls,* F *le s.e.v. de* E *engendré par* $(f_0, \ldots, f_n)$ *et* $f \in E$. *La m.a.m.q. de* f *par un élément de* F *est*

$$f^\star = \sum_{i=0}^{n} \frac{\langle f, f_i \rangle}{\|f_i\|^2} f_i \tag{VI.28}$$

Ce résultat général est très important. Il nous montre qu'à chaque fois que l'on dispose d'une base orthogonale de F, il suffit de calculer les coefficients $\alpha_i(f) = \frac{\langle f, f_i \rangle}{\|f_i\|^2}$ pour déterminer la m.a.m.q. de f par un élément de F. Comme nous le verrons au chapitre VII, ceci généralise un résultat relatif aux développement en série de Fourier d'une fonction périodique, que le lecteur a sans doute déjà rencontré. On adopte donc le vocabulaire suivant.

Définition 3.2 *Soit* $(f_0, \ldots, f_n)$ *une famille orthogonale composée de vecteurs tous non nuls. Soit* $f \in E$. *On appelle coefficients de Fourier de* f *relativement à* $(f_0, \ldots, f_n)$ *les scalaires*

$$\alpha_i(f) = \frac{\langle f, f_i \rangle}{\|f_i\|^2} \tag{VI.29}$$

Avec ces notations, la m.a.m.q. de f par un élément de F engendré par la famille orthogonale $(f_0, \ldots, f_n)$ est

$$f^\star = \sum_{i=0}^{n} \alpha_i(f) f_i \tag{VI.30}$$

et on l'appelle aussi *m.a.m.q. de* f *par une combinaison linéaire de* $f_0, \ldots, f_n$.

Exemple. Soit F le s.e.v. des fonctions polynomiales de degré au plus 2. Retrouvons la m.a.m.q. par un élément de F de la fonction f définie sur $[-1, 1]$ par $f(x) = |x|$ en utilisant, plutôt que la base canonique de F, la base orthonormée (e_0, e_1, e_2) que nous avons calculé par le procédé de Gram-Schmidt :

$$e_0(x) = \frac{1}{\sqrt{2}},\ e_1(x) = \sqrt{\frac{3}{2}}\,x,\ e_2(x) = \sqrt{\frac{45}{8}}\left(x^2 - \frac{1}{3}\right)$$

Il nous suffit de calculer les trois coefficients de Fourier de f relativement aux e_i. En utilisant les propriétés de parité des fonctions à intégrer, on a :

$\alpha_0(f) = \langle f, e_0 \rangle = \int_{-1}^{1} |x| \frac{1}{\sqrt{2}}\, dx = \frac{2}{\sqrt{2}} \int_0^1 x\, dx = \frac{1}{\sqrt{2}}$;

$\alpha_1(f) = \langle f, e_1 \rangle = \int_{-1}^{1} |x| \sqrt{\frac{3}{2}}\, x\, dx = 0$, car $x \mapsto x|x|$ est impaire ;

$\alpha_2(f) = \langle f, e_2 \rangle = \int_{-1}^{1} |x| \sqrt{\frac{45}{8}} (x^2 - \frac{1}{3})\, dx = 2\sqrt{\frac{45}{8}} \int_0^1 (x^3 - \frac{1}{3}x)\, dx = 2\sqrt{\frac{45}{8}} (\frac{1}{4} - \frac{1}{6}) = \frac{1}{6}\sqrt{\frac{45}{8}}$.

On a donc

$$\begin{aligned} f^\star(x) &= \langle f, e_0 \rangle e_0(x) + \langle f, e_1 \rangle e_1(x) + \langle f, e_2 \rangle e_2(x) \\ &= \frac{1}{\sqrt{2}} \frac{1}{\sqrt{2}} + \frac{1}{6} \sqrt{\frac{45}{8}} \sqrt{\frac{45}{8}} \left(x^2 - \frac{1}{3}\right) \\ &= \frac{3}{16} + \frac{15}{16} x^2 \end{aligned}$$

3.4 Inégalité de Bessel

L'élément $f^\star$ est une approximation de f par un élément de F, au sens où il minimise $\|f-g\|$ lorsque g décrit F. L'erreur d'approximation est $\|f-f^\star\|$, *i.e.* la distance entre f et F. L'inégalité de Bessel est un résultat qui permet d'évaluer cette erreur.

Théorème 3.3 *Soient F un s.e.v. de E de dimension $n+1$ et $(f_0,\dots,f_n)$ une base orthogonale de F et $f \in E$. On a*

$$\|f^\star\|^2 = \sum_{i=0}^{n} \frac{|\langle f, f_i\rangle|^2}{\|f_i\|^2} \leq \|f\|^2 \tag{VI.31}$$

De plus, la différence $\|f\|^2 - \sum_{i=0}^{n} \frac{|\langle f,f_i\rangle|^2}{\|f_i\|^2}$ représente le carré de l'erreur d'approximation, i.e.

$$\|f-f^\star\|^2 = \|f\|^2 - \sum_{i=0}^{n} \frac{|\langle f, f_i\rangle|^2}{\|f_i\|^2} \tag{VI.32}$$

Preuve. La famille $(f_0,\dots,f_n)$ étant orthogonale, le théorème de Pythagore implique que

$$\|f^\star\|^2 = \sum_{i=0}^{n} \frac{|\langle f, f_i\rangle|^2}{\|f_i\|^4}\|f_i\|^2 = \sum_{i=0}^{n} \frac{|\langle f, f_i\rangle|^2}{\|f_i\|^2}$$

Par ailleurs, puisque $f^\star$ est le projeté orthogonal de f sur F, le vecteur $f-f^\star$ est orthogonal à tout élément de F. En particulier, $f-f^\star$ est orthogonal à $f^\star$. On peut donc encore utiliser le théorème de Pythagore :

$$\|f\|^2 = \|(f-f^\star)+f^\star\|^2 = \|f-f^\star\|^2 + \|f^\star\|^2$$

Comme $\|f-f^\star\|^2 \geq 0$, ceci montre que $\|f^\star\|^2 \leq \|f\|^2$, d'où l'inégalité de Bessel (VI.31). De plus le carré de l'erreur quadratique vaut

$$\|f-f^\star\|^2 = \|f\|^2 - \|f^\star\|^2$$

d'où (VI.32).

□

Interprétation physique de l'inégalité de Bessel

Supposons que $E = L^2(\mathbb{R})$, qui s'interprète comme l'ensemble des signaux à énergie finie. En pratique on a souvent à approcher un signal $t \mapsto f(t)$ à énergie finie, *i.e.* $f \in L^2(\mathbb{R})$, par une fonction g qui est combinaison linéaire de fonctions de référence $t \mapsto f_i(t)$ orthogonales dans $L^2(\mathbb{R})$. Si le critère d'approximation adopté est la minimisation de $\|f-g\|^2$ (représentant dans ce contexte l'énergie de $f-g$), la meilleure approximation de f est le signal $f^\star$ défini par $f^\star(t) = \sum_{i=0}^{n} \alpha_i(f) f_i(t)$. Puisque $\|f\|^2$ représente l'énergie du signal f, l'inégalité de Bessel indique qu'en remplaçant f par son approximation $f^\star$, on a forcément une *perte d'énergie*. Cette perte d'énergie $\|f\|^2 - \|f^\star\|^2$ est justement le carré de l'erreur $\|f-f^\star\|^2$. On dispose donc d'une valeur approchée *par défaut* de l'énergie de f, à savoir l'énergie de $f^\star$, égale à

$$\|f^\star\|^2 = \sum_{i=0}^{n} \frac{|\langle f, f_i\rangle|^2}{\|f_i\|^2}$$

La valeur $\frac{|\langle f,f_i\rangle|^2}{\|f_i\|^2}$ représente la part d'énergie de f « répartie le long de f_i ».

Exemple. Nous avons calculé les coefficients de Fourier de la fonction définie sur $[-1,1]$ par $f(x) = |x|$ relativement à (e_0, e_1, e_2) qui est une famille orthonormée de $L^2([-1,1])$. L'inégalité de Bessel s'écrit ici

$$|\alpha_0(f)|^2 + |\alpha_1(f)|^2 + |\alpha_2(f)|^2 = \left(\frac{1}{\sqrt{2}}\right)^2 + 0^2 + \left(\frac{1}{6}\sqrt{\frac{45}{8}}\right)^2 = \frac{21}{32} \leq \|f\|^2$$

Or $\|f\|^2 = \int_{-1}^{1} |x|^2\, dx = \frac{2}{3}$. On voit que le carré de l'erreur $\|f - f^\star\|^2 = \|f\|^2 - \|f^\star\|^2$ vaut $\frac{2}{3} - \frac{21}{32} = \frac{1}{96}$, *i.e* est de l'ordre de 10^{-2}, pour une approximation polynomiale ne comportant pourtant que les trois premiers termes. On a donc $\|f - f^\star\|_{L^2([-1,1])} = \frac{1}{\sqrt{96}} \approx 10^{-1}$, de sorte que la moyenne (quadratique) des erreurs est petite comparée au maximum des erreurs ponctuelles $\|f - f^\star\|_\infty = \frac{3}{16}$.
À partir de cet exemple, on est tenté de conjecturer qu'en considérant la m.a.m.q. de f par un polynôme de degré au plus n, le carré de la norme de l'approximation, *i.e.* $\sum_{i=0}^{n} |\alpha_i(f)|^2$, tend vers $\|f\|^2 = \frac{2}{3}$ quand n tend vers l'infini. On va étudier cette question dans le paragraphe suivant.

4 Développement sur une base hilbertienne

4.1 Problématique

Soient E un e.v. de dimension finie $n+1$ et $(f_0, ..., f_n)$ une base orthogonale de E. La décomposition d'un élément f de E sur cette base est

$$f = \sum_{i=0}^{n} \alpha_i(f) f_i$$

où $\alpha_i(f)$ désigne le coefficient de Fourier d'indice i de f relativement à f_i. Autrement dit, la m.a.m.q. de f par un élément de E est f lui-même. En particulier, l'inégalité de Bessel est dans ce cas une égalité.

Nous supposons maintenant que E est **dimension infinie** (par exemple $E = L^2_s(J)$), de sorte que E contient une famille libre infinie dénombrable $(x_i)_{i\in\mathbb{N}}$. En poursuivant le procédé de Gram-Schmidt indéfiniment, il est alors possible, en théorie, de construire à partir de $(x_i)_{i\in\mathbb{N}}$ une famille orthogonale infinie dénombrable $(f_i)_{i\in\mathbb{N}}$.
Pour $f \in E$, considérons le projeté orthogonal de f sur le s.e.v. engendré par $(f_0, \ldots, f_n)$:

$$f_n^\star = \sum_{i=0}^{n} \frac{\langle f, f_i\rangle}{\|f_i\|^2} f_i = \sum_{i=0}^{n} \alpha_i(f) f_i \tag{VI.33}$$

Nous dirons de $f_n^\star$ que c'est la *m.a.m.q. de f au rang n*. L'inégalité de Bessel implique que si n augmente, alors la qualité de l'approximation ne peut que s'améliorer. Plus, précisément, comme $\|f\|^2$ ne dépend pas de n, l'inégalité de Bessel implique, en faisant tendre n vers l'infini, que

$$\sum_{i=0}^{+\infty} \frac{|\langle f, f_i\rangle|^2}{\|f_i\|^2} \leq \|f\|^2 \tag{VI.34}$$

Il est naturel de se demander si l'erreur d'approximation tend vers 0 quand n tend vers l'infini : l'inégalité de Bessel devient-elle une égalité quand n tend vers l'infini ? On va voir que la réponse à cette question dépend de la nature de la famille orthogonale $(f_i)_{i\in\mathbb{N}}$.

4.2 Base hilbertienne

Définition 4.1 *Soient E un espace préhilbertien de dimension infinie et $(f_i)_{i\in\mathbb{N}}$ une famille orthogonale de E. On suppose que pour tout $i \in \mathbb{N}$ on a $f_i \neq 0_E$. On dit que $(f_i)_{i\in\mathbb{N}}$*

1. *est totale si*

$$\big(\forall i \in \mathbb{N} \ \ \langle g, f_i\rangle = 0\big) \Longrightarrow \big(g = 0_E\big) \tag{VI.35}$$

2. *est une base hilbertienne si tout élément f de E peut être approché arbitrairement près par une combinaison linéaire des f_i, i.e.*

$$\big(\forall \varepsilon > 0\big)\ \big(\exists n_\varepsilon \in \mathbb{N}\big)\ \big(\exists c_0, \ldots, c_{n_\varepsilon} \in \mathbb{K}\big)\ \left(\left\| f - \sum_{i=0}^{n_\varepsilon} c_i f_i \right\| < \varepsilon\right) \tag{VI.36}$$

Remarques.

1. La propriété (VI.35) exprime effectivement que la famille orthogonale $(f_i)_{i\in\mathbb{N}}$ est *totale* dans le sens où le seul vecteur orthogonal à tous les f_i est le vecteur nul. D'une certaine manière, on peut dire que la famille orthogonale $(f_i)_{i\in\mathbb{N}}$ est alors maximale (il n'y manque aucun vecteur).
2. Lorsque l'on a la propriété (VI.36), on dit que l'ensemble des combinaisons linéaires des f_i est *dense* dans E. Cette notion de densité généralise une propriété bien connue : tout nombre réel peut être approché arbitrairement près par des nombres rationnels (ce qui exprime que $\mathbb{Q}$ est dense dans $\mathbb{R}$).

4.3 Égalité de Parseval

Théorème 4.1 *Soient E un espace préhilbertien de dimension infinie et $(f_i)_{i\in\mathbb{N}}$ une famille orthogonale d'éléments de E tous non nuls. Les assertions suivantes sont équivalentes.*

1. *La famille $(f_i)_{i\in\mathbb{N}}$ est totale.*
2. *La famille $(f_i)_{i\in\mathbb{N}}$ est une base hilbertienne.*
3. *Pour tout $f \in E$*

$$\lim_{n\to+\infty} \left\| f - \sum_{i=0}^{n} \frac{\langle f, f_i\rangle}{\|f_i\|^2} f_i \right\| = 0 \tag{VI.37}$$

4. *Pour tout $f \in E$ on a*

$$\|f\|^2 = \sum_{i=0}^{+\infty} \frac{|\langle f, f_i\rangle|^2}{\|f_i\|^2} \tag{VI.38}$$

Remarques.

1. La relation (VI.38) est appelée *égalité de Parseval* (ou *identité de Parseval*). L'inégalité de Bessel devient donc l'égalité de Parseval lorsque la famille orthogonale considérée est totale.
2. Lorsqu'on a la relation (VI.37), on dit que *la série de Fourier de f converge vers f au sens de la norme de E*. Cela signifie que les sommes partielles de la série de terme général $\frac{\langle f, f_i\rangle}{\|f_i\|^2} f_i$ convergent vers f dans E :

$$\lim_{n\to\infty} \sum_{i=0}^{n} \frac{\langle f, f_i\rangle}{\|f_i\|^2} f_i = f \tag{VI.39}$$

On peut donc écrire, comme d'habitude dans ce contexte, l'égalité entre f et la somme de la série de Fourier de f, *i.e.*

$$f = \sum_{i=0}^{+\infty} \frac{\langle f, f_i \rangle}{\|f_i\|^2} f_i \tag{VI.40}$$

Il est important de se souvenir que dans (VI.39) la limite est prise dans l'espace vectoriel normé E. Dans (VI.40), l'égalité entre f et sa série de Fourier $\sum_{i=0}^{+\infty} \frac{\langle f, f_i \rangle}{\|f_i\|^2} f_i$ signifie donc exactement (VI.37).

La somme partielle d'indice n de cette série de Fourier n'est autre que $f_n^\star$. Donc (VI.40) signifie aussi que la m.a.m.q. de rang n tend vers f au sens de la norme de E :

$$\lim_{n \to +\infty} \|f_n^\star - f\| = 0 \quad i.e. \quad \lim_{n \to \infty} f_n^\star = f \tag{VI.41}$$

3. Supposons que $E = L_s^2(J)$. Si l'on dispose d'une base hilbertienne $(f_i)_{i \in \mathbb{N}}$ de E, alors l'égalité (VI.40) signifie que

$$\lim_{n \to +\infty} \int_J \left| f(x) - \sum_{i=0}^{n} \frac{\langle f, f_i \rangle}{\|f_i\|^2} f_i(x) \right|^2 s(x)\, dx = 0 \tag{VI.42}$$

On dit alors que la série de Fourier de f converge vers f *en moyenne quadratique pondérée par* s.

Il se pose alors une question naturelle : a-t-on également convergence *ponctuelle* de la série de Fourier de f vers f en $x \in J$? Si c'est le cas, on peut écrire

$$f(x) = \sum_{i=0}^{+\infty} \frac{\langle f, f_i \rangle}{\|f_i\|^2} f_i(x) \tag{VI.43}$$

Pour que l'on ait (VI.43), f doit être assez régulière au voisinage de x. Nous préciserons cela sur des exemples au paragraphe 5.2 et au chapitre VII (cf. théorème de Dirichlet).

On prendra garde de ne pas confondre l'égalité (VI.43), qui exprime la *convergence simple* de la série de fonctions vers $f(x)$, avec (VI.40) qui exprime la convergence en moyenne quadratique de la série de Fourier vers f.

4. Dans le cas particulier où on a $J = \mathbb{R}$ et $s = 1$, la convergence en moyenne quadratique de la série de Fourier s'interprète en physique et en traitement du signal en disant que la m.a.m.q. $f_n^\star$ converge vers f *au sens de l'énergie* quand n tend vers l'infini. En effet, dans ce cas, (VI.42) s'écrit

$$\lim_{n \to +\infty} \int_{-\infty}^{+\infty} |f(t) - f_n^\star(t)|^2\, dt = 0$$

ce qui signifie que l'énergie du signal $f - f_n^\star$ tend vers 0 quand n tend vers l'infini.

5. En physique, une base hilbertienne de E est souvent appelée *base orthogonale*. Il faut pourtant prendre garde au fait suivant : si E est de dimension infinie, une « base orthogonale » (*i.e.* une base hilbertienne) n'est pas une base au sens classique vu en algèbre linéaire. En effet un élément f de E ne s'écrit pas comme combinaison linéaire *finie* des f_i. Mais le but est pourtant le même qu'en algèbre : réussir à développer un élément quelconque f de E suivant des éléments particuliers f_i. Dans un espace

préhilbertien de dimension infinie, lorsqu'on écrit (VI.40), on dit qu'on a *développé* f *en série de Fourier de fonctions* f_i. L'égalité (VI.40) montre qu'il faut pour cela disposer d'une infinité de f_i, de sorte que $\left(f_i\right)_{i\in\mathbb{N}}$ n'est pas une base au sens algébrique du terme. D'ailleurs, pour la plupart des espaces préhilbertiens rencontrés en pratique, il est impossible d'exhiber une base algébrique (en général une telle base est *non dénombrable*), alors qu'il est souvent possible de construire une base hilbertienne.

5 Polynômes orthogonaux

Nous détaillons dans ce paragraphe plusieurs exemples pour illustrer la théorie qui précède.

5.1 Existence d'une suite orthogonale de polynômes de degré croissant

Proposition 5.1 *Soit E un espace préhilbertien dont les éléments sont des fonctions. On suppose que E contient les fonctions $f_n : t \mapsto t^n$ pour tout $n \in \mathbb{N}$. Il existe une famille orthogonale $(e_n)_{n\in\mathbb{N}}$ composée de fonctions polynomiales $t \mapsto e_n(t)$ vérifiant $\deg e_n = n$. Cette famille est unique à des constantes multiplicatives près.*

Preuve. Puisque E est un e.v. contenant les fonctions f_n, E contient aussi toute combinaison linéaire de ces fonctions. Autrement dit, les fonctions polynomiales sont éléments de E. On peut utiliser le procédé de Gram-Schmidt sur la famille libre $(f_n)_{n\in\mathbb{N}}$. La formule (VI.18) établit l'existence d'une famille orthogonale $\left(y_n\right)_{n\in\mathbb{N}}$ de fonctions polynomiales telle que $\deg y_n = n$, et si $y_0, \dots, y_{m-1}$ sont construits, y_m est unique à une multiplication par une constante α près :

$$y_m(t) = \alpha\left(t^m - \sum_{i=0}^{m-1} \langle f_m, e_i\rangle e_i(t)\right)$$

où $e_0, \dots, e_{m-1}$ est la suite orthonormée déduite de $y_0, \dots, y_{m-1}$, *i.e.*

$$e_i(t) = \frac{y_i(t)}{\|y_i\|}$$

□

Remarque. Bien entendu, en choisissant α convenablement, on peut directement construire une famille *orthonormée* $\left(e_n\right)_{n\in\mathbb{N}}$ de polynômes de degré n. Mais même en faisant cela, on n'aura pas unicité de la suite construite, puisque si (e_n) est une telle suite, toute suite obtenue en multipliant chaque e_n par ± 1 si $\mathbb{K} = \mathbb{R}$, ou par une constante de la forme $e^{i\theta_n}$ (constante de module 1) si $\mathbb{K} = \mathbb{C}$, aura encore les mêmes propriétés. Pour cette raison on impose souvent une condition de normalisation à la suite orthogonale de degré n construite. Par exemple on peut imposer à la suite (e_n) d'être normée et telle que le coefficient de plus haut degré (dit *coefficient dominant*) soit réel positif. Cette condition assure l'unicité puisque la valeur de α ne peut alors être que

$$\alpha = \left\| f_m - \sum_{i=0}^{m-1} \langle f_m, e_i\rangle e_i \right\|^{-1}$$

Nous allons voir qu'en pratique il existe d'autres types de conditions de normalisation.

5.2 Polynômes de Legendre

Ici $E = L^2([-1,1])$ (ou son s.e.v. $\mathcal{C}([-1,1])$), muni de son produit scalaire usuel :

$$\langle f, g\rangle = \int_{-1}^{1} f(t)\overline{g(t)}\, dt$$

D'après la proposition 5.1, on peut construire une suite orthonormée $\left(e_n\right)_{n\in\mathbb{N}}$ de fonctions polynomiales telle que $\deg e_n = n$ (en utilisant le procédé de Gram-Schmidt sur la suite des monômes $t \mapsto f_n(t) = t^n$). Nous avons d'ailleurs déjà calculé e_0, e_1 et e_2.

Legendre a adopté une autre condition de normalisation que celle décrite au paragraphe précédent. On peut prouver que le polynôme e_n (ou tout polynôme de la forme $\alpha\, e_n$) possède n racines dans l'intervalle $]-1,1[$ (cf. exercice VI.8). Par conséquent, $\alpha\, e_n$ ne s'annule pas en $t=1$. Lors du procédé de Gram-Schmidt, il est donc possible de choisir la constante α de telle manière que $y_n(1)$ prenne une valeur (non nulle) choisie à l'avance, la même pour chaque n. Legendre a choisi de normaliser sa suite en imposant $y_n(1) = 1$ pour tout $n \in \mathbb{N}$. La suite obtenue n'est pas normée dans $L^2([-1,1])$. Nous avons donc la définition suivante.

Définition 5.1 *On appelle suite des polynômes de Legendre l'unique suite* $(P_n)_{n\in\mathbb{N}}$ *de polynômes vérifiant*

1. $(P_n)_{n\in\mathbb{N}}$ *est orthogonale dans* $L^2([-1,1])$.
2. $\forall n \in \mathbb{N} \quad \deg P_n = n$.
3. $\forall n \in \mathbb{N} \quad P_n(1) = 1$ *(condition de normalisation).*

On se rappellera que si une suite $(Q_n)_{n\in\mathbb{N}}$ de polynômes est orthogonale dans $L^2([-1,1))$ et vérifie $\deg Q_n = n$, alors Q_n est proportionnel au polynôme de Legendre (car dans ce cas, seule la condition de normalisation n'est pas vérifiée).

Calcul des trois premiers polynômes de Legendre. On part de la suite (e_0, e_1, e_2) orthonormée dans $L^2([-1,1])$ déjà calculée par le procédé de Gram-Schimdt, et on tient compte de la condition de normalisation des polynômes de Legendre.

- P_0 est de degré 0 et vérifie $P_0(1) = 1$, donc P_0 est le polynôme constant égal à 1.
- La fonction $t \mapsto P_1(t)$ est proportionnelle à $t \mapsto e_1(t) = \sqrt{\frac{3}{2}}\, t$, donc est de la forme $t \mapsto \alpha t$. On a $P_1(1) = 1$, donc $P_1(t) = t$.
- La fonction $t \mapsto P_2(t)$ est proportionnelle à $t \mapsto e_2(t) = \sqrt{\frac{45}{8}}\left(t^2 - \frac{1}{3}\right)$, donc est de la forme $t \mapsto \alpha\left(t^2 - \frac{1}{3}\right)$. On a $P_2(1) = 1$, donc $\frac{2}{3}\alpha = 1$, d'où $P_2(t) = \frac{3}{2}t^2 - \frac{1}{2}$.

Propriétés des polynômes de Legendre

La suite (P_n) possède de nombreuses propriétés. Voici les plus utiles. Nous en démontrerons certaines dans les exercices.

1. On a une formule explicite pour P_n, dite *formule de Rodriguès* :

$$P_n(t) = \frac{1}{2^n n!}\frac{d^n}{dt^n}\left[\left(t^2-1\right)^n\right] \qquad \text{(VI.44)}$$

2. P_n est une fonction paire si n est pair, impaire si n est impair.
3. P_n est solution de l'équation différentielle suivante, rencontrée en physique lors de la recherche de certaines solutions de l'équation de Laplace $\Delta u = 0$:

$$(1-t^2)y''(t) - 2ty'(t) + n(n+1)y(t) = 0 \qquad \text{(VI.45)}$$

4. La suite (P_n) vérifie la relation de récurrence d'ordre 2 suivante :

$$\forall n \geq 2 \quad nP_n(t) - (2n-1)t\,P_{n-1}(t) + (n-1)P_{n-2}(t) = 0 \tag{VI.46}$$

(VI.46) permet de calculer les P_n de proche en proche à partir de P_0 et P_1 bien plus vite que le procédé de Gram-Schmidt ou que la formule de Rodriguès. Il suffit d'initialiser la récurrence en calculant P_0 et P_1 (par le procédé de Gram-Schmidt). On a

$$P_0 = 1\,,\; P_1(t) = t$$

On en déduit alors, grâce à la formule de récurrence :

$$P_2(t) = \frac{1}{2}\big(3tP_1(t) - P_0(t)\big) = \frac{1}{2}(3t^2 - 1)$$

puis, successivement :

$$P_3(t) = \frac{1}{2}(5t^3 - 3t)\;,\; P_4(t) = \frac{1}{8}(35t^4 - 30t^2 + 3)\;, \ldots$$

Les cinq premiers polynômes de Legendre sont représentés à la figure VI.3.

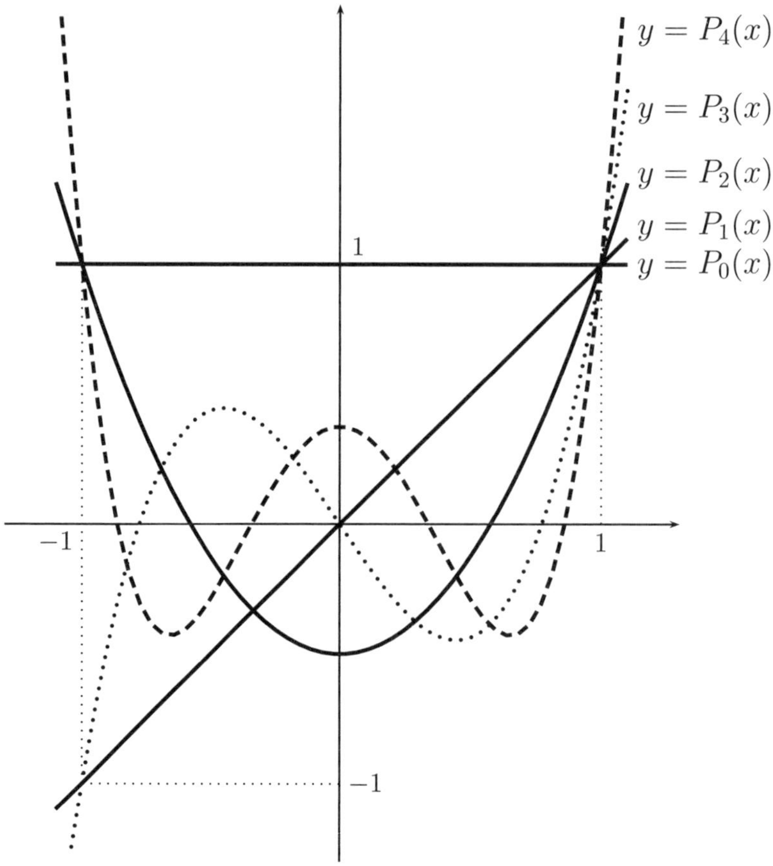

FIGURE VI.3 – *Les polynômes de Legendre de degré $n \leq 4$.*

Développement en série de polynômes de Legendre

Le plus intéressant pour le sujet qui nous occupe est que la famille orthogonale $(P_n)_{n\in\mathbb{N}}$ est une *base hilbertienne* de $L^2([-1,1])$ (ou est *totale* dans $L^2([-1,1])$). On peut donc développer toute fonction de $L^2([-1,1])$ en série de polynôme de Legendre (la série convergeant en moyenne quadratique).

Pour le prouver, on doit démontrer que l'ensemble des fonctions polynomiales est dense dans $L^2([-1,1])$. On démontre dans le complément suivant cette propriété de densité en faisant appel à un résultat non développé dans cet ouvrage. Cela permet de comprendre ce que signifie « dense dans E ». Dans la suite, nous admettrons souvent que les familles orthogonales considérées sont totales. On trouvera toutefois une démonstration de ce type au paragraphe 2.4 du chapitre XI.

Complément. On doit prouver que toute fonction f de $L^2([-1,1])$ peut être approchée arbitrairement près par une fonction polynomiale, au sens de la distance de $L^2([-1,1])$.
On se donne $\varepsilon > 0$. Un résultat de théorie de la mesure affirme que f peut être approchée dans $L^2([-1,1])$ par des fonctions continues sur $[-1,1]$. Il existe donc $g_\varepsilon \in \mathcal{C}([-1,1])$ telle que

$$\|f - g_\varepsilon\|_{L^2([-1,1])} < \varepsilon$$

Puis on fait appel au *théorème de Weierstrass*, qui affirme que toute fonction continue sur un intervalle compact peut être approchée arbitrairement près par des fonctions polynomiales *au sens de la norme uniforme*. Il existe donc une fonction polynomiale p_ε telle que

$$\|g_\varepsilon - p_\varepsilon\|_\infty = \max_{x\in[-1,1]} |g_\varepsilon(x) - p_\varepsilon(x)| < \varepsilon$$

Remarquons que, pour des fonctions continues, la norme de $L^2([-1,1])$ peut être majorée à une constante multiplicative près par la norme uniforme sur $[-1,1]$:

$$\begin{aligned} \forall h \in \mathcal{C}([-1,1]) \quad \|h\|_{L^2([-1,1])} = \sqrt{\int_{-1}^{1} |h(x)|^2\,dx} &\leq \sqrt{2 \max_{x\in[-1,1]} |h(x)|^2} \\ &= \sqrt{2} \max_{x\in[-1,1]} |h(x)| \end{aligned}$$

En utilisant l'inégalité triangulaire pour la norme de $L^2([-1,1])$, on obtient

$$\begin{aligned} \|f - p_\varepsilon\|_{L^2([-1,1])} &\leq \|f - g_\varepsilon\|_{L^2([-1,1])} + \|g_\varepsilon - p_\varepsilon\|_{L^2([-1,1])} \\ &\leq \|f - g_\varepsilon\|_{L^2([-1,1])} + \sqrt{2}\,\|g_\varepsilon - p_\varepsilon\|_\infty \\ &\leq (1+\sqrt{2})\,\varepsilon \end{aligned}$$

Ainsi, pour tout élément f de $L^2([-1,1])$, pour tout réel $\varepsilon > 0$, il existe une fonction polynomiale p_ε dont la distance à f est inférieure à $(1+\sqrt{2})\,\varepsilon$, ce qui est la propriété voulue.

Pour obtenir le développement en série de Fourier d'un élément f de $L^2([-1,1])$ suivant la base hilbertienne des polynômes de Legendre, il faut calculer la norme de P_n. Les calculs sont faits en exercice. On trouve

$$\forall n \in \mathbb{N} \quad \|P_n\| = \sqrt{\frac{2}{2n+1}} \tag{VI.47}$$

Il résulte donc de (VI.40) que l'on a, dans $L^2([-1,1])$

$$\forall f \in L^2([-1,1]) \quad f = \sum_{i=0}^{+\infty} \frac{2i+1}{2} \langle f, P_i\rangle\, P_i \tag{VI.48}$$

On obtient la m.a.m.q. de f dans $L^2([-1,1])$ par un polynôme de degré n en tronquant cette série à l'ordre n :

$$f_n^\star(t) = \sum_{i=0}^{n} \frac{2i+1}{2} \langle f, P_i \rangle \, P_i(t) = \sum_{i=0}^{n} \frac{2i+1}{2} \Big(\int_{-1}^{1} f(x) P_i(x) dx \Big) P_i(t) \tag{VI.49}$$

N'oublions pas que l'égalité (VI.48) a lieu au sens de la norme L^2, donc signifie en fait

$$\lim_{n\to+\infty} \int_{-1}^{1} |f(t) - f_n^\star(t)|^2 dt = 0$$

Si f est assez régulière au voisinage de t, alors on a également convergence *ponctuelle* de la série de Fourier vers $f(t)$, *i.e.*

$$\forall t \in [-1,1] \quad f(t) = \sum_{i=0}^{+\infty} \frac{2i+1}{2} \Big(\int_{-1}^{1} f(x) P_i(x) dx \Big) P_i(t)$$

En effet, on peut démontrer (ce n'est pas simple) que si f est continue sur $[-1,1]$ et $\mathcal{C}^1$ par morceaux, on a convergence ponctuelle de la série de Fourier vers $f(t)$ en tout $t \in]-1,1[$.

5.3 Polynômes de Tchebychev

On travaille ici dans $E = L^2_s(]-1,1[)$ où la fonction de poids vaut $s(t) = (1-t^2)^{-\frac{1}{2}}$. Le produit scalaire utilisé est donc

$$\langle f, g \rangle_s = \int_{-1}^{1} f(t)\overline{g(t)}(1-t^2)^{-\frac{1}{2}} \, dt$$

Il est facile de prouver que les fonctions $t \mapsto f_n(t) = t^n$ sont dans E (cf. exercice VI.6). E contient donc toutes les fonctions polynomiales et on peut appliquer la méthode du paragraphe 5.1, déjà utilisée pour la construction des polynômes de Legendre, afin de construire une famille de fonctions polynomiales orthogonale dans E.

Définition 5.2 *On appelle suite des polynômes de Tchebychev l'unique suite $(T_n)_{n\in\mathbb{N}}$ de polynômes vérifiant*

1. *$(T_n)_{n\in\mathbb{N}}$ est orthogonale dans $L^2_s(]-1,1[)$ où $s(t) = (1-t^2)^{-\frac{1}{2}}$.*
2. *$\forall n \in \mathbb{N} \quad \deg T_n = n$.*
3. *$\forall n \in \mathbb{N} \quad T_n(1) = 1$ (condition de normalisation).*

Propriétés des polynômes de Tchebychev

1. Une formule explicite pour T_n :

$$\forall t \in [-1,1] \quad T_n(t) = \cos(n \arccos t) \tag{VI.50}$$

2. T_n est une fonction paire si n est pair, impaire si n est impair.
3. T_n est solution de l'équation différentielle suivante :

$$(1-t^2)y''(t) - ty'(t) + n^2 y(t) = 0 \tag{VI.51}$$

4. La suite (T_n) vérifie la relation de récurrence d'ordre 2 suivante :

$$\forall n \geq 2 \quad T_n(t) - 2t\, T_{n-1}(t) + T_{n-2}(t) = 0 \tag{VI.52}$$

5. La famille $(T_n)_{n\in\mathbb{N}}$ est totale dans $L^2_s(]-1,1[)$ et, pour la norme de $L^2_s(]-1,1[)$, on a

$$\|T_0\| = \sqrt{\pi} \quad \text{et} \quad \|T_n\| = \sqrt{\frac{\pi}{2}} \quad \text{pour} \quad n \geq 1 \tag{VI.53}$$

Cela permet de développer une fonction de $L^2_s(]-1,1[)$ en série de polynômes de Tchebyschev.

5.4 Polynômes de Laguerre

On travaille ici dans $E = L^2_s(]0,+\infty[)$ où la fonction de poids vaut $s(t) = e^{-t}$. Le produit scalaire utilisé est donc

$$\langle f, g\rangle_s = \int_0^{+\infty} f(t)\overline{g(t)}e^{-t}\,dt$$

Nous avons vu précédemment, lors de l'étude d'un exemple, que E contient les fonctions polynomiales. On peut donc là aussi construire une suite de fonctions polynomiales orthogonale dans E en appliquant la méthode du paragraphe 5.1.

Définition 5.3 *On appelle suite des polynômes de Laguerre l'unique suite $(L_n)_{n\in\mathbb{N}}$ de polynômes vérifiant*

1. *$(L_n)_{n\in\mathbb{N}}$ est orthonormée dans $L^2_s(]0,+\infty[)$ où $s(t) = e^{-t}$.*
2. *$\forall n \in \mathbb{N} \quad \deg L_n = n$.*
3. *Le coefficient de degré n de L_n est du signe de $(-1)^n$ (condition de normalisation).*

Propriétés des polynômes de Laguerre

1. Une formule explicite (*de Rodriguès*) pour L_n :

$$L_n(t) = \frac{1}{n!}e^t\frac{d^n}{dt^n}\left[t^n e^{-t}\right] \tag{VI.54}$$

2. L_n est solution de l'équation différentielle suivante :

$$ty''(t) + (1-t)y'(t) + ny(t) = 0 \tag{VI.55}$$

3. La suite (L_n) vérifie la relation de récurrence d'ordre 2 suivante :

$$\forall n \geq 2 \quad nL_n(t) + (t-2n+1)L_{n-1}(t) + (n-1)L_{n-2}(t) = 0 \tag{VI.56}$$

4. La famille $(L_n)_{n\in\mathbb{N}}$ est totale dans $L^2_s(]0,+\infty[)$.

Remarque. On en déduit une famille orthonormée (totale) de $L^2(]0,+\infty[)$ (pour le produit scalaire usuel, *sans fonction de poids*). En effet, la propriété

$$n \neq m \Longrightarrow \int_0^{+\infty} L_n(t)L_m(t)e^{-t}dt = 0$$

permet d'affirmer que la suite $(f_n)_{n\in\mathbb{N}}$ des *fonctions de Laguerre* définies par

$$f_n(t) = e^{-\frac{t}{2}}L_n(t)$$

est orthogonale dans $L^2(]0,+\infty[)$ car $\langle f_n, f_m\rangle = \langle L_n, L_m\rangle_s$. La suite $(f_n)_{n\in\mathbb{N}}$ est même orthonormée dans $L^2(]0,+\infty[)$ puisque $\|f_n\|_{L^2(]0,+\infty[)} = \|L_n\|_{L^2_s(]0,+\infty[)} = 1$.
On remarquera d'ailleurs que $L^2(]0,+\infty[)$ ne contient pas les fonctions polynomiales, mais qu'il contient les fonctions continues sur $[0,+\infty[$ à décroissance rapide en $+\infty$, telles ces fonctions de Laguerre.

5.5 Polynômes d'Hermite

On travaille ici dans $E = L^2_s(\mathbb{R})$ où la fonction de poids vaut $s(x) = e^{-x^2}$. Le produit scalaire utilisé est donc

$$\langle f, g\rangle_s = \int_{-\infty}^{+\infty} f(x)\overline{g(x)}e^{-x^2}\,dx$$

Il est aisé de démontrer que E contient les fonctions polynomiales et on peut donc, là encore, construire une suite de fonctions polynomiales orthogonale dans E en appliquant la méthode du paragraphe 5.1.

Définition 5.4 *On appelle suite des polynômes d'Hermite l'unique suite $(H_n)_{n\in\mathbb{N}}$ de polynômes vérifiant*

1. *$(H_n)_{n\in\mathbb{N}}$ est orthogonale dans $L^2_s(\mathbb{R})$ où $s(x) = e^{-x^2}$.*
2. *$\forall n \in \mathbb{N} \quad \deg H_n = n$.*
3. *Le coefficient de degré n de H_n est égal à 2^n (condition de normalisation).*

Propriétés des polynômes d'Hermite

1. Une formule explicite (*de Rodriguès*) pour H_n :

$$H_n(x) = (-1)^n e^{x^2}\frac{d^n}{dx^n}\left[e^{-x^2}\right] \tag{VI.57}$$

2. H_n est une fonction paire si n est pair, impaire si n est impair.
3. H_n est solution de l'équation différentielle suivante :

$$y''(x) - 2xy'(x) + 2ny(x) = 0 \tag{VI.58}$$

4. La suite (H_n) vérifie la relation de récurrence d'ordre 2 suivante :

$$\forall n \geq 2 \quad H_n(x) - 2x\,H_{n-1}(x) + 2(n-1)H_{n-2}(t) = 0 \tag{VI.59}$$

5. La famille $(H_n)_{n\in\mathbb{N}}$ est totale dans $L^2_s(\mathbb{R})$ et pour la norme de cet espace, on a

$$\forall n \in \mathbb{N} \quad \|H_n\| = \pi^{\frac{1}{4}}2^{\frac{n}{2}}(n!)^{\frac{1}{2}} \tag{VI.60}$$

On donne une démonstration du fait que $(H_n)_{n\in\mathbb{N}}$ est totale dans $L^2_s(\mathbb{R})$ au paragraphe 2.4 du chapitre XI.

Remarque. On en déduit une famille orthogonale (totale) de $L^2(\mathbb{R})$ (pour le produit scalaire usuel, *sans fonction de poids*). En effet, la propriété

$$n \neq m \Longrightarrow \int_{\mathbb{R}} H_n(x)H_m(x)e^{-x^2}dt = 0$$

permet d'affirmer que la suite $(h_n)_{n\in\mathbb{N}}$ de *fonctions d'Hermite* définies par

$$h_n(x) = e^{-\frac{x^2}{2}}H_n(x)$$

est orthogonale dans $L^2(\mathbb{R})$ car $\langle h_n, h_m\rangle = \langle H_n, H_m\rangle_s$.
On remarquera que les polynômes ne sont pas éléments de $L^2(\mathbb{R})$ mais que les fonctions d'Hermite h_n le sont. Comme h_n est le produit d'un polynôme par une gaussienne, h_n est même un élément de l'e.v. $\mathcal{S}$ des fonctions $\mathcal{C}^\infty$ à décroissance rapide ainsi que toutes leurs dérivées.

6 Exercices corrigés

Exercice VI.1 *On travaille dans $L^2([-1,1])$ muni du produit scalaire usuel. On considère la fonction f définie sur $[-1,1]$ par $f(x)=-1$ pour $-1\leq x<0$ et $f(x)=1$ pour $0\leq x\leq 1$.*

1. *On note $f_n^\star$ la m.a.m.q. de f par une fonction polynomiale de degré au plus n. Déterminer $f_3^\star$ en la décomposant sur la base canonique ($x\mapsto 1$, $x\mapsto x$, $x\mapsto x^2$, $x\mapsto x^3$). Que dire de $f_4^\star$?*
2. *Retrouver ce résultat en décomposant $f_3^\star$ sur la base des polynômes de Legendre.*
3. *Comparer « l'énergie » de f et celle de son approximation $f_3^\star$. Commenter.*

Solution.

1. Lors de l'étude de l'exemple de la page 152, on a déterminé la matrice de Gram associée à la base canonique $(f_0,\ldots,f_n)$ du s.e.v. F de $L^2([-1,1])$ constitué des fonctions polynomiales de degré au plus n, pour le produit scalaire usuel de $L^2([-1,1])$. Pour $n=3$, c'est

$$G=\begin{pmatrix} 2 & 0 & \frac{2}{3} & 0\\ 0 & \frac{2}{3} & 0 & \frac{2}{5}\\ \frac{2}{3} & 0 & \frac{2}{5} & 0\\ 0 & \frac{2}{5} & 0 & \frac{2}{7}\end{pmatrix}$$

Notons $f_3^\star=af_0+bf_1+cf_2+df_3$, *i.e.* $f_3^\star(x)=a+bx+cx^2+dx^3$ pour $-1\leq x\leq 1$. Pour écrire le système de Gram, on doit calculer $\langle f,f_i\rangle=\int_{-1}^1 f(x)x^i\,dx$ pour $i\in\{0,1,2,3\}$. On note que f ne diffère d'une fonction impaire que par le fait que $f(0)\neq 0$. Par conséquent $\langle f,f_i\rangle=0$ pour i pair, et pour i impair, on a $\langle f,f_i\rangle=2\int_0^1 f(x)x^i\,dx$. On a $\langle f,f_i\rangle=\frac{2}{i+1}$ pour i impair. On doit ainsi résoudre le système linéaire :

$$G\begin{pmatrix}a\\b\\c\\d\end{pmatrix}=\begin{pmatrix}\langle f,f_0\rangle\\\langle f,f_1\rangle\\\langle f,f_2\rangle\\\langle f,f_3\rangle\end{pmatrix}\iff\left\{\begin{array}{lllll} 2a & & +\frac{2}{3}c & & =0\\ & \frac{2}{3}b & & +\frac{2}{5}d & =1\\ \frac{2}{3}a & & +\frac{2}{5}c & & =0\\ & \frac{2}{5}b & & +\frac{2}{7}d & =\frac{1}{2}\end{array}\right.$$

On trouve $a=c=0$, $b=\frac{45}{16}$, $d=-\frac{35}{16}$, de sorte que

$$\forall x\in[-1,1]\quad f_3^*(x)=\frac{45}{16}x-\frac{35}{16}x^3$$

Puisque f se comporte, du point du vue du calcul de son approximation en moyenne quadratique, comme une fonction impaire, la m.a.m.q. f_4^* de f par une fonction polynomiale de degré au plus 4 doit être impaire. Ceci vaut dès que le produit scalaire utilisé est de la forme $\langle u,v\rangle_s=\int_{-a}^a u(x)\overline{v(x)}s(x)\,dx$ avec s fonction de poids paire. Ici, cela implique que $f_4^*=f_3^*$.

2. En décomposant f_3^* dans la base de F constituée des 4 premiers polynômes de Legendre, on a

$$f_3^*=\sum_{i=0}^{3}\alpha_i(f)P_i$$

où $\alpha_i(f)$ est le coefficient de Fourier de f relativement à P_i. En effet, la famille (P_0,P_1,P_2,P_3) est orthogonale dans $L^2([-1,1])$. On a, en tenant compte de la valeur de la norme de P_i :

$$\alpha_i(f)=\frac{\langle f,P_i\rangle}{\|P_i\|^2}=\frac{2i+1}{2}\int_{-1}^1 f(x)P_i(x)\,dx$$

En exploitant encore les propriétés de parité, on trouve
$\alpha_0(f)=\alpha_2(f)=0$, $\alpha_1(f)=\frac{3}{2}2\int_0^1 x\,dx=\frac{3}{2}$, $\alpha_3(f)=\frac{7}{2}2\int_0^1\frac{1}{2}(5x^3-3x)\,dx=\frac{7}{2}(\frac{5}{4}-\frac{3}{2})=-\frac{7}{8}$.
On retrouve ainsi $f_3^*(x)=\frac{3}{2}P_1(x)-\frac{7}{8}P_3(x)=\frac{3}{2}x-\frac{7}{8}\frac{1}{2}(5x^3-3x)=\frac{45}{16}x-\frac{35}{16}x^3$.

3. D'après l'inégalité de Bessel, l'énergie $\|f\|^2 = \int_{-1}^{1} |f(t)|^2\,dt$ de f est supérieure à l'énergie $\|f_3^\star\|^2$ de son approximation. Puisque (P_0, P_1, P_2, P_3) est orthogonale dans $L^2([-1,1])$, la perte d'énergie $\|f\|^2 - \|f_3^\star\|^2$ due à l'approximation est égale à $\|f\|^2 - \sum_{i=0}^{3} \frac{|\langle f,P_i\rangle|^2}{\|P_i\|^2}$ (attention au fait que les polynômes de Legendre ne sont pas normés). Ici le calcul de $\|f\|^2$ est trivial. On a $\|f\|^2 = \int_{-1}^{1} dt = 2$. Par ailleurs $\sum_{i=0}^{3} \frac{|\langle f,P_i\rangle|^2}{\|P_i\|^2} = \frac{3}{2}\,1^2 + \frac{7}{2}\left(-\frac{1}{4}\right)^2 = \frac{55}{32}$.
L'erreur est donc de $9/32 \approx 0,28$, ce qui est beaucoup, surtout si on la compare au résultat trouvé lors de l'approximation de la fonction valeur absolue par une fonction polynomiale de degré au plus 2. Ce « mauvais » résultat dans l'approximation en moyenne quadratique provient du manque de régularité de f, qui n'est même pas continue (f est seulement continue par morceaux). Quant à l'approximation ponctuelle, elle ne pouvait être que très mauvaise : comment approcher finement point par point une fonction discontinue par une fonction polynomiale du troisième degré ?

Exercice VI.2 ***Polynômes de Legendre : formule de Rodriguès et norme.***
Pour $n \in \mathbb{N}$, soit $R_n(x) = \frac{d^n}{dx^n}\left[(x^2-1)^n\right]$.

1. *Calculer $R_n(1)$ (utiliser la formule de Leibniz).*
2. *Démontrer que la suite $(R_n)_{n\in\mathbb{N}}$ est orthogonale dans $L^2([-1,1])$ muni du produit scalaire usuel.*
3. *En déduire la formule de Rodriguès pour le polynôme de Legendre P_n.*
4. *Calculer $\|P_n\|$ où la norme est celle associée au produit scalaire usuel de $L^2([-1,1])$.*

Solution.

1. Grâce à la formule de Leibniz, qui donne la dérivée n-ème d'un produit de fonctions de classe $\mathcal{C}^n$, on a :

$$R_n(x) = \frac{d^n}{dx^n}\left[(x-1)^n(x+1)^n\right] = \sum_{k=0}^{n} \mathrm{C}_n^k \frac{d^k}{dx^k}\left[(x-1)^n\right]\frac{d^{n-k}}{dx^{n-k}}\left[(x+1)^n\right]$$
$$= \sum_{k=0}^{n} \frac{n!}{k!(n-k)!}\,\frac{n!}{(n-k)!}(x-1)^{n-k}\,\frac{n!}{k!}(x+1)^k$$

Pour $x = 1$, tous les termes de la somme s'annulent, sauf celui d'indice $k = n$. On a donc $R_n(1) = \frac{(n!)^3}{(n!)^2\,(0!)^2}\,0^0\,2^n = n!\,2^n$.

2. Notons que pour montrer que $\langle R_n, R_m\rangle = 0$ lorsque $n \neq m$, il suffit de le montrer lorsque $0 \leq n < m$ (car $\langle R_m, R_n\rangle = \langle R_n, R_m\rangle$). De plus R_n est un polynôme de degré n (obtenu en dérivant n fois un polynôme de degré $2n$). Notons f_j la fonction définie sur $[-1,1]$ par $f_j(x) = x^j$.
R_n est combinaison linéaire de $f_0, \ldots, f_n$, de sorte que pour montrer que $(R_n)_{n\in\mathbb{N}}$ est orthogonale dans $L^2([-1,1])$, il suffit en fait de montrer que, pour tout $m \geq 1$

$$\forall j \in \{0,\ldots,m-1\} \quad \langle f_j, R_m\rangle = 0$$

En effet, on a $\left\langle \sum_{i=1}^{n} \lambda_j f_j, R_m\right\rangle = \sum_{i=1}^{n} \lambda_j \langle f_j, R_m\rangle$, puisque le produit scalaire est linéaire par rapport à la première variable.
Soit j et m deux entiers tels que $0 \leq j \leq m-1$. On a

$$\langle f_j, R_m\rangle = \int_{-1}^{1} x^j\,\frac{d^m}{dx^m}\left[(x^2-1)^m\right]dx$$

L'idée est d'intégrer $j+1$ fois par parties en dérivant x^j et en intégrant $\frac{d^m}{dx^m}\left[(x^2-1)^m\right]$ lors de la première opération, afin d'obtenir 0 sous le signe d'intégrale lors de la dernière intégration par parties. On fait apparaître successivement lors de ces intégrations par parties les polynômes

$$\frac{d^{m-1}}{dx^{m-1}}\left[(x^2-1)^m\right],\ \frac{d^{m-2}}{dx^{m-2}}\left[(x^2-1)^m\right],\ \ldots,\ \frac{d^{m-(j+1)}}{dx^{m-(j+1)}}\left[(x^2-1)^m\right]$$

Cette écriture a bien un sens car $m-k \in \mathbb{N}$ pour tout $k \in \{1, \dots, j+1\}$, puisque par hypothèse $j+1 \leq m$. Il en résulte que tous les « crochets » sont nuls, car 1 et -1 sont racines d'ordre m du polynôme $(X^2-1)^m$, donc ce polynôme et ses dérivées jusqu'à l'ordre $m-1$ s'annulent en 1 et en -1. On a donc bien $\langle f_j, R_m \rangle = 0$.
Pour visualiser cette preuve, détaillons la première intégration par parties :

$$\begin{aligned}\langle f_j, R_m\rangle &= \left[x^j \frac{d^{m-1}}{dx^{m-1}}\left[(x^2-1)^m\right]\right]_{-1}^{1} - \int_{-1}^{1} jx^{j-1}\frac{d^{m-1}}{dx^{m-1}}\left[(x^2-1)^m\right]dx \\ &= -\int_{-1}^{1} jx^{j-1}\frac{d^{m-1}}{dx^{m-1}}\left[(x^2-1)^m\right]dx\end{aligned}$$

Après $j+1$ intégrations par parties, on obtient

$$(-1)^{j+1}\int_{-1}^{1} 0\,\frac{d^{m-(j+1)}}{dx^{m-(j+1)}}\left[(x^2-1)^m\right]dx = 0$$

3. La suite $(R_n)_{n\in\mathbb{N}}$ est orthogonale dans $L^2([-1,1])$ et $\deg R_n = n$. Par conséquent, R_n est proportionnel à P_n, polynôme de Legendre de degré n. On a donc $P_n = \lambda_n R_n$ où λ_n est un scalaire. Comme $R_n(1) = n!\,2^n$ et $P_n(1) = 1$, il en résulte que $\lambda_n = \frac{1}{n!\,2^n}$, ce qui achève de prouver la formule de Rodriguès (VI.44).
4. Calculons $\|R_n\|^2 = \int_{-1}^{1} R_n(x)^2\,dx$, on en déduira $\|P_n\|$. Il suffit pour cela d'adapter la technique précédente à partir de l'expression

$$\|R_n\|^2 = \int_{-1}^{1}\frac{d^n}{dx^n}\left[(x^2-1)^n\right]\frac{d^n}{dx^n}\left[(x^2-1)^n\right]dx$$

On effectue n intégrations par parties. Les « crochets » s'annulent. On obtient

$$\begin{aligned}\|R_n\|^2 &= (-1)^n\int_{-1}^{1}\frac{d^{n-n}}{dx^{n-n}}\left[(x^2-1)^n\right]\frac{d^{n+n}}{dx^{n+n}}\left[(x^2-1)^n\right]dx \\ &= (-1)^n\int_{-1}^{1}(x^2-1)^n\frac{d^{2n}}{dx^{2n}}\left[(x^2-1)^n\right]dx\end{aligned}$$

Or, $\frac{d^{2n}}{dx^{2n}}\left[(x^2-1)^n\right]$ est une constante, que l'on obtient aussi en dérivant $2n$ fois le terme de plus haut degré x^{2n}. Elle vaut donc $(2n)!$.
Reste à calculer $\int_{-1}^{1}(x^2-1)^n\,dx = \int_{-1}^{1}(x-1)^n\,(x+1)^n\,dx$. On effectue n intégrations par parties (par exemple en commençant par dériver $(x-1)^n$), au cours desquelles les « crochets » s'annulent. On trouve

$$\int_{-1}^{1}(x^2-1)^n\,dx = (-1)^n\int_{-1}^{1} n!\,\frac{(x+1)^{2n}}{(n+1)\dots 2n}\,dx = (-1)^n\,\frac{(n!)^2}{(2n)!}\left[\frac{(x+1)^{2n+1}}{2n+1}\right]_{-1}^{1}$$

On a donc $\|R_n\|^2 = (-1)^n\,(2n)!\,(-1)^n\,\frac{(n!)^2}{(2n)!}\,\frac{2^{2n+1}}{2n+1} = \frac{(n!)^2\,2^{2n+1}}{2n+1}$. On en déduit que

$$\|P_n\| = \frac{1}{n!\,2^n}\|R_n\| = \sqrt{\frac{2}{2n+1}}$$

Exercice VI.3 ***Procédé de Gram-Schmidt et polynômes de Laguerre***
Construire les trois premiers polynômes de Laguerre (cf. définition 5.3).

Solution. On travaille dans l'espace de Hilbert $H = L^2_s(]0,+\infty[)$ avec $s(x) = e^{-x}$, muni du produit scalaire défini par $\langle u, v\rangle_s = \int_0^{+\infty} u(x)\overline{v(x)}e^{-x}\,dx$. Comme on l'a vu de façon générale, l'expression $\langle u, v\rangle_s$ est bien définie pour tous u et v dans H, grâce à l'inégalité de Cauchy-Schwarz.
On a déjà noté que les polynômes sont éléments de H. Il est donc possible de mettre en œuvre le

procédé de Gram-Schmidt sur la famille (f_0, f_1, f_2), définie sur $[0, +\infty[$ par $f_j(x) = x^j$, car cette famille est libre dans H.
Comme on va avoir à calculer un certain nombre d'intégrales de la forme $J_n = \int_0^{+\infty} x^n e^{-x}\,dx$ avec $n \in \mathbb{N}$, commençons par calculer J_n. On remarque, à l'aide d'une intégration par parties, que pour $n \geq 1$,

$$J_n = \left[x^n(-e^{-x})\right]_{-1}^{1} - \int_0^{+\infty} nx^{n-1}(-e^{-x})\,dx = nJ_{n-1}$$

Il en résulte, par une récurrence immédiate, que $J_n = n!\,J_0$, avec $J_0 = \int_0^{+\infty} e^{-x}\,dx = 1$, donc

$$\forall n \in \mathbb{N} \quad J_n = \int_0^{+\infty} x^n e^{-x}\,dx = n! \tag{VI.61}$$

1. Soit $e_0 = \frac{f_0}{\|f_0\|_s}$, polynôme de degré 0 normé dans H. On a $\|f_0\|_s^2 = \int_0^{+\infty} 1^2 e^{-x}\,dx = J_0 = 1$, donc e_0 est le polynôme constant égal à 1. Le coefficient de degré 0 de L_0 est du signe de $(-1)^0 = 1$ (condition de normalisation). Donc $L_0 = e_0$ est le polynôme constant égal à 1.
2. Soit $y_1 = f_1 - \langle f_1, L_0\rangle_s\, L_0$, *i.e* $y_1(x) = x - \langle f_1, L_0\rangle_s$. Ce polynôme y_1 est de degré 1 et est orthogonal dans H à L_0. On a $\langle f_1, L_0\rangle_s = \int_0^{+\infty} xe^{-x}\,dx = J_1 = 1$.
   Soit $e_1 = \frac{y_1}{\|y_1\|_s}$, de degré 1, normé et orthogonal à L_0.
   On a $\|y_1\|_s^2 = \int_0^{+\infty}(x-1)^2 e^{-x}\,dx = \int_0^{+\infty} x^2 e^{-x}\,dx - 2\int_0^{+\infty} xe^{-x}\,dx + \int_0^{+\infty} e^{-x}\,dx = J_2 - 2J_1 + J_0 = 1$. Ainsi, $e_1 = y_1$, L_1 est égal au signe près à e_1, et comme le coefficient de degré 1 de L_1 est du signe de $(-1)^1 = -1$, on a $L_1 = -e_1$, *i.e.*

   $$L_1(x) = 1 - x$$

3. Soit $y_2 = f_2 - \langle f_2, L_1\rangle_s\, L_1 - \langle f_2, L_0\rangle_s\, L_0$, *i.e* $y_2(x) = x^2 - \langle f_2, L_1\rangle_s(1-x) - \langle f_2, L_0\rangle_s$. Ce polynôme y_2 est de degré 2 et est orthogonal dans H à L_0 et à L_1. On a $\langle f_2, L_0\rangle_s = \int_0^{+\infty} x^2 e^{-x}\,dx = 2$ et $\langle f_2, L_1\rangle_s = \int_0^{+\infty} x^2(1-x)e^{-x}\,dx = J_2 - J_3 = 2 - 6 = -4$. Ainsi $y_2(x) = x^2 + 4(1-x) - 2 = x^2 - 4x + 2$.
   Soit $e_2 = \frac{y_2}{\|y_2\|_s}$, de degré 2, normé, orthogonal à L_0 et à L_1.
   On a $\|y_2\|_s^2 = \int_0^{+\infty}(x^2 - 4x + 2)^2 e^{-x}\,dx = \int_0^{+\infty}(x^4 - 8x^3 + 20x^2 - 16x + 4)e^{-x}\,dx$.
   Ainsi $\|y_2\|_s^2 = J_4 - 8J_3 + 20J_2 - 16J_1 + 4J_0 = 4$. Donc $e_2(x) = \frac{1}{2}(x^2 - 4x + 2)$, et comme le coefficient de degré 2 de L_2 est du signe de $(-1)^2 = 1$, on a $L_2 = e_2$. Finalement

   $$L_2(x) = \frac{1}{2}x^2 - 2x + 1$$

Exercice VI.4 ***Développement en série de polynômes de Laguerre***
Soit $H = L_s^2(]0, +\infty[)$ avec $s(x) = e^{-x}$. On définit ici les polynômes de Laguerre L_n par leur formule de Rodriguès (VI.54).

1. *Vérifier que L_n est bien un polynôme et que son degré est n.*
2. *Démontrer que $(L_n)_{n\in\mathbb{N}}$ est une famille orthonormée de H.*
3. *Faire le lien avec la définition 5.3.*
4. *On admet que la famille des polynômes de Laguerre est totale dans H. Déterminer le développement en série de polynômes de Laguerre de la fonction $x \mapsto f(x) = e^{-x}$, et préciser ce que cela signifie.*
5. *Vérifier l'égalité de Parseval pour f.*

Solution.

1. Il est clair qu'en dérivant (une ou plusieurs fois) une expression de la forme $e^{ax}Q(x)$ avec Q fonction polynomiale de degré n, on obtient une expression de la même forme. Donc $\frac{d^n}{dx^n}\left[x^n e^{-x}\right]$ est de la forme $e^{-x}Q(x)$ avec Q fonction polynomiale de degré n, ce qui montre, compte tenu du terme e^x, que L_n est un polynôme de degré n.

2. Comme L_n est défini par la formule de Rodriguès (VI.54) $L_n(x) = \frac{1}{n!}e^x \frac{d^n}{dx^n}\left[x^n e^{-x}\right]$, on utilise, pour démontrer l'orthogonalité de la famille (L_n), la même méthode que dans l'exercice VI.2. Plus précisément, on démontre que $\langle f_j, L_m\rangle_s = \int_0^{+\infty} x^j L_m(x) e^{-x}\,dx$ est nul pour $0 \le j < m$, en faisant $j+1$ intégrations par parties et en montrant qu'à chacune d'entre elles, le « crochet » est nul. Détaillons la première opération.

$$\begin{aligned}\langle f_j, L_m\rangle_s &= \frac{1}{m!}\int_0^{+\infty} x^j \frac{d^m}{dx^m}\left[x^m e^{-x}\right] dx\\ &= \frac{1}{m!}\left[x^j \frac{d^{m-1}}{dx^{m-1}}\left[x^m e^{-x}\right]\right]_0^{+\infty} - \frac{1}{m!}\int_0^{+\infty} j x^{j-1} \frac{d^{m-1}}{dx^{m-1}}\left[x^m e^{-x}\right] dx\\ &= -\frac{1}{m!}\int_0^{+\infty} j x^{j-1} \frac{d^{m-1}}{dx^{m-1}}\left[x^m e^{-x}\right] dx\end{aligned}$$

En effet, l'expression entre crochets est le produit d'une fonction polynomiale par la fonction e^{-x} à décroissance rapide en $+\infty$, donc elle tend vers 0 quand x tend vers $+\infty$. Par ailleurs, $m \ge 1$, donc 0 est racine d'ordre m de la fonction $x \mapsto x^m e^{-x}$, de sorte que cette fonction et ses dérivées jusqu'à l'ordre $m-1$ s'annulent en 0. Cela montre que lors des $j+1$ intégrations par parties, tous les « crochets » s'annulent, et on trouve finalement

$$\langle f_j, L_m\rangle_s = (-1)^{j+1}\frac{1}{m!}\int_0^{+\infty} 0 \cdot \frac{d^{m-(j+1)}}{dx^{m-(j+1)}}\left[x^m e^{-x}\right] dx = 0$$

Ainsi, $(L_n)_{n\in\mathbb{N}}$ est orthogonale dans $L_s^2(]0,+\infty[)$.
Reste à montrer que $\|L_n\|_{L_s^2(]0,+\infty[)} = 1$. On a, grâce à n intégrations par parties dont les « crochets » s'annulent (pour la raison déjà évoquée) :

$$\begin{aligned}\|L_n\|^2_{L_s^2(]0,+\infty[)} &= \int_0^{+\infty} L_n(x)\,\frac{1}{n!}e^x \frac{d^n}{dx^n}\left[x^n e^{-x}\right] e^{-x}\,dx\\ &= \frac{1}{n!}\int_0^{+\infty} L_n(x)\,\frac{d^n}{dx^n}\left[x^n e^{-x}\right] dx\\ &= (-1)^n\frac{1}{n!}\int_0^{+\infty} \frac{d^n}{dx^n}L_n(x)\,\frac{d^{n-n}}{dx^{n-n}}\left[x^n e^{-x}\right] dx\\ &= (-1)^n\frac{1}{n!}\frac{d^n}{dx^n}L_n(x)\int_0^{+\infty} x^n e^{-x}\,dx\end{aligned}$$

car $\frac{d^n}{dx^n}L_n(x)$ est une constante (dérivée n-ième d'un polynôme de degré n). Par ailleurs, on reconnaît l'expression déjà calculée $J_n = n!$.
La constante $\frac{d^n}{dx^n}L_n(x)$ s'obtient en dérivant n fois le terme de plus haut degré de $L_n(x)$, qui est $\frac{1}{n!}(-1)^n x^n$. Donc $\frac{d^n}{dx^n}L_n(x) = (-1)^n$; d'où, finalement :

$$\|L_n\|^2_{L_s^2(]0,+\infty[)} = (-1)^n\,\frac{1}{n!}\,(-1)^n\,n! = 1$$

3. Puisque $(L_n)_{n\in\mathbb{N}}$ est une famille *orthonormée* de H, vérifiant $\deg L_n = n$, le polynôme L_n est égal *à une constante de module* 1 *près* à la suite obtenue en appliquant le procédé d'orthonormalisation de Gram-Schimdt sur la suite des monômes, pour le produit scalaire $\langle\cdot,\cdot\rangle_s$. Comme par ailleurs le terme de plus haut degré de L_n donné par la formule de Rodriguès est du signe de $(-1)^n$ (on vient de le voir), le polynôme L_n considéré ici n'est autre que le polynôme L_n de la définition 5.3.

4. On a $f \in H = L_s^2(]0,+\infty[$. En effet $\|f\|_H^2 = \int_0^{+\infty} |e^{-x}|^2 e^{-x}\,dx = \int_0^{+\infty} e^{-3x}\,dx = 1/3 < +\infty$. Comme $(L_n)_{n\in\mathbb{N}}$ est orthonormée dans H, on peut définir les coefficients de Fourier de f relativement aux L_n. Ce sont les nombres $\alpha_n(f) = \langle f, L_n\rangle_s = \int_0^{+\infty} e^{-x} L_n(x)\,e^{-x}\,dx$.
On effectue, là encore, n intégrations par parties, en dérivant e^{-x} et en intégrant $\frac{d^n}{dx^n}\left[x^n e^{-x}\right]$

lors de la première opération, afin que les « crochets » s'annulent. Cela donne

$$\begin{aligned}\alpha_n(f) &= \frac{1}{n!}\int_0^{+\infty} e^{-x}\frac{d^n}{dx^n}\left[x^n e^{-x}\right]dx\\ &= (-1)^n\frac{1}{n!}\int_0^{+\infty}(-1)^n e^{-x}\,x^n e^{-x}\,dx = \frac{1}{n!}\int_0^{+\infty} x^n e^{-2x}\,dx\end{aligned}$$

Le calcul de $I_n = \int_0^{+\infty} x^n e^{-2x}\,dx$ se fait comme celui de J_n, par une récurrence immédiate, car pour $n \geq 1$:

$$I_n = \left[-x^n\frac{e^{-2x}}{2}\right]_0^{+\infty} + \int_0^{+\infty} nx^{n-1}\frac{e^{-2x}}{2}\,dx = \frac{n}{2}I_{n-1}$$

On a donc $I_n = \frac{n!}{2^n}I_0 = \frac{n!}{2^{n+1}}$. Finalement, le coefficient de Fourier de f relativement à L_n est $\alpha_n(f) = \frac{1}{2^{n+1}}$. La m.a.m.q. de f dans H par un polynôme de degré au plus N est donc

$$f_N^\star = \sum_{n=0}^{N}\alpha_n(f)L_n = \sum_{n=0}^{N}\frac{1}{2^{n+1}}L_n$$

Puisque $(L_n)_{n\in\mathbb{N}}$ est totale dans H, on a convergence de $f_N^\star$ vers f dans H (convergence de la série de Fourier de f vers f au sens de la norme de H), ce qui signifie :

$$\lim_{N\to+\infty}\left\|f - \sum_{n=0}^{N}\frac{1}{2^{n+1}}L_n\right\|_H = 0 \quad i.e. \quad \lim_{N\to+\infty}\int_0^{+\infty}\left(e^{-x} - \sum_{n=0}^{N}\frac{1}{2^{n+1}}L_n(x)\right)^2 e^{-x}\,dx = 0$$

On écrit cela (développement en série de polynôme de Laguerre de f) :

$$f = \sum_{n=0}^{+\infty}\frac{1}{2^{n+1}}L_n$$

Remarque. La convergence de la série a lieu dans H, donc on ne peut pas en déduire, sans recourir à un résultat supplémentaire, que

$$\forall x > 0 \quad e^{-x} = \sum_{n=0}^{+\infty}\frac{1}{2^{n+1}}L_n(x)$$

5. Puisque $(L_n)_{n\in\mathbb{N}}$ est orthonormée totale dans H, on a l'égalité de Parseval

$$\forall f \in H \quad \|f\|_H^2 = \sum_{n=0}^{+\infty}|\alpha_n(f)|^2$$

Pour la fonction f considérée ici, il est possible de calculer les deux membres de l'égalité. On a déjà vu que $\|f\|_H^2 = 1/3$. Par ailleurs, on a effectivement

$$\sum_{n=0}^{+\infty}|\alpha_n(f)|^2 = \sum_{n=0}^{+\infty}\frac{1}{2^{2n+2}} = \frac{1}{4}\sum_{n=0}^{+\infty}\frac{1}{4^n} = \frac{1}{4}\frac{1}{1-1/4} = 1/3$$

Exercice VI.5 ***Développement en série de fonctions d'Hermite dans*** $L^2(\mathbb{R})$
Soit $E = L_s^2(\mathbb{R})$ *avec* $s(x) = e^{-x^2}$. *On définit ici les polynômes d'Hermite* H_n *par leur formule de Rodriguès (VI.57).*

1. *Justifier que les fonctions polynomiales sont éléments de* E.
2. *Justifier que* H_n *est un polynôme, de degré* n.

3. *Démontrer que $(H_n)_{n\in\mathbb{N}}$ est une famille orthogonale de E.*
4. *Faire le lien avec la définition 5.4.*
5. *On définit les fonctions d'Hermite $h_n : t \mapsto h_n(t) = e^{-\frac{t^2}{2}} H_n(t)$.*
   Justifier que la suite $(h_n)_{n\in\mathbb{N}}$ est orthogonale pour le produit scalaire usuel de $L^2(\mathbb{R})$. On admet (VI.60). Justifier que $\|h_n\|^2_{L^2(\mathbb{R})} = \sqrt{\pi}\, 2^n n!$
6. *Soit f la fonction définie sur $\mathbb{R}$ par $f(t) = e^{-\frac{t^2}{2}} H(t)$, où $t \mapsto H(t)$ désigne la fonction d'Heaviside. Déterminer, dans $L^2(\mathbb{R})$, la meilleure approximation en moyenne quadratique $f_1^\star$ de f par une fonction de la forme $t \mapsto (a+bt)e^{-t^2/2}$.*
   Vérifier que l'on a bien l'inégalité de Bessel, et donner la valeur de $\|f - f_1^\star\|^2$.
7. *On admet que la suite orthogonale $(h_n)_{n\in\mathbb{N}}$ est totale dans $L^2(\mathbb{R})$. En déduire que tout signal g à énergie finie est développable en série de fonctions d'Hermite, en un sens à préciser.*

Indications. Pour montrer que les fonctions polynomiales sont éléments de E, il suffit de démontrer que $\int_{\infty}^{+\infty} x^{2n} e^{-x^2}\, dx < +\infty$, ce qui est facile en remarquant que $x \mapsto e^{-x^2}$ est à décroissance rapide. Ensuite, mêmes techniques que dans l'exercice VI.4. Notamment l'orthogonalité des H_n se démontre de la même façon que pour les polynômes de Laguerre (ou de Legendre), en utilisant la formule de Rodriguès et des intégrations par parties. C'est même plus facile, car la présence de e^{-x^2} rend très simple la justification que les « crochets » sont nuls.
L'orthogonalité des polynômes d'Hermite dans E est équivalente à l'orthogonalité des fonctions d'Hermite dans $L^2(\mathbb{R})$. On a de plus $\|h_n\|_{L^2(\mathbb{R})} = \|H_n\|_E$. Le calcul de la m.a.m.q. de f ne nécessite que le calcul de deux coefficients de Fourier (relativement à h_0 et à h_1). Le calculs du coefficient de Fourier de f relatif à h_0 utilise l'intégrale sur $\mathbb{R}$ d'une gaussienne (valeur usuelle). Pour le calcul du coefficient de Fourier de f relatif à h_1, remarquer qu'il s'agit d'intégrer la dérivée d'une gaussienne.
Le fait que $(h_n)_{n\in\mathbb{N}}$ est totale dans $L^2(\mathbb{R})$ signifie que tout $g \in L^2(\mathbb{R})$ peut s'écrire $g = \sum_{n=0}^{+\infty} \alpha_n h_n$ où $\alpha_n = \frac{\langle g,h_n\rangle}{\|h_n\|^2} = \frac{1}{\sqrt{\pi}\,2^n n!}\int_{-\infty}^{+\infty} g(t)h_n(t)\, dt$. La série converge dans $L^2(\mathbb{R})$, *i.e.* $\|g - \sum_{n=0}^{N} \alpha_n h_n\|_{L^2(\mathbb{R})}$ tend vers 0 quand N tend vers l'infini. Cela ne signifie donc pas que l'on a en tout $t \in \mathbb{R}$ l'égalité $g(t) = \sum_{n=0}^{+\infty} \alpha_n h_n(t)$.

Remarque. Le fait que (h_n) soit totale permet de développer les signaux à énergie finie en série de fonctions très régulières (les fonctions d'Hermite sont éléments de $\mathcal{S}$). On se sert également de ce résultat en mécanique quantique, où l'étude de l'oscillateur harmonique conduit à des fonctions d'onde égales à des fonctions d'Hermite.

Exercice VI.6 *Polynômes de Tchebychev*

Soit l'espace vectoriel $H = L^2_s(]-1,1[)$, avec $s(x) = \left(1-x^2\right)^{-\frac{1}{2}}$, que l'on munit du produit scalaire de fonction de poids $s(x)$. Pour $n \in \mathbb{N}$, on appelle polynôme de Tchebychev de degré n la fonction définie sur $[-1,1]$ par $T_n(x) = \cos(n \arccos x)$.

1. *Vérifier que les polynômes sont des éléments de H.*
2. *Pour $n \geq 1$, en calculant $T_{n-1} + T_{n+1}$, déterminer une relation de récurrence d'ordre 2 satisfaite par la suite (T_k). En déduire que T_n est effectivement un polynôme et que* $\deg T_n = n$.
3. *Démontrer que T_n est une fonction paire si n est pair, impaire si n est impair.*
4. *(a) Démontrer que la suite $(T_n)_{n\in\mathbb{N}}$ est orthogonale dans H.*
   (b) Démontrer que $\|T_0\|_H^2 = \pi$ et que, pour $n \geq 1$, $\|T_n\|_H^2 = \frac{\pi}{2}$.
5. *Faire le lien avec la définition 5.2.*
6. *On admet que la famille orthogonale $(T_n)_{n\in\mathbb{N}}$ est totale dans H.*

(a) *Déterminer le développement en série de polynômes de Tchebychev de la fonction* $f(x) = \sqrt{1-x^2}$ *et donner la meilleure approximation* $f_3^\star$ *de* f *en moyenne quadratique par un polynôme de degré au plus 3 (au sens de la norme de* H *bien sûr). Dessiner les graphes de* f *et de* $f_3^\star$ *sur le même graphique.*

(b) *Calculer* $\sum_{p=1}^{+\infty} \frac{1}{(4p^2-1)^2}$.

Solution.

1. H est un espace vectoriel, donc si on montre que les fonctions $f_n : x \mapsto x^n$ sont éléments de H, toute combinaison linéaire de ces fonctions (*i.e.* tout polynôme) sera également élément de H. Il faut donc montrer que, pour tout $n \in \mathbb{N}$, $\int_{-1}^{1} |f_n(x)|^2 (1-x^2)^{-\frac{1}{2}} \, dx < +\infty$, *i.e.* $\int_{-1}^{1} x^{2n}(1-x^2)^{-\frac{1}{2}} \, dx < +\infty$. On peut étudier l'intégrabilité sur $[0,1[$ de la fonction positive $x^{2n}(1-x^2)^{-\frac{1}{2}}$ à l'aide d'un équivalent au voisinage de 1^-. On a

$$x^{2n}(1-x^2)^{-\frac{1}{2}} = \frac{x^{2n}}{\sqrt{1+x}} \frac{1}{\sqrt{1-x}} \sim_1 \frac{1}{\sqrt{2}} \frac{1}{(1-x)^{1/2}}$$

Donc $\int_0^1 x^{2n}(1-x^2)^{-\frac{1}{2}} \, dx < +\infty$. De plus la fonction à étudier est paire, donc on a aussi $\int_{-1}^{0} x^{2n}(1-x^2)^{-\frac{1}{2}} \, dx < +\infty$.

2. Posons $\theta = \arccos x \in [0, \pi]$. On a $T_{n-1}(x) + T_{n+1}(x) = \cos\big((n-1)\theta\big) + \cos\big((n+1)\theta\big)$. Une formule de trigonométrie élémentaire donne $T_{n-1}(x) + T_{n+1}(x) = 2\cos(\theta)\cos(n\theta)$, *i.e.*

$$\forall n \in \mathbb{N}^* \quad T_{n-1}(x) + T_{n+1}(x) = 2x\, T_n(x)$$

ce qui est la relation de récurrence (VI.52).
Considérons la proposition $(\mathcal{P}_n)$ = « T_n est un polynôme et son degré est n ». On a $T_0(x) = 1$ et $T_1(x) = x$, donc elle est vraie pour $n = 0$ et pour $n = 1$.
Soit $n \geq 2$. Supposons que $(\mathcal{P}_k)$ soit vraie pour $k \leq n-1$. Alors $T_n(x) = 2xT_{n-1}(x) - T_{n-2}(x)$ est un polynôme et son degré est n, donc $(\mathcal{P}_n)$ est vraie.
On a prouvé, par récurrence, que $(\mathcal{P}_n)$ est vraie pour tout $n \in \mathbb{N}$.

3. On utilise là aussi la relation de récurrence.
La propriété à démontrer est vraie pour $n = 0$ (la fonction $x \mapsto T_0(x) = 1$ est paire) et pour $n = 1$ (la fonction $x \mapsto T_1(x) = x$ est impaire). Pour $n \geq 2$, supposons la vraie jusqu'à l'ordre $n - 1$.
Si n est pair, par hypothèse de récurrence, la fonction T_{n-1} est impaire, donc la fonction $x \mapsto 2xT_{n-1}(x)$ est paire. La fonction T_{n-2} est paire par hypothèse de récurrence. Finalement, la fonction $x \mapsto T_n(x) = 2xT_{n-1}(x) - T_{n-2}(x)$ est paire.
Si n est impair, la fonction T_{n-1} est paire et la fonction T_{n-2} est impaire, donc la fonction $x \mapsto T_n(x) = 2xT_{n-1}(x) - T_{n-2}(x)$ est impaire.

4. (a) Soit n et m deux entiers naturels distincts. On a, grâce au changement de variable $\theta = \arccos x$ (dont l'utilisation s'impose, puisque $\frac{d}{dx}(\arccos x) = -\frac{1}{\sqrt{1-x^2}}$) :

$$\langle T_n, T_m \rangle_s = \int_{-1}^{1} \cos(n \arccos x) \cos(m \arccos x) \frac{1}{\sqrt{1-x^2}} \, dx = \int_0^{\pi} \cos(n\theta)\cos(m\theta) \, d\theta$$

Linéarisons $\cos(n\theta)\cos(m\theta) = \frac{1}{2}\big(\cos\big((n+m)\theta\big) + \cos\big((n-m)\theta\big)\big)$. Le calcul de l'intégrale montre immédiatement que $\int_0^{\pi} \cos(n\theta)\cos(m\theta) \, d\theta = 0$ pour $n \neq m$, d'où l'orthogonalité de la famille $(T_n)_{n\in\mathbb{N}}$ pour le produit scalaire de poids s.

(b) Pour $n = m$, le calcul précédent montre que $\|T_n\|_H^2 = \int_0^{\pi} \cos^2(n\theta) \, d\theta$. Pour $n = 0$, cela donne $\int_0^{\pi} d\theta = \pi$, et pour $n \geq 1$, $\|T_n\|_H^2 = \int_0^{\pi} \frac{1+\cos(2n\theta)}{2} \, d\theta = \frac{\pi}{2}$.

5. La famille $(T_n)_{n\in\mathbb{N}}$ de fonctions polynomiales considérée dans cet exercice est orthogonale dans H, vérifie $\deg T_n = n$, ainsi que la condition de normalisation de la définition 5.2 (on a bien $T_n(1) = \cos(\arccos 1) = \cos 0 = 1$). Donc les deux définitions coïncident.

6. (a) Vérifions que $f \in H$. On a $\int_{-1}^{1} |f(x)|^2 (1-x^2)^{-\frac{1}{2}}\,dx = \int_{-1}^{1} \sqrt{1-x^2}\,dx < +\infty$. Comme (T_n) est orthogonale dans H, il s'agit de calculer les coefficients de Fourier de f relativement aux T_n, dans H, *i.e.* $\alpha_n(f) = \frac{\langle f, T_n\rangle_s}{\|T_n\|_H^2}$. On a $\alpha_0(f) = \frac{1}{\pi}\int_{-1}^{1} \sqrt{1-x^2}\,1\,\frac{1}{\sqrt{1-x^2}}\,dx = \frac{2}{\pi}$, et pour $n \geq 1$:

$$\begin{aligned}\alpha_n(f) &= \frac{2}{\pi}\int_{-1}^{1} \sqrt{1-x^2}\cos(n \arccos x)\frac{1}{\sqrt{1-x^2}}\,dx \\ &= \frac{2}{\pi}\int_{0}^{\pi} \sqrt{1-\cos^2\theta}\cos(n\theta)\,d\theta = \frac{2}{\pi}\int_{0}^{\pi} \sin\theta\cos(n\theta)\,d\theta \\ &= \frac{2}{\pi}\int_{0}^{\pi} \frac{1}{2}\big(\sin\big((n+1)\theta\big) - \sin\big((n-1)\theta\big)\big)\,d\theta\end{aligned}$$

On voit qu'on doit distinguer le cas $n = 1$. On a $\alpha_1(f) = \frac{1}{\pi}\int_0^{\pi} \sin(2\theta)\,d\theta = 0$.
Pour $n \geq 2$, on a

$$\alpha_n(f) = \frac{1}{\pi}\left[-\frac{\cos\big((n+1)\theta\big)}{n+1} + \frac{\cos\big((n-1)\theta\big)}{n-1}\right]_0^{\pi} = \frac{1}{\pi}\left(\frac{(-1)^n+1}{n+1} + \frac{(-1)^{n-1}-1}{n-1}\right)$$

Si $n = 2p$, $p \geq 2$, on a $\alpha_{2p}(f) = \frac{1}{\pi}\left(\frac{2}{2p+1} - \frac{2}{2p-1}\right) = -\frac{4}{\pi(4p^2-1)}$.
Si $n = 2p+1$, $p \geq 1$, on a $\alpha_{2p+1}(f) = 0$.
Remarque. Il était prévisible que $\alpha_n(f) = 0$ pour n impair, car f est paire, ce qui implique, vu le produit scalaire utilisé, que sa m.a.m.q. par un polynôme de degré au plus n est une fonction paire.
La m.a.m.q. de f dans H par un polynôme de degré au plus $2N$ est

$$f_{2N}^{\star}(x) = \frac{2}{\pi} - \frac{4}{\pi}\sum_{p=1}^{N} \frac{1}{4p^2-1}T_{2p}$$

Comme $(T_n)_{n\in\mathbb{N}}$ est totale dans H, $\left\|f - f_{2N}^{\star}\right\|_H$ tend vers 0 quand N tend vers $+\infty$, ce qu'on écrit

$$f = \frac{2}{\pi} - \frac{4}{\pi}\sum_{p=1}^{+\infty} \frac{1}{4p^2-1}T_{2p}$$

Cette égalité constitue le développement en série de polynômes de Tchebychev de f, convergent dans H.
La m.a.m.q. $f_3^{\star}$ de f dans H par un polynôme de degré au plus 3 est $f_2^{\star}$, car $\alpha_3(f) = 0$. On a $f_3^{\star}(x) = \frac{2}{\pi}\left(1 - \frac{2}{3}T_2(x)\right)$, avec $T_2(x) = 2xT_1(x) - T_0(x) = 2x^2 - 1$ (cf. formule de récurrence), *i.e.*

$$f_3^{\star}(x) = \frac{2}{\pi}\left(\frac{5}{3} - \frac{4}{3}x^2\right)$$

Pour la représentation graphique, noter que le graphe de f est un demi-cercle de centre $(0,0)$ et de rayon 1. Il s'agit donc ici d'approcher ce demi-cercle par un arc de parabole.

(b) La somme demandée est bien celle d'une série convergente : $u_p = \frac{1}{(4p^2-1)^2} > 0$, donc on peut étudier un équivalent de u_p en $+\infty$. Or $u_p \sim_{+\infty} \frac{1}{16p^4}$.
On reconnaît, à un facteur multiplicatif près, la somme des carrés des coefficients de Fourier d'ordre pair de la fonction f. Il s'agit donc d'utiliser l'égalité de Parseval, ce qui est licite puisque $(T_n)_{n_i n\mathbb{N}}$ est totale dans H. On a, d'après cette égalité

$$\|f\|_H^2 = \sum_{n=0}^{+\infty} \frac{|\langle f, T_n\rangle|^2}{\|T_n\|^2} = \sum_{p=0}^{+\infty} \frac{|\langle f, T_{2p}\rangle|^2}{\|T_{2p}\|^2}$$

car les coefficients de Fourier de f d'ordre impair sont nuls. Tenant compte des valeurs calculées de $\|T_n\|_H$ et de $\alpha_{2p}(f)$, on a

$$\begin{aligned}\|f\|_H^2 &= \frac{1}{\pi}|\langle f, T_0\rangle|^2 + \frac{2}{\pi}\sum_{p=1}^{+\infty}|\langle f, T_{2p}\rangle|^2 \\ &= \frac{4}{\pi} + \frac{2}{\pi}\sum_{p=1}^{+\infty}\left|-\frac{2}{4p^2-1}\right|^2 = \frac{4}{\pi} + \frac{8}{\pi}\sum_{p=1}^{+\infty}\frac{1}{(4p^2-1)^2}\end{aligned}$$

Or le calcul exact de $\|f\|_H^2$ se fait bien dans ce cas : on a déjà remarqué qu'il valait $\|f\|_H^2 = \int_{-1}^1 \sqrt{1-x^2}\,dx$, ce qui se calcule par le changement de variable $x = \sin\theta$, ou plus simplement en remarquant que c'est l'aire d'un demi-disque de rayon 1. On a donc $\|f\|_H^2 = \frac{\pi}{2}$. Finalement la somme demandée vaut

$$\sum_{p=1}^{+\infty}\frac{1}{(4p^2-1)^2} = \frac{\pi}{8}\left(\frac{\pi}{2} - \frac{4}{\pi}\right) = \frac{\pi^2}{16} - \frac{1}{2}$$

Exercice VI.7 *Un exemple de famille orthogonale non totale*

Soit E un espace préhilbertien de fonctions contenant toutes les fonctions polynomiales (ce qui implique que E est de dimension infinie). On sait qu'il existe alors une famille $(e_n)_{n\in\mathbb{N}}$ de fonctions polynomiales, orthonormée dans E et vérifiant $\deg e_n = n$.
Si on enlève l'un des vecteurs e_{n_0} à cette famille, la famille restante est toujours orthonormée, mais elle n'est pas totale, car ce vecteur e_{n_0} est non nul et orthogonal à tous les autres e_n. Pour espérer pouvoir développer tout élément de E à l'aide des polynômes e_n, il faut donc considérer tous les e_n sans exception (il faut que « tous les degrés possibles » soient présents). Les exemples qui précèdent (polynômes de Legendre, de Laguerre, d'Hermite, de Tchebychev) peuvent laisser penser que cette condition nécessaire est suffisante, i.e. que la famille orthonormée $(e_n)_{n\in\mathbb{N}}$ est toujours totale dans E. On va voir que c'est faux.
On prend pour e.v. E l'ensemble des fonctions définies et continues sur le cercle unité, à valeurs complexes. Tout élément f de E s'écrit $f : z = e^{i\theta} \mapsto f(e^{i\theta})$, de sorte que l'on peut associer à $f \in E$ la fonction g définie sur $\mathbb{R}$ et 2π-périodique telle que $g(\theta) = f(e^{i\theta})$. Cette fonction g est continue. Réciproquement, toute fonction g continue sur $\mathbb{R}$ et de période 2π définit un élément f de E. Le produit scalaire de $f_1 \in E$ avec $f_2 \in E$ est tout naturellement défini comme le produit scalaire usuel des fonctions g_1 et g_2 correspondantes dans $\mathcal{C}([0,2\pi],\mathbb{C})$, i.e.

$$\forall (f_1, f_2) \in E^2 \quad \langle f_1, f_2\rangle_E = \int_0^{2\pi} f_1(e^{i\theta})\overline{f_2(e^{i\theta})}\,d\theta$$

1. *Vérifier que $\langle\cdot,\cdot\rangle_E$ est un produit scalaire sur E.*
2. *Justifier que les fonctions polynomiales sont éléments de E, ainsi que la fonction h égale à la restriction de la fonction $z \mapsto \bar{z}$ au cercle unité.*
3. *Démontrer que h est orthogonale dans E à toute fonction polynomiale.*
4. *Conclure et commenter.*

Solution.

1. $\langle f_1, f_2\rangle_E$ est défini pour tout $(f_1, f_2) \in E^2$ car les fonctions $\theta \mapsto f_1(e^{i\theta})$ et $\theta \mapsto f_2(e^{i\theta})$ sont continues sur $[0, 2\pi]$, comme composées de fonctions continues.
   La linéarité par rapport à la première variable est une conséquence triviale de la linéarité de l'intégrale. La symétrie hermitienne est claire également :

$$\int_0^{2\pi} f_2(e^{i\theta})\overline{f_1(e^{i\theta})}\,d\theta = \int_0^{2\pi}\overline{f_1(e^{i\theta})\overline{f_2(e^{i\theta})}}\,d\theta = \overline{\int_0^{2\pi} f_1(e^{i\theta})\overline{f_2(e^{i\theta})}\,d\theta}$$

On a, pour $f \in E$, $\langle f, f\rangle_E = \int_0^{2\pi} f(e^{i\theta})\overline{f(e^{i\theta})}\, d\theta = \int_0^{2\pi} \left|f(e^{i\theta})\right|^2 d\theta \geq 0$.
Si $f \in E$ vérifie $\langle f, f\rangle_E = 0$, alors la fonction $\theta \mapsto \left|f(e^{i\theta})\right|^2$ est positive et d'intégrale sur $[0, 2\pi]$ nulle, donc elle est presque-partout nulle sur $[0, 2\pi]$, mais comme elle est continue, elle est en fait identiquement nulle. Ainsi $f = 0_E$.

2. Pour tout $n \in \mathbb{N}$, la fonction $z \mapsto z^n$ est continue sur $\mathbb{C}$, donc la fonction f_n égale à sa restriction au cercle unité est élément de E. Comme E est un e.v., toute fonction polynomiale est donc élément de E. De même, la fonction $z \mapsto \bar{z}$ est continue sur $\mathbb{C}$, donc $h \in E$.
3. Par linéarité du produit scalaire par rapport à la première variable, il suffit de vérifier que $\langle f_n, h\rangle_E = 0$ pour tout $n \in \mathbb{N}$. On a $h(e^{i\theta}) = \overline{e^{i\theta}} = e^{-i\theta}$, donc
$\langle f_n, h\rangle_E = \int_0^{2\pi} e^{in\theta}\overline{e^{-i\theta}}\, d\theta = \int_0^{2\pi} e^{i(n+1)\theta}\, d\theta = \frac{1}{i(n+1)}\left[e^{i(n+1)\theta}\right]_0^{2\pi} = 0$, car $\theta \mapsto e^{i(n+1)\theta}$ admet 2π pour période. Noter que l'on a utilisé le fait que pour $n \in \mathbb{N}$, $n + 1 \neq 0$.
4. E contient les fonctions polynomiales, donc il existe une famille $(e_n)_{n\in\mathbb{N}}$ de fonctions polynomiales orthonormée dans E et telle que $\deg e_n = n$. D'ailleurs, e_n est égale à un facteur multiplicatif près à f_n, car $(f_n)_{n\in\mathbb{N}}$ est orthogonale : $\langle f_n, f_m\rangle_E = \int_0^{2\pi} e^{in\theta}\overline{e^{im\theta}}\, d\theta = \int_0^{2\pi} e^{i(n-m)\theta}\, d\theta = 0$ pour $n \neq m$.
La fonction h n'est pas polynomiale, et elle est orthogonale à tous les f_n. Comme $h \neq 0_E$, cela montre que $(f_n)_{n\in\mathbb{N}}$ n'est pas totale dans E.
Cela s'explique facilement si on note qu'à chaque élément f de E correspond une fonction g continue 2π-périodique, et réciproquement. Si on anticipe sur le chapitre VII, ces fonctions g peuvent être développées en série de Fourier de fonctions $\theta \mapsto e^{in\theta}$, mais en faisant varier n dans $\mathbb{Z}$ et non seulement dans $\mathbb{N}$. Or les fonctions polynomiales de E correspondent à des fonctions g de la forme $g(\theta) = \sum_{n=0}^{N} c_n e^{in\theta}$. Pour pouvoir approcher (en moyenne quadratique) toute fonction continue et de période 2π, il faut pouvoir considérer des fonctions de la forme $\theta \mapsto \sum_{n=-N}^{N} c_n e^{in\theta}$. Donc, pour obtenir une famille totale dans E, il faudrait en fait considérer la famille de fonctions $f_n : z \mapsto z^n$ pour n décrivant $\mathbb{Z}$. La famille $(f_n)_{n\in\mathbb{Z}}$ est orthogonale puisque le calcul de $\langle f_n, f_m\rangle_E$ est encore valable pour n et m dans $\mathbb{Z}$. On remarque alors que la fonction h n'est autre que f_{-1}, car si $z = e^{i\theta}$, $\bar{z} = e^{-i\theta} = \frac{1}{z}$. Cela explique pourquoi cette fonction h ne peut pas être approchée dans E par une combinaison linéaire des f_n pour $n \in \mathbb{N}$.

Exercice VI.8 *Racines des polynômes orthogonaux*

On considère un intervalle ouvert J et une fonction $s > 0$ sur J tels que $L^2_s(J)$ contienne les fonctions polynomiales. Soit $(e_n)_{n\in\mathbb{N}}$ une famille de fonctions polynomiales orthogonale dans $L^2_s(J)$, vérifiant $\deg e_n = n$. Démontrer que si $n \geq 1$, e_n possède n racines distinctes dans l'intervalle J.

Solution. Le polynôme e_n étant de degré $n \geq 1$, il a n racines dans $\mathbb{C}$ lorsqu'on les compte avec leur multiplicité. Soit k le nombre de racines distinctes de e_n *de multiplicité impaire* appartenant à l'intervalle *ouvert* J. On a $0 \leq k \leq n$, et on doit démontrer que $k = n$ (auquel cas les racines seront toutes simples, *i.e.* de multiplicité égale à 1). Or, e_n est orthogonale à toute fonction polynomiale de degré $\leq n-1$ (car une telle fonction est combinaison linéaire des e_j pour $0 \leq j \leq n-1$). En particulier, e_n est orthogonale à la fonction constante égale à 1, *i.e.* $\int_J e_n(x)s(x)\, dx = 0$, ce qui implique que e_n s'annule en changeant de signe en au moins un point de J (car $s > 0$ sur J). Autrement dit, $k \geq 1$. Appelons $x_1, \ldots, x_k$ les racines distinctes de e_n de multiplicité impaire appartenant à l'intervalle ouvert J. On considère la fonction polynomiale

$$f : x \mapsto \prod_{j=1}^{k}(x - x_j)$$

On a $e_n(x) = P(x)(x - x_1)^{m_1} \ldots (x - x_k)^{m_k}$, où m_j est la multiplicité (impaire) de la racine x_j, et où P ne s'annule pas sur J. On a donc

$$\langle e_n, f\rangle_s = \int_J e_n(x)(x - x_1)\ldots(x - x_k)s(x)\, dx = \int_J (x - x_1)^{m_1+1} \ldots (x - x_k)^{m_k+1} P(x)s(x)\, dx$$

La fonction $x \mapsto (x-x_1)^{m_1+1} \dots (x-x_k)^{m_k+1} P(x)s(x)$ est de signe constant sur J (du signe de P), donc $\langle e_n, f\rangle_s \neq 0$. Cela implique que le polynôme f est de degré $\geq n$. Par ailleurs, $\deg f = k \leq n$. Ainsi, $\deg f = n$, *i.e.* $k = n$. Cela implique que $m_j = 1$ pour tout j, *i.e.* toutes les racines de e_n sont simples et appartiennent à l'intervalle ouvert J.

Application. Pour $n \geq 1$, le polynôme de Legendre P_n a n racines simples dans $]-1,1[$, de même que le polynôme de Tchebychev T_n. Le polynôme de Laguerre L_n a n racines simples dans $]0,+\infty[$, et le polynôme d'Hermite H_n a n racines simples réelles.

Exercice VI.9 *Interprétation de la formule de Shannon comme développement en série de fonctions orthogonales*

Soit $\nu_0 > 0$ et E l'ensemble des signaux à énergie finie dont le spectre est inclus $[-\nu_0, \nu_0]$:

$$E = \left\{f \in L^2(\mathbb{R}) \; ; \; \mathit{Supp}\, \widehat{f} \subset [-\nu_0, \nu_0]\right\}$$

où la T.F. est à prendre au sens de L^2. Pour tout $n \in \mathbb{Z}$, on note s_n la fonction définie par

$$s_n(t) = \frac{\sin\left(2\pi\nu_0(t - n/2\nu_0)\right)}{2\pi\nu_0(t - n/2\nu_0)}$$

1. *Démontrer que E est un s.e.v. de $L^2(\mathbb{R})$.*
2. *Remarquer que l'on peut prolonger s_n par continuité en $t = n/2\nu_0$ par la valeur 1.*
3. *Calculer la T.F. de s_n et en déduire que la suite $(s_n)_{n\in\mathbb{Z}}$ est orthogonale dans $L^2(\mathbb{R})$ muni de son produit scalaire usuel $\langle\cdot,\cdot\rangle$. Quelle est la norme de s_n ?*
4. *Soit $f \in E$. Écrire la formule de reconstruction du signal f correspondant au pas d'échantillonnage maximal qu'autorise le théorème de Shannon, et déduire de ce théorème que $(s_n)_{n\in\mathbb{Z}}$ est totale dans E lorsqu'on le munit du produit scalaire usuel de $L^2(\mathbb{R})$.*
5. *Pour $f \in E$, donner la valeur des coefficients de Fourier de f relativement à la famille $(s_n)_{n\in\mathbb{Z}}$, et écrire l'égalité de Parseval. Calculer les coefficients de Fourier pour $f = s_m$. Que donne l'égalité de Parseval pour $f = s_0$?*
6. ***Applications.** Soit f définie par $f(t) = \frac{\sin^2(\pi t/2)}{\pi^2 t^2}$.*
   (a) *Justifier que $f \in E$, pour $\nu_0 = \frac{1}{2}$.*
   (b) *Déterminer le développement en série de fonctions s_n de f.*
   (c) *En déduire la valeur de l'intégrale $J = \int_{-\infty}^{+\infty} \frac{\sin^2 x \sin 2x}{x^3}\, dx$.*

Solution.

1. L'élément neutre de l'e.v. $L^2(\mathbb{R})$ est la fonction p.p. nulle. Sa T.F. est la fonction nulle, qui est bien supportée dans $[-\nu_0, \nu_0]$ (le support de la fonction nulle est $\emptyset$). Ainsi $0_{L^2(\mathbb{R})} \in E$.
   Soit f et g des éléments de E, α et β des complexes. Pour $\nu \notin [-\nu_0, \nu_0]$, on a $\widehat{f}(\nu) = \widehat{g}(\nu) = 0$, donc $\mathcal{F}(\alpha f + \beta g)(\nu) = \alpha\widehat{f}(\nu) + \beta\widehat{g}(\nu) = 0$. Donc $\operatorname{Supp} \mathcal{F}(\alpha f + \beta g) \subset [-\nu_0, \nu_0]$, *i.e.* E est stable par combinaison linéaire.
   Ainsi E est un s.e.v. de $L^2(\mathbb{R})$.
2. On remarque que s_n n'est autre que la translatée de $n/2\nu_0$ de la fonction $s_0 : t \mapsto \operatorname{sinc}(2\pi\nu_0 t)$. Comme cette fonction est continue en $t = 0$, s_n est prolongeable par continuité en $t = n/2\nu_0$. Rappelons comment on retrouve la valeur en 0 de $\operatorname{sinc}(2\pi\nu_0 t)$: on a $\operatorname{sinc}(2\pi\nu_0 t) \sim_0 \frac{2\pi\nu_0 t}{2\pi\nu_0 t} = 1$. Ainsi on peut prolonger s_n par continuité en $t = n/2\nu_0$ en posant $s_n(n/2\nu_0) = 1$.
3. Rappelons que la fonction sinc est dans L^2 mais pas dans L^1. Sa T.F. est à prendre au sens de L^2. On a vu au paragraphe 5.3 du chapitre IV que la T.F. de $\frac{\sin(2\pi\nu_0 t)}{\pi t}$ est $\mathbf{1}_{[-\nu_0,\nu_0]}(\nu)$. Autrement dit, $\widehat{s_0}(\nu) = \frac{1}{2\nu_0}\mathbf{1}_{[-\nu_0,\nu_0]}(\nu)$. On en déduit, d'après la formule (IV.9), que

$$\widehat{s_n}(\nu) = e^{-2i\pi\nu\frac{n}{2\nu_0}}\widehat{s_0}(\nu) = \frac{e^{-i\pi n\frac{\nu}{\nu_0}}}{2\nu_0}\mathbf{1}_{[-\nu_0,\nu_0]}(\nu)$$

Le calcul direct de $\langle s_n, s_m\rangle = \int_{-\infty}^{+\infty} s_n(t)\overline{s_m(t)}\,dt$ paraît difficile, voire impossible. C'est le moment ou jamais d'utiliser la conservation du produit scalaire de L^2 par transformation de Fourier (formule de Parseval-Plancherel), ce qui est licite puisque $s_n \in L^2(\mathbb{R})$. On a donc (ne pas oublier la conjugaison dans le calcul du produit scalaire) :

$$\begin{aligned}\langle s_n, s_m\rangle &= \langle \widehat{s_n}, \widehat{s_m}\rangle \\ &= \int_{-\infty}^{+\infty} \frac{e^{-i\pi n\nu/\nu_0}}{2\nu_0}\mathbf{1}_{[-\nu_0,\nu_0]}(\nu)\,\frac{e^{i\pi m\nu/\nu_0}}{2\nu_0}\mathbf{1}_{[-\nu_0,\nu_0]}(\nu)\,d\nu \\ &= \frac{1}{4\nu_0^2}\int_{-\nu_0}^{\nu_0} e^{-i\pi(n-m)\nu/\nu_0}\,d\nu \\ &= \begin{cases} 0 & \text{si } n \neq m \\ \frac{1}{2\nu_0} & \text{si } n = m\end{cases}\end{aligned}$$

Donc $(s_n)_{n\in\mathbb{Z}}$ est orthogonale dans $L^2(\mathbb{R})$, et $\|s_n\|^2_{L^2(\mathbb{R})} = \frac{1}{2\nu_0}$.

4. Si $f \in E$, on peut utiliser le théorème d'échantillonnage de Shannon avec un pas d'échantillonnage $c \leq \frac{1}{2\nu_0}$. Pour $c = \frac{1}{2\nu_0}$, on obtient la formule

$$f(t) = \sum_{n=-\infty}^{+\infty} f(n/2\nu_0)\frac{\sin\left(2\pi\nu_0(t - n/2\nu_0)\right)}{2\pi\nu_0(t - n/2\nu_0)}$$

la convergence de la série ayant lieu dans $L^2(\mathbb{R})$, et non forcément en tout $t \in \mathbb{R}$. On peut écrire cela sous la forme de l'égalité dans L^2 :

$$f = \sum_{n=-\infty}^{+\infty} f(n/2\nu_0)s_n \tag{VI.62}$$

Les fonction s_n sont bien de carré intégrable et leur spectre est $[-\nu_0, \nu_0]$. Donc $s_n \in E$. Le fait que, pour tout $f \in E$, $\sum_{n=-N}^{N} f(n/2\nu_0)s_n$ converge dans $L^2(\mathbb{R})$ vers f lorsque N tend vers $+\infty$ montre que la famille orthogonale $(s_n)_{n\in\mathbb{Z}}$ est totale dans E.

5. Par identification, le coefficient de Fourier de f relativement à s_n est $f(n/2\nu_0)$. Autrement dit, les coefficients de Fourier de f dans cette base orthogonale sont les échantillons de f par échantillonnage à la fréquence de Nyquist. On en déduit l'égalité

$$\frac{\langle f, s_n\rangle}{\|s_n\|^2} = 2\nu_0\int_{-\infty}^{+\infty} f(t)s_n(t)\,dt = f(n/2\nu_0)$$

Comme $(s_n)_{n\in\mathbb{Z}}$ est totale dans E, on a l'égalité de Parseval pour tout $f \in E$:

$$\|f\|^2_{L^2(\mathbb{R})} = \sum_{n=-\infty}^{+\infty}\frac{|\langle f, s_n\rangle|^2}{\|s_n\|^2} \quad \textit{i.e.} \quad \int_{-\infty}^{+\infty}|f(t)|^2\,dt = \frac{1}{2\nu_0}\sum_{n=-\infty}^{+\infty}\left|f(n/2\nu_0)\right|^2$$

Pour $f = s_m$, on doit constater que tous les coefficients de Fourier sont nuls, sauf celui relatif à s_m qui doit valoir 1 (car s_m est orthogonale à tous les s_n pour $n \neq m$). C'est bien le cas : $s_m(m/2\nu_0) = 1$ et $s_m(n/2\nu_0) = 0$ pour $n \neq m$.
Pour $f = s_0$, l'égalité de Parseval s'écrit $\int_{-\infty}^{+\infty}\frac{\sin^2(2\pi\nu_0 t)}{4\pi^2\nu_0^2 t^2}\,dt = \frac{1}{2\nu_0}|s_0(0)|^2 = \frac{1}{2\nu_0}$, *i.e.*, par changement de variable $x = 2\pi\nu_0 t$, $\int_{-\infty}^{+\infty}\frac{\sin^2 x}{x^2}\,dx = 2\pi\nu_0\frac{1}{2\nu_0} = \pi$. On retrouve ainsi la valeur d'une intégrale usuelle déjà calculée avec la formule de Parseval-Plancherel.

6. (a) Il est clair que $f \in L^2$. La fonction $t \mapsto \frac{\sin(\pi t/2)}{\pi t}$ est la T.F. de $\mathbf{1}_{[-1/4,1/4]} \in L^1$, donc f est la T.F. de $\mathbf{1}_{[-1/4,1/4]} * \mathbf{1}_{[-1/4,1/4]}$. Comme $f \in L^1$, le théorème d'inversion dans L^1 implique que $\widehat{f} = \mathbf{1}_{[-1/4,1/4]} * \mathbf{1}_{[-1/4,1/4]}$. Ce produit de convolution a été calculé (cf. exercice IV.1), et on a vu que son support est $[-1/2, 1/2]$. On peut aussi utiliser un résultat général pour arriver à la même conclusion : $\operatorname{Supp}(u * v) \subset \operatorname{Supp} u + \operatorname{Supp} v$. On a bien $f \in E$ avec $\nu_0 = \frac{1}{2}$ (valeur désormais fixée jusqu'à la fin de l'exercice).

(b) Pour $\nu_0 = \frac{1}{2}$, l'échantillon de f est la suite $\big(f(n)\big)_{n\in\mathbb{Z}}$.
On a $f(n) = \frac{\sin^2(\pi\frac{n}{2})}{\pi^2 n^2} = \frac{1}{4}\operatorname{sinc}^2(\pi\frac{n}{2})$, *i.e.* $f(0) = \frac{1}{4}$, $f(2p) = 0$ pour $p \neq 0$, et :
$f(2p+1) = \frac{\sin^2(p\pi+\pi/2)}{\pi^2(2p+1)^2} = \frac{((-1)^p)^2}{\pi^2(2p+1)^2} = \frac{1}{\pi^2(2p+1)^2}$. On a donc le développement

$$f(t) = \frac{1}{4}\, s_0(t) + \frac{1}{\pi^2}\sum_{p=-\infty}^{+\infty} \frac{1}{(2p+1)^2}\, s_{2p+1}(t)$$

(c) J existe (la fonction à intégrer est prolongeable par continuité en 0 et est majorée en module par $1/|x|^3$). Faisons le changement de variable $x = \pi t/2$. On trouve :
$J = \int_{-\infty}^{+\infty} \operatorname{sinc}^2(\pi t/2)\, 2\operatorname{sinc}(\pi t)\frac{\pi}{2}\, dt = 4\pi \int_{-\infty}^{+\infty} f(t) s_0(t)\, dt$.
J est donc, au facteur multiplicatif 4π près, le coefficient de Fourier de f relativement à s_0 (ici $2\nu_0 = 1$, la famille $(s_n)_{n\in\mathbb{Z}}$ est orthonormée). Finalement, $J = 4\pi\, f(0) = \pi$.

Exercice VI.10 ***Relation de récurrence des polynômes de Legendre***

On travaille dans $L^2([-1,1])$ muni de son produit scalaire usuel. Soit P_n le polynôme de Legendre de degré n.

1. *Pour $n \geq 1$, on définit la fonction polynomiale $Q_n : x \mapsto xP_{n-1}(x)$.*
   Soit $n \geq 3$. Démontrer que Q_n est orthogonale à P_k pour $k \leq n-3$.
   En déduire que, pour $n \geq 2$, Q_n est une combinaison linéaire de P_n, P_{n-1} et P_{n-2}.
2. *En déduire que les polynômes de Legendre vérifient la relation de récurrence (VI.46).*
3. *En déduire que P_n est une fonction paire (respectivement impaire) si n est pair (respectivement impair).*

Solution.

1. On a $\langle Q_n, P_k\rangle = \int_{-1}^{1} xP_{n-1}(x)P_k(x)\, dx = \langle P_{n-1}, Q_{k+1}\rangle$. Or P_{n-1} est orthogonal à tout polynôme de degré $\leq n-2$. En effet, un tel polynôme est une combinaison linéaire de $P_0, \dots, P_{n-2}$, et P_{n-1} est orthogonal à chacun d'entre eux. Le degré de Q_{k+1} est $k+1$, donc $\langle P_{n-1}, Q_{k+1}\rangle = 0$ pour $k+1 \leq n-2$. Cela revient à dire que $\langle Q_n, P_k\rangle = 0$ pour $k \leq n-3$.
   La famille $(P_k)_{k\in\mathbb{N}}$ est une base orthogonale de l'e.v. $\mathbb{C}[X]$ de tous les polynômes à coefficients complexes. Comme $\deg Q_n = n$, la décomposition de Q_n dans cette base est

$$Q_n = \sum_{k=0}^{n} \frac{\langle Q_n, P_k\rangle}{\|P_k\|^2} P_k = \sum_{k=0}^{n} \alpha_k(Q_n) P_k$$

   Pour $n \geq 3$ et $k \leq n-3$, les coefficients $\frac{\langle Q_n, P_k\rangle}{\|P_k\|^2}$ sont nuls, donc $Q_n = \sum_{k=n-2}^{n} \alpha_k(Q_n)P_k$, ce qui est le résultat voulu. Pour $n = 2$, $\deg Q_2 = 2$, donc Q_2 est une combinaison linéaire de P_0, P_1 et P_2.

2. On a donc, pour $n \geq 2$, une relation de la forme

$$Q_n(x) = xP_{n-1}(x) = aP_{n-2}(x) + bP_{n-1}(x) + cP_n(x)$$

   On a immédiatement $b = \alpha_{n-1}(Q_n) = \int_{-1}^{1} xP_{n-1}(x)P_{n-1}(x)\, dx = \int_{-1}^{1} xP_{n-1}^2(x)\, dx = 0$ (intégrale sur $[-1,1]$ d'une fonction impaire).
   Grâce à la condition de normalisation de Legendre, on a la relation $1 = a + c$ en faisant $x = 1$. Faire $x = -1$ et utiliser les propriétés de parité des polynômes de Legendre est tentant, mais n'apporte rien de plus : cela donne la relation $-(-1)^{n-1} = a(-1)^{n-2} + c(-1)^n$, *i.e.* encore la relation $1 = a + c$. Pour trouver une deuxième relation entre a et c, identifions plutôt les termes de plus haut degré dans l'égalité $xP_{n-1}(x) = aP_{n-2}(x) + cP_n(x)$. Le coefficient de degré n de $xP_{n-1}(x)$ est égal au coefficient de degré $n-1$ de P_{n-1}. Le coefficient de degré n de $aP_{n-2}(x) + cP_n(x)$ est égal au coefficient de degré n de P_n multiplié par c.

En vertu de la formule de Rodriguès, le coefficient de degré k de P_k s'obtient en dérivant k fois $\frac{1}{k!2^k}x^{2k}$. C'est donc $\frac{1}{k!2^k}\frac{(2k)!}{k!}$, d'où l'égalité $\frac{(2(n-1))!}{((n-1)!)^2 2^{n-1}} = c\frac{(2n)!}{(n!)^2 2^n}$, qui se simplifie en $1 = c\,\frac{2n(2n-1)}{2n^2}$. On a donc $c = \frac{n}{2n-1}$ et $a = 1 - c = \frac{n-1}{2n-1}$. Nous avons obtenu la relation

$$\forall n \geq 2 \quad xP_{n-1}(x) = \frac{n-1}{2n-1}P_{n-2}(x) + \frac{n}{2n-1}P_n(x)$$

C'est bien la relation de récurrence (VI.46) en multipliant chaque membre par $2n-1 \geq 1$.

3. On utilise la relation de récurrence, exactement comme dans l'exercice VI.6.

Pour les exercices qui suivent, il suffit de se laisser guider par l'énoncé, en tenant compte en cas de difficulté des quelques indications proposées.

Exercice VI.11 ***Équation différentielle du polynôme de Legendre***

1. *Soit $n \in \mathbb{N}$. Vérifier que $(x^2-1)\frac{d}{dx}\big((x^2-1)^n\big) - 2nx(x^2-1)^n = 0$.*
2. *En déduire que le polynôme de Legendre de degré n est solution de l'équation différentielle (VI.45).*

Indication. On veut obtenir une équation différentielle d'ordre 2 vérifiée par $\frac{d^n}{dx^n}\left[(x^2-1)^n\right]$ (donc par P_n). Il est donc logique de dériver $n+1$ fois l'égalité vérifiée à la première question. Pour cela on utilise la formule de Leibniz.

Exercice VI.12 ***Relation de récurrence et norme des polynômes d'Hermite***

On travaille dans $E = L^2_s(\mathbb{R})$, avec $s(x) = e^{-x^2}$.

1. *Démontrer que pour $n \geq 2$, on a $\frac{d^n}{dx^n}\big(e^{-x^2}\big) + 2x\frac{d^{n-1}}{dx^{n-1}}\big(e^{-x^2}\big) + 2(n-1)\frac{d^{n-2}}{dx^{n-2}}\big(e^{-x^2}\big)$.*
2. *En déduire que les polynômes d'Hermite vérifient la relation de récurrence (VI.59) et que pour tout $n \in \mathbb{N}^*$, on a $H_n'(x) = 2nH_{n-1}(x)$.*
3. *Démontrer que H_n est une fonction paire (respectivement impaire) si n est pair (respectivement impair).*
4. *Démontrer que $\|H_n\|_E^2 = \int_{-\infty}^{+\infty} e^{-x^2}\,\frac{d^nH_n}{dx^n}\,dx$.*
5. *En déduire que la norme dans E du polynôme d'Hermite est donnée par (VI.60).*

Exercice VI.13 ***Transformée de Fourier des fonctions d'Hermite***

Dans cet exercice, la T.F. de $f \in L^1(\mathbb{R})$ est définie par $\widehat{f}(\omega) = \int_{-\infty}^{+\infty} f(t)e^{-it\omega}\,dt$.

On note h_n la fonction d'Hermite, définie par $h_n(x) = H_n(x)e^{-x^2/2}$.

1. *En utilisant la relation de récurrence (VI.59) et l'égalité $H_n'(x) = 2nH_{n-1}(x)$, déterminer une relation de récurrence vérifiée par la suite $\big(\widehat{h_n}\big)$.*
2. *En déduire que $\widehat{h_n}(\omega) = (-i)^n\sqrt{2\pi}\,h_n(\omega)$. Interpréter algébriquement.*

Indications. On déduit de (VI.59) que pour $n \geq 1$, on a $\widehat{h_{n+1}} - 2\mathcal{F}\big(xh_n(x)\big) + 2n\widehat{h_{n-1}} = 0$. Or, on a $xh_n(x) = xH_n(x)e^{-x^2/2} = -\frac{d}{dx}\big(H_n(x)e^{-x^2/2}\big) + e^{-x^2/2}H_n'(x) = -h_n'(x) + 2nh_{n-1}(x)$. Pour la définition de la T.F. utilisée ici, on a $\mathcal{F}\big(h_n'\big)(\omega) = i\omega\widehat{h_n}(\omega)$, d'où $\widehat{h_{n+1}}(\omega) + 2i\omega\widehat{h_n}(\omega) - 2n\widehat{h_{n-1}}(\omega) = 0$. Il en résulte que la suite $\Big(\widehat{h_n}/(-i)^n\Big)$ vérifie la relation (VI.59). Les deux premiers termes de cette suite sont définis par $\widehat{h_0}(\omega) = \sqrt{2\pi}\,h_0(\omega)$ et $-\frac{1}{i}\widehat{h_1}(\omega) = i\mathcal{F}\big(2xe^{-x^2/2}\big)(\omega) = -2i\mathcal{F}\big(h_0'\big)(\omega) = 2\omega\sqrt{2\pi}\,h_0(\omega) = \sqrt{2\pi}\,h_1(\omega)$. Ainsi, les suites $\Big(\widehat{h_n}/(-i)^n\Big)$ et $\big(\sqrt{2\pi}\,h_n\big)$ vérifient la même relation de récurrence d'ordre 2 et leurs deux premiers termes coïncident. Elles sont donc égales.

On a $h_n \in \mathcal{S} \subset L^2(\mathbb{R})$. La relation $\mathcal{F}(h_n) = (-i)^n\sqrt{2\pi}\,h_n$ signifie que les nombres $(-i)^n\sqrt{2\pi}$ sont des valeurs propres de l'endomorphisme $\mathcal{F} : \mathcal{S} \to \mathcal{S}$ et que h_n est vecteur propre associé à $(-i)^n\sqrt{2\pi}$. C'est également vrai pour l'endomorphisme $\mathcal{F} : L^2(\mathbb{R}) \to L^2(\mathbb{R})$.

Chapitre VII

Séries de Fourier

Par ***séries de Fourier****, nous entendons ici des séries trigonométriques qui constituent effectivement le développement en série de Fourier, au sens du chapitre VI, de certaines fonctions périodiques. Le terme « série de Fourier » est donc à comprendre ici dans le même sens que précédemment, mais dans le cadre restrictif des fonctions périodiques de carré intégrable (au sens de Lebesgue) sur un intervalle-période, que l'on développe en série trigonométrique. Les cours sur les séries de Fourier enseignés en classe préparatoire et dans les divers premiers cycles sont en général présentés essentiellement dans le cadre des fonction périodiques et Riemann-intégrables sur un intervalle-période (on se restreint souvent aux fonctions continues par morceaux). Il est pourtant fondamental d'exhiber le lien avec la théorie générale des développements en série de fonctions orthogonales. C'est donc ce point de vue qui est mis en avant ici. Même si le cadre n'est pas le même, il est possible, en s'appuyant sur les connaissances antérieures du lecteur, d'omettre un certain nombre de preuves et de détails*[1] *dans les calculs. Les développements calculatoires et les démonstrations sont donc ici réduits au minimum.*
Nous avons dit quelques mots du développement en série de Fourier d'une distribution périodique, afin d'exhiber le lien avec la transformation de Fourier.
Historiquement, Fourier a introduit les développements qui portent maintenant son nom pour résoudre le problème de la diffusion thermique dans une barre métallique. Il affirmait alors que « toute » fonction périodique peut s'écrire comme superposition de sinusoïdes de pulsations multiples de la pulsation fondamentale. C'était exagéré : la fonction périodique à développer doit bien sûr satisfaire certaine propriétés. Il n'en reste pas moins que c'était l'idée fondatrice de l'analyse de Fourier.

1 Convergence des séries de Fourier en moyenne quadratique

Rappelons qu'une fonction $f : D_f \subset \mathbb{R} \longrightarrow \mathbb{C}$ est dite T-périodique si $x \in D_f$ implique $x+T \in D_f$ et $f(x+T) = f(x)$. Attention, T n'est pas nécessairement la plus petite période de f (par exemple une fonction π-périodique est aussi 2π-périodique). Lorsque f admet une plus petite période strictement positive, on pourra l'appeler la *période fondamentale* de f. Ce n'est pas toujours le cas (les fonctions constantes admettent tout réel T pour période).

Dans tout le chapitre nous notons

$$\omega = \frac{2\pi}{T} \tag{VII.1}$$

1. Le lecteur trouvera ces détails et de nombreux exemples au chapitre 6 de *Analyse et algèbre - cours de deuxième année* de Balac et Chupin

Si T est la période fondamentale de f, alors ω est appelée *pulsation fondamentale* de f.

Étant donné une fonction f admettant T pour période fondamentale, nous appellerons *intervalle-période* tout intervalle de la forme $[a, a+T[$ (ou $]a, a+T]$). Si f est connue sur un tel intervalle semi-ouvert de longueur T, elle est connue sur $\mathbb{R}$ en entier, par périodicité.

1.1 L'espace de Hilbert L^2_T

On rappelle que si g est T-périodique, alors la valeur de l'intégrale $\int_a^{a+T} g(t)\,dt$, si elle existe, ne dépend pas de a.

Définition 1.1 *Soit $T > 0$. On note L^2_T l'e.v. des fonctions T-périodiques de carré intégrable sur un intervalle-période, i.e*

$$f \in L^2_T \iff f \text{ est } T\text{-périodique et } \int_a^{a+T} |f(t)|^2\,dt < +\infty$$

On ne confondra pas cet espace L^2_T avec $L^2([a, a+T[)$: les éléments de L^2_T sont définis presque-partout sur $\mathbb{R}$ et sont T-périodiques. Mais, par définition, la restriction d'un élément de L^2_T à un intervalle $[a, a+T[$ est bien un élément de $L^2([a, a+T[)$.

Exemples.

1. Les *polynômes trigonométriques*, *i.e* les fonctions s'écrivant

$$f\,:\,t \mapsto \sum_{k=0}^{n} a_k \cos(k\omega t) + b_k \sin(k\omega t) \quad (a_k \text{ et } b_k \text{ constantes complexes})$$

sont éléments de L^2_T. On note qu'ils sont de classe $\mathcal{C}^\infty$ sur $\mathbb{R}$ et ils vont jouer un rôle fondamental dans la suite. On peut aussi les écrire comme combinaison linéaire d'exponentielles complexes :

$$f\,:\,t \mapsto \sum_{k=-n}^{n} c_k e^{ik\omega t} \quad (c_k \text{ constantes complexes})$$

Notons que certaines fonctions sont des polynômes trigonométriques sans que cela ne se voit au prime abord. Par exemple la fonction $t \mapsto \cos^2 t$ est un polynôme trigonométrique (pour $T = 2\pi$) car $\cos^2 t = \frac{1}{2} + \frac{1}{2}\cos(2t)$. Plus généralement, toute fonction de la forme $t \mapsto \big(\cos(k\omega t)\big)^n$ ou $t \mapsto \big(\sin(k\omega t)\big)^n$, avec k et n entiers naturels, ou toute combinaison linéaire de telles fonctions, est un polynôme trigonométrique T-périodique.

2. La fonction $t \mapsto e^{\sin(\omega t)}$ est élément de L^2_T. C'est une fonction de classe $\mathcal{C}^\infty$ sur $\mathbb{R}$, mais ce n'est pas un polynôme trigonométrique.

3. Pour qu'une fonction soit dans L^2_T, il n'est pas du tout nécessaire qu'elle soit $\mathcal{C}^\infty$, ni même qu'elle soit continue : toute fonction T-périodique et *continue par morceaux* est dans L^2_T.
Notamment, les signaux périodiques suivants, rencontrés en physique :
– « rectangulaire » périodique (cf. figure VII.2),
– « triangulairc » périodique (cf. figure VII.4),
– « en dents de scie » (cf. figure VII.6)
sont continus par morceaux, et sont donc dans L^2_T. Ces signaux sont peu réguliers, mais ont tout de même une dérivée en presque-tout t, ce qui n'est pas le cas de l'exemple suivant.

4. Il existe des fonctions continues en tout réel t qui n'admettent de dérivée en aucun point ! Par exemple, la fonction $W : t \mapsto \sum_{n=0}^{+\infty} a^n \cos(b^n t)$ est continue sur $\mathbb{R}$ pour $|a| < 1$ et b réel quelconque, car cette série de fonctions converge normalement sur $\mathbb{R}$ (on a $|a^n \cos(b^n t)| \leq |a|^n$, terme général d'une série géométrique convergente). Supposons $b > a > 0$. Weierstrass a démontré que, sous certaines conditions sur a et b, la fonction W n'est dérivable en aucun réel t. Sans démontrer ce résultat, on peut le concevoir, car la série que l'on obtient en dérivant formellement terme à terme diverge grossièrement : son terme général $-(ab)^n \sin(b^n t)$ ne tend pas vers 0.
   La courbe représentative d'une telle fonction « dérivable nulle part » n'admet de tangente en aucun point. La figure VII.1 tente de rendre compte du phénomène en représentant $W_N : t \mapsto \sum_{n=0}^{N} a^n \cos(b^n t)$, qui est une approximation d'une de ces fonctions W. Bien sûr, la somme partielle W_N est, elle, de classe $\mathcal{C}^\infty$, puisque c'est un polynôme trigonométrique. Néanmoins, lorsque N augmente, W_N varie de plus en plus vite au voisinage de chaque point t (la courbe « tremble »). Il est donc possible d'imaginer qu'en faisant tendre N vers l'infini, W_N tende vers une fonction dont la courbe représentative n'a de tangente en aucun point.
   La fonction $W = \lim_{N\to\infty} W_N$ est un exemple de fonction 2π-périodique très irrégulière. Elle appartient pourtant à L^2_T pour $T = 2\pi$ puisqu'elle est continue.
5. Il y a aussi dans L^2_T des fonctions non continues par morceaux. Par exemple, la fonction $t \mapsto \ln|\sin t|$ est dans L^2_T pour $T = \pi$, mais présente des discontinuités de deuxième espèce (cf. exercice VII.12).

L'espace L^2_T contient donc aussi bien des fonctions $\mathcal{C}^\infty$ que des fonctions très irrégulières. Il contient en fait tous les signaux T-périodiques rencontrés dans les applications car nous allons voir que c'est l'ensemble des signaux de *puissance moyenne finie.*

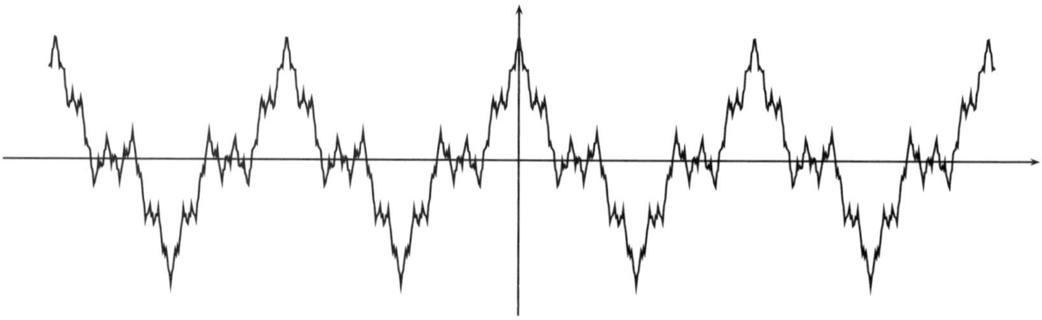

FIGURE VII.1 – *Approximation d'une fonction périodique continue nulle part dérivable*

Proposition 1.1 *La quantité*

$$\langle f, g\rangle = \int_{-\frac{T}{2}}^{\frac{T}{2}} f(t)\overline{g(t)}\,dt \tag{VII.2}$$

définit un produit scalaire sur L^2_T. Muni de ce produit scalaire L^2_T est un espace de Hilbert.

Il est clair que (VII.2) définit un produit scalaire sur L^2_T. Nous admettons que l'espace préhilbertien obtenu est complet (c'est plus difficile à établir). On note dans la suite $\|\cdot\|$ la norme associée à ce produit scalaire, définie par

$$\|f\|^2 = \langle f, f\rangle = \int_{-\frac{T}{2}}^{\frac{T}{2}} |f(t)|^2\,dt$$

Remarques.

1. Dans la définition du produit scalaire, on peut bien sûr intégrer sur n'importe quel intervalle $[a, a+T]$, mais le choix de l'intervalle $\left[-\frac{T}{2}, \frac{T}{2}\right]$ permet de simplifier les calculs si $f\,\overline{g}$ est paire ou impaire.
2. On sait qu'on peut interpréter $\|f\|^2 = \int_a^{a+T} |f(t)|^2\,dt$ comme l'énergie du signal f sur l'intervalle-période $[a, a+T[$. En divisant le carré de la norme de f par la durée T d'un intervalle-période, on obtient la *puissance moyenne* du signal périodique f :
$$P_f = \frac{1}{T}\int_{-\frac{T}{2}}^{\frac{T}{2}} |f(x)|^2 dx$$
Donc L_T^2 s'interprète comme l'e.v. des signaux T-périodiques de puissance moyenne finie. Par ailleurs un signal périodique non identiquement nul n'est pas élément de $L^2(\mathbb{R})$, *i.e.* il est à énergie totale infinie. C'est la raison pour laquelle, dans les applications où interviennent des signaux périodiques, on doit travailler avec la notion de puissance moyenne plutôt qu'avec la notion d'énergie.

1.2 Les familles orthogonales totales de signaux sinusoïdaux

Pour pouvoir développer un élément de L_T^2 en série trigonométrique, il convient de déterminer des fonctions trigonométriques formant une famille orthogonale totale (*i.e.* une base hilbertienne de L_T^2).

Notations. Pour $n \in \mathbb{Z}$, on note e_n l'application définie sur $\mathbb{R}$ par $e_n(t) = e^{in\omega t}$. Pour $n \in \mathbb{N}$, on note u_n et v_n les applications définies sur $\mathbb{R}$ par $u_n(t) = \cos(n\omega t)$ et $v_n(t) = \sin(n\omega t)$.

Proposition 1.2 *Avec les notations précédentes, on a les résultats suivants.*

1. *La famille de fonctions $(e_n)_{n\in\mathbb{Z}}$ est orthogonale totale dans L_T^2.*
2. *La famille de fonctions $(u_n)_{n\in\mathbb{N}} \cup (v_n)_{n\in\mathbb{N}^*}$ est orthogonale totale dans L_T^2.*

Remarque. On note que $e_0 = u_0$ est la fonction constante égale à 1, et que v_0 est la fonction nulle, qui n'apparaît évidemment pas dans une famille *totale*.

Preuve. Pour la famille $(e_n)_{n\in\mathbb{Z}}$, la vérification de l'orthogonalité est facile[2] : pour $n \in \mathbb{Z}$ et $m \in \mathbb{Z}$ tels que $n \neq m$, on a $\langle e_n, e_m\rangle = \int_{-\frac{T}{2}}^{\frac{T}{2}} e^{in\omega t}e^{-im\omega t}\,dt = \frac{1}{i(n-m)\omega}\left[e^{i(n-m)\omega t}\right]_{-\frac{T}{2}}^{\frac{T}{2}} = 0$. En effet, la fonction $t \mapsto e^{i(n-m)\omega t}$, qui est T-périodique, prend la même valeur en $-\frac{T}{2}$ et en $\frac{T}{2}$.
Pour la famille $(u_n)_{n\in\mathbb{N}} \cup (v_n)_{n\in\mathbb{N}^*}$, il faut prouver que

$$\forall (n,m) \in \mathbb{N}\times\mathbb{N}^* \quad \int_{-\frac{T}{2}}^{\frac{T}{2}} \cos(n\omega t)\sin(m\omega t)\,dt = 0$$

$$\forall (n,m) \in \mathbb{N}^2 \quad n \neq m \Longrightarrow \int_{-\frac{T}{2}}^{\frac{T}{2}} \cos(n\omega t)\cos(m\omega t)\,dt = 0$$

$$\forall (n,m) \in (\mathbb{N}^*)^2 \quad n \neq m \Longrightarrow \int_{-\frac{T}{2}}^{\frac{T}{2}} \sin(n\omega t)\sin(m\omega t)\,dt = 0$$

Ces calculs d'intégrales sont classiques (linéarisation des expressions à intégrer) et laissés au lecteur.
Nous admettons que ces familles orthogonales sont totales dans L_T^2 (c'est en fait le point difficile de la démonstration).

□

2. mais ne pas oublier, dans le calcul de produit scalaire, la conjugaison sur la deuxième variable !

Calculons la norme de ces fonctions dans L^2_T.

– Pour tout $n \in \mathbb{Z}$, $\|e_n\|^2 = \int_{-\frac{T}{2}}^{\frac{T}{2}} |e^{in\omega t}|^2\,dt = \int_{-\frac{T}{2}}^{\frac{T}{2}} 1\,dt = T$.

– Pour tout $n \in \mathbb{N}^*$, $\|u_n\|^2 = \int_{-\frac{T}{2}}^{\frac{T}{2}} \big(\cos(n\omega t)\big)^2\,dt = \frac{T}{2}$ et $\|v_n\|^2 = \int_{-\frac{T}{2}}^{\frac{T}{2}} \big(\sin(n\omega t)\big)^2\,dt = \frac{T}{2}$.

On a donc :

$$\forall n \in \mathbb{Z} \qquad \|e_n\| = \sqrt{T} \tag{VII.3}$$

$$\forall n \in \mathbb{N}^* \qquad \|u_n\| = \|v_n\| = \sqrt{\frac{T}{2}} \tag{VII.4}$$

Remarque. Comme $u_0 = e_0$, on a $\|u_0\| = \sqrt{T}$.

1.3 Développements en série de Fourier

D'après le paragraphe précédent, pour toute fonction $f \in L^2_T$, on peut introduire les *coefficients de Fourier* de f relativement à la famille orthogonale totale $(e_n)_{n\in\mathbb{Z}}$, notés $c_n(f)$ pour $n \in \mathbb{Z}$. Cela donne :

$$\forall n \in \mathbb{Z} \quad c_n(f) = \frac{\langle f, e_n\rangle}{\|e_n\|^2} = \frac{1}{T}\int_{-\frac{T}{2}}^{\frac{T}{2}} f(x)e^{-in\omega x}\,dx \tag{VII.5}$$

La série de Fourier de f est

$$Sf(t) = \sum_{n\in\mathbb{Z}} c_n(f)e_n(t) = \sum_{n\in\mathbb{Z}} c_n(f)e^{in\omega t} \tag{VII.6}$$

On peut aussi introduire les coefficients de Fourier de f relativement à la famille orthogonale totale $(u_n)_{n\in\mathbb{N}} \cup (v_n)_{n\in\mathbb{N}^*}$. Pour $n \geq 1$, ils sont respectivement notés $a_n(f)$ et $b_n(f)$. Cela donne :

$$\forall n \in \mathbb{N}^* \quad a_n(f) \;=\; \frac{\langle f, u_n\rangle}{\|u_n\|^2} = \frac{2}{T}\int_{-\frac{T}{2}}^{\frac{T}{2}} f(x)\cos(n\omega x)\,dx \tag{VII.7}$$

$$\forall n \in \mathbb{N}^* \quad b_n(f) \;=\; \frac{\langle f, v_n\rangle}{\|v_n\|^2} = \frac{2}{T}\int_{-\frac{T}{2}}^{\frac{T}{2}} f(x)\sin(n\omega x)\,dx \tag{VII.8}$$

Le coefficient de Fourier relatif à $u_0 = 1$ est

$$\frac{\langle f, u_0\rangle}{\|u_0\|^2} = \frac{1}{T}\int_{-\frac{T}{2}}^{\frac{T}{2}} f(x)\,dx$$

On remarque que c'est la *valeur moyenne* de f sur un intervalle-période et qu'il coïncide avec $c_0(f)$. On peut aussi le noter $\frac{a_0(f)}{2}$, en remarquant que dans (VII.7) on peut définir $a_n(f)$ et $b_n(f)$ pour $n = 0$ (avec dans ce cas $b_0(f) = 0$ et $a_0(f)$ égal au double de la valeur moyenne de f).

La série de Fourier de f s'écrit dans ce cas

$$Sf(t) = \frac{a_0(f)}{2} + \sum_{n=1}^{+\infty} \big(a_n(f)\cos(n\omega t) + b_n(f)\sin(n\omega t)\big) \tag{VII.9}$$

Exercice. Vérifier que l'on a les relations suivantes, permettant de passer d'une des deux formes de la série de Fourier à l'autre :

$$\forall n \in \mathbb{N}^* \quad \begin{cases} a_n(f) = c_n(f) + c_{-n}(f) \\ b_n(f) = i\big(c_n(f) - c_{-n}(f)\big) \end{cases} \quad \text{et} \quad \begin{cases} c_n(f) = \frac{1}{2}\big(a_n(f) - ib_n(f)\big) \\ c_{-n}(f) = \frac{1}{2}\big(a_n(f) + ib_n(f)\big) \end{cases} \tag{VII.10}$$

La meilleure approximation en moyenne quadratique de $f \in L^2_T$ par une combinaison linéaire de $e_{-N}, e_{-(N-1)}, \dots, e_{-1}, e_0, e_1, \dots, e_{N-1}, e_N$ est donc le polynôme trigonométrique

$$f_N^\star(t) = \sum_{n=-N}^{N} c_n(f)\, e_n(t) = \sum_{n=-N}^{N} c_n(f)\, e^{in\omega t} \qquad \text{(VII.11)}$$

Cette fonction $f_N^\star$ est aussi la meilleure approximation en moyenne quadratique de f par une combinaison linéaire de $u_0, u_1, v_1, u_2, v_2, \dots, u_{N-1}, v_{N-1}, u_N, v_N$. Dans ce contexte, le polynôme trigonométrique $f_N^\star$ s'écrit

$$f_N^\star(t) = \frac{a_0(f)}{2} + \sum_{n=1}^{N} \big(a_n(f)\cos(n\omega t) + b_n(f)\sin(n\omega t)\big) \qquad \text{(VII.12)}$$

Remarque. En pratique, si dans une approximation en moyenne quadratique on tient compte du terme u_N, on tient aussi compte du terme v_N (et réciproquement), *i.e.* on ne sépare pas les termes en sinus et cosinus « de même ordre ». Pour l'écriture complexe (avec les e_n), cela revient effectivement à écrire une somme « symétrique » $\sum_{n=-N}^{N}$. La raison est d'ordre physique (voir aussi le théorème de Dirichlet plus loin) : dans les applications, on utilise souvent une troisième écriture de la série de Fourier :

$$Sf(t) = \frac{a_0(f)}{2} + \sum_{n=1}^{+\infty} A_n(f)\cos\big(n\omega t + \phi_n(f)\big) \qquad \text{(VII.13)}$$

où $A_n(f)$ correspond à une *amplitude* et $\phi_n(f)$ à une *phase*. Il est clair que lorsqu'on décompose le terme $A_n(f)\cos\big(n\omega t+\phi_n(f)\big)$ à l'aide de la formule $\cos(a+b) = \cos a\cos b - \sin a \sin b$, on fait disparaître la phase en faisant apparaître un terme en $\cos(n\omega t)$ et un autre en $\sin(n\omega t)$. En plus, de la valeur moyenne $\frac{a_0(f)}{2} = c_0(f)$, on doit donc tenir compte, par ordre décroissant d'importance :

- de $a_1(f)\cos(\omega t) + b_1(f)\sin(\omega t) = c_{-1}(f)e^{-i\omega t} + c_1(f)e^{i\omega t}$, appelé « fondamental », ou « première harmonique » de f,
- puis de $a_2(f)\cos(2\omega t) + b_2(f)\sin(2\omega t) = c_{-2}(f)e^{-2i\omega t} + c_2(f)e^{2i\omega t}$, appelée « deuxième harmonique » de f,
- puis de $a_3(f)\cos(3\omega t) + b_3(f)\sin(3\omega t) = c_{-3}(f)e^{-3i\omega t} + c_3(f)e^{3i\omega t}$, appelée « troisième harmonique » de f,
- etc.

Dans la suite, nous dirons pour simplifier que « $f_N^\star$ est la m.a.m.q. d'ordre N de f ».

Influence de la parité. En règle générale, il est plus simple d'utiliser des exponentielles complexes (donc les $c_n(f)$) que des cosinus et sinus. Néanmoins, **si f est paire**, $f\,v_n$ est impaire et $f\,u_n$ est paire, donc

$$b_n(f) = 0 \quad \text{et} \quad a_n(f) = \frac{4}{T}\int_0^{\frac{T}{2}} f(x)\cos(n\omega x)\,dx \qquad \text{(VII.14)}$$

De même, **si f est impaire**, $f\,u_n$ est impaire et $f\,v_n$ est paire, donc

$$a_n(f) = 0 \quad \text{et} \quad b_n(f) = \frac{4}{T}\int_0^{\frac{T}{2}} f(x)\sin(n\omega x)\,dx \qquad \text{(VII.15)}$$

Donc si f est à valeurs réelles et si elle est paire ou impaire, il est indiqué, sauf cas particulier, de travailler plutôt en cosinus et sinus.

Il résulte de la proposition 1.2 et du théorème 4.1 du chapitre VI que l'on peut développer en série de Fourier toute fonction de L^2_T (la convergence de la série de Fourier ayant lieu *en moyenne quadratique*) et que l'on a l'égalité de Parseval. Cela donne le théorème suivant, où nous écrivons l'égalité de Parseval soit sur la famille $(e_n)_{n\in\mathbb{Z}}$ des exponentielles complexes de période T, soit sur la famille $(u_n)_{n\in\mathbb{N}} \cup (v_n)_{n\in\mathbb{N}^*}$ des sinus et cosinus de même période T.

Théorème 1.1 *Soit* $f \in L^2_T$.

1. *La série de Fourier de f converge vers f dans L^2_T, i.e. $\|f - f_N^\star\|$ tend vers 0 quand N tend vers $+\infty$, ce qu'on écrit*

$$Sf = f \quad \textit{dans } L^2_T \tag{VII.16}$$

2. *On a l'égalité de Parseval :*

$$\frac{1}{T}\int_{-\frac{T}{2}}^{\frac{T}{2}} |f(x)|^2 dx = \sum_{n=-\infty}^{+\infty} |c_n(f)|^2 \tag{VII.17}$$

$$= \frac{|a_0(f)|^2}{4} + \frac{1}{2}\sum_{n=1}^{+\infty} \left(|a_n(f)|^2 + |b_n(f)|^2\right) \tag{VII.18}$$

Preuve. Le premier point provient du fait que la famille orthogonale (e_n) (ou la famille $(u_n)_{n\in\mathbb{N}} \cup (v_n)_{n\in\mathbb{N}^*}$) est une base hilbertienne de L^2_T. Pour le deuxième point :

- (VII.17) est la traduction de l'égalité de Parseval « générale » dans le cas particulier de la famille orthogonale totale $(e_n)_{n\in\mathbb{Z}}$:

$$\|f\|^2 = \sum_{n\in\mathbb{Z}} \frac{|\langle f, e_n\rangle|^2}{\|e_n\|^2}$$

  lorsqu'on tient compte de $\|e_n\|^2 = T$ pour $n \in \mathbb{Z}$;
- (VII.18) est la traduction de cette même égalité de Parseval dans le cas particulier de la famille orthogonale totale $(u_n)_{n\in\mathbb{N}} \cup (v_n)_{n\in\mathbb{N}^*}$:

$$\|f\|^2 = \sum_{n\in\mathbb{N}} \frac{|\langle f, u_n\rangle|^2}{\|u_n\|^2} + \sum_{n\in\mathbb{N}^*} \frac{|\langle f, v_n\rangle|^2}{\|v_n\|^2}$$

  lorsqu'on tient compte de $\|u_0\|^2 = T$, $\|u_n\|^2 = \|v_n\|^2 = \frac{T}{2}$ pour $n \in \mathbb{N}^*$.

□

Remarques.

1. L'égalité (VII.16) signifie que la meilleure approximation en moyenne quadratique d'ordre N converge vers f au sens de la norme associée au produit scalaire de L^2_T quand N tend vers l'infini, ce qui peut s'interpréter en disant que la *puissance moyenne* du signal $f - f_N^\star$ tend vers 0 quand N tend vers l'infini :

$$\lim_{N\to\infty} \frac{1}{T}\int_{-\frac{T}{2}}^{\frac{T}{2}} |f(x) - f_N^\star(x)|^2 dx = 0$$

2. L'égalité de Parseval peut s'interpréter comme exprimant la décomposition de la puissance moyenne du signal périodique f suivant les différentes harmoniques de f. En effet, pour $n \geq 1$, $|c_n(f)|^2 + |c_{-n}(f)|^2 = \frac{1}{2}\left(|a_n(f)|^2 + |b_n(f)|^2\right)$ correspond à la puissance moyenne de l'harmonique de rang n.

3. (VII.16) signifie que tout signal périodique de période T se décompose comme superposition de signaux monofréquentiels $e^{\pm i2\pi\frac{n}{T}t}$ pourvu qu'il soit de puissance moyenne finie (*i.e.* s'il appartient à L^2_T). On retrouve l'idée (de Fourier) déjà rencontrée pour les signaux non périodiques à énergie finie (cf. interprétation physique de la transformée de Fourier inverse). Mais pour ceux-ci la superposition fait *a priori* intervenir toutes les fréquences ν, alors que pour un signal T-périodique, seules celles de la forme $\nu = \frac{n}{T}$ jouent un rôle, ce qui est logique.

Corollaire 1.1 *Pour $f \in L^2_T$, les coefficients de Fourier de f tendent vers* 0 *quand n tend vers l'infini.*

Preuve. D'après l'égalité de Parseval, la série numérique $\sum |c_n(f)|^2$ est convergente. Il en résulte que son terme général converge vers 0, donc

$$\lim_{n\to\pm\infty} c_n(f) = 0$$

De même, la série $\sum \big(|a_n(f)|^2 + |b_n(f)|^2\big)$ est convergente, donc les suites $\big(a_n(f)\big)$ et $\big(b_n(f)\big)$ convergent vers 0 quand n tend vers $+\infty$.

□

Remarque. Soit L^1_T l'espace des fonctions T-périodiques et intégrables sur un intervalle-période. La formule (VII.5) nous montre que les coefficient de Fourier $c_n(f)$ (ou $a_n(f)$ et $b_n(f)$) peuvent être définis pour tout élément f de L^1_T. Cet espace L^1_T contient l'espace L^2_T (car toute fonction de carré intégrable sur un intervalle **borné** est intégrable sur cet intervalle). On peut donc se demander si les $c_n(f)$ tendent encore vers 0 quand $f \in L^1_T \setminus L^2_T$. Nous admettrons que c'est bien le cas. C'est la version « périodique » du *lemme de Riemann-Lebesgue*, qui affirme que si $f \in L^1(\mathbb{R})$ (respectivement $f \in L^1_T$), $\widehat{f}$ (respectivement $c_n(f)$) tend vers 0 à l'infini.

1.4 Étude d'un exemple.

Considérons la fonction 2π-périodique telle que

$$\begin{cases} \forall t \in]-\pi, 0[& f(t) = -1 \\ \forall t \in [0, \pi] & f(t) = 1 \end{cases}$$

La fonction f est un « signal rectangulaire périodique » (voir la courbe représentative de f à la figure VII.2). On peut avoir envie de dire que « f est impaire ». Mais pour une fonction impaire, on a nécessairement $f(0) = 0$, ce qui n'est pas le cas ici. En réalité, f est égale presque-partout à la fonction g impaire et 2π-périodique égale à 1 sur $]0, \pi[$, valant 0 en toute valeur de la forme $k\pi$ pour $k \in \mathbb{Z}$. Plus précisément, on a $f(t) = g(t)$ pour tout réel t qui n'est pas de la forme $k\pi$. Cette fonction g est parfois appelée la « régularisée » de f (voir la courbe représentative de g à la figure VII.2). Or, on sait qu'on ne change pas la valeur d'une intégrale en remplaçant la fonction à intégrer par une fonction qui lui est presque-partout égale. Les coefficients de Fourier de f sont donc les mêmes que ceux de g.
La pulsation fondamentale est $\omega = 1$. On utilise (VII.15) : tous les $a_n(f) = a_n(g)$ sont nuls (y compris $a_0(f) = a_0(g)$, la valeur moyenne d'une fonction périodique impaire est nulle), et, pour tout $n \geq 1$, on a

$$b_n(f) = b_n(g) = \frac{2}{\pi}\int_0^{\pi} 1\sin(nx)\,dx = -\frac{2}{n\pi}\big[\cos(nx)\big]_0^{\pi} = -2\,\frac{(-1)^n - 1}{n\pi}$$

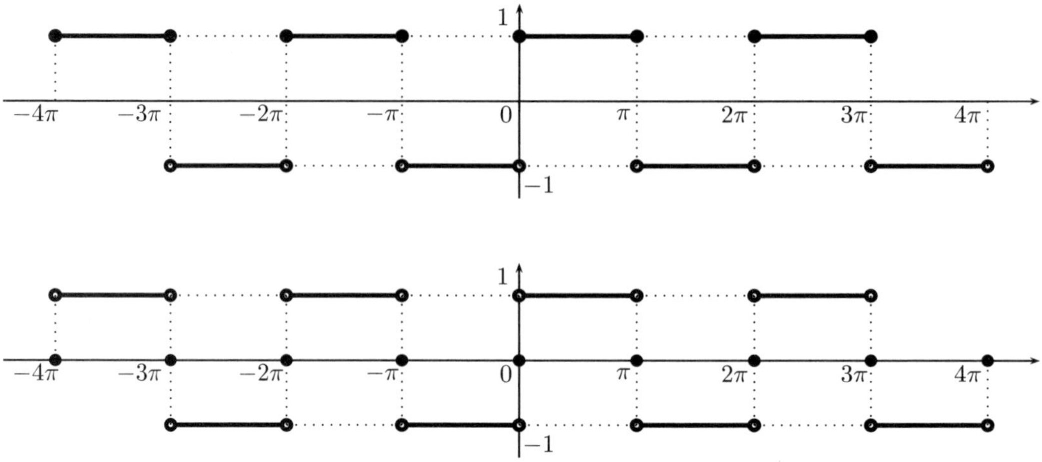

FIGURE VII.2 – *Signal rectangulaire périodique et sa régularisée*

Si n est pair, alors $b_n(f) = 0$. Si n est impair s'écrivant $n = 2p+1$ (où $p \geq 0$ car $n \geq 1$), alors

$$b_{2p+1}(f) = \frac{4}{(2p+1)\pi}$$

Sans préjuger pour l'instant de sa convergence, la série de Fourier de f est donc :

$$Sf(t) = \sum_{n=1}^{+\infty} b_n(f)\sin(nt) = \sum_{p=0}^{+\infty} b_{2p+1}(f)\sin\big((2p+1)t\big) = \frac{4}{\pi}\sum_{p=0}^{+\infty} \frac{\sin\big((2p+1)t\big)}{2p+1}$$

La somme partielle d'indice N de cette série (obtenue par troncature en considérant uniquement les termes jusqu'à l'indice $p = N$) est la m.a.m.q. de f par une combinaison linéaire des fonctions $t \mapsto \cos(kt)$ et $t \mapsto \sin(kt)$ pour $0 \leq k \leq 2N+2$ (car tous les $a_n(f)$ sont nuls et $b_{2N+2}(f) = 0$, donc $f^*_{2N+2} = f^*_{2N+1}$). On a donc

$$f^\star_{2N+2} \; : \; t \mapsto \frac{4}{\pi}\sum_{p=0}^{N} \frac{\sin\left((2p+1)t\right)}{2p+1}$$

La fonction f est continue par morceaux donc $f \in L^2_{2\pi}$, ce qui implique que l'on a convergence en moyenne quadratique de $f^\star_{2N+2}$ vers f quand N tend vers l'infini. C'est cela que signifie l'égalité $Sf = f$ dans L^2_T. On pourrait tout aussi bien dire que $Sf = g$ dans L^2_T. Il n'y a pas de contradiction puisque $f = g$ presque-partout, donc $f = g$ dans L^2_T. La série de Fourier « ne voit pas » les valeurs particulières que l'on a (très artificiellement) données à g en $t = k\pi$.

À titre d'exemple, on a représenté à la figure VII.3 la fonction f et son approximation d'ordre 6

$$f^\star_6 \; : \; t \mapsto \frac{4}{\pi}\Big(\sin t + \frac{1}{3}\sin(3t) + \frac{1}{5}\sin(5t)\Big)$$

Que donne l'égalité de Parseval (VII.18) lorsqu'on l'applique à $f \in L^2_{2\pi}$? On a

$$\frac{|a_0(f)|^2}{4} + \frac{1}{2}\sum_{n=1}^{+\infty}\left(|a_n(f)|^2 + |b_n(f)|^2\right) = \frac{1}{2}\sum_{p=0}^{+\infty}|b_{2p+1}(f)|^2 = \frac{8}{\pi^2}\sum_{p=0}^{+\infty}\frac{1}{(2p+1)^2}$$

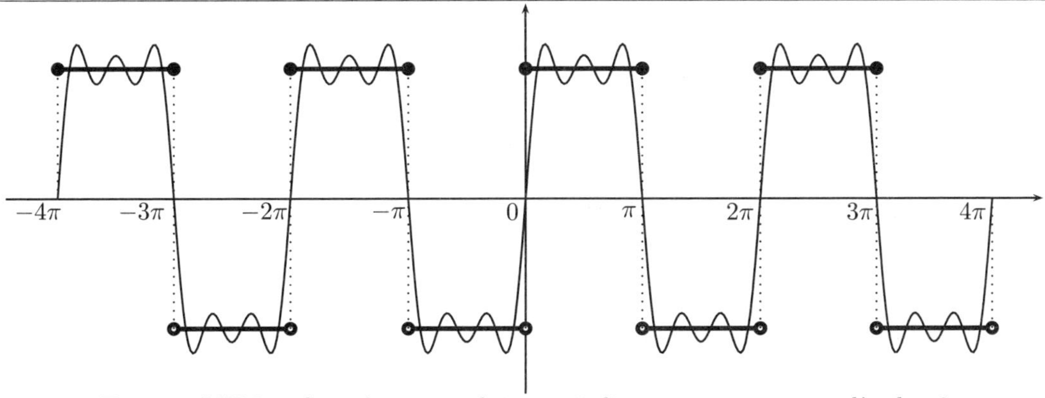

FIGURE VII.3 – *Signal rectangulaire périodique et sa m.a.m.q. d'ordre 6*

Comme ceci est égal à la puissance moyenne $\frac{1}{2\pi}\int_{-\pi}^{\pi}|f(t)|^2\,dt = \frac{1}{\pi}\int_0^{\pi}1^2\,dt = 1$, on en déduit la valeur de la somme de la série numérique (convergente) de terme général $\frac{1}{(2p+1)^2}$:

$$\sum_{p=0}^{+\infty}\frac{1}{(2p+1)^2} = \frac{\pi^2}{8} \qquad \text{(VII.19)}$$

On peut aussi en déduire la valeur de la somme de la série de terme général $\frac{1}{n^2}$ (qui est la valeur en $s = 2$ de la fonction zeta de Riemann $s \mapsto \zeta(s) = \sum_{n=1}^{+\infty}\frac{1}{n^s}$, définie pour tout complexe s tel que $\Re s > 1$). On a

$$\begin{aligned}\zeta(2) = \sum_{n=1}^{+\infty}\frac{1}{n^2} &= \sum_{p=0}^{+\infty}\frac{1}{(2p+1)^2} + \sum_{p=1}^{+\infty}\frac{1}{(2p)^2}\\ &= \sum_{p=0}^{+\infty}\frac{1}{(2p+1)^2} + \frac{1}{4}\zeta(2)\end{aligned}$$

d'où $\zeta(2) = \frac{4}{3}\frac{\pi^2}{8}$, *i.e.*

$$\zeta(2) = \sum_{n=1}^{+\infty}\frac{1}{n^2} = \frac{\pi^2}{6} \qquad \text{(VII.20)}$$

Remarque. On retiendra que l'égalité de Parseval appliquée à des fonctions f judicieusement choisies permet d'obtenir la somme de certaines séries numériques, pourvu que l'on sache calculer la puissance moyenne correspondante. On peut notamment calculer ainsi $\zeta(2k)$ pour tout $k \in \mathbb{N}^*$ (valeur de la fonction zeta en un entier pair)[3]. Par contre, il semble impossible de trouver une fonction f donnant par cette méthode la valeur de $\zeta(2k+1)$ pour $k \in \mathbb{N}^*$. On ne connaît en fait à l'heure actuelle aucune méthode donnant la valeur de la fonction zeta en un entier impair et on ne sait que bien peu de choses sur les nombres $\zeta(2k+1)$.
Inversement, et bien que ce soit moins classique, on peut parfois obtenir, en lisant l'égalité de Parseval dans l'autre sens, la valeur d'une intégrale non triviale apparaissant comme une puissance moyenne, lorsqu'on connaît la somme de la série correspondante[4].

3. Voir les exercices VII.2 et VII.3 pour le calcul de $\zeta(4)$, et l'exercice VII.8 pour le calcul de $\zeta(6)$.
4. On trouvera un exemple à l'exercice VII.12.

2 Convergence ponctuelle des séries de Fourier

2.1 Théorème de Dirichlet

La convergence en moyenne quadratique n'implique pas, en général, la convergence simple de la série $Sf(t)$ vers $f(t)$. Pour que l'égalité entre f et la somme de sa série de Fourier soit vraie ponctuellement en un point t_0, il convient de supposer un minimum de régularité sur f au voisinage de t_0. Notamment, il ne serait pas raisonnable d'espérer qu'en un point de discontinuité de f, nous ayons $Sf(t) = f(t)$. En fait, la continuité ne suffit pas à assurer la convergence ponctuelle : il existe des fonctions périodiques continues sur $\mathbb{R}$ dont la série de Fourier diverge en certains points.

Nous admettons le théorème suivant, dit *théorème de convergence locale de Dirichlet* [5]. C'est un résultat local dans la mesure où il affirme que l'on a convergence de la série de Fourier de f en un point t_0 sous certaines hypothèses de *régularité* de f en t_0.

Théorème 2.1 ***Théorème de Dirichlet local***
Soit f une fonction T-périodique et intégrable sur un intervalle-période, i.e. $f \in L^1_T$. On suppose qu'en $t_0 \in \mathbb{R}$, les limites à droite et à gauche existent (dans $\mathbb{C}$) et que f admet des demi-dérivées à droite et à gauche en t_0. On a alors

$$\lim_{N\to\infty} f_N^\star(t_0) = \frac{1}{2}\big(f(t_0^-) + f(t_0^+)\big) \tag{VII.21}$$

Détaillons les hypothèses et la conclusion de ce théorème et faisons quelques remarques.
L'intégrabilité de f sur un intervalle-période garantit l'existence des coefficients de Fourier.
Il est naturel de demander l'existence de

$$f(t_0^-) = \lim_{t\to t_0^-} f(t) \quad \text{et} \quad f(t_0^+) = \lim_{t\to t_0^+} f(t)$$

mais, comme on l'a déjà dit, cela ne suffit pas à garantir la convergence de la série $Sf(t_0)$: on demande également l'existence de

$$f'(t_0^-) = \lim_{t\to t_0^-} \frac{f(t) - f(t_0^-)}{t - t_0} \quad \text{et} \quad f'(t_0^+) = \lim_{t\to t_0^+} \frac{f(t) - f(t_0^+)}{t - t_0}$$

Si f est à valeurs réelles, cela revient à demander que la courbe représentative de f possède une demi-tangente *non verticale* à gauche en $(t_0, f(t_0^-))$ et une demi-tangente non verticale à droite en $(t_0, f(t_0^+))$.
Sous ces hypothèses, on a (VII.21), *i.e.*

$$\lim_{N\to\infty} \sum_{n=-N}^{N} c_n(f) e^{in\omega t_0} = \frac{1}{2}\big(f(t_0^-) + f(t_0^+)\big) \tag{VII.22}$$

On se permettra de noter cette situation

$$Sf(t_0) = \frac{1}{2}\big(f(t_0^-) + f(t_0^+)\big) \tag{VII.23}$$

même si l'une des deux séries $\sum_{n=-\infty}^{-1} c_n(f)e^{in\omega t_0}$ ou $\sum_{n=0}^{+\infty} c_n(f)e^{in\omega t_0}$ est divergente. En effet, il arrive que ces deux séries divergent sous les hypothèses du théorème, mais, par un

5. On trouvera la preuve notamment dans *Analyse de Fourier et applications* de Gasquet et Witomski ou dans *Analyse et algèbre - cours de deuxième année* de Balac et Chupin.

phénomène « de compensation », la somme symétrique $\sum_{n=-N}^{N} c_n(f)e^{in\omega t_0}$ converge quand N tend vers l'infini. D'ailleurs, le résultat (VII.21) peut aussi s'écrire

$$\lim_{N\to\infty} \frac{a_0(f)}{2} + \sum_{n=1}^{N} \big(a_n(f)\cos(n\omega t_0) + b_n(f)\sin(n\omega t_0)\big) = \frac{1}{2}\big(f(t_0^-) + f(t_0^+)\big) \tag{VII.24}$$

Sous cette forme, on peut écrire sans ambiguïté

$$Sf(t_0) = \frac{a_0(f)}{2} + \sum_{n=1}^{+\infty} \big(a_n(f)\cos(n\omega t_0) + b_n(f)\sin(n\omega t_0)\big) = \frac{1}{2}\big(f(t_0^-) + f(t_0^+)\big) \tag{VII.25}$$

Bien sûr, si f est, de plus, continue en t_0, *i.e.* $f(t_0^-) = f(t_0^+) = f(t_0)$, alors on obtient tout simplement

$$Sf(t_0) = f(t_0)$$

Il est logique qu'en un point t_0 de discontinuité, la série de Fourier converge vers la valeur $\frac{1}{2}\big(f(t_0^-) + f(t_0^+)\big)$ plutôt que vers $f(t_0)$. En effet, dans un tel cas la valeur de $f(t_0)$ peut être choisie de façon tout à fait arbitraire sans changer les coefficients de Fourier de f. Il est alors naturel que la somme de la série de Fourier réalise la moyenne des limites à droite et à gauche en t_0, car seules ces valeurs ont un sens physique.

Il existe une classe de fonctions pour lesquelles les hypothèses du théorème de Dirichlet sont vérifiées en tout point $t_0 \in \mathbb{R}$. Ce sont les fonctions périodiques et $\mathcal{C}^1$ par morceaux. Pour ces fonctions, un corollaire du théorème 2.1 constitue une version *globale* du théorème de Dirichlet.

Corollaire 2.1 *Soit f une fonction T-périodique. Si f est $\mathcal{C}^1_m$, alors*

$$\forall t \in \mathbb{R} \quad Sf(t) = \frac{1}{2}\big(f(t^-) + f(t^+)\big)$$

En particulier, si f est $\mathcal{C}^1_m$ et est continue en t, alors $Sf(t) = f(t)$.
Nous retiendrons que la série de Fourier de f converge, sous les hypothèses du théorème de Dirichlet global, vers la *régularisée* de f.

Exemple. Le signal rectangulaire périodique étudié au paragraphe 1.4 vérifie les hypothèses du corollaire 2.1. On a donc

$$\forall t \notin \{k\pi\,;\, k \in \mathbb{Z}\} \quad \lim_{N\to\infty} f_N^\star(t) = f(t)$$

Ici cela signifie que si $t \in]2p\pi, (2p+1)\pi[$ pour un entier p, alors la série de Fourier $Sf(t)$ converge vers 1, et si $t \in](2p-1)\pi, 2p\pi[$, alors la série de Fourier converge vers -1. Par ailleurs, en un point de la forme $k\pi$, on a une discontinuité de première espèce, donc la série de Fourier converge vers $\frac{1}{2}\big(f(k\pi^-) + f(k\pi^+)\big) = \frac{1}{2}(-1+1) = 0$. En résumé, $Sf(t)$ est égale à la régularisée de f en t, *i.e.*

$$\frac{4}{\pi}\sum_{p=0}^{+\infty} \frac{\sin\big((2p+1)t\big)}{2p+1} = \begin{cases} -1 & \text{pour} \quad t \in \bigcup_{p\in\mathbb{Z}}](2p-1)\pi, 2p\pi[\\ 1 & \text{pour} \quad t \in \bigcup_{p\in\mathbb{Z}}]2p\pi, (2p+1)\pi[\\ 0 & \text{pour} \quad t \in \{k\pi\,;\, k \in \mathbb{Z}\} \end{cases}$$

Du point de vue de la convergence ponctuelle de la série de Fourier, la situation idéale est celle d'une fonction de classe $\mathcal{C}^1$ par morceaux continue sur $\mathbb{R}$. Il résulte du corollaire 2.1 qu'il y a alors convergence ponctuelle de la série de Fourier $Sf(t)$ vers $f(t)$ en tout point t.

Corollaire 2.2 *Si f est continue sur $\mathbb{R}$ et de classe $\mathcal{C}^1$ par morceaux, alors*

$$\forall t \in \mathbb{R} \quad Sf(t) = f(t)$$

Exemple. Le signal triangulaire périodique, représenté à la figure VII.4, vérifie les hypothèses de ce corollaire.

Remarque. Sous les hypothèses du corollaire 2.2, on peut démontrer que la convergence de la série de Fourier vers f est *normale* sur $\mathbb{R}$. Elle est donc aussi *uniforme*, *i.e.*

$$\|f - f_N^\star\|_\infty = \sup_{t\in\mathbb{R}} |f(t) - f_N^\star(t)|$$

tend vers 0 quand N tend vers l'infini. Le résultat du corollaire est cohérent avec le fait que la somme d'une série de fonctions uniformément convergente est continue.

2.2 Cas d'échec du théorème de Dirichlet - théorème de Jordan

En pratique, les hypothèses du théorème de Dirichlet et de ses corollaires sont peu restrictives. Néanmoins, il arrive que le théorème 2.1 ne s'applique pas en tout point t_0.

Exemples.

1. La fonction f définie par $f(t) = \ln|\sin t|$ (cf. exercice VII.12) est élément de $L_T^2 \subset L_T^1$, mais elle ne vérifie pas les hypothèses de Dirichlet en tout point : il y a des discontinuités de deuxième espèce en $t_0 = k\pi$ pour tout $k \in \mathbb{Z}$ (cf. figure VII.8). Pour cet exemple, c'est l'existence de $f(k\pi^-)$ et de $f(k\pi^+)$ qui n'est pas remplie.

2. Considérons la fonction g de période 2 égal à $\sqrt{1-t^2}$ sur $[-1,1]$ (voir l'exercice VII.11 pour les détails). Ici, g est continue sur $\mathbb{R}$, mais les demi-tangentes sont verticales en tout entier impair (cf. figure VII.7), donc les demi-dérivées $f'(t_0^-)$ et $f'(t_0^+)$ n'existent pas en un tel point (en particulier, g n'est pas $\mathcal{C}_m^1$). Le théorème de Dirichlet local s'applique en t_0 différent d'un entier impair mais ne s'applique pas en un entier impair.

Un autre théorème de convergence ponctuelle existe. Il permet parfois de conclure dans des cas où le théorème de Dirichlet ne s'applique pas. Voici ce théorème, dit *de Jordan*, énoncé sans démonstration. Il s'applique aux fonctions f *monotones par morceaux*, *i.e.* définies sur $\mathbb{R}$ et telles que chaque intervalle borné puisse être décomposé en une réunion finie d'intervalles sur chacun desquels f est croissante ou décroissante.

Théorème 2.2 ***Théorème de Jordan***
Soit f une fonction T-périodique, à valeurs réelles, monotone par morceaux. On a

$$\lim_{N\to\infty} f_N^\star(t_0) = \frac{1}{2}\big(f(t_0^-) + f(t_0^+)\big)$$

Exemple. La fonction g de l'exemple 2 ci-dessus est monotone par morceaux. Comme elle est continue sur $\mathbb{R}$, on peut conclure à l'aide du théorème de Jordan que $Sf(t) = f(t)$ en tout réel t. Le théorème de Jordan permet ici de conclure de façon globale alors que le théorème de Dirichlet local tombe en défaut en certains points.

2.3 Phénomène de Gibbs

Considérons une fonction $\mathcal{C}^1_m$ discontinue en un point t_0, tel le signal rectangulaire périodique de la figure VII.3 ou le signal « en dents de scie » de la figure VII.6. Sur ces figures, on a représenté également leur m.a.m.q. d'ordre $N = 6$, et on commence à y voir apparaître le *phénomène de Gibbs*. Expliquons de quoi il s'agit.

Puisque t_0 est une discontinuité de première espèce de f, on a $f(t_0^-) \neq f(t_0^+)$. Pour fixer les idées, supposons $f(t_0^-) < f(t_0^+)$. Comme $f_N^\star(t)$ tend, lorsque N tend vers l'infini, vers $f(t)$ en tout point t de continuité de f, on pourrait croire que pour tout $\varepsilon > 0$, il existe $\eta > 0$ tel que $t \in [t_0 - \eta, t_0 + \eta] \Longrightarrow f_N^\star(t) \in [f(t_0^-) - \varepsilon, f(t_0^+) + \varepsilon]$ pour N suffisamment grand. C'est faux, pour la raison suivante.

Le nombre d'oscillations du polynôme trigonométrique $f_N^\star$ augmente avec N. Notons t_N la valeur donnant le premier extremum local de $f_N^\star$ que l'on rencontre à droite de t_0. Le phénomène de Gibbs est le fait suivant : on peut démontrer que la valeur de $|f_N^\star(t_N) - f(t_N)|$ tend, quand N tend vers l'infini, vers une valeur **strictement positive**.
Bien entendu le phénomène a lieu aussi à gauche de t_0.

Remarque. Puisque f est continue par morceaux, f n'a qu'un nombre fini de discontinuités sur chaque intervalle borné. Il existe donc un voisinage de t_0 dans lequel la fonction f est continue, sauf en t_0. En particulier, elle est continue en t_N, de sorte que l'on a $Sf(t_N) = f(t_N)$. La suite (t_N) converge donc vers t_0 : la première oscillation de $f_N^\star$ à droite de t_0 se rapproche du point $\big(t_0, f(t_0^+)\big)$ quand N augmente, mais sa « hauteur » ne peut pas descendre en dessous d'une certaine valeur.

Cela implique qu'*il est difficile d'approcher $f(t)$ par $f_N^\star(t)$ au voisinage d'un point de discontinuité* : si t est proche de t_0, disons $t > t_0$, pour approcher correctement $f(t)$ par $f_N^\star(t)$, il faut choisir N suffisamment grand pour que l'oscillation « passe à gauche » de t, *i.e.* $t_0 < t_N < t$. Si on accepte l'erreur $\varepsilon > 0$, on a bien $|f_N^\star(t) - f(t)| < \varepsilon$ pour N assez grand, mais plus t est proche de t_0, plus N doit être choisi grand (autrement dit, ce N ne dépend pas que de ε, mais aussi de t).

2.4 Intégration des développements en série de Fourier

Si f est continue sur $\mathbb{R}$ et T-périodique, elle admet des primitives sur $\mathbb{R}$ qui s'écrivent

$$t \mapsto F(t) = \int_a^t f(x)\,dx$$

À quelle condition F est-elle T-périodique ? On a $F(t+T) = \int_a^t f(x)\,dx + \int_t^{t+T} f(x)\,dx$, *i.e.*

$$F(t+T) = F(t) + c_0(f)$$

Ainsi, F **est T-périodique ssi la valeur moyenne de f est nulle**.

Si f est seulement continue par morceaux, alors la fonction F est définie, mais elle n'est plus une primitive de f sur $\mathbb{R}$ en entier (car F n'est plus de classe $\mathcal{C}^1$, mais seulement $\mathcal{C}^1_m$: F n'est pas dérivable aux point de discontinuité de f). Toutefois, si f est continue sur $[a, b]$, alors F est une primitive de f sur $[a, b]$. Le calcul précédent reste valable, de sorte que la conclusion reste vraie.
On peut donc dire que F **admet un développement en série de Fourier ssi la valeur moyenne de f est nulle**. Il est possible de prouver que, sous cette condition, le développement en série de Fourier de F s'obtient en intégrant terme à terme entre a et t celui de f. Nous pouvons énoncer la proposition suivante.

Proposition 2.1 *Soit f continue par morceaux et T-périodique. On suppose que la valeur moyenne de f est nulle, de sorte que la fonction $t \mapsto F(t) = \int_a^t f(x)dx$ est T-périodique et de classe $\mathcal{C}_m^1$. Sous ces hypothèses, on obtient le développement en série de Fourier de F en intégrant terme à terme celui de f entre a et t.*

Remarques.

1. Si $c_0(f) \neq 0$, alors l'intégration terme à terme du développement en série de Fourier de f fait apparaître un terme **non périodique** $c_0(f)\, t$, ce qui est en rapport avec le fait que dans ce cas F n'est pas périodique.
2. Les hypothèses de la proposition 2.1 sont presque minimales : les fonctions usuelles admettant des primitives sont en général au moins continues par morceaux et on a vu que l'hypothèse $c_0(f) = 0$ est indispensable pour que le problème du calcul du développement en série de Fourier de ces primitives ait un sens.

Exemple. La fonction f représentée à la figure VII.2 vérifie les hypothèses de la proposition 2.1. Pour $a = 0$, F est la fonction paire et 2π-périodique telle que $F(t) = t$ pour $t \in [0, \pi]$. Cette fonction F est bien, comme prévu, de classe $\mathcal{C}_m^1$, et elle est de surcroît continue sur $\mathbb{R}$. Il s'agit du signal « triangulaire périodique » représenté à la figure VII.4. On obtient son développement en série de Fourier en intégrant terme à terme $\frac{4}{\pi}\sum_{p=0}^{+\infty} \frac{\sin((2p+1)x)}{2p+1}$ entre 0 et t.

$$SF(t) = -\frac{4}{\pi}\sum_{p=0}^{+\infty} \frac{1}{(2p+1)^2}\big(\cos((2p+1)t) - 1\big) = -\frac{4}{\pi}\sum_{p=0}^{+\infty} \frac{\cos((2p+1)t)}{(2p+1)^2} + \frac{4}{\pi}\sum_{p=0}^{+\infty} \frac{1}{(2p+1)^2}$$

On a vu que $\sum_{p=0}^{+\infty} \frac{1}{(2p+1)^2} = \frac{\pi^2}{8}$. Comme de plus F vérifie les hypothèses du corollaire 2.2, on a l'égalité entre F et sa série de Fourier en tout point t et on obtient finalement

$$\forall t \in \mathbb{R} \quad F(t) = \frac{\pi}{2} - \frac{4}{\pi}\sum_{p=0}^{+\infty} \frac{\cos((2p+1)t)}{(2p+1)^2}$$

Remarque. Il est heureusement possible d'obtenir le même résultat sans connaître la somme de la série de terme général $\frac{1}{(2p+1)^2}$. Il suffit d'écrire que, par intégration terme à terme (sans même préciser entre quelles bornes on intègre), la série de Fourier de F est

$$SF(t) = C - \frac{4}{\pi}\sum_{p=0}^{+\infty} \frac{\cos((2p+1)t)}{(2p+1)^2}$$

puis de calculer la constante C en remarquant que c'est la valeur moyenne de F. On retrouve ainsi $C = \frac{a_0(F)}{2} = 2\,\frac{1}{2\pi}\int_0^\pi t\, dt = \frac{1}{\pi}\frac{\pi^2}{2} = \frac{\pi}{2}$.

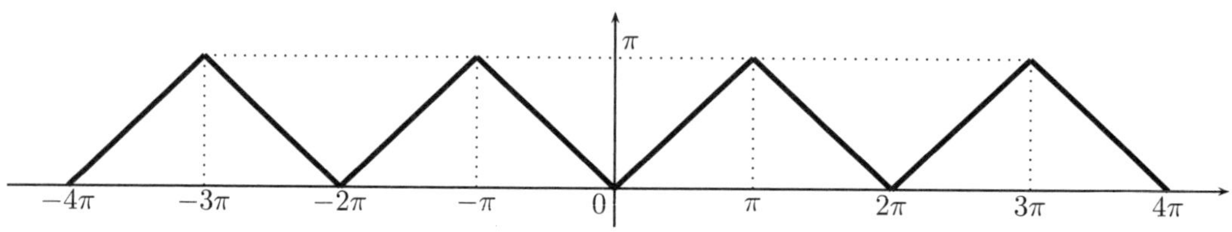

FIGURE VII.4 – *Signal triangulaire périodique*

2.5 Dérivation des développements en série de Fourier

Si f est suffisamment régulière (nous allons préciser cela), il existe une formule reliant les coefficients de Fourier de f' à ceux de f. Elle repose sur une simple intégration par partie. Cette intégration par parties est licite si f est $\mathcal{C}^1$ sur [0,T] (donc sur $\mathbb{R}$ par périodicité) :

$$c_n(f') = \frac{1}{T}\int_0^T f'(x)e^{-in\omega x}\,dx = \frac{1}{T}\left[f(x)e^{-in\omega x}\right]_0^T + \frac{1}{T}\int_0^T f(x)\,in\omega\,e^{-in\omega x}\,dx$$

Dans le but de généraliser ce calcul au cas où f est un peu moins régulière, il est important de remarquer que le « crochet » vaut

$$f(T^-)e^{-in\omega T} - f(0^+) = f(T^-) - f(0^+)$$

Il est donc nul car f est continue et T-périodique, donc $f(T^-) = f(T) = f(0) = f(0^+)$. On a finalement

$$\forall n \in \mathbb{Z} \quad c_n(f') = in\omega\, c_n(f) \tag{VII.26}$$

On obtient par un calcul analogue les formules suivantes :

$$\forall n \in \mathbb{N}^* \quad a_n(f') \;=\; n\omega\, b_n(f) \tag{VII.27}$$

$$\forall n \in \mathbb{N}^* \quad b_n(f') \;=\; -n\omega\, a_n(f) \tag{VII.28}$$

Notons que la valeur moyenne de f' est toujours nulle sous ces hypothèses : $\frac{a_0(f')}{2} = c_0(f') = 0$.

Si f n'est pas $\mathcal{C}^1$ sur $\mathbb{R}$, mais seulement $\mathcal{C}^1_m$, alors le calcul reste valable pourvu que f soit continue sur $[0,T]$ (donc sur $\mathbb{R}$ par périodicité). En effet, dans un tel cas, il existe une subdivision ($t_0 = 0, t_1, \ldots, t_{m-1}, t_m = T$) de $[0,T]$ telle que f soit sur chaque intervalle $[t_i, t_{i+1}]$ (pour $i = 0, \ldots, m-1$) la restriction d'une fonction $\mathcal{C}^1$. On peut intégrer par parties sur chaque intervalle $[t_i, t_{i+1}]$, et la somme des différents « crochets » $\sum_{i=0}^{m-1}\left[f(x)e^{-in\omega x}\right]_{t_i}^{t_{i+1}}$ vaut

$$f(t_1^-)e^{-in\omega t_1} - f(0^+) + f(t_2^-)e^{-in\omega t_2} - f(t_1^+)e^{-in\omega t_1} + \ldots + f(T^-) - f(t_{m-1}^+)e^{-in\omega t_{m-1}} = 0$$

car f a été supposée continue en tout point et $f(T) = f(0)$. On a donc encore (VII.26), ainsi que (VII.27) et (VII.28).

Si f est $\mathcal{C}^1$, ou seulement $\mathcal{C}^1_m$ mais continue, la série de Fourier de f' est donc

$$Sf'(t) = \sum_{n\in\mathbb{Z}} in\omega\, c_n(f)\, e^{in\omega t} = \sum_{n=1}^{+\infty} n\omega\, b_n(f)\, \cos(n\omega t) - n\omega\, a_n(f)\, \sin(n\omega t) \tag{VII.29}$$

C'est exactement la série que l'on obtient en dérivant terme à terme la série de Fourier de f, ce qui n'est guère surprenant. On peut retenir le résultat suivant :

Théorème 2.3 *Si f est une fonction T-périodique, continue sur $\mathbb{R}$ et de classe $\mathcal{C}^1_m$, alors la série de Fourier de f' s'obtient en dérivant terme à terme celle de f. Autrement dit, on a les formules (VII.26), (VII.27), (VII.28) et (VII.29).*

Remarque. Ce théorème ne dit pas que $f'(t)$ est égale en tout point à la somme de la série donnée par (VII.29). En effet, rien ne dit que $f'(t)$ est égale à sa série de Fourier en t. Mais si, de plus, f' est continue et $\mathcal{C}^1_m$, alors f et f' vérifient toutes deux les hypothèses du théorème de Dirichlet en tout point t, et comme f et f' sont continues sur $\mathbb{R}$, on a l'égalité en tout point :

- entre f et sa série de Fourier,

– et entre f' et sa série de Fourier (celle-ci s'obtenant par dérivation terme à terme de celle de f).

Cela nous donne la proposition suivante.

Proposition 2.2 *Si f est une fonction T-périodique de classe $\mathcal{C}^1$ sur $\mathbb{R}$ et si f' est $\mathcal{C}^1_m$, alors la série de Fourier de f' est la dérivée terme à terme de la série de Fourier de f et l'on a*

$$\forall t \in \mathbb{R} \quad Sf(t) = f(t)\ ,\ Sf'(t) = f'(t) \tag{VII.30}$$

Remarque. Les hypothèses de la proposition 2.2 sont réalisées notamment lorsque f est T-périodique et de classe $\mathcal{C}^2$.

Cas d'une fonction non continue

Il est important d'avoir compris le calcul conduisant aux formules (VII.26), (VII.27) et (VII.28) car on peut l'adapter lorsque f **est $\mathcal{C}^1_m$ mais non continue** (cas fréquent en pratique). En considérant de nouveau la subdivision ($t_0 = 0,\ t_1, \ldots,\ t_{m-1},\ t_m = T$) de $[0, T]$, on voit que la somme des « crochets » est égale à

$$-f(0^+) - \sum_{i=1}^{m-1} \left(s_{t_i}(f)\, e^{-in\omega t_i}\right) + f(T^-)$$

où $s_{t_i}(f) = f(t_i^+) - f(t_i^-)$ désigne le saut de f en t_i. Comme f est T-périodique, on a de plus $f(T^-) - f(0^+) = f(0^-) - f(0^+) = -s_0(f)$. On obtient :

$$\forall n \in \mathbb{Z} \quad c_n(f') = in\omega\, c_n(f) - \frac{1}{T}\sum_{i=0}^{m-1} s_{t_i}(f) e^{-in\omega t_i} \tag{VII.31}$$

On a bien sûr des formules analogues reliant les $a_n(f')$ aux $b_n(f)$ et les $b_n(f')$ aux $a_n(f)$:

$$a_n(f') \;=\; n\omega b_n(f) - \frac{2}{T}\sum_{i=0}^{m-1} s_{t_i}(f)\cos(n\omega t_i) \tag{VII.32}$$

$$b_n(f') \;=\; -n\omega a_n(f) - \frac{2}{T}\sum_{i=0}^{m-1} s_{t_i}(f)\sin(n\omega t_i) \tag{VII.33}$$

Quant à la valeur moyenne de f', d'après (VII.31), elle vaut

$$\frac{a_0(f')}{2} = c_0(f') = -\frac{1}{T}\sum_{i=0}^{m-1} s_{t_i}(f) \tag{VII.34}$$

Remarque. En pratique, dans (VII.31), on ne tient compte que des t_i qui sont effectivement des points de discontinuité de f. Pour f de classe $\mathcal{C}^1_m$, f' est définie presque-partout et admet un prolongement continu par morceaux. Certains t_i peuvent être des points de discontinuité de f' sans l'être de f, et le saut de f en un tel point est évidemment nul. On utilise donc la formule (VII.31) en notant t_0, t_1, …, t_{m-1} les discontinuités de f appartenant à un intervalle-période $[a, a+T[$ (attention : ne pas compter une discontinuité deux fois ; on ne fera pas cette erreur si l'on se souvient qu'un intervalle-période est fermé d'un côté et ouvert de l'autre).

Exemple. Si on dérive formellement terme à terme le développement en série de Fourier du signal rectangulaire périodique représenté à la figure VII.2, on obtient un résultat absurde.

En effet, la dérivée de f (définie presque-partout) est la fonction nulle, dont le développement en série de Fourier est $Sf'(t) = 0$. Or, la dérivée terme à terme de $Sf(t) = \frac{4}{\pi}\sum_{p=0}^{+\infty}\frac{\sin((2p+1)t)}{2p+1}$ est $\frac{4}{\pi}\sum_{p=0}^{+\infty}\cos\big((2p+1)t\big)$, qui non seulement n'est pas la série nulle, mais est même une série grossièrement divergente pour la plupart des valeurs de t (le terme général ne tend pas vers 0). Cet exemple montre, s'il en était besoin, que la vérification des hypothèses du théorème 2.3 ne doit pas être négligée.
Il est évidemment possible de retrouver le développement en série de Fourier de $f' = 0$ en utilisant les formules (VII.32), (VII.33) et (VII.34). C'est ce qui est fait à l'exercice VII.6.

2.6 Rapidité de décroissance des coefficients de Fourier

Il est en pratique avantageux de disposer, quand c'est possible, de coefficients de Fourier tendant vers 0 suffisamment vite. En effet, dans un tel cas, l'analyse de Fourier du signal en est facilitée, car le calcul numérique (par l'algorithme *Transformée de Fourier Rapide*, voir l'exercice VII.17) d'un nombre raisonnable de coefficients de Fourier suffit à fournir une approximation acceptable.

Nous avons vu au chapitre IV que plus une fonction intégrable sur $\mathbb{R}$ est régulière, plus vite sa transformée de Fourier converge vers 0 à l'infini. C'est également vrai pour $f \in L^1_T$: nous allons supposer f de plus en plus régulière et vérifier que la rapidité de convergence des coefficients de Fourier de f augmente.

1. Si $f \in L^1_T$ (*i.e.* qu'on suppose seulement l'existence des coefficients de Fourier, on ne suppose aucune régularité sur f), le lemme de Riemann-Lebesgue affirme que

$$\lim_{n\to\pm\infty} c_n(f) = 0$$

   On a bien sûr aussi :

$$\lim_{n\to+\infty} a_n(f) = 0 \quad \text{et} \quad \lim_{n\to+\infty} b_n(f) = 0$$

   Plus généralement, toutes les propriétés énoncées dans ce paragraphe pour les $c_n(f)$ sont aussi vraies pour les $a_n(f)$ et les $b_n(f)$.

   On a donc, lorsque n tend vers l'infini[6] :

$$\forall f \in L^1_T \quad c_n(f) = o(1) \tag{VII.35}$$

2. Si $f \in L^2_T \subset L^1_T$, on peut préciser un peu la rapidité de convergence des coefficients de Fourier, même si f n'a aucune propriété de régularité. En effet, dans un tel cas, la série de terme général $|c_n(f)|^2$ est convergente d'après l'égalité de Parseval. Par exemple, on ne peut pas avoir $|c_n(f)| \sim C/\sqrt{|n|}$ car la série de terme général $1/|n|$ diverge.

3. Si f est continue sur $\mathbb{R}$ et $\mathcal{C}^1_m$, d'après (VII.26) on a $c_n(f') = in\omega c_n(f)$, donc, pour $n \neq 0$, $|c_n(f)| = \frac{|c_n(f')|}{\omega|n|}$. Or f' est continue par morceaux, donc est élément de L^1_T. Par conséquent $c_n(f')$ tend vers 0 à l'infini. On a donc

$$f \in \mathcal{C}^0(\mathbb{R}) \cap \mathcal{C}^1_m \implies c_n(f) = o(1/|n|) \tag{VII.36}$$

6. Rappelons que l'on écrit $u_n = o(v_n)$ (ce qui se lit « u_n est négligeable devant v_n à l'infini ») lorsque le quotient u_n/v_n (s'il est défini) converge vers 0 quand n tend vers l'infini, donc dire que $c_n(f) = o(1)$ est équivalent à dire que $c_n(f)$ converge vers 0.

4. Si f est $\mathcal{C}^1$ sur $\mathbb{R}$ et si f' est $\mathcal{C}^1_m$, alors ce qui précède s'applique à f'. On a donc $c_n(f') = \circ(1/|n|)$. De $|c_n(f)| = \frac{|c_n(f')|}{\omega|n|}$, on déduit que $c_n(f) = \circ(1/n^2)$.

$$f \in \mathcal{C}^1(\mathbb{R}) \text{ et } f' \in \mathcal{C}^1_m \implies c_n(f) = \circ(1/n^2) \qquad \text{(VII.37)}$$

La proposition suivante généralise ce que nous venons de voir.

Proposition 2.3 *Soit $k \in \mathbb{N}^*$ et soit f une fonction T-périodique telle que*
- *f est de classe $\mathcal{C}^{k-1}$ sur $\mathbb{R}$;*
- *$f^{(k-1)}$ est $\mathcal{C}^1_m$.*

Alors on a, pour n tendant vers $\pm\infty$

$$c_n(f) = \circ(1/|n|^k) \qquad \text{(VII.38)}$$

Preuve. (VII.36) et (VII.37) montrent que cette propriété est vraie pour $k = 1$ et pour $k = 2$. Il suffit de faire un raisonnement par récurrence généralisant le cas $k = 2$.
On suppose la propriété vraie pour $k \geq 1$, et on considère une fonction f de classe $\mathcal{C}^k$ telle que $f^{(k)}$ soit $\mathcal{C}^1_m$. La fonction f' est de classe $\mathcal{C}^{k-1}$ et sa dérivée d'ordre $k-1$ (qui est $f^{(k)}$) est $\mathcal{C}^1_m$, donc $c_n(f') = \circ(1/|n|^k)$ par hypothèse de récurrence. Comme $|c_n(f)| = \frac{|c_n(f')|}{\omega|n|}$, on a $c_n(f) = \circ(1/|n|^{k+1})$, ce qui termine la récurrence.

□

Remarques.

1. Sous les hypothèses de la proposition 2.3, en appliquant k fois la formule (VII.26), on obtient :
$$c_n(f^{(k)}) = (in\omega)^k c_n(f) \qquad \text{(VII.39)}$$
C'est une autre façon de retrouver le résultat de la proposition 2.3, puisque d'après le lemme de Riemann-Lebesgue, $c_n(f^{(k)})$ tend vers 0 quand n tend vers $\pm\infty$.
2. Notons que les hypothèses de la proposition 2.3 sont réalisées notamment lorsque f est de classe $\mathcal{C}^k$ sur $\mathbb{R}$. Bien qu'il soit tentant de retenir le résultat sous l'unique hypothèse « f de classe $\mathcal{C}^k$ », il faut noter qu'il peut être utile en pratique d'avoir la possibilité de l'utiliser avec les hypothèses plus faibles données dans la proposition 2.3 (voir l'exemple ci-dessous).

Exemple. Le signal « triangulaire périodique » représenté à la figure VII.4 n'est pas de classe $\mathcal{C}^1$ (présence de « points anguleux ») mais il est continu et $\mathcal{C}^1_m$, donc les coefficients de Fourier de cette fonction paire doivent vérifier $a_n(f) = \circ(1/n)$. C'est bien le cas, car $|a_{2p+1}(f)| = \frac{4}{\pi}\frac{1}{(2p+1)^2} = \circ(1/p)$ et $a_{2p}(f) = 0$.
Ici, on a en fait [7] $a_n(f) = \mathcal{O}(1/n^2)$, ce qui précise l'information $a_n(f) = \circ(1/n)$. Nous verrons à l'exercice VII.7 qu'il est possible « dans les bons cas » d'obtenir cette information « en $\mathcal{O}$ plutôt qu'en $\circ$ », grâce à la formule (VII.31).

Le cas le plus favorable est celui d'une fonction f de classe $\mathcal{C}^\infty$. On a alors $c_n(f) = \circ(1/|n|^k)$ pour toute valeur de k, ce qui signifie que les coefficients de Fourier sont *à décroissance rapide.*

Corollaire 2.3 *Si f est T-périodique et de classe $\mathcal{C}^\infty$ sur $\mathbb{R}$, alors les coefficients de Fourier de f sont à décroissance rapide, i.e. on a (VII.38) pour tout $k \in \mathbb{N}$.*

Exemple. Considérons $f : t \mapsto \frac{1}{3+\cos t}$. C'est une fonction paire et 2π-périodique, de classe $\mathcal{C}^\infty$ sur $\mathbb{R}$ (le dénominateur est de classe $\mathcal{C}^\infty$ et ne s'annule pas car $2 \leq 3 + \cos t \leq 4$). Avant tout calcul, on peut affirmer que les coefficients de Fourier $a_n(f)$ sont à décroissance rapide.

7. Rappelons que l'on écrit $u_n = \mathcal{O}(v_n)$ lorsqu'il existe une constante $C > 0$ telle que $|u_n| \leq C\,|v_n|$ pour n assez grand. On dit alors que « $|u_n|$ est dominé par $|v_n|$ à l'infini ». Ici, on a $|a_n(f)| \leq C/n^2$ avec $C = \frac{4}{\pi}$.

3 Développements en série trigonométrique de fonctions non périodiques

3.1 Développement en série trigonométrique sur un intervalle borné

Considérons $f \in L^2([a,b])$. Puisque l'intervalle $[a,b]$ est *borné*, rien ne nous empêche de prolonger f par périodicité sur $\mathbb{R}$ en une fonction $\tilde{f}$ de période $T = b - a$ (voir la première représentation graphique de la figure VII.5, où l'on a représenté la fonction $\tilde{f}$ correspondant à $f : x \mapsto e^{-x}$ pour $[a,b] = [0,1]$). On peut développer $\tilde{f}$ en série de Fourier et restreindre le résultat à $[a,b]$. On obtient un développement de f en série trigonométrique valable sur $[a,b]$ qui converge en moyenne quadratique vers f (et ponctuellement vers la régularisée de f si $\tilde{f}$ vérifie les hypothèses du théorème de Dirichlet ou de Jordan). On peut écrire ce développement

- soit en série de $e^{in\frac{2\pi}{b-a}t}$,
- soit en série de $\cos\left(n\frac{2\pi}{b-a}t\right)$ et $\sin\left(n\frac{2\pi}{b-a}t\right)$.

Si $\tilde{f}$ est continue et $\mathcal{C}^1_m$, alors pour tout $t \in [a,b]$ on a

$$f(t) = \sum_{n=-\infty}^{+\infty} c_n(\tilde{f}) e^{in\frac{2\pi}{b-a}t} \quad \text{(VII.40)}$$

$$= \frac{a_0(\tilde{f})}{2} + \sum_{n=1}^{+\infty} a_n(\tilde{f}) \cos\left(n\frac{2\pi}{b-a}t\right) + b_n(\tilde{f}) \sin\left(n\frac{2\pi}{b-a}t\right) \quad \text{(VII.41)}$$

3.2 Développement en cosinus sur un intervalle $[0,a]$

Considérons un autre cas, plus particulier. Soit $f \in L^2([0,a])$. Comme on vient de le voir, on peut développer f en série trigonométrique de pulsation fondamentale $\frac{2\pi}{a}$, *i.e.* en série de $e^{in\frac{2\pi}{a}t}$ ou en série de $\cos\left(n\frac{2\pi}{a}t\right)$ et $\sin\left(n\frac{2\pi}{a}t\right)$. Mais on peut aussi prolonger d'abord f sur $[-a,0[$ de telle manière que la fonction obtenue soit *paire*, puis prolonger cette fonction sur $\mathbb{R}$ en une fonction $\tilde{f}_P$ de période $2a$ (voir la deuxième représentation graphique de la figure VII.5). Le développement en série de Fourier de $\tilde{f}_P$ ne comporte que des cosinus de pulsation fondamentale $\frac{2\pi}{2a} = \frac{\pi}{a}$. Si on restreint le résultat à $[0,a]$, alors on obtient un développement trigonométrique de f en série de $\cos\left(n\frac{\pi}{a}t\right)$:

$$f(t) = \frac{a_0(\tilde{f}_P)}{2} + \sum_{n=1}^{+\infty} a_n(\tilde{f}_P) \cos\left(n\frac{\pi}{a}t\right) \quad (t \in [0,a]) \quad \text{(VII.42)}$$

Exemple. La fonction f définie sur $[0,\pi]$ par $f(t) = t$ est telle que $\tilde{f}_P(t)$ est le signal représenté à la figure VII.4. On a donc

$$\forall t \in [0,\pi] \quad t = \frac{\pi}{2} - \frac{4}{\pi} \sum_{p=0}^{+\infty} \frac{\cos((2p+1)t)}{(2p+1)^2}$$

3.3 Développement en sinus sur un intervalle $[0,a]$

Considérons de nouveau $f \in L^2([0,a])$. On peut prolonger f d'abord sur $[-a,0[$ de façon à obtenir une fonction *impaire* (quitte à poser $f(0) = 0$), puis la prolonger sur $\mathbb{R}$ en une fonction de période $2a$, notée $\tilde{f}_I$ (voir la troisième représentation graphique de la figure VII.5). En développant $\tilde{f}_I$ en série de Fourier, on obtient un développement de f en série de $\sin\left(n\frac{\pi}{a}t\right)$.

$$f(t) = \sum_{n=1}^{+\infty} b_n(\tilde{f}_I) \sin\left(n\frac{\pi}{a}t\right) \quad (t \in [0,a]) \quad \text{(VII.43)}$$

Exemple. On a représenté sur la figure VII.5 les trois prolongements périodiques $\tilde{f}$, $\tilde{f}_P$, $\tilde{f}_I$ de la fonction f définie sur $[0,1]$ par $f(x) = e^{-x}$. On peut donc

- développer e^{-x} sur $[0,1]$ en série de $e^{in2\pi x}$ (ou de $\cos(n2\pi x)$ et $\sin(n2\pi x)$) ;
- développer e^{-x} sur $[0,1]$ en série de $\cos(n\pi x)$;
- développer e^{-x} sur $[0,1]$ en série de $\sin(n\pi x)$.

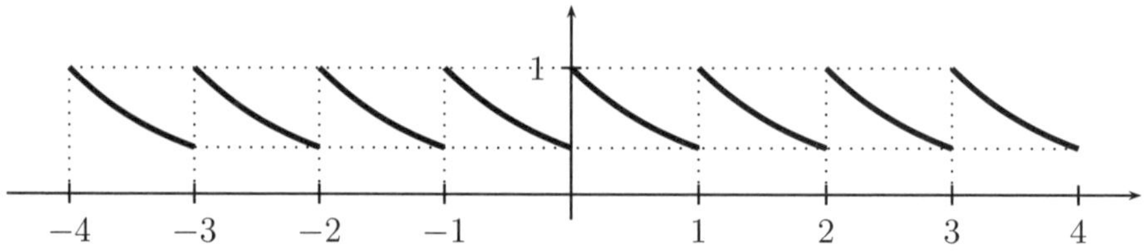

La fonction $\tilde{f}$, de période 1

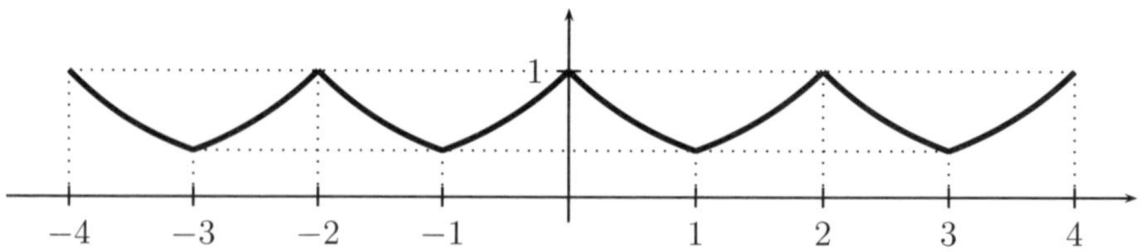

La fonction $\tilde{f}_P$, paire et de période 2

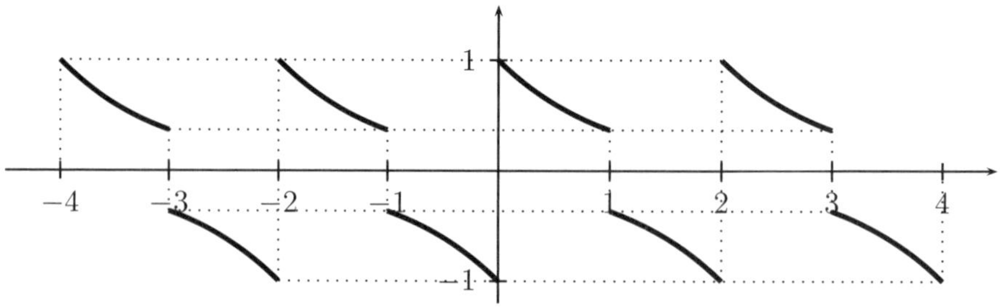

La fonction $\tilde{f}_I$, impaire et de période 2

FIGURE VII.5 – *Trois façons de prolonger par périodicité une fonction f définie sur* $[0,1]$

Remarques.

1. Ainsi, pour des intervalles *bornés*, il existe des familles orthogonales totales composées de fonctions trigonométriques. Ces possibilités de développement s'ajoutent à celles que nous avons vues dans le chapitre VI, où nous avons notamment étudié les développements en série de *polynômes* orthogonaux.

2. Si f est définie sur un intervalle non borné, il n'est plus possible de procéder comme nous l'avons fait. Rappelons toutefois que dans le cas où f est définie sur $\mathbb{R}$, on peut encore, sous réserve que f et $\widehat{f}$ soient intégrables sur $\mathbb{R}$, la représenter comme une *superposition* de fonctions trigonométriques $e^{i2\pi\nu t}$. En effet, la formule d'inversion de Fourier nous donne dans un tel cas :

$$f(t) = \int_{\mathbb{R}} \widehat{f}(\nu) e^{i2\pi\nu t} d\nu$$

Autrement dit, lorsque f ne peut être prolongée en une fonction périodique, on ne peut pas la représenter par une superposition *discrète* de fonctions trigonométriques mais on peut encore la représenter comme une superposition *continue* de telles fonctions.

4 Développement en série de Fourier des distributions périodiques

La théorie des distributions permet d'exhiber un lien intéressant entre la transformation de Fourier et les développements en série de Fourier.

4.1 Transformée de Fourier d'une distribution périodique

Théorème 4.1 *Soit u une distribution périodique de période T. La distribution u est tempérée. De plus, il existe une unique suite $(c_n)_{n\in\mathbb{Z}}$ de nombres complexes telle que*

$$\widehat{u} = \sum_{n=-\infty}^{+\infty} c_n \, \delta_{\frac{n}{T}} \tag{VII.44}$$

Les nombres complexes c_n sont appelés ***coefficients de Fourier*** *de u.*

Interprétation physique. La formule (VII.44) exprime qu'une distribution T-périodique a un « spectre de raies », les raies étant espacées de la fréquence fondamentale $\frac{1}{T}$.

Preuve. La démonstration générale est difficile, mais nous allons tout de même démontrer ce théorème dans le cas particulier où u est une distribution régulière associée à une fonction $f \in L^1_T$ et vérifier que l'on retrouve les coefficients de Fourier de f au sens usuel.
Soit f_0 la fonction définie par $f_0(t) = f(t)\mathbf{1}_{[0,T]}(t)$. Autrement dit, f_0 est un « motif élémentaire » permettant de reconstruire la fonction périodique f. On a :

$$f = \sum_{n\in\mathbb{Z}} \tau_{nT} f_0 = f_0 * Ш_T$$

En effet, le résultat démontré à l'exercice V.3 s'applique à la distribution associée à f_0, car elle est à support borné. Nous en déduisons :

$$\begin{aligned} \widehat{f} = \widehat{f_0}\, \widehat{Ш_T} &= \widehat{f_0}\, \frac{1}{T} Ш_{\frac{1}{T}} \\ &= \sum_{-\infty}^{+\infty} \frac{1}{T} \widehat{f_0}\left(\frac{n}{T}\right) \delta_{\frac{n}{T}} \end{aligned}$$

$\widehat{f}$ est bien de la forme indiquée à la formule (VII.44) où les c_n ne sont autres que les coefficients de Fourier de $f \in L^1_T$ au sens usuel :

$$c_n = \frac{1}{T}\widehat{f_0}\left(\frac{n}{T}\right) = \frac{1}{T}\int_{-\infty}^{+\infty} f_0(x)\, e^{-2i\pi\frac{n}{T}x}\, dt = \frac{1}{T}\int_0^T f(x)\, e^{-2i\pi\frac{n}{T}x}\, dt$$

□

Exemple. Puisque $\widehat{Ш_1} = Ш_1$, on a

$$\widehat{Ш_1} = \sum_{n=-\infty}^{+\infty} \delta_n$$

Par unicité, les coefficients de Fourier de $Ш_1$ valent donc $c_n = 1$ pour tout $n \in \mathbb{Z}$.

4.2 Développement en série de Fourier d'une distribution périodique

Théorème 4.2 *Soit u une distribution de période T. On a*

$$u = \sum_{n=-\infty}^{+\infty} c_n e^{2i\pi \frac{n}{T} t} \tag{VII.45}$$

où les c_n sont les coefficients de Fourier de u.

Dans le second membre de (VII.45), $e^{2i\pi \frac{n}{T} t}$ représente la distribution régulière associée à la fonction $t \mapsto e^{2i\pi \frac{n}{T} t}$ (c'est l'abus de notation habituel).

Preuve. C'est une conséquence du théorème 4.1. En effet, on a $\widehat{u} = \sum_{-\infty}^{+\infty} c_n \, \delta_{\frac{n}{T}}$. Comme $\mathcal{F}^{-1}\left(\delta_{\frac{n}{T}}\right) = e^{2i\pi \frac{n}{T} t}$, on obtient (VII.45) par transformation de Fourier inverse dans $\mathcal{S}'$. Notons que ce raisonnement utilise la continuité de l'opérateur $\mathcal{F}^{-1}$ sur $\mathcal{S}'$ car on a « fait passer » $\mathcal{F}^{-1}$ sous une somme infinie.

□

Le théorème 4.2 signifie que **toute distribution périodique est développable en série de Fourier.**

Exemple. Puisque les coefficients de Fourier du peigne de Dirac de période 1 valent tous 1, le développement en série de Fourier de Ш_1 s'écrit

$$\text{Ш}_1 = \sum_{n=-\infty}^{+\infty} e^{2i\pi n \nu} \tag{VII.46}$$

Autrement dit on a l'égalité suivante dans $\mathcal{S}'$:

$$\sum_{n=-\infty}^{+\infty} \delta_n = \sum_{n=-\infty}^{+\infty} e^{2i\pi n \nu} \tag{VII.47}$$

Remarques.

1. Dans (VII.45), la convergence de la série de Fourier vers u est bien sûr à prendre au sens des distributions. Si $u \in L^1_T$, cela ne résout pas le problème de la convergence ponctuelle, qui est fausse en général, et qui demande des hypothèses plus fortes sur u (par exemple les hypothèses de Dirichlet ou de Jordan). Contrairement à ce que l'on peut raisonnablement penser, on n'a pas non plus nécessairement dans un tel cas la convergence de la série de Fourier au sens de L^1_T : il existe $f \in L^1_T$ telle que $\|f^\star_N - f\|_{L^1_T} = \int_0^T |f^\star_N(t) - f(t)| \, dt$ ne tende pas vers 0 quand N tend vers l'infini. Par contre, si $u \in L^2_T$, on sait que la série de Fourier de u converge vers u dans L^2_T (convergence en moyenne quadratique).

2. Les coefficients de Fourier d'une fonction intégrable sur un intervalle-période tendent vers 0 quand n tend vers l'infini (lemme de Riemann-Lebesgue). C'est faux pour une distribution. Par exemple, les coefficients de Fourier du peigne de Dirac de période 1 valent tous 1. Cela montre que la série de Fourier d'une distribution est en général divergente au sens usuel puisque le terme général ne tend pas vers 0.

4.3 Dérivation d'une série de Fourier au sens des distributions

On sait qu'on peut dériver terme à terme une série de distributions *au sens des distributions*. Si on applique cela au développement en série de Fourier d'une distribution périodique, on obtient le résultat suivant.

Théorème 4.3 *Soit u une distribution T-périodique dont le développement en série de Fourier est*

$$u = \sum_{n=-\infty}^{+\infty} c_n e^{2i\pi \frac{n}{T} t}$$

Le développement en série de Fourier de la distribution u' est

$$u' = \sum_{n=-\infty}^{+\infty} 2i\pi \frac{n}{T} c_n e^{2i\pi \frac{n}{T} t} \tag{VII.48}$$

Exemple. Considérons le signal rectangulaire périodique de la figure VII.2, dont le développement en série de Fourier est

$$Sf(t) = \frac{4}{\pi} \sum_{p=0}^{+\infty} \frac{\sin\big((2p+1)t\big)}{2p+1}$$

Comme on l'a vu au paragraphe 2.5, la dérivée terme à terme de cette série ne donne pas le développement en série de Fourier de la dérivée usuelle de f, qui est la fonction nulle. Par contre, le théorème 4.3 affirme que cette dérivée terme à terme donne le développement en série de Fourier de la dérivée de f au sens des distributions. C'est cohérent : ici la dérivée au sens des distributions ne coïncide pas avec la dérivée usuelle car f n'est pas continue, et on a vu que c'est l'existence de points de discontinuité pour f qui empêche $\frac{4}{\pi}\sum_{p=0}^{+\infty} \cos\big((2p+1)t\big)$ d'être le développement en série de Fourier de la dérivée usuelle f'.
Puisque f est $\mathcal{C}^1_m$, la formule des sauts nous donne l'égalité

$$(T_f)' = T_{f'} + \sum_{k\in\mathbb{Z}} (-1)^k 2\, \delta_{k\pi}$$

avec $T_{f'} = 0$. Le théorème 4.3 nous fournit donc l'égalité suivante entre distributions :

$$\sum_{k\in\mathbb{Z}} (-1)^k\, \delta_{k\pi} = \frac{2}{\pi} \sum_{p=0}^{+\infty} \cos\big((2p+1)t\big)$$

Le second membre de cette égalité est le développement en série de Fourier de la distribution 2π-périodique $\sum_{k\in\mathbb{Z}} (-1)^k\, \delta_{k\pi}$. Il ne converge qu'au sens des distributions car ses coefficients de Fourier $a_{2p+1} = \frac{2}{\pi}$ ne tendent pas vers 0.

Le lecteur trouvera d'autres exemples aux exercices VII.13 et VII.14, dont le développement en série de Fourier et la transformée de Fourier d'une distribution périodique non encore rencontrée, dite *pseudo-fonction cotangente.*

5 Exercices corrigés

Exercice VII.1 ***Développement en série de Fourier du signal périodique « en dents de scie ».*** *Soit f la fonction de période 2π définie par*

$$\forall t \in [0, 2\pi[\quad f(t) = \pi - t$$

1. *Représenter f graphiquement, et déterminer son développement en série de Fourier. Justifier que la série de Fourier de f converge vers f en moyenne quadratique. Représenter graphiquement la m.a.m.q. d'ordre 6.*
2. *Étudier la convergence ponctuelle de la série de Fourier de f.*
3. *Calculer*

$$\sum_{p=0}^{+\infty} \frac{(-1)^p}{2p+1}, \quad \sum_{n=1}^{+\infty} \frac{1}{n^2}$$

Que dire du calcul approché de π en utilisant ces formules ?

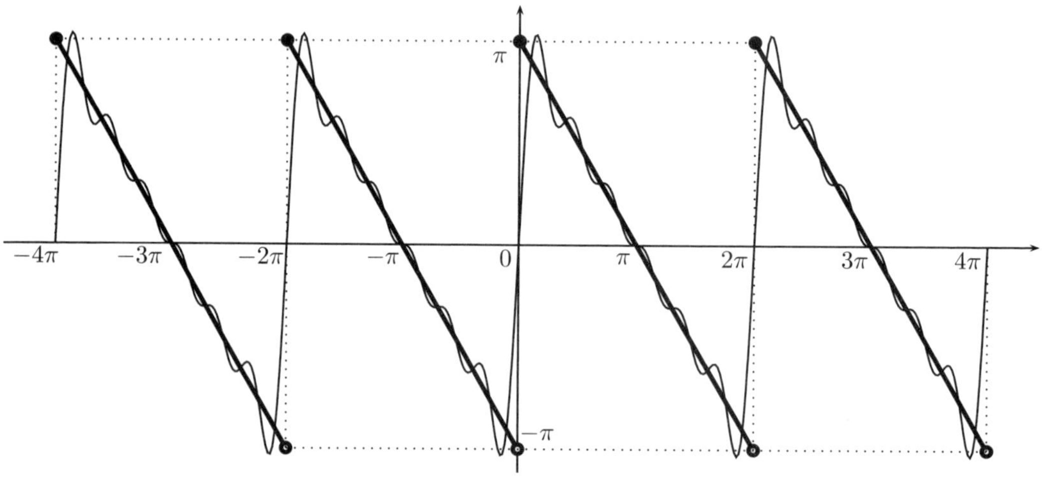

FIGURE VII.6 – *Signal périodique « en dents de scie » et sa m.a.m.q. d'ordre 6*

Solution.

1. Voir la figure VII.6 pour le graphe de f.

   On a $\omega = 1$. La fonction f est presque-partout égale à une fonction impaire (sa régularisée est impaire), donc $a_n(f) = 0$ pour tout $n \in \mathbb{N}$, et pour $n \in \mathbb{N}^*$, on a

$$\begin{aligned} b_n(f) = \frac{1}{\pi}\int_{-\pi}^{\pi} f(t)\sin(nt)\,dt &= \frac{2}{\pi}\int_0^{\pi} f(t)\sin(nt)\,dt \\ &= \frac{2}{\pi}\int_0^{\pi} (\pi - t)\sin(nt)\,dt \\ &= \frac{2}{\pi}\left(\left[-(\pi - t)\frac{\cos(nt)}{n}\right]_0^{\pi} - \int_0^{\pi} \frac{\cos(nt)}{n}\,dt\right) \\ &= \frac{2}{\pi}\left(\frac{\pi}{n} - \frac{1}{n^2}\big[\sin(nt)\big]_0^{\pi}\right) = \frac{2}{n} \end{aligned}$$

   Remarquons qu'il est normal de trouver des coefficients de Fourier « en $1/n$ », car f est $\mathcal{C}^1_m$ mais non continue (voir l'exercice VII.7 pour comprendre cette remarque).

Comme f est continue par morceaux et 2π-périodique, on a $f \in L^2_{2\pi}$, donc la série de Fourier de f converge en moyenne quadratique vers f, *i.e.* $\|f^\star_N - f\|$ tend vers 0 quand N tend vers l'infini, où

$$f^\star_N(t) = \sum_{n=1}^{N} \frac{2}{n} \sin(nt)$$

Pour le tracé du graphe de

$$t \mapsto f^\star_6(t) = 2\sin t + \sin(2t) + \frac{2}{3}\sin(3t) + \frac{1}{2}\sin(4t) + \frac{2}{5}\sin(5t) + \frac{1}{3}\sin(6t)$$

il est utile de s'aider d'un logiciel de calcul. Voir la figure VII.6.

2. La fonction f est continue par morceaux, et le graphe de f admet manifestement en tout point une tangente (ou des demi-tangentes en $2k\pi$) de pente finie (de pente -1 en fait). Le théorème de Dirichlet s'applique donc en tout $t \in \mathbb{R}$. On conclue qu'en tout t où f est continue, *i.e.* tel que $t \neq k2\pi$ pour tout $k \in \mathbb{Z}$, la série de Fourier de f converge vers $f(t)$:

$$\forall t \notin \{k2\pi\,;\, k \in \mathbb{Z}\} \quad f(t) = \sum_{n=1}^{+\infty} \frac{2}{n}\sin(nt) \qquad \text{(VII.49)}$$

En $t = k2\pi$, où f présente une discontinuité de première espèce, le théorème de Dirichlet affirme que la série de Fourier de f converge vers $\frac{1}{2}\big(f(k2\pi^-) + f(k2\pi^+)\big) = \frac{1}{2}(-\pi+\pi) = 0$, ce qu'on peut vérifier ici directement puisque $Sf(2k\pi) = \sum_{n=1}^{+\infty} \frac{2}{n}\sin(n2k\pi) = 0$. On a donc $f(k2\pi) = \pi \neq Sf(k2\pi)$, ce qui est normal puisque la série de Fourier de f converge en fait vers la régularisée de f.

Notons également que, sur la figure VII.6, on voit se manifester le phénomène de Gibbs au voisinage des points de discontinuité $2k\pi$.

3. La série de terme général $\frac{(-1)^p}{2p+1}$ n'est pas absolument convergente, mais elle est convergente en vertu du critère des séries alternées : la valeur absolue du terme général $\frac{1}{2p+1}$ tend vers 0 en décroissant quand p tend vers $+\infty$. Pour calculer la valeur de la somme de cette série, on voit qu'on peut utiliser(VII.49) en $t = \frac{\pi}{2}$, car $\sin\left(n\frac{\pi}{2}\right)$ vaut 0 si $n = 2p$ et vaut $(-1)^p$ si $n = 2p+1$. On a donc $f\left(\frac{\pi}{2}\right) = \frac{\pi}{2} = 2\sum_{p=0}^{+\infty} \frac{(-1)^p}{2p+1}$, *i.e.*

$$\sum_{p=0}^{+\infty} \frac{(-1)^p}{2p+1} = \frac{\pi}{4} \qquad \text{(VII.50)}$$

Il est théoriquement possible de calculer une valeur approchée de π à l'aide de cette formule :

$$\pi \approx 4\sum_{p=0}^{N} \frac{(-1)^p}{2p+1} \qquad \text{(VII.51)}$$

Mais la convergence de cette série est si lente qu'il faudrait choisir N très grand pour obtenir quelques décimales correctes. Plus précisément, on sait que pour une série relevant du critère des séries alternées, le reste est majoré en valeur absolue par le premier terme négligé, soit, ici : $\left|\sum_{p=N+1}^{+\infty} \frac{(-1)^p}{2p+1}\right| \leq \frac{1}{2N+3}$. Si par exemple on souhaite avoir la garantie que l'erreur commise dans le calcul de π en utilisant (VII.51) ne dépasse pas 10^{-3} (ce qui n'est pas très exigeant), on choisira le plus petit N tel que $\frac{1}{2N+3} \leq 10^{-3}$, *i.e.* $N = 499$, ce qui revient à calculer exactement 500 termes successifs de la suite de terme général $\frac{(-1)^p}{2p+1}$.

Comme $|b_n(f)|^2 = \frac{4}{n^2}$, il est clair que l'égalité de Parseval donnc la valeur de $\zeta(2) = \sum_{n=1}^{+\infty} \frac{1}{n^2}$. La puissance moyenne de f vaut $\frac{1}{2\pi}\int_0^{2\pi} |f(t)|^2\,dt = \frac{1}{2\pi}\int_0^{2\pi} (\pi - t)^2\,dt = \frac{\pi^2}{3}$, et elle est égale à $\frac{1}{2}\sum_{n=1}^{+\infty} |b_n(f)|^2 = 2\zeta(2)$, d'où $\zeta(2) = \frac{\pi^2}{6}$. On a retrouvé (VII.20).
La convergence de la série de terme général $\frac{1}{n^2}$ est un peu plus rapide que la précédente, mais encore trop lente pour espérer calculer π efficacement à l'aide de cette formule.

Exercice VII.2 *Soit s un nombre complexe tel que $\Re s > 1$. Démontrer que si l'on connaît l'une des sommes suivantes, on connaît aussi les deux autres :*

$$\zeta(s) = \sum_{n=1}^{+\infty} \frac{1}{n^s} \quad , \quad \sum_{n=1}^{+\infty} \frac{(-1)^n}{n^s} \quad , \quad \sum_{p=0}^{+\infty} \frac{1}{(2p+1)^s}$$

Calculer ces sommes pour $s = 4$ à l'aide du développement en série de Fourier de la fonction F représentée à la figure VII.4 page 196. Peut-on envisager le calcul approché de π à l'aide d'une de ces sommes. Si oui, comment contrôle-t-on l'erreur commise ?

Solution.
Si $\Re s > 1$, les trois séries convergent absolument. En effet, on a $n^{-s} = e^{-s\ln n} = e^{-\Re s \ln n} e^{-i\Im s \ln n}$, donc $\left|\frac{1}{n^s}\right| = e^{-\Re s \ln n} = \frac{1}{n^{\Re s}}$.
On a : $\zeta(s) = \sum_{p=0}^{+\infty} \frac{1}{(2p+1)^s} + \sum_{p=1}^{+\infty} \frac{1}{(2p)^s} = \sum_{p=0}^{+\infty} \frac{1}{(2p+1)^s} + \frac{1}{2^s}\zeta(s)$, donc

$$\sum_{p=0}^{+\infty} \frac{1}{(2p+1)^s} = \zeta(s)(1 - 2^{-s}) \tag{VII.52}$$

D'autre part $\sum_{n=1}^{+\infty} \frac{(-1)^n}{n^s} = -\sum_{p=0}^{+\infty} \frac{1}{(2p+1)^s} + \sum_{p=1}^{+\infty} \frac{1}{(2p)^s} = -\zeta(s)(1 - 2^{-s}) + 2^{-s}\zeta(s)$, donc

$$\sum_{n=1}^{+\infty} \frac{(-1)^n}{n^s} = \zeta(s)(2^{1-s} - 1) \tag{VII.53}$$

Le développement en série de Fourier de F est $\frac{\pi}{2} - \frac{4}{\pi}\sum_{p=0}^{+\infty} \frac{\cos((2p+1)t)}{(2p+1)^2}$. La formule de Parseval donne la somme $\sum_{p=0}^{+\infty} \frac{1}{(2p+1)^4}$. En tenant compte de F^2 paire et à valeurs réelles, elle s'écrit $\frac{1}{2\pi}\int_{-\pi}^{\pi} |F(t)|^2\,dt = \frac{1}{\pi}\int_0^{\pi} t^2\,dt = \frac{\pi^2}{4} + \frac{1}{2}\sum_{p=0}^{+\infty} \frac{16}{\pi^2}\frac{1}{(2p+1)^4}$, d'où l'on déduit successivement

$$\sum_{p=0}^{+\infty} \frac{1}{(2p+1)^4} = \frac{\pi^4}{96} \quad , \quad \sum_{n=1}^{+\infty} \frac{1}{n^4} = \frac{\pi^4}{96}\left(1 - 2^{-4}\right)^{-1} = \frac{\pi^4}{90} \quad , \quad \sum_{n=1}^{+\infty} \frac{(-1)^n}{n^4} = \frac{\pi^4}{90}\left(2^{-3} - 1\right) = -\frac{7\pi^4}{720}$$

Le calcul approché de π à l'aide de l'une de ces trois égalité est envisageable, la convergence de ces série étant relativement rapide (mais on peut trouver nettement mieux).
Si on utilise la somme partielle $\sum_{n=1}^{N} \frac{(-1)^n}{n^4}$, l'erreur commise dans le calcul de $-\frac{7\pi^4}{720}$ est en valeur absolue inférieure ou égale au premier terme négligé $\frac{1}{(N+1)^4}$. On peut par exemple obtenir une valeur approchée à 10^{-4} près pour $N + 1 \geq 10$, donc avec seulement 9 termes (mais, pour le calcul de π, il faudrait aussi tenir compte de l'erreur due au calcul de la racine quatrième de la valeur approchée de π^4 que l'on obtient ; on ne s'intéresse pas ici à cet aspect des choses, ni d'ailleurs aux problèmes d'instabilité numérique engendrés par une succession d'additions et de soustractions, inhérents à l'utilisation d'une série alternée).

Si on utilise une série non alternée (par exemple $\zeta(4) = \frac{\pi^4}{90}$), on peut également contrôler l'erreur commise en encadrant le reste de la série grâce au moyen classique de comparaison avec une intégrale (méthode applicable aux séries numériques de terme général $f(n)$, où f est positive et décroissante). Ici, on a l'encadrement $\int_{N+1}^{+\infty} \frac{dx}{x^4} < R_N = \sum_{n=N+1}^{+\infty} \frac{1}{n^4} < \int_N^{+\infty} \frac{dx}{x^4}$, *i.e.* $\frac{1}{3(N+1)^3} < R_N < \frac{1}{3N^3}$. Soit $S_N = \sum_{n=1}^{N} \frac{1}{n^4}$ la somme partielle d'indice N et $S = S_N + R_N$ la somme de la série, égale à $\frac{\pi^4}{90}$. On prend comme valeur approchée de S la valeur $a_N = S_N + \frac{1}{3(N+1)^3}$. C'est une valeur approchée par défaut de S à la précision $\frac{1}{3N^3} - \frac{1}{3(N+1)^3}$, car l'encadrement de R_N implique l'encadrement $S_N + \frac{1}{3(N+1)^3} < S < S_N + \frac{1}{3N^3}$, donc $0 < S - a_N < \frac{1}{3N^3} - \frac{1}{3(N+1)^3}$. Remarquons que le majorant $e_N = \frac{1}{3N^3} - \frac{1}{3(N+1)^3}$ de l'erreur vérifie $e_N = \frac{1}{3}\frac{3N^2+3N+1}{N^3(N+1)^3} = \frac{1}{N^4}\frac{1+1/N+1/3N^2}{1+3/N+3/N^2+1/N^3} < \frac{1}{N^4}$. Il en résulte que a_N est une valeur approchée à 10^{-4} près par défaut de $\frac{\pi^4}{90}$ pour $N \geq 10$. L'utilisation de cette série est presqu'aussi économique que celle de la série alternée, et la méthode a le mérite d'éviter le problème d'instabilité signalé plus haut.

Exercice VII.3 *Soit g la fonction paire et de période 2π définie par*

$$\forall t \in [0, \pi] \quad g(t) = t^2 - \pi^2$$

Représenter g graphiquement, et déterminer son développement en série de Fourier. Étudier l'égalité entre $g(t)$ et $Sg(t)$. Calculer $\sum_{n=1}^{+\infty} \frac{(-1)^n}{n^2}$, $\sum_{n=1}^{+\infty} \frac{1}{n^2}$ et $\sum_{n=1}^{+\infty} \frac{1}{n^4}$.

Indications. Les coefficients de Fourier de g s'obtiennent à l'aide de deux intégrations par parties. Notons que, grâce à la régularité de g (qui est continue, $\mathcal{C}_m^1$, de dérivée $\mathcal{C}_m^1$ mais non continue), on sait à l'avance qu'on doit obtenir des coefficients de Fourier en $\mathcal{O}(1/n^2)$ (cf. exercice VII.7), ce qui permet de repérer une erreur éventuelle. On trouve

$$g(t) = Sg(t) = -\frac{2\pi^2}{3} + 4\sum_{n=1}^{+\infty} \frac{(-1)^n}{n^2} \cos(nt)$$

Les deux premières sommes s'obtiennent en appliquant le théorème de Dirichlet en deux valeurs bien choisies, et la troisième s'obtient à l'aide de la formule de Parseval.

Exercice VII.4 *Soit h la fonction de période 2π définie par*

$$\forall t \in [-\pi, \pi[\quad h(t) = t - \frac{\pi}{2}$$

1. *Représenter h graphiquement dans un repère orthonormé direct $(O, \vec{i}, \vec{j})$, et déterminer son développement en série de Fourier en utilisant celui de la fonction f définie à l'exercice VII.1. Étudier la convergence ponctuelle de la série de Fourier de h.*
2. *Retrouver le développement en série de Fourier de la fonction g définie à l'exercice VII.3 à partir de celui de h. Étudier l'égalité entre $g(t)$ et $Sg(t)$.*

Solution.

1. Le graphe de h est « en dents de scie ». On le déduit de celui de la fonction f définie à l'exercice VII.1 à l'aide de trois transformations géométriques successives :
   - une translation de vecteur $\pi\vec{i}$, ce qui nous donne le graphe de la fonction $t \mapsto f(t - \pi)$;
   - puis une symétrie par rapport à l'axe $(O, \vec{i})$, ce qui nous donne le graphe de la fonction $t \mapsto -f(t - \pi)$;
   - puis une translation de vecteur $-\frac{\pi}{2}\vec{j}$, ce qui nous donne le graphe de la fonction $t \mapsto -f(t - \pi) - \frac{\pi}{2}$.

   On a donc la relation $h(t) = -f(t - \pi) - \frac{\pi}{2}$. Cette relation est valable aussi pour les séries de Fourier, donc

   $$Sh(t) = -Sf(t - \pi) - \frac{\pi}{2} = -\frac{\pi}{2} - \sum_{n=1}^{+\infty} \frac{2}{n} \sin\big(n(t - \pi)\big)$$

   Le développement en série de Fourier de h est donc

   $$Sh(t) = -\frac{\pi}{2} + 2\sum_{n=1}^{+\infty} \frac{(-1)^{n+1}}{n} \sin(nt)$$

   Autrement dit, $\frac{a_0}{2} = -\frac{\pi}{2}$, $a_n = 0$ si $n \geq 1$, $b_n = \frac{2(-1)^{n+1}}{n}$ pour $n \geq 1$. D'après le théorème de Dirichlet, on a $Sh(t) = h(t)$ pour tout t non égal à un multiple impair de π, et pour tout $k \in \mathbb{Z}$, $Sh\big((2k+1)\pi\big) = \frac{1}{2}\left(\frac{\pi}{2} - \frac{3\pi}{2}\right) = -\frac{\pi}{2}$.

2. La fonction g définie à l'exercice VII.3 vérifie $g(t) = t^2 - \pi^2$ sur l'intervalle-période $[-\pi, \pi[$. On a donc $g(t) = 2\int_{-\pi}^{t} x\,dx$ pour $t \in [-\pi, \pi[$. Considérons la fonction $u = h + \frac{\pi}{2}$, dont le développement en série de Fourier est $Su(t) = 2\sum_{n=1}^{+\infty} \frac{(-1)^{n+1}}{n} \sin(nt)$. On a $u(t) = t$ sur $[-\pi, \pi[$, donc on peut écrire $g(t) = 2\int_{-\pi}^{t} u(x)\,dx$ pour $t \in [-\pi, \pi[$. Ainsi g apparaît, à une constante multiplicative près, comme une primitive de u sur $[-\pi, \pi[$. Or, la valeur moyenne de u est nulle, donc ses primitives (sur chaque intervalle où u est continue) sont des fonctions 2π-périodiques. La fonction g et la fonction $t \mapsto 2\int_{-\pi}^{t} u(x)\,dx$ sont toutes deux 2π-périodiques, et elles coïncident sur l'intervalle-période $[-\pi, \pi[$, donc elles coïncident sur $\mathbb{R}$ en entier. Finalement, on a

$$\forall t \in \mathbb{R} \quad g(t) = 2\int_{-\pi}^{t} u(x)\,dx$$

D'après la proposition 2.1 (qui s'applique car u est continue par morceaux de valeur moyenne nulle), le développement en série de Fourier de g est donc

$$Sg(t) = 4\sum_{n=1}^{+\infty} \frac{(-1)^{n+1}}{n} \int_{-\pi}^{t} \sin(nx)\,dx = 4\sum_{n=1}^{+\infty} \frac{(-1)^n}{n^2} \cos(nt) - 4\sum_{n=1}^{+\infty} \frac{(-1)^n}{n^2} \cos(-n\pi)$$

La valeur moyenne de g est donc $-4\sum_{n=1}^{+\infty} \frac{(-1)^n}{n^2} \cos(-n\pi) = -4\sum_{n=1}^{+\infty} \frac{1}{n^2}$, *i.e.* $\frac{a_0(g)}{2} = -\frac{2\pi^2}{3}$. Il n'est toutefois pas nécessaire de connaître la valeur de $\zeta(2)$ pour calculer la valeur moyenne de g. Il suffit d'écrire que, par intégration terme à terme, le développement en série de Fourier de g est de la forme

$$Sg(t) = C + 4\sum_{n=1}^{+\infty} \frac{(-1)^n}{n^2} \cos(nt)$$

puis de calculer directement $C = \frac{a_0(g)}{2}$.
D'après le théorème de Dirichlet, on a $Sg(t) = g(t)$ pour tout réel t, car g est continue et $\mathcal{C}^1_m$.

Exercice VII.5 *Soit $\alpha \in \mathbb{R}^*$, et f la fonction de période 1 telle que $f(t) = e^{\alpha t}$ pour $t \in [0, 1]$.*

1. *Déterminer le développement en série de Fourier de f.*
2. *Les séries $\sum_{n=0}^{+\infty} c_n(f) e^{in\omega t}$ et $\sum_{n=-\infty}^{-1} c_n(f) e^{in\omega t}$ convergent-elles en tout point t ? Cela contredit-il le théorème de Dirichlet ?*
3. *Déduire du développement en série de Fourier de f la « décomposition en éléments simples » de* $\coth(\alpha/2) = \frac{\cosh(\alpha/2)}{\sinh(\alpha/2)}$ *et de* $\frac{1}{\sinh(\alpha/2)}$.
4. *Que donne ici l'égalité de Parseval ?*

Solution. La fonction f est représentée, pour $\alpha = -1$, à la figure VII.5 (première courbe).

1. La pulsation fondamentale est $\omega = \frac{2\pi}{1} = 2\pi$. La fonction f n'ayant aucune propriété de parité, il vaut mieux calculer les $c_n(f) = \int_0^1 e^{\alpha x} e^{-in2\pi x}\,dx$ plutôt que les $a_n(f)$ et les $b_n(f)$, d'autant plus que la forme exponentielle de f rend le calcul trivial. Comme $\alpha \in \mathbb{R}^*$, on a $\alpha - in2\pi \neq 0$ pour tout $n \in \mathbb{Z}$, d'où $c_n(f) = \left[\frac{e^{x(\alpha - in2\pi)}}{\alpha - in2\pi}\right]_0^1$, avec $e^{-in2\pi} = 1$. Finalement :

$$\forall n \in \mathbb{Z} \quad c_n(f) = \frac{e^\alpha - 1}{\alpha - in2\pi}$$

On a donc

$$Sf(t) = (e^\alpha - 1) \sum_{n=-\infty}^{+\infty} \frac{e^{in2\pi t}}{\alpha - in2\pi}$$

2. On remarque que si t est un **entier** relatif, $e^{in2\pi t} = 1$ pour tout $n \in \mathbb{Z}$. Or, la série $\sum_{n=0}^{+\infty} \frac{1}{\alpha - in2\pi}$ est divergente. En effet, son terme général s'écrit $\frac{\alpha + in2\pi}{\alpha^2 + 4n^2\pi^2}$, sa partie réelle est le terme général d'une série convergente, et sa partie imaginaire est le terme général d'une série divergente (la partie imaginaire est à termes positifs, et elle est équivalente à $\frac{1}{2\pi n}$ quand n tend vers $+\infty$). On démontrerait de même la divergence de la série $\sum_{n=-\infty}^{-1} \frac{1}{\alpha - in2\pi}$.
La fonction f est $\mathcal{C}^1_m$, donc, d'après la version globale du théorème de Dirichlet, sa série de Fourier converge en tout t vers $\frac{1}{2}\big(f(t^-) + f(t^+)\big)$. Cela signifie qu'en un **entier** t, point de discontinuité de f, on a $Sf(t) = \frac{1}{2}(e^\alpha + 1)$. La divergence des deux séries ne contredit pas ce résultat, car il ne faut pas oublier que $Sf(t) = \frac{1}{2}\big(f(t^-) + f(t^+)\big)$ signifie en fait $\lim_{N\to+\infty} \sum_{n=-N}^{N} c_n(f) e^{in2\pi t} = \frac{1}{2}\big(f(t^-) + f(t^+)\big)$: bien que les deux séries puissent diverger, la somme *symétrique* $\sum_{-N}^{N}$ converge.

3. Tenant compte de la valeur des $c_n(f)$, on déduit de $Sf(0) = \frac{1}{2}(e^\alpha + 1)$ l'égalité

$$\lim_{N\to+\infty} \sum_{n=-N}^{N} \frac{1}{\alpha - in2\pi} = \frac{1}{2} \frac{e^\alpha + 1}{e^\alpha - 1}$$

Or $\frac{e^\alpha + 1}{e^\alpha - 1} = \frac{e^{\alpha/2} + e^{-\alpha/2}}{e^{\alpha/2} - e^{-\alpha/2}} = \coth(\alpha/2)$, d'où :

$$\forall \alpha \in \mathbb{R}^* \qquad \coth(\alpha/2) = \lim_{N\to+\infty} \sum_{n=-N}^{N} \frac{2}{\alpha - in2\pi} \tag{VII.54}$$

C'est en quelque sorte une « décomposition en éléments simples » de la fonction $\alpha \mapsto \coth(\alpha/2)$ (qui n'est pas une fraction rationnelle, mais en tant que fonction d'une variable complexe, elle a effectivement une infinité de pôles simples [8] : les nombres $in2\pi$ pour $n \in \mathbb{Z}$).
Il est intéressant de noter que c'est l'utilisation du théorème de Dirichlet *en un point de discontinuité* de f qui nous a fourni la formule (VII.54).
Pour $t = 1/2$, la fonction f est continue, donc $Sf(1/2) = f(1/2) = e^{\alpha/2}$, et $\frac{e^{\alpha/2}}{e^\alpha - 1} = \frac{1}{2\sinh(\alpha/2)}$, d'où le développement :

$$\forall \alpha \in \mathbb{R}^* \qquad \frac{1}{\sinh(\alpha/2)} = \lim_{N\to+\infty} \sum_{n=-N}^{N} \frac{2(-1)^n}{\alpha - in2\pi} \tag{VII.55}$$

4. La fonction f est continue par morceaux, donc élément de L^2_T pour $T = 1$. On peut donc exploiter l'égalité de Parseval $\int_0^1 |f(t)|^2\,dt = \sum_{n=-\infty}^{+\infty} |c_n(f)|^2$.
Comme α est supposé réel, on a $|c_n(f)|^2 = \frac{(e^\alpha - 1)^2}{|\alpha - in2\pi|^2} = \frac{(e^\alpha - 1)^2}{\alpha^2 + 4n^2\pi^2}$.
D'autre part $\int_0^1 |f(t)|^2\,dt = \int_0^1 e^{2\alpha t}\,dt = \frac{e^{2\alpha} - 1}{2\alpha}$ (car α est réel).
On a donc $\sum_{n=-\infty}^{+\infty} \frac{(e^\alpha - 1)^2}{\alpha^2 + 4n^2\pi^2} = \frac{e^{2\alpha} - 1}{2\alpha}$, d'où l'on déduit

$$\forall \alpha \in \mathbb{R}^* \qquad \frac{e^\alpha + 1}{e^\alpha - 1} = \sum_{n=-\infty}^{+\infty} \frac{2\alpha}{\alpha^2 + 4n^2\pi^2} = \frac{2}{\alpha} + \sum_{n=1}^{+\infty} \frac{4\alpha}{\alpha^2 + 4n^2\pi^2}$$

C'est en fait encore la « décomposition en éléments simples de $\coth(\alpha/2)$, comme on le voit en regroupant les termes d'indices $n > 0$ et $-n < 0$ dans (VII.54).

Le lecteur pourra reprendre cet exercice dans le cas plus général où α est un complexe non égal à un pôle de $\alpha \mapsto \coth(\alpha/2)$, *i.e.* $\alpha \neq in2\pi$ pour tout $n \in \mathbb{Z}$.

Exercice VII.6 *Soit f la fonction représentée à la figure VII.2 page 190. Sa dérivée est la fonction nulle (f' est définie a priori sur $\mathbb{R} \setminus \{k\pi\,;\, k \in \mathbb{Z}\}$ mais on peut prolonger f' par continuité). Vérifier que les formules (VII.32), (VII.33) et (VII.34) permettent de retrouver le développement en série de Fourier de f'.*

8. La notion de pôle est définie au chapitre X.

Solution. Ici on a $m = 2$ discontinuités dans un intervalle-période $[a, a + 2\pi[$. En choisissant l'intervalle $[-\pi, \pi[$, on a une discontinuité en $t_0 = -\pi$ et en $t_1 = 0$. Les sauts en ces points valent $s_{-\pi}(f) = -2$ et $s_0(f) = 2$. Comme les seuls coefficients de Fourier non nuls sont les $b_{2p+1}(f)$, on a :

- Pour $n \geq 1$, $b_n(f') = -na_n(f) - \frac{1}{\pi}\big(- 2\sin(-n\pi) + 2\sin(0)\big) = 0$;
- Pour $p \geq 1$, $a_{2p}(f') = 2p\, b_{2p}(f) - \frac{1}{\pi}\big(- 2\cos(-2p\pi) + 2\cos(0)\big) = 0$;
- Pour $p \geq 0$, $a_{2p+1}(f') = (2p+1)b_{2p+1}(f) - \frac{1}{\pi}\big(- 2\cos(-(2p+1)\pi) + 2\cos(0)\big) = \frac{4}{\pi} - \frac{2}{\pi}(1 - (-1)^{2p+1}\big) = 0$;
- La valeur moyenne de f' est $\frac{a_0(f')}{2} = \frac{1}{2\pi}(-2+2) = 0$.

Donc la série de Fourier de f' est la série nulle, ce qui est normal puisque f' est la fonction nulle presque-partout.

Exercice VII.7 *Soit f une fonction T-périodique. Nous allons voir qu'avec des hypothèses un peu plus fortes que celles de la proposition 2.3, l'estimation « en $\circ(1/|n|^k)$ » peut être précisée à l'aide d'une estimation « en $\mathcal{O}(1/|n|^{k+1})$ ».*

1. *On suppose que f est $\mathcal{C}^1_m$. Démontrer que les coefficients de Fourier de f vérifient $c_n(f) = \mathcal{O}(1/|n|)$ au voisinage de l'infini. Commenter, en comparant au cours.*
2. *On suppose que f est continue et $\mathcal{C}^1_m$, et que la fonction f' (définie presque-partout) est $\mathcal{C}^1_m$. Démontrer que $c_n(f) = \mathcal{O}(1/n^2)$ au voisinage de l'infini. Commenter.*
3. *Soit $k \geq 1$. On suppose que f est de classe $\mathcal{C}^{k-1}$, que $f^{(k-1)}$ est $\mathcal{C}^1_m$, et que $f^{(k)}$ (définie presque-partout) est $\mathcal{C}^1_m$. Démontrer que $c_n(f) = \mathcal{O}(1/|n|^{k+1})$. Commenter.*

Solution.

1. Choisissons un intervalle-période. La fonction f' est définie sauf en un nombre fini de points $t_0, \ldots, t_{m-1}$ sur cet intervalle, et f' peut être prolongée en une fonction $\mathcal{C}^1$ sur chaque intervalle $[t_i, t_{i+1}]$. On peut utiliser la formule (VII.31) $c_n(f') = in\omega\, c_n(f) - \frac{1}{T}\sum_{i=0}^{m-1} s_{t_i}(f)e^{-in\omega t_i}$, d'où l'on déduit, grâce à l'inégalité triangulaire :
$$|n\, c_n(f)| \leq \frac{1}{\omega}|c_n(f')| + \frac{1}{\omega T}\sum_{i=0}^{m-1}|s_{t_i}(f)|$$
Or f' est continue par morceaux, donc élément de L^1_T. D'après le lemme de Riemann-Lebesgue, $c_n(f')$ tend vers 0 quand n tend vers $\pm\infty$, donc $\frac{1}{\omega}|c_n(f')| + \frac{1}{\omega T}\sum_{i=0}^{m-1}|s_{t_i}(f)|$ est majoré par une constante C. On a bien $|c_n(f)| \leq \frac{C}{|n|}$ pour $|n|$ assez grand.
Ce résultat est plus précis que (VII.35). Il nous dit que si f bénéficie d'un minimum de régularité, ses coefficients de Fourier tendent vers 0 *au moins* à la vitesse de $1/|n|$. Il convient de plus de remarquer que si f est $\mathcal{C}^1_m$ *mais non continue*, alors $\sum_{i=0}^{m-1} s_{t_i}(f)e^{-in\omega t_i} \neq 0$ (sauf cas très particulier), donc les coefficients de Fourier décroissent *vraiment* à la vitesse de $1/|n|$. Par exemple le signal « rectangulaire périodique » et celui « en dents de scie » sont de cette forme, et on observe qu'effectivement leurs coefficients de Fourier sont « en $1/n$ ». Avoir remarqué cela avant le calcul des coefficients de Fourier permet d'ailleurs de repérer d'éventuelles erreurs de calcul.

2. Il résulte des hypothèses que $c_n(f') = in\omega c_n(f)$ (la formule (VII.26) s'applique). D'autre part, d'après la première question, les coefficients de Fourier de f' vérifient $c_n(f') = \mathcal{O}(1/|n|)$. Il existe donc une constante $C > 0$ telle que $|c_n(f')| \leq \frac{C}{|n|}$ pour $|n|$ assez grand. On a donc $|c_n(f)| \leq \frac{C}{\omega n^2}$ pour $|n|$ assez grand, *i.e.* $c_n(f) = \mathcal{O}(1/n^2)$.
Ce résultat est à comparer avec (VII.36) : on voit que les hypothèses sont similaires, sauf que l'on demande à f' d'être $\mathcal{C}^1_m$, alors que dans (VII.36) on lui demandait seulement d'être continue par morceaux. Ce n'est pas exiger beaucoup plus en pratique, et cela permet de préciser ce que signifie ici « négligeable devant $1/|n|$ » : si f' est $\mathcal{C}^1_m$ mais non continue, les coefficients de Fourier sont de l'ordre de grandeur de $1/n^2$. Voir par exemple l'exercice VII.3.

3. Prouvons cela par récurrence sur k. C'est vrai pour $k = 1$ d'après la question précédente. Supposons la propriété vraie pour $k \geq 1$, et soit f de classe $\mathcal{C}^k$ telle que $f^{(k)}$ soit $\mathcal{C}^1_m$, ainsi que la fonction $f^{(k+1)}$ définie presque-partout. Comme $k \geq 1$, f' est définie partout, de classe $\mathcal{C}^{k-1}$, sa dérivée d'ordre $k-1$ (*i.e.* $f^{(k)}$) est $\mathcal{C}^1_m$, et sa dérivée d'ordre k (*i.e.* $f^{(k+1)}$, définie presque-partout) est $\mathcal{C}^1_m$. Par hypothèse de récurrence, on a $c_n(f') = \mathcal{O}(1/|n|^{k+1})$, et comme f est $\mathcal{C}^1$, on a la formule $c_n(f') = in\omega c_n(f)$, d'où $c_n(f) = \mathcal{O}(1/|n|^{k+2})$. Cela termine la récurrence.
Par rapport aux hypothèses de la proposition 2.3, on demande à $f^{(k)}$ d'être $\mathcal{C}^1_m$ au lieu d'être seulement continue par morceaux, et l'estimation en $\circ(1/|n|^k)$ devient alors une estimation en $\mathcal{O}(1/|n|^{k+1})$, ce qui est plus précis. Si $f^{(k)}$ n'est pas continue, les coefficients de Fourier sont de l'ordre de grandeur de $1/|n|^{k+1}$.

Exercice VII.8 *En utilisant l'un des développements en série de Fourier déjà déterminés, construire une fonction dont les coefficients de Fourier sont en $\mathcal{O}(1/n^3)$. Quelles sommes de séries peut-on en déduire ?*

Solution. Le plus simple est d'intégrer terme à terme, si c'est possible, le développement en série de Fourier d'une fonction de valeur moyenne nulle dont les coefficients de Fourier sont en $\mathcal{O}(1/n^2)$. Dans un tel cas la fonction à intégrer est continue sur $\mathbb{R}$ (car sa série de Fourier est normalement convergente sur $\mathbb{R}$), et la proposition 2.1 permet de dire qu'on a bien obtenu le développement en série de Fourier de la primitive considérée. On a le choix pour la fonction à intégrer. Voici deux exemples, parmi ceux déjà traités.

1. On peut intégrer terme à terme le développement de la fonction g définie à l'exercice VII.3, à condition de préalablement la translater de $-\frac{a_0(g)}{2} = \frac{2\pi^2}{3}$ afin que la fonction à intégrer ait une valeur moyenne nulle. On a $g(t) + \frac{2\pi^2}{3} = 4\sum_{n=1}^{+\infty} \frac{(-1)^n}{n^2}\cos(nt)$, donc la fonction $t \mapsto G(t) = \int_0^t (g(x) + \frac{2\pi^2}{3})\,dx$ a pour développement en série de Fourier $\sum_{n=1}^{+\infty} \frac{(-1)^n}{n^3}\sin(nt)$. On peut en déduire par exemple $\zeta(6) = \sum_{n=1}^{\infty} \frac{1}{n^6}$ en utilisant l'égalité de Parseval, et aussi, avec $t = \frac{\pi}{2}$, la somme $\sum_{p=0}^{+\infty} \frac{(-1)^{p+1}}{(2p+1)^3}$. On laisse les détails au lecteur, car on va traiter plus complètement le deuxième exemple.
2. On peut intégrer terme à terme le développement en série de Fourier d'un signal « triangulaire périodique ». Translatons de $-\frac{\pi}{2}$ la fonction représentée figure VII.4, afin qu'elle ait une valeur moyenne nulle. On obtient une fonction f paire, continue et $\mathcal{C}^1_m$, égale en tout point à la somme de sa série de Fourier :

$$f(t) = -\frac{4}{\pi}\sum_{p=0}^{+\infty} \frac{\cos((2p+1)t)}{(2p+1)^2}$$

Soit $F : t \mapsto \int_0^t f(x)\,dx$. La fonction F est 2π-périodique, de classe $\mathcal{C}^1$ sur $\mathbb{R}$ en tant que primitive d'une fonction continue sur $\mathbb{R}$, sa dérivée f est $\mathcal{C}^1_m$, et sa dérivée seconde, définie sauf aux points de la forme $k\pi$ ($k \in \mathbb{Z}$), est également $\mathcal{C}^1_m$. Par conséquent F vérifie les hypothèses permettant d'affirmer avant tout calcul que ses coefficients de Fourier sont en $\mathcal{O}(1/n^3)$ (cf. exercice VII.7, avec $k = 2$). Cette propriété est confirmée par l'intégration terme à terme du développement de f :

$$F(t) = -\frac{4}{\pi}\sum_{p=0}^{+\infty} \frac{\sin((2p+1)t)}{(2p+1)^3}$$

Notons que F vérifie les hypothèses de la proposition 2.2, donc F et $F' = f$ sont égales en tout point à leur développement en série de Fourier. F est la fonction impaire et de période 2π égale à $\int_0^t (x - \pi/2)\,dx = \frac{t^2}{2} - \frac{\pi}{2}t$ pour $t \in [0, \pi]$. On laisse le soin au lecteur de tracer le graphe de F, constitué d'arcs de paraboles **se raccordant par continuité et dérivabilité** puisque F est $\mathcal{C}^1$. Pour $t = \frac{\pi}{2}$, on obtient $F(\frac{\pi}{2}) = -\frac{4}{\pi}\sum_{p=0}^{+\infty} \frac{(-1)^p}{(2p+1)^3}$, d'où la somme de la série absolument convergente

$$\sum_{p=0}^{+\infty} \frac{(-1)^p}{(2p+1)^3} = \frac{\pi^3}{32}$$

Exercice VII.10 *Soit* $a > 1$ *et* $f_a : t \mapsto \frac{1}{a+e^{-it}}$.

1. *Déterminer le développement en série de Fourier de* f_a *en utilisant un développement en série entière.*
2. *En déduire le développement en série de Fourier de* $g_a : t \mapsto \frac{\sin t}{a^2+1+2a\cos t}$.
3. *Commenter la rapidité de décroissance des coefficients de Fourier de* f_a *et* g_a.

Solution.

1. On remarque d'abord que f_a est définie sur $\mathbb{R}$ (car e^{-it} est de module 1 donc ne peut prendre la valeur $-a < -1$).
On développe en série entière $\frac{1}{a+z} = \frac{1}{a}\frac{1}{1+z/a} = \frac{1}{a}\sum_{n=0}^{+\infty}(-1)^n\left(\frac{z}{a}\right)^n$ pour $\left|\frac{z}{a}\right| < 1$. On a donc
$$|z| < a \Longrightarrow \frac{1}{a+z} = \sum_{n=0}^{+\infty}\frac{(-1)^n}{a^{n+1}}z^n$$
Comme $a > 1$, on a $|e^{-it}| = 1 < a$, donc on peut écrire
$$\forall t \in \mathbb{R} \quad f_a(t) = \sum_{n=0}^{+\infty}\frac{(-1)^n}{a^{n+1}}e^{-int}$$
Ceci est un développement en série trigonométrique de $f_a(t)$. La fonction f_a est 2π-périodique, donc son développement en série de Fourier est de la forme $\sum_{n=-\infty}^{+\infty} c_n(f_a)\,e^{int}$. On a envie d'en déduire que le développement trouvé est le développement en série de Fourier de f_a, *i.e.* $c_n(f_a) = 0$ pour $n \geq 1$ et $c_{-n}(f_a) = \frac{(-1)^n}{a^{n+1}}$ pour $n \geq 0$. C'est bien le cas car la fonction $t \mapsto \sum_{n=0}^{+\infty}\frac{(-1)^n}{a^{n+1}}e^{-int}$ est la somme d'une série normalement convergente sur $\mathbb{R}$, donc, dans le calcul de
$$c_m(f_a) = \frac{1}{2\pi}\int_0^{2\pi} f_a(t)e^{-imt}\,dt = \frac{1}{2\pi}\int_0^{2\pi}\sum_{n=0}^{+\infty}\frac{(-1)^n}{a^{n+1}}e^{-i(n+m)t}\,dt$$
on peut inverser $\int$ et $\sum$, utiliser l'orthogonalité des fonctions $t \mapsto e^{ikt}$, et conclure.

2. Il doit exister un rapport entre f_a et g_a. Il paraît logique de séparer f_a en partie réelle et imaginaire. On a $f_a(t) = \frac{a+e^{it}}{|a+e^{-it}|^2} = \frac{a+\cos t+i\sin t}{(a+\cos t)^2+\sin^2 t} = \frac{a+\cos t+i\sin t}{a^2+1+2a\cos t}$. Ainsi, on a $g_a(t) = \Im f_a(t)$, d'où le développement en série de Fourier de g_a :
$$\forall t \in \mathbb{R} \quad g_a(t) = \sum_{n=1}^{+\infty}\frac{(-1)^{n+1}}{a^{n+1}}\sin(nt)$$
Ceci est le développement en série de Fourier de g_a pour la même raison que f_a. Il est cohérent de trouver un développement en sinus, puisque g_a est impaire.
On remarque que le fait d'être passé par un développement en série entière nous donne directement l'égalité sur $\mathbb{R}$ entre f_a (ou g_a) et la somme de sa série de Fourier (on n'a pas eu besoin d'invoquer le théorème de Dirichlet).
Par ailleurs, on note que le calcul *direct* de $b_n(g_a) = \frac{2}{\pi}\int_0^{\pi}\frac{\sin t}{a^2+1+2a\cos t}\sin(nt)\,dt$ semble difficile. La passage par un développement en série entière est bien utile.

3. Comme $a > 1$, les coefficients de Fourier $b_n(g_a) = \frac{(-1)^{n+1}}{a^{n+1}}$, ainsi que les $c_n(f_a)$, sont *à décroissance rapide* (pour tout $k \in \mathbb{N}$, $\frac{1}{a^{n+1}} = \mathrm{o}(1/n^k)$ quand n tend vers $+\infty$). C'est tout à fait normal car f_a et g_a sont des fonctions de classe $\mathcal{C}^\infty$ sur $\mathbb{R}$, en tant que quotients de fonctions $\mathcal{C}^\infty$ dont le dénominateur ne s'annule pas.

Exercice VII.11 *Soit* f *la fonction de période 2 telle que* $f(x) = \sqrt{1-x^2}$ *pour* $x \in [-1, 1[$.

1. *Dessiner soigneusement le graphe de* f.

2. *De quelle forme est le développement en série de Fourier de f ? Quelle intégrale devrait-on calculer si on voulait obtenir ce développement en série de Fourier (on ne demande pas le calcul des coefficients de Fourier) ?*
3. *En quels points $x \in \mathbb{R}$ peut-on appliquer le théorème de Dirichlet local à f, et qu'en déduit-on ? Comment conclure pour toute valeur de x ?*
4. *Calculer la valeur moyenne de f.*
5. *Calculer $\sum_{n=1}^{+\infty} a_n(f)^2$.*

Solution.

1. Le graphe de la fonction $x \mapsto \sqrt{1-x^2}$, définie sur $[-1,1]$, est un demi-cercle (car $y^2 = 1-x^2$ est l'équation du cercle de centre $(0,0)$ et de rayon 1). On en déduit le graphe de f (figure VII.7).

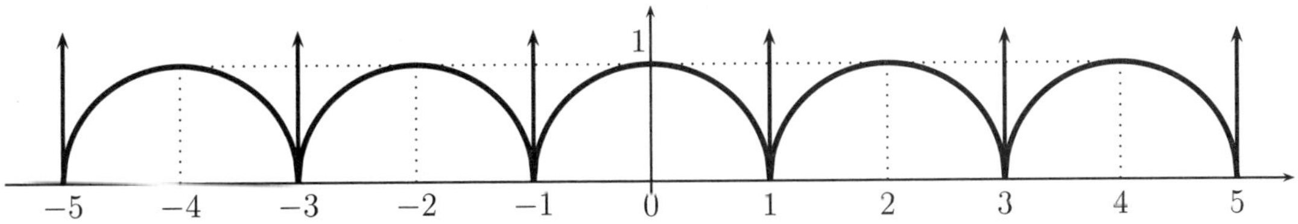

FIGURE VII.7 – *Signal périodique pour lequel le théorème de Dirichlet ne s'applique pas en tout point : existence de demi-tangentes verticales*

2. La fonction f est paire, et $\omega = \frac{2\pi}{2} = \pi$, donc f a un développement en série de Fourier de la forme
$$Sf(x) = \frac{a_0(f)}{2} + \sum_{n=1}^{+\infty} a_n(f)\cos(n\pi x)$$
Tenant compte de la parité, $a_n(f) = 2\int_0^1 \sqrt{1-x^2}\cos(n\pi x)\,dx$. Ce calcul d'intégrale semble problématique pour $n \geq 1$...
3. La fonction f est continue sur $\mathbb{R}$, et elle admet en tout x différent d'un entier impair une dérivée, donc le théorème de Dirichlet local s'applique en tout x non égal à un entier impair, où l'on a donc $Sf(x) = f(x)$. Par contre, si $x = 2k+1$ avec $k \in \mathbb{Z}$, f n'admet pas de demi-dérivées en x (pour le voir, le plus simple est de remarquer que la pente des demi-tangentes en un tel point est infinie : voir figure VII.7).
Heureusement, la fonction f vérifie les hypothèses de *l'autre* théorème de convergence ponctuelle des séries de Fourier, à savoir le *théorème de Jordan* (qui, lui, est par nature un théorème *global*). En effet, chaque intervalle-période peut être décomposé en deux intervalles sur lesquels f est croissante ou décroissante, donc f est monotone par morceaux. On conclut que
$$\forall x \in \mathbb{R} \quad Sf(x) = f(x)$$
4. Tenant compte de la parité, on a $\frac{a_0(f)}{2} = \int_0^1 \sqrt{1-x^2}\,dx$. Cette intégrale est l'aire d'un quart de disque de rayon 1, donc $\frac{a_0(f)}{2} = \frac{\pi}{4}$ (on peut aussi utiliser le changement de variable $x = \cos\theta$).
5. D'après la formule de Parseval (f est de carré intégrable sur un intervalle-période car elle est continue), on a $\frac{|a_0(f)|^2}{4} + \frac{1}{2}\sum_{n=1}^{+\infty}|a_n(f)|^2 = \frac{1}{2}\int_{-1}^{1}|f(x)|^2\,dx$, soit, en tenant compte de f réelle et de la parité de f^2, $\sum_{n=1}^{+\infty}(a_n(f))^2 = 2\int_0^1(1-x^2)\,dx - \frac{\pi^2}{8} = \frac{4}{3} - \frac{\pi^2}{8}$.

Exercice VII.12 *On considère la fonction $x \mapsto f(x) = \ln|\sin x|$*

1. *Étudier f (propriétés, variations...) et tracer sa courbe représentative.*

2. *Démontrer que $f \in L^2(]0,\pi[)$. En déduire que la fonction f admet un développement en série de Fourier.*
3. *Étudier la convergence de la série de Fourier de f, en moyenne quadratique et ponctuellement.*
4. *Démontrer que, pour $n \in \mathbb{N}^*$, $a_n(f) = -\frac{2}{n\pi}J_n$, où $J_n = \int_0^{\frac{\pi}{2}} \frac{\cos(t)\sin(2nt)}{\sin t}\,dt$ (on justifiera au passage l'existence de J_n).*
5. *Démontrer que, pour $n \geq 2$, $J_n - J_{n-1} = 0$. En déduire $a_n(f)$ pour $n \geq 1$.*
6. *Déterminer la valeur moyenne de f. On utilisera une somme usuelle provenant du développement en série entière de $\ln(1+x)$.*
7. *En utilisant une somme usuelle, déterminer la valeur de l'intégrale*

$$I = \int_0^{\pi} \big(\ln(\sin t)\big)^2\,dt$$

Solution.

1. La fonction f est définie sur $D_f = \{t \in \mathbb{R}\,;\, \sin t \neq 0\} = \mathbb{R} \setminus \{k\pi\,;\, k \in \mathbb{Z}\}$.
Pour tout $t \in D_f$, on a $t+\pi \in D_f$, et $f(t+\pi) = \ln|\sin(t+\pi)| = \ln|-\sin t| = f(t)$, donc f est π-périodique. De plus, si $t \in D_f$, alors $-t \in D_f$ et $f(-t) = \ln|\sin(-t)| = \ln|-\sin t| = f(t)$, donc f est paire. On étudie f sur $\left]0, \frac{\pi}{2}\right]$.
Quand t tend vers 0^+, $f(t)$ tend vers $-\infty$, donc la droite d'équation $x = 0$ est asymptote.
Lorsqu'une fonction u ne s'annulant pas est dérivable, la fonction $\ln|u|$ est dérivable, de dérivée u'/u, donc f est dérivable sur D_f, et $f'(t) = \frac{\cos t}{\sin t} = \text{cotan}\, t$. On a $f'(t) > 0$ sur $]0,\pi/2[$ et f' s'annule en changeant de signe en $\pi/2$, donc f est strictement croissante sur $]0,\pi/2[$ et présente un maximum relatif en $\pi/2$.
On en déduit la courbe représentative de f sur $]0,\pi/2]$, puis sur $[-\pi/2, 0[\cup]0,\pi/2]$ par symétrie d'axe (Oy), puis sur D_f par périodicité (cf figure VII.8). La courbe présente des asymptotes verticales d'équation $x = k\pi$, pour $k \in \mathbb{Z}$. Ainsi, les points de la forme $k\pi$ sont des discontinuités de f de deuxième espèce.

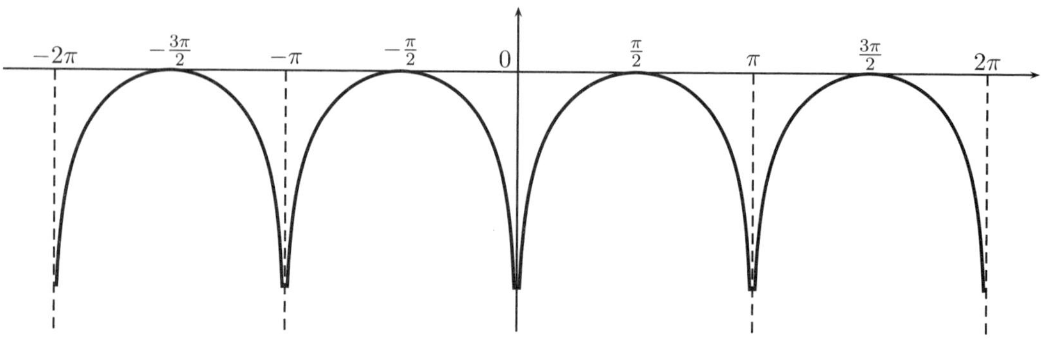

FIGURE VII.8 – *Fonction $t \mapsto \ln|\sin t|$: présence de discontinuités de deuxième espèce*

2. Pour $x \in]0,\pi[$, on a $|f(x)|^2 = \big|\ln|\sin x|\big|^2 = \big(\ln(\sin x)\big)^2$.
On étudie l'intégrabilité de cette fonction (positive) au voisinage de 0^+ en cherchant un équivalent. On a $\sin x \sim_0 x$, donc on a envie d'écrire $|f(x)|^2 \sim_{0^+} \ln^2 x$.
Rappelons que, si u et v sont deux fonctions strictement positives au voisinage de x_0 (fini ou infini), si $u \sim_{x_0} v$, pour que $\ln u \sim_{x_0} \ln v$, il suffit que $v(x)$ tende vers une limite $a \in \mathbb{R} \setminus \{1\}$ (ou vers $+\infty$) quand x tend vers x_0. En effet, $\frac{\ln u}{\ln v} = \frac{\ln(v\,\frac{u}{v})}{\ln v} = 1 + \frac{\ln(u/v)}{\ln v}$ tend alors vers $1 + \frac{0}{\ln a} = 1$, car u/v tend vers 1 par hypothèse et $\ln a \neq 0$ (en posant $\ln a = -\infty$ si $a = 0$ et $\ln a = +\infty$ si $a = +\infty$).

En appliquant cette règle de calcul sur les équivalents avec $x_0 = 0$, $u = \sin x$, $v = x$, on obtient $\ln(\sin x) \sim_{0^+} \ln x$, d'où $|f(x)|^2 \sim_{0^+} \ln^2 x$. On sait que $\ln \in L^2(]0, \pi/2])$, donc il en est de même de f.

Pour étudier l'intégrabilité de f^2 au voisinage de π^-, on peut soit utiliser le changement de variable $t = \pi - x$ et obtenir un équivalent (même méthode), soit plus simplement remarquer que la courbe représentative de f^2 est symétrique par rapport à la droite d'équation $x = \pi/2$, donc l'intégrabilité de f^2 au voisinage de 0 implique l'intégrabilité au voisinage de π.

On a donc $f \in L^2(]0, \pi[) \subset L^1(]0, \pi[)$, donc $f \in L^2_\pi \subset L^1_\pi$ admet un développement en série de Fourier, avec $\omega = \frac{2\pi}{\pi} = 2$ et f paire. Son développement en série de Fourier est de la forme

$$Sf(x) = \frac{a_0(f)}{2} + \sum_{n=1}^{+\infty} a_n(f)\cos(2nx)$$

3. La série de Fourier de f converge en moyenne quadratique vers f, car $f \in L^2_\pi$.
La fonction f n'est pas $\mathcal{C}^1_m$, ni même continue par morceaux d'ailleurs, car les discontinuités sont de deuxième espèce. Il n'est donc pas possible d'utiliser la version globale du théorème de Dirichlet (le corollaire 2.1 ne s'applique pas). Par contre, f est dérivable en tout point où elle est définie, donc le théorème de Dirichlet local s'applique en tout point x différent des valeurs de la forme $k\pi$, $k \in \mathbb{Z}$, et on en déduit que $Sf(x) = f(x)$ pour tout $x \in D_f$.

4. Soit $n \geq 1$. Par raison de parité, on a

$$\begin{aligned} a_n(f) &= \frac{4}{\pi}\int_0^{\pi/2} \ln(\sin t)\,\cos(2nt)\,dt \\ &= \frac{4}{\pi}\lim_{\varepsilon\to 0^+}\left(\left[\ln(\sin t)\,\frac{\sin(2nt)}{2n}\right]_\varepsilon^{\pi/2} - \int_\varepsilon^{\pi/2} \frac{\cos t}{\sin t}\,\frac{\sin(2nt)}{2n}\,dt\right) \end{aligned}$$

Or, la fonction $\frac{\cos t \sin(2nt)}{\sin t} \sim_0 1\,\frac{2nt}{t} = 2n$ est prolongeable par continuité en $t = 0$, donc l'intégrale au second membre tend vers $\int_0^{\pi/2} \frac{\cos t}{\sin t}\,\frac{\sin(2nt)}{2n}\,dt$. Par ailleurs « le crochet » vaut $0 - \ln(\sin\varepsilon)\frac{\sin(2n\varepsilon)}{2n} \sim_{0^+} -\ln(\varepsilon)\,\varepsilon$, donc il tend vers 0 quand ε tend vers 0.

On a donc $a_n(f) = -\frac{2}{n\pi}\int_0^{\pi/2} \frac{\cos(t)\sin(2nt)}{\sin t}\,dt = -\frac{2}{n\pi}J_n$ pour tout $n \geq 1$.

5. Soit $n \geq 2$. On a

$$\begin{aligned} J_n - J_{n-1} &= \int_0^{\pi/2} \frac{\cos t}{\sin t}\big(\sin(2nt) - \sin((2n-2)t)\big)\,dt \\ &= \int_0^{\pi/2} \frac{\cos t}{\sin t}\,2\sin t\,\cos((2n-1)t)\,dt \\ &= \int_0^{\pi/2} \big(\cos(2nt) + \cos(2(n-1)t)\big)\,dt \\ &= \left[\frac{\sin(2nt)}{2n} + \frac{\sin(2(n-1)t)}{2(n-1)}\right]_0^{\pi/2} \qquad \text{car } n \geq 2 \\ &= 0 \end{aligned}$$

On en déduit que la suite $(J_n)_{n\geq 1}$ est constante, *i.e.* $J_n = J_1$ pour $n \geq 1$. Or, on a $J_1 = \int_0^{\pi/2} \frac{\cos(t)\sin(2t)}{\sin t}\,dt = \int_0^{\pi/2} \frac{\cos(t)2\sin(t)\cos(t)}{\sin t}\,dt = \int_0^{\pi/2} 2\cos^2 t\,dt = \int_0^{\pi/2}\big(1+\cos(2t)\big)\,dt = \frac{\pi}{2}$.
Finalement :

$$\forall n \in \mathbb{N}^* \quad a_n(f) = -\frac{1}{n}$$

6. On a donc, pour tout x non égal à un multiple de π, $f(x) = \frac{a_0(f)}{2} - \sum_{n=1}^{+\infty} \frac{\cos(2nx)}{n}$. Pour $x = \pi/2$, cela donne l'égalité $0 = \frac{a_0(f)}{2} - \sum_{n=1}^{+\infty} \frac{(-1)^n}{n} = \frac{a_0(f)}{2} + \sum_{n=1}^{+\infty} \frac{(-1)^{n-1}}{n}$. La série alternée $\sum_{n=1}^{+\infty} \frac{(-1)^{n-1}}{n}$ est convergente et sa somme s'obtient grâce au développement en série entière

$\ln(1+x) = \sum_{n=1}^{+\infty} \frac{(-1)^{n-1}}{n} x^n$, valable pour $x \in]-1,1]$. En effet, le rayon de convergence vaut 1 et la série entière est convergente en $x = 1$, ce qui implique, en vertu du théorème d'Abel, que sa somme tend vers $\ln(1+1) = \ln 2$ quand x tend vers 1^-. On a donc $\frac{a_0(f)}{2} = -\ln 2$, d'où finalement :

$$\forall x \in \mathbb{R} \setminus \{k\pi\,;\, k \in \mathbb{Z}\} \quad \ln|\sin x| = -\ln 2 - \sum_{n=1}^{+\infty} \frac{\cos(2nx)}{n} \tag{VII.60}$$

7. L'intégrale I demandée est $\|f\|^2_{L^2_\pi}$. Comme $f \in L^2_\pi$, la formule de Parseval s'applique. Elle nous donne $\frac{1}{\pi} I = \frac{|a_0(f)|^2}{4} + \frac{1}{2}\sum_{n\geq 1} |a_n(f)|^2 = \ln^2 2 + \frac{1}{2}\sum_{n=1}^{+\infty} \frac{1}{n^2} = \ln^2 2 + \frac{\pi^2}{12}$, d'où $I = \pi \ln^2 2 + \frac{\pi^3}{12}$. On remarque qu'ici, au contraire des exemples traités précédemment, c'est la somme d'une série connue qui nous donne une intégrale inconnue, et non l'inverse...

Exercice VII.13 ***Pseudo-fonction cotangente.***
Soit f la fonction définie à l'exercice VII.12.

1. *Justifier que f définit une distribution.*
   La dérivée usuelle de f définit-elle une distribution ?
2. *On note u la dérivée de f au sens des distributions, i.e. $u = (T_f)'$. Démontrer que, au sens des distributions :*
$$u \sin x = \cos x$$
   Proposer un nom pour la distribution u.
3. *Déduire de l'exercice VII.12, en justifiant, le développement en série de Fourier de la distribution u.*
4. *Quelle est la transformée de Fourier de u ?*

Solution.

1. La fonction f définit une distribution régulière, car $f \in L^1_{loc}$. On a en effet $|f(x)| \sim_0 \ln|x|$ (voir la règle de calcul sur les équivalents de fonctions logarithmes à l'exercice VII.12), donc f est intégrable sur un voisinage de 0, et aussi sur un voisinage de tout point de la forme $k\pi$ par raison de périodicité.
   La dérivée usuelle de f, définie sur $D_f = \mathbb{R} \setminus \{k\pi\,;\, k \in \mathbb{Z}\}$ est la fonction $x \mapsto \frac{\cos x}{\sin x} = \text{cotan}\, x$. On a $\left|\frac{\cos x}{\sin x}\right| \sim \frac{1}{|x|}$, donc $f' \notin L^1_{loc}$. La fonction $f' = \text{cotan}$ ne définit donc pas une distribution régulière ($T_{f'}$ n'existe pas).
2. On utilise ici une démarche analogue à celle qui a consisté à associer à la fonction non localement intégrable $x \mapsto 1/x$ la distribution singulière P.F. $\frac{1}{x}$ (pour rappel, en considérant la dérivée au sens des distributions de la fonction $x \mapsto \ln|x|$). On considère donc la distribution $u = (T_f)'$ (*i.e.* la dérivée au sens des distributions de $x \mapsto f(x) = \ln|\sin x|$).
   Soit $\phi \in \mathcal{D}$. On a

$$\begin{aligned}
\langle u \sin, \phi\rangle &= \langle u, \phi \sin\rangle \\
&= -\langle T_f, (\phi \sin)'\rangle \\
&= -\int_{\mathbb{R}} \ln(|\sin x|) \left(\sin(x)\,\phi(x)\right)' dx \\
&= -\sum_{k=-\infty}^{+\infty} \lim_{\varepsilon\to 0^+} \left(\Big[\ln(|\sin x|)\, \sin(x)\,\phi(x)\Big]_{k\pi+\varepsilon}^{(k+1)\pi-\varepsilon} - \int_{k\pi+\varepsilon}^{(k+1)\pi-\varepsilon} \frac{\cos(x)}{\sin(x)} \sin(x)\,\phi(x)\,dx \right) \\
&= \sum_{k=-\infty}^{+\infty} \lim_{\varepsilon\to 0^+} \int_{k\pi+\varepsilon}^{(k+1)\pi-\varepsilon} \cos(x)\,\phi(x)\,dx \\
&= \int_{\mathbb{R}} \cos(x)\,\phi(x)\,dx \\
&= \langle \cos, \phi\rangle
\end{aligned}$$

Détaillons les étapes de ce calcul.

- Le passage de la troisième à la quatrième ligne se fait en décomposant l'intégrale sur $\mathbb{R}$ en la somme des intégrales sur $[k\pi, (k+1)\pi]$, en écrivant que chacune de ces intégrales (absolument convergentes) est la limite quand ε tend vers 0 de l'intégrale sur $[k\pi+\varepsilon, (k+1)\pi-\varepsilon]$, ce qui autorise à intégrer par parties sous le signe $\lim_{\varepsilon\to 0}$.
- Pour obtenir la cinquième ligne, on remarque que la limite quand ε tend vers 0 de chaque crochet est nulle, car $\lim_{\varepsilon\to 0^+} \ln(|\sin(k\pi+\varepsilon)|)\sin(k\pi+\varepsilon)\,\phi(k\pi+\varepsilon) = 0$: à l'aide d'un équivalent, on se ramène à la limite quand y tend vers 0^+ de $\ln(y)\,y\,\phi(y)$ (de même pour la limite de la valeur en $(k+1)\pi-\varepsilon$).

Puisque u est la dérivée au sens des distributions de $\ln|\sin x|$ et que le produit de u par la fonction sin donne la distribution régulière associée à la fonction cos, nous avons deux bonnes raisons pour appeler cette distribution « pseudo-fonction cotangente ». Nous noterons $u = \text{P.F.}\cotan x$, où bien sûr x se comporte comme une variable muette.
Cette terminologie est justifiée par la démarche analogue utilisée pour définir la pseudo-fonction $\frac{1}{x}$, qui est la dérivée au sens des distributions de $\ln|x|$ et qui vérifie $x\,\text{P.F.}\frac{1}{x} = 1$.

3. On remarque d'abord que P.F. cotan x est une distribution π-périodique (et impaire) en tant que dérivée d'une distribution π-périodique (et paire). On sait que l'on obtient son développement en série de Fourier par dérivation terme à terme de celui de $\ln|\sin x|$ (cf. théorème 4.3). On a donc l'égalité

$$\text{P.F.}\cotan x = \sum_{n=1}^{+\infty} 2\sin(2nx)$$

Autrement dit les coefficients de Fourier b_n de cette distribution impaire sont tous égaux à 2. On note qu'ils ne tendent pas vers 0, ce qui n'est pas étonnant puisque cette distribution n'est pas élément de L^1_π. La convergence de la série de Fourier a lieu au sens des distributions, *i.e.*

$$\forall \phi \in \mathcal{D} \quad \langle \text{P.F.}\cotan x, \phi(x)\rangle = 2\sum_{n=1}^{+\infty} \int_{\mathbb{R}} \sin(2nx)\,\phi(x)\,dx$$

4. Toute distribution périodique est tempérée, et on obtient sa T.F. en prenant la T.F. terme à terme de son développement en série de Fourier (cf. théorème 4.1). On écrit le développement en série de Fourier de P.F. cotan x sous la forme

$$\text{P.F.}\cotan x = \sum_{n=1}^{+\infty} 2\,\frac{e^{i2nx}-e^{-i2nx}}{2i} = i\sum_{n=-\infty}^{-1} e^{i2nx} - i\sum_{n=1}^{+\infty} e^{i2nx}$$

Autrement dit, $c_0 = 0$, et pour $n \geq 1$, $c_{-n} = i$, $c_n = -i$. On en déduit

$$\mathcal{F}(\text{P.F.}\cotan x) = i\sum_{n=-\infty}^{-1} \delta_{\frac{n}{\pi}} - i\sum_{n=1}^{+\infty} \delta_{\frac{n}{\pi}}$$

La distribution P.F. cotan x a un « spectre de raies » espacées de $\frac{1}{\pi}$, ce qui est normal puisqu'elle est π-périodique.

Exercice VII.14 *Soit la fonction f définie à l'exercice VII.1. Peut-on dériver terme à terme son développement en série de Fourier au sens usuel ? Qu'obtient-on si on dérive son développement en série de Fourier terme à terme ?*

Solution. La fonction f ne vérifie pas les hypothèses permettant d'obtenir le développement en série de Fourier de f' (définie presque partout) par dérivation terme à terme de celui de f (car f est $\mathcal{C}^1_m$ mais n'est pas continue). Effectivement, f' est la fonction constante égale à -1, donc son développement en série de Fourier se réduit à $S(f')(t) = -1$, alors que la dérivée terme à terme de $Sf(t) = \sum_{n=1}^{+\infty} \frac{2}{n}\sin(nt)$ est la série $\sum_{n=1}^{+\infty} 2\cos(nt)$.

La série $\sum_{n=1}^{+\infty} 2\cos(nt)$ diverge au sens usuel (le terme général ne tend pas vers 0, sauf valeurs exceptionnelles de t), mais elle converge au sens des distributions vers la dérivée de f *au sens des distributions* en vertu du théorème 4.3. Or, grâce à la formule des sauts, la dérivée de f au sens des distributions est $(T_f)' = T_{f'} + \sum_{k\in\mathbb{Z}} s_{2k\pi}(f)\,\delta_{2k\pi}$, avec $T_{f'}$ distribution régulière associée à la fonction constante -1, et $s_{2k\pi}(f) = 2\pi$ (cf. figureVII.6).
Finalement, on obtient l'égalité suivante entre distributions : $-1 + 2\pi\sum_{k\in\mathbb{Z}}\delta_{2k\pi} = 2\sum_{n=1}^{+\infty}\cos(nt)$, ou encore :

$$ш_{2\pi} = \frac{1}{2\pi} + \frac{1}{\pi}\sum_{n=1}^{+\infty}\cos(nt) \qquad \text{(VII.61)}$$

La formule (VII.61) constitue le développement en série de Fourier de la distribution $ш_{2\pi}$, paire et de période 2π.

Exercice VII.15 *Développer sur* $[0,\pi]$ *la fonction* $t \mapsto \sin t$ *en série de fonctions de la forme* $t \mapsto \cos(nt)$.

Indications. On prolonge sin sur $[-\pi, 0]$ par parité, on obtient une fonction paire définie sur $[-\pi,\pi]$, puis on prolonge cette fonction par périodicité, la période étant 2π. On obtient une fonction $\tilde{f}_P$ paire et 2π-périodique (cf. paragraphe 3.2), qui ici n'est autre que la fonction $t \mapsto \tilde{f}_P(t) = |\sin t|$. Le développement en série de Fourier de $\tilde{f}_P$, en restriction à $[-\pi,\pi]$ fournit le développement demandé. On laisse les calculs au lecteur (linéariser $\sin x\cos(nx)$; attention au cas $n = 1$).

Exercice VII.16 *Développer en série de Fourier la fonction* $f : t \mapsto \max(0, \cos t)$. *En déduire les sommes* $\sum_{p=1}^{+\infty}\frac{(-1)^p}{4p^2-1}$ *et* $\sum_{p=1}^{+\infty}\frac{1}{(4p^2-1)^2}$.

Indications. Pas de difficulté. Les coefficients de Fourier s'obtiennent par linéarisation. Grâce à la régularité de f, on sait à l'avance qu'on doit obtenir des coefficients de Fourier en $\mathcal{O}(1/n^2)$ (cf. exercice VII.7). Le théorème de Dirichlet et la formule de Parseval donnent les sommes demandées.

Exercice VII.17 *La T.F.D.* $(X_n)_{n\in\{0,\ldots,N-1\}}$ *de* $(x_k)_{k\in\{0,\ldots,N-1\}}$ *est définie par (IV.42).*

1. *Justifier que l'on peut obtenir une approximation des premiers coefficients de Fourier d'un signal D-périodique* $f \in L^1_D$ *par un calcul de T.F.D.*
2. *Démontrer la formule (IV.48) donnant la complexité de l'algorithme TFR permettant le calcul rapide des T.F.D.*

Solution.

1. Appelons T_e le pas d'échantillonnage du signal f considéré sur l'intervalle-période $[0, D[$, notons $N = D/T_e$ et calculons, pour $n \in \{0,\ldots,N-1\}$, une approximation des coefficients de Fourier $c_n(f)$ par la méthode des rectangles (partition de l'intervalle d'intégration $[0, D]$ en N intervalles de longueur T_e). En notant x_k l'échantillon $f(kT_e)$, on obtient immédiatement :
$$c_n(f) = \frac{1}{D}\int_0^D f(t)e^{-in\frac{2\pi}{D}t}\,dt \approx \frac{1}{D}\sum_{k=0}^{N-1} x_k e^{-in\frac{2\pi}{D}kT_e}\,T_e = \frac{1}{N}\sum_{k=0}^{N-1} x_k e^{-in\frac{2\pi}{N}k} = X_n$$
2. Ainsi, l'algorithme TFR est utilisable aussi bien pour le calcul numérique des T.F. que pour celui des coefficients de Fourier des fonctions périodiques. Pour $N = 2^p$, les w_N^{nk} sont stockés en mémoire dans un tableau. Le programme TFR « optimisé » sépare le vecteur x en deux vecteurs de taille $N/2 = 2^{p-1}$ (ce qui ne nécessite aucune multiplication), fait deux appels récursifs de TFR sur ces vecteurs (ce qui nécessite $2\,c(N/2)$ multiplications) et exploite les relations (IV.45) et (IV.47) (ce qui nécessite $N/2$ multiplications supplémentaires : w_N^{-n} multiplié par X_n^{impair} pour n variant entre 0 et $\frac{N}{2}-1$). On a donc $c(N) = 2\,c(N/2) + N/2$ et $c(1) = 0$ (pour $N = 1$, aucune multiplication n'est nécessaire : $X_0 = x_0$). En posant $a_p = c(N)$, on doit résoudre l'équation récurrente $a_p = 2\,a_{p-1} + 2^{p-1}$ avec la condition initiale $a_0 = 0$. La solution de cette équation linéaire est la somme de la solution $K2^p$ de l'équation homogène et d'une solution particulière, de la forme $b\,p\,2^p$ (car 2 est racine simple de l'équation caractéristique). On trouve $b = 1/2$ et $a_0 = 0$ implique que $K = 0$, d'où $a_p = p\,2^{p-1}$, *i.e.* $c(N) = \frac{N}{2}\log_2(N)$.

Chapitre VIII

Introduction à la théorie des ondelettes

Entre 1980 *et* 1990, *la théorie des ondelettes a révolutionné des pans entiers de l'ingénierie. Il s'agit d'un ensemble de méthodes d'analyse des signaux permettant de les étudier à la fois en temps et en fréquence, ou à des échelles temporelles très distinctes. Ses applications sont nombreuses : traitement de l'image, analyse du son, géophysique, statistiques...*
Les concepts de ce chapitre s'appuient sur l'étude de la transformation de Fourier et des développements en série de fonctions orthogonales. Leurs preuves étant délicates, les résultats principaux sont admis et la présentation est essentiellement descriptive. L'objectif est de fournir au lecteur une introduction à la théorie des ondelettes lui permettant, s'il le souhaite, d'aborder ensuite la lecture de livres spécialisés.
On considère ici des signaux ne dépendant que d'une seule variable réelle, mais la théorie se généralise en dimension supérieure, ce qui est d'ailleurs indispensable pour certaines des applications visées (image par exemple).

1 Quand la transformation de Fourier ne suffit plus...

Considérons $f \in L^1(\mathbb{R})$ telle que $\widehat{f} \in L^1(\mathbb{R})$. La formule d'inversion de Fourier

$$\forall t \in \mathbb{R} \quad f(t) = \int_{-\infty}^{+\infty} \widehat{f}(\nu) e^{2i\pi\nu t}\, d\nu \tag{VIII.1}$$

s'interprète comme la décomposition de f suivant les « sinusoïdes » $e_\nu : t \in \mathbb{R} \mapsto e^{2i\pi\nu t}$. La relation (VIII.1) permet *en théorie* de reconstruire le signal f en calculant les « coefficients » $\widehat{f}(\nu) = \int_{-\infty}^{+\infty} f(x) e^{-2i\pi\nu x}\, dx$.

On note que pour calculer *un* coefficient $\widehat{f}(\nu)$, on doit tenir compte de *toutes* les valeurs $f(t)$. Si t représente le temps, cela implique qu'analyser un signal en fréquence nécessite de le connaître dans le futur. On a ici une difficulté majeure pour le traitement du signal *en temps réel*, qui se traduit en pratique par la nécessité de procéder à une *estimation spectrale*. Réciproquement, calculer une valeur $f(t)$ par la formule d'inversion nécessite de connaître tout le spectre de f.

En fait, la connaissance d'un signal en fréquence (*i.e.* la connaissance de sa transformée de Fourier) ne donne que difficilement des informations sur son comportement temporel. Donnons quelques exemples de problèmes que l'on rencontre en pratique.

- Supposons que l'on sache que le signal est à support borné $[t_{\min}, t_{\max}]$. Comment obtenir la valeur de $t_{\min}$ et de $t_{\max}$ à partir de $\widehat{f}$?
- Supposons que le signal présente une *irrégularité* en un point t_0 (par exemple, t_0 est un point de discontinuité de f, ou bien un point de non-dérivabilité, *i.e.* un point anguleux). Comment déterminer t_0 à partir de $\widehat{f}$?

Ces questions sont importantes dans certaines applications.

Exemple. En traitement de l'image, le « signal » est une fonction de deux variables réelles x et y. Par exemple, pour une image en noir et blanc, $f(x, y)$ peut être le niveau de gris au point (x, y). Déterminer les *contours* d'un objet revient à déterminer les points de discontinuité de f.

On a vu des propriétés intéressantes que l'on peut tenter d'exploiter. Par exemple, si $\widehat{f}$ est de classe $\mathcal{C}^\infty$ à dérivées toutes intégrables, la fonction f est à décroissance rapide. Plus généralement, une T.F. régulière est un indice de signal bien localisé en temps. Malheureusement, $\widehat{f}$ n'a, elle, aucune raison de tendre rapidement vers 0 (relation d'incertitude), donc la reconstruction de $f(t)$ par la formule d'inversion peut être difficile.

De plus, pour calculer $\widehat{f}(\nu)$ dans les applications, on travaille sur un vecteur $(x_1, \ldots, x_n)$ issu de l'échantillonnage de f et on utilise l'algorithme *Transformée de Fourier Rapide* (cf. chapitre IV paragraphe 6, page 92, ainsi que l'exercice VII.17 page 222). On obtient un vecteur $(X_1, \ldots, X_n)$ correspondant à un échantillonnage de $\widehat{f}$. L'information sur la régularité de $\widehat{f}$ paraît difficile à obtenir à partir de $(X_1, \ldots, X_n)$.

Les signaux $t \mapsto f(t)$ pour lesquels la reconstruction de $f(t)$ à partir de $\widehat{f}$ est facile sont ceux pour lesquels $\widehat{f}(\nu)$ tend rapidement vers 0 quand ν tend vers l'infini. Ce sont les fonctions f régulières *en tout point*. L'analyse de Fourier standard est un outil très efficace (et toujours très utilisé) pour ce type de signaux, mais dans certaines applications (notamment en traitement de l'image ou en statistiques), les signaux ne bénéficient pas partout de bonnes propriétés de régularité (penser aux contours d'une image). Retrouver les « particularités » d'un tel signal à partir de sa T.F. peut être difficile.

2 Transformée de Fourier à fenêtre glissante

Lorsqu'on utilise la formule d'inversion de Fourier, il y a une analogie très forte avec la notion de développement suivant une base hilbertienne. En effet, en notant $e_\nu : t \mapsto e^{2i\pi\nu t}$, on a envie d'écrire $\widehat{f}(\nu) = \langle f, e_\nu \rangle$. Même si on suppose que f est à énergie finie, cette écriture est abusive car $e_\nu \notin L^2(\mathbb{R})$. Néanmoins, si on se permet cette notation, alors la formule d'inversion s'écrit

$$f(t) = \int_{\mathbb{R}} \langle f, e_\nu \rangle \, e_\nu(t) \, d\nu \tag{VIII.2}$$

La relation (VIII.2) s'interprète comme la décomposition de f suivant la famille (non dénombrable) de fonctions de référence $(e_\nu)_{\nu \in \mathbb{R}}$. En poursuivant l'abus de notation, réaliser l'analyse de Fourier d'un signal revient à calculer pour tout réel ν la *projection* $\langle f, e_\nu \rangle \, e_\nu$ de f sur la droite vectorielle engendrée par e_ν. Les fonctions de référence e_ν sont les *fonctions analysantes* de *l'analyse de Fourier standard.*

Une partie des difficultés décrites au paragraphe précédent provient du fait que les fonctions analysantes utilisées ne permettent de décrire le signal *qu'en fréquence.* Il faudrait pouvoir décrire le signal *à la fois en temps et en fréquence.* Une *portée musicale* est un exemple de représentation d'un signal réalisant cet objectif : la hauteur des notes donne l'information sur la fréquence à restituer et leur durée est également indiquée (noires, blanches, rondes, silences, etc). En caricaturant, une analyse de Fourier standard nous donnerait dans cet exemple la liste des notes à utiliser sans nous préciser *quand* les utiliser, ni *pendant combien de temps.*

Il faudrait donc utiliser des fonctions analysantes permettant de restituer une information sur le signal à la fois en temps et en fréquence. De telles fonctions analysantes vont dépendre de *deux* paramètres réels τ et ν. Dennis Gabor a proposé la méthode suivante en 1946.

On choisit une fonction $g \in L^1(\mathbb{R}) \cap L^2(\mathbb{R})$ positive, paire et « bien localisée » ainsi que sa transformée de Fourier (on suppose bien sûr que g n'est pas la fonction nulle). Nous dirons de g que c'est une *fenêtre*.
Gabor considère comme fonctions analysantes les fonctions suivantes :

$$g_{\tau,\nu} \,:\, t \mapsto g(t-\tau)\, e^{2i\pi\nu t} \qquad \text{(VIII.3)}$$

Gabor avait initialement choisi pour fenêtre une gaussienne $g \,:\, t \mapsto C\, e^{-at^2}$, mais d'autres types de fenêtres sont souvent préférables. Notamment, il peut être utile en pratique d'utiliser une fenêtre à support borné et ressemblant à une « fonction porte adoucie ». En effet, comme on va le voir, on va être amené à multiplier le signal à analyser par $g_{\tau,\nu}$. Si g est à support borné, il en résulte une troncature du signal que l'on souhaite moins brutale que celle résultant du produit par une fonction « porte » [1].

La sinusoïde e_ν est « hyper-concentrée » en fréquence (sa T.F. est une masse de Dirac à la fréquence ν) et « hyper-étalée » en temps (elle est périodique). La fonction analysante $g_{\tau,\nu}$ de Gabor réalise au contraire un *compromis entre la localisation en temps et en fréquence* :

- La fonction $g_{\tau,\nu}$ est correctement localisée en temps. Par exemple, si g est une gaussienne, alors $g_{\tau,\nu}$ est une gaussienne (à valeurs complexes) centrée en τ et modulée à la fréquence ν. Les parties réelle et imaginaire de $g_{\tau,\nu}$ tendent rapidement vers 0, en oscillant.
- La T.F. de $g_{\tau,\nu}$ est correctement localisée en fréquence également. En effet, d'après les formules (IV.8) et (IV.9), $\widehat{g_{\tau,\nu}}$ est la fonction $\xi \mapsto e^{-2i\pi\tau(\xi-\nu)}\widehat{g}(\xi-\nu)$. Si par exemple g est une gaussienne, alors $\widehat{g}$ est une autre gaussienne, donc $\widehat{g_{\tau,\nu}}$ est une gaussienne complexe.

Remarque. On ne perdra pas de vue que ce compromis temps-fréquence est limité par le principe d'incertitude : si en jouant sur la fonction g, on améliore la localisation de g en temps (*i.e.* si on améliore le « fenêtrage »), alors on détériore la localisation en fréquence, et réciproquement.

Exemple. On a représenté à la figure VIII.1 les fonctions $g_{1,50}$ et $g_{1,250}$ correspondant à la fenêtre gaussienne $g \,:\, t \mapsto e^{-\pi t^2}$. D'après (IV.26), cette gaussienne est invariante par transformation de Fourier et elle réalise donc un bon compromis temps-fréquence. On a également représenté (en pointillé) les deux courbes d'équation $y = e^{-\pi(t-1)^2}$ et $y = -e^{-\pi(t-1)^2}$, dont la réunion constitue *l'enveloppe* des courbes représentatives de $g_{1,\nu}$ quand ν varie dans $\mathbb{R}$.

Le signal $e_\nu \,:\, t \mapsto e^{2i\pi\nu t}$ est une vibration périodique d'unique fréquence ν. Les signaux mono-fréquentiels e_ν sont en quelque sorte des *ondes élémentaires*. Réaliser une analyse de Fourier standard d'un signal f, c'est écrire f comme une superposition d'ondes élémentaires.
La fonction analysante $g_{\tau,\nu}$ de Gabor peut quant-à-elle être interprétée comme une vibration non périodique, de *fréquence moyenne* ν (car $\widehat{g_{\tau,\nu}}$ est localisée autour de ν), ayant un début un peu avant l'instant τ et une fin un peu après l'instant τ (car $g_{\tau,\nu}$ est localisée autour de τ).
Reprenons l'exemple du son. Dans ce contexte, le signal e_ν correspond à une note bien précise (par exemple, pour la fréquence $\nu = 261,6\,\text{Hz}$, c'est un *do*), sans début, ni fin. Le signal $g_{\tau,\nu}$ modélise quant-à-lui un son localisé autour de l'instant τ et dont les fréquences sont proches de ν, *i.e.* un son qui est presque une note pure, qui monte en amplitude lors de l'attaque de la note, puis qui s'atténue (relaxation), comme celui qui pourrait être produit *en réalité* par un instrument de musique. On comprend qu'il puisse être intéressant de chercher à représenter certains signaux comme superposition de $g_{\tau,\nu}$ plutôt que comme superposition de e_ν.

1. Les fenêtres *de Hamming et de Hanning* réalisent cet objectif et sont effectivement utilisées en pratique : voir *Analyse et traitement du signal* de Gaillard et Lengellé.

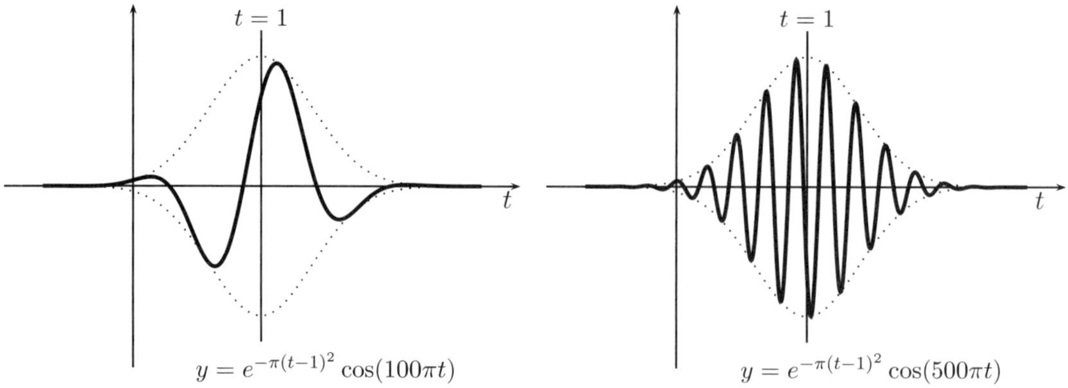

FIGURE VIII.1 – *Partie réelle de deux fonctions analysantes $g_{\tau,\nu}$ de Gabor permettant une analyse des signaux autour de l'instant $\tau = 1$, à basse fréquence ($\nu = 50$) et à haute fréquence ($\nu = 250$). La fenêtre utilisée est $g : t \mapsto e^{-\pi t^2}$.*

Les $g_{\tau,\nu}$ ne sont pas vraiment des ondes. On les appelle parfois *ondelettes temps-fréquence*. On prendra garde de ne pas les confondre avec les *ondelettes temps-échelle* du paragraphe 3.

Pour $f \in L^2(\mathbb{R})$, comme $g_{\tau,\nu} \in L^2(\mathbb{R})$, la fonction $t \mapsto f(t)g(t-\tau)e^{-2i\pi\nu t}$ est intégrable sur $\mathbb{R}$ (inégalité de Cauchy-Schwarz) et on peut considérer

$$\langle f, g_{\tau,\nu} \rangle = \int_{-\infty}^{+\infty} f(t)g(t-\tau)e^{-2i\pi\nu t}\, dt$$

On voit que $\langle f, g_{\tau,\nu} \rangle$ est la T.F. de $t \mapsto f(t)g(t-\tau)$, qui est le produit du signal f par une fenêtre centrée à l'instant τ. Considérer $t \mapsto f(t)g(t-\tau)$ revient en quelque sorte à « regarder le signal f par cette fenêtre autour de l'instant τ ».

Quand τ varie de $-\infty$ à $+\infty$, « on fait glisser la fenêtre g sur f ». On dit que la fonction $\mathcal{G}f$ définie sur $\mathbb{R}^2$ par

$$\mathcal{G}f(\tau,\nu) = \langle f, g_{\tau,\nu} \rangle = \int_{-\infty}^{+\infty} f(t)g(t-\tau)e^{-2i\pi\nu t}\, dt \tag{VIII.4}$$

est la *transformée de Fourier à fenêtre glissante* de f, ou *transformée de Gabor-Fourier* de f. Calculer $\mathcal{G}f(\tau,\nu)$ revient à déterminer les fréquences présentes dans le signal *localement*, autour de τ. Le coefficient $\langle f, g_{\tau,\nu} \rangle$ donne une information en fréquence sur f autour de τ.

Supposons que la fonction $\nu \mapsto \mathcal{G}f(\tau,\nu)$ soit intégrable sur $\mathbb{R}$. La formule d'inversion de Fourier nous donne

$$\forall t \in \mathbb{R} \quad f(t)g(t-\tau) = \int_{-\infty}^{+\infty} \mathcal{G}f(\tau,\nu)e^{2i\pi t\nu}\, d\nu$$

En intégrant par rapport à τ, on obtient

$$f(t)\int_{-\infty}^{+\infty} g(t-\tau)\, d\tau = \int_{\mathbb{R}}\int_{\mathbb{R}} \mathcal{G}f(\tau,\nu)e^{2i\pi t\nu}\, d\nu\, d\tau$$

Notons $G = \int_{\mathbb{R}} g(x)\, dx$. Puisque g est positive intégrable et n'est pas la fonction nulle, on a $G > 0$. Le changement de variable $x = t - \tau$ montre que $\int_{-\infty}^{+\infty} g(t-\tau)\, d\tau = G$, d'où une formule de reconstruction de f à partir de sa transformée de Fourier à fenêtre glissante :

$$\forall t \in \mathbb{R} \quad f(t) = \frac{1}{G}\int_{\mathbb{R}}\int_{\mathbb{R}} \mathcal{G}f(\tau,\nu)e^{2i\pi t\nu}\, d\nu\, d\tau \tag{VIII.5}$$

Par rapport à la formule d'inversion de Fourier, la formule (VIII.5) précise la décomposition de f comme superposition des e_ν en donnant une indication sur la contribution de la fréquence ν autour de l'instant τ, via l'ordre de grandeur de $|\mathcal{G}f(\tau,\nu)|$.

La formule (VIII.5) n'est toutefois pas totalement satisfaisante car elle ne fait pas apparaître f comme une superposition des fonctions analysantes $g_{\tau,\nu}$, mais comme une superposition des e_ν. Le théorème suivant, que l'on admet [2], montre qu'un signal à énergie finie se décompose de façon très naturelle suivant les $g_{\tau,\nu}$.

Théorème 2.1 *Soient $g \in L^1(\mathbb{R}) \cap L^2(\mathbb{R})$ une fenêtre normée dans $L^2(\mathbb{R})$, $f \in L^2(\mathbb{R})$ et $\mathcal{G}f$ la transformée de Fourier à fenêtre glissante de f pour la fenêtre g. On définit*

$$f_n(t) = \int_{-n}^{n} \int_{\mathbb{R}} \mathcal{G}f(\tau,\nu)\, g_{\tau,\nu}(t)\, d\tau d\nu \tag{VIII.6}$$

La suite $(f_n)_{n\in\mathbb{N}}$ converge dans $L^2(\mathbb{R})$ vers f quand n tend vers l'infini. De plus, on a

$$\|f\|^2_{L^2(\mathbb{R})} = \iint_{\mathbb{R}^2} |\mathcal{G}f(\tau,\nu)|^2\, d\tau d\nu \tag{VIII.7}$$

Rappelons qu'une fenêtre est par hypothèse paire et positive. On doit de plus, pour appliquer le théorème 2.1, la normaliser de telle façon que $\|g\|_{L^2(\mathbb{R})} = 1$. Si par exemple on souhaite utiliser pour fenêtre la gaussienne $t \mapsto Ce^{-\pi t^2}$, on prendra $g(t) = 2^{1/4}\, e^{-\pi t^2}$ (cf. formule (I.20)).

La convergence de la suite (f_n) dans $L^2(\mathbb{R})$ peut s'écrire formellement comme l'égalité :

$$f(t) = \iint_{\mathbb{R}^2} \mathcal{G}f(\tau,\nu)\, g_{\tau,\nu}(t)\, d\tau d\nu \tag{VIII.8}$$

L'égalité (VIII.8) exprime que f est une superposition des $g_{\tau,\nu}$, la « projection » suivant $g_{\tau,\nu}$ étant le signal $\mathcal{G}f(\tau,\nu)g_{\tau,\nu} = \langle f, g_{\tau,\nu}\rangle g_{\tau,\nu}$, ce qui est très naturel.

L'égalité (VIII.7) est quant à elle à comparer à la formule de Parseval-Plancherel (qui permet d'ailleurs de la démontrer). Elle exprime que la contribution de $\langle f, g_{\tau,\nu}\rangle\, g_{\tau,\nu}$ à l'énergie $\|f\|^2_{L^2(\mathbb{R})}$ du signal f est proportionnelle à $|\mathcal{G}f(\tau,\nu)|^2$.

Pour le calcul numérique, on choisit $\tau_0 > 0$ et $\nu_0 > 0$ et on exploite la formule (VIII.5) en calculant suffisamment de coefficients $\mathcal{G}f(n\tau_0, m\nu_0)$ ($(n,m) \in \mathbb{Z}^2$) pour reconstituer $f(t)$ avec une précision acceptable. Le choix de τ_0 et de ν_0 correspond à un échantillonnage en temps et en fréquence d'autant plus « fin » que τ_0 et ν_0 sont choisis petits. Le calcul des coefficients $\mathcal{G}f(n\tau_0, m\nu_0)$ peut se faire avec l'algorithme « Transformée de Fourier Rapide » (on ne peut évidemment en calculer qu'un nombre fini).

3 Transformée en ondelettes

L'observation de la figure VIII.1 révèle les limites de la méthode de Gabor. Même si le support de g n'est pas borné, $g_{\tau,\nu}(t)$ est quasiment nul en dehors d'un intervalle compact centré sur τ. Notons J_τ cet intervalle, assimilable en pratique au support de $g_{\tau,\nu}$. Nous dirons que J_τ est le « support utile » de $g_{\tau,\nu}$. Lorsque ν varie, la valeur des $\langle f, g_{\tau,\nu}\rangle$ permet de rendre compte des fréquences significatives du signal f autour de l'instant τ et de reconstruire $f(t)$ dans un voisinage de τ, *à condition que relativement à l'ordre de grandeur du support utile de g, les variations de f ne soient pas trop rapides sur chaque intervalle J_τ.*

2. Le lecteur trouvera une démonstration, assez technique, dans *Analyse de Fourier et applications* de Gasquet et Witomski.

En effet, il ne faut pas oublier que le signal est *discrétisé* pour son traitement sur calculateur, de sorte que si le signal f varie rapidement, deux échantillons successifs de f peuvent avoir des valeurs très différentes. Lors de la reconstruction numérique du signal par ses coefficients de Gabor, il sera difficile de rendre compte de la différence entre deux telles valeurs. Pour « capter » cette différence, il faudrait utiliser une autre fonction g, de support utile plus réduit, adapté à la rapidité de variation du signal dans ce voisinage de τ (une variation « rapide » à une certaine échelle devenant « lente » à une échelle plus réduite). Il en résulte que la transformation de Fourier à fenêtre glissante échoue à réaliser une analyse fine des signaux pouvant présenter des particularités *à des échelles très différentes.* En fait, à un instant τ donné, les parties réelle et imaginaire des fonctions analysantes $g_{\tau,\nu}$ possèdent toutes une enveloppe fixe, réunion des courbes d'équation $y = g(t-\tau)$ et $y = -g(t-\tau)$. La longueur du « support utile » et la « surface utile » délimitée par l'enveloppe doivent être adaptées à l'ordre de grandeur des détails du signal à analyser.

Entre 1980 et 1990, des recherches intensives ont permis de développer un ensemble de nouvelles méthodes et d'algorithmes de traitement *multi-échelles* des signaux (son, image, signaux sismiques...). Bien que, comme l'a mis en évidence Yves Meyer[3], les ondelettes étaient déjà tacitement présentes dans nombre de travaux, l'idée de base est sans doute à attribuer au géophysicien Jean Morlet. Pour analyser des signaux sismiques réfléchis par les différentes couches géologiques en prospection pétrolière, Morlet a choisi une fonction $\psi : \mathbb{R} \to \mathbb{C}$ qui a la forme d'une onde amortie (nous allons préciser cela plus loin) et a utilisé les fonctions analysantes suivantes :

$$\psi_{a,\tau} : t \mapsto \frac{1}{\sqrt{a}}\psi\left(\frac{t-\tau}{a}\right) \qquad (a>0\,,\ \tau\in\mathbb{R}) \tag{VIII.9}$$

La fonction ψ est appelée *ondelette-mère.* Avant d'aller plus loin, il faut noter que dans leur conception, ces fonctions analysantes n'ont pas grand à chose à voir avec celles utilisées par Gabor. La fonction ψ n'a pas la forme d'une fenêtre. Elle n'est pas positive. Au contraire, on va voir que l'on a $\int_{-\infty}^{+\infty}\psi(t)\,dt = 0$, de sorte que si elle est à valeurs réelles, elle oscille en changeant de signe. En fait, il est important de se laisser la possibilité de choisir une ondelette-mère à valeurs complexes.

Dans la définition (VIII.9), on voit que le paramètre a est un *facteur d'échelle* et que le paramètre τ est un *facteur de translation.* La courbe représentative de $t \mapsto \psi\left(\frac{t-\tau}{a}\right)$ se déduit de celle de ψ par une dilatation (lorsque $a > 1$) ou une contraction (lorsque $a < 1$) suivie d'une translation horizontale de τ. Il en résulte que la fonction $\psi_{a,\tau}$ a la « même forme » que l'ondelette-mère ψ. Le rôle du facteur $\frac{1}{\sqrt{a}}$ apparaîtra bientôt.

Définition 3.1 *On appelle ondelette-mère toute fonction $\psi : \mathbb{R} \to \mathbb{C}$ intégrable et de carré intégrable sur $\mathbb{R}$, normée dans $L^2(\mathbb{R})$ et vérifiant*

$$\int_{-\infty}^{+\infty} \frac{\left|\widehat{\psi}(\nu)\right|^2}{|\nu|}\,d\nu < +\infty \tag{VIII.10}$$

Le résultat suivant montre que, comme nous l'annoncions, une ondelette-mère a une intégrale nulle, donc est oscillante. Il montre aussi que, réciproquement, les fonctions d'intégrale nulle sont des ondelettes-mères sous des hypothèses ne nécessitant pas de calculer $\widehat{\psi}$ et faciles à vérifier en pratique.

3. voir *Les ondelettes - Algorithmes et applications* d'Yves Meyer

Proposition 3.1 *Si ψ est une ondelette-mère, alors on a*

$$\int_{-\infty}^{+\infty} \psi(t)\, dt = 0 \tag{VIII.11}$$

Réciproquement, si $\psi \in L^1(\mathbb{R}) \cap L^2(\mathbb{R})$ est normée dans $L^2(\mathbb{R})$, vérifie (VIII.11) et est telle que $t \mapsto t\psi(t) \in L^1(\mathbb{R})$, alors ψ est une ondelette-mère.

Preuve. Soit ψ une ondelette-mère. Raisonnons par l'absurde. Si $\widehat{\psi}(0) = \int_{-\infty}^{+\infty} \psi(t)\, dt \neq 0$, alors $\frac{|\widehat{\psi}(\nu)|^2}{|\nu|} \sim_0 \frac{|\widehat{\psi}(0)|^2}{|\nu|}$, ce qui implique $\int_{-\infty}^{+\infty} \frac{|\widehat{\psi}(\nu)|^2}{|\nu|}\, d\nu = +\infty$: contradiction.
Réciproquement, considérons une fonction $\psi \in L^1(\mathbb{R}) \cap L^2(\mathbb{R})$ vérifiant (VIII.11) et telle que $t \mapsto t\psi(t) \in L^1(\mathbb{R})$. D'après la proposition 2.1 du chapitre IV, on a $\widehat{\psi} \in \mathcal{C}^1(\mathbb{R})$. En particulier, $\widehat{\psi}$ est dérivable en 0, donc on a au voisinage de 0 :

$$\widehat{\psi}(\nu) = \widehat{\psi}(0) + \nu\, \frac{d\widehat{\psi}}{d\nu}(0) + \circ(\nu) = \nu\, \frac{d\widehat{\psi}}{d\nu}(0) + \circ(\nu)$$

On en déduit que $\frac{(\widehat{\psi}(\nu))^2}{\nu} = \nu\big(\frac{d\widehat{\psi}}{d\nu}(0) + \circ(1)\big)^2$. La fonction $\nu \mapsto \frac{(\widehat{\psi}(\nu))^2}{\nu}$ est de classe $\mathcal{C}^1$ sur $\mathbb{R}^*$ et tend vers 0 quand ν tend vers 0, donc elle est localement intégrable. Par ailleurs, pour $|\nu| \leq 1$, on a $\frac{|\widehat{\psi}(\nu)|^2}{|\nu|} \leq \big|\widehat{\psi}(\nu)\big|^2$. Comme $\psi \in L^2(\mathbb{R})$, il en est de même de $\widehat{\psi}$, donc la condition (VIII.10) est vérifiée.

□

Exemples.

1. L'exemple le plus simple d'ondelette-mère est la fonction

$$\psi \,:\, t \mapsto \mathbf{1}_{[0,\frac{1}{2}[}(t) - \mathbf{1}_{[\frac{1}{2},1[}(t) \tag{VIII.12}$$

   On l'appelle *ondelette de Haar*. Elle engendre des ondelettes $\psi_{a,\tau}$ constantes par morceaux. Nous verrons que le fait que ces fonctions manquent de régularité (elles ne sont pas continues) est un inconvénient majeur.

2. On peut facilement construire une ondelette-mère de classe $\mathcal{C}^\infty$ sur $\mathbb{R}$. Il suffit de considérer une dérivée d'ordre $k \geq 1$ d'une gaussienne et de la normer dans $L^2(\mathbb{R})$. Par exemple, pour $k \in \mathbb{N}$, notons $\phi_k \,:\, t \mapsto \frac{d^k}{dt^k}(e^{-\pi t^2})$. On a $\phi_k \in L^1(\mathbb{R}) \cap L^2(\mathbb{R})$ et $t \mapsto t\phi_k(t) \in L^1(\mathbb{R})$. Le corollaire 2.2 du chapitre IV s'applique à ϕ_0. Comme ϕ_0 est invariante par transformation de Fourier, la formule (IV.15) nous donne $\big(\mathcal{F}\phi_k\big)(\nu) = (2i\pi\nu)^k e^{-\pi\nu^2}$. Ainsi, pour $k \in \mathbb{N}^*$, on a $\big(\mathcal{F}\phi_k\big)(0) = 0$, *i.e.* la condition (VIII.11) est vérifiée pour ϕ_k. D'après la proposition 3.1, la fonction $\psi_k = \frac{1}{\|\phi_k\|_{L^2}}\, \phi_k$ est une ondelette-mère pour tout entier $k \geq 1$. Ces ondelettes sont très régulières puisqu'elles appartiennent à l'espace $\mathcal{S}$.

   On a représenté à la figure VIII.2 la dérivée d'ordre 4 de la gaussienne $t \mapsto e^{-t^2}$, *i.e* la fonction $\phi \,:\, t \mapsto 4\,(4t^4 - 12t^2 + 3)\, e^{-t^2}$. Pour obtenir une ondelette-mère ψ, il suffit de normer ϕ, *i.e.* de considérer la fonction ψ définie par

$$\psi(t) = \frac{4}{\|\phi\|_{L^2(\mathbb{R})}}\, (4t^4 - 12t^2 + 3)\, e^{-t^2}$$

Grâce au terme $\frac{1}{\sqrt{a}}$, toutes les fonctions $\psi_{a,\tau}$ sont normées dans $L^2(\mathbb{R})$. En effet, on a

$$\begin{aligned} \|\psi_{a,\tau}\|_{L^2}^2 &= \int_{\mathbb{R}} \left| \frac{1}{\sqrt{a}}\, \psi\left(\frac{t-\tau}{a}\right) \right|^2 dt \\ &= \frac{1}{a} \int_{\mathbb{R}} |\psi(y)|^2\, a\, dy \\ &= \|\psi\|_{L^2}^2 = 1 \end{aligned}$$

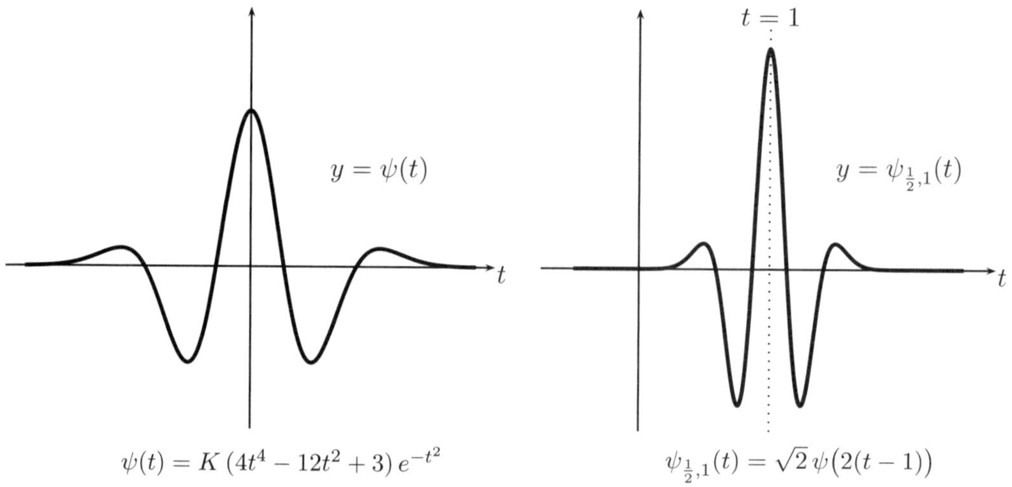

FIGURE VIII.2 – *Une ondelette-mère ψ (dérivée d'ordre 4 d'une gaussienne) et l'ondelette $\psi_{\frac{1}{2},1}$ correspondante, représentées à la même échelle.*

Les fonctions $\psi_{a,\tau}$ sont appelées *ondelettes temps-échelle*, ou plus simplement *ondelettes*. Ayant même forme que ψ, elles ont en particulier même nombre d'oscillations. Les ondelettes temps-échelle ont donc un nombre d'oscillations fixe sur $\mathbb{R}$ (éventuellement infini). C'est un comportement tout à fait différent de celui des ondelettes temps-fréquence $g_{\tau,\nu}$ de Gabor, dont le nombre d'oscillations sur un intervalle de temps centré en τ et de longueur fixée augmente avec ν. Pour les fonctions analysantes de Gabor, la présence du terme $e^{2i\pi\nu t}$ montre qu'il est légitime de considérer ν comme une fréquence moyenne. Pour les ondelettes temps-échelle, lorsque le facteur d'échelle a tend vers 0, le graphe de $\psi_{a,\tau}$ se contracte et les oscillations se rapprochent. On a donc envie d'interpréter $1/a$, qui augmente quand a diminue, comme une « fréquence ». Cette interprétation est *a priori* abusive mais on peut la légitimer physiquement en remarquant que grâce aux formules (IV.9) et (IV.10), on a

$$\big(\mathcal{F}\psi_{a,\tau}\big)(\nu) = \sqrt{a}\,e^{-2i\pi\tau\nu}\,\widehat{\psi}(a\nu) \qquad \text{(VIII.13)}$$

Comme pour les fenêtres de Gabor, on s'efforce en pratique de choisir une ondelette-mère réalisant un bon compromis entre la localisation en temps et en fréquence. Supposons que ψ soit localisée autour d'un instant t_0 et que $\widehat{\psi}$ soit localisée autour d'une fréquence ν_0. Dans ce cas, $\nu \mapsto \widehat{\psi}(a\nu)$ est localisée autour de ν_0/a, donc $\mathcal{F}\psi_{a,\tau}$ aussi. Ainsi, la fonction analysante $\psi_{a,\tau}$ doit permettre une analyse autour du point $\big(t_0, \nu_0/a\big)$ dans le plan temps-fréquence. On peut passer si nécessaire d'une interprétation temps-échelle à une interprétation temps-fréquence : à un facteur d'échelle a correspond une fréquence ν_0/a.

Exemple. La deuxième courbe de la figure VIII.2 représente la fonction $\psi_{\frac{1}{2},1}$ définie par

$$\psi_{\frac{1}{2},1}(t) = \sqrt{2}\,\psi\big(2(t-1)\big) = \sqrt{2}\,K\,\big(64(t-1)^4 - 48(t-1)^2 + 3\big)\,e^{-2(t-1)^2}$$

lorsque l'ondelette-mère ψ est la fonction $t \mapsto K\,(4t^4 - 12t^2 + 3)\,e^{-t^2}$. Le facteur d'échelle $a = 1/2$ est inférieur à 1, ce qui correspond à une contraction de ψ. On constate effectivement que la courbe représentative de $\psi_{\frac{1}{2},1}$ est obtenue à partir de celle de ψ par une contraction « en accordéon » d'un facteur $a = 1/2$, suivie d'une translation qui centre la courbe autour de l'instant $\tau = 1$. Toutes les « distances horizontales » significatives (par exemple la distance entre les sommets de ψ) sont divisées par 2.

Nous aurons besoin dans la suite d'étendre la définition de $\psi_{a,\tau}$ à des valeurs du paramètre a de signe quelconque. Cette extension se fait naturellement de la façon suivante :

$$\psi_{a,\tau} \ : \ t \mapsto \frac{1}{\sqrt{|a|}} \psi\left(\frac{t-\tau}{a}\right) \qquad (a \neq 0\,,\ \tau \in \mathbb{R}) \tag{VIII.14}$$

Ainsi, $\psi_{a,\tau}$ est normée dans $L^2(\mathbb{R})$ pour tout $a \neq 0$ et tout réel τ, et $|a|$ est un facteur d'échelle.

Puisque nous souhaitons utiliser les $\psi_{a,\tau}$ comme fonctions analysantes, il est naturel d'adopter la définition suivante.

Définition 3.2 *Soit ψ une ondelette-mère. On appelle transformée en ondelettes d'une fonction $f \in L^2(\mathbb{R})$ la fonction $\mathcal{W}f$ définie sur $\mathbb{R}^* \times \mathbb{R}$ par*

$$\mathcal{W}f(a,\tau) = \int_{-\infty}^{+\infty} f(t)\, \overline{\psi_{a,\tau}(t)}\, dt \tag{VIII.15}$$

Autrement dit

$$\mathcal{W}f(a,\tau) = \langle f, \psi_{a,\tau} \rangle \tag{VIII.16}$$

La fonction $\mathcal{W}f$ est bien définie sur $\mathbb{R}^* \times \mathbb{R}$ en vertu de l'inégalité de Cauchy-Schwarz, car nous avons supposé que ψ (donc $\psi_{a,\tau}$) et f sont de carré intégrable sur $\mathbb{R}$.

La notation $\mathcal{W}$ pour la transformation en ondelettes fait référence au terme *wavelet* désignant une ondelette en anglais. On ne perdra pas de vue que cette transformation dépend de l'ondelette-mère ψ choisie.

La reconstruction du signal f à partir de sa transformée en ondelettes se fait grâce au théorème suivant, que l'on admet [4].

Théorème 3.1 *Soient ψ une ondelette-mère, $f \in L^2(\mathbb{R})$ et $\mathcal{W}f$ la transformée en ondelettes de f pour l'ondelette ψ. On note*

$$C(\psi) = \int_{-\infty}^{+\infty} \frac{\left|\widehat{\psi}(\nu)\right|^2}{|\nu|}\, d\nu \tag{VIII.17}$$

et pour tout $\varepsilon > 0$, on définit

$$f_\varepsilon(t) = \frac{1}{C(\psi)} \iint_{|a|>\varepsilon\,,\,\tau\in\mathbb{R}} \mathcal{W}f(a,\tau)\, \psi_{a,\tau}(t)\, \frac{1}{a^2}\, da d\tau \tag{VIII.18}$$

La fonction f_ε tend vers f dans $L^2(\mathbb{R})$ quand ε tend vers 0. De plus, on a

$$\|f\|^2_{L^2(\mathbb{R})} = \frac{1}{C(\psi)} \iint_{\mathbb{R}^2} \left|\mathcal{W}f(a,\tau)\right|^2 \frac{1}{a^2}\, da d\tau \tag{VIII.19}$$

Rappelons que puisque ψ est une ondelette, on a par hypothèse $C(\psi) < +\infty$. La formule de reconstruction s'écrit formellement comme l'égalité dans $L^2(\mathbb{R})$ suivante :

$$f(t) = \frac{1}{C(\psi)} \iint_{\mathbb{R}^2} \mathcal{W}f(a,\tau)\, \psi_{a,\tau}(t)\, \frac{1}{a^2}\, da d\tau \tag{VIII.20}$$

4. Comme pour le théorème 2.1, le lecteur trouvera une démonstration technique mais abordable dans *Analyse de Fourier et applications* de Gasquet et Witomski.

L'égalité (VIII.19) est à comparer à la formule de Parseval-Plancherel. Elle exprime que la contribution de l'ondelette $\psi_{a,\tau}$ à l'énergie de f est proportionnelle à $\frac{1}{C(\psi)}\left|\mathcal{W}f(a,\tau)\right|^2\frac{1}{a^2}$.

Notons que Jean Morlet a eu l'intuition de la formule (VIII.20) dès le milieu des années 1970 et l'a soumise en 1981 à Alex Grossmann, qui a rapidement démontré le théorème 3.1.

Remarque. La transformée de Fourier d'un signal f peut être vue comme une famille *non dénombrable* de coefficients indexée par *un seul* paramètre ν. Cette famille de coefficients suffit à reconstruire f, via la formule d'inversion de Fourier. Pour la transformée en ondelettes, nous avons une famille non dénombrable de coefficients indexée par *deux* paramètres a et τ. Intuitivement, nous avons donc *redondance d'informations* sur f dans la donnée des $\mathcal{W}f(a,\tau)$. Il est donc légitime de se demander si on ne peut trouver une formule de reconstruction plus économique que (VIII.20).

Pour le calcul numérique, comme pour la transformée de Fourier à fenêtre glissante, on doit restreindre le calcul de la transformée en ondelettes à un ensemble dénombrable (fini en pratique) de termes (a,τ) d'une « grille ». On choisit $a_0 > 1$ et $\tau_0 > 0$ et on calcule les coefficients $\mathcal{W}f(a_0^{-j}, k\tau_0 a_0^{-j})$ correspondant aux ondelettes suivantes :

$$t \mapsto \psi_{a_0^{-j},k\tau_0 a_0^{-j}}(t) = \frac{1}{\sqrt{a_0^{-j}}}\,\psi\left(\frac{t-k\tau_0 a_0^{-j}}{a_0^{-j}}\right) = a_0^{j/2}\,\psi(a_0^j t - k\tau_0) \qquad (j,k)\in\mathbb{Z}^2 \qquad \text{(VIII.21)}$$

Tenant compte de la remarque précédente, une question naturelle se pose : la donnée des coefficients d'ondelettes de $f \in L^2(\mathbb{R})$ correspondant à la famille dénombrable $\left(\psi_{a_0^{-j},k\tau_0 a_0^{-j}}\right)_{(j,k)\in\mathbb{Z}^2}$ d'ondelettes caractérise-t-elle le signal f ? Ingrid Daubechies a démontré en 1984 que la réponse est positive pourvu que a_0 et τ_0 soient choisis de telle façon que $a_0\tau_0$ reste inférieur à une constante ne dépendant que de l'ondelette-mère ψ.

4 Développement en ondelettes orthogonales

Nous venons de voir que sous certaines conditions, $f \in L^2(\mathbb{R})$ est caractérisée par ses coefficients sur une famille dénombrable d'ondelettes. L'idéal serait de disposer d'une *base hilbertienne de $L^2(\mathbb{R})$ constituée d'ondelettes.* Ce serait économique parce que les coefficients d'ondelettes utilisés seraient « indépendants » (on éliminerait la redondance d'informations contenue dans la transformée en ondelettes). Ce serait pratique car f se décomposerait simplement comme la somme de ses projetés orthogonaux suivant chaque ondelette de la base.

Considérons la famille dénombrable d'ondelettes définie par (VIII.21). Le choix le plus courant en pratique est $a_0 = 2$ et $\tau_0 = 1$. À partir d'une ondelette-mère ψ, nous définissons désormais

$$\psi_{j,k}\ :\ t \mapsto 2^{j/2}\,\psi(2^j t - k) \qquad (j,k)\in\mathbb{Z}^2 \qquad \text{(VIII.22)}$$

Autrement dit, nous notons $\psi_{j,k}$ les ondelettes $\psi_{2^{-j},k2^{-j}}$ associée à l'ondelette-mère ψ.

Bien évidemment, en choisissant une ondelette-mère quelconque, il n'y aucune raison que les $\psi_{j,k}$ forment une famille orthogonale. Il existe cependant des familles orthonormées d'ondelettes totales dans $L^2(\mathbb{R})$.

Exemple. La famille $(\psi_{j,k})_{(j,k)\in\mathbb{Z}^2}$ obtenue en choisissant pour ψ l'ondelette de Haar

$$\psi = \mathbf{1}_{[0,\frac{1}{2}[} - \mathbf{1}_{[\frac{1}{2},1[}$$

est une famille orthonormée totale dans $L^2(\mathbb{R})$, appelée *base hilbertienne de Haar*. La démonstration fait l'objet de l'exercice VIII.2.

Considérons une base hilbertienne d'ondelettes $(\psi_{j,k})_{(j,k)\in\mathbb{Z}^2}$. Pour tout $f \in L^2(\mathbb{R})$, nous avons l'égalité dans $L^2(\mathbb{R})$:

$$f = \sum_{j=-\infty}^{+\infty} \sum_{k=-\infty}^{+\infty} \langle f, \psi_{j,k} \rangle \, \psi_{j,k} \tag{VIII.23}$$

La fonction $p_j(f) = \sum_{k=-\infty}^{+\infty} \langle f, \psi_{j,k} \rangle \, \psi_{j,k}$ est la limite (au sens de la norme de $L^2(\mathbb{R})$) quand K et K' tendent vers $+\infty$ de la projection de f sur le s.e.v. engendré par $\{\psi_{j,k} \, ; \, -K \leq k \leq K'\}$. Supposons construite l'approximation $f^\star_{N-1} = \sum_{j=-\infty}^{N-1} p_j(f)$ de f. Lorsqu'on ajoute $p_N(f)$ à $f^\star_{N-1}$ pour obtenir l'approximation $f^\star_N$, cela revient à tenir compte des détails de f que l'on peut percevoir à la *résolution* 2^{-N}. Cette interprétation explique le succès de la théorie des ondelettes en traitement de l'image : lorsque l'on dispose de l'image à la résolution $2^{-(N-1)}$, on passe à la résolution 2^{-N} en calculant les coefficients d'ondelettes correspondant au niveau d'échelle 2^{-N} et en ajoutant $p_N(f)$. Yves Meyer et Stéphane Mallat ont prolongé cette idée en étudiant en profondeur la notion d'*analyse multirésolution de* $L^2(\mathbb{R})$, que nous ne présenterons pas malgré son importance [5].

La base hilbertienne de Haar a un inconvénient majeur : les fonctions $\psi_{j,k}$ sont seulement continues par morceaux. Ce manque de régularité se traduit dans le domaine fréquentiel par une transformée de Fourier très mal localisée. Cela implique que les coefficients d'ondelettes $\langle f, \psi_{j,k} \rangle$ tendent lentement vers 0 lorsque j tend vers $+\infty$, ce qui rend très lourd le calcul des f_j quand j augmente. Avec la base de Haar, le passage d'une résolution à une autre est donc difficile.

De façon plus précise, il est possible de démontrer que si $f \in L^2(\mathbb{R})$ est de classe $\mathcal{C}^\infty$, alors $\langle f, \psi_{j,k} \rangle$ est de l'ordre de grandeur de $1/n^{q+1}$, où $n = 2^j$ et q est le plus petit entier naturel p tel que

$$\int_{\mathbb{R}} x^p \, \overline{\psi(x)} \, dx \neq 0 \tag{VIII.24}$$

La quantité $M_p = \int_{\mathbb{R}} x^p \, \overline{\psi(x)} \, dx$ s'appelle le *moment d'ordre* p de ψ. Puisque ψ est une ondelette, on a $M_0 = 0$. Pour l'ondelette de Haar, le moment d'ordre 1 est non nul, d'où une décroissance des coefficients d'ondelettes en $1/n^2$ seulement.

Il est donc souhaitable de travailler avec une ondelette ψ donnant lieu à une base hilbertienne et ayant le plus possible de moments nuls. Yves Meyer a réussi en 1985, ce qui est un tour de force, à construire une ondelette ψ telle que $\widehat{\psi}$ soit élément de $\mathcal{D}$ et nulle dans tout un voisinage de 0, de telle façon que $(\psi_{j,k})_{(j,k)\in\mathbb{Z}^2}$ soit une base hilbertienne de $L^2(\mathbb{R})$. En conséquence, puisque $\mathcal{D} \subset \mathcal{S}$ et que $\mathcal{S}$ est invariant par transformation de Fourier, les ondelettes $\psi_{j,k}$ sont éléments de $\mathcal{S}$. Elles sont donc régulières et bien localisées en temps et en fréquence. De plus, puisque $\widehat{\psi}$ est nulle dans un voisinage de 0, on a $\frac{d^p\widehat{\psi}}{d\nu^p}(0) = (-2i\pi)^p M_p = 0$ pour tout $p \in \mathbb{N}$. Tous les moments de ψ sont nuls ! La décroissance des coefficients d'ondelettes est donc rapide pour des signaux réguliers.

5. Bien que l'on puisse en avoir un aperçu en restant au niveau de ce livre, la notion d'analyse multirésolution nécessite, pour être vraiment comprise, quelques connaissances d'analyse fonctionnelle. Voir par exemple *Les ondelettes - Algorithmes et applications* d'Yves Meyer.

5 Exercices corrigés

La transformation de Fourier à fenêtre glissante et la transformation en ondelettes ne se prêtent guère à des calculs explicites « à la main ». Ce sont des méthodes d'analyse et de synthèse des signaux destinées à être implémentées. Les deux exercices présentés ci-dessous sont de simples compléments du cours.

Exercice VIII.1 ***Transformation de Gabor-Fourier lorsque la fenêtre est une porte.*** *Ce n'est pas un jeu de mots ! On considère la transformation de Fourier à fenêtre glissante lorsque* $g = \mathbf{1}_{[-a,a]}$. *Quel inconvénient majeur rencontre-t-on ? Que donne le calcul de* $\mathcal{G}f$ *?*

Solution. La fenêtre $g = \mathbf{1}_{[-a,a]}$ est parfaitement localisée dans le domaine temporel. Par contre elle est mal localisée dans le domaine fréquentiel puisque $\widehat{g}(\nu) = 2a\,\mathrm{sinc}\,(2\pi a\nu)$ tend lentement vers 0 quand ν tend vers $\pm\infty$.
On remarque qu'ici calculer $\mathcal{G}f(\tau,\nu)$ revient à calculer la T.F. (au sens ordinaire) du signal tronqué $t \mapsto f(t)\,g(t-\tau) = f(t)\,\mathbf{1}_{[\tau-a,\tau+a]}(t)$ (« partie du signal » observée sur la durée $[\tau-a,\tau+a]$). La T.F. du produit de f par $t \mapsto g(t-\tau)$ est le produit de convolution de $\widehat{f}$ par $\nu \mapsto 2a\,\mathrm{sinc}\,(2\pi a\nu)\,e^{-2i\pi\tau\nu}$.

Exercice VIII.2 ***Base hilbertienne d'ondelettes de Haar.***
Soit ψ *l'ondelette-mère de Haar. Pour* $(j,k) \in \mathbb{Z}^2$, *soit* $\psi_{j,k} : t \mapsto 2^{j/2}\psi(2^jt-k)$. *Démontrer que* $(\psi_{j,k})_{(j,k)\in\mathbb{Z}^2}$ *est une famille orthonormée totale de* $L^2(\mathbb{R})$.

Solution. On a $\psi = \mathbf{1}_{[0,\frac{1}{2}[} - \mathbf{1}_{[\frac{1}{2},1[}$. Il est immédiat que $\|\psi\|_{L^2} = 1$, ce qui implique que $\|\psi_{j,k}\|_{L^2} = 1$. $\psi_{j,k}(t)$ vaut $2^{j/2}$ pour $k\,2^{-j} \leq t < (k+1/2)\,2^{-j}$, vaut $-2^{j/2}$ pour $(k+1/2)\,2^{-j} \leq t < (k+1)\,2^{-j}$ et vaut 0 pour toute autre valeur de t. Pour $(j,k) \in \mathbb{Z}^2$, notons $I_{j,k}$ l'intervalle $\left[k2^{-j};(k+1)2^{-j}\right[$. Remarquons que $I_{j,k}$ est l'union disjointe des intervalles $I_{j+1,2k}$ et $I_{j+1,2k+1}$ et que $\psi_{j,k}(t)$ vaut $2^{j/2}$ sur $I_{j+1,2k}$ et vaut $-2^{j/2}$ sur $I_{j+1,2k+1}$. De plus, pour j fixé, la famille des intervalles $I_{j,k}$ lorsque k décrit $\mathbb{Z}$ est un recouvrement de $\mathbb{R}$ par des intervalles disjoints de longueur 2^{-j}.
Si $k \neq l$, alors l'intersection des supports de $\psi_{j,k}$ et de $\psi_{j,l}$ est soit vide, soit réduite à un point, donc $\langle\psi_{j,k},\psi_{j,l}\rangle = \int_{\mathbb{R}} \psi_{j,k}(t)\,\psi_{j,l}(t)\,dt = 0$.
Considérons maintenant deux entiers i et j tels que $i < j$. Le « découpage » de $\mathbb{R}$ en tant que réunion des $I_{j,k}$ est « plus fin » qu'en tant que réunion des $I_{i,l}$. Si k et l sont des entiers quelconques, il n'y a donc que trois cas possibles :

- soit l'intersection de $I_{j,k}$ et de $I_{i,l}$ est vide ou réduite à un point et on a $\langle\psi_{j,k},\psi_{i,l}\rangle = 0$;
- soit $I_{j,k} \subset I_{i+1,2l}$, donc $\langle\psi_{j,k},\psi_{i,l}\rangle = \int_{I_{j+1,2k}} 2^{j/2}\,2^{i/2}\,dt + \int_{I_{j+1,2k+1}} (-2^{j/2})\,(2^{i/2})\,dt = 0$;
- soit $I_{j,k} \subset I_{i+1,2l+1}$, donc $\langle\psi_{j,k},\psi_{i,l}\rangle = \int_{I_{j+1,2k}} 2^{j/2}\,(-2^{i/2})\,dt + \int_{I_{j+1,2k+1}} (-2^{j/2})\,(-2^{i/2})\,dt = 0$.

La famille $(\psi_{j,k})_{(j,k)\in\mathbb{Z}^2}$ est bien orthonormée dans $L^2(\mathbb{R})$.

Soit $f \in L^2(\mathbb{R})$. On considère son approximation f_j constante par morceaux obtenue en remplaçant $f(t)$ sur chaque intervalle $I_{j,k}$ par la valeur moyenne de f sur cet intervalle : pour $t \in I_{j,k}$, on approche $f(t)$ par $\frac{1}{2^{-j}}\int_{I_{j,k}} f(x)\,dx$. On a donc $f_j(t) = 2^j \sum_{k\in\mathbb{Z}} \mathbf{1}_{I_{j,k}}(t) \int_{I_{j,k}} f(x)\,dx$.
Si $t \in I_{j+1,2k}$, alors $f_{j+1}(t) - f_j(t) = 2^{j+1}\int_{I_{j+1,2k}} f - 2^j \int_{I_{j,k}} f = 2^j\left(\int_{I_{j+1,2k}} f - \int_{I_{j+1,2k+1}} f\right)$.
Si $t \in I_{j+1,2k+1}$, alors $f_{j+1}(t) - f_j(t) = 2^{j+1}\int_{I_{j+1,2k+1}} f - 2^j \int_{I_{j,k}} f = 2^j\left(\int_{I_{j+1,2k+1}} f - \int_{I_{j+1,2k}} f\right)$.
Autrement dit, on a $f_{j+1}(t) - f_j(t) = 2^j \sum_{k\in\mathbb{Z}} \left(\int_{I_{j+1,2k}} f - \int_{I_{j+1,2k+1}} f\right)\left(\mathbf{1}_{I_{j+1,2k}}(t) - \mathbf{1}_{I_{j+1,2k+1}}(t)\right)$.
On remarque que $f_{j+1}(t) - f_j(t) = \sum_{k\in\mathbb{Z}}\langle f,\psi_{j,k}\rangle\,\psi_{j,k}(t)$, *i.e.* $f_{j+1} - f_j$ n'est autre que le projeté $p_j(f)$ de f sur les ondelettes de résolution 2^{-j}. Admettons que f_j tende vers f dans $L^2(\mathbb{R})$ quand j tend vers $+\infty$ et que f_j tende vers 0 quand j tend vers $-\infty$ (c'est un résultat naturel). La « somme télescopique » $\sum_{j=-n}^{m} p_j(f) = \sum_{j=-n}^{m}(f_{j+1} - f_j) = f_{m+1} - f_{-n}$ tend vers f quand n et m tendent vers $+\infty$. Ainsi, tout $f \in L^2(\mathbb{R})$ s'écrit $f = \sum_{j=-\infty}^{+\infty}\sum_{k=-\infty}^{+\infty}\langle f,\psi_{j,k}\rangle\,\psi_{j,k}$ (égalité dans $L^2(\mathbb{R})$), *i.e.* $(\psi_{j,k})_{(j,k)\in\mathbb{Z}^2}$ est totale dans $L^2(\mathbb{R})$.

Chapitre IX

Fonctions de la variable complexe

Les fonctions holomorphes sont les fonctions de la variable complexe qui admettent une dérivée par rapport à cette variable. Bien que la définition de la dérivée soit la même que dans le cas d'une variable réelle, les propriétés de ces fonctions sont très différentes de celles des fonctions dérivables de la variable réelle, ce qui justifie une étude séparée. Pour illustrer la notion de fonction holomorphe, on passe ici en revue les fonctions holomorphes usuelles (exponentielle, trigonométrique, logarithme, etc). On définit également la notion de fonction analytique, i.e. développable en série entière au voisinage de chaque point de l'ouvert de définition. Dans ce chapitre et le suivant, on étudiera le lien entre les fonctions holomorphes et les fonctions analytiques.
Signalons que des rudiments de topologie de $\mathbb{C}$ (ouvert, ouvert connexe,...) sont nécessaires pour comprendre ce qui suit, ainsi que la notion de différentiabilité. Au besoin, on se reportera aux annexes A et B.

1 Dérivabilité par rapport à la variable complexe

1.1 Fonctions $\mathbb{C}$-différentiables

Rappelons que tout nombre complexe $z = x + iy$ est un couple de réels (x, y). Ce que l'on note $\mathbb{C}$ n'est rien d'autre que $\mathbb{R}^2$ muni de deux *lois de composition interne*, dite addition et multiplication des nombres complexes, qui font de lui un *corps*. On utilisera au besoin les deux types de notations pour un complexe $z = x + iy = (x, y)$. On notera respectivement $\Re z = x$ et $\Im z = y$ les parties réelles et imaginaires de $z = x + iy$.
Les ouverts de $\mathbb{C}$ sont ceux de $\mathbb{R}^2$ muni de sa *norme euclidienne* et toute notion topologique dans $\mathbb{C}$ (notamment : fermé, compact, ouvert connexe) fait référence à la notion analogue dans $\mathbb{R}^2$ (cf. annexe A). D'ailleurs il convient de remarquer que pour $z = a+ib$, on a $|z| = \|(a, b)\|$, où $|z|$ désigne le *module* du nombre complexe z et $\|(x, y)\|$ la norme euclidienne sur $\mathbb{R}^2$ du couple (x, y).
Nous allons travailler avec des fonctions f définies sur un ouvert U de $\mathbb{C}$ et à valeurs dans $\mathbb{C}$. Il est donc possible de les considérer aussi comme des fonctions définies sur un ouvert de $\mathbb{R}^2$ et à valeurs dans $\mathbb{R}^2$. Notons P et Q les fonctions composantes de f. P et Q sont des fonctions de deux variables réelles, à valeurs réelles. Suivant le contexte, on utilisera différentes notations pour désigner la valeur de f en un complexe z :

$$\forall z = x + iy \in U \quad f(z) = f(x, y) = \big(P(x, y), Q(x, y)\big) = P(x, y) + iQ(x, y)$$

Nous dirons que f est *continue* en $z_0 = x_0 + iy_0 \in U$ si pour tout $\varepsilon > 0$, il existe $\eta > 0$ tel que pour tout $z \in U$ vérifiant $|z - z_0| < \eta$, on ait $|f(z) - f(z_0)| < \varepsilon$, ce que l'on note

$$\lim_{z \to z_0} f(z) = f(z_0)$$

Dire que f est continue en z_0 revient à dire que P et Q sont continues en (x_0, y_0) [1]. En effet, $|f(z) - f(z_0)| = \sqrt{\big(P(x,y) - P(x_0,y_0)\big)^2 + \big(Q(x,y) - Q(x_0,y_0)\big)^2}$, de sorte que $f(z)$ tend vers $f(z_0)$ lorsque z tend vers z_0 si et seulement si $P(x,y)$ et $Q(x,y)$ tendent respectivement vers $P(x_0,y_0)$ et $Q(x_0,y_0)$ lorsque (x,y) tend vers (x_0,y_0). On s'appuiera donc dans la suite à chaque fois qu'on en aura besoin sur les propriétés des fonctions continues de plusieurs variables réelles, rappelées à l'annexe A.

Il n'y a rien de plus à dire sur la continuité, mais il n'en est pas de même de la différentiabilité.

Considérons en effet une fonction f définie sur un ouvert U de $\mathbb{C}^n$ et à valeurs dans $\mathbb{C}^p$. Puisque $\mathbb{C}$ est un corps et que $\mathbb{C}^n$ et $\mathbb{C}^p$ sont des $\mathbb{C}$-espaces vectoriels, on peut définir la notion de *fonction $\mathbb{C}$-différentiable* en un point $a \in U$. Il suffit de reproduire la définition de la différentiabilité en a (cf. définition 1.1 de l'annexe B) en remplaçant $\mathbb{R}^n$ et $\mathbb{R}^p$ respectivement par $\mathbb{C}^n$ et $\mathbb{C}^p$. La principale nouveauté réside dans le fait que l'application $L_a = df_a$ est linéaire pour les structures de $\mathbb{C}$-e.v. de $\mathbb{C}^n$ et de $\mathbb{C}^p$, *i.e.* $df_a \in \mathcal{L}(\mathbb{C}^n, \mathbb{C}^p)$. Autrement dit :

$$\forall(\alpha, \beta, h, k) \in \mathbb{C} \times \mathbb{C} \times \mathbb{C}^n \times \mathbb{C}^n \quad df_a(\alpha h + \beta k) = \alpha df_a(h) + \beta df_a(k) \tag{IX.1}$$

Comme nous allons le constater, le fait que les scalaires α et β soient des complexes n'est pas anodin. Nous dirons dans cette situation que df_a est $\mathbb{C}$-linéaire, ou encore que f est $\mathbb{C}$-différentiable en a.

Il y a une possibilité de confusion, car $\mathbb{C}^n$ et $\mathbb{C}^p$ sont aussi des $\mathbb{R}$-e.v. (respectivement de dimension $2n$ et $2p$). Lorsque nous considérerons $\mathbb{C}^n$ et $\mathbb{C}^p$ comme les $\mathbb{R}$-e.v. $\mathbb{R}^{2n}$ et $\mathbb{R}^{2p}$, l'application L_a de la définition 1.1 de l'annexe B étant $\mathbb{R}$-linéaire, nous dirons que f est $\mathbb{R}$-différentiable. Cette notion est moins forte que la notion de $\mathbb{C}$-différentiabilité. En effet, dire que $f : U \to \mathbb{C}^p$ est $\mathbb{C}$-différentiable en $a \in U$ revient à dire qu'il existe $df_a \in \mathcal{L}(\mathbb{C}^n, \mathbb{C}^p)$ telle que

$$\lim_{h \to 0_{\mathbb{C}^n}} \frac{f(a+h) - f(a) - df_a(h)}{||h||} = 0_{\mathbb{C}^p} \tag{IX.2}$$

Dans ce cas, $\frac{f(a+h)-f(a)-df_a(h)}{||h||}$ tend vers $0_{\mathbb{R}^{2p}}$ quand h tend vers $0_{\mathbb{R}^{2n}}$ et df_a est $\mathbb{R}$-linéaire (puisque (IX.1) est vraie pour tous complexes α et β, elle est vraie en particulier pour tous réels α et β). Ainsi une application $\mathbb{C}$-différentiable en a est aussi $\mathbb{R}$-différentiable en a. La réciproque est fausse (voir le contre-exemple $z \mapsto \overline{z}$ traité plus loin).

Remarque. Dans la suite nous considérerons surtout le cas $n = p = 1$, mais on voit que la plupart des notions sur les fonctions différentiables (matrice jacobienne, composition de différentielles, etc) s'étendent aux fonctions d'un ouvert de $\mathbb{C}^n$ dans $\mathbb{C}^p$, en remplaçant les scalaires réels par des scalaires complexes et les applications $\mathbb{R}$-linéaires par des applications $\mathbb{C}$-linéaires.

Nous considérons maintenant le cas $n = 1$, pour lequel la notion de $\mathbb{C}$-différentiabilité peut être ramenée à une notion plus simple : la dérivabilité par rapport à la variable complexe.

Définition 1.1 *Soient U un ouvert de $\mathbb{C}$, $a \in U$ et $f : U \to \mathbb{C}^p$. On dit que f est dérivable en a si*

$$\lim_{h \to 0} \frac{f(a+h) - f(a)}{h} \quad \textit{existe dans } \mathbb{C}^p \tag{IX.3}$$

Dans ce cas, cette limite est appelée dérivée de f en a et est notée $f'(a)$.

1. au sens rappelé dans l'annexe A.

On notera que, si cette définition est formellement la même que celle de la dérivabilité d'une fonction de la variable réelle en un nombre réel a, la variable a est ici complexe ainsi que l'accroissement h. Cette définition exprime donc la dérivabilité en *a par rapport à la variable complexe*.

Dans le cas du corps de base $\mathbb{R}$, on sait que lorsque $n = 1$, une fonction f est différentiable en $a \in U$ ssi elle est dérivable en a, la différentielle étant définie par

$$df_a(h) = f'(a)h \tag{IX.4}$$

En travaillant avec le corps de base $\mathbb{C}$, il est facile de voir que ce résultat subsiste. En particulier, pour une fonction f définie sur un ouvert U de $\mathbb{C}$ et à valeurs dans $\mathbb{C}^p$, pour $a \in U$ on a l'équivalence suivante :

$$f \text{ est } \mathbb{C}\text{-différentiable en } a \iff f \text{ est dérivable en } a.$$

Dans cette équivalence « dérivable » veut dire *dérivable par rapport à la variable complexe*. On devrait donc plutôt employer la terminologie « $\mathbb{C}$-dérivable », mais c'est une précaution inutile car le risque de confusion signalé à propos de la différentiabilité n'existe pas pour la dérivabilité. En effet, cela n'aurait aucun sens de dire d'une fonction de la variable *complexe* qu'elle est « $\mathbb{R}$-dérivable » : à chaque fois que nous disons d'une fonction de la variable complexe qu'elle est « dérivable », ce ne peut être que par rapport à la variable complexe. On peut par contre considérer la $\mathbb{R}$-dérivabilité de $x \mapsto f(x, y)$ et de $y \mapsto f(x, y)$, mais les dérivées de ces applications sont par définition les *dérivées partielles* de f (notées respectivement $\frac{\partial f}{\partial x}$ et $\frac{\partial f}{\partial y}$) qu'on ne peut pas confondre avec $f'(z)$.

Dans la suite, pour simplifier, nous n'allons étudier que le cas $p = 1$, *i.e.* celui des fonctions définies sur un ouvert de $\mathbb{C}$ et à valeurs dans $\mathbb{C}$, dérivables en tout point de U. Ces fonctions se rencontrent fréquemment dans les applications, notamment en traitement (analogique ou numérique) du signal, et en automatique (la fonction de transfert d'un système est une fonction complexe de la variable complexe).

Les fonctions de la variable complexe dérivables *en tout point d'un ouvert de* $\mathbb{C}$ ont des propriétés particulières, voire étonnantes, sans analogue pour les fonctions dérivables de la variable réelle. Ceci justifie qu'on leur donne un nom particulier.

Définition 1.2 *Soit U un ouvert de $\mathbb{C}$ et soit $f : U \to \mathbb{C}$.*
Si f est dérivable en tout point de U, on dit que f est holomorphe sur U. Dans ce cas la fonction $f' : z \mapsto f'(z)$, qui est définie sur U, est appelée fonction dérivée de f.

Autrement dit, la proposition « f est holomorphe sur U » est synonyme de « f est dérivable sur U », ou de « f est $\mathbb{C}$-différentiable sur U ».

Remarque. Dans la définition 1.2, il est essentiel que U soit un **ouvert**. Certains auteurs parlent de fonction « holomorphe en un point a », mais cela ne nous paraît pas souhaitable (il vaut mieux se contenter de dire d'une telle fonction qu'elle est dérivable en a, car les propriétés remarquables des fonctions holomorphes que nous allons découvrir dans la suite ne sont valables que pour des fonctions dérivables *en tout point d'un ouvert*).

Exemples.

1. Soit $n \in \mathbb{N}$. Démontrons que la fonction f définie sur $\mathbb{C}$ par $f(z) = z^n$ est holomorphe sur $\mathbb{C}$ et que sa dérivée est définie par $f'(z) = nz^{n-1}$ (en particulier la dérivée est nulle pour $n = 0$).

La démonstration est la même que dans le cas où la variable est réelle. Simplement, on garde en mémoire que $a \in \mathbb{C}$, ainsi que $h \neq 0$. On construit le « taux d'accroissement complexe » de f en a, *i.e.*, en posant $z = a + h$:

$$\frac{f(a+h) - f(a)}{h} = \frac{f(z) - f(a)}{z - a} = \frac{z^n - a^n}{z - a}$$

Pour $n \geq 1$, ce taux d'accroissement s'écrit $\frac{z^n - a^n}{z-a} = \sum_{k=0}^{n-1} a^k z^{n-1-k}$. En effet, on a l'identité remarquable $z^n - a^n = (z-a)(z^{n-1} + z^{n-2}a + \ldots + za^{n-2} + a^{n-1})$. On utilise la continuité des fonctions $z \mapsto z^k$ pour $0 \leq k \leq n-1$ (qui provient elle-même de la continuité des fonctions $(x, y) \mapsto x^p y^q$ de $\mathbb{R}^2$ dans $\mathbb{R}$). Ainsi, le taux d'accroissement tend vers na^{n-1} quand h tend vers 0, ce qui est le résultat voulu

$$\forall z \in \mathbb{C} \quad (z^n)' = nz^{n-1}$$

Pour $n = 0$ (cas de la fonction $z \mapsto 1$), le taux d'accroissement est nul, donc tend vers 0 quand z tend vers a, d'où le résultat attendu : la dérivée d'une fonction constante est nulle.

2. Considérons la fonction f définie sur $\mathbb{C}$ par $f(z) = \overline{z}$. En tant que fonction de $\mathbb{R}^2$ dans $\mathbb{R}^2$, elle s'écrit $f(x, y) = (x, -y)$. Elle est donc $\mathbb{R}$-différentiable (et même $\mathcal{C}^\infty$) sur $\mathbb{R}^2$. Pourtant, elle n'est dérivable en aucun point de $\mathbb{C}$. En effet le taux d'accroissement en $a + ib$ est
$$\frac{(x - iy) - (a - ib)}{(x + iy) - (a + ib)} = \frac{(x-a) - i(y-b)}{(x-a) + i(y-b)}$$
On voit que si $z = x + iy$ tend vers $a + ib$ en suivant la droite $x = a$, le taux d'accroissement vaut -1, alors que si z tend vers $a + ib$ en suivant la droite $y = b$, le taux d'accroissement vaut 1. Ainsi le taux d'accroissement n'a pas de limite, ce qui signifie que f n'est pas dérivable en $a + ib$.

1.2 Propriétés algébriques de la dérivation

Les règles de calcul de dérivées de fonctions de la variable complexe sont les mêmes que celles des fonctions de la variable réelle. En effet, puisque la définition de la dérivabilité est la même que pour les fonctions d'une variable réelle, on aboutit aux mêmes formules en adaptant simplement les démonstrations au cas de la variable complexe.

Proposition 1.1 *Soient U un ouvert de $\mathbb{C}$, $f : U \to \mathbb{C}$ et $g : U \to \mathbb{C}$ dérivables en $a \in U$ (respectivement holomorphes sur U). On a :*

1. *Pour tout $(\alpha, \beta) \in \mathbb{C}^2$, la fonction $\alpha f + \beta g$ est dérivable en a (respectivement holomorphe sur U) et on a*
$$(\alpha f + \beta g)'(a) = \alpha f'(a) + \beta g'(a) \tag{IX.5}$$

2. *La fonction fg est dérivable en a (respectivement holomorphe sur U) et on a*
$$(fg)'(a) = f'(a)g(a) + f(a)g'(a) \tag{IX.6}$$

3. *Si $g(a) \neq 0$ (respectivement si g ne s'annule pas sur U), la fonction $1/g$ est dérivable en a (respectivement est holomorphe sur U) et on a*
$$\left(\frac{1}{g}\right)'(a) = -\frac{g'(a)}{g(a)^2} \tag{IX.7}$$

Corollaire 1.1 *Sous les mêmes hypothèses, lorsque $g(a) \neq 0$ (respectivement si g ne s'annule pas sur U), la fonction f/g est dérivable en a (respectivement est holomorphe sur U) et on a*

$$\left(\frac{f}{g}\right)'(a) = \frac{f'(a)g(a) - f(a)g'(a)}{g(a)^2} \tag{IX.8}$$

Preuves. On laisse la démonstration de la formule de dérivation d'une combinaison linéaire au lecteur. Démontrons la formule de dérivation d'un produit. On suppose f et g dérivables en a. Pour $z \in U$, $z \neq a$, on a

$$\frac{(fg)(z) - (fg)(a)}{z-a} = \frac{f(z) - f(a)}{z-a}\, g(a) + f(z)\, \frac{g(z) - g(a)}{z-a}$$

Quand z tend vers a, $\frac{f(z)-f(a)}{z-a}$ tend vers $f'(a)$ (car f est dérivable en a) et $f(z)$ tend vers $f(a)$ (car f est dérivable en a, donc continue en a). De même, $\frac{g(z)-g(a)}{z-a}$ tend vers $g'(a)$, donc le taux d'accroissement de fg en a tend vers $f'(a)g(a) + f(a)g'(a)$ lorsque z tend vers a.

Démontrons la formule de dérivation de $\frac{1}{g}$. Supposons g dérivable en a avec $g(a) \neq 0$. Pour $z \in U$, $z \neq a$, on a

$$\frac{\frac{1}{g(z)} - \frac{1}{g(a)}}{z-a} = \frac{g(a) - g(z)}{g(z)g(a)(z-a)}$$

Quand z tend vers a, $\frac{g(a)-g(z)}{(z-a)}$ tend vers $-g'(a)$ (car g dérivable en a) et $\frac{1}{g(z)g(a)}$ tend vers $\frac{1}{g(a)^2}$ (car g est continue en a et $g(a) \neq 0$), d'où le résultat.

La formule de dérivation d'un quotient (corollaire 1.1) s'en déduit immédiatement en écrivant $\frac{f}{g} = f\,\frac{1}{g}$ et en utilisant les deux résultats que nous venons de prouver.

□

Exemples. On a prouvé que pour tout entier naturel k, $z \mapsto z^k$ est holomorphe sur $\mathbb{C}$ et a pour dérivée kz^{k-1}. Il résulte de la première propriété de la proposition 1.1 (linéarité de la dérivation) que toute fonction polynômiale $z \mapsto P(z) = \sum_{k=0}^{n} a_k z^k$ est holomorphe sur $\mathbb{C}$, avec $P'(z) = \sum_{k=1}^{n} k a_k z^{k-1}$. Puis il résulte du corollaire 1.1 que toute fraction rationnelle $z \mapsto P(z)/Q(z)$ est holomorphe dans l'ouvert U égal à $\mathbb{C}$ privé des pôles de la fraction et que la fonction dérivée est $z \mapsto \frac{P'(z)Q(z)-P(z)Q'(z)}{Q(z)^2}$.

1.3 Dérivation d'une fonction composée

Proposition 1.2 *Soit U et V des ouverts de $\mathbb{C}$. Soit $f : U \to \mathbb{C}$ et $g : V \to \mathbb{C}$. On suppose que $f(U) \subset V$, que f est dérivable en $a \in U$ (respectivement holomorphe sur U) et que g est dérivable en $f(a)$ (respectivement holomorphe sur $f(U)$). La fonction $g \circ f : U \to \mathbb{C}$ est dérivable en a (respectivement holomorphe sur U) et on a*

$$(g \circ f)'(a) = f'(a)\, g'\big(f(a)\big) \tag{IX.9}$$

(respectivement $(g \circ f)' = f' \times (g' \circ f)$).

Preuve. Plaçons nous sous les hypothèses de la proposition 1.2. Pour $z \in U$, $z \neq a$, on a

$$\frac{g(f(z)) - g(f(a))}{z-a} = \frac{g\big(f(z)\big) - g\big(f(a)\big)}{f(z) - f(a)}\, \frac{f(z) - f(a)}{z-a}$$

Quand z tend vers a, $f(z)$ tend vers $f(a)$ car f est dérivable donc continue en a. Il en résulte que $\frac{g(f(z))-g(f(a))}{f(z)-f(a)}$ tend vers $g'\big(f(a)\big)$ par dérivabilité de g en $f(a)$. Par ailleurs $\frac{f(z)-f(a)}{z-a}$ tend vers $f'(a)$, d'où le résultat voulu.

□

1.4 Dérivation d'une fonction réciproque

Il existe un théorème qui dit que si f est holomorphe au voisinage de a avec $f'(a)$ **non nul**, alors f est localement une bijection et sa bijection réciproque est holomorphe. Plus précisément, il existe sous ces hypothèses un ouvert U contenant a et un ouvert V contenant $f(a)$ tels que f soit bijective de U sur V, avec $f^{-1} : V \to U$ holomorphe. On remarque que ce résultat est une « version holomorphe » du théorème d'inversion locale[2].
Mais pour étudier l'holomorphie des fonctions réciproques des fonctions holomorphes bijectives, nous aurons surtout besoin du résultat global suivant.

Théorème 1.1 *Soit U un ouvert de $\mathbb{C}$ et $f : U \to \mathbb{C}$. Si f est injective et holomorphe sur U, alors $f(U)$ est un ouvert de $\mathbb{C}$, f' ne s'annule pas sur U, l'application $f^{-1} : f(U) \to U$ est holomorphe sur $f(U)$ et on a*

$$\forall \zeta \in f(U) \quad (f^{-1})'(\zeta) = \frac{1}{f'\big(f^{-1}(\zeta)\big)} \tag{IX.10}$$

Autrement dit $(f^{-1})' = \frac{1}{f'\circ f^{-1}}$.

Éléments de preuve. La démonstration est difficile. Nous admettons que, sous ces hypothèses, $f(U)$ est un ouvert et que f' ne s'annule pas sur U. L'application de U dans $f(U)$ qui à z associe $f(z)$ est injective et surjective, donc bijective. On note $f^{-1} : f(U) \to U$ sa bijection réciproque. Nous admettons également que f^{-1} est continue sur $f(U)$. Nous allons nous contenter de justifier la formule (IX.10).
On considère le taux d'accroissement de f^{-1} en $b \in f(U)$. Comme $f(U)$ est ouvert, si ζ est assez proche de b, alors $\zeta \in f(U)$. Donc ζ et b ont tous deux un unique antécédent par f dans U, respectivement notés z et a. On a donc :

$$\frac{f^{-1}(\zeta) - f^{-1}(b)}{\zeta - b} = \frac{z-a}{f(z)-f(a)}$$

Comme $f'(a) \neq 0$, cette quantité tend vers $1/f'(a)$ quand ζ tend vers b, car, par continuité de f^{-1} en b, $z = f^{-1}(\zeta)$ tend vers $a = f^{-1}(b)$.

□

2 Conditions d'holomorphie

2.1 Conditions de Cauchy

L'application $z \mapsto z$ (*i.e.* l'identité de $\mathbb{C}$) est une application linéaire de $\mathbb{R}^2$ dans $\mathbb{R}^2$. Elle est donc en tout point $a = x + iy = (x, y)$ égale à sa différentielle. Lorsque nous voudrons mettre en avant cette propriété, nous noterons dz l'identité de $\mathbb{C}$. C'est le même abus de notation que nous utilisons en calcul différentiel lorsque nous notons dx et dy les applications $(x, y) \mapsto x$ et $(x, y) \mapsto y$, qui sont linéaires de $\mathbb{R}^2$ dans $\mathbb{R}$ donc égales à leur différentielle en tout point $a = (x, y)$. Avec ces notations, les applications dx et dy sont les composantes de l'application dz, *i.e.* $dz = dx + idy$.
Supposons que f soit dérivable en a. La relation (IX.4) exprime que $df_a = f'(a)dz$. Lorsque f est holomorphe sur l'ouvert U de $\mathbb{C}$, on peut donc écrire

$$\forall z \in U \quad df_z = f'(z)dz \tag{IX.11}$$

2. Pour le lecteur intéressé, le théorème d'inversion locale est rappelée à l'annexe B.

Dans ce cas la différentielle df_z en un point z est une application $\mathbb{C}$-linéaire de $\mathbb{C}$ dans $\mathbb{C}$. Effectivement, les applications $\mathbb{C}$-linéaires de $\mathbb{C}$ dans $\mathbb{C}$ sont les applications de la forme $h \mapsto \lambda h$, où λ est une constante complexe.

Considérons maintenant une application $f : U \to \mathbb{C}$ supposée $\mathbb{R}$-différentiable en $a \in U$. On cherche des conditions pour qu'elle soit dérivable en a. C'est le cas si et seulement si df_a est une application $\mathbb{C}$-linéaire. Il faut donc déterminer sous quelles conditions une application $\mathbb{R}$-linéaire L de $\mathbb{R}^2$ dans $\mathbb{R}^2$ est $\mathbb{C}$-linéaire.
Identifions un vecteur h du $\mathbb{R}$-e.v. $\mathbb{R}^2$ avec le vecteur-colonne de ses coordonnées h_1 et h_2 dans la base canonique de $\mathbb{R}^2$. Les applications $\mathbb{R}$-linéaires L de $\mathbb{R}^2$ dans $\mathbb{R}^2$ sont celles qui s'écrivent $h \mapsto Ah$, où A est la matrice carrée à coefficients réels représentant L dans la base canonique de $\mathbb{R}^2$. On a donc :

$$\begin{aligned} L(h_1, h_2) &= \begin{pmatrix} a_{11} & a_{12} \\ a_{21} & a_{22} \end{pmatrix} \begin{pmatrix} h_1 \\ h_2 \end{pmatrix} \\ &= \begin{pmatrix} a_{11}h_1 + a_{12}h_2 \\ a_{21}h_1 + a_{22}h_2 \end{pmatrix} \end{aligned}$$

Par ailleurs, l'application $\mathbb{C}$-linéaire $h = h_1 + ih_2 \mapsto \lambda h = (\lambda_1 + i\lambda_2)(h_1 + ih_2)$ s'écrit, lorsqu'on la considère comme une application $\mathbb{R}$-linéaire de $\mathbb{R}^2$ dans $\mathbb{R}^2$:

$$h \mapsto (\lambda_1 h_1 - \lambda_2 h_2, \lambda_2 h_1 + \lambda_1 h_2) = \begin{pmatrix} \lambda_1 & -\lambda_2 \\ \lambda_2 & \lambda_1 \end{pmatrix} \begin{pmatrix} h_1 \\ h_2 \end{pmatrix}$$

Il en résulte que pour qu'une application $\mathbb{R}$-linéaire L représentée par $A = (a_{ij})_{1 \le i \le 2, 1 \le j \le 2}$ dans la base canonique soit $\mathbb{C}$-linéaire, il faut et il suffit que

$$a_{11} = a_{22} \text{ et } a_{21} = -a_{12}$$

Or, la matrice A de l'application linéaire df_a dans la base canonique est la matrice jacobienne de f en a. Si on appelle P et Q les parties réelles et imaginaires de f (*i.e.* les fonctions composantes de f), on a

$$Jf(a) = \begin{pmatrix} \frac{\partial P}{\partial x}(a) & \frac{\partial P}{\partial y}(a) \\ \frac{\partial Q}{\partial x}(a) & \frac{\partial Q}{\partial y}(a) \end{pmatrix}$$

Nous avons donc démontré le résultat essentiel suivant.

Théorème 2.1 ***Conditions de Cauchy.***
Soit U un ouvert de $\mathbb{C}$, $a \in U$, $f : U \to \mathbb{C}$ une fonction $\mathbb{R}$-différentiable en a. Soit P et Q les parties réelle et imaginaire de la fonction f. Pour que f soit dérivable en a, il faut et il suffit que

$$\begin{cases} \frac{\partial P}{\partial x}(a) = \frac{\partial Q}{\partial y}(a) \\ \frac{\partial P}{\partial y}(a) = -\frac{\partial Q}{\partial x}(a) \end{cases} \tag{IX.12}$$

Le théorème 2.1 est *local* (il donne une condition nécessaire et suffisante de dérivabilité *en un point a*). Bien que ce soit trivial, il est important de préciser en corollaire la « version globale » de ce théorème. Puisqu'une fonction est holomorphe sur U lorsqu'elle est dérivable en chaque point de U, on obtient le résultat suivant.

Corollaire 2.1 *Soit U un ouvert de $\mathbb{C}$ et $f : U \to \mathbb{C}$ une fonction $\mathbb{R}$-différentiable sur U. Soit P et Q les parties réelle et imaginaire de la fonction f. Pour que f soit holomorphe sur U, il faut et il suffit que l'on ait en tout point de U les relations suivantes, dites conditions de Cauchy :*

$$\begin{cases} \frac{\partial P}{\partial x} = \frac{\partial Q}{\partial y} \\ \frac{\partial P}{\partial y} = -\frac{\partial Q}{\partial x} \end{cases} \tag{IX.13}$$

Exemples.

1. Pour la fonction $z \mapsto \overline{z}$, on a $P(x,y) = x, Q(x,y) = -y$, d'où $\frac{\partial P}{\partial x} = 1 \neq \frac{\partial Q}{\partial y} = -1$ en tout point (x,y) de $\mathbb{R}^2$. On retrouve ainsi le fait que la conjugaison est une fonction $\mathbb{R}$-différentiable partout et dérivable nulle part.
2. Considérons la fonction f définie sur $\mathbb{C}$ par $f(z) = f(x,y) = e^x \cos(y) + ie^x \sin(y)$. La fonction f est manifestement $\mathbb{R}$-différentiable sur $\mathbb{R}^2$. En tout point (x,y) de $\mathbb{R}^2$, on a $\frac{\partial P}{\partial x} = e^x \cos(y) = \frac{\partial Q}{\partial y}$ et $\frac{\partial P}{\partial y} = -e^x \sin y = -\frac{\partial Q}{\partial x}$, donc f est holomorphe sur $\mathbb{C}$ en vertu du corollaire 2.1.
3. Grâce à son caractère *local*, le théorème 2.1 permet de voir qu'il existe des fonctions qui, bien que non holomorphes sur leur ouvert de définition, sont dérivables en quelques points isolés de cet ouvert. C'est ce qui se passe pour la fonction $z \mapsto |z|^2 = x^2 + y^2$. En effet, pour cette fonction définie et $\mathbb{R}$-différentiable sur $\mathbb{C}$, les conditions de Cauchy ne sont vérifiées qu'aux points (x,y) de $\mathbb{R}^2$ tels que $2x = 0$ et $-2y = 0$, *i.e.* en $z = 0$. Cette fonction est donc dérivable en 0 et non dérivable en tout $z \in \mathbb{C}^*$.

2.2 Autre écriture des conditions de Cauchy

Soit U un ouvert de $\mathbb{C}$. Considérons une fonction $\mathbb{R}$-différentiable $f : U \to \mathbb{C}$. Comme $f(z) = P(x,y) + iQ(x,y)$, en tout point de U, on a

$$\frac{\partial f}{\partial x} = \frac{\partial P}{\partial x} + i\frac{\partial Q}{\partial x}$$

Si de plus f est holomorphe sur U, alors on a $\frac{\partial f}{\partial x} = \frac{\partial Q}{\partial y} - i\frac{\partial P}{\partial y} = -i\frac{\partial f}{\partial y}$. Réciproquement, si on a la relation $\frac{\partial f}{\partial x} = -i\frac{\partial f}{\partial y}$ en tout point de U, on retrouve les conditions de Cauchy en séparant les parties réelles et imaginaires. Finalement, on a établi le résultat suivant.

Proposition 2.1 *Soit U un ouvert de $\mathbb{C}$ et $f : U \to \mathbb{C}$ une fonction $\mathbb{R}$-différentiable. Pour que f soit holomorphe sur U, il faut et il suffit que l'on ait en tout point de U la relation*

$$\frac{\partial f}{\partial x} = -i\frac{\partial f}{\partial y} \tag{IX.14}$$

Par ailleurs, si f est holomorphe, la différentielle en $z = x + iy \in U$ s'écrit sous les deux formes

$$df_z = f'(z)dz = \frac{\partial f}{\partial x}(x,y)\,dx + \frac{\partial f}{\partial y}(x,y)\,dy$$

Or, $dz = dx + idy$, de sorte que l'on a $f'(z) = \frac{\partial f}{\partial x}(x,y)$ et $if'(z) = \frac{\partial f}{\partial y}(x,y)$. Autrement dit, si f est holomorphe, alors on a

$$f'(z) = \frac{\partial f}{\partial x}(x,y) = -i\frac{\partial f}{\partial y}(x,y) \tag{IX.15}$$

2.3 Utilisation du système de représentation $(z, \overline{z})$

Pour $z = x + iy$, on a

$$x = \frac{z + \overline{z}}{2} \quad \text{et} \quad y = \frac{z - \overline{z}}{2i} \tag{IX.16}$$

Soit f une fonction de deux variables réelles. On écrit

$$f(x,y) = f\left(\frac{z+\overline{z}}{2}, \frac{z-\overline{z}}{2i}\right) = F(z, \overline{z}) \tag{IX.17}$$

Comme $(z, \overline{z})$ est élément de $\mathbb{C}^2$, et non de $\mathbb{R}^2$, nous éviterons de parler des « coordonnées » $(z, \overline{z})$. Néanmoins, on voit qu'il est possible d'écrire les valeurs d'une fonction f d'une partie de $\mathbb{R}^2$ dans lui-même en fonction de z et de $\overline{z}$ plutôt qu'en fonction des coordonnées cartésiennes x et y.

En particulier, soit une fonction $\mathbb{R}$-différentiable $f : U \longrightarrow \mathbb{C}$, où U est un ouvert de $\mathbb{C}$. Notons $d\overline{z}$ la différentielle de l'application $\mathbb{R}$-linéaire $(x, y) \mapsto x - iy$, *i.e.* de la conjugaison $z \mapsto \overline{z}$ (dont on rappelle qu'elle n'est pas holomorphe). On écrit la différentielle de f en $z \in U$ à l'aide des différentielles $dz = dx + idy$ et $d\overline{z} = dx - idy$.

$$\begin{aligned} df_z &= \frac{\partial f}{\partial x}(x,y)\,dx + \frac{\partial f}{\partial y}(x,y)\,dy \\ &= \frac{\partial f}{\partial x}(x,y)\Big(\frac{1}{2}(dz + d\overline{z})\Big) + \frac{\partial f}{\partial y}(x,y)\Big(\frac{1}{2i}(dz - d\overline{z})\Big) \\ &= \frac{1}{2}\Big(\frac{\partial f}{\partial x}(x,y) - i\frac{\partial f}{\partial y}(x,y)\Big)dz + \frac{1}{2}\Big(\frac{\partial f}{\partial x}(x,y) + i\frac{\partial f}{\partial y}(x,y)\Big)d\overline{z} \end{aligned}$$

Pour pouvoir écrire

$$df = \frac{\partial F}{\partial z}dz + \frac{\partial F}{\partial \overline{z}}d\overline{z}$$

on doit donc *définir* les opérateurs différentiels

$$\begin{cases} \frac{\partial}{\partial z} = \frac{1}{2}\big(\frac{\partial}{\partial x} - i\frac{\partial}{\partial y}\big) \\ \frac{\partial}{\partial \overline{z}} = \frac{1}{2}\big(\frac{\partial}{\partial x} + i\frac{\partial}{\partial y}\big) \end{cases} \tag{IX.18}$$

Remarque. La définition (IX.18) se retrouve facilement si l'on se permet d'utiliser (B.10) bien que la fonction $(x, y) \mapsto (z, \overline{z})$ ne soit pas à valeurs dans $\mathbb{R}^2$:

$$\frac{\partial F}{\partial z} = \frac{\partial f}{\partial x}\frac{\partial x}{\partial z} + \frac{\partial f}{\partial y}\frac{\partial y}{\partial z} = \frac{1}{2}\frac{\partial f}{\partial x} + \frac{1}{2i}\frac{\partial f}{\partial y} \quad \text{et} \quad \frac{\partial F}{\partial \overline{z}} = \frac{\partial f}{\partial x}\frac{\partial x}{\partial \overline{z}} + \frac{\partial f}{\partial y}\frac{\partial y}{\partial \overline{z}} = \frac{1}{2}\frac{\partial f}{\partial x} - \frac{1}{2i}\frac{\partial f}{\partial y}$$

En utilisant (IX.14), on voit qu'une fonction $\mathbb{R}$-différentiable $f : U \longrightarrow \mathbb{C}$ est holomorphe si et seulement si

$$\frac{\partial F}{\partial \overline{z}} = 0 \tag{IX.19}$$

De plus, dans un tel cas on a

$$f'(z) = \frac{\partial F}{\partial z} \tag{IX.20}$$

On interprète cette propriété en disant que pour qu'une fonction $\mathbb{R}$-différentiable soit holomorphe, il faut et il suffit ***qu'elle ne dépende que de*** z (c'est-à-dire, pas de $\overline{z}$).

Mise en garde. La formulation « f ne dépend que de z » est ambiguë : toute fonction de $(x, y) \in \mathbb{R}^2$, d'un certain point de vue, ne dépend que de $z = x + iy$. Considérons par exemple la fonction définie sur $\mathbb{C}$ par $f(z) = |z|^2$. Apparemment, elle « ne dépend que de z ». On a pourtant vu précédemment, à l'aide des conditions de Cauchy, qu'elle n'est pas holomorphe (elle n'est dérivable qu'en $z = 0$).
Il faut comprendre ce critère d'holomorphie de la façon suivante :
Si une fonction f est $\mathbb{R}$-différentiable sur un ouvert U et ***qu'après avoir écrit*** :

$$f(z) = f(x, y) = f\Big(\frac{z + \overline{z}}{2}, \frac{z - \overline{z}}{2i}\Big) = F(z, \overline{z})$$

on constate que F ne dépend que de z, i.e. $\frac{\partial F}{\partial \overline{z}} = 0$ en tout point de U, alors f est holomorphe sur U.

Revenons à l'exemple $f : z \mapsto |z|^2$. Ici, on a $F(z, \overline{z}) = z\,\overline{z}$. Comme F dépend de $\overline{z}$, la fonction f n'est pas holomorphe. Insistons sur le fait que l'assertion « F dépend de $\overline{z}$ » signifie exactement $\frac{\partial F}{\partial \overline{z}} \neq 0$. Ici, la quantité $\frac{\partial F}{\partial \overline{z}} = z$ ne s'annule qu'en $z = 0$, ce qui montre que f n'est dérivable qu'en $z = 0$ (résultat cohérent avec ce que nous avions trouvé en utilisant les conditions de Cauchy). [3]

Remarques.

1. Ce critère est sans doute le plus « parlant », pour comprendre ce qui particularise les fonctions holomorphes parmi les fonctions $\mathbb{R}$-différentiables de deux variables réelles x et y : ce sont les fonctions *d'une seule place*, place pouvant être occupée par $x + iy$.
2. Avant d'appliquer ce critère d'holomorphie, ou les conditions de Cauchy, ne pas oublier de regarder en quels points f est $\mathbb{R}$-différentiable.
3. Il ne faut pas perdre de vue que « dériver $F(z, \overline{z})$ par rapport à $\overline{z}$ » veut simplement dire « dériver la fonction $F(\cdot\,,\,\cdot)$ par rapport à la deuxième place » (en utilisant les propriétés algébriques de la dérivation), puis mettre z en première place et $\overline{z}$ en deuxième place.
4. Lorsque l'écriture de $f(x, y)$ en fonction de z et de $\overline{z}$ n'est pas immédiate, il est évidemment toujours possible de remplacer x par $\frac{z+\overline{z}}{2}$ et y par $\frac{z-\overline{z}}{2i}$ pour obtenir $F(z, \overline{z})$. Pour illustrer cette remarque, considérons f définie par $f(x, y) = x^3 - 3xy^2 + i(3x^2y - y^3)$. Si l'on ne voit pas que $f(z) = z^3$, on écrit :

$$F(z, \overline{z}) = \left(\frac{z+\overline{z}}{2}\right)^3 - 3\left(\frac{z+\overline{z}}{2}\right)\left(\frac{z-\overline{z}}{2i}\right)^2 + i\left[3\left(\frac{z+\overline{z}}{2}\right)^2\left(\frac{z-\overline{z}}{2i}\right) - \left(\frac{z-\overline{z}}{2i}\right)^3\right]$$

Après avoir développé cette expression, on obtient $F(z, \overline{z}) = z^3$, de sorte que $\frac{\partial F}{\partial \overline{z}} = 0$ en tout point. Ainsi, f est holomorphe sur $\mathbb{C}$.

3 Fonctions holomorphes usuelles

En dehors des polynômes et des fractions rationnelles déjà rencontrés, il convient de bien connaître quelques fonctions usuelles de la variable complexe.

3.1 La fonction exponentielle

Si l'on veut rester à un niveau élémentaire, il est possible de définir $\exp z$ à partir des fonctions exp, cos et sin de la variable réelle. Pour cela, définissons pour $y \in \mathbb{R}$ la quantité $e^{iy} = \cos y + i \sin y$ (sans se préoccuper du sens de la notation e exposant iy). Remarquons que pour tout réel y le nombre complexe e^{iy} est de module 1, *i.e.* est élément du cercle unité. Nous définissons l'exponentielle d'un nombre complexe quelconque de la façon suivante :

$$\forall z = x + iy \in \mathbb{C} \quad \exp(z) = e^x\, e^{iy} \tag{IX.21}$$

Remarquons qu'avec cette définition, l'exponentielle d'un nombre réel x est $\exp(x) = e^x$ et que l'exponentielle d'un imaginaire pur iy est $\exp(iy) = e^{iy}$.

En utilisant les formules de trigonométrie, il est facile de vérifier que l'on a

$$\forall (z_1, z_2) \in \mathbb{C}^2 \quad \exp(z_1 + z_2) = \exp(z_1)\, \exp(z_2) \tag{IX.22}$$

3. En effet, l'assertion $\frac{\partial F}{\partial \overline{z}} = 0$ étant équivalente aux conditions de Cauchy, le théorème 2.1 nous autorise à utiliser ce critère localement : si f est $\mathbb{R}$-différentiable en a et si $\frac{\partial F}{\partial \overline{z}}(a) = 0$, alors f est dérivable en a.

La formule (IX.22) et le fait que la fonction exp prolonge l'exponentielle réelle justifient que l'on se permette d'utiliser la *notation* $\exp(z) = e^z$ pour tout complexe z. Notamment, en employant cette notation, écrire $e^{x+iy} = e^x e^{iy}$ est cohérent avec le fait que (IX.22) s'écrit $e^{z_1+z_2} = e^{z_1} e^{z_2}$. Cela justifie également *a posteriori* la notation e^{iy} employée pour l'exponentielle d'un imaginaire pur.

On déduit de (IX.22) que $e^0 = e^{z-z} = e^z e^{-z}$. Or $e^0 = 1$, donc $e^z \neq 0$ et

$$\forall z \in \mathbb{C} \quad e^{-z} = \frac{1}{e^z} \tag{IX.23}$$

La fonction définie à l'exemple 2 du paragraphe 2.1 n'est autre que la fonction exponentielle. On a démontré grâce aux conditions de Cauchy que cette fonction est holomorphe sur $\mathbb{C}$. Calculons sa dérivée grâce à la propriété $f'(z) = \frac{\partial f}{\partial x}(x,y)$, valable quand f est holomorphe.

$$(\exp z)' = \frac{\partial}{\partial x}\big(e^x(\cos y + i\sin y)\big) = e^x(\cos y + i \sin y)$$

Ainsi on a

$$\forall z \in \mathbb{C} \quad (e^z)' = e^z \tag{IX.24}$$

Signalons également une propriété très simple mais servant très souvent. Calculons le module de $e^z = e^{x+iy}$. Comme $e^x > 0$ et $|e^{iy}| = 1$ pour x et y réels, on a $|e^z| = e^x$. On retient :

$$\forall z \in \mathbb{C} \quad |e^z| = e^{\Re z} \tag{IX.25}$$

Puisque $e^z = e^x e^{iy} = |e^z| e^{iy}$ avec y réel, y est un argument (défini modulo 2π) de e^z.

$$\forall z \in \mathbb{C} \quad \arg(e^z) \equiv \Im z \ [2\pi] \tag{IX.26}$$

On a vu que la fonction exponentielle ne s'annule pas sur $\mathbb{C}$. D'autre part, en faisant varier x et y dans $\mathbb{R}$, le module e^x de e^z décrit $]0, +\infty[$ et l'argument y de e^z décrit $\mathbb{R}$, donc e^z **prend toute valeur de** $\mathbb{C}^*$. Remarquons que pour que e^z décrive $\mathbb{C}^*$ en entier, il suffit en fait que x décrive $\mathbb{R}$ et que y décrive un intervalle de la forme $[a, a+2\pi[$ (ou $]a, a+2\pi]$). Ainsi, l'application $\exp : \mathbb{C} \to \mathbb{C}^*$ est surjective mais non injective. Mais la restriction de cette application à une bande horizontale de la forme $a \leq \Im z < a + 2\pi$ (ou de la forme $a < \Im z \leq a + 2\pi$) est bijective. En effet, soit z et z' dans cette bande vérifiant $e^z = e^{z'}$. On a $e^{z-z'} = 1$, ce qui s'écrit $e^{x-x'} e^{i(y-y')} = 1\, e^{i0}$. Or, deux nombres complexes non nuls sont égaux si et seulement si ils ont même module et même argument modulo 2π. Il en résulte que $x - x' = 0$ et $y - y' = k2\pi$ avec $k \in \mathbb{Z}$. Mais comme $a \leq y < a + 2\pi$ et $a \leq y' < a + 2\pi$, on a $-2\pi < y - y' < 2\pi$, de sorte que $k = 0$. Finalement $z = z'$, d'où l'injectivité. Ceci nous permettra de définir **des** fonctions logarithme complexe.

On remarque, de plus, que la fonction exp est **périodique de période** $2i\pi$.
En effet $e^{z+2i\pi} = e^z e^{2i\pi} = e^z$. Ainsi, la fonction exponentielle reprend les mêmes valeurs quand on se déplace d'une bande horizontale de largeur 2π à une autre.

3.2 Fonctions sin, cos, sinh, cosh, tan, tanh

On définit sur $\mathbb{C}$ les fonctions cos, sin, cosh et sinh à partir de la fonction exponentielle de la façon suivante :

$$\cos z = \frac{e^{iz} + e^{-iz}}{2}, \quad \sin z = \frac{e^{iz} - e^{-iz}}{2i}, \quad \cosh z = \frac{e^z + e^{-z}}{2}, \quad \sinh z = \frac{e^z - e^{-z}}{2} \tag{IX.27}$$

Remarquons que (IX.27) prolonge à $\mathbb{C}$ les fonctions cos, sin, cosh et sinh de la variable réelle (par définition de $\cosh x$ et de $\sinh x$ pour x réel et grâce aux formules d'Euler pour $\cos x$ et $\sin x$).

Lorsque cela a un sens, on définit également pour z complexe :

$$\tan z = \frac{\sin z}{\cos z} \quad , \quad \tanh z = \frac{\sinh z}{\cosh z} \quad , \quad \operatorname{cotan} z = \frac{\cos z}{\sin z} \quad , \quad \coth z = \frac{\cosh z}{\sinh z} \tag{IX.28}$$

On a donc $\operatorname{cotan} z == \frac{1}{\tan z}$ et $\coth z = \frac{1}{\tanh z}$. Pour déterminer les ensembles de définition de tan, tanh, cotan et coth, il faut déterminer toutes les racines complexes des fonctions cos, cosh, sin et sinh.

À titre d'exemple, cherchons les racines complexes de sin. On sait que pour x réel, $\sin x$ s'annule pour $x = k\pi$ ($k \in \mathbb{Z}$), mais n'y-a-t-il pas dans $\mathbb{C}$ d'autres racines ?
Posons $z = x + iy$. On a

$$\begin{aligned}
\sin z = 0 &\iff e^{iz} = e^{-iz} \\
&\iff e^{2iz} = 1 \\
&\iff e^{-2y}\, e^{i2x} = 1\, e^{i0} \\
&\iff e^{-2y} = 1 \;\text{ et }\; 2x = 0 + k2\pi \;(k \in \mathbb{Z}) \\
&\iff y = 0 \;\text{ et }\; x = k\pi \;(k \in \mathbb{Z}) \\
&\iff z = k\pi \;(k \in \mathbb{Z})
\end{aligned}$$

La deuxième équivalence provient du fait que l'exponentielle ne s'annule pas (on a multiplié par e^{iz} des deux côtés, et on a l'équivalence car on peut diviser par cette quantité). La quatrième équivalence provient du fait que deux nombres complexes non nuls sont égaux si et seulement si ils ont même module et même argument modulo 2π. Ainsi les seules racines complexes de la fonction sin sont les racines réelles $k\pi$, avec $k \in \mathbb{Z}$.

En utilisant la même méthode (cf. exercice IX.7), on montre que les racines complexes
- de cos sont les racines réelles $\frac{\pi}{2} + k\pi$, avec $k \in \mathbb{Z}$;
- de sinh sont les imaginaires purs $ik\pi$, avec $k \in \mathbb{Z}$;
- de cosh sont les imaginaires purs $i\big(\frac{\pi}{2} + k\pi\big)$, avec $k \in \mathbb{Z}$;

On retrouve au passage que sur $\mathbb{R}$, la fonction sinh ne s'annule qu'en $x = 0$ et que la fonction cosh ne s'annule pas sur $\mathbb{R}$. Mais sur $\mathbb{C}$ toutes ces fonctions ont une infinité dénombrable de racines.

En revenant à leurs définitions, on vérifie que ces quatre fonctions sont liées entre elles de la façon suivante :

$$\cos z = \sin\left(z + \frac{\pi}{2}\right) \quad , \quad \sinh z = -i \sin(iz) \quad , \quad \cosh z = \cos(iz) \tag{IX.29}$$

On peut d'ailleurs retrouver, à l'aide de ces formules, les racines de $\cos, \sinh, \cosh$ à partir des racines de sin.

On sait que les fonctions cos et sin sont bornées sur $\mathbb{R}$. C'est faux sur $\mathbb{C}$. Par exemple, pour y réel, $\cos(iy) = \cosh(y)$ tend vers $+\infty$ quand y tend vers $\pm\infty$. En fait aucune des fonctions $\exp, \cos, \sin, \cosh, \sinh$ n'est bornée sur $\mathbb{C}$. Le contraire contredirait d'ailleurs le théorème de Liouville que nous verrons plus loin.

Par application des propositions 1.2 et 1.1, en particulier des règles de calcul (IX.9) et (IX.5), les fonctions sin, cos, sinh, cosh sont holomorphes sur $\mathbb{C}$ et on a

$$(\cos z)' = -\sin z\,, \;\; (\sin z)' = \cos z\,, \;\; (\cosh z)' = \sinh z\,, \;\; (\sinh z)' = \cosh z \tag{IX.30}$$

En appliquant le corollaire 1.1, on en déduit que $\tan = \frac{\sin}{\cos}$ est holomorphe sur l'ouvert obtenu en enlevant à $\mathbb{C}$ les racines de la fonction cos, *i.e.* sur $\Omega = \mathbb{C} \setminus \{\frac{\pi}{2} + k\pi\,;\, k \in \mathbb{Z}\}$. En vertu de (IX.8), pour tout $z \in \Omega$ on a $(\tan z)' = \frac{\cos^2 z + \sin^2 z}{\cos^2 z} = 1 + \tan^2 z$.
On laisse au lecteur le soin de déterminer de façon analogue le domaine d'holomorphie et la dérivée des fonctions cotan, tanh et coth.

Puisque la fonction exp est $2i\pi$-périodique, il résulte de leurs définitions que les fonctions cos et sin sont périodiques de période 2π et que les fonctions cosh et sinh sont périodiques de période $2i\pi$.

Signalons que toutes les formules de trigonométrie circulaire ou hyperbolique sont vraies dans $\mathbb{C}$. Elles se démontrent très facilement à partir des définitions.

Exemples.

1. En développant $\left(\frac{e^{iz}+e^{-iz}}{2}\right)^2 + \left(\frac{e^{iz}-e^{-iz}}{2i}\right)^2$ et $\left(\frac{e^{z}+e^{-z}}{2}\right)^2 - \left(\frac{e^{z}-e^{-z}}{2}\right)^2$, on obtient les formules suivantes :

$$\forall z \in \mathbb{C} \quad \cos^2 z + \sin^2 z = 1 \tag{IX.31}$$
$$\forall z \in \mathbb{C} \quad \cosh^2 z - \sinh^2 z = 1 \tag{IX.32}$$

2. La formule (IX.31) montre que la dérivée de $\tan z$ sur l'ouvert Ω défini précédemment s'écrit aussi $(\tan z)' = \frac{1}{\cos^2 z}$.
3. En utilisant (IX.22) dans l'expression définissant $\cos z_1 \cos z_2 - \sin z_1 \sin z_2$, on obtient $\frac{e^{i(z_1+z_2)}+e^{-i(z_1+z_2)}}{2} = \cos(z_1 + z_2)$, d'où la formule

$$\forall (z_1, z_2) \in \mathbb{C}^2 \quad \cos(z_1 + z_2) = \cos z_1 \cos z_2 - \sin z_1 \sin z_2 \tag{IX.33}$$

L'utilisation de formules de trigonométrie circulaire ou hyperbolique permet de déterminer les parties réelle et imaginaire de $\cos z$, $\sin z$, $\cosh z$ et $\sinh z$. À titre d'exemple, déduisons de (IX.33) une formule pour la partie réelle et la partie imaginaire de $\cos z$.
On a $\cos z = \cos(x+iy) = \cos x \cos(iy) - \sin x \sin(iy) = \cos x \cosh y - i \sin x \sinh y$, avec $\cos x$, $\cosh y$, $\sin x$ et $\sinh y$ à valeurs réelles, donc

$$\Re(\cos z) = \cos x \cosh y \ , \ \Im(\cos z) = -\sin x \sinh y$$

En utilisant les formules (IX.31) et (IX.32), on en déduit deux expressions pour le module de $\cos z$. On peut en effet écrire $|\cos z|^2 = \cos^2 x \cosh^2 y + \sin^2 x \sinh^2 y = \cos^2 x\,(\cosh^2 y - \sinh^2 y) + \sinh^2 y$, d'où

$$|\cos z| = \sqrt{\cos^2 x + \sinh^2 y}$$

On peut également écrire $|\cos z|^2 = \sin^2 x\,(\sinh^2 y - \cosh^2 y) + \cosh^2 y$, d'où

$$|\cos z| = \sqrt{\cosh^2 y - \sin^2 x}$$

3.3 Fonction racine n-ième

Dans ce paragraphe, n désigne un entier naturel ≥ 2.
On rappelle que tout nombre complexe z non nul possède n racines n-ièmes $Z_0, \ldots, Z_{n-1}$ que l'on obtient par le raisonnement suivant. Soit $r = |z|$ et θ un argument de z, de sorte que $z = re^{i\theta}$. On cherche les nombres complexes $Z = \rho e^{i\alpha}$ tels que $Z^n = z$. On a donc

$$\rho^n = r \quad \text{et} \quad n\alpha \equiv \theta \quad [2\pi]$$

Comme ρ et r sont strictement positifs, cela implique que $\rho = \sqrt[n]{r}$ et $\alpha = \frac{\theta+k2\pi}{n}$ où *a priori* k décrit $\mathbb{Z}$. Mais on voit qu'il suffit que k décrive $\{0, \ldots, n-1\}$ pour obtenir toutes les racines n-ièmes (car pour $k = n$, on retrouve la racine obtenue pour $k = 0$). On obtient n racines n-ièmes de z qui s'écrivent

$$Z_k = \sqrt[n]{r}\, e^{i\frac{\theta+k2\pi}{n}} \quad (k \in \{0, \ldots, n-1\}) \tag{IX.34}$$

Tous ces Z_k sont sur le cercle de centre 0 et de rayon $\sqrt[n]{r} = \sqrt[n]{|z|}$ et il est important de se souvenir que l'on obtient tous les Z_k à partir de l'un d'entre eux par des rotations successives d'angle $2\pi/n$.

L'argument θ de z peut être défini d'une infinité de façon. Nous dirons que *nous avons choisi une détermination de l'argument* lorsque nous avons décidé que

$$\forall z \in \mathbb{C}^* \quad \arg z \in [a, a+2\pi[\tag{IX.35}$$

où a est un réel *fixé* une fois pour toutes[4]. Suivant les applications envisagées, on pourra choisir $a = 0$, ou $a = -\pi$, ou $a = \pi/2$, etc. Il importe simplement de comprendre qu'il faut se laisser la possibilité de changer de détermination de l'argument, mais qu'une fois que le choix a été fait, on s'y tient, de sorte qu'il n'y a plus d'ambiguïté dans la notation $\arg z$.

Une fois que l'on a choisi une détermination de l'argument, on peut définir sur $\mathbb{C}$ une fonction racine n-ième de la façon suivante : à $z = 0$, on associe 0 (car le nombre complexe 0 n'a qu'une racine n-ième : lui-même) et à $z \neq 0$, on associe le nombre complexe Z_k de la forme (IX.34) où $\theta = \arg z \in [a, a+2\pi[$. Autrement dit, comme k peut prendre n valeurs, on définit en fait n fonctions sur $\mathbb{C}$, que l'on va noter $r_0, \ldots, r_{n-1}$, de la façon suivante :

$$\forall k \in \{0, \ldots, n-1\} \quad r_k(z) = \begin{cases} 0 & \text{pour } z = 0 \\ \sqrt[n]{|z|}\, e^{i\frac{\arg z + k2\pi}{n}} & \text{pour } z \neq 0 \end{cases} \tag{IX.36}$$

Ces n fonctions $r_0, \ldots, r_{n-1}$ sont appelées *déterminations de « la » fonction racine n-ième*. On prendra garde que pour définir une telle détermination, il faut d'abord choisir a (*i.e.* choisir une détermination de l'argument) puis $k \in \{0, \ldots, n-1\}$. La définition de ces fonctions dépendant de a, de n et de $k \in \{0, \ldots, n-1\}$, il conviendrait donc de noter $r_{a,n,k}$ ce que nous avons noté simplement r_k. C'est ce que nous ferons lorsqu'il y aura risque de confusion. *A contrario*, on peut se contenter de noter l'une de ces fonctions $z \mapsto \sqrt[n]{z}$, mais en gardant les valeurs de a et de k en mémoire. Par contre, lorsque l'on écrit $\sqrt[n]{|z|}$, on considère que c'est de la racine strictement positive du nombre réel positif $|z|$ dont on parle.

Ces fonctions r_k sont définies sur $\mathbb{C}$ mais nous allons voir **qu'elles ne sont pas continues sur** $\mathbb{C}$.

Considérons un complexe $z_0 \neq 0$ tel que $\arg z = a$, *i.e.* $z_0 = |z_0|\, e^{ia}$, où a est le réel choisi pour définir la détermination de l'argument par (IX.35). La fonction arg est définie sur $\mathbb{C}^*$ mais n'est pas continue en z_0. Pour le prouver, il suffit de considérer le cercle de centre 0 et de rayon $|z_0|$. Si z tend vers z_0 en suivant ce cercle *dans le sens trigonométrique*, alors $\arg z$ tend vers $a + 2\pi$ (voir la figure IX.1 pour le choix $a = \frac{\pi}{4}$). Or, *par définition* de la fonction arg, on a $\arg z_0 = a$.

La fonction arg est donc discontinue en tout point (non nul) de la demi-droite passant par 0 et e^{ia}. Elle est par contre continue en tout autre point : si $\arg z_0 \neq a$, alors $\lim_{z\to z_0} \arg z = \arg z_0$. Les points de discontinuité de la fonction arg sont ceux d'argument a à cause du choix fait pour la détermination de l'argument.

4. Bien entendu, on peut aussi décider que $\arg z \in]a, a+2\pi]$.

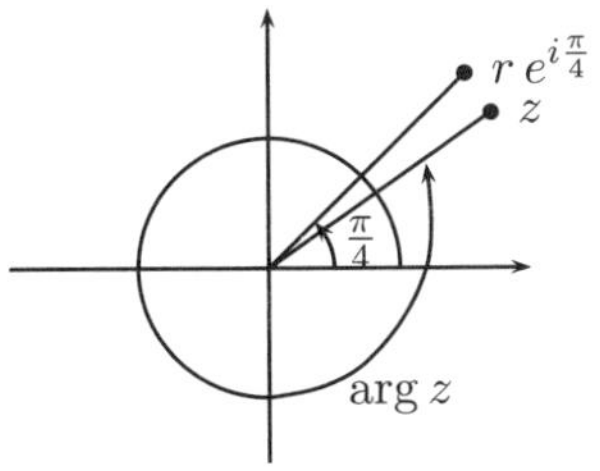

FIGURE IX.1 – *La détermination de l'argument à valeurs dans* $\left[\frac{\pi}{4}, \frac{\pi}{4} + 2\pi\right[$ *n'est pas continue en* $re^{i\frac{\pi}{4}}$ *: lorsque* z *tend vers* $re^{i\frac{\pi}{4}}$ *en suivant certains chemins,* $\arg z$ *ne tend pas vers* $\frac{\pi}{4}$ *mais vers* $\frac{\pi}{4} + 2\pi$.

Il résulte de la continuité sur $\mathbb{C}$ de la fonction $z \mapsto \sqrt[n]{|z|}$ et de la fonction exponentielle que lorsque z tend vers $z_0 = |z_0|e^{ia}$ en suivant le cercle de rayon $|z_0|$ dans le sens trigonométrique, $r_k(z)$ tend vers $\sqrt[n]{|z_0|}\, e^{i\frac{a+2\pi+k2\pi}{n}}$. Ainsi, la limite de $r_k(z)$ en suivant ce chemin n'est pas égale à $r_k(z_0) = \sqrt[n]{|z_0|}\, e^{i\frac{a+k2\pi}{n}}$, donc r_k est discontinue en z_0.
Plus précisément, la limite de $r_k(z)$ lorsque z tend vers z_0 en suivant le cercle de rayon $|z_0|$ dans le sens trigonométrique vaut $\sqrt[n]{|z_0|}\, e^{i\frac{a+(k+1)2\pi}{n}}$, *i.e.* $r_{k+1}(z_0)$ pour $0 \leq k \leq n-2$ et $r_0(z_0)$ pour $k = n-1$. Cela signifie que *l'on passe à la détermination suivante* de la racine n-ième de z_0 en effectuant ce passage à la limite.

Les fonctions r_k sont donc discontinues sur la demi-droite $\{\rho e^{ia}\,;\ \rho > 0\}$. Par contre, ce phénomène de changement de détermination ne se produit pas en un point dont l'argument est différent de a. Définissons un *ouvert* D_a en enlevant à $\mathbb{C}$ la demi-droite *fermée* $\{\rho e^{ia}\,;\ \rho \geq 0\}$. D_a est un *plan coupé* (voir la figure IX.2, pour $a = \frac{\pi}{4}$). La fonction exponentielle et la fonction $z \mapsto \sqrt[n]{|z|}$ sont continues sur $\mathbb{C}$, et la fonction arg est continue sur cet ouvert D_a, donc, par application des théorèmes généraux sur la continuité (produit et composée de fonctions continues), les fonctions r_k sont continues sur D_a.

On retiendra que **les fonctions racines n-ièmes sont définies sur $\mathbb{C}$, mais continues seulement sur le plan coupé obtenu en enlevant les points de discontinuité de la détermination de l'argument choisie.**

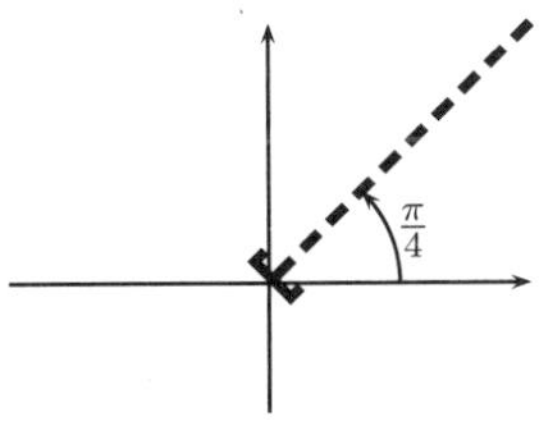

FIGURE IX.2 – *Le plan coupé* $D_{\frac{\pi}{4}} = \mathbb{C} \setminus \{\rho\, e^{i\frac{\pi}{4}}\,;\ \rho \geq 0\}$

Nous allons établir que les fonctions r_k sont holomorphes sur le plan coupé D_a.
Pour $z \in D_a$, on a $a < \arg z < a + 2\pi$, d'où

$$\frac{a + k2\pi}{n} < \frac{\arg z + k2\pi}{n} < \frac{a + (k+1)2\pi}{n}$$

L'image de l'ouvert D_a par r_k est donc l'ouvert

$$r_k(D_a) = \left\{ Z \in \mathbb{C}^*\,;\ \frac{a + k2\pi}{n} < \arg Z < \frac{a + (k+1)2\pi}{n} \right\} \tag{IX.37}$$

L'ouvert $r_k(D_a)$ est un secteur angulaire d'angle $\frac{2\pi}{n}$. La figure IX.3 représente, pour $n = 3$, les 3 ouverts $r_k(D_a)$ lorsque $a = \pi$. Ce sont les images des 3 déterminations r_0, r_1, r_2 de « la » fonction racine cubique lorsqu'on la restreint au domaine D_π sur lequel elle est continue.

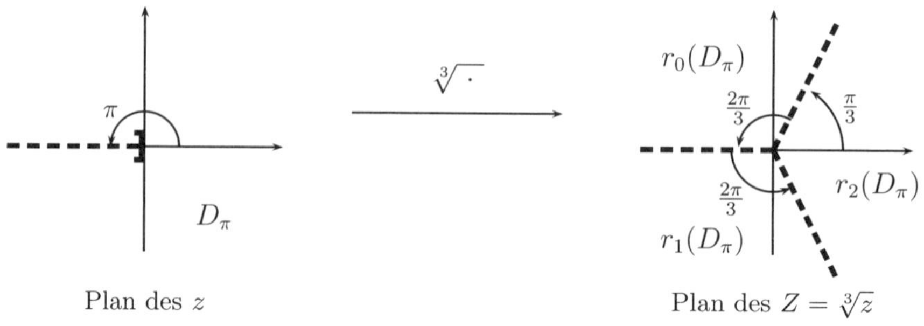

FIGURE IX.3 – *Le domaine de continuité et les domaines images des 3 déterminations de « la » fonction racine cubique pour le choix* $a = \pi$

L'application $r_k : D_a \to r_k(D_a)$ est surjective (car l'ensemble d'arrivée est l'ensemble des images par r_k des éléments de l'ensemble de départ D_a) et elle est également injective : si $z \in D_a$ et $z' \in D_a$ vérifient $r_k(z) = r_k(z')$, on en déduit que $z = z'$ en élevant chaque membre de l'égalité à la puissance n.

L'application réciproque de r_k est $f_k : r_k(D_a) \to D_a$ qui à Z associe Z^n. Elle est holomorphe, donc par application du théorème 1.1, la fonction $r_k = f_k^{-1}$ est holomorphe sur D_a et on a pour tout $z \in D_a$

$$r_k'(z) = \frac{1}{f_k'\big(r_k(z)\big)} = \frac{1}{n\big(r_k(z)\big)^{n-1}} = \frac{r_k(z)}{n\,\big(r_k(z)\big)^n}$$

Or, $r_k(z)$ est une racine n-ième de z, donc $\big(r_k(z)\big)^n = z$. On obtient finalement

$$\forall z \in D_a \quad r_k'(z) = \frac{r_k(z)}{n\,z} \tag{IX.38}$$

On peut retenir (IX.38) en écrivant formellement

$$\left(z^{\frac{1}{n}}\right)' = \frac{1}{n} z^{\frac{1}{n}-1} = \frac{1}{n} z^{\frac{1}{n}} z^{-1}$$

à condition de se souvenir que, dans cette formule, c'est **la même détermination** de $z^{\frac{1}{n}}$ qui figure des deux côtés de l'égalité.

3.4 Fonction logarithme complexe

Nous avons vu que la restriction de la fonction exp à toute bande horizontale de la forme

$$E_a = \{Z \in \mathbb{C}\,;\, a \leq \Im Z < a + 2\pi\} \tag{IX.39}$$

où $a \in \mathbb{R}$, est injective, d'image égale à $\mathbb{C}^*$. Son application réciproque de $\mathbb{C}^*$ dans E_a est appelée *détermination du logarithme complexe*. Exactement comme pour une fonction racine n-ème, pour définir une telle détermination il faut d'abord choisir a. Il n'y a donc pas *une* fonction logarithme, mais *des* fonctions logarithmes (une infinité).

Cherchons l'antécédent unique $Z \in E_a$ de $z = e^Z$. Appelons X et Y les parties réelle et imaginaire de Z. On a $e^X e^{iY} = |z|\, e^{i \arg z}$ où nous choisissons la détermination de l'argument définie par

$$\arg z \in [a, a + 2\pi[$$

On a $X = \ln |z|$ et $Y = \arg z$, car $Z \in E_a$ donc $a \leq Y < a + 2\pi$.

Notons [5] Log_a l'application réciproque de l'application bijective $\exp : E_a \to \mathbb{C}^*$ définie de la façon suivante :

$$\begin{array}{rccl} \mathrm{Log}_a : & \mathbb{C}^* & \longrightarrow & E_a = \{Z \in \mathbb{C}\,;\, a \leq \Im Z < a + 2\pi\} \\ & z & \longmapsto & \ln |z| + i \arg z \end{array} \tag{IX.40}$$

Lorsqu'il n'y aura pas d'ambiguïté sur la valeur de a, on notera cette fonction simplement Log plutôt que Log_a. Mais on ne perdra pas de vue que la première chose à faire lorsqu'on doit manipuler « la » fonction Log est de préciser a, *i.e.* de choisir une détermination de l'argument.

Exemples.

- Avec la détermination de l'argument définie par $a = -\pi$ (ce qui veut dire que l'on décide que $\arg z \in [-\pi, \pi[$), on a

$$\mathrm{Log}\,(-2) = \ln |-2| + i \arg(-2) = \ln 2 - i\pi$$

  Les autres valeurs possibles (en changeant de détermination pour l'argument) pour $\mathrm{Log}\,(-2)$ sont tous les complexes de la forme $\ln 2 - i\pi + ik2\pi$ avec $k \in \mathbb{Z}$.

- Avec la détermination de l'argument définie par $a = 0$ (ce qui veut dire que l'on décide que $\arg z \in [0, 2\pi[$), on a

$$\mathrm{Log}\,(-i) = \ln |-i| + i\frac{3\pi}{2} = i\frac{3\pi}{2}$$

  Avec la détermination définie par $a = -\pi$, on aurait $\mathrm{Log}\,(-i) = -i\frac{\pi}{2}$.

Le seul nombre complexe dont les logarithmes ne sont pas définis est $z = 0$. Cependant, bien que chacune de ces fonctions Log_a soit définie sur $\mathbb{C}^*$, **aucune n'est continue sur $\mathbb{C}^*$**. En effet, à cause de la présence de l'argument, il se passe là encore un phénomène de discontinuité en chaque point de la demi-droite $\{\rho e^{ia}\,;\, \rho > 0\}$.
Plus précisément, lorsque z tend vers $z_0 = |z_0|\, e^{ia}$ en parcourant le cercle de centre 0 et de rayon $|z_0|$ dans le sens trigonométrique, $\mathrm{Log}_a\,(z)$ ne tend pas vers $\mathrm{Log}_a\,(z_0)$, mais vers $\ln |z_0| + i(a + 2\pi) = \mathrm{Log}_{a+2\pi}\,(z_0)$. Autrement dit, en suivant dans le sens trigonométrique un chemin qui coupe cette demi-droite en z_0, on passe à la détermination suivante du logarithme de z_0.
Ceci ne se produit pas en un point z_0 tel que $\arg z_0 \neq a$. La fonction $z \to \ln |z|$ est continue sur $\mathbb{C}^*$ et la fonction arg est continue en tout point du plan coupé

$$D_a = \mathbb{C} \setminus \{\rho e^{ia}\,;\, \rho \geq 0\} \tag{IX.41}$$

Donc Log_a est continue sur D_a.

Remarque. Tous les réels de la forme $a + k2\pi$, avec $k \in \mathbb{Z}$, donnent le même plan coupé D_a. En effet, on a $D_{a+k2\pi} = D_a$ puisque la demi-droite qu'on enlève est la même ($\rho\, e^{i(a+k2\pi)}$ est

5. Ne pas confondre la notation $\mathrm{Log}_a(z)$, qui désigne dans cet ouvrage l'une des déterminations du logarithme complexe d'un nombre complexe $z \neq 0$, avec $\log_a(x)$ qui désigne usuellement, pour $a > 0$, le logarithme de base a d'un nombre $x > 0$.

égal à $\rho\, e^{ia}$). Il y a donc en fait une infinité de déterminations du Log continues sur le même plan coupé D_a : toutes celles correspondant aux déterminations de l'argument définies par

$$\forall z \in D_a \quad \arg z \in]a + k2\pi, a + (k+1)2\pi[$$

On les obtient toutes en fixant **une** détermination, $\arg z \in]a, a + 2\pi[$ par exemple, et en considérant les fonctions définies par

$$\forall z \in D_a \quad \mathrm{Log}_{a,k}(z) = \ln |z| + i(\arg z + k2\pi)$$

La fonction $\mathrm{Log}_{a,k}$ ainsi définie n'est rien d'autre que la restriction à D_a de la fonction $\mathrm{Log}_{a+k2\pi}$, à valeurs dans la bande horizontale $E_{a+k2\pi}$.

Considérons la bande horizontale **ouverte** obtenue en enlevant à E_a la droite $y = a$:

$$H_a = \{Z \in \mathbb{C}\,;\, a < \Im Z < a + 2\pi\}$$

Appliquons le théorème 1.1 à l'application $\exp : H_a \to D_a$ qui est bijective et holomorphe. On en déduit que $\mathrm{Log}_a : D_a \to H_a$ est holomorphe et que l'on a pour tout $z \in D_a$

$$(\mathrm{Log}_a z)' = \frac{1}{\exp'(\mathrm{Log}_a z)} = \frac{1}{\exp(\mathrm{Log}_a z)}$$

Par définition du logarithme complexe, on a $\exp(\mathrm{Log}_a z) = z$. On obtient la formule très importante

$$\forall z \in D_a \quad (\mathrm{Log}_a z)' = \frac{1}{z} \qquad \text{(IX.42)}$$

Ainsi, *toute détermination* ***continue*** *du Log complexe est holomophe et sa fonction dérivée est* $z \mapsto 1/z$.

Il est par contre important de se souvenir que, bien que $z \mapsto 1/z$ soit continue, et même holomorphe, sur l'ouvert connexe $\mathbb{C}^*$, on n'a pas trouvé de primitive à cette fonction sur $\mathbb{C}^*$, mais seulement sur des plans coupé D_a.
En fait, il est possible de montrer qu'il n'existe pas de primitive de $z \mapsto 1/z$ sur $\mathbb{C}^*$. On peut en effet établir qu'une telle primitive serait nécessairement une détermination du logarithme complexe holomorphe sur $\mathbb{C}^*$. Or on vient de voir qu'une telle fonction n'existe pas.
En ce qui concerne les primitives des fonctions de la variable complexe, la situation semble donc plus compliquée que pour les fonctions continues de la variable réelle (on sait qu'une fonction continue sur un intervalle admet toujours des primitives sur cet intervalle). Nous reviendrons sur cette question des primitives au chapitre X.

Remarque. Soit z_0 un complexe fixé. Par composition avec la fonction $z \mapsto z - z_0$, on déduit de l'étude précédente les propriétés des fonctions

$$z \mapsto \mathrm{Log}\,(z - z_0) = \ln |z - z_0| + i \arg(z - z_0)$$

De même, on déduit de l'étude des fonctions $z \mapsto \sqrt[n]{z}$ les propriétés des fonctions

$$z \mapsto \sqrt[n]{z - z_0} = \sqrt[n]{|z - z_0|}\, e^{i\frac{\arg(z-z_0)+k2\pi}{n}}$$

Pour ces fonctions, les problèmes de continuité proviennent de l'intervention de la fonction $z \mapsto \arg(z - z_0)$. On commence donc par choisir une détermination de $z \mapsto \arg(z - z_0)$, *i.e.* on décide que $\arg(z - z_0) \in [a, a + 2\pi[$. Une simple translation de z_0 permet de raisonner géométriquement : modulo 2π, $\arg(z - z_0)$ est l'angle que fait la demi-droite horizontale (issue de z_0) égale à l'ensemble des $z_0 + x$ quand x décrit $[0, +\infty[$ avec la demi-droite issue de z_0 et

passant par z (cf. figure IX.4). Lorsqu'on a déterminé cet angle géométriquement, on ajoute si nécessaire $k2\pi$ afin que $\arg(z-z_0) \in [a, a+2\pi[$. On considère le plan coupé D_a obtenu en enlevant à $\mathbb{C}$ la demi-droite issue de z_0 et faisant un angle a (modulo 2π) avec la demi-droite $\{\, z_0 + x \,;\, x \in [0, +\infty[\,\}$ (sur la figure IX.4, on a représenté D_a pour $a \equiv -\frac{\pi}{2}\ [2\pi]$).
Les déterminations de $z \mapsto \mathrm{Log}\,(z-z_0)$ ou de $z \mapsto \sqrt[n]{z-z_0}$ définies par cette détermination de $\arg(z-z_0)$ sont continues (et même holomorphes) sur le plan coupé D_a.

On dit que z_0 est un *point de branchement* de la fonction considérée (on dit aussi parfois *point critique*, mais comme ce terme désigne aussi un point où la différentielle d'une fonction différentiable s'annule, il vaut mieux l'éviter).

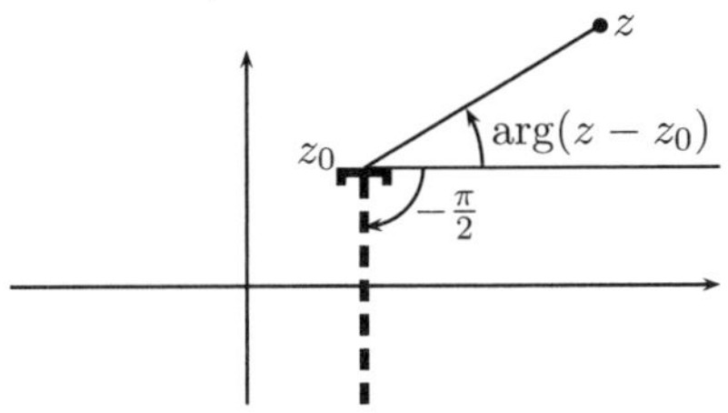

FIGURE IX.4 – *Plan coupé associé à une détermination de Log$(z-z_0)$ ou de $\sqrt[n]{z-z_0}$ lorsque $a = -\frac{\pi}{2}$*

Pour terminer cette étude de « la » fonction Log, remarquons que pour z et z' non nuls on a $\ln|zz'| = \ln|z| + \ln|z'|$ ainsi que $\arg(zz') \equiv \arg(z) + \arg(z')\ \ [2\pi]$. On a donc formellement

$$\mathrm{Log}\,(zz') = \mathrm{Log}\,(z) + \mathrm{Log}\,(z') \qquad \text{(IX.43)}$$

Bien entendu, pour que (IX.43) ait un sens il faut soigneusement définir les déterminations des trois logarithmes intervenant dans la formule.
On a aussi, pour z et z' non nuls, $\ln|z/z'| = \ln|z| - \ln|z'|$ et $\arg(z/z') \equiv \arg(z) - \arg(z')\ \ [2\pi]$. On a donc également formellement

$$\mathrm{Log}\,(z/z') = \mathrm{Log}\,(z) - \mathrm{Log}\,(z') \qquad \text{(IX.44)}$$

Les formules (IX.43) et (IX.44) permettent de définir sur des ouverts convenables des fonctions holomorphes égales à des déterminations de $f(z) = \mathrm{Log}\,\big(P(z)/Q(z)\big)$, où P/Q est une fraction rationnelle irréductible. Le domaine de définition d'une telle fonction est obtenu en enlevant à $\mathbb{C}$ les racines z_j de P et de Q, qui seront les points de branchement de f. On choisit des déterminations pour chaque fonction $z \mapsto \arg(z - z_j)$, ce qui permet de définir f sans ambiguïté. Bien sûr, le choix de ces déterminations dépend du contexte. On enlève les demi-droites fermées, issues de ces points de branchement, constituées des points de discontinuité. Sur l'ouvert obtenu, la fonction f est non seulement continue, mais aussi holomorphe par application des théorèmes généraux (combinaison linéaire, produit, quotients et composée de fonctions holomorphes).

On étudie de façon analogue les fonctions de la forme $z \mapsto \sqrt[n]{P(z)/Q(z)}$

Exemple. Définissons une détermination holomorphe de $\mathrm{Log}\left(\frac{z^2+1}{z+1}\right)$.
Les points de branchement sont les racines i et $-i$ de z^2+1, et la racine -1 de $z+1$. Faisons, par exemple, les choix suivants :

$$\begin{cases} \forall z \neq i & \arg(z-i) \in [-\frac{3\pi}{2}, \frac{\pi}{2}[\\ \forall z \neq -i & \arg(z+i) \in [-\frac{\pi}{2}, \frac{3\pi}{2}[\\ \forall z \neq -1 & \arg(z+1) \in [-\pi, \pi[\end{cases} \qquad \text{(IX.45)}$$

C'est par commodité que l'on emploie la même notation « arg » pour les arguments de $z-i$, $z+i$ et $z+1$. En réalité, (IX.45) définit *directement* trois fonctions, respectivement sur $\mathbb{C}\setminus\{i\}$, $\mathbb{C}\setminus\{-i\}$ et $\mathbb{C}\setminus\{-1\}$, sans passer par une détermination de $z\mapsto \arg z$ (voir l'exercice IX.9 pour préciser cette remarque).

Le choix (IX.45) permet de définir sans ambiguïté une fonction f sur $\mathbb{C}\setminus\{i,-i,-1\}$, égale à une détermination de $\operatorname{Log}\left(\frac{z^2+1}{z+1}\right)$, de la façon suivante :

$$f(z)=\ln\left|\frac{z^2+1}{z+1}\right|+i\big(\arg(z-i)+\arg(z+i)-\arg(z+1)\big) \qquad \text{(IX.46)}$$

Cette fonction f n'est pas continue sur les demi-droites :
- $\Delta_i=\{iy\,;\,y\geq 1\}$ (à cause du choix fait pour $\arg(z-i)$),
- $\Delta_{-i}=\{iy\,;\,y\leq -1\}$ (à cause du choix fait pour $\arg(z+i)$),
- $\Delta_{-1}=]-\infty,-1]$ (à cause du choix fait pour $\arg(z+1)$).

Par contre, la restriction de f à l'ouvert $D=\mathbb{C}\setminus(\Delta_i\cup\Delta_{-i}\cup\Delta_{-1})$ est continue, car
- la fonction $z\mapsto\ln\left|\frac{z^2+1}{z+1}\right|$ est continue sur $\mathbb{C}\setminus\{i,-i,-1\}$,
- la fonction $z\mapsto\arg(z-i)$ est continue sur $\mathbb{C}\setminus\Delta_i$,
- la fonction $z\mapsto\arg(z+i)$ est continue sur $\mathbb{C}\setminus\Delta_{-i}$,
- la fonction $z\mapsto\arg(z+1)$ est continue sur $\mathbb{C}\setminus\Delta_{-1}$.

On a $f(z)=\operatorname{Log}(z-i)+\operatorname{Log}(z+i)-\operatorname{Log}(z+1)$, où ces trois fonctions sont définies par (IX.45).
- La fonction $z\mapsto\operatorname{Log}(z-i)$ est holomorphe sur $\mathbb{C}\setminus\Delta_i$, de dérivée $\frac{1}{z-i}$.
- La fonction $z\mapsto\operatorname{Log}(z+i)$ est holomorphe sur $\mathbb{C}\setminus\Delta_{-i}$, de dérivée $\frac{1}{z+i}$.
- La fonction $z\mapsto\operatorname{Log}(z+1)$ est holomorphe sur $\mathbb{C}\setminus\Delta_{-1}$, de dérivée $\frac{1}{z+1}$.

La fonction f est donc holomorphe sur D, et l'on a :

$$\begin{aligned}\forall z\in D\quad f'(z) &= \big(\operatorname{Log}(z-i)+\operatorname{Log}(z+i)-\operatorname{Log}(z+1)\big)'\\ &= \frac{1}{z-i}+\frac{1}{z+i}-\frac{1}{z+1}\end{aligned}$$

Remarquons que l'on a aussi $f'(z)=u'(z)/u(z)$ avec $u(z)=\frac{z^2+1}{z+1}$.

Les autres fonctions égales à une détermination de $\operatorname{Log}\left(\frac{z^2+1}{z+1}\right)$ holomorphe sur **cet** ouvert D s'obtiennent en ajoutant à $f(z)$ une constante $ik2\pi$ ($k\in\mathbb{Z}$).

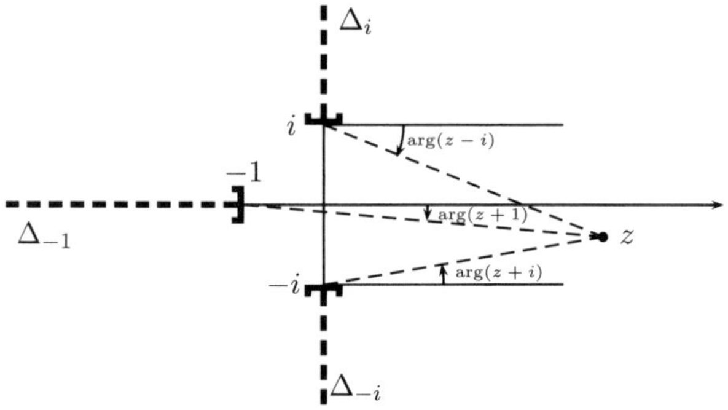

FIGURE IX.5 – *Domaine d'holomorphie de la fonction f définie par (IX.46) et (IX.45)*

La méthode est analogue si l'on veut définir une détermination de $\sqrt[n]{\frac{z^2+1}{z+1}}$ holomorphe sur l'ouvert D (cf. exercice IX.10).

Il y a bien sûr une infinité d'autres possibilités pour définir une détermination de $\mathrm{Log}\left(\frac{z^2+1}{z+1}\right)$. Par exemple, on peut choisir les trois arguments dans $[0, 2\pi[$. Appelons g la fonction définie par (IX.46) et ce choix des arguments. Dans ce cas, pour obtenir une fonction continue, on devra enlever les trois demi-droites $\{ z_0 + x\,;\, x \in [0, +\infty[\, \}$, pour $z_0 = -1,\ i,\ -i$ (ce sont des demi-droites horizontales issues des points de branchements). La fonction g est holomorphe sur l'ouvert D' obtenu en supprimant ces trois demi-droites et sa dérivée est définie sur D' par $g'(z) = \frac{1}{z-i} + \frac{1}{z+i} - \frac{1}{z+1}$ (autrement dit $f'(z) = g'(z)$ pour $z \in D \cap D'$).

Remarque. Dans certains cas très particuliers, il est possible de définir des déterminations de $\mathrm{Log}\big(P(z)/Q(z)\big)$ ou de $\sqrt[n]{P(z)/Q(z)}$ continues sur des ouverts autres que ceux obtenus en enlevant des demi-droites issues des points de branchement. C'est moins facile. Par exemple il est possible de définir une détermination de $\mathrm{Log}\left(\frac{z-1}{z+1}\right)$ continue sur l'ouvert $\mathbb{C} \setminus [-1, 1]$. On peut également définir une détermination de $\sqrt{\frac{z-1}{z+1}}$ continue sur cet ouvert (cf. exercice IX.11).

3.5 Fonction puissance

Soit α un nombre complexe quelconque. Pour chaque détermination du logarithme complexe, on a une détermination de la fonction « puissance α », ainsi définie :

$$z \mapsto z^\alpha = e^{\alpha \mathrm{Log}\, z} \tag{IX.47}$$

Pour définir une fonction puissance, il faut donc *a priori* commencer par définir une détermination Log_a du logarithme complexe. Par composition d'applications continues, chaque détermination de $z \mapsto z^\alpha = e^{\alpha \mathrm{Log}_a(z)}$ ainsi définie est continue sur le plan coupé D_a.

Comme il existe une infinité de déterminations du logarithme complexe continues sur D_a, à savoir toutes les fonctions $\mathrm{Log}_{a+k2\pi}$ avec $k \in \mathbb{Z}$, il existe *a priori* une infinité de déterminations de la fonction « puissance α » continues sur D_a. Mais si α est un entier relatif n, toutes ces déterminations se confondent avec la fonction usuelle $z \mapsto z^n$. Plus généralement, si α est un rationnel de la forme p/q (fraction irréductible, $p \in \mathbb{Z}$, $q \in \mathbb{N}^*$), il ne reste plus que q déterminations sur D_a qui coïncident avec les fonctions $z \mapsto (\sqrt[q]{z})^p$. Pour le voir, notons, pour $k \in \{0, \ldots, q-1\}$, $r_{a,q,k}(z)$ la k-ième détermination de $\sqrt[q]{z}$ définie sur D_a par $\arg(z) \in]a, a+2\pi[$, *i.e.* $r_{a,q,k}(z) = \sqrt[q]{|z|}\, e^{\frac{i}{q}(\arg(z)+ik2\pi)}$. On a

$$\begin{aligned} e^{\alpha \mathrm{Log}_{a+k2\pi}(z)} &= e^{\frac{p}{q}(\ln|z| + i\arg(z) + ik2\pi)} \\ &= \left(e^{\frac{1}{q}(\ln|z| + i\arg(z) + ik2\pi)}\right)^p \\ &= \left(\sqrt[q]{|z|}\, e^{\frac{i}{q}(\arg(z)+k2\pi)}\right)^p \\ &= (r_{a,q,k}(z))^p \end{aligned}$$

Puisque les déterminations continues du logarithme sont holomorphes, les déterminations de $z \mapsto z^\alpha$ sont holomorphes sur D_a (par composition d'applications holomorphes) et l'on a

$$\forall z \in D_a \quad \begin{aligned} (z^\alpha)' &= \left(e^{\alpha \mathrm{Log}_a(z)}\right)' \\ &= \frac{\alpha}{z}\, e^{\alpha \mathrm{Log}_a(z)} \\ &= \alpha z^\alpha z^{-1} \end{aligned}$$

Il est utile de retenir que, dans l'égalité $(z^\alpha)' = \alpha z^\alpha z^{-1}$, on a à gauche et à droite la même détermination de z^α.

Exemple. Choisissons la détermination de l'argument définie par $\arg z \in [0, 2\pi[$. Cela définit sans ambiguïté sur $\mathbb{C}^*$ une fonction

$$f \,:\, z \mapsto z^i = e^{i(\ln|z| + i \arg z)}$$

Par exemple, on a $f(i) = i^i = e^{i(\ln|i| + i\frac{\pi}{2})} = e^{-\frac{\pi}{2}}$ et $f(3) = 3^i = e^{i(\ln|3| + i\times 0)} = e^{i\ln 3}$.
On a

$$\lim_{z\to 3\,,\,\Im z<0} f(z) = e^{i(\ln|3| + i2\pi)} = f(3)\, e^{-2\pi} \neq f(3)$$

Par conséquent f n'est pas continue en $z = 3$. La fonction f est en fait discontinue en chaque point $x \in]0, +\infty[$, ce qui est une conséquence du choix fait pour la détermination de $\arg z$. La fonction f est par contre continue sur l'ouvert $D_0 = \mathbb{C}\setminus[0, +\infty[$. Elle est même holomorphe sur D_0, de fonction dérivée donnée par

$$\forall z \in D_0 \quad f'(z) = \frac{i}{z}\, f(z)$$

4 Fonctions analytiques

4.1 Définition et résultats fondamentaux

Définition 4.1 *Soient Ω un ouvert de $\mathbb{C}$ et $f \,:\, \Omega \to \mathbb{C}$. On dit que f est analytique dans Ω si f est développable en série entière en tout point z_0 de Ω. Autrement dit, f est analytique dans Ω si pour tout $z_0 \in \Omega$, il existe une série entière $\sum a_n X^n$ de rayon de convergence R non nul telle que*

$$(|z - z_0| < R \quad et \quad z \in \Omega) \implies \left(f(z) = \sum_{n=0}^{+\infty} a_n (z - z_0)^n \right) \tag{IX.48}$$

Remarque. Dans cette définition, la série entière $\sum a_n X^n$ et son rayon de convergence R dépendent *a priori* de z_0.

Exemples.

1. Toute fonction polynomiale P est analytique dans $\mathbb{C}$. Pour le vérifier, il suffit d'écrire $P(z)$ comme un polynôme en $z - z_0$ (poser $z = u + z_0$ et développer chaque z^k en un polynôme de la variable $u = z - z_0$). Cela constitue un cas particulier de série entière en $z - z_0$, de rayon de convergence infini.

2. Plus généralement, toute fraction rationnelle P/Q est analytique dans l'ouvert égal à $\mathbb{C}$ privé des pôles de la fraction rationnelle. Pour le démontrer, décomposons P/Q en éléments simples. La partie entière étant un polynôme, il s'agit de prouver que chaque élément simple de la forme $\frac{1}{(z-a)^p}$ est développable en série de $(z - z_0)^n$ pour $z_0 \neq a$. Nous allons déterminer explicitement le développement en série entière de $\frac{1}{(z-a)^p}$ en $z_0 \neq a$ en utilisant la somme de la série géométrique (pour tout complexe q tel que $|q| < 1$, on a $\sum_{n=0}^{+\infty} q^n = \frac{1}{1-q}$). Puisqu'on doit développer en puissance de $z - z_0$, on fait apparaître la quantité $u = z - z_0$ de la manière suivante :

$$\frac{1}{(z-a)^p} = \frac{1}{\left((z - z_0) + (z_0 - a)\right)^p} = \frac{1}{(z_0 - a)^p}\, \frac{1}{\left(1 + \frac{z - z_0}{z_0 - a}\right)^p}$$

Pour $p = 1$, on a

$$\left|\frac{z-z_0}{z_0-a}\right| < 1 \implies \frac{1}{z-a} = \frac{1}{z_0-a}\sum_{n=0}^{+\infty}(-1)^n\left(\frac{z-z_0}{z_0-a}\right)^n = \sum_{n=0}^{+\infty}\frac{(-1)^n}{(z_0-a)^{n+1}}(z-z_0)^n$$

Ce développement en série entière est valable pour $|z-z_0| < |z_0-a|$. Or, $|z_0-a| > 0$, donc $z \mapsto \frac{1}{z-a}$ est développable en série entière en tout $z_0 \neq a$ (le rayon de convergence valant $R = |z_0-a|$). La fonction $z \mapsto \frac{1}{z-a}$ est bien analytique dans $\mathbb{C} \setminus \{a\}$.

Pour $p = 2$, en anticipant sur le théorème 4.2, on utilise la dérivée terme à terme de la série géométrique :

$$|u| < 1 \implies \sum_{n=1}^{+\infty} n\, u^{n-1} = \frac{d}{du}\left(\frac{1}{1-u}\right) = \frac{1}{(1-u)^2}$$

En choisissant $u = -\frac{z-z_0}{z_0-a}$, on en déduit que

$$|z-z_0| < |z_0-a| \implies \frac{1}{(z-a)^2} = \frac{1}{(z_0-a)^2}\sum_{n=1}^{+\infty} n\left(-\frac{z-z_0}{z_0-a}\right)^{n-1} = \sum_{n=0}^{+\infty}\frac{(-1)^n(n+1)}{(z_0-a)^{n+2}}(z-z_0)^n$$

Plus généralement, pour obtenir le développement en série entière de $\frac{1}{(z-a)^p}$, on dérive $p-1$ fois la série géométrique. On obtient

$$|u| < 1 \implies \sum_{n=p-1}^{+\infty}\frac{n!}{(n-p+1)!}u^{n-p+1} = \frac{d^{p-1}}{du^{p-1}}\left(\frac{1}{1-u}\right) = \frac{(p-1)!}{(1-u)^p}$$

On en déduit que si $|z-z_0| < |z_0-a|$, alors

$$\begin{aligned}\frac{1}{(z-a)^p} &= \frac{1}{(z_0-a)^p}\sum_{n=p-1}^{+\infty}\frac{n!}{(n-p+1)!(p-1)!}\left(-\frac{z-z_0}{z_0-a}\right)^{n-p+1}\\ &= \sum_{n=0}^{+\infty}\frac{(-1)^n(n+p-1)!}{n!(p-1)!(z_0-a)^{n+p}}(z-z_0)^n\\ &= \sum_{n=0}^{+\infty}\frac{(-1)^n C_{n+p-1}^n}{(z_0-a)^{n+p}}(z-z_0)^n\end{aligned}$$

Par conséquent, $z \mapsto \frac{1}{(z-a)^p}$ est analytique dans $\mathbb{C} \setminus \{a\}$, ce qui implique que toute fraction rationnelle est analytique dans tout ouvert ne contenant pas de pôle.

Nous admettons les deux théorèmes suivants.

Théorème 4.1 *Soient $\sum a_n X^n$ une série entière de rayon de convergence R non nul et $a \in \mathbb{C}$. La fonction*

$$f : z \mapsto \sum_{n=0}^{+\infty} a_n(z-a)^n$$

est analytique dans le disque ouvert $D(a,R) = \{z \in \mathbb{C}\,;\, |z-a| < R\}$.

Commentaire. Contrairement aux apparences, ce résultat n'a rien d'évident. En effet, la fonction f est par définition développable en série entière en a, mais le théorème affirme que f est développable en série de $(z-z_0)^n$ pour tout z_0 dans le disque centré en a et de rayon R. Plus précisément, on peut démontrer qu'il existe une suite $(b_n)_{n\in\mathbb{N}}$ telle que

$$\sum_{n=0}^{+\infty} a_n(z-a)^n = \sum_{n=0}^{+\infty} b_n(z-z_0)^n$$

pour $|z-z_0|<r$, où r est le rayon du plus grand disque centré en z_0 et inclus dans $D(a,R)$.

Théorème 4.2 *Soient $\sum a_n X^n$ une série entière de rayon de convergence R non nul et $a \in \mathbb{C}$. Le rayon de convergence de la série entière $\sum n a_n X^{n-1}$, dite « dérivée terme à terme », est R. De plus, la fonction $f : z \mapsto \sum_{n=0}^{+\infty} a_n(z-a)^n$ est holomorphe dans le disque ouvert $D(a,R)=\{z\in\mathbb{C}\,;\,|z-a|<R\}$ et sa dérivée s'obtient par dérivation terme à terme :*

$$|z-a|<R \implies f'(z) = \sum_{n=1}^{+\infty} n a_n (z-a)^{n-1} \tag{IX.49}$$

Lorsque la dérivée d'une fonction holomorphe sur Ω est elle-même holomorphe, on dit que f est deux fois dérivable par rapport à la variable complexe sur Ω et on note f'' la dérivée de f'. On définit ainsi, si elles existent, les dérivées successives $f^{(p)}$ $(p\in\mathbb{N})$ d'une fonction de la variable complexe. En raisonnant par récurrence, on obtient immédiatement le corollaire suivant du théorème 4.2.

Corollaire 4.1 *Sous les hypothèses du théorème 4.2, les dérivées successives de f existent dans $D(a,R)$ et s'obtiennent par dérivation terme à terme :*

$$|z-a|<R \implies f^{(p)}(z) = \sum_{n=p}^{+\infty} \frac{n!}{(n-p)!} a_n (z-a)^{n-p} \tag{IX.50}$$

On en déduit une formule célèbre reliant les coefficients a_n aux dérivées successives de f.

Corollaire 4.2 ***Formule de Taylor.*** *Sous les hypothèses du théorème 4.2 :*

$$\forall n\in\mathbb{N} \quad a_n = \frac{f^{(n)}(a)}{n!} \tag{IX.51}$$

Preuve. On utilise la formule (IX.50) en $z=a$. Tous les termes de la somme sont nuls sauf celui d'indice $n=p$. On obtient donc pour tout $p\in\mathbb{N}$ l'égalité $f^{(p)}(a)=\frac{p!}{0!}a_p$, qui n'est autre que (IX.51) puisque p est un entier naturel quelconque.

□

Les a_n définis par (IX.51) sont appelés *coefficients de Taylor de f en a.*

Corollaire 4.3 *Toute fonction f analytique dans un ouvert Ω est holomorphe dans Ω, et même indéfiniment dérivable par rapport à la variable complexe sur Ω.*
De plus, si $\sum_{n=0}^{+\infty} a_n(z-a)^n$ est le développement en série entière de f au voisinage de $a\in\Omega$, les a_n sont donnés par la formule de Taylor (IX.51). En particulier, le développement en série entière de f au voisinage de a est unique. On l'appelle aussi développement en série de Taylor de f en a.

Preuve. Si f est analytique dans Ω, alors elle est au voisinage de chaque point $z_0 \in \Omega$ la somme d'une série entière de rayon de convergence (dépendant de z_0) non nul. Notons r_{z_0} ce rayon de convergence. D'après le corollaire 4.1, f est indéfiniment dérivable par rapport à la variable complexe dans $D(z_0, r_{z_0})$. Comme $\Omega \subset \bigcup_{z_0 \in \Omega} D(z_0, r_{z_0})$, la fonction f est indéfiniment dérivable dans Ω.
Pour $a \in \Omega$, l'analyticité de f implique qu'il existe au moins un développement de f en série de puissances de $z - a$, et en notant a_n les coefficients de ce développement, on a (IX.51) d'après le corollaire 4.2 appliqué au disque de centre a et de rayon r_a. La série de Taylor de f en a est donc la seule série entière (en puissances de $(z - a)$) dont la somme soit égale à $f(z)$ dans un disque centré en a.

□

Remarque. Nous verrons plus tard que la réciproque de ce résultat est vraie : toute fonction holomorphe sur un ouvert est en fait analytique dans cet ouvert.

4.2 Principe du prolongement analytique

Théorème 4.3 ***Théorème des zéros isolés.*** *Soient f analytique dans un ouvert Ω et $z_0 \in \Omega$ une racine de f. On suppose qu'il existe un voisinage de z_0 sur lequel f n'est pas la fonction nulle. Il existe $r > 0$ tel que*

$$\forall z \in D(z_0, r) \setminus \{z_0\} \quad f(z) \neq 0$$

Autrement dit, les zéros de f sont isolés.

Preuve. La fonction f est développable en série entière en z_0, donc il existe $R > 0$ tel que $|z - z_0| < R$ implique $f(z) = \sum_{n=0}^{+\infty} a_n (z - z_0)^n$, où les a_n sont les coefficients de Taylor de f en z_0. L'hypothèse $f(z_0) = 0$ se traduit par $a_0 = 0$. Appelons p le plus petit entier naturel tel que $a_p \neq 0$. Cet entier p existe, sinon f serait nulle dans tout disque centré en z_0 et de rayon $\leq R$, ce qui contredirait l'hypothèse selon laquelle f n'est pas la fonction nulle dans un voisinage de z_0. Comme $a_0 = 0$, on a $p \geq 1$. Pour $z \in \Omega$ tel que $|z - z_0| < R$, on a donc

$$f(z) = (z - z_0)^p \sum_{n=p}^{+\infty} a_n (z - z_0)^{n-p} = (z - z_0)^p \sum_{n=0}^{+\infty} a_{n+p} (z - z_0)^n$$

On sait que la somme d'une série entière est une fonction continue dans le disque de convergence. Par conséquent, puisque la fonction $z \mapsto \sum_{n=0}^{+\infty} a_{n+p}(z - z_0)^n$ prend la valeur $a_p \neq 0$ en $z = z_0$, il existe $r > 0$ tel que cette fonction soit définie et ne s'annule pas dans $D(z_0, r)$. Par ailleurs, la fonction $z \mapsto (z - z_0)^p$ ne s'annule qu'en z_0, donc f ne s'annule qu'en z_0 dans ce disque.

□

On peut déduire du théorème 4.3 le résultat suivant. Nous l'admettons, la démonstration nécessitant de maîtriser la notion topologique de connexité.

Théorème 4.4 ***Principe du prolongement analytique*** (1). *Si f est analytique dans un ouvert connexe Ω et si f possède dans Ω un zéro non isolé, alors f est nulle sur Ω.*

Précisons le sens de ce théorème. Un zéro non isolé de f est une racine $z_0 \in \Omega$ de f telle qu'il existe dans Ω une suite $(z_n)_{n \geq 1}$ de racines de f tendant vers z_0. L'existence d'un zéro non isolé de f implique que f est nulle dans le plus grand ouvert connexe contenant z_0 dans lequel f est analytique.

Exemples.

- Si f analytique dans $\mathbb{C}$ est nulle en tout point de $\mathbb{R}$, alors f est nulle sur $\mathbb{C}$. En effet, dans un tel cas, tout réel est un zéro non isolé de f. Par exemple, le fait que $\sin(2x) = 2\sin x\cos x$ pour tout réel x implique que $\sin(2z) = 2\sin z\cos z$ pour tout complexe z, car la fonction $z \mapsto \sin(2z) - 2\sin z\cos z$ est analytique dans $\mathbb{C}$ et est nulle sur $\mathbb{R}$, donc elle est nulle sur $\mathbb{C}$. On peut ainsi étendre à $\mathbb{C}$, de façon élégante et rapide, de nombreuses formules valables sur $\mathbb{R}$ (ou sur un intervalle de $\mathbb{R}$: voir l'exemple suivant).
- Si f analytique dans Ω connexe est nulle en tout point d'un segment $[z_1, z_2] \subset \Omega$, avec $z_1 \neq z_2$, alors f est nulle sur Ω.
- Si f analytique dans Ω connexe est nulle sur un ouvert non vide $D \subset \Omega$, alors f est nulle sur Ω.

Remarque. L'hypothèse « Ω connexe » est essentielle pour appliquer le théorème 4.4. En effet, considérons par exemple l'ouvert non connexe $\Omega = \{z = x + iy \in \mathbb{C}\,;\, x \neq 0\}$ (cet ouvert possède deux composantes connexes $\Omega_1 = \{z = x + iy\,;\, x < 0\}$ et $\Omega_2 = \{z = x + iy\,;\, x > 0\}$) et la fonction f nulle sur Ω_1 et égale à 1 sur Ω_2. La fonction f est analytique sur Ω et n'est pas identiquement nulle. Pourtant tout point de Ω_1 est un zéro non isolé de f.

On utilise souvent le principe du prolongement analytique sous l'une des formes suivantes.

Corollaire 4.4 ***Principe du prolongement analytique*** (2). *Soient Ω un ouvert non vide de $\mathbb{C}$ et Ω' un ouvert connexe contenant Ω. Si f et g sont analytiques dans Ω' et vérifient*

$$\forall z \in \Omega \quad f(z) = g(z)$$

alors $f(z) = g(z)$ pour tout $z \in \Omega'$.

Preuve. La fonction $f - g$ est analytique dans Ω' connexe et les points de Ω sont des zéros non isolés de $f - g$, donc $f - g$ est identiquement nulle.

□

Corollaire 4.5 ***Principe du prolongement analytique*** (3). *Soient Ω un ouvert non vide de $\mathbb{C}$ et Ω' un ouvert connexe contenant Ω. Si une fonction analytique dans Ω possède un prolongement analytique dans Ω', alors ce prolongement est unique.*

Preuve. Si f est analytique dans Ω et si g_1 et g_2 sont analytiques dans Ω' et prolongent f (ce qui signifie que $g_1(z) = g_2(z) = f(z)$ pour tout $z \in \Omega$), alors g_1 et g_2 vérifient les hypothèses du corollaire 4.4 donc sont égales sur Ω'.

□

Exemple. D'après le théorème 4.1, la fonction $f : z \mapsto \sum_{n=0}^{+\infty} z^n$ est analytique dans l'ouvert $\Omega = D(0,1)$. D'autre part, la fonction $g : z \mapsto \frac{1}{1-z}$ est analytique dans l'ouvert $\Omega' = \mathbb{C} \setminus \{1\}$. Comme pour tout complexe z tel que $|z| < 1$, on a $\sum_{n=0}^{+\infty} z^n = \frac{1}{1-z}$, la fonction g est un prolongement analytique de f à l'ouvert Ω'. Grâce au corollaire 4.5, on peut affirmer qu'il n'existe pas d'autre fonction analytique sur Ω' prolongeant f à Ω'.

Grâce au principe du prolongement analytique, plus précisément du corollaire 4.4, cet exemple se généralise de la façon suivante.

Proposition 4.1 *Soient f analytique dans un ouvert connexe Ω, (a_n) la suite des coefficients de Taylor de f en $a \in \Omega$ et $R > 0$ le rayon de convergence de la série entière $\sum a_n X^n$.*

– *Si* $D(a,R) \subset \Omega$, *alors l'égalité* $f(z) = \sum_{n=0}^{+\infty} a_n(z-a)^n$ *est valable pour* $|z-a| < R$ *;*
– *sinon, la fonction* g *définie par*

$$g(z) = \begin{cases} f(z) & \text{pour } z \in \Omega \\ \sum_{n=0}^{+\infty} a_n(z-a)^n & \text{pour } z \in D(a,R) \end{cases} \tag{IX.52}$$

est un prolongement analytique de f *à l'ouvert* $\Omega' = \Omega \cup D(a,R)$.

Preuve. Puisque f est développable en série entière en a, il existe $r > 0$ tel que $D(a,r) \subset \Omega$ et $f(z) = \sum_{n=0}^{+\infty} a_n(z-a)^n$ pour $|z-a| < r$. On a $r \leq R$ par définition du rayon de convergence. La fonction $h : z \mapsto \sum_{n=0}^{+\infty} a_n(z-a)^n$ est analytique dans $D(a,R)$ en vertu du théorème 4.1. Si $D(a,R) \subset \Omega$, alors les fonctions f et h coïncident sur $D(a,r)$ et sont analytiques sur $D(a,R)$, donc elles coïncident sur $D(a,R)$ d'après le corollaire 4.4, *i.e.* $f(z) = \sum_{n=0}^{+\infty} a_n(z-a)^n$ pour tout z tel que $|z-a| < R$.
Si Ω ne contient pas $D(a,R)$, remarquons que (IX.52) définit bien une fonction g sur $\Omega' = \Omega \cup D(a,R)$. En effet, les fonctions f et h coïncident sur $D(a,r)$ et sont analytiques dans l'ouvert $\Omega \cap D(a,R)$, qui contient $D(a,r)$. Elles coïncident donc sur $\Omega \cap D(a,R)$. Autrement dit, si $z \in \Omega \cap D(a,R)$, alors on a $f(z) = \sum_{n=0}^{+\infty} a_n(z-a)^n$, de sorte que la définition (IX.52) de g a un sens. Il est clair que g est un prolongement analytique de f à l'ouvert Ω'.

□

Notons que dans le cas où Ω ne contient pas $D(a,R)$, la fonction g définie par (IX.52) est en fait *l'unique* prolongement analytique de f à Ω' en vertu du corollaire 4.5.

4.3 Développements en série entière usuels

Développement en série entière en 0 de l'exponentielle

La fonction exp est holomorphe sur $\mathbb{C}$ et égale à sa dérivée. Elle est donc indéfiniment dérivable par rapport à la variable complexe sur $\mathbb{C}$ et on a

$$\forall n \in \mathbb{N} \quad \forall z \in \mathbb{C} \quad (e^z)^{(n)} = e^z$$

En admettant que la fonction exp est analytique dans $\mathbb{C}$ (cela sera justifié lorsque que nous aurons vu que toute fonction holomorphe est analytique), on peut lui appliquer la formule de Taylor en 0. Comme $(e^z)^{(n)} = e^z$ vaut 1 en $z = 0$, les coefficients de Taylor en 0 valent $1/n!$.

Calculons le rayon de convergence de la série entière obtenue. Il résulte de la règle de D'Alembert que si (a_n) est une suite complexe dont tous les termes sont non nuls à partir d'un certain rang et telle que $\lim_{n\to+\infty} \left|\frac{a_n}{a_{n+1}}\right|$ existe dans $[0,+\infty]$, alors le rayon de convergence de la série entière $\sum a_n X^n$ est $R = \lim_{n\to+\infty} \left|\frac{a_n}{a_{n+1}}\right|$. Or :

$$\begin{aligned} \lim_{n\to+\infty} \left|\frac{a_n}{a_{n+1}}\right| &= \lim_{n\to+\infty} \frac{1/n!}{1/(n+1)!} \\ &= \lim_{n\to+\infty} (n+1) \\ &= +\infty \end{aligned}$$

Cela implique que la fonction $z \mapsto \sum_{n=0}^{+\infty} \frac{z^n}{n!}$ est analytique sur $\mathbb{C}$. En effet, en vertu du théorème 4.1, cette fonction est analytique sur le disque de centre 0 et de rayon $R = +\infty$. Grâce à la proposition 4.1, nous en déduisons que le développement en série entière de e^z en 0 est valable sur $\mathbb{C}$ en entier. On a donc

$$\forall z \in \mathbb{C} \quad e^z = \sum_{n=0}^{+\infty} \frac{z^n}{n!} \tag{IX.53}$$

Complément. La définition (IX.21) de l'exponentielle complexe fait appel aux fonctions exponentielle, sinus et cosinus de la variable réelle. En réalité, cela n'est pas mathématiquement satisfaisant, car la définition élémentaire des fonctions sin et cos de la variable réelle nécessite de connaître le nombre π. Il faut donc commencer par *définir* π, ce qui ne peut être fait au niveau d'une classe de lycée (à ce stade, on se contente de postuler l'existence de ce nombre sur lequel on fonde toute la trigonométrie élémentaire). À partir de la définition de π, on peut définir l'argument d'un nombre complexe, d'où l'on peut déduire la difficile notion *d'angle*.
Le point de départ de tout cela est la *définition* de e^z à l'aide de son développement en série entière (IX.53). On définit $\cos z$ et $\sin z$ par (IX.27), ce qui ne nécessite nullement la connaissance de π. Le lecteur intéressé par ce sujet est invité à consulter *Théorie élémentaire des fonctions analytiques d'une ou plusieurs variables complexes* de Cartan.

Développements en série entière en 0 de cos, sin, cosh, sinh

Première méthode. On déduit immédiatement du développement en série entière en 0 de exp ceux de ces quatre fonctions. Par exemple $\sin z = \frac{e^{iz}-e^{-iz}}{2i}$, donc :

$$\sin z = \frac{1}{2i}\sum_{n=0}^{+\infty}\frac{(iz)^n-(-iz)^n}{n!} = \frac{1}{2i}\sum_{p=0}^{+\infty}\frac{2i(-1)^p z^{2p+1}}{(2p+1)!}$$

En effet, les termes d'indice pair sont nuls et l'on a $i^{2p+1} = i\,i^{2p} = i(-1)^p$. Finalement :

$$\forall z \in \mathbb{C} \quad \sin z = \sum_{p=0}^{+\infty}\frac{(-1)^p}{(2p+1)!}\,z^{2p+1} \qquad \text{(IX.54)}$$

Remarque. La formule (IX.54) est valable pour tout $z \in \mathbb{C}$ parce que le développement en série entière de e^z est lui-même valable sur $\mathbb{C}$. En particulier, la fonction sin est analytique sur $\mathbb{C}$ en vertu du théorème 4.1.

On utilise la même méthode pour déterminer le développement en série entière en 0 de cos, sinh, cosh. On obtient les développement en série entière usuels suivants.

$$\forall z \in \mathbb{C} \qquad \cos z = \sum_{p=0}^{+\infty}\frac{(-1)^p}{(2p)!}\,z^{2p} \qquad \text{(IX.55)}$$

$$\forall z \in \mathbb{C} \qquad \sinh z = \sum_{p=0}^{+\infty}\frac{1}{(2p+1)!}\,z^{2p+1} \qquad \text{(IX.56)}$$

$$\forall z \in \mathbb{C} \qquad \cosh z = \sum_{p=0}^{+\infty}\frac{1}{(2p)!}\,z^{2p} \qquad \text{(IX.57)}$$

Les fonctions sin, cos, sinh et cosh sont donc analytiques sur $\mathbb{C}$.

Deuxième méthode. Il est également possible de déterminer les développement en série entière des quatre fonctions sin, cos, cosh, sinh à l'aide de la formule de Taylor, car les dérivées successives en 0 de ces quatre fonctions sont faciles à calculer. Par exemple, pour $\cos z$, on remarque que $(\cos z)^{(n)}$ est égal à $(-1)^{p+1}\sin z$ si $n = 2p+1$ et à $(-1)^p \cos z$ si $n = 2p$. Ainsi $(\cos z)^{(n)}$ s'annule en $z = 0$ si $n = 2p+1$ et vaut $(-1)^p$ en $z = 0$ si $n = 2p$, d'où les coefficients de Taylor $a_{2p+1} = 0$ (ce qui est d'ailleurs aussi une conséquence de la parité de la fonction cos) et $a_{2p} = \frac{(-1)^p}{(2p)!}$.
Si on emploie cette méthode, il faut déterminer le domaine de validité des formules en déterminant le rayon de convergence de la série entière. Pour cela, le plus simple ici est de montrer que la série converge absolument pour tout z en appliquant la règle de D'Alembert. Le rayon de convergence est donc infini. Grâce à la proposition 4.1, cela implique que le développement en série entière de cos est valable sur $\mathbb{C}$.

Développement en série entière en 0 de Log $(z+1)$

Considérons les déterminations de Log $(z+1)$ continues sur le plan coupé $D = \mathbb{C}\backslash]-\infty, -1]$:

$$\forall z \in D \quad f_k(z) = \text{Log}\,(z+1) = \ln|z+1| + i\arg(z+1) + ik2\pi \qquad \text{(IX.58)}$$

où on a fait le choix $\arg(z+1) \in]-\pi, \pi[$. Bien entendu, $k \in \mathbb{Z}$ est fixé.

Ces fonctions f_k sont holomorphe sur D, de dérivée égale à $f_k'(z) = \frac{1}{z+1}$. En anticipant, comme nous l'avons fait pour exp, sur le résultat « holomorphe implique analytique », nous en déduisons que f_k est analytique sur D.

Première méthode. Calculons les coefficients de Taylor a_n de f_k en $0 \in D$.
On a $a_0 = f_k(0) = \ln|0+1| + i\arg(0+1) + ik2\pi = ik2\pi$, car $\arg(0+1) = 0 \in]\pi, \pi[$.
D'autre part, on a $\frac{d^p}{dz^p}\left(\frac{1}{z+1}\right) = \frac{(-1)^p\,p!}{(z+1)^{p+1}}$, donc $f_k^{(n)}(z) = \frac{(-1)^{n-1}(n-1)!}{(z+1)^n}$ pour $n \geq 1$, d'où

$$\forall n \in \mathbb{N}^* \quad a_n = \frac{f_k^{(n)}(0)}{n!} = \frac{(-1)^{n-1}}{n}$$

La règle de D'Alembert montre immédiatement que le rayon de convergence de la série entière $\sum \frac{(-1)^{n-1}}{n} X^n$ est égal à 1. Grâce à la proposition 4.1, on a

$$|z| < 1 \Longrightarrow f_k(z) = \text{Log}\,(z+1) = ik2\pi + \sum_{n=1}^{+\infty} \frac{(-1)^{n-1}}{n} z^n \qquad \text{(IX.59)}$$

Remarque. Pour $k = 0$ et $z = x$ réel de $]-1, 1[$, on retrouve le développement en série usuel de $\ln(1+x)$. Rappelons que le développement reste valable en $x = 1$ (grâce au théorème d'Abel) et donne dans ce cas la somme de la série harmonique alternée $\sum_{n=1}^{+\infty} \frac{(-1)^{n-1}}{n} = \ln 2$.

Deuxième méthode. On connaît le développement en série entière de la dérivée de f_k :

$$|z| < 1 \Longrightarrow \frac{1}{z+1} = \sum_{n=0}^{+\infty} (-1)^n z^n$$

D'après le théorème 4.1, la fonction $g : z \mapsto \sum_{n=0}^{+\infty} \frac{(-1)^n}{n+1} z^{n+1} = \sum_{n=1}^{+\infty} \frac{(-1)^{n-1}}{n} z^n$ est analytique sur $D(0,1)$ (le rayon de convergence de cette série entière vaut 1) et a pour dérivée la fonction $z \mapsto \sum_{n=0}^{+\infty} (-1)^n z^n$. Ainsi, g et f_k ont même dérivée pour $|z| < 1$. En anticipant sur le corollaire 2.4 du chapitre X, cela implique que ces deux fonctions ne diffèrent sur $D(0,1)$ que d'une constante additive C :

$$|z| < 1 \Longrightarrow f_k(z) = \text{Log}\,(z+1) = C + \sum_{n=1}^{+\infty} \frac{(-1)^{n-1}}{n} z^n$$

En faisant $z = 0$, on trouve $C = f_k(0) = ik2\pi$, ce qui donne (IX.59).

Remarque. Le même développement en série entière convient pour toute détermination h_k de Log $(z+1)$ holomorphe dans un voisinage ouvert V de 0 et valant $ik2\pi$ en $z = 0$. En effet, h_k coïncide avec f_k sur $D \cap V$ (qui est un ouvert non vide car $0 \in D \cap V$), de sorte que, grâce au principe du prolongement analytique, f_k est l'unique prolongement analytique à l'ouvert D de la restriction de h_k à $D \cap V$. En particulier, le développement (IX.59) convient pour $h_k(z)$. Par contre, il n'y a aucune raison que la formule $h_k(z) = ik2\pi + \sum_{n=1}^{+\infty} \frac{(-1)^{n-1}}{n} z^n$ soit valable pour tout z tel que $|z| < 1$. En effet, l'ouvert V sur lequel h_k est holomorphe ne contient pas forcément tous les complexes de module au plus 1. Par exemple, supposons que h_k soit la détermination de Log $(z+1)$ définie par $\arg(z+1) \in \left[-\frac{\pi}{4}, \frac{7\pi}{4}\right[$ et $h_k(0) = ik2\pi$. La fonction h_k est holomorphe sur l'ouvert V obtenu en enlevant la demi-droite issue de -1 et faisant un angle $-\frac{\pi}{4}$ avec la demi-droite $[-1, +\infty[$ (*i.e.* $V = \{z\,;\, \arg(z+1) \in \left]-\frac{\pi}{4}, \frac{7\pi}{4}\right[\}$). Cet ouvert V contient 0, mais le plus grand disque centré en 0 et contenu dans V a un rayon égal à $\frac{\sqrt{2}}{2}$, donc, si le domaine de validité du développement en série entière de h_k est $\{z\,;\, |z| < R\}$, on a nécessairement $R \leq \frac{\sqrt{2}}{2}$. Nous verrons au chapitre suivant qu'en fait $R = \frac{\sqrt{2}}{2}$.

Développement en série entière en 0 de $(z+1)^\alpha$

Si $\alpha \in \mathbb{N}$, la fonction $z \mapsto (z+1)^\alpha$ est un polynôme de degré α, de sorte que son développement en série entière en 0 s'obtient directement par la formule du binôme de Newton :

$$\forall z \in \mathbb{C} \quad (z+1)^\alpha = \sum_{k=0}^{\alpha} \mathrm{C}_\alpha^k\, z^k$$

Supposons maintenant $\alpha \in \mathbb{C} \setminus \mathbb{N}$.
À chaque détermination holomorphe de $z \mapsto$ Log $(z+1)$ correspond une détermination holomorphe de $z \mapsto (z+1)^\alpha = \exp\big(\alpha \operatorname{Log}(z+1)\big)$. En particulier, si on choisit pour détermination de $z \mapsto$ Log $(z+1)$ la fonction f_k définie par (IX.58), alors la fonction

$$g_k \;:\; z \mapsto g_k(z) = e^{\alpha f_k(z)}$$

est analytique sur l'ouvert $D = \mathbb{C} \setminus]-\infty, -1]$.

Calculons les coefficients de Taylor a_n de g_k en 0.
Pour $z \in D$, on a $g_k'(z) = \alpha f_k'(z) e^{\alpha f_k(z)} = \frac{\alpha}{z+1} g_k(z)$, donc $g_k'(z)$ est l'une des déterminations de $\alpha(z+1)^{\alpha-1}$ (on s'y attendait).
Plus généralement, démontrons que $g^{(n)}(z) = \alpha(\alpha-1)\ldots(\alpha-n+1)\,(z+1)^{-n} g_k(z)$, qui est une détermination de $\alpha(\alpha-1)\ldots(\alpha-n+1)\,(z+1)^{\alpha-n}$. Raisonnons par récurrence. Considérons, pour $n \geq 1$, la propriété :

$$\forall z \in D \quad g^{(n)}(z) = \alpha\big(\alpha-1\big)\ldots\big(\alpha-(n-1)\big)\,(z+1)^{-n}\, e^{\alpha f_k(z)}$$

Cette propriété est vrai pour $n = 1$. Supposons la vraie pour $n \geq 1$. Par hypothèse de récurrence, on a

$$\begin{aligned} g^{(n+1)}(z) &= \alpha\big(\alpha-1\big)\ldots\big(\alpha-(n-1)\big)\,\big(-n(z+1)^{-n-1}e^{\alpha f_k(z)} + (z+1)^{-n}\alpha f_k'(z) e^{\alpha f_k(z)}\big) \\ &= \alpha\big(\alpha-1\big)\ldots\big(\alpha-(n-1)\big)\,\big(\alpha-n\big)\,(z+1)^{-(n+1)}\, e^{\alpha f_k(z)} \end{aligned}$$

C'est la propriété à l'ordre $n+1$.

On a $a_0 = g_k(0) = e^{\alpha f_k(0)} = e^{\alpha i k 2\pi}$ et pour $n \geq 1$:

$$a_n = \frac{g_k^{(n)}(0)}{n!} = \frac{\alpha(\alpha-1)\ldots(\alpha-n+1)}{n!}\, g_k(0) = \frac{\alpha(\alpha-1)\ldots(\alpha-n+1)}{n!}\, e^{\alpha i k 2\pi}$$

La règle de D'Alembert montre immédiatement que la série entière $\sum \frac{\alpha(\alpha-1)\ldots(\alpha-n+1)}{n!} z^n$ a un rayon de convergence égal à 1. Finalement :

$$|z| < 1 \implies g_k(z) = (1+z)^\alpha = e^{\alpha i k 2\pi}\left(1 + \sum_{n=1}^{+\infty} \frac{\alpha(\alpha-1)\ldots(\alpha-n+1)}{n!}\, z^n\right) \qquad \text{(IX.60)}$$

Remarque. Pour $k = 0$ et $z = x$ réel de $]-1, 1[$, on retrouve le développement en série usuel de $(1+x)^\alpha = e^{\alpha \ln(1+x)}$ (série dite « du binôme »).

5 Exercices corrigés

Exercice IX.1 *En utilisant uniquement la définition, étudier la dérivabilité par rapport à la variable complexe des fonctions suivantes, où $z = x + iy$.*

$$f(z) = \frac{x - iy}{x^2 + y^2}\,, \quad g(z) = y + 2ix$$

Retrouver ce résultat en utilisant les conditions de Cauchy ou le système de représentation $(z, \bar{z})$.

Solution. La fonction f est définie, continue et $\mathbb{R}$-différentiable sur $\mathbb{R}^2 \setminus \{(0,0)\}$, qui s'identifie à $\mathbb{C}^*$. On remarque que, pour tout z non nul, $f(z) = \frac{\bar{z}}{|z|^2} = \frac{\bar{z}}{z\bar{z}} = \frac{1}{z}$. C'est une fraction rationnelle en z dont l'unique pôle est en 0. On a vu dans le cours qu'une telle fonction est holomorphe sur $\mathbb{C}^*$. Toutefois, dans le but de se familiariser avec la définition de la dérivabilité, faisons une démonstration directe. Soit z_0 non nul, et soit z non nul distinct de z_0. Le taux d'accroissement s'écrit

$$\frac{\frac{1}{z} - \frac{1}{z_0}}{z - z_0} = \frac{z_0 - z}{zz_0(z - z_0)} = -\frac{1}{zz_0}$$

Par continuité en z_0 de la fonction $z \mapsto \frac{1}{z}$, cette quantité tend vers $-\frac{1}{z_0^2}$ lorsque z tend vers z_0. Cela prouve que f est dérivable en $z_0 \neq 0$ et que $f'(z_0) = -\frac{1}{z_0^2}$. Donc $f : z \mapsto \frac{1}{z}$ est holomorphe sur l'ouvert $\mathbb{C}^*$ et on a $\left(\frac{1}{z}\right)' = -\frac{1}{z^2}$.

La fonction g est définie, continue et $\mathbb{R}$-différentiable sur $\mathbb{R}^2$. Soit $z_0 = x_0 + iy_0$ un complexe quelconque et soit $z = x + iy$ distinct de z_0. Le taux d'accroissement s'écrit

$$\frac{g(z) - g(z_0)}{z - z_0} = \frac{(y - y_0) + 2i(x - x_0)}{(x - x_0) + i(y - y_0)}$$

Lorsque z est sur la droite d'équation $x = x_0$ (avec $y \neq y_0$ car $z \neq z_0$ par hypothèse), ce taux d'accroissement vaut $\frac{1}{i} = -i$, donc

$$\lim_{z \to z_0\,,\, x = x_0} \frac{g(z) - g(z_0)}{z - z_0} = -i$$

Lorsque z est sur la droite d'équation $y = y_0$ (avec $x \neq x_0$), ce taux d'accroissement vaut $2i$, donc

$$\lim_{z \to z_0\,,\, y = y_0} \frac{g(z) - g(z_0)}{z - z_0} = 2i$$

En suivant deux chemins différents menant à z_0, on trouve deux limites différentes, donc $\frac{g(z)-g(z_0)}{z-z_0}$ n'admet pas de limite quand z tend vers z_0. Or, z_0 est quelconque dans $\mathbb{C}$, donc cela prouve que g n'est dérivable en aucun point de $\mathbb{C}$ par rapport à la variable complexe, bien que g admette des dérivées partielles de tout ordre par rapport à x et y.

Reprenons l'exercice en utilisant les conditions de Cauchy ou le système de représentation $(z, \bar{z})$. On commence par vérifier que f est $\mathbb{R}$-différentiable sur $\mathbb{R}^2 \setminus \{(0,0)\}$. En appelant respectivement P et Q les parties réelles et imaginaires de f, on a, pour $(x, y) \neq (0,0)$, $P(x, y) = \frac{x}{x^2+y^2}$ et $Q(x, y) = -\frac{y}{x^2+y^2}$, donc

$$\frac{\partial P}{\partial x} = \frac{y^2 - x^2}{(x^2 + y^2)^2} \quad \text{et} \quad \frac{\partial Q}{\partial y} = -\frac{x^2 - y^2}{(y^2 + x^2)^2}$$

On a $\frac{\partial P}{\partial x} = \frac{\partial Q}{\partial y}$ en tout $(x, y) \neq (0,0)$. Par ailleurs

$$\frac{\partial P}{\partial y} = -\frac{2xy}{(x^2 + y^2)^2} \quad \text{et} \quad -\frac{\partial Q}{\partial x} = -\frac{2yx}{(y^2 + x^2)^2}$$

On a $\frac{\partial P}{\partial y} = -\frac{\partial Q}{\partial x}$ en tout $(x, y) \neq (0,0)$. Finalement f est holomorphe sur $\mathbb{C}^*$.

Mais le plus rapide ici est de remarquer qu'écrire $f(z)$ sous la forme $\frac{1}{z}$, c'est l'écrire sous la forme $F(z, \bar{z})$. Sous cette forme la fonction f, $\mathbb{R}$-différentiable sur $\mathbb{R}^2 \setminus \{(0,0)\}$, vérifie manifestement $\frac{\partial F}{\partial \bar{z}} = 0$, donc est holomorphe sur $\mathbb{C}^*$.

Pour g, on a $P(x, y) = y$ et $Q(x, y) = 2x$, donc la première condition de Cauchy est vérifiée (elle se réduit à l'égalité $0 = 0$), mais $\frac{\partial P}{\partial y} = 1 \neq -2 = -\frac{\partial Q}{\partial x}$ en tout $(x, y) \in \mathbb{R}^2$, de sorte que g n'est dérivable en aucun point.

Exercice IX.2 *Soit f une fonction holomorphe sur $\mathbb{C}$ à valeurs réelles. Démontrer que f est constante.*

Solution. Dire que f est holomorphe sur $\mathbb{C}$ est équivalent à dire que f est $\mathbb{R}$-différentiable sur $\mathbb{R}^2$ et vérifie les conditions de Cauchy en tout point (x, y). Comme f est à valeurs réelles, sa partie imaginaire est nulle, donc les conditions de Cauchy s'écrivent $\frac{\partial f}{\partial x} = 0$ et $\frac{\partial f}{\partial y} = 0$. Une fonction différentiable sur $\mathbb{R}^2$ en entier dont la différentielle $df_{(x,y)} = \frac{\partial f}{\partial x}(x, y)\, dx + \frac{\partial f}{\partial y}(x, y)\, dy$ est nulle en tout point (x, y) est une fonction constante[6].

Exercice IX.3 *Déterminer toutes les fonctions holomorphes sur $\mathbb{C}$ dont la partie réelle ne dépend que de la partie réelle x de la variable z.*

Solution. Explicitons l'énoncé. En appelant P et Q les parties réelles et imaginaires de f, il s'agit de construire les fonctions f holomorphes sur $\mathbb{C}$ telles que $\frac{\partial P}{\partial y}(x, y) = 0$ en tout point (x, y) de $\mathbb{R}^2$. Puisque nous sommes confrontés à un problème de construction, raisonnons par analyse et synthèse.

Analyse. Soit $f = P + iQ$ holomorphe sur $\mathbb{C}$ telles que $\frac{\partial P}{\partial y}(x, y) = 0$ en tout point (x, y) de $\mathbb{R}^2$. La fonction f est $\mathbb{R}$-différentiable sur $\mathbb{R}^2$ et vérifie les conditions de Cauchy en tout point (x, y). La deuxième condition de Cauchy implique que $\frac{\partial Q}{\partial x}(x, y) = 0$ en tout point. Ainsi, P ne dépend que de x et Q ne dépend que de y, *i.e.* il existe une fonction $x \mapsto g(x)$ et une fonction $y \mapsto h(y)$ dérivables sur $\mathbb{R}$ telles que $P(x, y) = g(x)$ et $Q(x, y) = h(y)$ pour tout $(x, y) \in \mathbb{R}^2$. Utilisons maintenant la première condition de Cauchy $\frac{\partial P}{\partial x} = \frac{\partial Q}{\partial y}$. Elle s'écrit $g'(x) = h'(y)$. Ceci n'est possible pour tout (x, y) de $\mathbb{R}^2$ que si ces deux fonctions sont égales à une même constante a, et cette constante est réelle car g et h sont à valeurs réelles. On a donc $g(x) = ax + b$ et $h(y) = ay + c$ où b et c sont des constantes réelles. La fonction f est donc *nécessairement* de la forme $f(z) = (ax + b) + i(ay + c)$ avec a, b, c réels.

Synthèse. Soit f de la forme $f(z) = (ax + b) + i(ay + c)$ avec a, b, c réels. Alors sa partie réelle ne dépend que de x, et on peut écrire $f(z) = az + (b + ic)$, donc f est holomorphe sur $\mathbb{C}$.

Conclusion. Les fonctions holomorphes sur $\mathbb{C}$ dont la partie réelle ne dépend que de x sont les fonctions affines $z \mapsto az + z_0$ avec a réel et z_0 complexe.

Exercice IX.4 *Donner un exemple de fonction $\mathbb{R}$-différentiable sur $\mathbb{R}^2$ mais dérivable en un seul point. Commenter.*

Solution. La fonction définie par $f(z) = x^2 + y^2 = |z|^2$ convient. Elle est $\mathbb{R}$-différentiable sur $\mathbb{R}^2$, et les conditions de Cauchy (ici $P(x, y) = x^2 + y^2$ et $Q(x, y) = 0$) ne sont vérifiées qu'en $(x, y) = (0,0)$ (f est dérivable en (x, y) ssi $2x = 0$ et $2y = 0$), donc f est dérivable en $z = 0$ et non dérivable en tout point de $\mathbb{C}^*$.

On le voit encore plus rapidement en utilisant le système de représentation $(z, \bar{z})$: en écrivant $f(z) = F(z, \bar{z})$, on a $F(z, \bar{z}) = z\bar{z}$, de sorte que $\frac{\partial F}{\partial \bar{z}} = z$ ne s'annule qu'en $z = 0$.

6. Dans cet exercice, ainsi que dans l'exercice IX.3, on utilise des résultats semblant « évidents », mais en fait liés aux propriétés topologiques - connexité notamment - de l'ouvert sur lequel on travaille.

Une fonction $\mathbb{R}$-différentiable sur $\mathbb{R}^2$ en entier peut donc n'être dérivable par rapport à la variable complexe qu'en certains points *isolés*. Mais on évitera de dire de la fonction f qu'elle est « holomorphe en 0 », car l'ensemble $\{0\}$ n'est pas ouvert.

Exercice IX.5 *Soit f une fonction $\mathbb{R}$-différentiable sur un ouvert Ω. On suppose que Ω ne contient pas 0. On exprime $f(x,y) = F(z,\bar{z})$ en coordonnées polaires :*

$$\forall z \in \Omega \quad f(z) = G(\rho,\theta) = R(\rho,\theta) + iS(\rho,\theta)$$

où R et S désignent les parties réelle et imaginaire de G.

1. *Exprimer les dérivées partielles de G en fonction de celles de f ou de celles de F.*
2. *Démontrer que f est holomorphe sur Ω ssi l'on a*

$$\frac{\partial G}{\partial \theta} = i\rho \frac{\partial G}{\partial \rho} \tag{IX.61}$$

3. *En déduire que f est holomorphe sur Ω ssi*

$$\frac{\partial R}{\partial \theta} = -\rho \frac{\partial S}{\partial \rho} \quad et \quad \frac{\partial S}{\partial \theta} = \rho \frac{\partial R}{\partial \rho} \tag{IX.62}$$

(IX.61) ou (IX.62) sont les conditions de Cauchy en polaires.

Solution. Le changement de variable en polaires est singulier à l'origine (l'argument θ de $z = 0$ n'est pas défini), raison pour laquelle on suppose que $0 \notin \Omega$.

1. Soit f une fonction $\mathbb{R}$-différentiable sur Ω. On peut :
   - soit utiliser le lien entre les coordonnées cartésiennes et les coordonnées polaires ($x = \rho\cos\theta$ et $y = \rho\sin\theta$), écrire $f(x,y) = G(\rho,\theta)$ puis exprimer les dérivées partielles de G en fonction de celles de f ;
   - soit utiliser le système de représentation $(z,\bar{z})$, pour lequel on a $z = \rho e^{i\theta}$ et $\bar{z} = \rho e^{-i\theta}$, écrire $f(x,y) = F(z,\bar{z}) = G(\rho,\theta)$ et exprimer les dérivées partielles de G en fonction de celles de F.

   L'utilisation du système de représentation $(z,\bar{z})$ étant pratique pour étudier l'holomorphie (voir question suivante), nous choisissons la deuxième option.

$$\frac{\partial G}{\partial \rho}(\rho,\theta) = \frac{\partial F}{\partial z}(\rho e^{i\theta}, \rho e^{-i\theta})\frac{\partial z}{\partial \rho} + \frac{\partial F}{\partial \bar{z}}(\rho e^{i\theta}, \rho e^{-i\theta})\frac{\partial \bar{z}}{\partial \rho}$$

   ou encore, en abrégeant :

$$\frac{\partial G}{\partial \rho} = e^{i\theta}\frac{\partial F}{\partial z} + e^{-i\theta}\frac{\partial F}{\partial \bar{z}} \tag{IX.63}$$

   On a de même :

$$\frac{\partial G}{\partial \theta}(\rho,\theta) = \frac{\partial F}{\partial z}(\rho e^{i\theta}, \rho e^{-i\theta})\frac{\partial z}{\partial \theta} + \frac{\partial F}{\partial \bar{z}}(\rho e^{i\theta}, \rho e^{-i\theta})\frac{\partial \bar{z}}{\partial \theta}$$

   ce qui donne :

$$\frac{\partial G}{\partial \theta} = i\rho e^{i\theta}\frac{\partial F}{\partial z} - i\rho e^{-i\theta}\frac{\partial F}{\partial \bar{z}} \tag{IX.64}$$

2. La fonction f étant $\mathbb{R}$-différentiable sur Ω, elle est holomorphe ssi $\frac{\partial F}{\partial \bar{z}} = 0$ (si à la première question on avait choisi d'exprimer les dérivées partielles de G en fonction de celles de f, on utiliserait le fait que f est holomorphe ssi $\frac{\partial f}{\partial x} = -i\frac{\partial f}{\partial y}$). Ainsi, f holomorphe se traduit par $\frac{\partial G}{\partial \theta} = i\rho e^{i\theta}\frac{\partial F}{\partial z}$ et $\frac{\partial G}{\partial \rho} = e^{i\theta}\frac{\partial F}{\partial z}$, ce qui implique que $\frac{\partial G}{\partial \theta} = i\rho\frac{\partial G}{\partial \rho}$.
   Réciproquement, soit f une fonction $\mathbb{R}$-différentiable sur Ω telle que l'on ait $\frac{\partial G}{\partial \theta} = i\rho\frac{\partial G}{\partial \rho}$. Dans

le but de calculer $\frac{\partial F}{\partial \bar{z}}$, on soustrait (IX.64) à l'égalité obtenue en multipliant (IX.63) par $i\rho$. On obtient :

$$2i\rho e^{-i\theta}\frac{\partial F}{\partial \bar{z}} = i\rho\frac{\partial G}{\partial \rho} - \frac{\partial G}{\partial \theta} = 0$$

Puisque $0 \notin \Omega$, on a $\rho \neq 0$, et $e^{-i\theta}$ ne s'annule pas, donc $\frac{\partial F}{\partial \bar{z}} = 0$, *i.e.* f est holomorphe sur Ω.

3. L'égalité $\frac{\partial G}{\partial \theta} = i\rho\frac{\partial G}{\partial \rho}$ s'écrit $\frac{\partial R}{\partial \theta} + i\frac{\partial S}{\partial \theta} = i\rho\left(\frac{\partial R}{\partial \rho} + i\frac{\partial S}{\partial \rho}\right) = -\rho\frac{\partial S}{\partial \rho} + i\rho\frac{\partial R}{\partial \rho}$, ce qui est équivalent, en séparant parties réelle et imaginaire, aux égalités (IX.62).

Exercice IX.6 *Dans chaque cas, déterminer les points de dérivabilité de f par la méthode qui semble la plus appropriée.*

$$f(z) = e^{x^2-y^2}\big(\cos(2xy) + i\sin(2xy)\big)\ ,\ g(z) = |z|^{-3}\ ,\ h(z) = \frac{z}{|z|^4}$$

Solution. La fonction f est $\mathbb{R}$-différentiable sur $\mathbb{R}^2$. On vérifie sans peine que les deux conditions de Cauchy sont vérifiées, donc f est holomorphe sur $\mathbb{C}$. Mais le plus rapide est de remarquer que $f(z) = e^{x^2-y^2+2ixy} = e^{z^2}$, donc $\frac{\partial F}{\partial \bar{z}} = 0$.
En coordonnées cartésiennes, la fonction g s'écrit $g(x,y) = \frac{1}{(x^2+y^2)^{3/2}}$. Elle est définie sur l'ouvert $\Omega = \mathbb{R}^2 \setminus \{(0,0)\}$, et elle admet sur Ω des dérivées partielles (par rapport à x et y) continues, donc g est de classe $\mathcal{C}^1$ sur Ω, ce qui implique que g est $\mathbb{R}$-différentiable sur Ω. La fonction g est *radiale*, *i.e.* ne dépend pas de θ lorsqu'on passe en polaires. Avec les notations de l'exercice IX.5, on a $G(\rho,\theta) = \rho^{-3}$, donc $\frac{\partial G}{\partial \rho} = -3\rho^{-4}$ et $\frac{\partial G}{\partial \theta} = 0$. L'égalité $\frac{\partial G}{\partial \theta} = i\rho\frac{\partial G}{\partial \rho}$ (conditions de Cauchy en polaires) se réduit à $\rho^{-3} = 0$, ce qui est impossible, donc g n'est dérivable en aucun point de son domaine de définition $\mathbb{C}^*$.

Pour h (définie et de classe $\mathcal{C}^1$ sur $\mathbb{R}^2 \setminus \{(0,0)\}$, donc $\mathbb{R}$-différentiable sur $\mathbb{R}^2 \setminus \{(0,0)\}$), le plus rapide est de l'écrire dans le système de représentation $(z,\bar{z})$. On a $h(z) = \frac{z}{(z\bar{z})^2} = \frac{1}{z\bar{z}^2}$. La dérivée par rapport à $\bar{z}$ est égale à $-\frac{2}{z\bar{z}^3}$. Elle n'est jamais nulle, donc h n'est dérivable en aucun point de $\mathbb{C}^*$.

Exercice IX.7 *Déterminer les racines (dans $\mathbb{C}$) des fonctions* cos, sinh *et* cosh.

Solution. Posons $z = x + iy$. On a $\cos z = 0 \Longleftrightarrow e^{iz} = -e^{-iz} \Longleftrightarrow e^{2iz} = -1 \Longleftrightarrow e^{-2y}\,e^{i2x} = 1\,e^{i\pi}$.
En égalant les modules et les arguments modulo 2π, on obtient :
$\cos z = 0 \Longleftrightarrow e^{-2y} = 1$ et $2x = \pi + k2\pi$ $(k \in \mathbb{Z}) \Longleftrightarrow y = 0$ et $x = \frac{\pi}{2} + k\pi$ $(k \in \mathbb{Z})$.
Finalement $\cos z = 0 \Longleftrightarrow z = \frac{\pi}{2} + k\pi$ $(k \in \mathbb{Z})$, *i.e.* les seules racines complexes de $\cos z$ sont les racines réelles usuelles.
De même, on a $\sinh z = 0 \Longleftrightarrow e^z = e^{-z} \Longleftrightarrow e^{2z} = 1 \Longleftrightarrow e^{2x}\,e^{i2y} = 1\,e^{i0}$, d'où :
$\sinh z = 0 \Longleftrightarrow e^{2x} = 1$ et $2y = 0 + k2\pi$ $(k \in \mathbb{Z}) \Longleftrightarrow z = ik\pi$ $(k \in \mathbb{Z})$. Les racines complexes de $\sinh z$ sont donc imaginaires pures (pour $k = 0$ on retrouve la seule racine réelle de $\sinh x$).
On démontre de même que $\cosh z = 0$ ssi z est de la forme $i(\frac{\pi}{2} + k\pi)$ avec $k \in \mathbb{Z}$. On retrouve en particulier le fait que la fonction de la variable réelle $x \mapsto \cosh x$ ne s'annule pas puisqu'aucune de ces racines imaginaires pures n'est réelle.
Deuxième méthode. Connaissant les racines complexes de sin, on en déduit immédiatement les racines complexes des fonctions cos, sinh et cosh grâce aux formules (IX.29) :

- On a $\cos z = 0 \Longleftrightarrow \sin(z + \pi/2) = 0 \Longleftrightarrow z + \pi/2 = k\pi$ $(k \in \mathbb{Z}) \Longleftrightarrow z = \pi/2 + n\pi$ $(n \in \mathbb{Z})$.
- On a $\sinh z = 0 \Longleftrightarrow -i\sin(iz) = 0 \Longleftrightarrow iz = k\pi$ $(k \in \mathbb{Z})$ $(k \in \mathbb{Z}) \Longleftrightarrow z = i\,n\pi$ $(n \in \mathbb{Z})$.
- On a $\cosh z = 0 \Longleftrightarrow \cos(iz) = 0 \Longleftrightarrow iz = \pi/2 + k\pi$ $(k \in \mathbb{Z}) \Longleftrightarrow z = i(\pi/2 + n\pi)$ $(n \in \mathbb{Z})$.

Exercice IX.8 *Déterminer toutes les fonctions holomorphes sur $\mathbb{C}\setminus]-\infty,0]$ dont la partie réelle ne dépend que de $|z|$.*

Solution. On utilise les conditions de Cauchy en polaires. On cherche à construire les fonctions $z \mapsto f(z)$, $\mathbb{R}$-différentiable sur $\mathbb{C}\backslash]-\infty,0]$, telles qu'en notant $f(z) = R(\rho,\theta) + iS(\rho,\theta)$ l'on ait

$$\forall(\rho,\theta) \in]0,+\infty[\times]-\pi,\pi[\quad \frac{\partial R}{\partial \theta}(\rho,\theta) = -\rho\frac{\partial S}{\partial \rho}(\rho,\theta) \text{ et } \frac{\partial S}{\partial \theta}(\rho,\theta) = \rho\frac{\partial R}{\partial \rho}(\rho,\theta)$$

Analyse. Dire que la partie réelle ne dépend que de $|z|$ revient à dire que R ne dépend que de ρ, *i.e.* $\frac{\partial R}{\partial \theta} = 0$. On a donc aussi, puisque $\rho \neq 0$, la condition $\frac{\partial S}{\partial \rho} = 0$. Il existe donc une fonction g dérivable sur $]0,+\infty[$ et une fonction h dérivable sur $]-\pi,\pi[$ telles que

$$R(\rho,\theta) = g(\rho) \quad \text{et} \quad S(\rho,\theta) = h(\theta)$$

La condition $\frac{\partial S}{\partial \theta} = \rho\frac{\partial R}{\partial \rho}$ s'écrit $h'(\theta) = \rho g'(\rho)$, ce qui n'est possible[7] que s'il existe une constante réelle a telle que $h'(\theta) = \rho g'(\rho) = a$ pour tout $(\rho,\theta) \in]0,+\infty[\times]-\pi,\pi[$. On en déduit qu'il existe des constantes réelles b et c telles que $h(\theta) = a\theta + b$ et $g(\rho) = a\ln(\rho) + c$. On a donc nécessairement $G(\rho,\theta)$ de la forme $a\ln(\rho) + c + i(a\theta + b)$.

Synthèse. Soit la fonction G définie par

$$\forall(\rho,\theta) \in]0,+\infty[\times]-\pi,\pi[\quad G(\rho,\theta) = a\big(\ln(\rho) + i\theta\big) + (c + ib)$$

où a, b, c sont des constantes réelles, *i.e.* la fonction f définie par

$$\forall z \in \mathbb{C}\backslash]-\infty,0] \quad f(z) = a(\ln|z| + i\arg z) + c + ib = a\operatorname{Log}(z) + c + ib$$

où l'on a choisi sur $\Omega = \mathbb{C}\backslash]-\infty,0]$ la détermination de l'argument appartenant à $]-\pi,\pi[$, Log désignant l'une quelconque des déterminations du logarithme complexe définies sur Ω par cette détermination de l'argument (de sorte que Log est continue sur Ω). Alors, puisque toute détermination continue du logarithme est holomorphe, f est une fonction holomorphe sur Ω (de dérivée $z \mapsto \frac{a}{z}$) dont la partie réelle $z \mapsto a\ln|z| + c$ ne dépend que de z.

Conclusion. Les fonctions $z \mapsto f(z)$ holomorphes sur $\mathbb{C}\backslash]-\infty,0]$ dont la partie réelle ne dépend que de $|z|$ sont les fonctions de la forme

$$z \mapsto a\operatorname{Log}(z) + z_0$$

où $a \in \mathbb{R}$, $z_0 \in \mathbb{C}$.

Exercice IX.9 *On considère la fonction $z \mapsto f(z) = \sqrt{z^2+1}$, définie sur $\mathbb{C}$, la détermination choisie étant celle pour laquelle :*

$$\forall z \in \mathbb{C}\setminus\{i,-i\} \quad \arg(z-i) \in \left[-\frac{3\pi}{2},\frac{\pi}{2}\right[\quad \text{et} \quad \arg(z+i) \in \left[-\frac{\pi}{2},\frac{3\pi}{2}\right[$$

1. *Préciser la définition de f. Calculer $f(i)$, $f(-i)$, $f(0)$, $f(2i)$ et*

$$\lim_{z\to 2i,\, \Re z>0} f(z)\ , \quad \lim_{z\to 2i,\, \Re z<0} f(z)$$

2. *Étudier la continuité et l'holomorphie de f. Calculer $f'(z)$.*

Solution.

1. On définit d'abord :
   - une fonction $\arg(\cdot - i)$ définie sur $\mathbb{C}\setminus\{i\}$ et à valeurs dans $\left[-\frac{3\pi}{2},\frac{\pi}{2}\right[$;
   - et une fonction $\arg(\cdot + i)$ définie sur $\mathbb{C}\setminus\{-i\}$ et à valeurs dans $\left[-\frac{\pi}{2},\frac{3\pi}{2}\right[$.

7. par un argument de connexité

Il est important de comprendre que, contrairement à ce que peut laisser penser la notation « arg » utilisée dans les deux cas, l'on ne définit pas ces deux fonctions en partant d'une même détermination de $z \mapsto \arg z$ qu'on compose avec $z \mapsto z - i$ (respectivement avec $z \mapsto z + i$), mais que l'on définit *directement* une détermination de $z \mapsto \arg(z - i)$ et une détermination de $z \mapsto \arg(z + i)$ en précisant pour chacune des deux fonctions l'ensemble de ses valeurs, qui doit être un intervalle semi-ouvert de longueur 2π. En toute rigueur, on devrait employer deux notations différentes, par exemple noter $z \mapsto \arg_1(z - i)$ et $z \mapsto \arg_2(z + i)$ les fonctions que nous avons notées $\arg(\cdot - i)$ et $\arg(\cdot + i)$.
On peut maintenant définir sans ambiguïté :

$$\forall z \in \mathbb{C} \setminus \{i, -i\} \quad f(z) = \sqrt{|z^2 + 1|}\, e^{\frac{i}{2}(\arg(z-i)+\arg(z+i))}$$

On complète la définition de f par $f(i) = f(-i) = 0$ (ces valeurs constituent un prolongement de f par continuité en $z = \pm i$, car $|f(z)| = \sqrt{|z^2 + 1|}$ tend vers 0 quand z tend vers i ou $-i$).

Calculons, à titre d'exemple, la valeur de $f(0)$, qui est l'une des deux racines carrées complexes de $0^2 + 1 = 1$, *i.e.* 1 ou -1. On a $f(0) = \sqrt{|0^2 + 1|}\, e^{\frac{i}{2}(\arg(0-i)+\arg(0+i))}$. Ici, le plus simple est de déterminer la valeur des deux arguments géométriquement (voir la figure IX.5, où l'on a représenté $\arg(z - i)$ et $\arg(z + i)$ pour une valeur de z), en prenant garde au fait que l'on doit avoir $\arg(0 - i) \in \left[-\frac{3\pi}{2}, \frac{\pi}{2} \right[$ et $\arg(0 + i) \in \left[-\frac{\pi}{2}, \frac{3\pi}{2} \right[$. Cela donne $\arg(0 - i) = -\frac{\pi}{2}$ et $\arg(0 + i) = \frac{\pi}{2}$, donc $f(0) = 1\, e^{\frac{i}{2}\left(-\frac{\pi}{2}+\frac{\pi}{2}\right)} = 1$.

Remarque. Pour s'y retrouver, il faut éviter d'écrire $\arg(0-i) = \arg(-i)$ et $\arg(0+i) = \arg(i)$, car la notation « arg » n'a pas le même sens dans les deux cas.

La valeur de $f(2i)$ est l'une des deux racines carrées complexes de $(2i)^2 + 1 = -3$. Les valeurs de $\arg(2i - i)$ (qu'il faut éviter d'écrire $\arg(i)$) et de $\arg(2i + i)$ permettent de décider si $f(2i)$ vaut $i\sqrt{3}$ ou $-i\sqrt{3}$. Comme $\arg(2i - i) \in \left[-\frac{3\pi}{2}, \frac{\pi}{2} \right[$ et $\arg(2i + i) \in \left[-\frac{\pi}{2}, \frac{3\pi}{2} \right[$, on a $f(2i) = \sqrt{|(2i)^2 + 1|}\, e^{\frac{i}{2}(\arg(2i-i)+\arg(2i+i))} = \sqrt{3}\, e^{\frac{i}{2}\left(-\frac{3\pi}{2}+\frac{\pi}{2}\right)} = \sqrt{3}\, e^{-i\frac{\pi}{2}} = -i\sqrt{3}$.

Calculons les deux limites demandées. Par continuité sur $\mathbb{C}$ de $z \mapsto \sqrt{|z^2 + 1|}$, cette fonction tend vers $\sqrt{3}$ quand z tend vers $2i$. La détermination choisie de $\arg(\cdot + i)$ est continue sur $\mathbb{C} \setminus \{iy\,;\, y \leq -1\}$, donc $\arg(z + i)$ tend vers $\frac{\pi}{2}$ quand z tend vers $2i$. La détermination choisie de $\arg(\cdot - i)$ est continue sur $\mathbb{C} \setminus \{iy\,;\, y \geq 1\}$, mais n'est pas continue en $2i$, car

$$\lim_{z \to 2i,\, \Re z > 0} \arg(z - i) = \frac{\pi}{2} \quad \text{et} \quad \lim_{z \to 2i,\, \Re z < 0} \arg(z - i) = -\frac{3\pi}{2}$$

Il en résulte que

$$\lim_{z \to 2i,\, \Re z > 0} f(z) = \sqrt{3}\, e^{\frac{i}{2}\left(\frac{\pi}{2}+\frac{\pi}{2}\right)} = i\sqrt{3} \quad \text{et} \quad \lim_{z \to 2i,\, \Re z < 0} f(z) = \sqrt{3}\, e^{\frac{i}{2}\left(-\frac{3\pi}{2}+\frac{\pi}{2}\right)} = -i\sqrt{3}$$

Ainsi, $\lim_{z \to 2i,\, \Re z > 0} f(z) \neq f(2i)$, donc f n'est pas continue en $2i$.

2. Plus généralement, f n'est pas continue aux points de la forme iy_0 avec $y_0 > 1$ ou $y_0 < -1$, car sur chacune de ces deux demi-droites, *une seule* des fonctions $\arg(\cdot - i)$ et $\arg(\cdot + i)$ est continue, de sorte que

$$\lim_{z \to iy_0,\, \Re z > 0} f(z) \neq \lim_{z \to iy_0,\, \Re z < 0} f(z)$$

Plus précisément, ces deux limites sont opposées l'une de l'autre : lors du calcul des deux limites, la somme des deux arguments diffère de 2π, et $e^{\frac{i}{2} 2\pi} = -1$.

Par contre, f est continue, comme produit et composée d'applications continues, sur le plan coupé $D = \mathbb{C} \setminus (\{iy\,;\, y \leq -1\} \cup \{iy\,;\, y \geq 1\})$.
Le plan coupé D est un ouvert connexe sur lequel f est continue, mais aussi holomorphe. En effet, $f(z) = \exp\left[\frac{1}{2} \operatorname{Log}\left(z^2 + 1\right)\right]$, où $\operatorname{Log}\left(z^2 + 1\right) = \ln|z^2 + 1| + i\,(\arg(z - i) + \arg(z + i))$. La fonction f est donc la composée de la fonction exp (holomorphe sur $\mathbb{C}$) et de la fonction $z \mapsto \frac{1}{2}\operatorname{Log}\left(z^2 + 1\right)$. Or, $z \mapsto \operatorname{Log}\left(z^2 + 1\right)$ est holomorphe sur D, car on peut écrire

$$\operatorname{Log}\left(z^2 + 1\right) = \ln|z - i| + i\arg(z - i) + \ln|z + i| + i\arg(z + i) = \operatorname{Log}(z - i) + \operatorname{Log}(z + i)$$

et il résulte du cours que $z \mapsto \text{Log}\,(z-i)$ est holomorphe sur $\mathbb{C} \setminus \{iy\,;\, y \geq 1\}$ et que $z \mapsto \text{Log}\,(z+i)$ est holomorphe sur $\mathbb{C} \setminus \{iy\,;\, y \leq -1\}$.

Par dérivation d'une fonction composée, on obtient

$$\forall z \in D \quad f'(z) = \frac{1}{2}\frac{2z}{z^2+1}\exp\left[\frac{1}{2}\text{Log}\,(z^2+1)\right] = \frac{z}{z^2+1}f(z)$$

i.e. $f'(z) = \frac{z}{\sqrt{z^2+1}}$, où la détermination utilisée de $\sqrt{z^2+1}$ n'est autre que $f(z)$. Finalement

$$\forall z \in D \quad f'(z) = \frac{z}{f(z)}$$

Exercice IX.10 *Définir toutes les déterminations de* $z \mapsto \sqrt[5]{\frac{z^2+1}{z+1}}$ *holomorphes sur l'ouvert* D *de la figure IX.5. Préciser le lien entre ces fonctions aux points de la coupure.*

Solution succincte. On définit sur $\mathbb{C} \setminus \{i, -i, -1\}$ une fonction g égale à une détermination de $\sqrt[5]{\frac{z^2+1}{z+1}}$, de la façon suivante :

$$g(z) = \sqrt[5]{\left|\frac{z^2+1}{z+1}\right|}\exp\left(\frac{i}{5}\big(\arg(z-i)+\arg(z+i)-\arg(z+1)\big)\right) \tag{IX.65}$$

où l'on choisit

$$\arg(z-i) \in \left[-\frac{3\pi}{2}, \frac{\pi}{2}\right[\,, \quad \arg(z+i) \in \left[-\frac{\pi}{2}, \frac{3\pi}{2}\right[\,, \quad \arg(z+1) \in [-\pi, \pi[$$

afin que la restriction de g à D soit continue (comme composée de fonctions continues sur D). Les autres déterminations de $z \mapsto \sqrt[5]{\frac{z^2+1}{z+1}}$ continues sur D s'obtiennent en ajoutant $k2\pi$ ($k \in \mathbb{Z}$) à $\arg(z-i)+\arg(z+i)-\arg(z+1)$ dans (IX.65), ce qui revient à multiplier g par $e^{i\frac{k2\pi}{5}}$. En faisant varier k dans $\mathbb{Z}$, on obtient cinq fonctions différentes, définies et continues sur D (elles associent à $z \in D$ les cinq racines cinquièmes du nombre complexe non nul $\frac{z^2+1}{z+1}$). On peut écrire chacune de ces fonctions $z \mapsto g_k(z) = g(z)e^{i\frac{k2\pi}{5}}$ (pour $k \in \{0,1,2,3,4\}$) sous la forme $z \mapsto \exp\left[\frac{1}{5}\text{Log}\left(\frac{z^2+1}{z+1}\right)\right]$ en choisissant la détermination correspondante de $\text{Log}\left(\frac{z^2+1}{z+1}\right)$, qui est holomorphe sur D. Par conséquent, ces fonctions sont holomorphes sur D comme composées de fonctions holomorphes. On laisse au lecteur le calcul de la dérivée (on dérivant l'exponentielle, on écrit aisément $g_k'(z)$ à l'aide de $g_k(z)$).

Soit z_0 un point de la coupure autre que i, $-i$ ou -1 (*i.e.* un point de l'une des trois demi-droites enlevées à $\mathbb{C}$ pour « fabriquer » D). Si z tend vers z_0 en suivant un chemin orienté dans le sens trigonométrique, la limite de $g_k(z)$ est égale à $g_{k+1}(z_0)$ si $k \in \{0,1,2,3\}$, à $g_0(z_0)$ si $k=4$ (permutation circulaire des cinq déterminations de $\sqrt[5]{\frac{z^2+1}{z+1}}$). En particulier, les cinq fonctions g_k sont discontinues aux points de la coupure où elles sont définies.

Exercice IX.11 *Définir une fonction continue sur l'ouvert* $\mathbb{C} \setminus [-1,1]$ *égale à une détermination du logarithme de* $\frac{z-1}{z+1}$. *Même question pour* $z \mapsto \sqrt{z^2-1}$.

Solution. Les points de branchement des déterminations de $z \mapsto \text{Log}\left(\frac{z-1}{z+1}\right)$ sont 1 et -1. Il est facile de définir des détermination de ces fonctions continues sur le plan coupé obtenu en enlevant à $\mathbb{C}$ des demi-droites issues de 1 et de -1 (il suffit d'utiliser des déterminations adéquates de $\arg(z-1)$ et de $\arg(z+1)$). Mais *a priori* il n'y a aucune raison qu'il existe des déterminations de ces fonctions continues sur $\mathbb{C}$ privé d'un segment. Pour essayer de construire une fonction

$$f\,:\, z \mapsto \text{Log}\left(\frac{z-1}{z+1}\right) = \ln\left|\frac{z-1}{z+1}\right| + i\big(\arg(z-1)-\arg(z+1)\big)$$

qui soit continue sur $\mathbb{C} \setminus [-1,1]$, il est naturel de commencer par définir :

– soit une détermination continue sur $\mathbb{C} \setminus [-1, +\infty[$ en imposant

$$\arg(z-1) \in [0, 2\pi[\quad \text{et} \quad \arg(z+1) \in [0, 2\pi[$$

– soit une détermination continue sur $\mathbb{C} \setminus]-\infty, 1]$ en imposant

$$\arg(z-1) \in [-\pi, \pi[\quad \text{et} \quad \arg(z+1) \in [-\pi, \pi[$$

Faisons le premier choix. La fonction f est alors définie sur $\mathbb{C} \setminus \{-1, 1\}$ et continue sur $\mathbb{C} \setminus [-1, +\infty[$. Démontrons qu'elle est en fait continue également en tout point de $]1, +\infty[$. Soit $x_0 \in]1, +\infty[$, on a

$$\lim_{z \to x_0\,,\,\Im z > 0} \big(\arg(z-1) - \arg(z+1)\big) = 0 - 0 = 0 \quad \text{et} \quad \lim_{z \to x_0\,,\,\Im z < 0} \big(\arg(z-1) - \arg(z+1)\big) = 2\pi - 2\pi = 0$$

Par conséquent :

$$\lim_{z \to x_0\,,\,\Im z \geq 0} f(z) = \lim_{z \to x_0\,,\,\Im z < 0} f(z) = \ln\left|\frac{x_0 - 1}{x_0 + 1}\right| + i\,0 = \ln\left(\frac{x_0 - 1}{x_0 + 1}\right) = f(x_0)$$

Montrons que cela implique que $\lim_{z \to x_0} f(z) = f(x_0)$. Pour tout $\varepsilon > 0$, il existe $\eta_1 > 0$ et $\eta_2 > 0$ tels que :

– pour $\Im z \geq 0$ et $|z - x_0| < \eta_1$, on a $|f(z) - f(x_0)| < \varepsilon$;
– pour $\Im z < 0$ et $|z - x_0| < \eta_2$, on a $|f(z) - f(x_0)| < \varepsilon$.

Ainsi, pour tout complexe z tel que $|z - x_0| < \min(\eta_1, \eta_2)$, on a $|f(z) - f(x_0)| < \varepsilon$. La fonction f est donc continue en tout $x_0 \in]1, +\infty[$.
Finalement f est continue sur $\mathbb{C} \setminus [-1, 1]$.

Remarque. Le cas de cette fonction (logarithme d'un *quotient* de polynômes du premier degré) est particulier. Par exemple, la fonction $g : z \mapsto \operatorname{Log}((z-1)(z+1))$ définie par le même choix des arguments est discontinue en $x_0 > 1$: la limite de $g(z)$ quand z tend vers x_0 en restant dans le demi-plan $\Im z < 0$ est égale à $g(x_0) + i4\pi$.

En choisissant encore $\arg(z-1) \in [0, 2\pi[$ et $\arg(z+1) \in [0, 2\pi[$, considérons maintenant

$$h : z \mapsto \sqrt{z^2 - 1} = \sqrt{|z^2 - 1|}\, e^{\frac{i}{2}(\arg(z-1) + \arg(z+1))}$$

Cette fonction h est elle aussi définie sur $\mathbb{C} \setminus \{-1, 1\}$ et continue sur $\mathbb{C} \setminus [-1, +\infty[$. Pour $x_0 \in]1, +\infty[$, on a

$$\lim_{z \to x_0\,,\,\Im z \geq 0} h(z) = \sqrt{|x_0^2 - 1|}\, e^{\frac{i}{2}(0+0)} = \sqrt{x_0^2 - 1} = h(x_0)$$

$$\lim_{z \to x_0\,,\,\Im z < 0} h(z) = \sqrt{|x_0^2 - 1|}\, e^{\frac{i}{2}(2\pi+2\pi)} = \sqrt{x_0^2 - 1} = h(x_0)$$

donc h est continue en x_0. Ainsi, h est elle aussi continue sur $\mathbb{C} \setminus [-1, 1]$.

Remarques. Les raisons pour lesquelles f et h sont continues en $x_0 > 1$ ne sont pas les mêmes. Pour f, les variations des deux arguments lorsqu'on passe sous l'axe réel se compensent par soustraction. Pour h, au contraire, ces variations s'ajoutent, mais la somme de ces variations est 4π, de sorte qu'en tenant compte du facteur $\frac{1}{2}$ en exposant, $h(x_0)$ est multiplié par $e^{\frac{i}{2}4\pi} = 1$, *i.e.* que l'on « tombe » sur la même détermination de $\sqrt{z^2 - 1}$ en x_0.

Il faut également remarquer que f n'est pas continue entre -1 et 1, car $\arg(z-1) - \arg(z+1)$ tend vers $\pi - 0 = \pi$ quand z tend vers $x_0 \in]-1, 1[$ en conservant une partie imaginaire ≥ 0, et vers $\pi - 2\pi = -\pi$ quand z tend vers x_0 en conservant une partie imaginaire < 0 (donc $f(z)$ tend vers $f(x_0) - i2\pi$ quand z tend vers x_0 avec $\Im z < 0$).
La fonction h n'est pas non plus continue en $x_0 \in]-1, 1[$, car $e^{\frac{i}{2}(\arg(z-1)+\arg(z+1))}$ tend vers $e^{\frac{i}{2}(\pi+0)} = i$ quand z tend vers x_0 en conservant une partie imaginaire ≥ 0, et vers $e^{\frac{i}{2}(\pi+2\pi)} = -i$ quand z tend vers x_0 en conservant une partie imaginaire < 0 (donc $h(z)$ tend vers $-h(x_0)$ quand z tend vers x_0 avec $\Im z < 0$, *i.e.* vers l'autre détermination de $\sqrt{z^2 - 1}$ en x_0).

Exercice IX.12 *On considère une fonction f analytique dans $\mathbb{C}$ telle que pour tout x réel on ait $f(x) = e^x$. Que dire de f ? Donner d'autres exemples.*

Solution. La fonction f n'est autre que la fonction de la variable complexe exp : $z \mapsto e^z$. En effet, f et exp sont toutes deux analytiques sur $\mathbb{C}$ et coïncident sur $\mathbb{R}$, donc elles coïncident sur $\mathbb{C}$ en vertu du principe du *prolongement analytique* (la fonction $z \mapsto f(z) - e^z$ étant identiquement nulle).
On prouve par le même raisonnement que la seule fonction analytique sur $\mathbb{C}$ égale à $\cos x$ (respectivement à $\sin x$, $\cosh x$, $\sinh x$) pour x réel est la fonction de la variable complexe $z \mapsto \cos z$ (respectivement $z \mapsto \sin z$, $z \mapsto \cosh z$, $z \mapsto \sinh z$).

De même, si P est un polynôme à coefficients complexes, la seule fonction analytique sur $\mathbb{C}$ égale à $P(x)$ pour x réel est la fonction polynomiale $z \mapsto P(z)$. Si Q est un autre polynôme à coefficients complexes de degré $n \geq 1$, dont les racines sont $z_1, \ldots, z_n$ (éventuellement non toutes distinctes), alors la seule fonction analytique sur l'ouvert $\Omega = \mathbb{C} \setminus \{z_1, \ldots, z_n\}$ égale à $P(x)/Q(x)$ pour x réel (distinct d'un pôle) est la fraction rationnelle $z \mapsto P(z)/Q(z)$, car l'ouvert Ω est connexe, donc le principe du prolongement analytique s'applique encore.

Exercice IX.13 *Déterminer le développement en série entière de la fonction* sin *en* $\frac{\pi}{4}$.

Solution.
Première méthode : formule de Taylor.
La fonction sin est analytique sur $\mathbb{C}$. Il existe donc $R > 0$ tel que, pour $\left|z - \frac{\pi}{4}\right| < R$:

$$\sin z = \sum_{n=0}^{+\infty} \frac{\sin^{(n)}\left(\frac{\pi}{4}\right)}{n!}\left(z - \frac{\pi}{4}\right)^n$$

On a :

$$\begin{cases} \sin^{(4p)}\left(\frac{\pi}{4}\right) = \sin\left(\frac{\pi}{4}\right) = \frac{\sqrt{2}}{2} \\ \sin^{(4p+1)}\left(\frac{\pi}{4}\right) = \cos\left(\frac{\pi}{4}\right) = \frac{\sqrt{2}}{2} \\ \sin^{(4p+2)}\left(\frac{\pi}{4}\right) = -\sin\left(\frac{\pi}{4}\right) = -\frac{\sqrt{2}}{2} \\ \sin^{(4p+3)}\left(\frac{\pi}{4}\right) = -\cos\left(\frac{\pi}{4}\right) = -\frac{\sqrt{2}}{2} \end{cases} \quad i.e. \quad \begin{cases} \sin^{(2k)}\left(\frac{\pi}{4}\right) = (-1)^k\frac{\sqrt{2}}{2} \\ \sin^{(2k+1)}\left(\frac{\pi}{4}\right) = (-1)^k\frac{\sqrt{2}}{2} \end{cases}$$

On a donc, pour $\left|z - \frac{\pi}{4}\right| < R$:

$$\sin z = \frac{\sqrt{2}}{2}\left(\sum_{k=0}^{+\infty} \frac{(-1)^k}{(2k)!}\left(z - \frac{\pi}{4}\right)^{2k} + \sum_{k=0}^{+\infty} \frac{(-1)^k}{(2k+1)!}\left(z - \frac{\pi}{4}\right)^{2k+1}\right)$$

Les deux séries entières ont un rayon de convergence infini. Vérifions le pour la première : on pose $u_k = \left|\frac{(-1)^k}{(2k)!}\zeta^{2k}\right| = \frac{|\zeta|^{2k}}{(2k)!}$. C'est une série numérique à termes strictement positifs (pour $\zeta \neq 0$) telle que $\frac{u_{k+1}}{u_k} = \frac{|\zeta|^2}{(2k+1)(2k+2)}$ tende vers $0 < 1$ pour tout $\zeta \in \mathbb{C}^*$. La règle de D'Alembert implique que la série numérique $\sum u_k$ converge pour tout ζ, ce qui revient à dire que la série entière $\sum \frac{(-1)^k}{(2k)!}\zeta^{2k}$ a un rayon de convergence infini.
On sait que, grâce au principe du prolongement analytique, cela implique que $R = +\infty$, *i.e.* le développement en série entière de $\sin z$ en $\frac{\pi}{4}$ est valable pour tout complexe z.

Deuxième méthode : utilisation de développements en série entière usuels.
On pose $u = z - \frac{\pi}{4}$ et on développe $\sin z$ en u^n ($n \in \mathbb{N}$). Pour cela, on écrit $\sin z = \sin\left(u + \frac{\pi}{4}\right) = \cos u \sin\frac{\pi}{4} + \sin u \cos\frac{\pi}{4} = \frac{\sqrt{2}}{2}(\cos u + \sin u)$, et on utilise le développement de $\cos u$ et $\sin u$ en 0. Ces développement sont valables pour tout complexe u. On obtient donc directement :

$$\begin{aligned} \forall z \in \mathbb{C} \quad \sin z &= \frac{\sqrt{2}}{2}\left(\sum_{k=0}^{+\infty} \frac{(-1)^k}{(2k)!}u^{2k} + \sum_{k=0}^{+\infty} \frac{(-1)^k}{(2k+1)!}u^{2k+1}\right) \\ &= \frac{\sqrt{2}}{2}\left(\sum_{k=0}^{+\infty} \frac{(-1)^k}{(2k)!}\left(z - \frac{\pi}{4}\right)^{2k} + \sum_{k=0}^{+\infty} \frac{(-1)^k}{(2k+1)!}\left(z - \frac{\pi}{4}\right)^{2k+1}\right) \end{aligned}$$

Exercice IX.14 *Définir une détermination de* Log $\left(\frac{1+z}{1-z}\right)$ *analytique au voisinage de* 0 *et valant* 0 *en* $z = 0$. *Déterminer son développement en série entière en* 0.

Solution. Modulo 2π, on a $\arg(-Z) = \arg(Z) - \pi$, donc on a $\arg(1-z) \equiv \arg(z-1) - \pi\ [2\pi]$. On choisit $\arg(z+1) \in [-\pi, \pi[$ et $\arg(z-1) \in [0, 2\pi[$, et on définit, pour $z \neq \pm 1$:

$$f(z) = \ln\left|\frac{1+z}{1-z}\right| + i\big(\arg(z+1) - \arg(z-1) + \pi\big)$$

de sorte que f est la détermination de Log $\left(\frac{1+z}{1-z}\right)$ vérifiant $f(0) = 0 + i(0 - \pi + \pi) = 0$. Cette fonction est holomorphe sur $\Omega = \mathbb{C} \setminus \big(]-\infty, -1] \cup [1, +\infty[\big)$. Nous verrons qu'une fonction holomorphe dans un ouvert est analytique dans cet ouvert, donc on peut développer f en série entière en $0 \in \Omega$. Pour obtenir ce développement en série entière, le plus simple est de remarquer que l'on peut écrire

$$f(z) = \operatorname{Log}\left(\frac{1+z}{1-z}\right) = \operatorname{Log}(1+z) - \operatorname{Log}(1-z) = g(z) - g(-z)$$

où g est la détermination de Log $(z+1)$ définie par $\arg(z+1) \in]-\pi, \pi[$ pour $z \in \Omega$. En effet on a $z \notin]-\infty, -1] \iff -z \notin [1, +\infty[$ et $z \notin [1, +\infty[\iff -z \notin]-\infty, -1]$, donc $z \in \Omega \iff -z \in \Omega$, et comme $g(0) - g(-0) = 0 = f(0)$, la fonction $z \mapsto g(z) - g(-z)$ est la détermination (holomorphe sur Ω) de Log $\left(\frac{1+z}{1-z}\right)$ égale à f. On peut aussi le voir en écrivant

$$f(z) = \ln|z+1| + i\arg(z+1) - \big(\ln|1-z| + i(\arg(z-1) - \pi)\big)$$

avec $\arg(z+1) \in [-\pi, \pi[$ et $\arg(z-1) \in [0, 2\pi[$. On a donc $f(z) = g(z) - \big(\ln|1-z| + i(\arg(z-1) - \pi)\big)$, et on remarque que $\arg(z-1) - \pi$ est la détermination de $\arg(-z+1)$ qui appartient à l'intervalle $]0 - \pi, 2\pi - \pi[=]-\pi, \pi[$ pour $z \in \Omega$, *i.e.* la détermination de $\arg(\cdot + 1)$ utilisée dans la définition de g calculée en $-z$. Cela prouve que :

$$\ln|1-z| + i\big(\arg(z-1) - \pi\big) = g(-z)$$

La fonction g est la fonction f_k définie page 263 par (IX.58) pour $k = 0$. On connaît le développement en série entière en 0 de $f_0 = g$:

$$|z| < 1 \Longrightarrow g(z) = \sum_{n=1}^{+\infty} \frac{(-1)^{n-1}}{n} z^n$$

On en déduit, pour $|z| = |-z| < 1$, que

$$g(z) - g(-z) = \sum_{n=1}^{+\infty} \frac{(-1)^{n-1}}{n} z^n - \sum_{n=1}^{+\infty} \frac{(-1)^{n-1}}{n} (-z)^n = \sum_{n=1}^{+\infty} \frac{(-1)^{n-1}}{n} z^n + \sum_{n=1}^{+\infty} \frac{z^n}{n}$$

Les termes d'indice pair se détruisent et les termes d'indice impair s'ajoutent. Finalement :

$$|z| < 1 \Longrightarrow f(z) = \operatorname{Log}\left(\frac{1+z}{1-z}\right) = 2\sum_{p=0}^{+\infty} \frac{z^{2p+1}}{2p+1}$$

Chapitre X

Intégration des fonctions holomorphes

1 Intégrale curviligne

1.1 Chemins

Définition 1.1 *On appelle chemin toute application* $\gamma : [a, b] \to \mathbb{C}$ *continue sur* $[a, b]$*, où* a *et* $b > a$ *sont des réels.*

Un chemin est donc une application γ *continue* sur un intervalle **compact** $[a, b]$, à valeurs dans $\mathbb{C}$. Si $\gamma \in \mathcal{C}^k([a, b])$ (respectivement $\gamma \in \mathcal{C}^\infty([a, b])$), on parle de chemin de classe $\mathcal{C}^k$ (respectivement de classe $\mathcal{C}^\infty$).

Géométriquement, l'ensemble $\gamma([a, b])$ est une « courbe ». Cette courbe possède un sens de parcours, de $\gamma(a)$ vers $\gamma(b)$. Cette *courbe orientée* (ou *arc géométrique*) est elle aussi appelée « chemin », reliant $\gamma(a)$ à $\gamma(b)$. Cet abus de langage n'engendre en pratique pas de confusion, mais il convient de se souvenir que plusieurs applications γ peuvent donner la même courbe orientée. La courbe $\gamma([a, b])$ ainsi orientée sera notée (γ) et on dira que l'application γ est un *paramétrage* de la courbe orientée (γ). Si β est un autre paramétrage de la même courbe orientée, alors on a $(\gamma) = (\beta)$.

Exemples.

1. Soit $R > 0$. Considérons l'application

$$\begin{array}{rccc} \gamma : & [0, 2\pi] & \longrightarrow & \mathbb{C} \\ & t & \longmapsto & Re^{it} \end{array} \tag{X.1}$$

   C'est un chemin de classe C^∞. La courbe orientée (γ) est ici le cercle de centre 0 et de rayon R orienté dans le sens trigonométrique. On dit que Re^{it} est le point de (γ) *de paramètre* t.

   L'application

$$\begin{array}{rccc} \beta : & [0, \pi] & \longrightarrow & \mathbb{C} \\ & u & \longmapsto & Re^{2iu} \end{array}$$

   est aussi un chemin de classe C^∞ dont l'image est le cercle de rayon R orienté dans le sens trigonométrique : ce n'est pas le même chemin, mais la courbe orientée est la même : on a défini deux paramétrages pour la même courbe orientée.

2. L'application

$$\begin{array}{rccc} \gamma : & [0, 2\pi] & \longrightarrow & \mathbb{C} \\ & t & \longmapsto & Re^{2it} \end{array}$$

est un chemin dont l'image est le cercle de rayon R orienté dans le sens trigonométrique, mais **parcouru deux fois**. On doit donc considérer que ce n'est pas la même courbe orientée que dans l'exemple 1, même si géométriquement il s'agit du même cercle dans les deux cas.

3. L'application

$$\begin{array}{rccc} \gamma: & [0,2\pi] & \longrightarrow & \mathbb{C} \\ & t & \longmapsto & Re^{-it} \end{array}$$

est un chemin dont l'image est le cercle de rayon R, mais orienté dans le sens indirect.

4. L'application

$$\begin{array}{rccc} \gamma: & [\pi,2\pi] & \longrightarrow & \mathbb{C} \\ & t & \longmapsto & Re^{it} \end{array}$$

est un chemin dont l'image est le demi-cercle de rayon R orienté dans le sens trigonométrique, reliant $-R$ et R en passant par $-iR$. La courbe orientée (γ) peut également être paramétrée par

$$\begin{array}{rccc} \beta: & [-R,R] & \longrightarrow & \mathbb{C} \\ & x & \longmapsto & x - i\sqrt{R^2-x^2} \end{array}$$

On a donc $(\gamma) = (\beta)$.

5. L'application

$$\begin{array}{rccc} \gamma: & [-4,8] & \longrightarrow & \mathbb{C} \\ & y & \longmapsto & iy \end{array}$$

est un chemin dont l'image est le segment de droite vertical $[-4i, 8i]$, orienté dans ce sens. Ici, le paramètre y correspond à l'ordonnée.

6. L'application

$$\begin{array}{rccc} \gamma: & [0,1] & \longrightarrow & \mathbb{C} \\ & x & \longmapsto & x + i(2-x) \end{array}$$

est un chemin dont l'image est le segment de droite $[2i, 1+i]$, orienté dans ce sens (droite d'équation $y = -x+2$ pour x variant de 0 à 1). Ici, le paramètre x correspond à l'abscisse x, mais on peut aussi paramétrer (γ) avec l'ordonnée y.

7. L'application

$$\begin{array}{rccc} \gamma: & [0,1] & \longrightarrow & \mathbb{C} \\ & x & \longmapsto & x + i\sqrt{x} \end{array}$$

est un chemin dont l'image est un arc de parabole reliant 0 au point $1+i$, orienté dans ce sens. Ce même arc de parabole peut aussi être paramétré par

$$\begin{array}{rccc} \beta: & [0,1] & \longrightarrow & \mathbb{C} \\ & y & \longmapsto & y^2 + iy \end{array}$$

On a donc $(\gamma) = (\beta)$.

8. Soit $a > 0$ et $b > 0$. L'application

$$\begin{array}{rccc} \gamma: & [0,2\pi] & \longrightarrow & \mathbb{C} \\ & t & \longmapsto & a\cos t + i\, b\sin t \end{array} \tag{X.2}$$

est un paramétrage de l'ellipse d'équation cartésienne réduite $\frac{x^2}{a^2} + \frac{y^2}{b^2} = 1$, orientée dans le sens trigonométrique.

9. Soit $a > 0$ et $b > 0$. L'application

$$\begin{array}{rccl} \gamma : & [\alpha, \beta] & \longrightarrow & \mathbb{C} \\ & t & \longmapsto & a\cosh t + i\,b\sinh t \end{array} \tag{X.3}$$

est un paramétrage d'un arc de l'hyperbole d'équation cartésienne réduite $\frac{x^2}{a^2} - \frac{y^2}{b^2} = 1$, orienté « de bas en haut ». Puisque $x = a\cosh t \geq a > 0$, cet arc est une partie de la branche droite de l'hyperbole. Pour obtenir toute la branche droite, t doit varier dans $\mathbb{R}$: il ne s'agit plus d'un chemin (on parle parfois dans un tel cas de *chemin sans fin*). Lorsque t varie dans l'intervalle compact $[\alpha, \beta]$, seule une portion bornée de hyperbole est parcourue et on bien en présence d'un chemin (de classe $\mathcal{C}^\infty$).
Pour obtenir un arc de la branche gauche de l'hyperbole, on peut utiliser le paramétrage $t \mapsto -a\cosh t + i\,b\sinh t$.

10. Soit $f : [a, b] \to \mathbb{R}$ une fonction continue. La courbe d'équation $y = f(x)$ orientée « de gauche à droite » (respectivement la courbe d'équation $x = f(y)$ orienté « de bas en haut ») admet le paramétrage

$$\begin{array}{rccl} \gamma : & [a, b] & \longrightarrow & \mathbb{C} \\ & x & \longmapsto & \gamma(x) = x + if(x) \end{array} \tag{X.4}$$

(respectivement $\gamma : y \mapsto \gamma(y) = f(y) + iy$). Géométriquement, dire qu'une courbe orientée est un graphe $y = f(x)$ (respectivement $x = f(y)$) revient à dire qu'à une valeur de x (respectivement de y) correspond un seul point de la courbe, donc que l'on peut prendre x (respectivement y) comme paramètre. C'est le cas des arcs géométriques des exemples 4 (pour lequel on peut choisir x pour paramètre, mais pas y), 5 (pour lequel on peut choisir y pour paramètre, mais pas x), 6 et 7 (pour lesquels on peut choisir soit x, soit y, pour paramètre).

Changement de paramètre

Considérons un paramétrage $\gamma : t \in [a, b] \mapsto \gamma(t) \in \mathbb{C}$ d'une courbe orientée (γ). Soit $\phi : [c, d] \to [a, b]$ une application $\mathcal{C}^1$ vérifiant $\phi'(u) > 0$ pour tout $u \in [c, d]$, $\phi(c) = a$ et $\phi(d) = b$. L'application $\beta = \gamma \circ \phi : u \in [c, d] \mapsto \gamma\big(\phi(u)\big)$ est un autre paramétrage de (γ). On dit qu'on a effectué un *changement de paramètre* en posant $t = \phi(u)$ (u étant le « nouveau » paramètre). Un changement de paramètre doit conserver l'orientation de la courbe. C'est la raison pour laquelle on impose $\phi'(u) > 0$ (on laisse le lecteur vérifier que le fait que ϕ soit strictement croissante implique que le sens de parcours de la courbe est conservé). On a donc bien $(\gamma) = (\beta)$.

Exemple. Dans l'exemple 7, on choisit l'abscisse x comme paramètre pour le paramétrage γ et on choisit l'ordonnée y comme paramètre pour le paramétrage β. On a $x = y^2$. La fonction $\phi : y \mapsto y^2$ est $\mathcal{C}^1$, strictement croissante sur $[0, 1]$ et son image est $[0, 1]$.

Définition 1.2 *On appelle lacet tout chemin* $\gamma : [a, b] \to \mathbb{C}$ *vérifiant* $\gamma(a) = \gamma(b)$.

Par abus de langage, on dit également dans un tel cas que la courbe orientée (γ) est un lacet. Autrement dit, un lacet est une courbe orientée dont l'origine et l'extrémité coïncident.

Exemples. Les chemins (X.1) et (X.2) sont des lacets. On a effectivement dans les deux cas $\gamma(0) = \gamma(2\pi)$, ce qui exprime que le cercle et l'ellipse sont des courbes « fermées ».

1.2 Intégrale curviligne d'une fonction continue

Définition 1.3 *Soient $\gamma : [a,b] \to \mathbb{C}$ un chemin de classe $\mathcal{C}^1$ et f une fonction continue en tout point de (γ), à valeurs complexes. On appelle intégrale curviligne de f le long de (γ) le nombre complexe*

$$\int_{(\gamma)} f(z)\,dz = \int_a^b f\big(\gamma(t)\big)\gamma'(t)\,dt \tag{X.5}$$

Il est pratique de dire « le long de (γ), $z = \gamma(t)$ et $dz = \gamma'(t)\,dt$ ». Cela permet de se souvenir de la définition 1.3.

L'expression « intégrale curviligne le long de (γ) », ainsi que la notation $\int_{(\gamma)} f(z)\,dz$, n'ont de sens que si l'intégrale curviligne ne dépend que de la courbe orientée le long de laquelle on intègre, pas du paramétrage choisi. C'est bien le cas, car si l'on effectue le changement de paramètre $t = \phi(u)$, où $\phi : [c,d] \to [a,b]$ est $\mathcal{C}^1$ et vérifie $\phi'(u) > 0$, de sorte que $(\gamma) = (\gamma \circ \phi)$, on obtient, par dérivation d'une fonction composée et changement de variable dans l'intégrale :

$$\begin{aligned}
\int_{(\gamma\circ\phi)} f(z)\,dz &= \int_c^d f\big((\gamma\circ\phi)(u)\big)(\gamma\circ\phi)'(u)\,du \\
&= \int_c^d f\big(\gamma(\phi(u))\big)\gamma'(\phi(u))\phi'(u)\,du \\
&= \int_a^b f\big(\gamma(t)\big)\gamma'(t)\,dt \\
&= \int_{(\gamma)} f(z)\,dz
\end{aligned}$$

Exemple de référence. Notons $C(z_0, R)$ le cercle de centre z_0 et de rayon R orienté dans le sens trigonométrique et parcouru une seule fois. Soit $n \in \mathbb{Z}$. En utilisant le paramétrage $\gamma : t \mapsto z_0 + Re^{it}$ de $C(z_0, R)$, on obtient

$$\int_{C(z_0,R)} (z - z_0)^n\,dz = \int_0^{2\pi} \left(Re^{it}\right)^n iRe^{it}\,dt = iR^{n+1}\int_0^{2\pi} e^{it(n+1)}\,dt$$

Si $n+1 \neq 0$, alors $\int_0^{2\pi} e^{it(n+1)}\,dt = \frac{1}{i(n+1)}\left[e^{it(n+1)}\right]_0^{2\pi} = 0$, donc $\int_{C(z_0,R)}(z-z_0)^n\,dz = 0$.
Si $n+1 = 0$, alors $\int_{C(z_0,R)}(z-z_0)^{-1}\,dz = iR^0\int_0^{2\pi} dt = 2i\pi$.
On retiendra :

$$\int_{C(z_0,R)} (z-z_0)^n\,dz = \begin{cases} 0 & \text{si } n \in \mathbb{Z}\setminus\{-1\} \\ 2i\pi & \text{si } n = -1 \end{cases} \tag{X.6}$$

Généralisation aux chemins $\mathcal{C}^1_m$

Considérons deux chemins $\gamma_1 : [a_1, b_1] \to \mathbb{C}$ et $\gamma_2 : [a_2, b_2] \to \mathbb{C}$, tous deux de classe $\mathcal{C}^1$, tels que l'extrémité de (γ_1) et l'origine de (γ_2) coïncident, *i.e.* $\gamma_1(b_1) = \gamma_2(a_2)$. Pour une fonction f continue en tout point de $(\gamma_1) \cup (\gamma_2)$, il résulte de la formule de Chasles que

$$\int_{(\gamma_1)\cup(\gamma_2)} f(z)\,dz = \int_{(\gamma_1)} f(z)\,dz + \int_{(\gamma_2)} f(z)\,dz \tag{X.7}$$

où $(\gamma_1) \cup (\gamma_2)$ est une courbe orientée pouvant présenter un « point anguleux », appelée *juxtaposition* des chemins (γ_1) et (γ_2)

Le chemin $(\gamma_1) \cup (\gamma_2)$ est dit *continu et de classe* $\mathcal{C}^1$ *par morceaux* (en abrégé, chemin $\mathcal{C}^1_m$, car un chemin est de toute façon nécessairement une application continue).

Plus précisément, une fonction $\gamma : [a,b] \to \mathbb{C}$, continue sur $[a,b]$, est un chemin $\mathcal{C}^1_m$ si on peut écrire $[a,b] = \bigcup_{k=0}^{n-1}[a_k, a_{k+1}]$, où $a_0 = a < a_1 < \ldots < a_{n-1} < a_n = b$, avec γ prolongeable en une fonction de classe $\mathcal{C}^1$ sur chaque intervalle $[a_k, a_{k+1}]$.

Dans la suite, lorsque nous parlerons de chemin sans plus de précision, il s'agira par défaut d'un chemin $\mathcal{C}^1_m$, *i.e d'un chemin (continu) égal à une juxtaposition* $\bigcup_{i=1}^{p}(\gamma_i)$ *de chemins* (γ_i) *de classe* $\mathcal{C}^1$.

Exemple. Considérons un rectangle $ABCDA$ (l'ordre A, B, C, D indique le sens de parcours, et on termine par A pour montrer qu'il s'agit d'un lacet). Ce chemin, juxtaposition de 4 segments, est $\mathcal{C}^1_m$ mais non $\mathcal{C}^1$ (présence de points anguleux).

Inversion du sens de parcours

Considérons une courbe orientée paramétrée par le chemin γ continu et $\mathcal{C}^1_m$. Notons $(\gamma)^-$ la courbe orientée dans l'autre sens. Pour paramétrer $(\gamma)^-$ à partir d'un paramétrage de (γ), on utilise une application $\phi : [c,d] \to [a,b]$ de classe $\mathcal{C}^1$, vérifiant $\phi'(u) < 0$, $\phi(c) = b$ et $\phi(d) = a$. Une telle application ϕ existe, par exemple $\phi : u \mapsto \frac{b-a}{c-d}\,u + \frac{ac-bd}{c-d}$. L'application ϕ est donc une bijection strictement décroissante, de sorte que $(\gamma \circ \phi) = (\gamma)^-$. La formule du changement de variable permet de prouver que l'on a

$$\int_{(\gamma)^-} f(z)\,dz = -\int_{(\gamma)} f(z)\,dz \tag{X.8}$$

1.3 Longueur d'un chemin

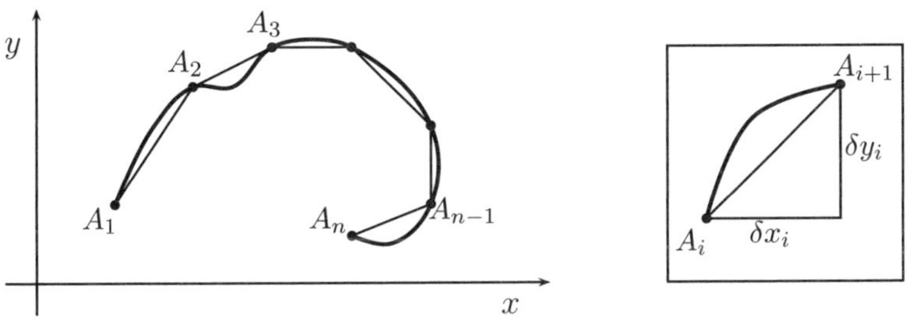

FIGURE X.1 – *Calcul approché de la longueur d'une courbe*

Soit γ un chemin de classe $\mathcal{C}^1$. Géométriquement (cf. figure X.1), il est clair que la longueur de la courbe (γ) peut être approchée par la somme des longueurs de petits segments $[A_i, A_{i+1}]$ formant une ligne brisée « épousant » la forme de (γ) :

$$\mathcal{L}(\gamma) \approx \sum_{i=0}^{n-1} A_i A_{i+1}$$

Notons x_i et y_i les coordonnées de A_i, $\delta x_i = x_{i+1} - x_i$ et $\delta y_i = y_{i+1} - y_i$ (voir le « zoom sur un segment » à la figure X.1). On a $A_i A_{i+1} = \sqrt{(\delta x_i)^2 + (\delta y_i)^2}$. Formellement, l'élément de longueur sur la courbe (γ) doit donc s'écrire

$$ds = \sqrt{dx^2 + dy^2} = \sqrt{x'(t)^2 + y'(t)^2}\,dt$$

Ceci justifie la définition suivante.

Définition 1.4 *Soit $\gamma : [a, b] \to \mathbb{C}$ un chemin de classe $\mathcal{C}^1$. La longueur de (γ) est le nombre réel positif, noté $\mathcal{L}(\gamma)$ ou $\int_{(\gamma)} ds$, défini par*

$$\mathcal{L}(\gamma) = \int_a^b \sqrt{x'(t)^2 + y'(t)^2}\, dt = \int_a^b \left|\gamma'(t)\right| dt \tag{X.9}$$

où $\gamma(t) = x(t) + iy(t)$.

Cette définition a un sens car le nombre $\mathcal{L}(\gamma)$ ne dépend que de la courbe orientée (γ), pas du paramétrage choisi. En effet, si $\beta = \gamma \circ \phi$ est un autre paramétrage de (γ), alors $\mathcal{L}(\beta) = \mathcal{L}(\gamma)$, comme on le voit en faisant le changement de variable $t = \phi(u)$ dans l'intégrale définissant $\mathcal{L}(\beta)$.

Exemple. Le cercle C_R de centre $(0, 0)$ et de rayon R, parcouru une seule fois dans le sens trigonométrique, peut être paramétré par $\gamma : t \mapsto R\cos t + iR\sin t$ où t varie dans un intervalle de longueur 2π. La relation (X.9) nous donne la circonférence du cercle, de la manière suivante :

$$\begin{aligned} \mathcal{L}(C_R) &= \int_0^{2\pi} \sqrt{(-R\sin t)^2 + (R\cos t)^2}\, dt \\ &= \int_0^{2\pi} \sqrt{R^2}\, dt = 2\pi R \end{aligned}$$

Remarque. Pour un chemin $\mathcal{C}_m^1$, on peut encore définir sa longueur en le décomposant en chemins de classe $\mathcal{C}^1$ et en faisant la somme de leurs longueurs.

1.4 Majoration d'une intégrale curviligne

Il est essentiel pour certaines applications de savoir majorer en module une intégrale curviligne. On a l'inégalité fondamentale suivante.

Proposition 1.1 *Soient γ un chemin continu et de classe $\mathcal{C}_m^1$, et f une fonction continue en tout point de (γ). On a*

$$\left| \int_{(\gamma)} f(z)\, dz \right| \leq \mathcal{L}(\gamma) \max_{z\in(\gamma)} |f(z)| \tag{X.10}$$

où $\mathcal{L}(\gamma)$ désigne la longueur du chemin (γ).

Preuve. Dans le cas le plus général, le chemin (γ) est une juxtaposition $\bigcup_{i=1}^{p}(\gamma_i)$ de chemins de classe $\mathcal{C}^1$. Si l'inégalité (X.10) est vraie pour chacun des chemins (γ_i), alors elle est vraie pour (γ), car on a dans ce cas :

$$\begin{aligned} \left| \int_{(\gamma)} f(z)\, dz \right| &\leq \sum_{i=1}^{p} \left| \int_{(\gamma_i)} f(z)\, dz \right| \quad \text{(inégalité triangulaire)} \\ &\leq \sum_{i=1}^{p} \mathcal{L}(\gamma_i) \max_{z\in(\gamma_i)} |f(z)| \\ &\leq \max_{z\in(\gamma)} |f(z)| \sum_{i=1}^{p} \mathcal{L}(\gamma_i) = \max_{z\in(\gamma)} |f(z)|\, \mathcal{L}(\gamma) \end{aligned}$$

Il est donc possible de supposer que (γ) est de classe $\mathcal{C}^1$ et l'on a dans ce cas :

$$\begin{aligned}
\left| \int_{(\gamma)} f(z)\, dz \right| &= \left| \int_a^b f\big(\gamma(t)\big)\gamma'(t)\, dt \right| \\
&\leq \int_a^b \left| f\big(\gamma(t)\big)\gamma'(t) \right| dt \\
&\leq \max_{t\in[a,b]} \left| f\big(\gamma(t)\big) \right| \int_a^b |\gamma'(t)|\, dt = \max_{z\in(\gamma)} |f(z)|\, \mathcal{L}(\gamma)
\end{aligned}$$

On a utilisé le fait que la fonction $t \mapsto \left| f\big(\gamma(t)\big) \right|$ est continue, donc atteint son maximum sur le compact $[a, b]$.

□

2 Théorème et formule de Cauchy

2.1 Notion d'homotopie

Pour les applications envisagées par la suite, il est possible de se contenter d'une définition intuitive de l'homotopie.

1. On considère deux *lacets* (γ_1) et (γ_2) inclus dans un ouvert Ω de $\mathbb{C}$. On dit que (γ_1) et (γ_2) sont *homotopes dans* Ω s'il est possible de déformer **continument** (γ_1) jusqu'à ce qu'il coïncide avec (γ_2), **tout en restant dans** Ω.

   Si les deux chemins ne sont pas fermés, on a encore une notion d'homotopie, mais à conditions que ces deux chemins relient deux mêmes points.

2. On considère deux chemins (γ_1) et (γ_2) inclus dans un ouvert Ω de $\mathbb{C}$, *ayant même origine et même extrémité*. On dit que (γ_1) et (γ_2) sont *homotopes à extrémités fixes dans* Ω s'il est possible de déformer continument (γ_1) jusqu'à ce qu'il coïncide avec (γ_2), tout en restant dans Ω.

Remarque. Pour comprendre la notion d'homotopie avec une « définition » aussi vague, on peut imaginer que les deux lacets (ou les deux chemins) sont fait d'une matière élastique qui autorise toute déformation continue. Cela interdit les « coups de ciseaux », qui sont par essence des déformations non continues, mais cela autorise par exemple des « étirements » ou des « contractions ». Les exemples suivants, s'appuyant sur la figure X.2, illustrent cette remarque.

Le lecteur intéressé trouvera à la fin de ce paragraphe un complément donnant des définitions mathématiquement satisfaisantes pour les deux notions d'homotopie.

Exemples.

1. Les chemins (γ_1), (γ_2) et (γ_3) de la figure X.2 sont homotopes à extrémités fixes (d'origine z_1 et d'extrémité z_2) dans $\mathbb{C}$.
   Les chemins (γ_1) et (γ_2) sont également homotopes à extrémités fixes dans $\mathbb{C} \setminus \{z_0\}$. Par contre (γ_1) et (γ_3) ne sont pas homotopes à extrémités fixes dans $\mathbb{C} \setminus \{z_0\}$, car pour déformer (γ_1) en (γ_3), en conservant les extrémités fixes et en restant dans $\mathbb{C} \setminus \{z_0\}$ (ce qui interdit de passer sur z_0), on doit « couper » (γ_1) (afin de « contourner » z_0), puis « recoller » les deux morceaux.

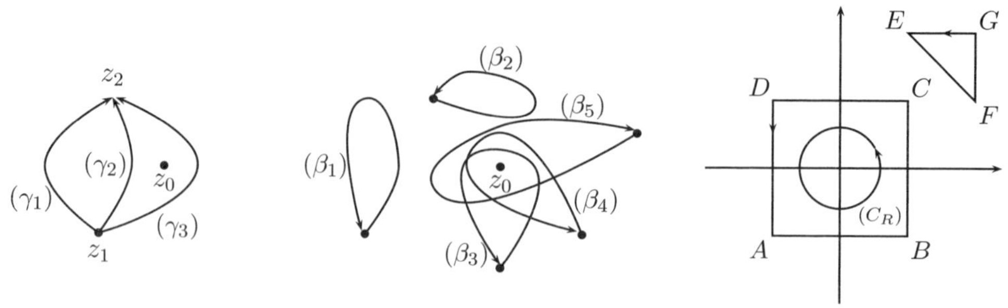

FIGURE X.2 – *Notion d'homotopie*

2. Les lacets (β_1), (β_2), (β_3), (β_4) et (β_5) de la figure X.2 sont homotopes dans $\mathbb{C}$. Les 4 premiers sont orientés dans le sens trigonométrique, mais pas (γ_5). Cela ne l'empêche pas d'être homotope dans $\mathbb{C}$ aux 4 autres, car tous ces lacets sont en réalité *homotopes à un point* dans $\mathbb{C}$. En effet, à l'aide d'une « contraction » (opération continue), on peut les transformer continument en un chemin *constant*, représenté géométriquement par un point. Ils sont donc homotopes entre eux dans $\mathbb{C}$.
3. Les lacets (β_1) et (β_2) sont homotopes dans $\mathbb{C} \setminus \{z_0\}$.
   Les lacets (β_3) et (β_4) sont homotopes dans $\mathbb{C} \setminus \{z_0\}$.
   Les lacets (β_1) et (β_3) ne sont pas homotopes dans $\mathbb{C} \setminus \{z_0\}$ (nécessité d'un « coup de ciseaux » pour transformer (β_1) en (β_3) en contournant z_0).
   Les lacets (β_4) et (β_5) ne sont pas homotopes dans $\mathbb{C} \setminus \{z_0\}$, car, cette fois, leur sens de parcours inverse est rédhibitoire pour transformer continument (β_4) en (β_5) en contournant z_0.
4. Sur le troisième schéma de la figure X.2, le cercle (C_R) (de centre 0 et de rayon $R > 0$ quelconque, orienté dans le sens trigonométrique), le carré $ABCDA$ et le triangle $EFGE$ (le sens de parcours étant défini par l'ordre des points) sont des lacets homotopes dans $\mathbb{C}$.
   Le cercle (C_R) et le carré $ABCDA$ sont également homotopes dans $\mathbb{C}^*$, car ils entourent tous les deux 0 dans le sens trigonométrique. Le cercle (C_R) et le triangle $EFGE$, bien qu'orientés dans le même sens, ne sont pas homotopes dans $\mathbb{C}^*$.

Remarque. On n'exige pas des applications devant transformer un lacet en un autre qu'elles soient de classe $\mathcal{C}^1$, mais seulement continues. Cela implique que des lacets n'ayant pas la même régularité peuvent être homotopes dans Ω. Par exemple, nous venons de voir qu'un cercle (qui est un lacet de classe $\mathcal{C}^\infty$) et un carré (qui est un lacet $\mathcal{C}^1_m$ mais non $\mathcal{C}^1$) sont homotopes dans $\mathbb{C}$.

Les exemples précédents nous montrent que certains ouverts Ω de $\mathbb{C}$ ont la propriété que tous les lacets sont homotopes à un point dans Ω.

Définition 2.1 *Soit Ω un ouvert de $\mathbb{C}$. On dit que Ω est simplement connexe si*
- *Ω est connexe ;*
- *tout lacet inclus dans Ω est homotope à un point dans Ω.*

Interprétation. Intuitivement, un ouvert simplement connexe est un ouvert « d'un seul tenant » (*i.e.* connexe) et « sans trou » (tous les lacets sont homotopes à un point). En effet, lorsque l'ouvert Ω présente un ou plusieurs « trous », un lacet (γ) entourant un trou n'est pas homotope à un point dans Ω : pour transformer (γ) en un point, il faut le couper (opération non continue), puis le « contracter » en contournant le trou. Dans cette façon imagée de voir les choses, on ne considère pas une demi-droite comme un « trou », car on ne peut pas l'entourer. Par contre un point, un segment sont des « trous » : $\mathbb{C} \setminus [0, +\infty[$ est simplement connexe, mais $\mathbb{C} \setminus \{z_0\}$ ou $\mathbb{C} \setminus [-1, 1]$ ne le sont pas.

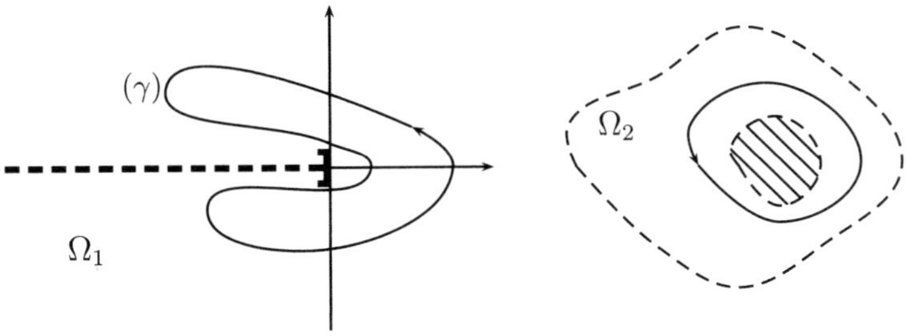

FIGURE X.3 – *Dans un ouvert simplement connexe (ici, le plan coupé Ω_1), tous les lacets sont homotopes à un point. Dans un ouvert connexe mais non simplement connexe (ici, « l'ouvert à trou » Ω_2), il existe des lacets non homotopes à un point.*

Exemples. Ces exemples sont importants pour la suite.

1. $\mathbb{C}$ est simplement connexe.
2. Un demi-plan ouvert, *i.e.* l'ensemble des points situé du même côté d'une droite (cette droite non incluse), est un ouvert simplement connexe.
3. Un disque ouvert est simplement connexe.
4. Considérons une demi-droite *fermée* Δ (par exemple $\Delta =]-\infty, 0]$). Le plan coupé $\Omega = \mathbb{C} \setminus \Delta$ est un ouvert simplement connexe. En effet, le fait que la demi-droite soit de longueur infinie empêche les lacets de Ω d'entourer des points n'appartenant pas à Ω, de sorte que tout lacet de Ω est homotope à un point dans Ω (voir figure X.3).
5. Tout lacet de l'ouvert $\Omega = \{z \in \mathbb{C}\,;\, z \neq 0\}$ est homotope à un point dans Ω. Néanmoins, l'ouvert Ω n'est pas simplement connexe car Ω n'est pas connexe.
6. $\mathbb{C}^*$ est un ouvert connexe mais non simplement connexe. En effet, un lacet entourant 0 n'est pas homotope à un point dans $\mathbb{C}^*$. Plus généralement, l'ouvert obtenu en enlevant à $\mathbb{C}$ un nombre fini (ou infini dénombrable) de points est connexe mais non simplement connexe.
7. $\mathbb{C} \setminus [-1, 1]$ est connexe mais non simplement connexe. En effet, un lacet entourant le segment $[-1, 1]$ n'est pas homotope à un point dans $\mathbb{C} \setminus [-1, 1]$.
8. Soit $R_1 \geq 0$ et $R_2 > R_1$. La *couronne ouverte* $\Omega = \{z \in \mathbb{C}\,;\, R_1 < |z| < R_2\}$ est un ouvert connexe non simplement connexe.
9. Soit $R \geq 0$. La couronne ouverte non bornée $\Omega = \{z \in \mathbb{C}\,;\, |z| > R\}$ est un ouvert connexe non simplement connexe.

Comme annoncé au début de ce paragraphe, nous terminons par un complément dédié à la définition des deux notions d'homotopie. Il peut être sauté en première lecture.

Complément. On suppose que tous les chemins sont paramétrés par $t \in [0,1]$ (on peut démontrer que ce n'est pas restrictif).
Soit Ω un ouvert de $\mathbb{C}$. On dit que les lacets $\gamma : [0,1] \to \Omega$ et $\beta : [0,1] \to \Omega$ sont *homotopes dans* Ω s'il existe une application $h : [0,1] \times [0,1] \to \Omega$ *continue* telle que

$$\begin{cases} \forall s \in [0,1] & h(0,s) = h(1,s) \\ \forall t \in [0,1] & h(t,0) = \gamma(t) \\ \forall t \in [0,1] & h(t,1) = \beta(t) \end{cases} \tag{X.11}$$

On dit que h est une *homotopie* transformant γ en β. La condition $h(0,s) = h(1,s)$ exprime que pour toute valeur de s l'application $t \mapsto h(t,s)$ est un lacet de Ω. Le fait que $h(t,0) = \gamma(t)$ exprime que pour $s = 0$ ce lacet coïncide avec le lacet γ. Le fait que $h(t,1) = \beta(t)$ exprime que pour $s = 1$ ce lacet coïncide avec le lacet β. Comme de plus h est continue, lorsque s varie de 0 à 1, le lacet $t \mapsto h(t,s)$ se déforme continument de γ jusqu'à β.

Considérons maintenant deux chemins $\gamma : [0,1] \to \Omega$ et $\beta : [0,1] \to \Omega$ ayant même origine et même extrémité. On dit qu'ils sont *homotopes à extrémités fixes dans* Ω s'il existe une application $h : [0,1] \times [0,1] \to \Omega$ *continue* telle que

$$\begin{cases} \forall s \in [0,1] & h(0,s) = \gamma(0) = \beta(0) \\ \forall s \in [0,1] & h(1,s) = \gamma(1) = \beta(1) \\ \forall t \in [0,1] & h(t,0) = \gamma(t) \\ \forall t \in [0,1] & h(t,1) = \beta(t) \end{cases} \tag{X.12}$$

Les deux premières conditions expriment que pour toute valeur de s, le chemin $t \mapsto h(t,s)$ a même origine et même extrémité que γ et β. Les deux autres conditions expriment que pour $s = 0$ (respectivement $s = 1$), ce chemin coïncide avec γ (respectivement avec β). Comme h est continue, on a bien déformation continue de γ en β lorsque s varie de 0 à 1, les extrémités restant fixes lors de la déformation.

Notons que l'application h est à valeurs dans Ω, donc « on ne sort pas de Ω » au cours de la déformation continue.
Les applications pratiques courantes ne nécessitent pas d'expliciter l'homotopie h.

2.2 Théorème de Cauchy

Le résultat principal de ce paragraphe est le *théorème de Cauchy*. Sa démonstration est plutôt délicate, sauf si l'on admet que la dérivée d'une fonction holomorphe est continue, auquel cas la *formule de Green-Riemann* fournit une preuve rapide[1]. On fait donc ici le choix d'admettre ce théorème, mais de démontrer ses nombreux corollaires (en réalité, ces corollaires sont des variantes du théorème de Cauchy), puis la formule de Cauchy, toute aussi essentielle.

Dans la suite, à chaque fois que l'on considèrera une intégrale curviligne le long d'un chemin, celui-ci sera supposé $\mathcal{C}^1_m$.

Théorème 2.1 ***Théorème de Cauchy***
Soient Ω un ouvert de $\mathbb{C}$, f une fonction holomorphe sur Ω, (γ_1) et (γ_2) deux lacets homotopes dans Ω. On a

$$\int_{(\gamma_1)} f(z)\,dz = \int_{(\gamma_2)} f(z)\,dz \tag{X.13}$$

1. Le lecteur intéressé trouvera cette preuve simplifiée ainsi que la démonstration complète, sans l'hypothèse de continuité de la dérivée, dans *Théorie élémentaire des fonctions analytiques d'une ou plusieurs variables complexes* de Cartan.

Autrement dit, lorsque f est holomorphe sur Ω, on peut déformer le lacet en un autre pour lequel le calcul de l'intégrale curviligne de f est plus simple, pourvu que cette déformation soit continue et se fasse « en restant dans Ω ».

Exemple. Soit (γ) un lacet de forme quelconque orienté dans le sens trigonométrique et entourant (une seule fois) le point 0. On a

$$\int_{(\gamma)} z^n\,dz = \begin{cases} 0 & \text{si} \quad n \in \mathbb{Z}\setminus\{-1\} \\ 2i\pi & \text{si} \quad n=-1 \end{cases} \tag{X.14}$$

En effet, (γ) est homotope dans l'ouvert $\mathbb{C}^*$ au cercle trigonométrique. Il suffit donc d'utiliser (X.6).

Corollaire 2.1 *Soient Ω un ouvert de $\mathbb{C}$, f une fonction holomorphe sur Ω et (γ) un lacet homotope à un point dans Ω. On a*

$$\int_{(\gamma)} f(z)\,dz = 0$$

Preuve. Puisque (γ) est homotope à $\{a\}$ avec $a \in \Omega$, par application du théorème de Cauchy, on a $\int_{(\gamma)} f(z)\,dz = \int_{\{a\}} f(z)\,dz$. Un paramétrage du chemin réduit au point a est $\beta : t \in I \mapsto a$, où $I = [c,d]$ est un intervalle compact quelconque. Comme $\beta'(t) = 0$ pour tout $t \in I$, on a $\int_{\{a\}} f(z)\,dz = \int_c^d f(a) \times 0\,dt = 0$.

□

Corollaire 2.2 *Soient Ω un ouvert simplement connexe, f une fonction holomorphe sur Ω et (γ) un lacet de Ω. On a*

$$\int_{(\gamma)} f(z)\,dz = 0$$

En effet, si Ω est simplement connexe, alors tout lacet (γ) est homotope à un point. Le corollaire 2.2 est donc une conséquence immédiate du corollaire 2.1.

Exemples. Soit (γ) le cercle de centre 2 et de rayon 1 (pour ce qui suit, peu importe le sens de parcours). Puisque (γ) est un lacet, on obtient sans calcul :

1. $\int_{(\gamma)} e^{z^4-z^3+2\sin z}\,dz = 0$ car $f : z \mapsto e^{z^4-z^3+2\sin z}$ est holomorphe sur $\mathbb{C}$, ouvert dans lequel tout lacet est homotope à un point.
2. $\int_{(\gamma)} \sin\left(\frac{1}{z}\right)\,dz = 0$ car on peut trouver un ouvert Ω simplement connexe contenant le lacet (γ) dans lequel $f : z \mapsto \sin\left(\frac{1}{z}\right)$ est holomorphe. L'ouvert $\Omega = \{z \in \mathbb{C}\,;\, \Re z > 0\}$ convient.

Corollaire 2.3 *Soient Ω un ouvert connexe de $\mathbb{C}$, f une fonction holomorphe sur Ω, (γ_1) et (γ_2) deux chemins C^1_m ayant même origine et même extrémité. Si (γ_1) et (γ_2) sont homotopes à extrémités fixes dans Ω, alors*

$$\int_{(\gamma_1)} f(z)\,dz = \int_{(\gamma_2)} f(z)\,dz$$

Autrement dit, pour calculer l'intégrale d'une fonction f holomorphe le long d'un chemin joignant deux points de Ω, on peut déformer continument ce chemin en gardant les extrémités fixes, mais à condition de ne pas quitter le domaine d'holomorphie Ω de f lors de la déformation.

Preuve. On considère le lacet (γ) juxtaposition des chemins (γ_1) et $(\gamma_2)^-$ (voir schéma).

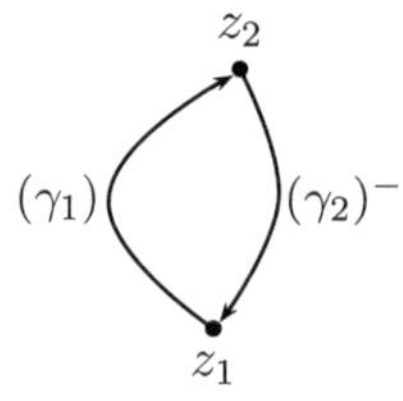

Ce lacet (γ) est homotope à un point dans Ω, donc on a $\int_{(\gamma_1)\cup(\gamma_2)^-} f(z)\,dz = 0$. Autrement dit, $\int_{(\gamma_1)} f(z)\,dz = -\int_{(\gamma_2)^-} f(z)\,dz$, *i.e.* $\int_{(\gamma_1)} f(z)\,dz = \int_{(\gamma_2)} f(z)\,dz$.

□

Remarque. Le corollaire 2.3 autorise, pour une fonction f holomorphe dans un ouvert Ω *simplement connexe*, à écrire

$$\int_{(\gamma)} f(z)\,dz = \int_{z_1}^{z_2} f(z)\,dz$$

où $z_1 \in \Omega$ et $z_2 \in \Omega$ sont respectivement l'origine et l'extrémité du chemin (γ). En effet, sous les hypothèses du corollaire 2.3, l'intégrale curviligne ne dépend pas du chemin reliant z_1 à z_2, tant qu'il est inclus dans Ω (car dans un ouvert Ω simplement connexe, deux tels chemins sont homotopes à extrémités fixes).

Nous verrons au paragraphe 2.3 que si les deux chemins ont mêmes extrémités mais ne sont pas homotopes à extrémités fixes dans un ouvert sur lequel la fonction à intégrer est holomorphe, le résultat du corollaire 2.3 est faux. L'exemple suivant montre, quant à lui, que l'hypothèse « f holomorphe » est également importante.

Exemple. La fonction $z \mapsto \overline{z}$ est continue sur $\mathbb{C}$, donc son intégrale curviligne le long de tout chemin est définie. Nous allons calculer l'intégrale curviligne de la fonction $z \mapsto \overline{z}$ le long de deux chemins homotopes à extrémités fixes reliant les points 0 et $1+i$.

1. Considérons d'abord l'arc de parabole $x = y^2$ reliant 0 et $1+i$. On peut le paramétrer par $\gamma_1 : y \mapsto y^2 + iy$, le paramètre y variant de 0 à 1.
   Le long de (γ_1), on a $\overline{z} = \overline{y^2 + iy} = y^2 - iy$ et $dz = (2y+i)\,dy$, d'où

$$\int_{(\gamma_1)} \overline{z}\,dz = \int_{y=0}^{1} (y^2 - iy)(2y+i)\,dy = 2\int_0^1 y^3\,dy - i\int_0^1 y^2\,dy + \int_0^1 y\,dy = 1 - \frac{i}{3}$$

2. Considérons ensuite la juxtaposition des segments $[0\,;\,i]$ et $[i\,;\,1+i]$ parcourus dans cet ordre. On note $(\gamma_2) = [0\,;\,i] \cup [i\,;\,1+i]$. On choisit y comme paramètre le long du premier segment et x le long du deuxième. On obtient

$$\int_{(\gamma_2)} \overline{z}\,dz = \int_{y=0}^{1} \overline{iy}\,i\,dy + \int_{x=0}^{1} \overline{x+i}\,dx = \int_0^1 y\,dy + \int_0^1 x\,dx - i\int_0^1 dx = 1 - i$$

La fonction $f : z \mapsto \overline{z}$ n'est pas holomorphe. On constate que l'on trouve deux valeurs distinctes pour des intégrales curvilignes de f le long de deux chemins homotopes à extrémités fixes dans $\mathbb{C}$. Cela montre que le théorème de Cauchy (et ses corollaires) sont faux pour des fonctions continues non holomorphes. D'une certaine manière, la fonction $z \mapsto \overline{z}$, bien que non holomorphe, est tout de même très régulière (elle est indéfiniment $\mathbb{R}$-différentiable sur $\mathbb{R}^2$), mais la notation $\int_0^{1+i} \overline{z}\,dz$ n'a aucun sens.

2.3 Primitives des fonctions de la variable complexe

Considérons une fonction f continue dans un ouvert connexe Ω et supposons qu'elle admette une primitive[2]. Autrement dit, on suppose qu'il existe une fonction F holomorphe sur Ω vérifiant $F'(z) = f(z)$ pour tout $z \in \Omega$.
Soit $z_1 \in \Omega$ et $z_2 \in \Omega$. Considérons un chemin $\gamma : [a, b] \to \Omega$ reliant $z_1 = \gamma(a)$ à $z_2 = \gamma(b)$. Supposons tout d'abord que (γ) soit de classe $\mathcal{C}^1$. On a

$$\int_{(\gamma)} f(z)\, dz = \int_a^b f\big(\gamma(t)\big)\gamma'(t)\, dt = \big[F\big(\gamma(t)\big)\big]_a^b = F(z_2) - F(z_1)$$

En effet, la fonction de la variable réelle $t \mapsto F\big(\gamma(t)\big)$ est une primitive de la fonction de la variable réelle $t \mapsto f\big(\gamma(t)\big)\gamma'(t)$, qui est continue sur $[a, b]$.
Plus généralement, supposons que (γ) est $\mathcal{C}^1_m$. On peut écrire $[a, b] = \bigcup_{k=0}^{n-1}[a_k, a_{k+1}]$, où $a_0 = a < a_1 < \ldots < a_{n-1} < a_n = b$, avec γ prolongeable en une fonction de classe $\mathcal{C}^1$ sur chaque intervalle $[a_k, a_{k+1}]$, donc :

$$\begin{aligned}
\int_{(\gamma)} f(z)\, dz &= \sum_{k=0}^{n-1} \int_{a_k}^{a_{k+1}} f\big(\gamma(t)\big)\gamma'(t)\, dt \\
&= F\big(\gamma(a_1)\big) - F\big(\gamma(a)\big) + F\big(\gamma(a_2)\big) - F\big(\gamma(a_1)\big) + \ldots + F\big(\gamma(b)\big) - F\big(\gamma(a_{n-1})\big) \\
&= F(z_2) - F(z_1)
\end{aligned}$$

Nous avons prouvé le résultat suivant.

Proposition 2.1 *Soient Ω un ouvert connexe, (γ) un chemin $\mathcal{C}^1_m$ de Ω reliant $z_1 \in \Omega$ à $z_2 \in \Omega$ et f continue sur Ω. Si f admet une primitive F sur Ω, alors*

$$\int_{(\gamma)} f(z)\, dz = F(z_2) - F(z_1) \tag{X.15}$$

En particulier, cette intégrale ne dépend que des extrémités du chemin (γ) et elle est nulle si (γ) est un chemin fermé.

Corollaire 2.4 *Si une fonction f continue sur un ouvert Ω connexe admet une primitive F sur Ω, alors les autres primitives de f s'obtiennent en ajoutant à F une constante complexe quelconque.*

Preuve. Soient G une primitive de f sur Ω et $z_0 \in \Omega$. Puisque Ω est connexe, pour $z \in \Omega$, il existe un chemin (γ) de Ω reliant z_0 à z. Nous admettrons que (γ) peut être choisi $\mathcal{C}^1_m$. D'après la proposition 2.1, on a $\int_{(\gamma)} f(z)\, dz = F(z) - F(z_0) = G(z) - G(z_0)$, donc $G = F + C$ avec $C = G(z_0) - F(z_0)$.

□

Nous avons vu que si Ω est simplement connexe et si f est holomorphe sur Ω, alors on peut écrire sans introduire d'ambiguïté $\int_{(\gamma)} f(z)\, dz = \int_{z_1}^{z_2} f(z)\, dz$ pour tout chemin (γ) reliant z_1 à z_2 dans Ω. Par conséquent, si f possède une primitive F sur Ω, alors

$$\forall (z_1, z_2) \in \Omega^2 \quad \int_{z_1}^{z_2} f(z)\, dz = F(z_2) - F(z_1) \tag{X.16}$$

2. Nous verrons plus loin qu'en fait l'existence d'une primitive implique que f est holomorphe.

Il en résulte que, sous ces conditions, la primitive F s'annulant en z_1 s'écrit

$$\forall z \in \Omega \quad F(z) = \int_{z_1}^{z} f(\zeta)\, d\zeta$$

La proposition suivante indique que, réciproquement, f admet des primitives sous ces hypothèses et qu'elles s'écrivent sous cette forme intégrale.

Proposition 2.2 *Soient Ω un ouvert simplement connexe et f une fonction holomorphe sur Ω. Pour tout $z_0 \in \Omega$, la fonction F définie par*

$$\forall z \in \Omega \quad F(z) = \int_{z_0}^{z} f(\zeta)\, d\zeta \tag{X.17}$$

est une primitive de f sur Ω. Plus précisément, F est l'unique primitive de f s'annulant en z_0.

Preuve. Soit $z \in \Omega$. Comme Ω est ouvert, il existe un disque centré en z, de rayon $r > 0$, inclus dans Ω. En particulier, si $h \in \mathbb{C}^*$ est tel que $|h| < r$, alors tous les points du segment $[z, z+h]$ sont dans Ω et on peut considérer le taux d'accroissement de F en z :

$$\begin{aligned} \frac{F(z+h) - F(z)}{h} &= \frac{1}{h}\left(\int_{z_0}^{z+h} f(\zeta)\, d\zeta - \int_{z_0}^{z} f(\zeta)\, d\zeta\right) \\ &= \frac{1}{h}\int_{z}^{z+h} f(\zeta)\, d\zeta \end{aligned}$$

Remarquons que la notation utilisée pour les intégrales curvilignes intervenant dans ce calcul a un sens car Ω est simplement connexe et f est holomorphe sur Ω. Notamment, l'intégrale curviligne $\int_z^{z+h} f(\zeta)\, d\zeta$ peut se calculer le long de n'importe quel chemin inclus dans Ω et reliant z et $z+h$. En choisissant le segment $[z, z+h]$ pour chemin, on peut tout d'abord écrire $f(z) = \frac{1}{h} f(z) \int_z^{z+h} d\zeta$, puis, en utilisant l'inégalité (X.10), on obtient

$$\begin{aligned} \left|\frac{F(z+h) - F(z)}{h} - f(z)\right| &= \left|\frac{1}{h}\int_{z}^{z+h} \big(f(\zeta) - f(z)\big)\, d\zeta\right| \\ &\leq \frac{1}{|h|}\mathcal{L}([z, z+h]) \max_{\zeta \in [z,z+h]} |f(\zeta) - f(z)| \\ &= \max_{\zeta \in [z,z+h]} |f(\zeta) - f(z)| \end{aligned}$$

Soit $\varepsilon > 0$, par continuité de f en z, il existe $\eta > 0$ tel que

$$\forall \zeta \in \mathbb{C} \quad |\zeta - z| < \eta \Longrightarrow |f(\zeta) - f(z)| < \varepsilon$$

donc si $|h| < \min(\eta, r)$, on a

$$\left|\frac{F(z+h) - F(z)}{h} - f(z)\right| \leq \max_{\zeta \in [z,z+h]} |f(\zeta) - f(z)| < \varepsilon$$

Cela prouve que

$$\lim_{h \to 0} \frac{F(z+h) - F(z)}{h} = f(z)$$

i.e. F est une primitive de f sur Ω. D'après le corollaire 2.4, les autres primitives de f sur Ω s'écrivent $F + C$ avec $C \in \mathbb{C}$. La fonction F s'annule en z_0, donc la seule primitive s'annulant en z_0 est celle pour laquelle $C = 0$, *i.e.* F.

□

Considérons un chemin (γ) reliant deux points z_1 et z_2 d'un ouvert Ω connexe. Dans le cas où Ω n'est pas simplement connexe, la notation $\int_{z_1}^{z_2} f(z)\,dz$ est dangereuse même pour une fonction f holomorphe sur Ω : pour simplifier le calcul de $\int_{(\gamma)} f(z)\,dz$, il est possible de remplacer le chemin (γ) par un autre reliant les mêmes points z_1 et z_2, mais à condition que ce nouveau chemin soit *homotope à extrémités fixes* dans Ω à (γ). En termes imagés, si le domaine d'holomorphie de f présente des « trous », le nouveau chemin doit être « du même côté » que (γ) par rapport aux trous. Notamment, considérons le premier schéma de la figure X.2 (page 282) et une fonction f holomorphe sur $\mathbb{C}\setminus\{z_0\}$. Pour le calcul de $\int_{(\gamma_1)} f(z)\,dz$, on peut remplacer (γ_1) par (γ_2), mais pas par (γ_3), donc la notation $\int_{(\gamma_1)} f(z)\,dz = \int_{z_1}^{z_2} f(z)\,dz$ est ambiguë. En effet, l'exemple qui suit montre que l'intégrale d'une fonction holomorphe sur un ouvert Ω (non simplement connexe) le long de deux chemins reliant $z_1 \in \Omega$ à $z_2 \in \Omega$ non homotopes à extrémités fixes dans Ω peut dépendre du chemin suivi. Lorsqu'on utilise la notation $\int_{z_1}^{z_2} f(z)\,dz$, comme on ne précise pas le chemin utilisé, il est implicite que tout chemin de Ω reliant z_1 à z_2 peut être choisi. Il vaut donc mieux réserver cette notation au cas où f est holomorphe sur Ω simplement connexe, z_1 et z_2 éléments de Ω.

Exemple. La fonction $z \mapsto 1/z$ est holomorphe sur $\mathbb{C}^*$. Considérons deux demi-cercles (β_1) et (β_2) reliant $z_1 = 1$ à $z_2 = -1$, l'un contournant 0 dans le sens trigonométrique, l'autre dans le sens indirect, de sorte que (β_1) et (β_2) ne sont pas homotopes à extrémités fixes dans $\mathbb{C}^*$. Le demi-cercle (β_1) est de rayon 1 et est situé dans le demi-plan $\Im z \geq 0$, donc on a

$$\int_{(\beta_1)} \frac{dz}{z} = \int_0^{\pi} \frac{ie^{it}}{e^{it}}\,dt = i\pi$$

Le demi-cercle (β_2) est de rayon 1 et est situé dans le demi-plan $\Im z \leq 0$, donc on a

$$\int_{(\beta_2)} \frac{dz}{z} = \int_0^{\pi} \frac{-ie^{-it}}{e^{-it}}\,dt = -i\pi$$

Plus généralement, le corollaire 2.3 du théorème de Cauchy montre que pour tout chemin (γ_1) (respectivement (γ_2)) reliant 1 à -1 homotope à extrémités fixes à (β_1) (respectivement à (β_2)) dans $\mathbb{C}^*$, on a $\int_{(\gamma_1)} \frac{dz}{z} = i\pi$ (respectivement $\int_{(\gamma_2)} \frac{dz}{z} = -i\pi$).
Expliquons d'où vient la différence de $2i\pi$ que l'on constate entre ces deux intégrales curvilignes. Appelons (β_3) le cercle de centre 0 et de rayon 1 orienté dans le sens trigonométrique. La juxtaposition de (β_2) et de (β_3) est un chemin homotope à extrémités fixes dans $\mathbb{C}^*$ à (β_1), donc, en vertu du corollaire 2.3, on a

$$\int_{(\beta_2)} \frac{dz}{z} + \int_{(\beta_3)} \frac{dz}{z} = \int_{(\beta_1)} \frac{dz}{z}$$

Or, d'après (X.6), on a $\int_{(\beta_3)} \frac{dz}{z} = 2i\pi$.

Remarque. Le fait que dans l'exemple précédent les deux intégrales curvilignes diffèrent de $2i\pi$ prouve qu'il n'existe pas de détermination du logarithme complexe continue sur $\mathbb{C}^*$. En effet, rappelons que lorsqu'il existe une détermination du logarithme complexe continue sur un ouvert D, c'est une primitive sur D de la fonction $z \mapsto 1/z$ (car toute détermination continue du logarithme complexe est holomorphe de dérivée $z \mapsto 1/z$). Si une primitive de $z \mapsto 1/z$ sur l'ouvert connexe $\mathbb{C}^*$ existait, on aurait $\int_{(\beta_1)} \frac{dz}{z} = \int_{(\beta_2)} \frac{dz}{z}$ d'après la proposition 2.1.
On peut toutefois être tenté de définir la détermination du logarithme complexe s'annulant en $z = 1$ par la formule

$$\operatorname{Log} z = \int_1^z \frac{d\zeta}{\zeta} \tag{X.18}$$

Telle quelle, l'égalité (X.18) n'est pas fausse, mais trop imprécise : comme on vient de le voir, la notation $\int_1^z \frac{d\zeta}{\zeta}$ n'a de sens qu'en précisant le chemin reliant 1 à z sur lequel on intègre (il faut préciser la façon dont ce chemin contourne 0).
On peut écrire (X.18) en prenant la précaution de travailler sur un plan coupé Ω obtenu en enlevant une demi-droite issue du point de branchement 0 (ne passant pas par 1) et en restreignant la formule (X.18) à $z \in \Omega$. En effet, Ω est un ouvert simplement connexe sur lequel la fonction $\zeta \mapsto \frac{1}{\zeta}$ est holomorphe. Pour $z \in \Omega$, la notation $\int_1^z \frac{d\zeta}{\zeta}$ sous-entend que le chemin utilisé pour relier 1 à z est inclus dans Ω, ce qui lève toute ambiguïté : tous ces chemins étant homotopes à extrémités fixes dans Ω, le corollaire 2.3 s'applique (cf. figure X.4).

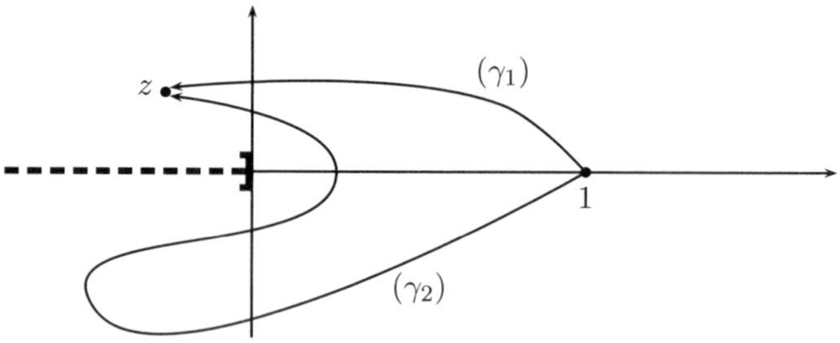

FIGURE X.4 – *Dans* $\Omega = \mathbb{C}\backslash]-\infty, 0]$, *tous les chemins reliant* 1 *à* $z \in \Omega$ *sont homotopes à extrémités fixes dans* Ω, *donc* $\int_{(\gamma_1)} \frac{d\zeta}{\zeta} = \int_{(\gamma_2)} \frac{d\zeta}{\zeta}$

Autrement dit, la formule (X.18) a un sens pour z variant dans le plan coupé Ω, mais est ambiguë pour $z \in \mathbb{C}^*$.

2.4 Formule de Cauchy

La formule de Cauchy est une formule intégrale donnant la valeur en un point d'une fonction holomorphe à l'aide de ses valeurs le long d'un lacet entourant ce point. Ce résultat a une multitude de conséquences. Il implique en particulier, comme nous l'annoncions, que toute fonction holomorphe sur un ouvert est analytique dans cet ouvert.

Théorème 2.2 ***Formule de Cauchy***
Soient Ω *un ouvert simplement connexe,* f *une fonction holomorphe sur* Ω, z_0 *un élément de* Ω *et* (γ) *un lacet de* Ω *entourant* z_0 *une seule fois et dans le sens direct, sans point double. On a*

$$f(z_0) = \frac{1}{2i\pi} \int_{(\gamma)} \frac{f(z)}{z - z_0} dz \tag{X.19}$$

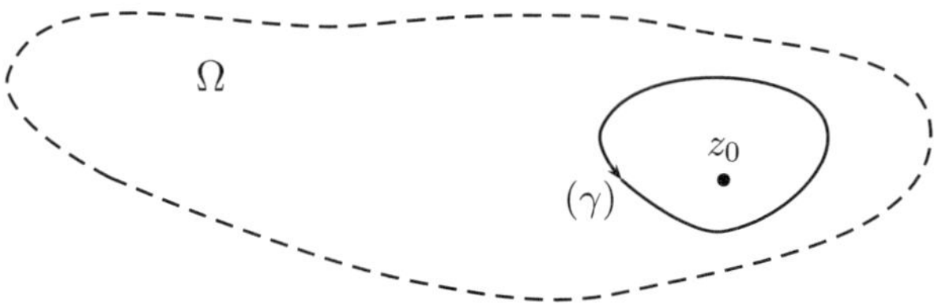

FIGURE X.5 – *Contexte d'utilisation de la formule de Cauchy*

Preuve. On introduit la fonction définie par

$$g(z) = \begin{cases} \frac{f(z)-f(z_0)}{z-z_0} & \text{si} \quad z \in \Omega \setminus \{z_0\} \\ f'(z_0) & \text{si} \quad z = z_0 \end{cases}$$

Puisque f est holomorphe dans Ω, la fonction g est holomorphe dans l'ouvert $\Omega \setminus \{z_0\}$ et comme $\frac{f(z)-f(z_0)}{z-z_0}$ tend vers $f'(z_0)$ lorsque z tend vers z_0, la fonction g est continue en z_0. Bien qu'il n'y ait *a priori* pas de raison que g soit holomorphe sur Ω en entier, nous admettons que le théorème de Cauchy s'applique tout de même à g dans un telle situation.[3] On a donc $\int_{(\gamma)} g(z)\, dz = 0$. Autrement dit :

$$\int_{(\gamma)} \frac{f(z)}{z-z_0}\, dz = f(z_0) \int_{(\gamma)} \frac{1}{z-z_0}\, dz \qquad (A)$$

Par ailleurs, toujours en vertu du théorème de Cauchy

$$\int_{(\gamma)} \frac{1}{z-z_0}\, dz = \int_{C(z_0,r)} \frac{1}{z-z_0}\, dz \qquad (B)$$

où on a choisi r assez petit pour que $D(z_0, r) \subset \Omega$, le cercle $C(z_0, r)$ étant orienté dans le sens direct. On a

$$z \in C(z_0, r) \iff \exists t \in [0, 2\pi] \quad z = z_0 + re^{it}$$

Le long de $C(z_0, r)$, on a donc $z - z_0 = re^{it}$ et $dz = ire^{it}\, dt$, d'où

$$\int_{C(z_0,r)} \frac{1}{z-z_0}\, dz = \int_0^{2\pi} \frac{ire^{it}}{re^{it}}\, dt = 2i\pi \qquad (C)$$

Les égalités (A), (B) et (C) impliquent (X.19).

□

Remarques.

1. Bien entendu, si le plus grand ouvert sur lequel f est holomorphe n'est pas simplement connexe, ce n'est pas forcément rédhibitoire pour utiliser la formule de Cauchy : il suffit qu'il existe un ouvert simplement connexe contenant le lacet (γ) dans lequel f est holomorphe. Autrement dit, il suffit que le lacet (γ) qui entoure z_0 une fois dans le sens direct soit homotope à un point dans un ouvert sur lequel f est holomorphe.

2. La formule de Cauchy indique que pour une fonction holomorphe, la valeur de f en tout point z_0 est entièrement déterminée par ses valeurs le long d'un lacet entourant z_0, que ce lacet soit « proche » ou « très éloigné » du point z_0 (tant que ce lacet reste homotope à un point dans Ω). C'est un phénomène très particulier, qui exprime que les valeurs d'une fonction holomorphe sont « solidaires » les unes des autres.

3. On démontre en effet que l'hypothèse « f holomorphe » du corollaire 2.1 peut être affaiblie : lorsque g est continue sur Ω en entier, le résultat est encore vrai pour une fonction g holomorphe sur Ω privé éventuellement d'un point, ou même d'une droite parallèle à l'axe réel : voir *Théorie élémentaire des fonctions analytiques d'une ou plusieurs variables complexes* de Cartan.

2.5 Analyticité des fonctions holomorphes

On a déjà vu que toute fonction f analytique dans un ouvert Ω est holomorphe sur cet ouvert, la dérivée s'obtenant au voisinage d'un point $z_0 \in \Omega$ par dérivation terme à terme du développement en série entière de f en z_0. Nous allons voir que la formule de Cauchy implique que la réciproque est vraie, *i.e.* toute fonction holomorphe sur un ouvert Ω est analytique dans cet ouvert.

Théorème 2.3 *Soit Ω un ouvert de $\mathbb{C}$. Si f est holomorphe sur Ω, alors f est analytique dans Ω. Plus précisément, pour $z_0 \in \Omega$, en désignant par ρ la distance de z_0 au complémentaire de Ω, on a*

$$|z - z_0| < \rho \Longrightarrow f(z) = \sum_{n=0}^{+\infty} a_n (z - z_0)^n \tag{X.20}$$

où

$$\forall n \in \mathbb{N} \quad \forall r \in]0, \rho[\qquad a_n = \frac{1}{2i\pi} \int_{C(z_0,r)} \frac{f(\zeta)}{(\zeta - z_0)^{n+1}} \, d\zeta \tag{X.21}$$

(le cercle étant orienté dans le sens direct et parcouru une seule fois).

Preuve. Soit ρ la distance entre z_0 et le complémentaire de Ω, *i.e.* :
- si $\Omega = \mathbb{C}$, $\rho = +\infty$;
- sinon ρ est la distance entre z_0 et le (ou les) point(s) de la frontière de Ω le plus proche (voir dessin ci-dessous).

On fixe $r < \rho$. Soit $z \in \Omega$ tel que $|z - z_0| < r < \rho$.

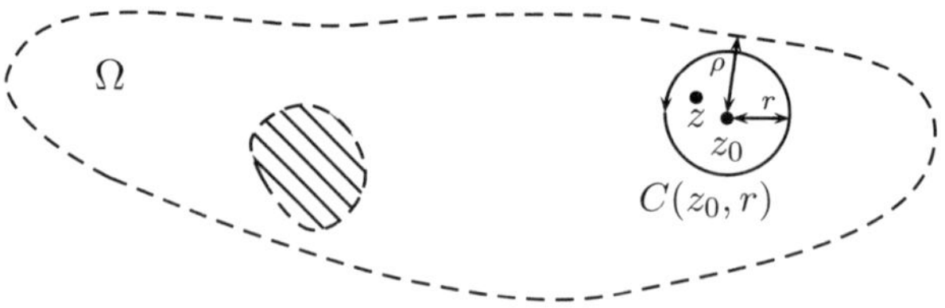

La fonction f est holomorphe sur Ω, $C(z_0, r)$ est inclus dans Ω et il entoure z une fois dans le sens direct. En vertu de la formule de Cauchy, on a donc

$$f(z) = \frac{1}{2i\pi} \int_{C(z_0,r)} \frac{f(\zeta)}{\zeta - z} \, d\zeta$$

L'idée de la preuve est très naturelle : il s'agit de développer $\frac{1}{\zeta - z}$ en puissances de $z - z_0$ en utilisant la série géométrique, puis d'inverser $\int$ et $\sum$. On a

$$\begin{aligned}
\frac{1}{\zeta - z} &= \frac{1}{\zeta - z_0} \frac{1}{1 - \frac{z - z_0}{\zeta - z_0}} \\
&= \frac{1}{\zeta - z_0} \sum_{n=0}^{+\infty} \left(\frac{z - z_0}{\zeta - z_0} \right)^n \quad \text{car} \quad \left| \frac{z - z_0}{\zeta - z_0} \right| = \frac{|z - z_0|}{r} < 1 \\
&= \sum_{n=0}^{+\infty} \frac{(z - z_0)^n}{(\zeta - z_0)^{n+1}}
\end{aligned}$$

Donc

$$\begin{aligned}
f(z) &= \frac{1}{2i\pi} \int_{C(z_0,r)} f(\zeta) \sum_{n=0}^{+\infty} \frac{(z - z_0)^n}{(\zeta - z_0)^{n+1}} \, d\zeta \\
&= \frac{1}{2i\pi} \int_0^{2\pi} \sum_{n=0}^{+\infty} f(z_0 + re^{i\theta}) \frac{(z - z_0)^n}{(re^{i\theta})^{n+1}} ire^{i\theta} \, d\theta
\end{aligned}$$

Or, on a

$$\begin{aligned}\left|f(z_0+re^{i\theta})\frac{(z-z_0)^n}{(re^{i\theta})^{n+1}}ire^{i\theta}\right| &= \left|f(z_0+re^{i\theta})\frac{(z-z_0)^n}{r^n}\right| \\ &\leq \left|\frac{z-z_0}{r}\right|^n \max_{\theta\in[0,2\pi]}|f(z_0+re^{i\theta})|\end{aligned}$$

Le terme général de la série figurant sous le signe $\int_0^{2\pi}$ est donc majoré par celui d'une série convergente indépendante de θ (la série de terme général $\left|\frac{z-z_0}{r}\right|^n \max_{\theta\in[0,2\pi]}|f(z_0+re^{i\theta})|$ est une série géométrique de raison strictement inférieure à 1 car $|z-z_0|<r$). Cela signifie qu'il y a convergence normale de la série sur $[0,2\pi]$, donc convergence uniforme par rapport à la variable d'intégration, ce qui autorise à intervertir $\int_0^{2\pi}$ et $\sum_{n=0}^{+\infty}$. En revenant à des intégrales curvilignes, on a donc

$$f(z)=\frac{1}{2i\pi}\sum_{n=0}^{+\infty}(z-z_0)^n\int_{C(z_0,r)}\frac{f(\zeta)}{(\zeta-z_0)^{n+1}}\,d\zeta$$

C'est l'égalité voulue, démontrée *a priori* pour $|z-z_0|<r<\rho$. Mais en fait, dans l'intégrale (X.21) définissant a_n, on peut choisir n'importe quel r dans $]0,\rho[$ en vertu du théorème de Cauchy, puisque tous ces cercles $C(z_0,r)$ sont homotopes dans l'ouvert $\Omega\setminus\{z_0\}$ où la fonction $\zeta\mapsto\frac{f(\zeta)}{(\zeta-z_0)^{n+1}}$ est holomorphe. Cela montre que les coefficients a_n trouvés ne dépendent pas de r, et que le développement en série est valable pour tout z tel que $|z-z_0|<\rho$.

□

Corollaire 2.5 *Soit Ω un ouvert de $\mathbb{C}$. On a :*

$$f \text{ holomorphe sur } \Omega \iff f \text{ est analytique dans } \Omega.$$

Ainsi **les fonctions analytiques dans un ouvert et les fonctions holomorphes sur un ouvert sont les mêmes**. C'est un résultat particulièrement étonnant dans la mesure où une fonction analytique est indéfiniment dérivable (les dérivées successives s'obtenant au voisinage d'un point z_0 par dérivation terme à terme du développement en série entière en z_0), alors qu'en supposant l'holomorphie, on ne suppose pas forcément l'existence des dérivées d'ordre supérieur ou égal à 2.
Ainsi, si une fonction est *une fois* dérivable *par rapport à la variable complexe* sur un ouvert Ω, elle est en fait *indéfiniment dérivable par rapport à la variable complexe* sur cet ouvert. Ce résultat montre qu'en terme de « régularité », on ne peut pas faire mieux que les fonctions holomorphes.

Corollaire 2.6 *Soit Ω un ouvert de $\mathbb{C}$. On a :*

$$f \text{ holomorphe sur } \Omega \iff f \text{ est indéfiniment dérivable sur } \Omega.$$

Remarques.

1. Chacun sait que la situation est très différente pour les fonctions dérivables de la variable réelle. Par exemple, on vérifie aisément que la fonction définie sur $\mathbb{R}$ par $f(x)=x|x|$ est une fois dérivable sur $\mathbb{R}$ (avec $f'(0)=0$), mais pas deux fois ($f''(0)$ n'existe pas). Pour une fonction holomorphe, la dérivée seconde (et les dérivées d'ordre supérieur) existent. Cela implique qu'une fonction telle que $f : x\mapsto x|x|$, bien que dérivable sur $\mathbb{R}$, n'admet pas de prolongement à un ouvert de $\mathbb{C}$ contenant $\mathbb{R}$ qui soit holomorphe. Notamment, la fonction de la variable complexe $z\mapsto z|z|$ n'est pas holomorphe (ce que l'on peut vérifier directement en remarquant par exemple que $z|z|=z\sqrt{z\,\bar{z}}$, *i.e.* $F(z,\bar{z})=z\sqrt{z\,\bar{z}}$ « dépend de $\bar{z}$ »).

2. Il existe des fonctions de la variable réelle $\mathcal{C}^\infty$ sur $\mathbb{R}$ mais non analytiques. Un contre-exemple est fourni par la fonction $f : x \mapsto e^{-\frac{1}{x^2}}$ prolongée par continuité en $x = 0$ par la valeur $f(0) = 0$. On démontre en effet que f est indéfiniment dérivable sur $\mathbb{R}$ et que $f^{(n)}(0) = 0$ pour tout $n \in \mathbb{N}$, de sorte que la série de Taylor de f en 0 est nulle. Comme $f(x) \neq 0$ pour tout $x \neq 0$, il n'existe aucun ouvert de $\mathbb{C}$ contenant 0 dans lequel f est égal à sa série de Taylor. Cette fonction f n'est donc pas développable en série entière en 0. En particulier, f n'est pas analytique. Ce phénomène ne peut se produire avec les fonctions de la variable complexe : si elles sont dérivables sur un ouvert, alors elles sont analytiques.
   L'étude de ce contre-exemple implique que $f : x \mapsto e^{-\frac{1}{x^2}}$ n'admet pas de prolongement à un ouvert de $\mathbb{C}$ contenant 0 qui soit holomorphe. En particulier la fonction de la variable complexe définie sur $\mathbb{C}^*$ par $f(z) = e^{-\frac{1}{z^2}}$ n'est pas dérivable en 0, bien que sa restriction à l'axe réel le soit. En effet, pour un imaginaire pur, $f(iy) = e^{\frac{1}{y^2}}$ tend vers l'infini quand y tend vers 0, donc en tant que fonction d'une variable complexe, f n'est pas prolongeable par continuité en $z = 0$.

3. L'équivalence « f dérivable $\Longleftrightarrow$ f analytique » n'est vraie (et n'a de sens) que sur un *ouvert* de $\mathbb{C}$. L'analyticité est d'ailleurs une propriété globale (dans le sens où elle signifie « développable en série entière en chaque point de l'ouvert »). La dérivabilité est, elle, une propriété locale. Une fonction dérivable en un point z_0 mais pas sur un ouvert n'est pas analytique (et c'est d'ailleurs la raison pour laquelle on préfère éviter de dire d'une telle fonction qu'elle est « holomorphe en z_0 »).

Il existe une autre différence avec les fonctions de la variable réelle. On sait que toute fonction continue sur un intervalle de $\mathbb{R}$ admet des primitives sur cet intervalle. L'énoncé analogue est faux pour les fonctions de la variable complexe. En effet, si f est une fonction admettant une primitive F sur un ouvert Ω de $\mathbb{C}$, alors $f = F'$ est holomorphe comme dérivée d'une fonction holomorphe. Ainsi, en ce qui concerne les fonctions de la variable complexe, seules les fonctions holomorphes peuvent admettre des primitives

Corollaire 2.7 *Soit Ω un ouvert de $\mathbb{C}$. Si f est une fonction admettant une primitive sur Ω, alors f est holomorphe sur Ω.*

Remarque. La réciproque du corollaire 2.7 est fausse : les fonctions holomorphes n'ont pas forcément de primitive sur le plus grand ouvert inclus dans leur ensemble de définition. Par exemple, on a déjà remarqué que la fonction holomorphe $z \mapsto 1/z$ n'admet pas de primitive sur $\mathbb{C}^*$ (mais elle en admet sur des plans coupés : les déterminations continues du logarithme).

La formule de Cauchy permet d'écrire la valeur de f en un point z_0 à l'aide de ses valeurs le long d'un lacet entourant z_0. On a un résultat analogue avec les dérivées successives de f.

Corollaire 2.8 ***Formule de Cauchy généralisée***
Sous les hypothèses de la formule de Cauchy, on a

$$\forall n \in \mathbb{N} \quad f^{(n)}(z_0) = \frac{n!}{2i\pi} \int_{(\gamma)} \frac{f(z)}{(z - z_0)^{n+1}}\, dz \tag{X.22}$$

Preuve. Il suffit de remarquer, f étant analytique dans Ω, que les coefficients de Taylor de f en z_0 s'écrivent de deux façons. D'une part, on a $a_n = \frac{f^{(n)}(z_0)}{n!}$. D'autre part, on a la formule intégrale (X.21) pour a_n. Par ailleurs, dans (X.21), on peut remplacer $C(z_0, r)$ par n'importe quel lacet (γ) inclus dans Ω simplement connexe, entourant z_0 une fois dans le sens direct, sans point double. Puisque $f^{(n)}(z_0) = n!\, a_n$, on en déduit (X.22).

□

Remarque importante. La simple observation d'une fonction f de la variable *réelle* développable en série entière en x_0 ne permet pas de deviner le domaine de validité du développement en série entière. Par exemple, les deux fonctions de la variable réelle $f : x \mapsto e^x$ et $g : x \mapsto \frac{1}{1+x^2}$ sont toutes les deux $\mathcal{C}^\infty$ sur $\mathbb{R}$ et sont développables en série entière en tout point $x_0 \in \mathbb{R}$. Pourtant le domaine de validité du développement en série entière de f en 0, qui s'écrit

$$e^x = \sum_{n=0}^{+\infty} \frac{x^n}{n!}$$

est $\mathbb{R}$ en entier (rayon de convergence infini), alors que le domaine de validité du développement en série entière de g en 0, qui s'écrit

$$\frac{1}{1+x^2} = \sum_{n=0}^{+\infty} (-1)^n x^{2n}$$

est $]-1,1[$ (rayon de convergence égal à 1). Comment expliquer cette différence ?

Le théorème 2.3 montre que pour une fonction de la variable *complexe* analytique dans un ouvert Ω, on peut déterminer à l'avance le rayon de convergence ρ du développement en série entière en un point z_0 de Ω : c'est la distance de z_0 au complémentaire de Ω. Considérons les fonctions f et g ci-dessus comme des fonctions de la variable complexe. La fonction $f = \exp$ est holomorphe sur $\mathbb{C}$ alors que $g : z \mapsto \frac{1}{1+z^2}$ est holomorphe sur $\Omega = \mathbb{C} \setminus \{-i, i\}$. Il en résulte que le rayon de convergence du développement en série entière de f en 0 vaut $\rho = +\infty$ et que celui de g vaut effectivement

$$\rho = d\big(0\,,\,\{-i,i\}\big) = \min\big(|0+i|, |0-i|\big) = 1$$

Il est important de se souvenir que l'on peut ainsi, dans les cas simples, déterminer à l'avance le disque de convergence du développement en série entière. Et même dans le cas où la fonction considérée est une fonction de la variable réelle, on peut avoir intérêt à la considérer momentanément complexe pour déterminer l'intervalle $]x_0 - \rho, x_0 + \rho[$ de convergence.

Exemples.

1. Déterminons le domaine de validité du développement en série entière de $g : x \mapsto \frac{1}{1+x^2}$ en $x_0 = 2$. Il suffit de considérer g comme une fonction de la variable complexe et de calculer la distance ρ de $x_0 = 2$ au complémentaire du domaine d'holomorphie $\Omega = \mathbb{C} \setminus \{i\,;\,-i\}$ de g, *i.e.*

   $$\rho = d\big(2, \{i\,,\,-i\}\big) = \min\big(|2-i|, |2+i|\big) = \sqrt{5}$$

   On peut donc affirmer, avant tout calcul, que

   $$|x-2| < \sqrt{5} \implies \frac{1}{1+x^2} = \sum_{n=0}^{\infty} \frac{g^{(n)}(2)}{n!}\,(x-2)^n$$

   Autrement dit, si la variable x est réelle le développement est valable dans l'intervalle $]2-\sqrt{5}, 2+\sqrt{5}[$, et si elle est complexe, ce développement est valable dans le disque ouvert centré en 2 et de rayon $\sqrt{5}$.

   Pour cette même fonction g, la variable étant complexe, le rayon de convergence du développement en série entière en $z_0 = 1+i$ vaut

   $$\rho = \min\big(|(1+i)-i|, |(1+i)+i|\big) = \min(1, \sqrt{5}) = 1$$

   donc le développement en série entière en $z_0 = 1+i$ est valable pour $|z-(1+i)| < 1$.

2. Déterminons le domaine de validité du développement en série entière de la fonction $h : x \mapsto \frac{1}{2+x}$ en $x_0 = 1$. Lorsque h est considérée comme une fonction de la variable complexe, elle est holomorphe sur $\mathbb{C} \setminus \{-2\}$, donc son développement en série entière en $x_0 = 1$ est valable pour $|z-1| < |1-(-2)| = 3$. Si la variable x est réelle, le développement est donc valable dans l'intervalle $]-2, 4[$.
   Déterminons ce développement en série entière :
$$h(x) = \frac{1}{3+(x-1)} = \frac{1}{3}\frac{1}{1+\frac{x-1}{3}} = \frac{1}{3}\sum_{n=0}^{+\infty}(-1)^n\left(\frac{x-1}{3}\right)^n$$
   à condition que $\left|\frac{x-1}{3}\right| < 1$ (*i.e.* le calcul permet de retrouver $\rho = 3$). On obtient finalement
$$|x-1| < 3 \implies h(x) = \sum_{n=0}^{+\infty}\frac{(-1)^n}{3^{n+1}}(x-1)^n$$
3. Considérons la détermination $f(z)$ de $\operatorname{Log} z$ définie par $\arg z \in]-\pi, \pi]$. C'est une fonction holomorphe (donc analytique) dans le plan coupé $\Omega = \mathbb{C}\setminus]-\infty, 0]$. Déterminons son développement en série entière en $z_0 = -1+3i$. On a $\rho = d(-1+3i,]-\infty, 0]) = 3$ (le point le plus proche de z_0 situé sur la demi-droite $]-\infty, 0]$ est le projeté orthogonal de z_0 sur cette demi-droite, *i.e.* -1, et $|-1+3i-(-1)| = 3$). On a donc
$$|z-(-1+3i)| < 3 \implies f(z) = \operatorname{Log} z = \sum_{n=0}^{+\infty}\frac{f^{(n)}(-1+3i)}{n!}\left(z-(-1+3i)\right)^n$$
   Calculons les coefficients de Taylor $a_n = \frac{f^{(n)}(-1+3i)}{n!}$.
   On a $a_0 = \ln|-1+3i| + i\arg(-1+3i) = \frac{1}{2}\ln(10) + i(\pi - \arctan 3)$.
   Pour $n \geq 1$, on a $f^{(n)}(z) = (-1)^{n-1}(n-1)!\, z^{-n}$, d'où $a_n = \frac{(-1)^{n-1}}{n(-1+3i)^n}$.

2.6 Autres conséquences de la formule de Cauchy

En corollaire de la formule de Cauchy, en plus de l'analyticité des fonctions holomorphes, nous avons quelques « beaux » théorèmes.

Théorème 2.4 ***Inégalités de Cauchy***
Soient $R > 0$ (éventuellement $R = +\infty$) et f une fonction holomorphe sur le disque ouvert $D(z_0, R)$. En notant a_n les coefficients de Taylor de f en z_0, on a
$$\forall r \in]0, R[\quad \forall n \in \mathbb{N} \quad |a_n| \leq \frac{1}{r^n}\sup_{|z-z_0|=r}|f(z)| \tag{X.23}$$

Preuve. On utilise (X.21) (ou la formule de Cauchy généralisée, ce qui revient au même) le long du cercle de centre z_0 et de rayon r, orienté dans le sens direct :
$$a_n = \frac{1}{2i\pi}\int_{C(z_0,r)}\frac{f(z)}{(z-z_0)^{n+1}}\,dz = \frac{1}{2i\pi}\int_0^{2\pi}\frac{f(z_0+re^{i\theta})}{(re^{i\theta})^{n+1}}ire^{i\theta}\,d\theta$$
On a donc la formule importante :
$$a_n = \frac{1}{2\pi r^n}\int_0^{2\pi}f(z_0+re^{i\theta})e^{-in\theta}\,d\theta \tag{X.24}$$
On en déduit
$$|a_n| \leq \frac{1}{2\pi r^n}2\pi\sup_{\theta\in[0,2\pi]}|f(z_0+re^{i\theta})|$$
qui n'est autre que l'inégalité (X.23).

□

Le cas particulier $n = 0$ dans (X.24) nous donne immédiatement le résultat suivant.

Théorème 2.5 ***Propriété de la moyenne***
Soient $R > 0$ (éventuellement $R = +\infty$) et f une fonction holomorphe dans le disque ouvert $D(z_0, R)$. Pour $0 \leq r < R$, $f(z_0)$ est égal à la valeur moyenne de la fonction 2π-périodique $\theta \mapsto f(z_0 + re^{i\theta})$, i.e.

$$f(z_0) = \frac{1}{2\pi} \int_0^{2\pi} f(z_0 + re^{i\theta})\, d\theta \tag{X.25}$$

Remarque. Plus généralement, la formule (X.24) nous montre que, pour $0 < r < R$, les nombres $a_n r^n$ sont les *coefficients de Fourier* c_n (pour $n \geq 0$) de la fonction $\theta \mapsto f(z_0 + re^{i\theta})$, qui est 2π-périodique. Le développement en série de Fourier de cette fonction s'obtient donc directement en posant $z - z_0 = re^{i\theta}$ dans le développement en série de Taylor $f(z) = \sum_{n=0}^{+\infty} a_n (z - z_0)^n$, valable pour $r = |z - z_0| < R$:

$$0 < r < R \implies f(z_0 + re^{i\theta}) = \sum_{n=0}^{+\infty} a_n r^n e^{in\theta} \tag{X.26}$$

En particulier, pour $0 < r < R$, les coefficients de Fourier c_n de la fonction $\theta \mapsto f(z_0 + re^{i\theta})$ sont nuls pour $n < 0$.

Comme application des inégalités de Cauchy, nous avons le résultat remarquable suivant.

Théorème 2.6 ***Théorème de Liouville***
Soit $f : \mathbb{C} \to \mathbb{C}$ holomorphe sur $\mathbb{C}$. Si f est bornée sur $\mathbb{C}$, alors f est constante.

Une fonction holomorphe sur $\mathbb{C}$ en entier est dite « fonction entière ». Le théorème de Liouville dit qu'une fonction entière ne peut pas être bornée, sauf si elle est constante. Cela prouve notamment que les fonction sin et cos ne sont pas bornées sur $\mathbb{C}$.

Preuve. Soit f entière et bornée. Le développement en série entière $f(z) = \sum_{n=0}^{+\infty} a_n z^n$ est valable sur $\mathbb{C}$, donc les inégalités de Cauchy (X.23) sont valables pour tout $r > 0$. De plus, comme f est bornée, il existe une constante $M > 0$ telle que $\sup_{|z|=r} |f(z)| \leq M$ pour tout $r > 0$. On a donc

$$\forall r > 0 \quad |a_n| \leq \frac{M}{r^n}$$

On peut faire tendre r vers $+\infty$ dans cette inégalité. Pour $n \geq 1$, on obtient $|a_n| \leq 0$, *i.e.* $a_n = 0$. Autrement dit, $f(z)$ se réduit à la constante a_0.

□

Gauss a trouvé plusieurs démonstrations sophistiquées du fameux théorème de D'Alembert sur les racines des polynômes à coefficients complexes, mais c'est le théorème de Liouville qui fournit la preuve la plus simple.

Théorème 2.7 ***Théorème de D'Alembert***
Soit P un polynôme à coefficients complexes. Si $n = \deg P \geq 1$, alors P possède n racines dans $\mathbb{C}$ lorsqu'on les compte avec leur multiplicité.

Preuve. Démontrons tout d'abord que P possède une racine complexe. Raisonnons par l'absurde. Supposons que $P(z) = \sum_{k=0}^{n} a_k z^k \neq 0$ pour tout complexe z. Alors la fonction $f = 1/P$ est holomorphe sur $\mathbb{C}$. On a $a_n \neq 0$; écrivons :

$$f(z) = \frac{1}{a_n z^n \sum_{k=0}^{n} \frac{a_k}{a_n} z^{k-n}}$$

Or $\sum_{k=0}^{n} \frac{a_k}{a_n} z^{k-n} = 1 + \frac{a_{n-1}}{a_n}\frac{1}{z} + \ldots + \frac{a_0}{a_n}\frac{1}{z^n}$ tend vers 1 quand z tend vers l'infini, donc $f(z)$ tend vers 0 quand n tend vers l'infini. Une fonction continue sur $\mathbb{C}$ admettant une limite à l'infini est bornée. Le théorème de Liouville implique que f est constante, donc P aussi, ce qui contredit $\deg P \geq 1$.
Ainsi P possède au moins une racine z_1. Si $n \geq 2$, on a $P(z) = (z - z_1)P_1(z)$ avec $\deg P_1 \geq 1$, donc P_1 possède une racine z_2. En itérant, on obtient $P(z) = a_n(z - z_1)(z - z_2)\ldots(z - z_n)$, *i.e.* P possède n racines complexes (éventuellement non toutes distinctes).

□

3 Développement en série de Laurent - Points singuliers

3.1 Développement en série de Laurent

Si f est holomorphe dans un disque ouvert centré en z_0, alors grâce au développement de f en série entière (ou *développement en série de Taylor*) en z_0, on peut représenter $f(z)$ dans ce disque par une superposition de $(z - z_0)^n$, où $n \in \mathbb{N}$.

Nous allons montrer que, plus généralement, si f est holomorphe dans une *couronne* centrée en z_0

$$\Omega = \{z \in \mathbb{C}\,;\, R_1 < |z - z_0| < R_2\} \tag{X.27}$$

où $0 \leq R_1 < R_2 \leq +\infty$, alors on a encore dans cette couronne un développement de f en $(z - z_0)^n$, mais avec des $n \in \mathbb{Z}$ (positifs ou négatifs). Précisément, nous avons le résultat suivant.

Théorème 3.1 *Soient R_1, R_2 tels que $0 \leq R_1 < R_2 \leq +\infty$ et une fonction f holomorphe sur la couronne ouverte $\Omega = \{z \in \mathbb{C}\,;\, R_1 < |z - z_0| < R_2\}$. Il existe des complexes a_n, $n \in \mathbb{Z}$, tels que*

$$z \in \Omega \Longrightarrow f(z) = \sum_{n=-\infty}^{+\infty} a_n (z - z_0)^n \tag{X.28}$$

Ces coefficients sont uniques et donnés par la formule

$$\forall n \in \mathbb{Z} \;\; \forall r \in]R_1, R_2[\qquad a_n = \frac{1}{2i\pi} \int_{C(z_0,r)} \frac{f(\zeta)}{(\zeta - z_0)^{n+1}}\, d\zeta \tag{X.29}$$

(le cercle étant orienté dans le sens direct). On les appelle les coefficients de Laurent de f dans Ω.

L'égalité (X.28) constitue le *développement en série de Laurent* de f dans la couronne Ω.

Preuve. On adapte la preuve du théorème 2.3 au cas d'une couronne. La figure X.6 permet de suivre la démonstration. On fixe r_1 et r_2 tels que $R_1 < r_1 < r_2 < R_2$. On va d'abord montrer que pour tout z tel que $r_1 < |z - z_0| < r_2$, on a un développement de la forme $f(z) = \sum_{n \in \mathbb{Z}} a_n (z - z_0)^n$. On verra alors que les a_n ne dépendent ni de r_1, ni de r_2.

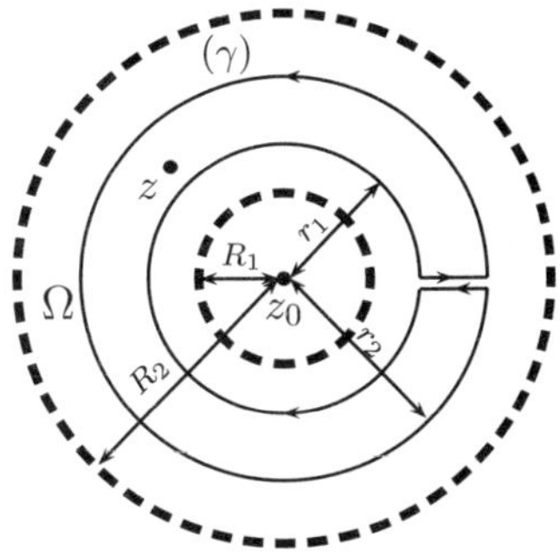

FIGURE X.6 – *Situation considérée dans la démonstration du théorème 3.1*

On introduit le lacet (γ) constitué du cercle de centre z_0 et de rayon r_2 orienté dans le sens direct, d'un segment, du cercle de centre z_0 et de rayon r_1 orienté dans le sens indirect, et du même segment mais orienté dans l'autre sens (on a artificiellement représenté un petit écart entre les deux segments pour faciliter la lecture du schéma).
Le lacet (γ) entoure z une fois dans le sens direct, donc la formule de Cauchy nous donne

$$f(z) = \frac{1}{2i\pi}\int_{(\gamma)} \frac{f(\zeta)}{\zeta - z}\,d\zeta = \frac{1}{2i\pi}\int_{C(z_0,r_2)} \frac{f(\zeta)}{\zeta - z}\,d\zeta - \frac{1}{2i\pi}\int_{C(z_0,r_1)} \frac{f(\zeta)}{\zeta - z}\,d\zeta$$

où les deux cercles sont supposés orientés dans le sens direct (d'où le signe $-$ devant l'intégrale curviligne le long du cercle de rayon r_1). On a utilisé le fait que les intégrales sur les deux segments sont opposées l'une de l'autre.
Le long de $C(z_0, r_2)$, on a $|z - z_0| < |\zeta - z_0| = r_2$, donc le développement de $\frac{1}{\zeta - z}$ effectué dans le preuve du théorème 2.3 reste valable :

$$\frac{1}{\zeta - z} = \sum_{n=0}^{+\infty} \frac{(z - z_0)^n}{(\zeta - z_0)^{n+1}}$$

Par contre, le long de $C(z_0, r_1)$, on a $|z - z_0| > |\zeta - z_0| = r_1$, donc on écrit

$$\begin{aligned}
\frac{1}{\zeta - z} &= -\frac{1}{z - z_0}\,\frac{1}{1 - \frac{\zeta - z_0}{z - z_0}} \\
&= -\frac{1}{z - z_0}\sum_{n=0}^{+\infty}\left(\frac{\zeta - z_0}{z - z_0}\right)^n \quad \text{car} \quad \left|\frac{\zeta - z_0}{z - z_0}\right| = \frac{r_1}{|z - z_0|} < 1 \\
&= -\sum_{n=0}^{+\infty} \frac{(\zeta - z_0)^n}{(z - z_0)^{n+1}}
\end{aligned}$$

On a donc

$$f(z) = \frac{1}{2i\pi}\int_{C(z_0,r_2)} f(\zeta)\sum_{n=0}^{+\infty} \frac{(z - z_0)^n}{(\zeta - z_0)^{n+1}}\,d\zeta + \frac{1}{2i\pi}\int_{C(z_0,r_1)} f(\zeta)\sum_{n=0}^{+\infty} \frac{(\zeta - z_0)^n}{(z - z_0)^{n+1}}\,d\zeta$$

L'interversion du signe $\int$ et des signes $\sum$ se justifie comme dans la preuve du théorème 2.3, *i.e.* en vérifiant, après paramétrage des deux cercles, qu'il y a convergence normale des séries à intégrer. On obtient

$$f(z) = \sum_{n=0}^{+\infty} a_n (z - z_0)^n + \sum_{n=0}^{+\infty} b_n (z - z_0)^{-n-1}$$

où l'on a posé, pour $n \in \mathbb{N}$:

$$a_n = \frac{1}{2i\pi} \int_{C(z_0,r_2)} \frac{f(\zeta)}{(\zeta - z_0)^{n+1}}\, d\zeta \quad \text{et} \quad b_n = \frac{1}{2i\pi} \int_{C(z_0,r_1)} f(\zeta)(\zeta - z_0)^n\, d\zeta$$

Remarquons que ces coefficients a_n et b_n ne dépendent pas de z, et que $C(z_0, r_2)$ et $C(z_0, r_1)$ sont homotopes dans Ω à n'importe quel cercle $C(z_0, r)$, pourvu que $R_1 < r < R_2$. On peut donc remplacer r_2 par r (respectivement r_1 par r) dans l'intégrale curviligne définissant a_n (respectivement b_n). En faisant le changement d'indice $m = -n-1$ dans la deuxième somme, on obtient

$$f(z) = \sum_{n=0}^{+\infty} a_n (z - z_0)^n + \sum_{m=-\infty}^{-1} b_{-m-1}(z - z_0)^m$$

Enfin, on remarque qu'en définissant $a_n = b_{-n-1}$ pour $n \leq -1$, on peut regrouper les deux sommes et écrire

$$f(z) = \sum_{n=-\infty}^{+\infty} a_n (z - z_0)^n \quad \text{où} \quad \forall n \in \mathbb{Z} \;\; a_n = \frac{1}{2i\pi} \int_{C(z_0,r)} \frac{f(\zeta)}{(\zeta - z_0)^{n+1}}\, d\zeta$$

Ce développement de Laurent est valable pour tout z dans la couronne Ω. En effet, les a_n ne dépendent pas des valeurs r_1 et r_2 choisies et sont bien définies par (X.29).

Démontrons l'unicité des coefficients (pour une couronne donnée Ω).
Si $f(z) = \sum_{n=-\infty}^{+\infty} c_n (z - z_0)^n$ est un autre développement valable pour tout $z \in \Omega$, on fixe $r \in]R_1, R_2[$ et on écrit, pour $p \in \mathbb{Z}$:

$$\int_{C(z_0,r)} f(z)(z - z_0)^{-p-1}\, dz = \sum_{n=-\infty}^{+\infty} c_n \int_{C(z_0,r)} (z - z_0)^{n-p-1}\, dz$$

En effet, on peut inverser $\sum$ et $\int$: après paramétrage du cercle, on vérifie que la série que l'on souhaite intégrer terme à terme converge normalement.
En vertu de la formule (X.6), toutes les intégrales $\int_{C(z_0,r)} (z - z_0)^{n-p-1}\, dz$ sont nulles, sauf celle pour laquelle $n - p - 1 = -1$, qui vaut $2i\pi$. Autrement dit, on obtient

$$\int_{C(z_0,r)} f(z)(z - z_0)^{-p-1}\, dz = 2i\pi\, c_p$$

i.e. $c_p = a_p$, où a_p est donné par (X.29).

□

Remarques.

1. Comme le montre la démonstration, l'expression $\sum_{n=-\infty}^{+\infty} a_n (z - z_0)^n$ a le sens suivant : $\sum_{n=-\infty}^{-1} a_n (z - z_0)^n + \sum_{n=0}^{+\infty} a_n (z - z_0)^n$, où les deux séries sont convergentes pour tout $z \in \Omega$.
2. Dans l'expression (X.29) des coefficients de Laurent a_n, on peut bien sûr remplacer $C(z_0, r)$ par n'importe que lacet qui lui est homotope dans Ω.
3. Bien entendu, si on change de couronne centrée en z_0, on change *a priori* les coefficients a_n (l'unicité des coefficients vaut pour une couronne donnée).

Définition 3.1 *On appelle disque pointé centré en z_0 un disque ouvert de centre z_0 privé de z_0, de rayon fini ou infini.*

Remarque. Lorsque $R_1 = 0$ et $R_2 = R \in]0, +\infty]$, la couronne $\Omega = \{z \in \mathbb{C}\,;\, 0 < |z - z_0| < R\}$ est le *disque pointé* centré en z_0 et de rayon R. Dans le cas particulier où f est holomorphe dans $D(z_0, R)$, z_0 compris, le développement en série de Laurent de f dans Ω est en fait valable dans $D(z_0, R)$, et ce développement en série de Laurent n'est autre que le développement en série de Taylor de f en z_0. En effet, on a unicité du développement en série de Laurent de f dans Ω, et un développement en série de Taylor est un cas particulier de développement en série de Laurent. Dans un tel cas, tous les a_n tels que $n < 0$ sont nuls.

Exemple important. Soit c un nombre complexe. Déterminons le développement en série de Laurent de $f(z) = \frac{1}{z-c}$ dans les couronnes centrées en 0.

Pour $c = 0$, la fonction $z \mapsto f(z) = \frac{1}{z} = z^{-1}$ est déjà développée en série de Laurent dans la couronne $\mathbb{C}^* = \{z \in \mathbb{C}\,;\, 0 < |z| < +\infty\}$. Tous les coefficients de Laurent a_n sont nuls, sauf $a_{-1} = 1$.

Supposons $c \neq 0$. La fonction $z \mapsto f(z) = \frac{1}{z-c}$ est holomorphe dans $\mathbb{C} \setminus \{c\}$. Il existe deux couronnes centrées en 0 « de taille maximale » dans lesquelles on peut développer f en série de Laurent :

- $\Omega_1 = \{z \in \mathbb{C}\,;\, 0 \leq |z| < |c|\} = D(0, |c|)$;
- $\Omega_2 = \{z \in \mathbb{C}\,;\, |c| < |z| < +\infty\} = \{z \in \mathbb{C}\,;\, |z| > |c|\}$.

Le développement en série de Laurent de f dans Ω_1 est son développement en série de Taylor (car f est holomorphe dans Ω_1), *i.e.* $f(z) = -\sum_{n=0}^{+\infty} \frac{z^n}{c^{n+1}}$ pour $|z| < |c|$ (car on a $\left|\frac{z}{c}\right| < 1$ pour $z \in \Omega_1$). Ainsi, dans Ω_1, les coefficients de Laurent pour $n \geq 0$ sont les coefficients de Taylor $a_n = -c^{-(n+1)}$, et pour $n \leq -1$, on a $a_n = 0$.

Pour $z \in \Omega_2$, on écrit $f(z) = \frac{1}{z} \frac{1}{1-\frac{c}{z}} = \sum_{n=0}^{+\infty} c^n z^{-n-1}$ (car on a $\left|\frac{c}{z}\right| < 1$ pour $z \in \Omega_2$). Le changement d'indice $m = -(n+1)$ nous donne

$$|z| > |c| \implies \frac{1}{z-c} = \sum_{m=-\infty}^{-1} c^{-m-1} z^m \tag{X.30}$$

Pour $c \neq 0$, les coefficients de Laurent de $f(z) = \frac{1}{z-c}$ dans $\Omega_2 = \{z \in \mathbb{C}\,;\, |z| > |c|\}$ sont donc

$$\begin{cases} a_m = c^{-m-1} & \text{pour} \quad m \leq -1 \\ a_m = 0 & \text{pour} \quad m \geq 0 \end{cases} \tag{X.31}$$

3.2 Points singuliers isolés

Définition 3.2 *Soit f une fonction de la variable complexe, à valeurs complexes. On dit que $z_0 \in \mathbb{C}$ est un point singulier de f lorsqu'il n'existe aucun voisinage de z_0 dans lequel f est holomorphe.*

Remarque. Il peut arriver que f soit *prolongeable* en une fonction holomorphe au voisinage de z_0. Dans ce cas, z_0 n'est pas considéré comme un point singulier de f. On précise cela dans la remarque de la page suivante.

Définition 3.3 *Soient $z_0 \in \mathbb{C}$ et f une fonction holomorphe* ***dans un disque pointé*** *centré en z_0. Si f n'est pas prolongeable en une fonction holomorphe dans tout le disque, on dit que z_0 est un point singulier* ***isolé*** *de f.*

Exemples.

1. Les points singuliers isolés d'une fraction rationnelle sont ses pôles.
2. Les points singuliers de la fonction $f : z \mapsto \frac{1}{\sin z}$ sont les $k\pi$, avec $k \in \mathbb{Z}$. En effet, comme le dénominateur s'annule en $k\pi$, mais pas le numérateur, la fonction f n'est pas bornée au voisinage de $k\pi$. *A fortiori*, elle n'est pas prolongeable en une fonction holomorphe au voisinage de $k\pi$. La fonction f est holomorphe sur l'ouvert $\mathbb{C}\setminus\{k\pi\,;\, k \in \mathbb{Z}\}$, donc sur chaque disque pointé centré en $k\pi$ de rayon π. Les $k\pi$ sont donc des points singuliers isolés de f.
3. Soit $f : z \mapsto \sin\frac{1}{z}$. La fonction f est holomorphe sur $\mathbb{C}^*$. Il est manifestement impossible de prolonger f au voisinage de 0 en une fonction holomorphe (en effet, la limite de f en 0 n'existe pas, donc f n'est même pas prolongeable par continuité en 0). Le point 0 est donc singulier pour f et c'est le seul point singulier dans le disque pointé $\mathbb{C}^*$. Il s'agit donc d'un point singulier isolé de f.
4. Soit $f : z \mapsto \frac{1}{\sin\frac{1}{z}}$. La fonction f admet 0 pour point singulier, mais aussi toutes les racines de $\sin\frac{1}{z}$, *i.e.* les $\frac{1}{k\pi}$ pour $k \in \mathbb{Z}^*$. Or $\frac{1}{k\pi}$ tend vers 0 quand k tend vers $\pm\infty$. Il en résulte que 0 est un point singulier **non isolé** de f.
5. Considérons la détermination Log_a du logarithme définie par $\arg z \in [a, a+2\pi[$ et restreignons la au plan coupé obtenu en enlevant la demi-droite $\Delta_a = \{\rho e^{ia}\,;\, \rho \geq 0\}$.
   Le point de branchement 0 est un point singulier de cette fonction, mais n'est pas un point singulier isolé car tout point de Δ_a est aussi un point singulier. En effet, la fonction Log_a n'est pas continue, ni même prolongeable par continuité, en un point de Δ_a ; *a fortiori*, elle n'est pas prolongeable en une fonction holomorphe au voisinage d'un tel point. Ainsi, tous les points de la demi-droite Δ_a sont des points singuliers non isolés de Log_a.
   Il n'existe en fait aucun disque pointé centré en 0 où une détermination du logarithme complexe est holomorphe.
   Plus généralement, les points de branchement des fonctions possédant plusieurs déterminations sont des points singuliers mais ne sont pas des points singuliers isolés.

Si z_0 est un point singulier isolé, alors il existe un disque pointé centré en z_0 dans lequel f est holomorphe. On peut donc faire le développement en série de Laurent de f dans ce disque pointé

$$\Omega = \{z \in \mathbb{C}\,;\, 0 < |z - z_0| < R\} = D(z_0, R) \setminus \{z_0\}$$

Le développement en série de Laurent de f dans ce disque pointé Ω est appelé « développement en série de Laurent de f au voisinage de z_0 ».

Remarque. Il peut arriver qu'un point z_0 soit « apparemment singulier », mais qu'en fait il ne le soit pas, la fonction considérée étant prolongeable au voisinage de z_0 en une fonction holomorphe. Dans un tel cas, on dit que z_0 est un *point singulier apparent* (ou *singularité apparente*) de f. Cette situation se produit lorsque le développement en série de Laurent de f au voisinage de z_0 est tel que $a_n = 0$ pour tout $n < 0$ (*i.e.* lorsque ce développement en série de Laurent est en fait un développement en série entière). Il suffit de *définir* $f(z_0) = a_0$ pour obtenir une fonction f holomorphe dans un disque centré en z_0 (le point z_0 compris), de sorte que z_0 est en fait un *point régulier* de f.

Exemple. Le point $z_0 = 0$ est une singularité apparente de la fonction sinc : $z \mapsto \frac{\sin z}{z}$. En effet, le développement en série de Laurent de sinc au voisinage de 0 est

$$\forall z \neq 0 \quad \frac{\sin z}{z} = z^{-1}\sum_{p=0}^{+\infty}\frac{(-1)^p}{(2p+1)!}z^{2p+1} = \sum_{p=0}^{+\infty}\frac{(-1)^p}{(2p+1)!}z^{2p}$$

Puisque $a_n = 0$ pour $n \leq -1$, le point 0 est effectivement un point régulier de sinc. En définissant $\operatorname{sinc}(0) = 1$, on obtient une fonction holomorphe sur $\mathbb{C}$.

Classification des points singuliers isolés

Soit f admettant un point singulier isolé en z_0. Considérons le développement en série de Laurent de f au voisinage de z_0 :

$$0 < |z - z_0| < R \Longrightarrow f(z) = \sum_{n=-\infty}^{+\infty} a_n (z - z_0)^n \tag{X.32}$$

Nous avons les trois cas suivants.

1. Lorsque ce développement en série de Laurent est un développement en série entière, on est en présence d'un point régulier de f. Dans un tel cas, on définit f en z_0 en posant $f(z_0) = a_0$ et la fonction ainsi prolongée est holomorphe dans $D(z_0, R)$.
2. Lorsqu'il existe $p > 0$ tel que $a_n = 0$ pour $n < -p$ et $a_{-p} \neq 0$, *i.e.*

$$0 < |z - z_0| < R \Longrightarrow f(z) = \sum_{n=-p}^{+\infty} a_n (z - z_0)^n$$

   on dit que z_0 est un *pôle d'ordre* p de f.
3. Lorsqu'il existe une infinité de $n < 0$ pour lesquels $a_n \neq 0$, on dit que z_0 est un *point singulier essentiel* de f.

Exemples. On a déjà vu que 0 est point régulier pour la fonction sinc. Les exemples qui suivent illustrent toutes les situations.

1. Considérons la fonction f définie par $f(z) = \frac{e^z}{(z+i)^3}$. Elle est holomorphe dans l'ouvert $\Omega = \mathbb{C} \setminus \{-i\}$. Le disque pointé centré en $-i$ dans lequel on doit effectuer le développement en série de Laurent est Ω lui-même (on peut écrire Ω comme une couronne centrée en $-i$, à savoir $\Omega = \{z \in \mathbb{C}\,;\, 0 < |z + i| < +\infty\}$). Notons qu'ici $R = +\infty$ car f ne possède pas d'autre point singulier que $-i$. On a, pour tout $z \neq -i$

$$\begin{aligned} f(z) &= (z+i)^{-3} e^{-i}\, e^{z+i} \\ &= e^{-i}(z+i)^{-3} \sum_{n=0}^{+\infty} \frac{(z+i)^n}{n!} \\ &= e^{-i} \sum_{n=-3}^{+\infty} \frac{(z+i)^n}{(n+3)!} \end{aligned}$$

   Le premier terme de ce développement en série de Laurent est $e^{-i}(z + i)^{-3}$. Comme e^{-i} n'est pas nul, $-i$ est pôle d'ordre 3 de f (ou *pôle triple* de f), ce qui était prévisible : le numérateur ne s'annulant pas en $-i$, on peut affirmer avant tout calcul que le développement en série de Laurent de f au voisinage de $-i$ « commence » par $\frac{e^{-i}}{(z+i)^3}$.
2. Considérons la fonction f définie par $f(z) = \frac{e^z - 1}{z^3}$. Elle est holomorphe dans $\Omega = \mathbb{C}\setminus\{0\}$. Cette fois, le numérateur s'annule en $z_0 = 0$ (ce qui se produisait aussi pour $z \mapsto \frac{\sin z}{z}$), de sorte qu'il n'est même pas certain que 0 soit un point singulier. En tout cas, si 0 est point singulier, ce sera un pôle d'ordre ≤ 2, et non un pôle triple, car on a en

quelque sorte une « simplification » par z du fait que le numérateur s'annule en 0. On a effectivement, pour tout $z \neq 0$

$$f(z) = z^{-3}\left(-1+\sum_{n=0}^{+\infty}\frac{z^n}{n!}\right) = z^{-3}\sum_{n=1}^{+\infty}\frac{z^n}{n!} = \sum_{n=-2}^{+\infty}\frac{z^n}{(n+3)!}$$

Le point 0 est donc un *pôle double* de f (*i.e.* un pôle d'ordre 2 de f).

Considérons maintenant $g : z \mapsto \frac{e^z-1}{z^2}$ et $h : z \mapsto \frac{e^z-1}{z}$. La même technique montre que leurs développements en série de Laurent au voisinage de 0 sont respectivement

$$g(z) = \sum_{n=-1}^{+\infty}\frac{z^n}{(n+2)!} \quad \text{et} \quad h(z) = \sum_{n=0}^{+\infty}\frac{z^n}{(n+1)!}$$

Cela montre que 0 est *pôle simple* de g (*i.e.* un pôle d'ordre 1 de g) et que 0 est un point régulier de h.

3. Considérons la fonction f définie par $f(z) = e^{1/z}$. Elle est holomorphe dans $\Omega = \mathbb{C}\setminus\{0\}$. On a, pour tout $z \neq 0$

$$f(z) = \sum_{n=0}^{+\infty}\frac{1}{n!}\left(\frac{1}{z}\right)^n = \sum_{n=0}^{+\infty}\frac{z^{-n}}{n!} = \sum_{n=-\infty}^{0}\frac{z^n}{(-n)!}$$

Ce développement en série de Laurent comporte une infinité de termes de la forme $a_n z^n$ avec $n < 0$, donc 0 est un point singulier essentiel de f.

Les deux premiers exemples illustrent une règle pratique qui sert souvent :

Proposition 3.1 ***Règle pratique de reconnaissance d'un pôle***
Soient $f : z \mapsto \frac{g(z)}{(z-z_0)^p}$, où p est un entier naturel non nul et g une fonction holomorphe dans un voisinage de z_0.
- *Si $g(z_0) \neq 0$, alors z_0 est un pôle d'ordre p de f.*
- *Si $g(z_0) = 0$, alors z_0 est soit un pôle d'ordre $\leq p-1$, soit un point régulier de f.*

Preuve. Puisque g est holomorphe dans un voisinage de z_0, il existe un disque $D(z_0, R)$ dans lequel g est holomorphe, donc développable en série entière :

$$|z-z_0| < R \Longrightarrow g(z) = \sum_{n=0}^{+\infty} b_n(z-z_0)^n$$

Le développement en série de Laurent de f au voisinage de z_0 est donc

$$0 < |z-z_0| < R \Longrightarrow f(z) = \sum_{n=0}^{+\infty} b_n(z-z_0)^{n-p} = \sum_{n=-p}^{+\infty} b_{n+p}(z-z_0)^n$$

Or $g(z_0) = b_0$, donc
- si $g(z_0) \neq 0$, alors le développement en série de Laurent de f commence à la puissance $-p$, *i.e.* z_0 est un pôle d'ordre p de f ;
- si $g(z_0) = 0$, alors le développement en série de Laurent de f commence à une puissance supérieure ou égale à $-p+1$, donc z_0 est soit un pôle d'ordre $\leq p-1$, soit un point régulier de f.

□

4 Théorème des résidus

4.1 Résidu

Soit f holomorphe sur un ouvert Ω, sauf en $z_0 \in \Omega$ où f a un point singulier isolé (ou un point régulier). On écrit le développement en série de Laurent de f au voisinage de z_0 :

$$0 < |z - z_0| < R \Longrightarrow f(z) = \sum_{n=-\infty}^{+\infty} a_n (z - z_0)^n$$

Considérons un lacet (γ) inclus dans Ω, sans point double, entourant une fois z_0 dans le sens direct. Pour $0 < r < R$, on a

$$\begin{aligned} \int_{(\gamma)} f(z)\,dz &= \int_{C(z_0,r)} f(z)\,dz \\ &= \int_{C(z_0,r)} \sum_{n=-\infty}^{+\infty} a_n (z - z_0)^n\,dz \\ &= \sum_{n=-\infty}^{+\infty} a_n \int_{C(z_0,r)} (z - z_0)^n\,dz \end{aligned}$$

où $r < R$ ($C(z_0, r)$ est donc homotope à (γ) dans Ω). Dans ce calcul, l'interversion de $\sum$ et de $\int$ est justifié par la convergence uniforme par rapport à la variable d'intégration lorsqu'on paramètre le chemin d'intégration (il y a même convergence normale car $\sum_{n\in\mathbb{Z}} |a_n| r^n < +\infty$). D'après (X.6), toutes les intégrales curvilignes $\int_{C(z_0,r)} (z - z_0)^n\,dz$ sont nulles, sauf celle pour laquelle $n = -1$, qui vaut $2i\pi$. On a donc

$$\int_{(\gamma)} f(z)\,dz = 2i\pi a_{-1} \qquad \text{(X.33)}$$

Ainsi, seul le coefficient a_{-1} joue un rôle dans le calcul de l'intégrale de f le long d'un lacet entourant le point singulier z_0. Cela a amené Cauchy, le premier à avoir remarqué cela, à particulariser ce coefficient. Il l'a appelé **résidu**[4] de f en z_0.

Définition 4.1 *Soit f holomorphe sur un disque pointé centré en z_0. On appelle résidu de f en z_0 le coefficient d'indice -1 du développement en série de Laurent de f au voisinage de z_0. On le note* $\mathrm{Res}\,(f, z_0)$.

Exemple. On a vu que le développement en série de Laurent de $z \mapsto e^{1/z}$ au voisinage de 0 est $e^{1/z} = \sum_{n=-\infty}^{-1} \frac{z^n}{(-n)!}$. On a donc $\mathrm{Res}\,(f, 0) = a_{-1} = \frac{1}{1!} = 1$.

4.2 Calcul pratique d'un résidu

Pour calculer un résidu, on n'a pas forcément besoin de déterminer tout le développement en série de Laurent de f au voisinage de z_0. Il suffit d'avoir accès au terme $a_{-1}(z - z_0)^{-1}$ de ce développement.

Exemple. Soit $f : z \mapsto \frac{1}{\sin z}$. Calculons le résidu de f en 0.
Il semble difficile d'obtenir le développement en série de Laurent de f en 0, mais on peut

4. En employant ce terme de « résidu », Cauchy voulait peut-être expliquer que, à $2i\pi$ près, c'est « ce qui reste » lors du calcul de l'intégrale de la fonction holomorphe f le long du lacet (γ).

déterminer un *développement asymptotique* de f au voisinage de 0 en faisant une division suivant les puissances croissantes. Il suffit que le développement obtenu comporte le terme en z^{-1}. Puisque $\sin z = \sum_{p=0}^{+\infty} \frac{(-1)^p}{(2p+1)!} z^{-(2p+1)}$, on a

$$\frac{1}{\sin z} = \frac{1}{z - \frac{z^3}{6} + \dots} = z^{-1} \frac{1}{1 - \frac{z^2}{6} + \dots} = z^{-1}(1 + \frac{z^2}{6} + \dots) = z^{-1} + \frac{z}{6} + \dots$$

On en déduit un développement asymptotique de f au voisinage de 0 précisant le premier terme tendant vers 0, à savoir :

$$f(z) = z^{-1} + \frac{z}{6} + h(z)$$

où h est une fonction holomorphe dans un disque centré en 0 telle que $h(z)$ soit négligeable devant z au voisinage de 0. Nous avons notamment le terme en z^{-1}, donc $\operatorname{Res}(f, 0) = a_{-1} = 1$. Ce calcul nous montre également que 0 est un pôle simple de f.

Remarques.

1. Bien sûr, on peut obtenir le résidu en se contentant d'un développement asymptotique à la précision z^{-1} : dans notre exemple, il suffit de remarquer que la *partie principale* du développement asymptotique de $\frac{1}{\sin z}$ au voisinage de 0 est $z^{-1} = \frac{1}{z}$. En effet, on a $\frac{1}{\sin z} = \frac{1}{z} + g(z)$ avec $g(z)$ négligeable devant $\frac{1}{z}$ au voisinage de 0.
2. Si on recherche un développement asymptotique de $\frac{1}{\sin z}$ plus précis, tenant compte du fait que f est impaire, on peut écrire, au voisinage de 0 :

$$f(z) = \frac{1}{\sin z} = z^{-1} + \frac{z}{6} + \sum_{p=1}^{+\infty} a_{2p+1} z^{2p+1}$$

On peut calculer successivement $a_3, a_5, \dots$ en poussant la division plus loin.

Généralisons ce que nous venons de voir sur cet exemple. Si z_0 est un pôle d'ordre p de f, alors la fonction f possède au voisinage de z_0 une partie principale de la forme $a_{-p}(z - z_0)^{-p}$. Pour calculer $\operatorname{Res}(f, z_0)$, on doit obtenir un développement asymptotique au voisinage de z_0 de la forme

$$f(z) = a_{-p}(z - z_0)^{-p} + a_{-p+1}(z - z_0)^{-p+1} + \dots + a_{-1}(z - z_0)^{-1} + g(z) \qquad \text{(X.34)}$$

où $z \mapsto g(z) = \sum_{n=0}^{+\infty} a_n (z - z_0)^n$ est holomorphe au voisinage de z_0 (z_0 compris) en tant que somme d'une série entière convergente. On a $\operatorname{Res}(f, z_0) = a_{-1}$.

Lorsque z_0 est un pôle de f, il existe une formule permettant de calculer le résidu en z_0 sans qu'il soit nécessaire de calculer le développement asymptotique en z_0.

Proposition 4.1 *Si z_0 est un pôle d'ordre p de f, alors*

$$\operatorname{Res}(f, z_0) = \lim_{z \to z_0} \frac{1}{(p-1)!} \frac{d^{p-1}}{dz^{p-1}} [(z - z_0)^p f(z)] \qquad \text{(X.35)}$$

Preuve. Puisque z_0 est pôle de f d'ordre p, on a dans un disque pointé centré en z_0 l'égalité $f(z) = \sum_{n=-p}^{+\infty} a_n (z - z_0)^n$. On en déduit que

$$(z - z_0)^p f(z) = \sum_{m=0}^{+\infty} a_{m-p} (z - z_0)^m$$

Ainsi, z_0 est point régulier de $g : z \mapsto (z - z_0)^p f(z)$ et on peut prolonger g en une fonction holomorphe dans tout le disque en posant $g(z_0) = a_{-p}$. En appliquant la formule de Taylor à g, on obtient $a_{m-p} = \frac{g^{(m)}(z_0)}{m!}$. En particulier, on a $\operatorname{Res}(f, z_0) = a_{-1} = \frac{g^{(p-1)}(z_0)}{(p-1)!}$, *i.e.* (X.35).

□

La formule (X.35) n'est pas toujours le moyen le plus rapide pour calculer le résidu en un pôle. En effet, (X.35) est surtout utile lorsque $f(z)$ est **explicitement** de la forme $\frac{g(z)}{(z-z_0)^p}$ avec g holomorphe au voisinage de z_0 et $g(z_0) \neq 0$. En effet, dans ce cas z_0 est un pôle d'ordre p de f en vertu de la proposition 3.1 et la formule (X.35) devient $\text{Res}\,(f, z_0) = \frac{1}{(p-1)!}\, g^{(p-1)}(z_0)$. On a donc le corollaire suivant de la proposition 4.1.

Corollaire 4.1 *Soit $f : z \mapsto \frac{g(z)}{(z-z_0)^p}$ avec g holomorphe dans un voisinage de z_0 et $p \in \mathbb{N}^*$. Si $g(z_0) \neq 0$, alors z_0 est un pôle d'ordre p de f et on a*

$$Res\,(f, z_0) = \frac{1}{(p-1)!}\, g^{(p-1)}(z_0) \tag{X.36}$$

Lorsque p n'est trop élevé, la formule (X.36) est très pratique pour calculer les résidus d'une fraction rationnelle et elle est couramment utilisée en traitement du signal et en automatique (où la fonction de transfert d'un système est souvent une fraction rationnelle).

Comme on rencontre fréquemment des pôles simples, il est intéressant d'expliciter le cas particulier $p = 1$ du corollaire 4.1.

Corollaire 4.2 ***Première formule du pôle simple.***
Soit $f : z \mapsto \frac{g(z)}{z-z_0}$ avec g holomorphe dans un voisinage de z_0. Si $g(z_0) \neq 0$, alors z_0 est pôle simple de f et on a

$$Res\,(f, z_0) = g(z_0) \tag{X.37}$$

Exemples. Soit $f : z \mapsto \frac{e^{-z}}{(z-2)(z+1)^2}$.

1. Comme $g : z \mapsto \frac{e^{-z}}{(z+1)^2}$ ne s'annule pas en $z_0 = 2$, le point 2 est pôle simple de f et (X.37) nous donne $\text{Res}\,(f, 2) = g(2) = \frac{e^{-2}}{9}$.
2. Comme $h : z \mapsto \frac{e^{-z}}{(z-2)}$ ne s'annule pas en $z = -1$, le point -1 est pôle double de f et (X.36) pour $p = 2$ nous donne $\text{Res}\,(f, -1) = \frac{1}{1!}\, h'(-1)$. Pour tout $z \in \mathbb{C} \setminus \{2\}$, on a $h'(z) = -\frac{e^{-z}(z-1)}{(z-2)^2}$, donc $\text{Res}\,(f, -1) = \frac{2e}{9}$.

Remarques.

1. Dans les cas où $f(z)$ n'est pas explicitement de la forme $\frac{g(z)}{(z-z_0)^p}$, il vaut mieux, sauf cas particulier, rechercher un développement asymptotique au voisinage de z_0. L'exemple déjà traité de la fonction $z \mapsto \frac{1}{\sin z}$ en $z_0 = 0$ rentre dans cette catégorie.
2. Il est facile de voir que si $g(z_0) = 0$, alors la formule (X.36) reste vraie bien que z_0 ne soit plus dans ce cas un pôle d'ordre p mais d'ordre inférieur, voire un point régulier (auquel cas le résidu en z_0 est nul).

Proposition 4.2 ***Deuxième formule du pôle simple***
Soit $f = \frac{u}{v}$ où u et v sont holomorphes au voisinage de z_0 et vérifient $u(z_0) \neq 0$, $v(z_0) = 0$ et $v'(z_0) \neq 0$. Le point z_0 est pôle simple de f et on a

$$\text{Res}\,(f, z_0) = \frac{u(z_0)}{v'(z_0)} \tag{X.38}$$

Preuve. Les développements en série de Taylor de u et de v en z_0 sont respectivement $u(z) = \sum_{n=0}^{+\infty} \frac{u^{(n)}(z_0)}{n!}(z-z_0)^n$ et $v(z) = \sum_{n=1}^{+\infty} \frac{v^{(n)}(z_0)}{n!}(z-z_0)^n$ car $v(z_0) = 0$. De plus, $u(z_0) \neq 0$ et $v'(z_0) \neq 0$, donc, par division suivant les puissances croissantes, la fonction f possède au voisinage de z_0 la partie principale $\frac{u(z_0)}{v'(z_0)(z-z_0)}$. Le point z_0 est donc un pôle simple de f et on a la formule (X.38).

□

Remarque. Supposons que f vérifie les hypothèses de la proposition 4.2 et que de plus v soit une fonction polynomiale. Les conditions $v(z_0) = 0$ et $v'(z_0) \neq 0$ signifient exactement que z_0 est racine simple de v. Pour une fonction v non polynomiale, lorsque $v(z_0) = 0$ et $v'(z_0) \neq 0$, on dit encore que « z_0 est racine simple de v ». Puisque $u(z_0) \neq 0$, il est normal que le point z_0 soit un pôle simple de f.

Exemple. Calculons le résidu en chaque pôle de $f(z) = \frac{1}{z^6-1}$.
Les pôles sont les racines 6-ièmes de l'unité, *i.e* $z_k = e^{i\frac{k2\pi}{6}} = e^{i\frac{k\pi}{3}}$ pour $k \in \{0, 1, 2, 3, 4, 5\}$. Ce sont des pôles simples. Le calcul de $\operatorname{Res}(f, z_k)$ par la première formule du pôle simple serait fastidieux. En effet, $g = \frac{1}{w}$ où w est un produit de 5 termes du premier degré (les $(z - z_j)$ pour $j \neq k$). Par contre, le calcul de ce résidu par la deuxième formule du pôle simple est très rapide : $v(z) = z^6 - 1$, d'où

$$\operatorname{Res}(f, z_k) = \frac{1}{6z_k^5} = \frac{1}{6}e^{-i\frac{5k\pi}{3}}$$

Comment calculer un résidu en un point singulier essentiel ?

Ce qui précède ne s'applique plus si z_0 est un point singulier essentiel de f. En effet, comme il existe une infinité de termes $a_n(z - z_0)^n$ avec $n < 0$, il n'est pas possible d'obtenir un développement asymptotique de f au voisinage de z_0 : si $m < n$, alors $(z - z_0)^m$ est prépondérant devant $(z - z_0)^n$ au voisinage de z_0.
Pour déterminer $\operatorname{Res}(f, z_0)$ lorsque le développement en série de Laurent de f au voisinage de z_0 est aisé à obtenir, il suffit de « prélever » a_{-1}. Dans le cas contraire, on peut parfois obtenir une partie du développement en série de Laurent contenant le terme $a_{-1}(z - z_0)^{-1}$.

Exemple. Déterminons le résidu en 0 de $f(z) = \sin\frac{1}{z}$, de $g(z) = \cos\frac{1}{z}$ et de $h(z) = \sin\frac{1}{z}\cos\frac{1}{z}$.
Pour tout $z \neq 0$, on a

$$\sin(z^{-1}) = \sum_{p=0}^{+\infty} \frac{(-1)^p}{(2p+1)!} z^{-(2p+1)} \quad \text{et} \quad \cos(z^{-1}) = \sum_{p=0}^{+\infty} \frac{(-1)^p}{(2p)!} z^{-2p}$$

On voit que pour f le coefficient en z^{-1} s'obtient dans le développement en série de Laurent en faisant $p = 0$ et que pour g, il n'y en a pas (c'est une conséquence du fait que g est une fonction paire). On a donc $\operatorname{Res}(f, 0) = 1$ et $\operatorname{Res}(g, 0) = 0$.
Pour $h(z) = f(z)g(z)$, on constate que dans le produit des deux développement en série de Laurent, il n'apparaît un terme en z^{-1} que lors du produit de z^{-1} (provenant de $f(z) = z^{-1} - \frac{z^{-3}}{6} + \ldots$) par 1 (provenant de $g(z) = 1 - \frac{z^{-2}}{2} + \ldots$).
Finalement $\operatorname{Res}(h, 0) = 1$.

4.3 Théorème des résidus

Il s'agit de généraliser le résultat (X.33) au cas où le lacet (γ) entoure plusieurs points singuliers isolés de f.

Théorème 4.1 ***Théorème des résidus***
Soient Ω un ouvert simplement connexe et $\{z_1, \ldots, z_m\} \subset \Omega$. On suppose que f est holomorphe dans $\Omega \setminus \{z_1, \ldots, z_m\}$. Soit (γ) un lacet de Ω, sans point double, entourant une fois dans le sens direct les points $z_1, \ldots, z_m$. On a

$$\int_{(\gamma)} f(z)\, dz = 2i\pi \sum_{k=1}^{m} \operatorname{Res}(f, z_k) \qquad \text{(X.39)}$$

Preuve. À partir du lacet (γ) entourant les points singuliers $z_1, \ldots, z_m$, on construit un lacet (β) qui n'entoure pas z_k (pour $k = 1, \ldots, m$), à l'aide d'un segment, d'un petit cercle (de rayon r_k) entourant z_k dans le sens indirect et du même segment mais parcouru dans l'autre sens (voir la figure X.7 ; le petit écart entre les segments n'est là que pour faciliter la compréhension de la démonstration).

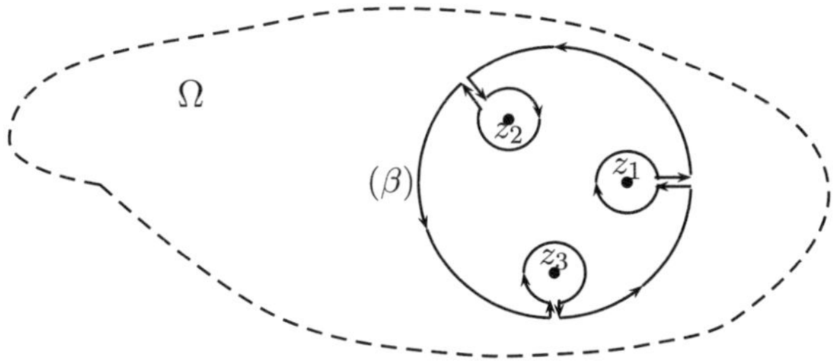

FIGURE X.7 – *Situation considérée dans la démonstration du théorème des résidus*

Puisque (β) n'entoure aucun point singulier de f, c'est un lacet homotope à un point dans l'ouvert $\Omega \setminus \{z_1, \ldots, z_m\}$ sur lequel f est holomorphe, donc $\int_{(\beta)} f(z)\,dz = 0$. En remarquant que les intégrales sur les segments se simplifient deux à deux, cela s'écrit

$$\int_{(\gamma)} f(z)\,dz - \sum_{k=1}^{m} \int_{C(z_k, r_k)} f(z)\,dz = 0$$

où $C(z_k, r_k)$ est orienté dans le sens direct. D'après la formule (X.33), on a

$$\int_{C(z_k, r_k)} f(z)\,dz = 2i\pi \text{Res}\,(f, z_k)$$

d'où (X.39).

□

5 Application au calcul de certaines intégrales

Les différentes versions du théorème de Cauchy et le théorème des résidus permettent de calculer efficacement certaines intégrales de fonctions de la variable **réelle**, en évitant des calculs fastidieux de primitives. Il permet même parfois de calculer certaines intégrales de fonctions de la variable réelle dont les primitives ne s'écrivent pas à l'aide des fonctions usuelles.

L'idée générale de cette méthode, dite *des résidus*, est d'intégrer une certaine fonction g de la variable complexe le long d'un certain lacet (γ). Très souvent, (γ) sera un lacet $\mathcal{C}^1_m$ construit par juxtaposition de plusieurs chemins choisis de telle façon que l'intégrale curviligne le long d'un de ces chemins (au moins) nous donne après paramétrage l'intégrale que l'on souhaite calculer. On doit donc choisir judicieusement la fonction g et le lacet (γ). Pour illustrer cette démarche, nous allons commencer par un exemple simple et classique.

5.1 Intégrale de la forme $\int_0^{2\pi} \frac{P(\cos\theta, \sin\theta)}{Q(\cos\theta, \sin\theta)}\,d\theta$

Soient P et Q des polynômes de deux variables. La fonction $f : \theta \mapsto \frac{P(\cos\theta, \sin\theta)}{Q(\cos\theta, \sin\theta)}$ est une fraction rationnelle en $\cos\theta$ et $\sin\theta$.

La méthode usuelle de calcul des primitives de f (changement de variable $t = \tan\frac{\theta}{2}$ ou application de l'une des règle de Bioche s'il y a lieu) nécessite en général de nombreux calculs. Supposons que $Q(\cos\theta, \sin\theta) \neq 0$ pour $0 \leq \theta \leq 2\pi$ et considérons

$$I = \int_0^{2\pi} \frac{P(\cos\theta, \sin\theta)}{Q(\cos\theta, \sin\theta)}\, d\theta$$

Le fait que les bornes de l'intégrale soient 0 et 2π permet de calculer I sans passer par le calcul d'une primitive de g, en se ramenant à une intégrale sur le cercle trigonométrique. Pour cela, il suffit d'utiliser les formules d'Euler et de remarquer que lorsque θ décrit $[0, 2\pi]$, $e^{i\theta} = z$ décrit le cercle trigonométrique $C(0,1)$ et que l'on a le long de ce cercle les relations $e^{-i\theta} = \frac{1}{z}$ et $d\theta = \frac{dz}{iz}$. Plus précisément, nous pouvons écrire :

$$I = \int_0^{2\pi} \frac{P\left(\frac{e^{i\theta}+e^{-i\theta}}{2}, \frac{e^{i\theta}-e^{-i\theta}}{2i}\right)}{Q\left(\frac{e^{i\theta}+e^{-i\theta}}{2}, \frac{e^{i\theta}-e^{-i\theta}}{2i}\right)}\, d\theta = \int_{C(0,1)} \frac{P\left(\frac{z+\frac{1}{z}}{2}, \frac{z-\frac{1}{z}}{2i}\right)}{Q\left(\frac{z+\frac{1}{z}}{2}, \frac{z-\frac{1}{z}}{2i}\right)} \frac{1}{iz}\, dz$$

On s'est ainsi ramené à une intégrale curviligne de la forme $\int_{C(0,1)} g(z)\, dz$, où g est une fraction rationnelle de la variable complexe z. Il reste à calculer les pôles de g entourés par $C(0,1)$ et à appliquer le théorème des résidus (ou le théorème de Cauchy si aucun pôle n'est entouré, auquel cas on trouve $I = 0$).

Un exemple est traité dans l'exercice X.13.

On ne perdra pas de vue que la méthode ne fonctionne que pour les bornes d'intégration 0 et 2π (ou des bornes analogues). Dans les autres cas, on continuera d'utiliser la méthode usuelle.

5.2 Lemmes de Jordan

Dans l'exemple que nous venons d'étudier, le lacet (γ) est un simple cercle (de rayon constant), mais les lacets $\mathcal{C}^1_m$ utilisés dans la méthode des résidus sont généralement composés de plusieurs chemins juxtaposés. Parmi ces chemins se trouvent très souvent des arcs de cercle (C_r) dont le rayon r peut, suivant les cas, être constant, tendre vers 0 ou tendre vers $+\infty$. Il est donc nécessaire de savoir évaluer la limite de l'intégrale curviligne $\int_{(C_r)} g(z)\, dz$ quand r tend vers 0 ou vers $+\infty$. Nous donnons dans ce paragraphe quelques résultats permettant de déterminer cette limite sous des hypothèses simples à vérifier. Le lemme suivant est en réalité composé de deux résultats distincts que l'on appelle *les deux lemmes de Jordan.*

Lemme 5.1 *Soient $R \geq 0$, α_1 et α_2 tels que $0 \leq \alpha_1 < \alpha_2 \leq 2\pi$.*
On note (C_r) l'arc de cercle $\{z \in \mathbb{C}\,;\, |z| = r\,,\, \alpha_1 \leq \arg z \leq \alpha_2\}$ orienté dans le sens direct.

1. *Soit f une fonction continue dans le secteur angulaire*

$$S = \{z \in \mathbb{C}\,;\, |z| \geq R\,,\, \alpha_1 \leq \arg z \leq \alpha_2\}$$

Si $zf(z)$ tend vers 0 quand z tend vers l'infini en restant dans S, alors

$$\lim_{r\to+\infty} \int_{(C_r)} f(z)\, dz = 0$$

2. *Soit f une fonction continue dans le secteur angulaire*

$$S' = \{z \in \mathbb{C}\,;\, |z| \leq R\,,\, \alpha_1 \leq \arg z \leq \alpha_2\}$$

Si $zf(z)$ tend vers 0 quand z tend vers 0 en restant dans S', alors

$$\lim_{r\to 0} \int_{(C_r)} f(z)\, dz = 0$$

Preuve. Commençons par démontrer le premier résultat. Pour $r \geq R$, l'intégrale curviligne $\int_{(C_r)} f(z)\,dz$ est définie et vérifie d'après (X.10) :

$$\left|\int_{(C_r)} f(z)\,dz\right| \leq \pi(\alpha_2 - \alpha_1)\, r \max_{z\in(C_r)} |f(z)| \tag{X.40}$$

L'hypothèse « $zf(z)$ tend vers 0 quand z tend vers l'infini en restant dans S » signifie que

$$(\forall\varepsilon > 0)\ (\exists r_\varepsilon \geq R)\ (\forall z \in S)\ \big((|z| \geq r_\varepsilon) \implies (|zf(z)| \leq \varepsilon)\big)$$

Donnons nous $\varepsilon > 0$ et considérons la valeur r_ε correspondante. Si $r \geq r_\varepsilon$, alors pour tout $z \in (C_r)$, on a $|zf(z)| = r\,|f(z)| \leq \varepsilon$. La fonction continue $|f|$ atteignant son maximum sur le compact (C_r), il existe une valeur $z_r \in (C_r)$ pour laquelle on a $\max_{z\in(C_r)} |f(z)| = |f(z_r)|$. On a donc

$$r \geq r_\varepsilon \implies r \max_{z\in(C_r)} |f(z)| \leq \varepsilon$$

Il résulte de (X.40) que

$$(\forall\varepsilon > 0)\ (\exists r_\varepsilon \geq R)\ \left((r \geq r_\varepsilon) \implies \left|\int_{(C_r)} f(z)\,dz\right| \leq \pi(\alpha_2 - \alpha_1)\,\varepsilon\right)$$

i.e. $\int_{(C_r)} f(z)\,dz$ tend vers 0 quand r tend vers $+\infty$.
Le deuxième résultat se démontre de la même façon : l'hypothèse « $zf(z)$ tend vers 0 quand z tend vers 0 en restant dans S' » signifie que

$$(\forall\varepsilon > 0)\ (\exists r_\varepsilon \leq R)\ (\forall z \in S')\ \big((|z| \leq r_\varepsilon) \implies (|zf(z)| \leq \varepsilon)\big)$$

En utilisant encore la majoration (X.40), on en déduit

$$(\forall\varepsilon > 0)\ (\exists r_\varepsilon \leq R)\ \left((r \leq r_\varepsilon) \implies \left|\int_{(C_r)} f(z)\,dz\right| \leq \pi(\alpha_2 - \alpha_1)\,\varepsilon\right)$$

i.e. $\int_{(C_r)} f(z)\,dz$ tend vers 0 quand r tend vers 0.

□

Remarque. Lorsque l'arc de cercle (C_r) et le secteur angulaire S (respectivement S') sur lequel f est continue sont centrés en z_0, c'est sous l'hypothèse « $(z-z_0)f(z)$ tend vers 0 quand z tend vers l'infini » (respectivement « $(z-z_0)f(z)$ tend vers 0 quand z tend vers 0 ») que l'on peut conclure que l'intégrale $\int_{(C_r)} f(z)\,dz$ tend vers 0 quand r tend vers $+\infty$ (respectivement vers 0) . L'adaptation de la preuve des deux lemmes de Jordan à ce cas plus général est immédiate.

Lorsque la fonction f a un point singulier en z_0, l'intégrale curviligne de f le long d'un arc de cercle centré en z_0 n'a pas de raison de tendre vers 0 lorsque r tend vers 0. Il existe une situation, présentée dans le lemme suivant, où la limite est simple à évaluer.

Lemme 5.2 *Soient $z_0 \in \mathbb{C}$, α_1 et α_2 tels que $0 \leq \alpha_1 < \alpha_2 \leq 2\pi$.*
On note (C_r) l'arc de cercle suivant, centré en z_0 et orienté dans le sens direct :

$$(C_r) = \{z \in \mathbb{C}\,;\, |z - z_0| = r\,,\, \alpha_1 \leq \arg(z - z_0) \leq \alpha_2\}$$

Soit f une fonction holomorphe dans un disque pointé centré en z_0. Si z_0 est un pôle simple de f, alors

$$\lim_{r\to 0} \int_{(C_r)} f(z)\,dz = i(\alpha_2 - \alpha_1)\,\mathrm{Res}\,(f, z_0) \tag{X.41}$$

Preuve. Soit $R > 0$ le rayon d'un disque pointé centré en z_0 dans lequel f est holomorphe. Pour $0 < r < R$, on a

$$\int_{(C_r)} f(z)\,dz = \int_{(C_r)} \left(\frac{a_{-1}}{z - z_0} + g(z)\right) dz$$

où $a_{-1} = \text{Res}\,(f, z_0)$ et g holomorphe dans $D(z_0, R)$. Or,

$$\int_{(C_r)} \frac{a_{-1}}{z - z_0}\,dz = a_{-1} \int_{\alpha_1}^{\alpha_2} \frac{ire^{i\theta}}{re^{i\theta}}\,d\theta = ia_{-1}(\alpha_2 - \alpha_1)$$

et :

$$\left|\int_{(C_r)} g(z)\,dz\right| \leq \mathcal{L}(C_r) \max_{z \in (C_r)} |g(z)| \leq M(\alpha_2 - \alpha_1)r$$

où $M = \max_{|z| \leq R} |g(z)|$. On a donc $\lim_{r \to 0} \int_{(C_r)} g(z)\,dz = 0$, d'où (X.41).

□

Remarque. Le lemme 5.2 ne se généralise pas au cas où z_0 est un pôle d'ordre $p \geq 2$ de f. Par exemple, si z_0 est pôle double de f, on a, pour $0 < r < R$:

$$\begin{aligned}\int_{(C_r)} f(z)\,dz &= \int_{(C_r)} \frac{a_{-2}}{(z - z_0)^2}\,dz + \int_{(C_r)} \frac{a_{-1}}{z - z_0}\,dz + \int_{(C_r)} g(z)\,dz \\ &= \int_{(C_r)} \frac{a_{-2}}{(z - z_0)^2}\,dz + ia_{-1}(\alpha_2 - \alpha_1) + \int_{(C_r)} g(z)\,dz\end{aligned}$$

où g est holomorphe dans $D(z_0, R)$ et $a_{-2} \neq 0$. On a

$$\int_{(C_r)} \frac{a_{-2}}{(z - z_0)^2}\,dz = a_{-2} \int_{\alpha_1}^{\alpha_2} \frac{ire^{i\theta}}{r^2 e^{2i\theta}}\,d\theta = \frac{a_{-2}(e^{-i\alpha_1} - e^{-i\alpha_2})}{r}$$

On a deux cas.

- S'il existe $k \in \mathbb{N}$ tel que $\alpha_2 = \alpha_1 + k2\pi$, alors $\int_{(C_r)} \frac{a_{-2}}{(z-z_0)^2}\,dz = 0$. Le chemin (C_r) étant fermé dans ce cas (c'est un cercle parcouru k fois), on a $\int_{(C_r)} g(z)\,dz = 0$, donc

$$0 < r < R \Longrightarrow \int_{(C_r)} f(z)\,dz = ik2\pi\text{Res}\,(f, z_0)$$

- Sinon, $a_{-2}(e^{-i\alpha_1} - e^{-i\alpha_2}) \neq 0$, donc $\left|\int_{(C_r)} \frac{a_{-2}}{(z-z_0)^2}\,dz\right|$ tend vers l'infini quand r tend vers 0. Comme $\int_{(C_r)} g(z)\,dz$ tend vers 0 quand r tend vers 0, il en résulte que $\int_{(C_r)} f(z)\,dz$ n'a pas de limite dans $\mathbb{C}$ quand r tend vers 0.

Les paragraphes 5.3, 5.5 et 5.7 vont illustrer l'intérêt des lemmes 5.1 et 5.2.

5.3 Transformée de Fourier d'une fraction rationnelle

Nous choisissons ici la définition suivante de la transformée de Fourier de $f \in L^1(\mathbb{R})$.

$$\mathcal{F}f(\omega) = \int_{-\infty}^{+\infty} f(x)e^{-i\omega x}\,dx \tag{X.42}$$

Supposons que f soit une fraction rationnelle $x \mapsto \frac{P(x)}{Q(x)}$ (où P et Q sont des polynômes sans facteur commun, de sorte que f est irréductible). Pour que f soit élément de $L^1(\mathbb{R})$, *i.e.* admette une T.F. au sens usuel, il faut et il suffit que

- f n'ait pas de pôle réel ;
- $\deg Q \geq \deg P + 2$.

La première condition garantit que f est continue sur $\mathbb{R}$ (donc localement intégrable) et la deuxième condition que f est intégrable sur tout intervalle de la forme $]-\infty, a]$ ou $[a, +\infty[$.

Il est naturel de considérer $g : z \mapsto f(z)e^{-i\omega z}$. Nous allons voir que, suivant le signe de ω, il est judicieux de choisir l'un des deux lacets $(\gamma_r) = [-r, r] \cup (C_r)$, où $[-r, r]$ désigne le segment orienté de $-r$ à r et (C_r) un demi-cercle de centre 0 et de rayon r (cf. figure X.8). En effet $\int_{(\gamma_r)} f(z)e^{-i\omega z}\,dz$ se décompose en deux intégrales dont l'une n'est autre que

$$\int_{[-r,r]} f(z)e^{-i\omega z}\,dz = \int_{-r}^{r} f(x)e^{-i\omega x}\,dx$$

Or, l'intégrale $\int_{-r}^{r} f(x)e^{-i\omega x}\,dx$ tend vers $\mathcal{F}f(\omega)$ lorsque r tend vers $+\infty$.

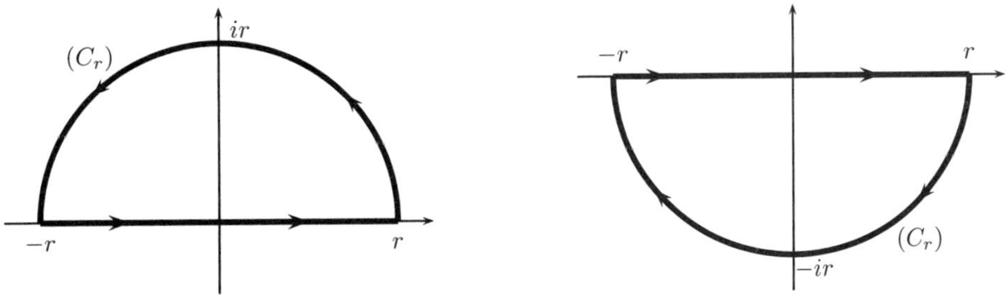

Choix de (γ_r) pour $\omega \leq 0$ Choix de (γ_r) pour $\omega \geq 0$

FIGURE X.8 – Lacets utilisés lors du calcul de la T.F. d'une fraction rationnelle

Par ailleurs, la fonction $z \mapsto e^{-i\omega z}$ est bornée sur l'un des deux demi-cercles. En effet, pour $z \in (C_r)$, on a $z = re^{i\theta}$, et

$$\left|e^{-i\omega re^{i\theta}}\right| = e^{\Re(-i\omega re^{i\theta})} = e^{\omega r \sin\theta}$$

Pour $\omega \leq 0$, on a $e^{\omega r \sin\theta} \leq 1$ pour tout $\theta \in [0, \pi]$ et pour $\omega \geq 0$, on a $e^{\omega r \sin\theta} \leq 1$ pour tout $\theta \in [-\pi, 0]$. Suivant le signe de ω, on choisit le demi-cercle (C_r) sur lequel $e^{-i\omega z}$ est borné. Le premier lemme de Jordan s'applique alors sur (C_r). En effet, si $\omega \leq 0$ (respectivement $\omega \geq 0$), alors pour tout z tel que $\Im z \geq 0$ (respectivement pour tout z tel que $\Im z \leq 0$), on a

$$|zf(z)e^{-i\omega z}| \leq |zf(z)| = \left|\frac{zP(z)}{Q(z)}\right|$$

et $\deg Q - (\deg P + 1) \geq 1$, donc $|zf(z)e^{-i\omega z}|$ tend vers 0 quand z tend vers l'infini en restant dans le demi-plan contenant (C_r).

Si on choisit r plus grand que le module de tous les pôles de f, le théorème des résidus montre que l'intégrale curviligne $\int_{(\gamma_r)} f(z)e^{-i\omega z}\,dz$ ne dépend pas de r. Elle reste donc constante lorsque r tend vers l'infini. Pour $\omega \leq 0$, vu le lacet choisi, seuls les pôles p de f tels que $\Im p > 0$ sont entourés (dans le sens direct) par (γ_r). Pour $\omega \geq 0$, ce sont les pôles p de f tels que $\Im p < 0$ qui sont entourés (dans le sens indirect) par (γ_r). On a donc

$$\int_{(\gamma_r)} f(z)e^{-i\omega z}\,dz = 2i\pi \sum_{\Im p > 0} \operatorname{Res}\left(f(z)e^{-i\omega z}, p\right) \qquad \text{pour } \omega \leq 0$$

$$\int_{(\gamma_r)} f(z)e^{-i\omega z}\,dz = -2i\pi \sum_{\Im p < 0} \operatorname{Res}\left(f(z)e^{-i\omega z}, p\right) \qquad \text{pour } \omega \geq 0$$

En faisant tendre r vers $+\infty$, l'intégrale sur le lacet (γ_r) reste égale à cette quantité, alors que $\int_{-r}^{r} f(x)e^{-i\omega x}\,dx$ tend vers $\mathcal{F}f(\omega)$ et que $\int_{(C_r)} f(z)e^{-i\omega z}\,dz$ tend vers 0. Il en résulte qu'après avoir fait tendre r vers $+\infty$, on obtient les égalités suivantes :

$$\mathcal{F}f(\omega) = 2i\pi \sum_{\Im p>0} \operatorname{Res}\left(f(z)e^{-i\omega z}, p\right) \quad \text{pour } \omega \leq 0 \tag{X.43}$$

$$\mathcal{F}f(\omega) = -2i\pi \sum_{\Im p<0} \operatorname{Res}\left(f(z)e^{-i\omega z}, p\right) \quad \text{pour } \omega \geq 0 \tag{X.44}$$

Exemple. Calculons la transformée de Fourier de la fonction $x \mapsto f(x) = \frac{1}{(x^2+1)^2\,(x^2+4)}$. La fraction rationnelle f n'a pas de pôle réel et $|f(x)| \sim_{\pm\infty} \frac{1}{x^6}$, donc $f \in L^1(\mathbb{R})$. De plus, la fonction f est paire, donc $\mathcal{F}f$ aussi. Il suffit donc de calculer $\mathcal{F}f(\omega)$ pour $\omega \leq 0$. On intègre la fonction $g\,:\,z \mapsto \frac{e^{-i\omega z}}{(z^2+1)^2\,(z^2+4)}$ le long du lacet de gauche de la figure X.8. Le lemme de Jordan montre que $\int_{(C_r)} g(z)\,dz$ tend vers 0 quand r tend vers $+\infty$ (en effet, pour $\Im z \geq 0$ on a $|e^{-i\omega z}| \leq 1$, donc $|zg(z)| \leq |zf(z)| \sim_\infty \frac{1}{|z|^5}$). Il en résulte que quand r tend vers $+\infty$, on obtient l'égalité

$$\mathcal{F}f(\omega) = 2i\pi\big(\operatorname{Res}(g, i) + \operatorname{Res}(g, 2i)\big)$$

Le point $2i$ est pôle simple de g et on a $g(z) = \frac{e^{-i\omega z}}{(z^2+1)^2(z+2i)(z-2i)}$. En utilisant la formule (X.37), on obtient [5]

$$\operatorname{Res}(g, 2i) = \left.\frac{e^{-i\omega z}}{(z^2+1)^2(z+2i)}\right|_{z:=2i} = \frac{e^{2\omega}}{36\,i}$$

Le point i est pôle double de f et on a $g(z) = \frac{e^{-i\omega z}}{(z^2+4)(z+i)^2(z-i)^2}$, donc la formule (X.36) pour $p = 2$ nous donne :

$$\operatorname{Res}(g, i) = \left.\frac{d}{dz}\left(\frac{e^{-i\omega z}}{(z^2+4)(z+i)^2}\right)\right|_{z:=i} = \left.\frac{e^{-i\omega z}\big(-i\omega(z^2+4)(z+i) - 2(z^2+4) - 2z(z+i)\big)}{(z^2+4)^2(z+i)^3}\right|_{z:=i}$$

On a donc $\operatorname{Res}(g, i) = \frac{e^{\omega}(1-3\omega)}{36\,i}$, d'où $\mathcal{F}f(\omega) = \frac{\pi}{18}\big(e^{2\omega} + e^{\omega}(1-3\omega)\big)$ pour $\omega \leq 0$.
Pour $\omega \geq 0$, on a par parité $\mathcal{F}f(\omega) = \mathcal{F}f(-\omega) = \frac{\pi}{18}\big(e^{-2\omega} + e^{-\omega}(1+3\omega)\big)$. Finalement :

$$\forall \omega \in \mathbb{R} \quad \mathcal{F}f(\omega) = \frac{\pi}{18}\, e^{-|\omega|}\left(e^{-|\omega|} + 1 + 3|\omega|\right)$$

Remarques.

1. Pour $\omega = 0$, on peut prendre l'un ou l'autre des deux lacets. On obtient ainsi très rapidement $\int_{-\infty}^{+\infty} \frac{P(x)}{Q(x)}\,dx$, dont le calcul par la méthode usuelle nécessiterait la décomposition en éléments simples de f, puis l'intégration entre $-r$ et r des éléments simples, enfin le passage à la limite quand r tend vers l'infini (qui peut être délicat).
   Si les bornes ne sont pas infinies, pour calculer l'intégrale d'une fraction rationnelle, on continuera bien sûr d'utiliser la méthode usuelle.
2. Lorsque f n'est pas une fraction rationnelle, le raisonnement et les formules (X.43) et (X.44) restent valable si f est prolongeable en une fonction holomorphe dans l'ouvert $\mathbb{C} \setminus \{z_1, \ldots, z_n\}$, à condition que les points singuliers z_j $(j = 1, \ldots, n)$ ne soient pas réels et que
   $$\lim_{z\to\infty} zf(z) = 0$$
   afin que le lemme de Jordan s'applique.

5. La notation $\left.\frac{e^{-i\omega z}}{(z^2+1)^2(z+2i)}\right|_{z:=2i}$ est pratique pour indiquer que l'on calcule la valeur de la fonction $z \mapsto \frac{e^{-i\omega z}}{(z^2+1)^2(z+2i)}$ en $z = 2i$.

5.4 Intégrales de Fourier semi-convergentes

Soit ω un réel et f une fonction à valeurs complexes définie p.p. sur $\mathbb{R}$ telle que $f \notin L^1(\mathbb{R})$. Bien que $\int_{-\infty}^{+\infty} |f(t)|\, dt = +\infty$, il arrive que la limite suivante existe :

$$\lim_{A\to+\infty} \lim_{B\to+\infty} \int_{-A}^{B} f(t)e^{-i\omega t}\, dt \tag{X.45}$$

Si c'est le cas, nous dirons de cette limite que c'est une *intégrale de Fourier semi-convergente*, et, bien que f ne soit pas intégrable au sens de Lebesgue sur $\mathbb{R}$, nous la noterons

$$J(\omega) = \int_{-\infty}^{+\infty} f(t)e^{-i\omega t}\, dt \tag{X.46}$$

Il s'agit d'une intégrale convergente au sens généralisé de Riemann, mais non absolument convergente.

Exemple. Pour $\omega \neq 0$, une intégration par parties nous donne

$$\int_{-A}^{B} \frac{e^{-i\omega t}}{\sqrt{1+t^2}}\, dt = \left[\frac{e^{-i\omega t}}{-i\omega\sqrt{1+t^2}}\right]_{-A}^{B} - \int_{-A}^{B} \frac{e^{-i\omega t}}{i\omega} t(1+t^2)^{-3/2}\, dt$$

Comme $\left|\frac{e^{-i\omega t}}{i\omega\sqrt{1+t^2}}\right| = \frac{1}{|\omega|\sqrt{1+t^2}}$ tend vers 0 quand t tend $+\infty$, le « crochet » tend vers 0 quand A et B tendent vers $+\infty$. Par ailleurs $\left|\frac{e^{-i\omega t}}{i\omega} t(1+t^2)^{-3/2}\right| = \frac{1}{|\omega|} |t|(1+t^2)^{-3/2} \sim_{\pm\infty} \frac{1}{|\omega|}\frac{1}{t^2}$, donc l'intégrale tend vers une limite quand A et B tendent vers $+\infty$.
Bien que $\int_{-\infty}^{+\infty} \frac{dt}{\sqrt{1+t^2}} = +\infty$, on peut donc considérer l'intégrale de Fourier semi-convergente

$$J(\omega) = \int_{-\infty}^{+\infty} \frac{e^{-i\omega t}}{\sqrt{1+t^2}}\, dt$$

Cette intégrale ne se calcule pas à l'aide des fonctions usuelles. En tant que fonction de ω, c'est un exemple de *fonction spéciale.*

Remarque. Choisissons la même définition de la transformée de Fourier que dans le paragraphe 5.3. Il y a un lien entre ces intégrales de Fourier et la transformation de Fourier, mais pas au sens du chapitre IV, car $f \notin L^1(\mathbb{R})$ (ce qui, dans l'exemple précédent, se traduit par le fait que la fonction $\omega \mapsto J(\omega)$ n'est pas définie en $\omega = 0$). Sans développer de théorie, on peut remarquer que la fonction $f : t \mapsto (1+t^2)^{-1/2}$ est continue sur $\mathbb{R}$ et est bornée, donc définit une distribution tempérée T_f. On peut conjecturer que la transformée de Fourier dans $\mathcal{S}'$ de cette distribution est justement la distribution régulière associée à la fonction $\omega \mapsto J(\omega)$. Le fait que J ne soit pas définie en $\omega = 0$ ne contredit pas cette conjecture, puisqu'une distribution régulière est associée à une fonction localement intégrable, définie seulement presque-partout (la T.F. d'une fonction intégrable est définie et continue sur $\mathbb{R}$, mais ce n'est pas vrai pour la T.F. d'une distribution tempérée, qui est *a priori* seulement une distribution tempérée : lorsqu'elle est régulière, il n'y a pas de raison qu'elle soit associée à une fonction définie sur $\mathbb{R}$ en entier).

Si la « limite double » (X.45) n'existe pas, il arrive que la limite « à bornes symétriques » suivante existe :

$$\lim_{A\to+\infty} \int_{-A}^{A} f(t)e^{-i\omega t}\, dt \tag{X.47}$$

Dans un tel cas, où l'intégrale n'est pas absolument convergente (*i.e.* $f \notin L^1(\mathbb{R})$), ni même semi-convergente, on dit de cette limite à bornes symétriques que c'est une *intégrale de Fourier convergente en valeur principale.*

Sous une hypothèse simple sur f, les intégrales de Fourier (quelles soient absolument convergentes, semi-convergentes ou seulement convergentes en valeur principale) se calculent par la méthode exposée au paragraphe 5.3, à la nuance importante que le lemme de Jordan ne s'applique pas forcément.

Proposition 5.1 *Soit f une fonction holomorphe sur l'ouvert $\Omega = \mathbb{C} \setminus \{z_1, \ldots, z_n\}$ où les points singuliers isolés z_j $(j = 1, \ldots, n)$ ne sont pas réels. On suppose que $\lim_{z\to\infty} f(z) = 0$. On a*

$$\lim_{A\to+\infty} \int_{-A}^{A} f(t)e^{-i\omega t}\, dt = 2i\pi \sum_{\Im p>0} Res\left(f(z)e^{-i\omega z}, p\right) \qquad \text{pour } \omega < 0 \tag{X.48}$$

$$\lim_{A\to+\infty} \int_{-A}^{A} f(t)e^{-i\omega t}\, dt = -2i\pi \sum_{\Im p<0} Res\left(f(z)e^{-i\omega z}, p\right) \qquad \text{pour } \omega > 0 \tag{X.49}$$

Preuve. Notons que l'énoncé exclut le cas $\omega = 0$. Soit ω un réel non nul. On utilise le même lacet (γ_r) que dans le paragraphe 5.3 : si $\omega < 0$, on choisit le lacet de gauche de la figure X.8 et si $\omega > 0$, on choisit celui de droite. Pour r plus grand que $\max\{|z_1|, \ldots, |z_n|\}$, la valeur de $\int_{(\gamma_r)} f(z)e^{-i\omega z}\, dz$ est égale au membre de droite de (X.48) pour $\omega < 0$, de (X.49) pour $\omega > 0$. Autrement dit, la somme de l'intégrale curviligne le long du demi-cercle (C_r) et de l'intégrale curviligne le long du segment $[-r, r]$ ne dépend pas de r, pour r assez grand. Si l'on peut justifier que

$$\lim_{r\to+\infty} \int_{(C_r)} f(z)e^{-i\omega z}\, dz = 0$$

alors il en résultera que l'intégrale sur le segment $[-r, r]$ tend elle aussi vers une limite quand r tend vers $+\infty$ et on obtiendra les formules (X.48) et (X.49).

On n'a pas supposé que $zf(z)$ tend vers 0 quand z tend vers l'infini, mais seulement que $f(z)$ tend vers 0, ce qui est moins fort. Le lemme de Jordan ne s'applique donc pas. On va majorer « finement » $\left|\int_{(C_r)} f(z)e^{-i\omega z}\, dz\right|$.

Supposons $\omega < 0$ (le lecteur adaptera sans mal le raisonnement au cas où $\omega > 0$). Le chemin (C_r) est paramétré par $z = re^{i\theta}$ avec θ variant de 0 à π. Après le paramétrage, on majore le module de l'intégrale par l'intégrale du module et on utilise le fait que, pour tout complexe z, on a $|e^z| = e^{\Re z}$:

$$\begin{aligned}
\left|\int_{(C_r)} f(z)e^{-i\omega z}\, dz\right| &= \left|\int_0^{\pi} f(re^{i\theta})e^{-i\omega re^{i\theta}} ire^{i\theta}\, d\theta\right| \\
&\leq r \max_{\theta\in[0,\pi]} |f(re^{i\theta})| \int_0^{\pi} e^{\Re(-i\omega re^{i\theta})}\, r\, d\theta \\
&= r \max_{\theta\in[0,\pi]} |f(re^{i\theta})| \int_0^{\pi} e^{\omega r \sin\theta}\, d\theta
\end{aligned}$$

Malheureusement, l'intégrale $\int_0^{\pi} e^{\omega r\sin\theta}\, d\theta$ ne se laisse pas calculer. Il faut donc la majorer. Puisque $\sin(\frac{\pi}{2} - \theta) = \sin(\frac{\pi}{2} + \theta)$, la courbe représentative de la fonction $\theta \in [0, \pi] \mapsto e^{\omega r \sin\theta}$ admet la droite d'équation $\theta = \frac{\pi}{2}$ pour axe de symétrie, donc $\int_{\pi/2}^{\pi} e^{\omega r\sin\theta}\, d\theta = \int_0^{\pi/2} e^{\omega r\sin\theta}\, d\theta$. Ainsi, $\int_0^{\pi} e^{\omega r\sin\theta}\, d\theta = 2\int_0^{\pi/2} e^{\omega r\sin\theta}\, d\theta$. Comme $\omega r < 0$, pour majorer $e^{\omega r\sin\theta}$ sur $[0, \pi/2]$, on doit minorer $\sin\theta$. Minorer $\sin\theta$ « brutalement » par 0 ne permet pas de conclure.

On peut minorer $\sin\theta$ « plus finement » en utilisant la concavité de la fonction sin sur $[0, \pi/2]$: sur cet intervalle, la droite d'équation $y = \frac{2}{\pi}\,\theta$ est en dessous de la courbe d'équation $y = \sin\theta$, donc on a $\sin\theta \geq \frac{2}{\pi}\,\theta$ pour $\theta \in [0, \pi/2]$. Il en résulte que :

$$\left|\int_{(C_r)} f(z)e^{-i\omega z}\,dz\right| \leq 2r \max_{\theta\in[0,\pi]} |f(re^{i\theta})| \int_0^{\pi/2} e^{\omega r \frac{2}{\pi}\theta}\,d\theta = \frac{\pi}{\omega}\,(e^{\omega r} - 1) \max_{\theta\in[0,\pi]} |f(re^{i\theta})|$$

Or, $\max_{\theta\in[0,\pi]} |f(re^{i\theta})| = \max_{|z|=r} |f(z)|$ tend vers 0 quand r tend vers $+\infty$. En effet, dire que $f(z)$ tend vers 0 à l'infini, c'est dire que

$$(\forall\varepsilon > 0)\ (\exists R > 0)\ (\forall z \in \mathbb{C})\ \big((|z| \geq R) \Longrightarrow (|f(z)| < \varepsilon)\big)$$

ce qui implique que

$$(\forall\varepsilon > 0)\ (\exists R > 0)\ (\forall r \geq R)\ \left(\max_{|z|=r} |f(z)| < \varepsilon\right)$$

Comme $\frac{\pi}{\omega}\,(e^{\omega r} - 1) = \frac{\pi}{|\omega|}\,(1 - e^{\omega r})$ tend vers $\frac{\pi}{|\omega|}$, on a bien prouvé que $\int_{(C_r)} f(z)e^{-i\omega z}\,dz$ tend vers 0 quand r tend vers $+\infty$.

□

Exemples.

1. La fonction $z \mapsto \frac{1}{z+i}$ tend vers 0 quand z tend vers l'infini et n'a pas de pôle réel. Le lacet de gauche de la figure X.8 n'entoure pas de point singulier de f. On en déduit que

$$\text{Pour } \omega < 0 \qquad \lim_{A\to+\infty} \int_{-A}^{A} \frac{e^{-i\omega x}}{x + i}\,dx = 0$$

   Le lacet de droite de la figure X.8 entoure le pôle simple $-i$ de f dès que $r > 1$, donc :

$$\text{Pour } \omega > 0 \qquad \lim_{A\to+\infty} \int_{-A}^{A} \frac{e^{-i\omega x}}{x + i}\,dx = -2i\pi\,\mathrm{Res}\left(\frac{e^{-i\omega z}}{z + i}, -i\right) = -2i\pi\, e^{-\omega}$$

2. La fonction $f : x \mapsto \frac{x}{1+x^2}$ n'est pas intégrable sur $\mathbb{R}$, mais elle tend vers 0 à l'infini. On peut donc calculer par cette méthode la valeur de l'intégrale semi-convergente $\int_0^{+\infty} \frac{x\sin(\omega x)}{1+x^2}\,dx$, reliée à l'intégrale de Fourier $\int_{-\infty}^{+\infty} \frac{x\,e^{-i\omega x}}{1+x^2}\,dx$ (on peut se contenter du cas $\omega \leq 0$ et utiliser le fait que la fonction f est impaire).

Remarque. Par contre, cette méthode ne permet pas de calculer l'intégrale de Fourier semi-convergente $J(\omega) = \int_{-\infty}^{+\infty} \frac{e^{-i\omega t}}{\sqrt{1+t^2}}\,dt$. En effet, les déterminations de $z \mapsto \frac{1}{\sqrt{z^2+1}}$ tendent bien vers 0 à l'infini, mais elles admettent toutes des points singuliers *non isolés* (les points des coupures introduites), de sorte qu'il n'est pas possible de se ramener à l'application de la proposition 5.1.

Lorsque f admet un ou plusieurs points singuliers réels, on peut essayer d'adapter la méthode en utilisant un lacet qui les contourne. Nous allons voir un exemple classique de ce type dans le paragraphe suivant.

5.5 Intégrale du sinus-cardinal

On sait que l'intégrale $I = \int_{-\infty}^{+\infty} \frac{\sin x}{x}\,dx$ est convergente (mais non absolument convergente). On a $I = \int_{-\infty}^{+\infty} \frac{e^{ix} - e^{-ix}}{2i\,x}\,dx$, mais on ne peut pas écrire $I = \int_{-\infty}^{+\infty} \frac{e^{ix}}{2ix}\,dx - \int_{-\infty}^{+\infty} \frac{e^{-ix}}{2ix}\,dx$ car ces deux intégrales sont divergentes (en effet, $\int_{-\infty}^{+\infty} \frac{\cos x}{x}\,dx$ est divergente en 0).

On peut toutefois adapter la méthode décrite au paragraphe 5.4. Les propriétés de parité de cos et sin impliquent que $\int_{-\infty}^{-\varepsilon} \frac{\cos x}{x}\, dx = -\int_{\varepsilon}^{+\infty} \frac{\cos x}{x}\, dx$ et $\int_{-\infty}^{-\varepsilon} \frac{\sin x}{x}\, dx = \int_{\varepsilon}^{+\infty} \frac{\sin x}{x}\, dx$. On a donc

$$\text{V.P.} \int_{-\infty}^{+\infty} \frac{e^{ix}}{x}\, dx = \lim_{\varepsilon \to 0^+} \left(\int_{-\infty}^{-\varepsilon} \frac{e^{ix}}{x}\, dx + \int_{\varepsilon}^{+\infty} \frac{e^{ix}}{x}\, dx \right) = 2i \int_{0}^{+\infty} \frac{\sin x}{x}\, dx = i\, I$$

Pour calculer I, il est donc logique d'intégrer la fonction $z \mapsto g(z) = \frac{e^{iz}}{z}$ le long du lacet $(\gamma_{r,\varepsilon})$ de la figure X.9, obtenu par juxtaposition du demi-cercle (C_r) de centre 0 et de rayon $r > 0$ (orienté dans le sens direct), du segment $[-r, -\varepsilon]$ (où $0 < \varepsilon < r$), du demi-cercle (C'_ε) de centre 0 et de rayon ε (orienté dans le sens indirect) et du segment $[\varepsilon, r]$.

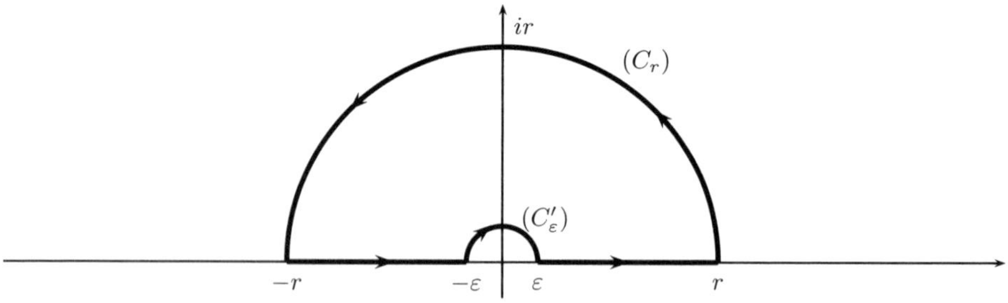

FIGURE X.9 – Lacet utilisé lors du calcul de l'intégrale du sinus-cardinal

La fonction g est holomorphe sur $\mathbb{C}^*$ et $(\gamma_{r,\varepsilon})$ n'entoure pas le point singulier 0, donc, d'après le théorème de Cauchy, on a

$$\int_{(\gamma_{r,\varepsilon})} \frac{e^{iz}}{z}\, dz = 0$$

On a choisi le demi-cercle (C_r) situé dans le demi-plan $\Im z \geq 0$ car $g(z) = f(z)e^{-i\omega z}$ avec $\omega = -1 < 0$ et $f(z) = \frac{1}{z}$ tend vers 0 quand z tend vers l'infini. On peut donc utiliser la majoration de $\left| \int_{(C_r)} \frac{e^{iz}}{z}\, dz \right|$ de la preuve de la proposition 5.1 et obtenir

$$\lim_{r \to +\infty} \int_{(C_r)} \frac{e^{iz}}{z}\, dz = 0$$

En ce qui concerne $\int_{(C'_\varepsilon)} \frac{e^{iz}}{z}\, dz$, le lemme 5.2 s'applique car 0 est un pôle simple de $g \,:\, z \mapsto \frac{e^{iz}}{z}$. En effet, e^{iz} ne s'annule pas en $z = 0$. On a $\text{Res}\,(g, 0) = e^{i\,0} = 1$ et le demi-cercle (C'_ε) est un arc d'angle au centre $-\pi$ (il est orienté dans le sens indirect), donc on a

$$\lim_{\varepsilon \to 0} \int_{(C'_\varepsilon)} \frac{e^{iz}}{z}\, dz = -i\pi \text{Res}\,(g, 0) = -i\pi$$

En ce qui concerne les intégrales sur les segments, on a

$$\lim_{\varepsilon \to 0^+} \lim_{r \to +\infty} \left(\int_{[-r,-\varepsilon]} \frac{e^{iz}}{z}\, dz + \int_{[\varepsilon, r]} \frac{e^{iz}}{z}\, dz \right) = \text{V.P.} \int_{-\infty}^{+\infty} \frac{e^{ix}}{x}\, dx = i \int_{-\infty} \frac{\sin x}{x}\, dx = iI$$

On fait tendre r vers $+\infty$ et ε vers 0 dans l'égalité suivante :

$$0 = \int_{(\gamma_{r,\varepsilon})} \frac{e^{iz}}{z}\, dz = \int_{(C_r)} \frac{e^{iz}}{z}\, dz + \left(\int_{[-r,-\varepsilon]} \frac{e^{iz}}{z}\, dz + \int_{[\varepsilon, r]} \frac{e^{iz}}{z}\, dz \right) + \int_{(C'_\varepsilon)} \frac{e^{iz}}{z}\, dz$$

et on obtient $0 = 0 + iI - i\pi$, d'où

$$I = \int_{-\infty}^{+\infty} \frac{\sin x}{x}\, dx = \pi \tag{X.50}$$

5.6 Transformée de Fourier d'une gaussienne

Soit $a > 0$, ou plus généralement a un complexe tel que $\Re a > 0$. On a déjà calculé la transformée de Fourier de la gaussienne $f_a : t \mapsto e^{-at^2}$ en déterminant une équation différentielle dont $\widehat{f_a}$ est solution (cf. exercice IV.4). On peut aussi la calculer par intégration dans le plan complexe. Utilisons, là aussi, la définition $\mathcal{F}f(\omega) = \int_{-\infty}^{+\infty} f(t)e^{-i\omega t}\,dt$. Pour éviter de manipuler le paramètre a, on peut poser $a = 1$ car on obtient immédiatement $\mathcal{F}f_a(\omega)$ à partir de $F(\omega) = \mathcal{F}f_1(\omega)$ par changement d'échelle.

Malheureusement, la méthode exposée aux paragraphes 5.3 et 5.4 ne s'applique pas car e^{-z^2} ne tend pas vers 0 quand z tend vers l'infini. En effet, si z tend vers l'infini en restant imaginaire pur ($z = iy$, $y \in \mathbb{R}$), alors $e^{-z^2} = e^{y^2}$ tend vers $+\infty$.

Supposons $\omega > 0$. On intègre $g(z) = e^{-z^2}$ le long du lacet rectangulaire $(\gamma_{A,\omega})$ de la figure X.10. En effet, on peut paramétrer le segment $[A + i\omega/2, -A + i\omega/2]$ en posant $z = x + i\omega/2$ où x varie de A à $-A$ et $dz = dx$, donc :

$$\int_{[A+i\omega/2,-A+i\omega/2]} g(z)\,dz = \int_A^{-A} e^{-(x+i\omega/2)^2}\,dx = -e^{\frac{\omega^2}{4}} \int_{-A}^{A} e^{-x^2}e^{-i\omega x}\,dx$$

Lorsque A tend vers $+\infty$, cette intégrale tend vers $-e^{\frac{\omega^2}{4}}F(\omega)$.

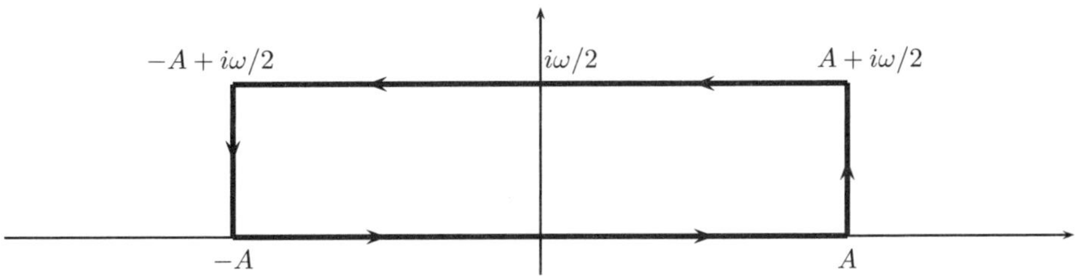

FIGURE X.10 – Lacet utilisé lors du calcul de la T.F. d'une gaussienne

L'intégrale curviligne de g le long du segment $[-A, A]$ tend vers $\int_{-\infty}^{+\infty} e^{-x^2}\,dx$ lorsque A tend vers $+\infty$. La valeur de cette intégrale est usuelle (cf. exercice I.13) : elle vaut π.

Que deviennent les intégrales le long des segments « verticaux » lorsque A tend vers l'infini ? On a

$$\begin{aligned}\left|\int_{[A,A+i\omega/2]} g(z)\,dz\right| = \left|\int_0^{\omega/2} e^{-(A+iy)^2} i\,dy\right| &= \left|ie^{-A^2}\int_0^{\omega/2} e^{-2iyA}e^{y^2}\,dy\right| \\ &\leq e^{-A^2}\int_0^{\omega/2} e^{y^2}\,dy \\ &\leq e^{-A^2}e^{\omega^2/4}\omega/2\end{aligned}$$

On a donc

$$\lim_{A\to+\infty} \int_{[A,A+i\omega/2]} g(z)\,dz = 0$$

Le lecteur vérifiera sans peine que l'on a de même :

$$\lim_{A\to+\infty} \int_{[-A+i\omega/2,-A]} g(z)\,dz = 0$$

D'autre part, la fonction g est holomorphe sur $\mathbb{C}$, donc, en vertu du théorème de Cauchy :

$$\int_{(\gamma_{A,\omega})} g(z)\,dz = 0$$

On fait tendre A vers $+\infty$ dans l'égalité

$$\int_{(\gamma_{A,\omega})} g(z)\,dz = \int_{[-A,A]} g(z)\,dz + \int_{[A,A+i\omega/2]} g(z)\,dz + \int_{[A+i\omega/2,-A+i\omega/2]} g(z)\,dz + \int_{[-A+i\omega/2,-A]} g(z)\,dz$$

On obtient l'égalité $0 = \pi + 0 - e^{\frac{\omega^2}{4}} F(\omega) + 0$, d'où l'on déduit que, pour $\omega > 0$:

$$F(\omega) = \int_{-\infty}^{+\infty} e^{-x^2} e^{-i\omega x}\,dx = \pi e^{-\omega^2/4} \tag{X.51}$$

On voit que (X.51) est valable aussi pour $\omega = 0$. La fonction $\omega \mapsto \pi e^{-\omega^2/4}$ est paire et la T.F. d'une fonction paire est paire, donc (X.51) est en fait valable pour tout réel ω. On retrouve ainsi que la T.F. d'une gaussienne est une gaussienne. En posant $\omega = 2\pi\nu$, on retrouve l'égalité (IV.26) pour $a = 1$.

5.7 Intégrales de la forme $\int_0^{+\infty} F(x)x^\alpha\,dx$

Soit $\alpha \in]-1,0[$. Considérons une fraction rationnelle $F = P/Q$ (supposée irréductible sur $\mathbb{C}$) n'admettant aucun pôle sur $[0,+\infty[$ et telle que $\deg Q \geq \deg P + 1$. Vérifions que, sous ces conditions, la fonction $f : x \mapsto F(x)x^\alpha = F(x)e^{\alpha \ln x}$ est intégrable sur $]0,+\infty[$.

Si 0 est racine d'ordre $m \geq 1$ de P, alors en mettant x^m en facteur, on voit que $f(x)$ s'écrit $x^{m+\alpha}G(x)$ où G est une fraction rationnelle n'admettant pas 0 pour pôle et $m+\alpha \geq 1+\alpha > 0$, donc f est prolongeable par continuité à droite en 0. Sinon, $|f(x)| \sim_0 c/|x|^{-\alpha}$ avec c constante non nulle et $-\alpha < 1$, donc f est intégrable sur $]0,1]$.

La fonction f est également intégrable sur $[1,+\infty[$. En effet, $|f(x)| \sim_{+\infty} b/|x|^{\deg Q - \deg P - \alpha}$ avec b constante non nulle et $\deg Q - \deg P - \alpha \geq 1 - \alpha > 1$.

Nous souhaitons calculer

$$I = \int_0^{+\infty} F(x)x^\alpha\,dx \tag{X.52}$$

Nous allons voir qu'un bon choix est d'intégrer $g : z \mapsto F(z)z^\alpha$ le long du lacet $(\gamma_{r,\varepsilon,\eta})$ représenté figure X.11, où la fonction $z \mapsto z^\alpha = e^{\alpha \operatorname{Log} z}$ est définie par le choix $\arg z \in [0, 2\pi[$. Avec cette détermination de $\arg z$, la fonction g est holomorphe sur l'ouvert Ω égal au plan coupé $\mathbb{C} \setminus [0,+\infty[$ privé des pôles de F.

Appelons $(S_{r,\varepsilon,\eta})$ (respectivement $(S'_{r,\varepsilon,\eta})$) le segment situé au dessus (respectivement au dessous) de la coupure et $(C_{r,\eta})$ (respectivement $(C'_{\varepsilon,\eta})$) l'arc de cercle de rayon r (respectivement de rayon ε) orienté dans le sens direct (respectivement indirect). Le lacet $(\gamma_{r,\varepsilon,\eta})$ est la juxtaposition de ces quatre chemins (voir la figure X.11) et est inclus dans l'ouvert Ω. Explicitons les intégrales curvilignes le long de ces chemins et étudions leur limite éventuelle lorsque l'écartement η tend vers 0.

Pour $z \in (C_{r,\eta})$, on a $z = re^{i\theta}$ avec $0 < a_{r,\eta} \leq \theta \leq b_{r,\eta} < 2\pi$, où $[a_{r,\eta}, b_{r,\eta}]$ est l'intervalle de variation de $\theta = \arg z$ lorsque z décrit $(C_{r,\eta})$. On a $\operatorname{Log} z = \ln|z| + i\arg z = \ln r + i\theta$, donc :

$$g(z) = e^{\alpha \operatorname{Log}(re^{i\theta})} F(re^{i\theta}) = r^\alpha e^{i\alpha\theta} F(re^{i\theta})$$

On en déduit que

$$\int_{(C_{r,\eta})} g(z)\,dz = \int_{a_{r,\eta}}^{b_{r,\eta}} r^\alpha e^{i\alpha\theta} F(re^{i\theta})\, ire^{i\theta}\,d\theta$$

Tenant compte du sens de parcours de $(C'_{\varepsilon,\eta})$, on a en adaptant les notations :

$$\int_{(C'_{\varepsilon,\eta})} g(z)\,dz = -\int_{c_{\varepsilon,\eta}}^{d_{\varepsilon,\eta}} \varepsilon^\alpha e^{i\alpha\theta} F(\varepsilon e^{i\theta})\, i\varepsilon e^{i\theta}\,d\theta$$

où $0 < c_{\varepsilon,\eta} < d_{\varepsilon,\eta} < 2\pi$. Si nous faisons tendre η vers 0, $a_{r,\eta}$ et $c_{\varepsilon,\eta}$ tendent vers 0, et $b_{r,\eta}$ et $d_{\varepsilon,\eta}$ tendent vers 2π. La fonction $z \mapsto g(z)$ n'est pas continue aux points de la demi-droite $[0, +\infty[$, mais les fonctions $\theta \mapsto r^{\alpha}\, e^{i\alpha\theta}\, F(re^{i\theta})\, ire^{i\theta}$ et $\theta \mapsto \varepsilon^{\alpha}\, e^{i\alpha\theta}\, F(\varepsilon e^{i\theta})\, i\varepsilon e^{i\theta}$ sont continues sur $[0, 2\pi]$, de sorte que les intégrales curvilignes $\int_{(C_{r,\eta})} g(z)\, dz$ et $\int_{(C'_{\varepsilon,\eta})} g(z)\, dz$ admettent une limite lorsque η tend vers 0. Plus précisément, nous avons :

$$\lim_{\eta \to 0} \int_{(C_{r,\eta})} g(z)\, dz = \int_0^{2\pi} ir^{\alpha+1}\, e^{i(\alpha+1)\theta}\, F(re^{i\theta})\, d\theta \tag{X.53}$$

$$\lim_{\eta \to 0} \int_{(C'_{\varepsilon,\eta})} g(z)\, dz = -\int_0^{2\pi} i\varepsilon^{\alpha+1}\, e^{i(\alpha+1)\theta}\, F(\varepsilon e^{i\theta})\, d\theta \tag{X.54}$$

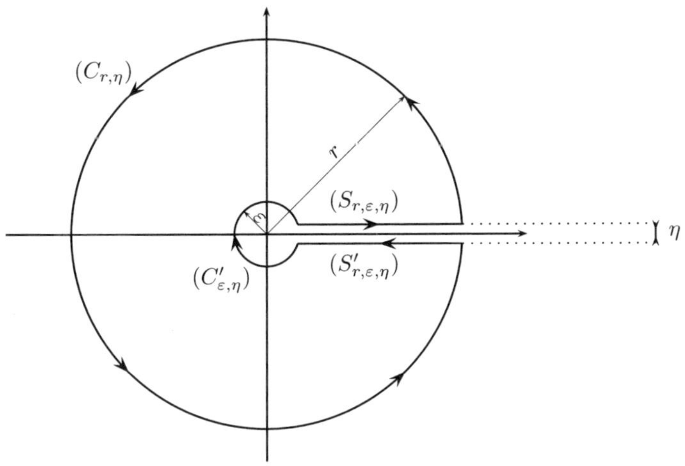

FIGURE X.11 – Lacet permettant de calculer $\int_0^{+\infty} F(x)x^{\alpha}\, dx$ et $\int_0^{+\infty} F(x) \ln x\, dx$

Que deviennent les intégrales le long des segments lorsque η tend vers 0 ? Pour $z \in (S_{r,\varepsilon,\eta})$, on a $z = x + i\frac{\eta}{2}$ où x varie dans un intervalle $J_{r,\varepsilon,\eta}$ de $\mathbb{R}$ qui « tend vers » $[\varepsilon, r]$ lorsque η tend vers 0. Introduisons la famille de fonctions $(g_{\eta})_{\eta \geq 0}$ définies par $g_{\eta}(x) = g\big(x + i\frac{\eta}{2}\big)\, \mathbf{1}_{J_{r,\varepsilon,\eta}}(x)$. L'argument des points du segment $(S_{r,\varepsilon,\eta})$ tend vers 0 quand η tend vers 0, donc on a

$$\lim_{\eta \to 0} g_{\eta}(x) = e^{\alpha(\ln x + i\,0)}\, F(xe^{i\,0})\, \mathbf{1}_{[\varepsilon,r]}(x) = x^{\alpha}\, F(x)\, \mathbf{1}_{[\varepsilon,r]}(x)$$

Dans le but d'utiliser le théorème de convergence dominée (plus précisément, la remarque page 21), on cherche une majoration de $|g_{\eta}(x)|$ indépendante de η. Il suffit de se donner un nombre $\varepsilon_0 \in]0, \varepsilon[$, de remarquer qu'il existe η_0 tel que $J_{r,\varepsilon,\eta} \subset [\varepsilon_0, r]$ pour $\eta \in [0, \eta_0]$ et d'utiliser le fait que la fonction $\eta \mapsto \big|g\big(x + i\frac{\eta}{2}\big)\big|$ est continue sur $[0, \eta_0]$, donc majorée par une constante $M > 0$ sur cet intervalle compact. La fonction $x \mapsto M\, \mathbf{1}_{[\varepsilon_0,r]}(x)$ est une majorante des $|g_{\eta}|$ intégrable sur $\mathbb{R}$. Le théorème de convergence dominée s'applique et on obtient

$$\lim_{\eta \to 0} \int_{(S_{r,\varepsilon,\eta})} g(z)\, dz = \int_{\varepsilon}^{r} x^{\alpha}\, F(x)\, dx \tag{X.55}$$

En ce qui concerne l'intégrale curviligne de g le long du segment $(S'_{r,\varepsilon,\eta})$, on prendra garde au fait que l'argument des points du segment $(S'_{r,\varepsilon,\eta})$ tend vers 2π quand η tend vers 0. On a donc

$$\lim_{\eta \to 0} g\left(x - i\frac{\eta}{2}\right) = e^{\alpha(\ln x + i\,2\pi)}\, F(xe^{i\,2\pi}) = e^{i\alpha 2\pi}\, x^{\alpha}\, F(x)$$

La justification de l'utilisation du théorème de convergence dominée est tout à fait analogue à ce que l'on a fait pour l'intégrale le long de $(S_{r,\varepsilon,\eta})$. Tenant compte du sens de parcours de $(S'_{r,\varepsilon,\eta})$, il en résulte que

$$\lim_{\eta\to 0}\int_{(S'_{r,\varepsilon,\eta})} g(z)\,dz = -e^{i\alpha 2\pi}\int_{\varepsilon}^{r} x^{\alpha}\,F(x)\,dx \tag{X.56}$$

Faisons tendre ε vers 0 et r vers $+\infty$. Le membre de droite de l'égalité (X.55) tend vers l'intégrale $I=\int_0^{+\infty}F(x)x^{\alpha}\,dx$ que l'on cherche à calculer, tandis que le membre de droite de (X.56) tend vers $-e^{i2\pi\alpha}I$. Remarquons que la somme de ces deux limites n'est pas nulle car $e^{2i\pi\alpha}\neq 1$ (α n'est pas entier). D'après les relations (X.53) et (X.54), si les quantités $r^{\alpha+1}\int_0^{2\pi}e^{i(\alpha+1)\theta}\,F(re^{i\theta})\,d\theta$ et $\varepsilon^{\alpha+1}\int_0^{2\pi}e^{i(\alpha+1)\theta}\,F(\varepsilon e^{i\theta})\,d\theta$ admettent une limite (respectivement quand r tend vers $+\infty$ et quand ε tend vers 0), alors la valeur de I se déduit des valeurs de ces limites. Or, on a la majoration

$$r^{\alpha+1}\left|\int_0^{2\pi}e^{i(\alpha+1)\theta}\,F(re^{i\theta})\,d\theta\right|\le 2\pi r^{1+\alpha}\sup_{\theta\in[0,2\pi]}|F(re^{i\theta})|$$

Comme $\deg Q>\deg P+1+\alpha$, on en déduit

$$\lim_{r\to+\infty}\int_0^{2\pi} ir^{\alpha+1}\,e^{i(\alpha+1)\theta}\,F(re^{i\theta})\,d\theta=0$$

De même, on a

$$\varepsilon^{\alpha+1}\left|\int_0^{2\pi}e^{i(\alpha+1)\theta}\,F(\varepsilon e^{i\theta})\,d\theta\right|\le 2\pi\varepsilon^{1+\alpha}\sup_{\theta\in[0,2\pi]}|F(\varepsilon e^{i\theta})|$$

Or, $1+\alpha>0$ et F n'admet pas 0 pour pôle, donc

$$\lim_{\varepsilon\to 0}\int_0^{2\pi} i\varepsilon^{\alpha+1}\,e^{i(\alpha+1)\theta}\,F(\varepsilon e^{i\theta})\,d\theta=0$$

Si r est assez grand et si ε et η sont assez petits, alors le lacet $(\gamma_{r,\varepsilon,\eta})$ entoure dans le sens direct tous les pôles de F (car aucun n'est réel positif), qui sont des points singuliers isolés pour g, donc :

$$\int_{(\gamma_{r,\varepsilon,\eta})} g(z)\,dz = 2i\pi\sum_{p\text{ pôle de }F}\operatorname{Res}(g,p)$$

En particulier, lorsque η et ε sont assez petits et r est assez grand, la valeur de $\int_{(\gamma_{r,\varepsilon,\eta})}g(z)\,dz$ ne dépend ni de η, ni de ε, ni de r. Après avoir fait tendre η vers 0, r vers $+\infty$ et ε vers 0, on obtient l'égalité

$$2i\pi\sum_{p\text{ pôle de }F}\operatorname{Res}(g,p)=I+0-e^{2i\pi\alpha}I+0$$

Finalement, nous avons :

$$I=\int_0^{+\infty}F(x)x^{\alpha}\,dx=\frac{2i\pi}{1-e^{2i\pi\alpha}}\sum_{p\text{ pôle de }F}\operatorname{Res}(g,p) \tag{X.57}$$

Exemple. Pour $-1<\alpha<0$, l'intégrale $I_{\alpha}=\int_0^{+\infty}\frac{x^{\alpha}}{1+x}\,dx$ existe et se calcule par la méthode que nous venons de présenter. Elle vaut donc $\frac{2i\pi}{1-e^{2i\pi\alpha}}\operatorname{Res}\left(\frac{z^{\alpha}}{1+z},-1\right)$ où $z^{\alpha}=e^{\alpha(\ln|z|+i\arg z)}$ est défini par la condition $\arg z\in[0,2\pi[$. Le point -1 est pôle simple de $z\mapsto\frac{z^{\alpha}}{1+z}$ et l'on a $\operatorname{Res}\left(\frac{z^{\alpha}}{1+z},-1\right)=e^{\alpha(\ln|z|+i\arg z)}\big|_{z:=-1}=e^{i\alpha\arg(-1)}=e^{i\alpha\pi}$. On a donc

$$I_{\alpha}=\frac{2i\pi\,e^{i\alpha\pi}}{1-e^{2i\pi\alpha}}=\frac{2i\pi}{e^{-i\alpha\pi}-e^{i\alpha\pi}}=\frac{-\pi}{\sin(\alpha\pi)}$$

5.8 Intégrales de la forme $\int_0^{+\infty} F(x)\ln x\,dx$

Soit F une fraction rationnelle *à coefficients réels.* Le lacet $(\gamma_{r,\varepsilon,\eta})$ de la figure X.11 permet également de calculer

$$J = \int_0^{+\infty} F(x)\ln x\,dx \tag{X.58}$$

lorsque cette intégrale existe. Pour cela, il suffit que la fraction rationnelle $F = P/Q$ (supposée irréductible sur $\mathbb{C}$) n'ait pas de pôle réel positif et que $\deg Q \geq \deg P + 2$.

Considérons la détermination de $z \mapsto \operatorname{Log} z$ définie par $\arg z \in [0, 2\pi[$, holomorphe sur le plan coupé $\Omega = \mathbb{C} \setminus [0, +\infty[$. Intégrons $F(z)\operatorname{Log} z$ le long de $(\gamma_{r,\varepsilon,\eta})$ et faisons tendre η vers 0. Les points du segment au dessus de la coupure voient leur argument tendre vers 0 tandis que les points du segment au dessous de la coupure voient leur argument tendre vers 2π. On peut justifier l'utilisation du théorème de convergence dominée (en raisonnant comme au paragraphe 5.7). Lorsque η tend vers 0, la somme des intégrales curvilignes le long des deux segments tend vers :

$$\int_\varepsilon^r F(x)\ln x\,dx + \int_r^\varepsilon F(x)(\ln x + i2\pi)\,dx = \quad i2\pi \int_\varepsilon^r F(x)\,dx$$

On remarque que les intégrales dont on espérait qu'elles nous donne la valeur de J en faisant tendre ε vers 0 et r vers $+\infty$ se détruisent mutuellement ! [6]

On peut contourner cette difficulté grâce à l'astuce suivante : on intègre $g(z) = F(z)(\operatorname{Log} z)^2$ le long de $(\gamma_{r,\varepsilon,\eta})$. Lorsque η tend vers 0, la somme des intégrales curvilignes de g le long des deux segments tend vers

$$\int_\varepsilon^r F(x)(\ln x)^2\,dx + \int_r^\varepsilon F(x)(\ln x + i2\pi)^2\,dx = -i4\pi \int_\varepsilon^r F(x)\ln x\,dx + 4\pi^2 \int_\varepsilon^r F(x)\,dx$$

En effet, c'est cette fois $\int_\varepsilon^r F(x)(\ln x)^2\,dx$ qui disparaît et on fait apparaître $\int_\varepsilon^r F(x)\ln x\,dx$ grâce au « double-produit » issu du développement de $(\ln x + i2\pi)^2$.

Par ailleurs, l'intégrale de g le long de $(C_{r,\varepsilon,\eta})$ tend, lorsque η tend vers 0, vers :

$$\int_0^{2\pi} F(re^{i\theta})\big(\operatorname{Log}(re^{i\theta})\big)^2\, ire^{i\theta}\,d\theta$$

et l'intégrale de g le long de $(C'_{r,\varepsilon,\eta})$ tend, lorsque η tend vers 0, vers

$$-\int_0^{2\pi} F(\varepsilon e^{i\theta})\big(\operatorname{Log}(\varepsilon e^{i\theta})\big)^2\, i\varepsilon e^{i\theta}\,d\theta$$

Si ρ et θ désignent respectivement le module et l'argument de $z \in \mathbb{C}^*$, on a

$$\begin{aligned}
|g(z)| &= \left|F(\rho e^{i\theta})\big(\operatorname{Log}(\rho e^{i\theta})\big)^2\right| \\
&= |F(\rho e^{i\theta})|\,|\ln\rho + i\theta|^2 \\
&= |F(\rho e^{i\theta})|\,\big((\ln\rho)^2 + \theta^2\big) \\
&\leq |F(\rho e^{i\theta})|\,\big((\ln\rho)^2 + 4\pi^2\big)
\end{aligned}$$

car $\arg z = \theta$ est majoré par 2π. Il en résulte que l'on a la majoration suivante :

$$\left|\int_0^{2\pi} F(\rho e^{i\theta})\big(\operatorname{Log}(\rho e^{i\theta})\big)^2\, i\rho e^{i\theta}\,d\theta\right| \leq 2\pi\rho\,\big((\ln\rho)^2 + 4\pi^2\big) \sup_{\theta\in[0,2\pi[} |F(\rho e^{i\theta})| \tag{X.59}$$

6. Par contre, on obtient ainsi la valeur de $\int_0^{+\infty} F(x)\,dx$, mais ce n'est pas ici le but recherché.

On utilise la majoration (X.59) une première fois en posant $\rho = r$ et en faisant r tendre vers $+\infty$. Comme $\deg Q \geq \deg P + 2$, on en déduit

$$\lim_{r\to+\infty} \int_0^{2\pi} F(re^{i\theta})\big(\mathrm{Log}\,(re^{i\theta})\big)^2\, ire^{i\theta}\, d\theta = 0$$

On utilise (X.59) une deuxième fois en posant $\rho = \varepsilon$ et en faisant tendre ε vers 0. Lorsque ε tend vers 0, la quantité $\sup_{\theta\in[0,2\pi[} |F(\varepsilon e^{i\theta})|$ tend vers $F(0)$ (en effet, 0 n'est pas un pôle de F, donc F est continue en 0) et $\varepsilon\,\big((\ln\varepsilon)^2 + 4\pi^2\big)$ tend vers 0, donc on a également

$$\lim_{\varepsilon\to0^+} \int_0^{2\pi} F(\varepsilon e^{i\theta})\big(\mathrm{Log}\,(\varepsilon e^{i\theta})\big)^2\, i\varepsilon e^{i\theta}\, d\theta = 0$$

La fonction g est holomorphe dans Ω privé des pôles de F, donc

$$\int_{(\gamma_{r,\varepsilon,\eta})} g(z)\, dz = 2i\pi \sum_{p \text{ pôle de } F} \mathrm{Res}\,(g,p)$$

à condition que η et ε soient assez petits et r assez grand. La valeur de cette intégrale curviligne reste donc constante quand η et ε tendent vers 0 et quand r tend vers $+\infty$. Finalement, en faisant tendre η et ε vers 0 et r vers $+\infty$, on obtient l'égalité

$$2i\pi \sum_{p \text{ pôle de } F} \mathrm{Res}\,(g,p) = -i4\pi \int_0^{+\infty} F(x)\ln x\, dx + 4\pi^2 \int_0^{+\infty} F(x)\, dx \qquad \text{(X.60)}$$

Comme on a supposé que F est à coefficients réels, on a $J \in \mathbb{R}$. On en déduit la valeur de J et de $\int_0^{+\infty} F(x)\, dx$ en séparant les parties réelle et imaginaire dans l'égalité (X.60).

Remarques.

1. On voit que, dans la méthode des résidus, ce n'est pas toujours la fonction g « la plus évidente » qui convient. Ici, intégrer $F(z)\mathrm{Log}\, z$ le long du lacet $(\gamma_{r,\varepsilon,\eta})$ ne permet pas de calculer $\int_0^{+\infty} F(x)\ln x\, dx$.
2. On peut généraliser l'astuce utilisée lors du calcul de J : sous les mêmes hypothèses, on peut calculer les intégrales $J_n = \int_0^{+\infty} F(x)(\ln x)^n\, dx$ où $n \in \mathbb{N}$ en intégrant sur $(\gamma_{r,\varepsilon,\eta})$ la détermination de $F(z)(\mathrm{Log}\, z)^{n+1}$ définie par $\arg z \in [0, 2\pi[$. Cela fournit une relation entre $J_0, J_1, \ldots, J_n$. On calcule les J_n de proche en proche : on a d'abord J_0 et J_1, d'où l'on déduit J_2, etc.

Exemple. L'intégrale $I = \int_0^{+\infty} \frac{\ln x}{(2+x)^2}\, dx$ existe et se calcule par la méthode que nous venons de présenter, *i.e.* en intégrant $z \mapsto \frac{(\mathrm{Log}\, z)^2}{(2+z)^2}$ le long du lacet $(\gamma_{r,\varepsilon,\eta})$. En faisant tendre η vers 0, l'intégrale de $\frac{(\ln x)^2}{(2+x)^2}$ disparaît et l'intégrale I apparaît. En faisant tendre ε vers 0 et r vers $+\infty$, on obtient l'égalité $-4i\pi\, I + 4\pi^2 \int_0^{+\infty} \frac{dx}{(2+x)^2} = 2i\pi\, \mathrm{Res}\left(\frac{(\mathrm{Log}\, z)^2}{(2+z)^2}, -2\right)$. Or $(\mathrm{Log}\, z)^2|_{z:=-2} = \big(\ln|-2| + i\arg(-2)\big)^2 = \big(\ln 2 + i\pi\big)^2 \neq 0$, donc -2 est un pôle double de la fonction $z \mapsto \frac{(\mathrm{Log}\, z)^2}{(2+z)^2}$ et l'on a

$$\mathrm{Res}\left(\frac{(\mathrm{Log}\, z)^2}{(2+z)^2}, -2\right) = \frac{d}{dz}\big((\mathrm{Log}\, z)^2\big)\Big|_{z:=-2} = \frac{2}{z}\,\mathrm{Log}\, z\Big|_{z:=-2} = -\big(\ln 2 + i\pi\big)$$

Ainsi $-4i\pi\, I + 4\pi^2 \int_0^{+\infty} \frac{dx}{(2+x)^2} = -2i\pi \ln 2 + 2\pi^2$. En prenant les parties imaginaires, on obtient $I = \int_0^{+\infty} \frac{\ln x}{(2+x)^2}\, dx = \frac{\ln 2}{2}$.

On obtient également le résultat $\int_0^{+\infty} \frac{dx}{(2+x)^2} = \frac{1}{2}$ (en prenant les parties réelles). Comme c'est une intégrale que l'on sait calculer de façon élémentaire, il est possible d'en profiter pour « vérifier » nos calculs : on a bien $\int_0^{+\infty} \frac{dx}{(2+x)^2} = \lim_{A\to+\infty} \left[-(2+x)^{-1}\right]_0^A = \frac{1}{2}$.

6 Exercices corrigés

Exercice X.1 *Calculer* $I = \int_{[1,i]} (\bar{z})^2 \, dz$ *et* $J = \int_{(C)} (\bar{z})^2 \, dz$ *où* (C) *est le quart de cercle de centre* 0*, de rayon* 1*, reliant les points* 1 *et* i*. Commenter.*

Solution. Le segment $[1, i]$ peut être paramétré par $z = x + i(1-x)$ où le paramètre x varie de 1 à 0 (c'est en effet la partie de la droite d'équation $y = 1 - x$ obtenue en faisant varier x de 1 à 0). Le long de ce segment, on a $\bar{z} = x - i(1-x)$ et $dz = (1-i)\,dx$, donc

$$\begin{aligned} I = \int_1^0 (x - i(1-x))^2 (1-i)\,dx &= -(1-i) \int_0^1 ((1+i)x - i)^2 \, dx \\ &= -(1-i) \left((1+i)^2 \int_0^1 x^2 \, dx - 2i(1+i) \int_0^1 x \, dx - \int_0^1 dx \right) \\ &= -(1-i) \left((1+i)^2 \frac{1}{3} - 2i(1+i)\frac{1}{2} - 1 \right) = \frac{1-i}{3} \end{aligned}$$

La quart de cercle (C) peut être paramétré par $z = e^{i\theta}$ où le paramètre θ varie de 0 à $\pi/2$. Le long de (C), on a $\bar{z} = e^{-i\theta}$ et $dz = ie^{i\theta}\,d\theta$, donc

$$J = \int_0^{\pi/2} \left(e^{-i\theta}\right)^2 ie^{i\theta}\,d\theta = \int_0^{2\pi} ie^{-i\theta}\,d\theta = \left[-e^{-i\theta}\right]_0^{\pi/2} = i + 1$$

Bien que les deux chemins $[1, i]$ et (C) soient homotopes à extrémités fixes dans $\mathbb{C}$, on a $I \neq J$. Cela n'a rien de surprenant : la fonction $z \mapsto (\bar{z})^2$ est continue sur $\mathbb{C}$ mais n'est pas holomorphe, donc le théorème de Cauchy ne s'applique pas ici.

Exercice X.2 *Soit* $k \in \mathbb{N}$.

1. *Soit* $z \in \mathbb{C}^*$*. On pose* $z = \rho e^{i\theta}$*, où* $\rho = |z|$ *et* θ *est un argument de* z*. Calculer la partie réelle de* $z^k e^z$ *en fonction de* k, ρ, θ.
2. *Calculer* $I_k = \int_{C(0,1)} z^{k-1} e^z \, dz$*, où le cercle est parcouru dans le sens direct.*
3. *En déduire la valeur de* $J_k = \int_0^{2\pi} e^{\cos\theta} \cos(k\theta + \sin\theta)\,d\theta$.

Solution.

1. On a $z^k e^z = \rho^k e^{ik\theta} e^{\rho e^{i\theta}} = \rho^k e^{ik\theta + \rho(\cos\theta + i\sin\theta)} = \rho^k e^{\rho\cos\theta}\big(\cos(k\theta+\rho\sin\theta) + i\sin(k\theta+\rho\sin\theta)\big)$. Il en résulte que
$$\Re(z^k e^z) = \rho^k e^{\rho\cos\theta} \cos(k\theta + \rho\sin\theta)$$
2. Soit $f_k : z \mapsto z^{k-1}e^z$. Pour $k \in \mathbb{N}^*$, la fonction f_k est holomorphe sur $\mathbb{C}$ (simplement connexe) et $C(0,1)$ est un lacet de $\mathbb{C}$, donc, d'après le théorème de Cauchy, on a $I_k = 0$.
Pour $k = 0$, la fonction $f_0 : z \mapsto \frac{e^z}{z}$ est holomorphe sur $\mathbb{C}^*$ et le lacet $C(0,1)$ entoure le point singulier 0 (dans le sens direct), donc le théorème de Cauchy ne s'applique pas. Par contre, on peut appliquer la formule de Cauchy dans l'ouvert $\mathbb{C}$ simplement connexe, en écrivant $f_0(z) = \frac{f(z)}{z-z_0}$ où $f(z) = e^z$ et $z_0 = 0$. Il en résulte que $I_0 = 2i\pi e^0 = 2i\pi$.
3. Par paramétrage du cercle $C(0,1)$ orienté dans le sens direct, I_k s'écrit
$$I_k = \int_0^{2\pi} e^{i(k-1)\theta} e^{e^{i\theta}} ie^{i\theta}\,d\theta = i \int_0^{2\pi} e^{ik\theta} e^{e^{i\theta}}\,d\theta$$
On a donc $\Re(-iI_k) = \int_0^{2\pi} \Re\big(e^{ik\theta} e^{e^{i\theta}}\big)\,d\theta = \int_0^{2\pi} e^{\cos\theta} \cos(k\theta + \sin\theta)\,d\theta$, *i.e.* $J_k = \Re(-iI_k)$. Finalement, on a $J_k = 0$ pour $k \in \mathbb{N}^*$, et $J_0 = \int_0^{2\pi} e^{\cos\theta}\cos(\sin\theta)\,d\theta = 2\pi$.

Exercice X.3 *Soit $a > 0$ et $b > 0$. On considère l'ellipse $(\mathcal{E})$ d'équation cartésienne réduite $\frac{x^2}{a^2} + \frac{y^2}{b^2} = 1$, orientée dans le sens direct et parcourue une seule fois. Calculer l'intégrale curviligne $\int_{(\mathcal{E})} \frac{dz}{z}$ et en déduire la valeur de $\int_0^{2\pi} \frac{d\theta}{a^2\cos^2\theta + b^2\sin^2\theta}$.*

Solution. L'ellipse $(\mathcal{E})$ entoure 0 une fois dans le sens direct, et la fonction $z \mapsto 1$ est holomorphe sur $\mathbb{C}$, donc la formule de Cauchy nous donne $\int_{(\mathcal{E})} \frac{dz}{z} = 2i\pi$. On peut aussi remarquer que $(\mathcal{E})$ est homotope dans $\mathbb{C}^*$ au cercle trigonométrique, donc $\int_{(\mathcal{E})} \frac{dz}{z} = \int_{C(0,1)} \frac{dz}{z} = 2i\pi$.
Rappelons que $(\mathcal{E})$ peut être paramétrée de la façon suivante : pour θ décrivant $[0, 2\pi]$,

$$\begin{cases} x &= a\cos\theta \\ y &= b\sin\theta \end{cases}$$

i.e. $z = a\cos\theta + ib\sin\theta$ et $dz = (-a\sin\theta + ib\cos\theta)\,d\theta$ le long de $(\mathcal{E})$. On a donc

$$\int_{(\mathcal{E})} \frac{dz}{z} = \int_0^{2\pi} \frac{-a\sin\theta + ib\cos\theta}{a\cos\theta + ib\sin\theta}\,d\theta$$

On a

$$\frac{-a\sin\theta + ib\cos\theta}{a\cos\theta + ib\sin\theta} = \frac{(-a\sin\theta + ib\cos\theta)(a\cos\theta - ib\sin\theta)}{a^2\cos^2\theta + b^2\sin^2\theta} = \frac{(b^2 - a^2)\cos\theta\sin\theta + iab}{a^2\cos^2\theta + b^2\sin^2\theta}$$

de sorte que

$$\int_{(\mathcal{E})} \frac{dz}{z} = (b^2 - a^2)\int_0^{2\pi} \frac{\cos\theta\sin\theta}{a^2\cos^2\theta + b^2\sin^2\theta}\,d\theta + iab\int_0^{2\pi} \frac{d\theta}{a^2\cos^2\theta + b^2\sin^2\theta}$$

Comme $\int_{(\mathcal{E})} \frac{dz}{z} = 2i\pi$, en séparant les parties réelle et imaginaire, on obtient :

$$\int_0^{2\pi} \frac{d\theta}{a^2\cos^2\theta + b^2\sin^2\theta} = \frac{2\pi}{ab}$$

Remarque. Pour $b \neq a$, on en déduit également que $\int_0^{2\pi} \frac{\cos\theta\sin\theta}{a^2\cos^2\theta + b^2\sin^2\theta}\,d\theta = 0$, mais ceci est une simple conséquence du fait que la fonction $\theta \mapsto \frac{\cos\theta\sin\theta}{a^2\cos^2\theta + b^2\sin^2\theta}$ est 2π-périodique et impaire.

Exercice X.4 *Calculer*

$$I = \int_{(\gamma)} \frac{e^z}{z(z-i)^2}\,dz$$

où (γ) est un lacet parcouru une fois dans le sens direct tel que l'intégrale curviligne I soit définie.

Solution. Pour que I soit définie, il suffit que (γ) soit $\mathcal{C}^1_m$ et ne passe ni par 0, ni par i. La fonction $z \mapsto \frac{e^z}{z(z-i)^2}$ est holomorphe sur l'ouvert $\Omega = \mathbb{C} \setminus \{0, i\}$. On doit distinguer quatre cas :

1. Si (γ) n'entoure ni 0, ni i (par exemple le cercle de centre 1 et de rayon 1/2 orienté dans le sens direct), alors (γ) est homotope à un point dans Ω, donc, d'après le théorème de Cauchy, $I = 0$.
2. Si (γ) entoure 0 mais pas i (par exemple le cercle de centre 0 et de rayon 1/2 orienté dans le sens direct), alors il existe un ouvert simplement connexe et contenant (γ) sur lequel $f : z \mapsto \frac{e^z}{(z-i)^2}$ est holomorphe (par exemple, si $(\gamma) = C(0, 1/2)$, on peut choisir pour ouvert le disque $D(0, 3/4)$). Comme (γ) entoure 0 une fois dans le sens direct, la formule de Cauchy (X.19), pour $z_0 = 0$, nous donne :

$$I = 2i\pi\, f(0) = 2i\pi\frac{e^0}{(0-i)^2} = -2i\pi$$

3. Si (γ) entoure i mais pas 0 (par exemple le cercle de centre i et de rayon $1/2$ orienté dans le sens direct), alors il existe un ouvert simplement connexe et contenant (γ) sur lequel $f : z \mapsto \frac{e^z}{z}$ est holomorphe (par exemple, si $(\gamma) = C(i, 1/2)$, on peut choisir pour ouvert le disque $D(i, 3/4)$). Comme (γ) entoure i une fois dans le sens direct, la formule de Cauchy généralisée (X.22), avec $z_0 = i$ et $n+1 = 2$, nous donne :

$$I = \frac{2i\pi}{1!} f'(i) = 2i\pi \left. \frac{e^z(z-1)}{z^2} \right|_{z:=i} = -2i\pi\, e^i(i-1) = 2\pi\, e^i(1+i)$$

4. Si (γ) entoure 0 et i (par exemple le cercle de centre 0 et de rayon 2), pour utiliser la formule de Cauchy, on doit décomposer la fraction rationnelle $F(z) = \frac{1}{z(z-i)^2}$ en éléments simples afin de « séparer » les singularités 0 et i. On a

$$F(z) = \frac{a}{z} + \frac{b}{z-i} + \frac{c}{(z-i)^2}$$

avec $a = \left. \frac{1}{(z-i)^2} \right|_{z:=0} = -1$ et $c = \left. \frac{1}{z} \right|_{z:=i} = -i$. Pour calculer b, le plus rapide est de multiplier par z et de faire tendre z vers l'infini, ce qui donne l'égalité $0 = a + b + 0$, d'où $b = -a = 1$. On a donc

$$I = \int_{(\gamma)} -\frac{e^z}{z}\, dz + \int_{(\gamma)} \frac{e^z}{z-i}\, dz + \int_{(\gamma)} -i \frac{e^z}{(z-i)^2}\, dz$$

La formule de Cauchy (ordinaire et généralisée) s'applique à chacune de ces trois intégrales curvilignes et on trouve :

$$I = -2i\pi\, e^0 + 2i\pi\, e^i - i\, 2i\pi\, \left. (e^z)' \right|_{z:=i} = -2i\pi + 2i\pi e^i + 2\pi e^i = 2\pi\big(e^i(1+i) - i\big)$$

Exercice X.5 *Soit (γ) le lacet égal au triangle ABC, parcouru dans l'ordre A, B, C, A, où $A = 4i, B = -2, C = 1 - i$. Calculer $I = \int_{(\gamma)} \frac{\cos \pi z}{(z+1)^3} dz$ et $J = \int_{(\gamma)} \frac{e^{i\pi z}}{(z+1)(z-i)^2} dz$.*

Indication. Même méthode que dans l'exercice X.4 : pour I, on remarque que le triangle ABC (qui est bien un lacet $\mathcal{C}^1_m$) entoure -1 (dans le sens direct), et pour J on remarque qu'il entoure aussi i (pour J, l'utilisation du théorème des résidus permet d'éviter la décomposition en éléments simples : voir exercice X.11).

Exercice X.6 *Soit $K > 0$, $\alpha \in \mathbb{R}$ et $\theta \in]0, \frac{\pi}{2}[$.*
On considère le segment $[A, B] = [K - iK \tan\theta, K + iK \tan\theta]$ et l'intégrale curviligne

$$J(K, \alpha, \theta) = \int_{[A,B]} z^\alpha e^{-z}\, dz$$

où la détermination choisie pour la fonction $z \mapsto z^\alpha$ est l'une quelconque de celles qui sont continues dans le demi-plan $\Re z > 0$. Démontrer que $J(K, \alpha, \theta)$ tend vers 0 quand K tend vers $+\infty$.

Solution. Pour que $z \mapsto z^\alpha e^{-z}$ soit une fonction continue sur le demi-plan $\Re z > 0$, il suffit de choisir une détermination de $z \mapsto \arg z$ continue sur un plan coupé $\mathbb{C} \setminus \Delta$, où Δ est une demi-droite fermée issue de 0 et située dans le demi-plan $\Re z \leq 0$. Le plan complexe $\mathbb{C}$ étant assimilé au plan $\mathbb{R}^2$ rapporté à un repère orthonormé $(O, \vec{i}, \vec{j})$, A et B sont les points de coordonnées $(K, -K\tan\theta)$ et $(K, K\tan\theta)$. Avec ces notations, θ n'est autre qu'une mesure de l'angle $(\vec{i}, \overrightarrow{OB}) = (\overrightarrow{OA}, \vec{i})$. On a

$$|J(K, \alpha, \theta)| \leq \mathcal{L}([A, B]) \max_{z \in [A,B]} |z^\alpha e^{-z}| = 2K \tan\theta \max_{z \in [A,B]} \left(|z|^\alpha e^{-\Re z}\right)$$

En effet, quelle que soit la détermination choisie pour $\arg z$, on a

$$|z^\alpha| = |e^{\alpha(\ln|z|+i\arg z)}| = e^{\Re(\alpha(\ln|z|+i\arg z))} = e^{\alpha\ln|z|} = |z|^\alpha$$

Pour tout $z \in [A,B]$, on a $\Re z = K$ et $|z| \leq OB = \frac{K}{\cos\theta}$, d'où

$$|J(K,\alpha,\theta)| \leq 2K\tan\theta\, e^{-K}\left(\frac{K}{\cos\theta}\right)^\alpha = CK^{\alpha+1}e^{-K}$$

où C ne dépend pas de K. Il en résulte que $\lim_{K\to+\infty} J(K,\alpha,\theta) = 0$.

Exercice X.7 ***Théorème de Liouville généralisé.***
Soit $f : \mathbb{C} \to \mathbb{C}$ holomorphe sur $\mathbb{C}$. On suppose qu'il existe $p \in \mathbb{N}$ et $M \geq 0$ tels que

$$\forall z \in \mathbb{C} \quad |f(z)| \leq M\,|z|^p \tag{X.61}$$

Démontrer que f est un polynôme de degré au plus p.

Solution. Il s'agit effectivement de généraliser le théorème de Liouville car celui-ci (théorème 2.6) correspond au cas particulier $p = 0$. Il suffit d'adapter la démonstration au cas où p est un entier naturel quelconque. Comme f est holomorphe sur $\mathbb{C}$, on a $f(z) = \sum_{n=0}^{+\infty} a_n z^n$ pour tout complexe z (où les a_n sont les coefficients de Taylor de f en 0) et les inégalités de Cauchy sont valables pour tout $r > 0$:

$$\forall r > 0 \quad \forall n \in \mathbb{N} \quad |a_n| \leq \frac{1}{r^n} \sup_{|z|=r} |f(z)|$$

Par hypothèse, nous avons $\sup_{|z|=r} |f(z)| \leq M\,r^p$, d'où

$$\forall n \in \mathbb{N} \quad \forall r > 0 \quad |a_n| \leq M\,r^{p-n}$$

Supposons $n > p$ et faisons tendre r vers $+\infty$. On obtient $|a_n| \leq 0$, *i.e.* $a_n = 0$. Autrement dit, les coefficients de Taylor de f d'indice strictement plus grand que p sont nuls. On a donc $f(z) = \sum_{n=0}^{p} a_n z^n$, *i.e.* f est une fonction polynomiale, de degré au plus p.

Exercice X.8 *Dans chaque cas, déterminer le développement en série de Laurent demandé, préciser le type du point singulier et donner le résidu en ce point. Retrouver ce dernier résultat à l'aide de la formule de calcul pratique du résidu, lorsque c'est possible.*

1. *Développement en série de Laurent de $f(z) = \frac{\cosh z}{z^3}$ au voisinage de 0.*
2. *Développement en série de Laurent de $f(z) = (z-3)\sin\left(\frac{1}{z+2}\right)$ au voisinage de -2.*
3. *Développement en série de Laurent de $f(z) = \frac{z-\sin z}{z^3}$ au voisinage de 0.*
4. *Développement en série de Laurent de $f(z) = \frac{\sin z}{(z-\pi)^2}$ au voisinage de π.*
5. *Développement en série de Laurent de $f(z) = \frac{1}{z^2+1}$ au voisinage de $-i$.*
6. *Développement en série de Laurent de $f(z) = \frac{1}{z^2(z-3)^2}$ au voisinage de 3.*

Solution. Rappelons que l'expression « développement en série de Laurent de f au voisinage de z_0 » signifie « développement en série de Laurent de f dans un disque pointé centré en z_0 ». Il s'agit effectivement de développer $f(z)$ en série de $(z-z_0)^n$, $n \in \mathbb{Z}$, pour $z \in V\setminus\{z_0\}$, où V est un voisinage de z_0. La théorie montre que l'on peut choisir pour V un disque centré en z_0 et de rayon égal à la distance joignant z_0 au point singulier $z_1 \neq z_0$ le plus proche de z_0. De plus, si par une méthode quelconque, on trouve un développement $\sum_{n\in\mathbb{Z}} a_n(z-z_0)^n$ qui convient pour $f(z)$, c'est par unicité le développement donné par la formule (X.29) page 298. Autrement dit, si l'on peut utiliser un développement en série usuel (par exemple : série géométrique ou développement de l'exponentielle en 0) pour arriver à nos fins, il est inutile d'appliquer (X.29).

1. La fonction $f : z \mapsto \frac{\cosh z}{z^3}$ est holomorphe sur l'ouvert $\mathbb{C}^*$. Le point 0 est donc un point singulier *isolé* de f, et le disque pointé est ici $D(0,+\infty) \setminus \{0\}$, *i.e.* $\mathbb{C}^*$ en entier. Pour tout $z \neq 0$, on a

$$f(z) = z^{-3} \cosh z = z^{-3} \sum_{p=0}^{+\infty} \frac{z^{2p}}{(2p)!} = \sum_{p=0}^{+\infty} \frac{z^{2p-3}}{(2p)!}$$

En effet, le développement en série entière de cosh en 0 est valable sur $\mathbb{C}$. On retrouve ainsi le fait que le développement en série de Laurent de f au voisinage de 0 est valable sur $\mathbb{C}^*$. On remarque par ailleurs que

$$f(z) = z^{-3} + \frac{1}{2} z^{-1} + \sum_{p=2}^{+\infty} \frac{z^{2p-3}}{(2p)!} = z^{-3} + \frac{1}{2} z^{-1} + g(z)$$

où g est holomorphe dans un voisinage de 0 (car $2p-3 \geq 1 > 0$ pour $p \geq 2$, donc g est la somme d'une série entière de rayon de convergence non nul ; ce rayon de convergence étant infini, g est d'ailleurs holomorphe sur $\mathbb{C}$). Il en résulte que 0 est un *pôle triple* de f, et que

$$\operatorname{Res}(f,0) = a_{-1} = \frac{1}{2}$$

Si l'on a besoin seulement du résidu de f en 0, et non du développement en série de Laurent de f (ce sera le cas lorsqu'on voudra appliquer le théorème des résidus), on remarque que la règle pratique donnée dans la proposition 3.1 s'applique : $f(z)$ est de la forme $\frac{g(z)}{(z-z_0)^p}$ avec $z_0 = 0$, $p = 3$ et $g = \cosh$ ne s'annulant pas en 0. On en déduit, sans calculer le développement en série de Laurent, que 0 est un pôle triple de f et que, d'après la formule (X.35), l'on a

$$\operatorname{Res}(f,0) = \frac{1}{2!} g''(0) = \frac{1}{2} \cosh 0 = \frac{1}{2}$$

Remarque. Le calcul du résidu en z_0 par cette deuxième méthode, lorsqu'il est possible, permet parfois de repérer une erreur de calcul dans le développement en série de Laurent au voisinage de z_0 : on vérifie *a posteriori* que le coefficient a_{-1} est juste grâce à la formule (X.35). Bien entendu, cela ne valide pas nos calculs (d'autres coefficients a_n pourraient être faux), mais c'est tout de même rassurant. C'est ce que nous ferons systématiquement dans la suite lorsque la formule (X.35) s'appliquera.

2. La fonction $f : z \mapsto (z-3)\sin\left(\frac{1}{z+2}\right)$ est holomorphe sur l'ouvert $\Omega = \mathbb{C} \setminus \{-2\}$. Le point -2 est donc un point singulier *isolé* de f, et le disque pointé est ici $D(-2,+\infty) \setminus \{-2\}$, *i.e.* Ω en entier. Comme on doit développer $f(z)$ en série de $(z+2)^n$, on écrit [7] :

$$f(z) = (z+2)\sin\left((z+2)^{-1}\right) - 5\sin\left((z+2)^{-1}\right)$$

Pour tout $z \neq -2$, on a $\sin\left((z+2)^{-1}\right) = \sum_{p=0}^{+\infty} \frac{(-1)^p}{(2p+1)!}(z+2)^{-(2p+1)}$. En effet, le développement en série entière usuel $\sin w = \sum_{p=0}^{+\infty} \frac{(-1)^p}{(2p+1)!} w^{2p+1}$ est valable pour tout complexe w, donc en particulier pour $w = (z+2)^{-1}$, pourvu que $z \neq -2$. Nous avons donc, pour tout $z \neq -2$:

$$f(z) = \sum_{p=0}^{+\infty} \frac{(-1)^p}{(2p+1)!}(z+2)^{-2p} - 5\sum_{p=0}^{+\infty} \frac{(-1)^p}{(2p+1)!}(z+2)^{-2p-1}$$

Comme prévu, ce développement en série de Laurent est valable sur Ω. Notons par ailleurs qu'il existe une infinité d'entiers $n < 0$ tels que $a_n \neq 0$:
- pour n pair négatif ($n = -2p$ avec $p \geq 0$), on a $a_n = a_{-2p} = \frac{(-1)^p}{(2p+1)!}$;
- pour n impair strictement négatif ($n = -2p-1$ avec $p \geq 0$), on a $a_n = a_{-2p-1} = -5\,\frac{(-1)^p}{(2p+1)!}$.

7. Tant que l'on manque d'habitude, il est conseillé de poser $u = z+2$ et de développer en série de u^n.

Cela signifie que -2 est un *point singulier essentiel* de f. On a

$$\operatorname{Res}(f,-2) = a_{-1} = -5\,\frac{(-1)^0}{2\times 0+1} = -5$$

Puisque -2 n'est pas un pôle, il n'est pas possible d'utiliser la formule (X.35) pour calculer ce résidu.

3. La fonction $f : z \mapsto \frac{z-\sin z}{z^3}$ est holomorphe sur $\mathbb{C}^*$. Pour $z \neq 0$, on a

$$f(z) = z^{-3}\left(z - \sum_{p=0}^{+\infty} \frac{(-1)^p}{(2p+1)!}\,z^{2p+1}\right) = z^{-3}\sum_{p=1}^{+\infty}\frac{(-1)^{p+1}}{(2p+1)!}\,z^{2p+1}$$

En effet, le premier terme de $\sum_{p=0}^{+\infty}\frac{(-1)^p}{(2p+1)!}\,z^{2p+1}$ se simplifie avec z. On a donc

$$f(z) = \sum_{p=1}^{+\infty}\frac{(-1)^{p+1}}{(2p+1)!}\,z^{2p-2} = \sum_{p=0}^{+\infty}\frac{(-1)^k}{(2k+3)!}\,z^{2k}$$

Ce développement en série de Laurent ne comportant que des $a_n z^n$ avec $n \geq 0$, c'est le développement en série de Taylor d'une fonction g holomorphe dans un voisinage de 0, ce qui prouve que 0 est une *singularité apparente* de f (*i.e.* un point régulier de f). Le rayon de convergence de cette série entière étant infini, la fonction g est en fait un prolongement analytique de f à $\mathbb{C}$.
En particulier, a_{-1} est nul, donc $\operatorname{Res}(f,0) = 0$. Bien que 0 ne soit pas un pôle triple de f (ce qui était prévisible dans la mesure où $g(z) = z - \sin z$ s'annule en $z = 0$), on peut utiliser la formule (X.35) avec $p = 3$ pour calculer ce résidu. On retrouve effectivement ainsi :

$$\operatorname{Res}(f,0) = \frac{1}{2!}\left.\frac{d^2(z-\sin z)}{dz^2}\right|_{z:=0} = \frac{1}{2}\sin 0 = 0$$

4. La fonction $f : z \mapsto \frac{\sin z}{(z-\pi)^2}$ est holomorphe sur $\mathbb{C}\setminus\{\pi\}$. Or π est un zéro du numérateur $\sin z$, donc on est dans une situation analogue à celle de l'exemple précédent : π n'est pas un pôle double de f, mais soit un pôle simple, soit une singularité apparente.
Le développement en série de Laurent de f au voisinage de π sera valable dans $\Omega = \mathbb{C}\setminus\{\pi\}$. Comme on doit développer en série de $(z-\pi)^n$, on écrit $f(z) = -(z-\pi)^{-2}\sin(z-\pi)$ (si l'on préfère, il revient au même de poser $u = z-\pi$ et d'écrire $f(z)$ en fonction de u).
On a, pour $z \neq \pi$:

$$f(z) = -(z-\pi)^{-2}\sum_{p=0}^{+\infty}\frac{(-1)^p}{(2p+1)!}\,(z-\pi)^{2p+1} = \sum_{p=0}^{+\infty}\frac{(-1)^{p+1}}{(2p+1)!}(z-\pi)^{2p-1}$$

On a donc $f(z) = -(z-\pi)^{-1} + g(z)$ avec g holomorphe dans un voisinage de π (sur $\mathbb{C}$, en fait), donc 0 est un pôle simple de f, et $\operatorname{Res}(f,\pi) = -1$. On vérifie que :

$$\operatorname{Res}(f,\pi) = \frac{1}{1!}\left.\frac{d(\sin z)}{dz}\right|_{z:=\pi} = \cos\pi = -1$$

5. La fonction $f : z \mapsto \frac{1}{z^2+1}$ est holomorphe sur $\mathbb{C}\setminus\{i,-i\}$. Comme la distance entre le point singulier $-i$, au voisinage duquel on souhaite développer f, et le point singulier le plus proche est $d(-i,i) = 2$, le développement en série de Laurent sera valable dans le disque pointé centré en $-i$ et de rayon 2. On a

$$f(z) = (z+i)^{-1}\,\frac{1}{z+i-2i} = (z+i)^{-1}\,\frac{1}{-2i}\,\frac{1}{1-\frac{z+i}{2i}}$$

Si $\left|\frac{z+i}{2i}\right| < 1$, on a $\frac{1}{1-\frac{z+i}{2i}} = \sum_{n=0}^{+\infty} \left(\frac{z+i}{2i}\right)^n$. On obtient donc finalement

$$0 < |z+i| < 2 \implies f(z) = -\sum_{n=0}^{+\infty} \frac{(z+i)^{n-1}}{(2i)^{n+1}} = -\sum_{n=-1}^{+\infty} \frac{(z+i)^n}{(2i)^{n+2}}$$

Ce développement est bien valable dans $D(-i,2) \setminus \{-i\}$, comme prévu. Le point $-i$ est pôle simple, ce qui était prévisible car $g(z) = \frac{1}{z-i}$ ne s'annule pas en $z = -i$, et le résidu de f en $-i$ vaut $a_{-1} = -\frac{1}{2i}$. Puisque $-i$ est pôle simple, on peut vérifier que $\text{Res}\,(f,-i) = g(-i) = -\frac{1}{2i}$, .

6. La fonction $f \,:\, z \mapsto \frac{1}{z^2(z-3)^2}$ est holomorphe sur $\mathbb{C} \setminus \{0,3\}$ avec $d(3,0) = 3$. Le développement en série de Laurent de f sera valable dans $D(3,3) \setminus \{3\}$. C'est un exemple qui se traite de manière analogue au précédent, à ceci près que 3 est pôle double. On écrit

$$f(z) = (z-3)^{-2} \frac{1}{(z-3+3)^2} = (z-3)^{-2} \frac{1}{9} \frac{1}{\left(1+\frac{z-3}{3}\right)^2}$$

et il nous reste à savoir développer $\frac{1}{(1+v)^2}$ en puissances de v. La technique est usuelle : $\frac{1}{(1+v)^2}$ est au signe près la dérivée de $\frac{1}{1+v} = \sum_{n=0}^{+\infty} (-1)^n v^n$ pour $|v| < 1$. Par dérivation terme à terme (pour $|v| < 1$), on a donc $\frac{1}{(1+v)^2} = -\sum_{n=1}^{+\infty} n(-1)^n v^{n-1} = \sum_{n=1}^{+\infty} n(-1)^{n+1} v^{n-1}$.
On en déduit que, pour $\left|\frac{z-3}{3}\right| < 1$, l'on a $\frac{1}{\left(1+\frac{z-3}{3}\right)^2} = \sum_{n=1}^{+\infty} n(-1)^{n+1} \left(\frac{z-3}{3}\right)^{n-1}$, d'où :

$$0 < |z-3| < 3 \implies f(z) = \sum_{n=1}^{+\infty} n(-1)^{n+1} \frac{(z-3)^{n-3}}{3^{n+1}} = \sum_{n=-2}^{+\infty} (n+3)(-1)^n \frac{(z-3)^n}{3^{n+4}}$$

Le point 3 est bien un pôle double et on a $a_{-1} = -\frac{2}{27}$. Enfin, on vérifie que :

$$\text{Res}\,(f,3) = \frac{d}{dz}\left(\frac{1}{z^2}\right)\bigg|_{z:=3} = -\frac{2}{z^3}\bigg|_{z:=3} = -\frac{2}{27}$$

Exercice X.9 *Déterminer le développement en série de Laurent de* $f(z) = \frac{1}{(z-1)(z+2)}$ *dans les couronnes centrées en* 1 *et dans les couronnes centrées en* 0. *Donner le résidu au point considéré lorsque cela a un sens.*

Solution. La fonction f est holomorphe sur $\mathbb{C} \setminus \{1,-2\}$.

1. En ce qui concerne les couronnes centrées en 1, il y en a deux de taille maximale :
   - $\Omega_1 = D(1,3) \setminus \{1\} = \{z \in \mathbb{C}\,;\, 0 < |z-1| < 3\}$;
   - $\Omega_2 = \{z \in \mathbb{C}\,;\, 3 < |z-1| < +\infty\} = \{z \in \mathbb{C}\,;\, |z-1| > 3\}$.

   Le développement en série de Laurent de f dans Ω_1 n'est autre que le développement au voisinage de 1. La technique a déjà été détaillée à l'exemple 5 de l'exercice X.8. On en déduit ici le résidu de f en 1.
   Pour le développement en série de Laurent de f dans Ω_2, on écrit

$$f(z) = (z-1)^{-1} \frac{1}{z-1+3} = (z-1)^{-1} \frac{1}{z-1} \frac{1}{1+\frac{3}{z-1}}$$

   En effet, sous cette forme on reconnaît la somme de la série géométrique de raison $-\frac{3}{z-1}$, car pour $z \in \Omega_2$ on a $\left|\frac{3}{z-1}\right| < 1$. On a donc

$$|z-1| > 3 \implies f(z) = (z-1)^{-2} \sum_{n=0}^{+\infty} (-1)^n \left(\frac{3}{z-1}\right)^n = \sum_{n=0}^{+\infty} (-3)^n (z-1)^{-n-2}$$

   Cela n'aurait aucun sens d'essayer de déduire le résidu de f en 1 à partir de ce développement car ce n'est pas le développement de f au voisinage de 1.

2. En ce qui concerne les couronnes centrées en 0, tenant compte de la place des points singuliers 1 et -2 par rapport à 0, il y en a trois de taille maximale :
   - $\Omega_3 = D(0,1) = \{z \in \mathbb{C}\,;\, 0 \leq |z| < 1\}$;
   - $\Omega_4 = \{z \in \mathbb{C}\,;\, 1 < |z| < 2\}$;
   - $\Omega_5 = \{z \in \mathbb{C}\,;\, 2 < |z| < +\infty\} = \{z \in \mathbb{C}\,;\, |z| > 2\}$.

   Comme nous voulons développer $f(z)$ en série de z^n, nous devons décomposer la fraction rationnelle en éléments simples. On a

$$f(z) = \frac{1}{3(z-1)} - \frac{1}{3(z+2)}$$

   La fonction f étant analytique dans un voisinage de 0, le développement en série de Laurent de f dans Ω_3 n'est autre que son développement en série de Taylor en 0. Rappelons que, si $a \neq 0$, on a $\frac{1}{z-a} = -\frac{1}{a}\frac{1}{1-z/a} = -\sum_{n=0}^{+\infty} \frac{z^n}{a^{n+1}}$ pour $|z| < |a|$. On en déduit

$$|z| < 1 \implies f(z) = -\frac{1}{3}\sum_{n=0}^{+\infty} z^n + \frac{1}{3}\sum_{n=0}^{+\infty} \frac{z^n}{(-2)^{n+1}} = \frac{1}{3}\sum_{n=0}^{+\infty}\left((-2)^{-n-1} - 1\right) z^n$$

   En particulier, $\operatorname{Res}(f, 0) = 0$, ce qui est normal puisque 0 n'est pas un point singulier.

   Dans Ω_4, le développement de Taylor de $\frac{1}{z+2}$ reste valable, mais pas celui de $\frac{1}{z-1}$. Puisque $|z| > 1$, on a $|z^{-1}| < 1$, d'où

$$\frac{1}{z-1} = \frac{1}{z}\frac{1}{1-z^{-1}} = z^{-1}\sum_{n=0}^{+\infty}\left(z^{-1}\right)^n = \sum_{n=0}^{+\infty} z^{-n-1}$$

   Il en résulte que le développement en série de Laurent de f dans Ω_4 est

$$1 < |z| < 2 \implies f(z) = \frac{1}{3}\sum_{n=0}^{+\infty} z^{-n-1} + \frac{1}{3}\sum_{n=0}^{+\infty}\frac{z^n}{(-2)^{n+1}} = \frac{1}{3}\sum_{n=-\infty}^{-1} z^n + \frac{1}{3}\sum_{n=0}^{+\infty}(-2)^{-n-1}z^n$$

   Autrement dit, les coefficient de Laurent de f dans la couronne Ω_4 sont $c_n = \frac{1}{3}$ pour $n \leq -1$ et $c_n = \frac{1}{3}(-2)^{-n-1}$ pour $n \geq 0$. Le coefficient d'indice -1, *i.e.* $c_{-1} = \frac{1}{3}$ n'est pas le résidu de f en 0 puisque nous n'avons pas développé au voisinage de 0.

   Dans Ω_5, on a encore $\frac{1}{z-1} = \sum_{n=0}^{+\infty} z^{-n-1}$, et

$$\frac{1}{z+2} = \frac{1}{z}\frac{1}{1+2z^{-1}} = z^{-1}\sum_{n=0}^{+\infty}(-1)^n\left(2z^{-1}\right)^n = \sum_{n=0}^{+\infty}(-2)^n z^{-n-1}$$

   car $|z| > 2 \iff |2z^{-1}| < 1$. On a finalement :

$$|z| > 2 \implies f(z) = \frac{1}{3}\sum_{n=0}^{+\infty} z^{-n-1} - \frac{1}{3}\sum_{n=0}^{+\infty}(-2)^n z^{-n-1} = \frac{1}{3}\sum_{n=0}^{+\infty}\left(1 - (-2)^n\right) z^{-n-1}$$

   En écrivant ce développement sous la forme $f(z) = \frac{1}{3}\sum_{n=-\infty}^{-1}\left(1 - (-2)^{-n-1}\right) z^n$, on en déduit que les coefficients de Laurent de f dans la couronne Ω_5 sont $c_n = \frac{1}{3}\left(1 - (-2)^{-n-1}\right)$ pour $n \leq -1$ et $c_n = 0$ pour $n \geq 0$.

Exercice X.10 *On considère la fonction* $f : z \mapsto f(z) = \operatorname{Log}(z+1) = \ln|z+1| + i\arg(z+1)$ *définie sur* $\mathbb{C}\setminus\{-1\}$ *par la condition* $\arg(z+1) \in [-\pi, \pi[$. *La fonction* f *est donc holomorphe sur le plan coupé* $D = \mathbb{C}\setminus]-\infty, -1]$.

1. *Soit* $m \in \mathbb{N}^*$ *et* g *définie par* $g(z) = \frac{f(z)}{z^m}$. *Déterminer la nature du point singulier* 0 *de* g *et calculer le résidu de* g *en* 0.

2. *Démontrer que la fonction* $X : z \mapsto X(z) = f\left(-\frac{1}{z}\right)$ *est holomorphe sur* $\Omega = \mathbb{C} \setminus [0,1]$*. Quelle est la dérivée de* $X(z)$ *?*
3. *Déterminer le développement en série de Laurent de* $X(z)$ *dans* $\{z \in \mathbb{C}\,;\, |z| > 1\}$*.*

Solution.

1. La fonction f est holomorphe sur le plan coupé D, donc g est holomorphe sur l'ouvert $D \setminus \{0\}$. Ainsi, 0 est un point singulier isolé de g. On a $\arg(0+1) = 0$, donc $f(0) = 0$. Le développement en série de Taylor de f en 0 est usuel (formule (IX.59) page 263, pour $k = 0$ d'après la détermination choisie pour $\mathrm{Log}\,(z+1)$), et on en déduit le développement en série de Laurent de g au voisinage de 0 :

$$0 < |z| < 1 \implies g(z) = z^{-m} f(z) = \sum_{n=1}^{+\infty} \frac{(-1)^{n-1}}{n} z^{n-m} = \sum_{n=-(m-1)}^{+\infty} \frac{(-1)^{n+m-1}}{n+m} z^n$$

Si $m = 1$, ce développement en série de Laurent est un développement en série entière, donc 0 est point régulier (ou singularité apparente) de g. On peut prolonger $z \mapsto g(z) = \frac{\mathrm{Log}\,(z+1)}{z}$ en $z = 0$ en posant $g(0) = a_0 = 1$ et on obtient une fonction holomorphe sur D. En particulier, $\mathrm{Res}\,(g, 0) = 0$.

Si $m \geq 2$, on a $-(m-1) \leq -1$ et le coefficient d'indice $-(m-1)$ du développement est non nul, donc 0 est un pôle de g d'ordre $m - 1$. De plus, $\mathrm{Res}\,(g, 0) = a_{-1} = \frac{(-1)^{-1+m-1}}{-1+m} = \frac{(-1)^m}{m-1}$.

2. Notons tout d'abord que Ω est bien un ouvert de $\mathbb{C}$. On a $X = f \circ h$ où $h : z \mapsto -\frac{1}{z}$. Pour $z \in \mathbb{C}^*$, on a l'équivalence $-\frac{1}{z} \in]-\infty, -1] \iff z \in]0, 1]$. Si $z \in \Omega$, alors d'une part $z \neq 0$, donc h est dérivable en z, d'autre part $z \notin]0, 1]$, donc $h(z) \notin]-\infty, -1]$. Ainsi $h(z) \in D$, donc X est dérivable en z par dérivation d'une fonction composée, et l'on a $X'(z) = h'(z) f'\big(h(z)\big)$. Or, toute détermination continue de $\mathrm{Log}\,(z+1)$ est holomorphe de dérivée $\frac{1}{1+z}$. On a donc $f'(u) = \frac{1}{1+u}$. Finalement, X est holomorphe sur Ω et :

$$\forall z \in \Omega \quad X'(z) = \frac{1}{z^2} \frac{1}{1 - 1/z} = \frac{1}{z(z-1)}$$

3. La fonction X est holomorphe sur Ω, donc *a fortiori* sur $\{z\,;\, |z| > 1\}$ (qui est une couronne centrée en 0 incluse dans Ω). On peut donc développer X en série de Laurent dans cette couronne. Le développement en série de Taylor de f en 0 ($f(z) = \sum_{n=1}^{+\infty} \frac{(-1)^{n-1}}{n} z^n$) est valable pour tout complexe z tel que $|z| < 1$, ce qui implique que si $\left|-\frac{1}{z}\right| < 1$, *i.e.* $|z| > 1$, l'on a

$$X(z) = f\left(-\frac{1}{z}\right) = \sum_{n=1}^{+\infty} \frac{(-1)^{n-1}}{n} \left(-\frac{1}{z}\right)^n = -\sum_{n=1}^{+\infty} \frac{z^{-n}}{n}$$

On peut, si l'on préfère, écrire ce développement en série de Laurent sous la forme

$$|z| > 1 \implies X(z) = \sum_{n=-\infty}^{-1} \frac{z^n}{n}$$

ce qui montre que les coefficients de Laurent de X dans la couronne $|z| > 1$ valent $c_n = \frac{1}{n}$ pour $n \leq -1$ et $c_n = 0$ pour $n \geq 0$.

Exercice X.11 *Formule de Cauchy et théorème des résidus*

1. *Reprendre l'exercice X.4 en utilisant le théorème des résidus. Commenter les deux méthodes.*
2. *On peut en fait considérer la formule de Cauchy généralisée comme un cas particulier du théorème des résidus. Pourquoi ?*

Solution.

1. Lorsque le lacet (γ) entoure les deux points singuliers 0 et i, le théorème des résidus permet d'éviter la décomposition en éléments simples. En notant $g(z) = \frac{e^z}{z(z-i)^2}$, on a en effet dans ce cas
$$I = \int_{(\gamma)} \frac{e^z}{z(z-i)^2}\,dz = 2i\pi\big(\mathrm{Res}\,(g,0) + \mathrm{Res}\,(g,i)\big)$$
Le point singulier 0 est pôle simple de g et la formule (X.35) s'applique. On obtient
$$\mathrm{Res}\,(g,0) = \left.\frac{e^z}{(z-i)^2}\right|_{z:=0} = -1$$
Le point singulier i est pôle double de g et la formule (X.35) s'applique. On obtient
$$\mathrm{Res}\,(g,i) = \left.\frac{d}{dz}\left(\frac{e^z}{z}\right)\right|_{z:=i} = \left.\frac{e^z(z-1)}{z^2}\right|_{z:=i} = e^i(1-i)$$
On retrouve ainsi $I = 2i\pi\big(-1 + e^i(1-i)\big) = 2\pi\big(e^i(1+i) - i\big)$.
En résumé, si l'on veut utiliser la formule de Cauchy lorsqu'il y a plusieurs pôles entourés, on doit effectuer une décomposition en éléments simples. Si l'on utilise le théorème des résidus, on doit calculer des résidus. Le théorème des résidus fait peut-être gagner un peu de temps.

2. Plaçons nous sous les hypothèses de la formule de Cauchy généralisée : soit f une fonction holomorphe dans un ouvert Ω simplement connexe et (γ) un lacet de Ω entourant $z_0 \in \Omega$ une fois dans le sens direct. On a $\int_{(\gamma)} \frac{f(z)}{(z-z_0)^{n+1}}\,dz = 2i\pi\,\frac{f^{(n)}(z_0)}{n!}$. Si nous appliquons le théorème des résidus à la fonction $z \mapsto g(z) = \frac{f(z)}{(z-z_0)^{n+1}}$, nous obtenons $\int_{(\gamma)} g(z)\,dz = 2i\pi\,\mathrm{Res}\,(g,z_0)$ car z_0 est le seul point singulier isolé de g entouré par (γ). Pour calculer $\mathrm{Res}\,(g,z_0)$, on utilise la formule (X.35) pour $p = n+1$, et on obtient effectivement $\mathrm{Res}\,(g,z_0) = \frac{f^{(n)}(z_0)}{n!}$.
Ainsi, la formule de Cauchy apparaît comme un cas particulier du théorème des résidus : celui où le lacet entoure un seul point singulier, qui de surcroît doit être un pôle de g (en effet, si z_0 est pôle de g, on peut écrire $g(z)$ sous la forme $\frac{f(z)}{(z-z_0)^{n+1}}$, où $n \in \mathbb{N}$ et $f\,:\,z \mapsto g(z)(z-z_0)^{n+1}$ est prolongeable en z_0 en une fonction holomorphe dans un voisinage du lacet et de son intérieur).
Le théorème des résidus est plus général non seulement parce qu'il permet de traiter le cas où le lacet entoure plusieurs pôles, mais surtout parce qu'il s'applique encore lorsqu'il y a des *points singuliers essentiels* entourés.

Exercice X.12 *Soit $n \in \mathbb{N}$ et (C_n) le cercle de centre 0 et de rayon $n\pi + \frac{\pi}{2}$, orienté dans le sens direct. On considère la fonction f définie par $f(z) = \frac{e^z}{\sin^2 z}$. Calculer $\int_{(C_n)} f(z)\,dz$.*

Solution. La fonction f est holomorphe sur l'ouvert $\mathbb{C} \setminus \{k\pi\,;\,k \in \mathbb{Z}\}$. Le cercle (C_n) entoure dans le sens direct les points singuliers suivants de f : 0, π, $-\pi$, ..., $n\pi$, $-n\pi$. D'après le théorème des résidus, on a donc $\int_{(C_n)} f(z)\,dz = 2i\pi\sum_{k=-n}^{n}\mathrm{Res}\,(f,k\pi)$.
Il nous reste à calculer $\mathrm{Res}\,(f,k\pi)$. La formule (X.35) ne s'appliquant pas, on cherche un développement asymptotique de f au voisinage de $k\pi$. On pose $u = z - k\pi$.
On a $f(z) = \frac{e^{k\pi+u}}{(\sin(u+k\pi))^2} = e^{k\pi}\,\frac{e^u}{\big((-1)^k \sin u\big)^2} = e^{k\pi}\,\frac{e^u}{\sin^2 u}$, avec $e^u = 1+u+\mathrm{o}(u)$ et $\sin^2 u = u^2(1+\mathrm{o}(u))$ pour u au voisinage de 0. On a donc, pour z au voisinage de $k\pi$:
$$f(z) = e^{k\pi}\,(z-k\pi)^{-2}\big(1 + (z-k\pi) + \mathrm{o}(z-k\pi)\big) = e^{k\pi}\big((z-k\pi)^{-2} + (z-k\pi)^{-1} + \mathrm{o}((z-k\pi)^{-1})\big)$$
Il en résulte que $k\pi$ est un pôle double de f et que $\mathrm{Res}\,(f,k\pi) = a_{-1} = e^{k\pi}$. Finalement :
$$\int_{(C_n)} f(z)\,dz = 2i\pi\sum_{k=-n}^{n} e^{k\pi} = \sum_{k=0}^{n}(e^{\pi})^k + \sum_{k=1}^{n}(e^{-\pi})^k = \frac{1-e^{(n+1)\pi}}{1-e^{\pi}} + e^{-\pi}\frac{1-e^{-n\pi}}{1-e^{-\pi}}$$

Exercice X.13 *Calculer* $I = \int_0^{2\pi} \frac{d\theta}{5-4\cos\theta}$.

Solution. Puisque $-1 \leq \cos\theta \leq 1$, on a $1 \leq 5-4\cos\theta \leq 9$. En particulier, $5-4\cos\theta \neq 0$ pour tout $\theta \in [0, 2\pi]$, donc I existe. Le long du cercle trigonométrique, on a $z = e^{i\theta}$ pour θ décrivant $[0, 2\pi]$, $\frac{1}{z} = e^{-i\theta}$, $dz = ie^{i\theta}\, d\theta$, d'où

$$I = \int_0^{2\pi} \frac{d\theta}{5 - 2(e^{i\theta} + e^{-i\theta})} = \int_{C(0,1)} \frac{1}{5 - 2\left(z + \frac{1}{z}\right)} \frac{1}{iz}\, dz = i \int_{C(0,1)} \frac{dz}{2z^2 - 5z + 2}$$

On a $2z^2-5z+2 = 2(z-2)(z-1/2)$. La fonction $z \mapsto g(z) = \frac{i}{2(z-2)(z-1/2)}$ admet deux pôles simples, mais seul $\frac{1}{2}$ est entouré par $C(0,1)$. Pour conclure on peut soit utiliser la formule de Cauchy, soit le théorème des résidus (cela revient ici exactement au même). On trouve $I = 2i\pi\, \frac{i}{2}\, \frac{1}{z-2}\Big|_{z:=1/2} = \frac{2\pi}{3}$.

Exercice X.14 *Soit un entier* $n \geq 2$. *Pour tout réel* $r > 0$, *on considère l'arc de cercle* (C_r) *de centre* 0 *de rayon* $r > 0$, *reliant les points* r *et* $re^{i2\pi/n}$, *orienté dans le sens direct. Calculer* $I_n = \int_0^{+\infty} \frac{dx}{1+x^n}$ *en intégrant une fonction convenable le long du lacet* (γ_r) *obtenu par juxtaposition du segment* $[0, r]$, *de* (C_r) *et du segment* $\left[re^{i2\pi/n}, 0\right]$.

Solution. Puisque $1 + x^n \geq 1 > 0$ pour tout $x \geq 0$, la fonction $x \mapsto f(x) = \frac{1}{1+x^n}$ est continue sur $[0, +\infty[$. Comme $n \geq 2$, f est intégrable sur $[0, +\infty[$.
Il est naturel d'introduire la fonction $z \mapsto g(z) = \frac{1}{1+z^n}$. En effet, $\int_{[0,r]} g(z)\, dz = \int_0^r \frac{dx}{1+x^n}$ tend vers I_n lorsque r tend vers $+\infty$. Voyons ce que donne $\int_{[re^{i2\pi/n},0]} g(z)\, dz$ après paramétrage du segment. Le long de ce segment, on a $z = \rho e^{i2\pi/n}$ où le paramètre ρ varie de r à 0, donc :

$$\int_{\left[re^{i2\pi/n},0\right]} g(z)\, dz = \int_r^0 \frac{1}{1+\rho^n\, e^{i2\pi}}\, e^{i2\pi/n}\, d\rho = -e^{i2\pi/n} \int_0^r \frac{d\rho}{1+\rho^n}$$

Cette intégrale tend vers $-e^{i2\pi/n} I_n$ lorsque r tend vers $+\infty$. Puisque $n \geq 2$, on a $1 - e^{i2\pi/n} \neq 0$, donc les intégrales le long des deux segments ne se détruisent pas. Il en résulte que si l'on sait évaluer la limite quand r tend vers $+\infty$ de $\int_{(C_r)} g(z)\, dz$, on pourra déduire du théorème des résidus la valeur de I_n. Or, le premier lemme de Jordan s'applique, car $zg(z) = \frac{z}{1+z^n}$ tend vers 0 (car $n \geq 2$), donc $\lim_{r\to+\infty} \int_{(C_r)} g(z)\, dz = 0$.
La fonction g est holomorphe sur $\mathbb{C} \setminus \left\{e^{i\frac{\pi+k2\pi}{n}}\ ;\ k = 0, \ldots, n-1\right\}$. Il est conseillé de dessiner le lacet (γ_r) et de représenter les n points singuliers $e^{i\frac{\pi+k2\pi}{n}}$ de g. On constate que, lorsque $r > 1$, le lacet (γ_r) entoure le point singulier $e^{i\pi/n}$. Aucun autre point singulier de g n'est entouré. On a donc $\int_{(\gamma_r)} g(z)\, dz = 2i\pi \operatorname{Res}(g, e^{i\pi/n})$. En particulier cette intégrale curviligne ne dépend pas de $r > 1$. En faisant tendre r vers $+\infty$, on obtient donc l'égalité

$$(1 - e^{i2\pi/n})\, I_n = 2i\pi \operatorname{Res}(g, e^{i\pi/n})$$

Le point $e^{i\pi/n}$ est pôle simple de g. Pour calculer $\operatorname{Res}(g, e^{i\pi/n})$, il est ici plus pratique d'utiliser la deuxième formule du pôle simple :

$$\operatorname{Res}(g, e^{i\pi/n}) = \frac{1}{(1+z^n)'}\bigg|_{z:=e^{i\pi/n}} = \frac{1}{(nz^{n-1})'}\bigg|_{z:=e^{i\pi/n}} = \frac{1}{n}\, e^{-i\pi\frac{n-1}{n}}$$

On a donc $I_n = \frac{2i\pi}{1-e^{i2\pi/n}}\, \frac{1}{n}\, e^{-i\pi\frac{n-1}{n}}$. Ce doit être un nombre réel (positif). On a en effet :

$$I_n = \frac{2i\pi\, e^{-i\pi/n}}{e^{-i\pi/n} - e^{i\pi/n}}\, \frac{1}{n}\, e^{-i\pi\frac{n-1}{n}} = \frac{1}{n}\left(\frac{\pi e^{-i\pi}}{-\sin(\pi/n)}\right) = \frac{\pi}{n\sin(\pi/n)}$$

Exercice X.15 *Calculer la transformée de Fourier de* $f : x \mapsto \frac{1}{x^2+x+1}$. *En déduire la valeur de* $I = \int_{-\infty}^{+\infty} \frac{dx}{x^2+x+1}$.

Solution. Les pôles de la fraction rationnelle $f : z \mapsto \frac{1}{z^2+z+1}$ sont $\frac{-1 \pm i\sqrt{3}}{2} = e^{\pm 2i\pi/3}$. Ils ne sont pas réels. De plus $|f(x)| \sim_{\pm\infty} \frac{1}{x^2}$. On est sous les conditions d'application de la méthode étudiée au paragraphe 5.3 : f est une fraction rationnelle intégrable sur $\mathbb{R}$.
Soit $\omega \leq 0$. On intègre $g(z) = \frac{e^{-i\omega z}}{z^2+z+1}$ le long du lacet (γ_r) de gauche de la figure X.8. On remarque que le premier lemme de Jordan s'applique (car $|e^{-i\omega z}| = e^{\omega \Im z} \leq 1$ pour $\Im z \geq 0$ et $\left|\frac{z}{z^2+z+1}\right|$ tend vers 0 quand z tend vers l'infini), donc $\int_{(C_r)} g(z)\, dz$ tend vers 0 quand r tend vers $+\infty$.
Appliquons le théorème des résidus à g. Le lacet $(\gamma)_r$ entoure (dans le sens direct) le pôle simple $e^{2i\pi/3}$ dès que $r > 1$, donc :

$$\int_{(\gamma_r)} g(z)\, dz = 2i\pi \operatorname{Res}(g, e^{2i\pi/3}) = 2i\pi \left.\frac{e^{-i\omega z}}{z - e^{-2i\pi/3}}\right|_{z:=e^{2i\pi/3}} = 2i\pi \frac{e^{-i\omega e^{2i\pi/3}}}{2i \sin \frac{2\pi}{3}} = \frac{2\pi}{\sqrt{3}} e^{i\omega \frac{1-i\sqrt{3}}{2}}$$

Lorsque r tend vers $+\infty$, $\int_{[-r,r]} g(z)\, dz$ tend vers $\mathcal{F}f(\omega) = \int_{-\infty}^{+\infty} \frac{e^{-i\omega x}}{x^2+x+1}\, dx$. On obtient donc à la limite l'égalité $\mathcal{F}f(\omega) = \frac{2\pi}{\sqrt{3}} e^{\frac{\sqrt{3}}{2}\omega} e^{i\omega/2}$ pour $\omega \leq 0$.
Soit $\omega \geq 0$. On intègre $g(z) = \frac{e^{-i\omega z}}{z^2+z+1}$ le long du lacet (γ_r) de droite de la figure X.8, afin que le lemme de Jordan s'applique (en effet, pour $\Im z \leq 0$, on a $|e^{-i\omega z}| \leq 1$). C'est cette fois le pôle $e^{-2i\pi/3}$ qui est entouré par (γ_r), dans le sens indirect, donc

$$\int_{(\gamma_r)} g(z)\, dz = -2i\pi \operatorname{Res}(g, e^{-2i\pi/3}) = -2i\pi \left.\frac{e^{-i\omega z}}{z - e^{2i\pi/3}}\right|_{z:=e^{-2i\pi/3}} = -2i\pi \frac{e^{-i\omega e^{-2i\pi/3}}}{-2i \sin \frac{2\pi}{3}} = \frac{2\pi}{\sqrt{3}} e^{i\omega \frac{1+i\sqrt{3}}{2}}$$

On a donc $\mathcal{F}f(\omega) = \frac{2\pi}{\sqrt{3}} e^{-\frac{\sqrt{3}}{2}\omega} e^{i\omega/2}$ pour $\omega \geq 0$. Finalement :

$$\forall \omega \in \mathbb{R} \quad \mathcal{F}f(\omega) = \frac{2\pi}{\sqrt{3}} e^{-\frac{\sqrt{3}}{2}|\omega|} e^{i\omega/2}$$

Il est normal que la transformée de Fourier de f ne soit pas à valeurs réelles : f est à valeurs réelles mais n'est pas une fonction paire. Pour $\omega = 0$, on obtient $I = \frac{2\pi}{\sqrt{3}}$.

Exercice X.16 ***Intégrales de Fresnel.***
On considère les intégrales impropres $I = \int_0^{+\infty} \cos(x^2)dx$ *et* $J = \int_0^{+\infty} \sin(x^2)dx$.
Pour tout réel $r > 0$, *on considère l'arc de cercle* (C_r) *de centre* 0 *de rayon* $r > 0$, *reliant les points* r *et* $re^{i\pi/4}$, *orienté dans le sens direct. En intégrant une fonction convenable le long du lacet* (γ_r) *obtenu par juxtaposition du segment* $[0, r]$, *de* (C_r) *et du segment* $\left[re^{i\pi/4}, 0\right]$, *montrer que* I *et* J *sont convergentes et calculer leur valeur.*
Les intégrales I *et* J *sont appelées intégrales de Fresnel.*

Solution. Il est naturel d'introduire la fonction $z \mapsto g(z) = e^{iz^2}$ car son intégrale le long de $[0, r]$ vaut $\int_0^r e^{ix^2}\, dx = \int_0^r \cos(x^2)\, dx + i \int_0^r \sin(x^2)\, dx$. L'intégrale de g le long du segment $\left[re^{i\pi/4}, 0\right]$ vaut quant à elle $\int_r^0 e^{i(\rho e^{i\pi/4})^2} e^{i\pi/4}\, d\rho = -e^{i\pi/4} \int_0^r e^{-\rho^2}\, d\rho$. L'intégrale $\int_0^r e^{-\rho^2}\, d\rho$ tend vers $\frac{1}{2}\sqrt{\pi}$ quand r tend vers $+\infty$ (intégrale d'une gaussienne). La fonction g est holomorphe sur $\mathbb{C}$, donc $\int_{(\gamma_r)} g(z)\, dz = 0$ en vertu du théorème de Cauchy. Si nous prouvons que $\int_{(C_r)} g(z)\, dz$ admet une limite quand r tend vers $+\infty$, alors il résultera de l'égalité

$$0 = \int_0^r \cos(x^2)\, dx + i \int_0^r \sin(x^2)\, dx + \int_{(C_r)} g(z)\, dz - e^{i\pi/4} \int_0^r e^{-\rho^2}\, d\rho$$

que $\int_0^r \cos(x^2)\, dx + i \int_0^r \sin(x^2)\, dx$ admet également une limite. On aura prouvé que les intégrales I et J sont convergentes et leurs valeurs s'obtiendront en séparant les parties réelle et imaginaire.

Malheureusement, le lemme de Jordan ne s'applique pas, car dans le secteur angulaire d'angle au centre $\pi/4$, on a $z = \rho e^{i\theta}$ avec $\rho \geq 0$ et $\theta \in [0, \pi/4]$. On a donc $|ze^{iz^2}| = \rho e^{\Re(i\rho^2 e^{2i\theta})} = \rho e^{-\rho^2 \sin(2\theta)}$. Le maximum de cette expression pour $\theta \in [0, \pi/4]$ (qui vaut ρ) ne tend pas vers 0 quand ρ tend vers $+\infty$. Nous allons majorer $\left|\int_{(C_r)} g(z)\,dz\right| = \left|\int_0^{\pi/4} e^{ir^2 e^{2i\theta}} ire^{i\theta}\,d\theta\right|$ plus finement.

$$\left|\int_{(C_r)} g(z)\,dz\right| \leq \int_0^{\pi/4} e^{-r^2 \sin(2\theta)}\, r\,d\theta \leq r \int_0^{\pi/4} e^{-r^2 \frac{4}{\pi}\theta}\,d\theta$$

car $2\theta \in [0, \pi/2]$, donc $\sin(2\theta) \geq \frac{4}{\pi}\theta$ (on a déjà rencontré cette minoration, provenant de la concavité de sin sur $[0, \pi/2]$, au paragraphe 5.4 page 317). Comme $r \int_0^{\pi/4} e^{-r^2 \frac{4}{\pi}\theta}\,d\theta = \frac{\pi}{4r}(1 - e^{-r^2})$ tend vers 0 quand r tend vers $+\infty$, il en est de même de $\int_{(C_r)} g(z)\,dz$. Ainsi I et J sont convergentes, et nous avons $I + iJ - e^{i\pi/4}\frac{1}{2}\sqrt{\pi} = 0$, d'où l'on déduit, puisque I et J sont des réels, que $I = J = \frac{\sqrt{2\pi}}{4}$.

Exercice X.17 *Justifier l'existence des intégrales* $I = \int_0^{+\infty} \frac{\sqrt{x}}{(1+x)^2}\,dx$ *et* $J = \int_0^{+\infty} \frac{\sqrt{x}\ln x}{(1+x)^2}\,dx$. *Calculer* I *et* J *en intégrant une détermination convenable de* $z \mapsto g(z) = \frac{\sqrt{z}\,\mathrm{Log}\,z}{(1+z)^2}$ *le long du lacet* $(\gamma_{r,\varepsilon,\eta})$ *représenté figure X.11.*

Solution. La fonction $x \mapsto \frac{\sqrt{x}}{(1+x)^2}$ est continue sur $[0, +\infty[$, positive et $\frac{\sqrt{x}}{(1+x)^2} \sim_{+\infty} \frac{1}{x^{3/2}}$, d'où l'existence de I. La fonction $x \mapsto \frac{\sqrt{x}\ln x}{(1+x)^2}$ est continue sur $]0, +\infty[$ et tend vers 0 quand x tend vers 0, donc est prolongeable par continuité en 0. Pour x assez grand, cette fonction est positive et vérifie $\frac{\sqrt{x}\ln x}{(1+x)^2} \leq \frac{\sqrt{x}\,x^{1/4}}{(1+x)^2} \sim_{+\infty} \frac{1}{x^{5/4}}$, donc J existe également.

Si nous choisissons la détermination de $\sqrt{z} = \sqrt{|z|}e^{\frac{i}{2}\arg z}$ et de $\mathrm{Log}\,z = \ln|z| + i\arg z$ définie par $\arg z \in [0, 2\pi[$, la fonction $z \mapsto g(z) = \frac{\sqrt{z}\,\mathrm{Log}\,z}{(1+z)^2}$ est holomorphe sur le plan coupé $\Omega = \mathbb{C} \setminus [0, +\infty[$ privé du point -1.

Juste au dessus de la coupure $[0, +\infty[$, l'argument d'un complexe z est proche de 0, alors que juste en dessous il est proche de 2π. Il en résulte que lorsqu'on fait tendre η vers 0, l'intégrale curviligne de g le long du segment « au dessus de la coupure » devient $\int_\varepsilon^r \frac{\sqrt{x}\ln x}{(1+x)^2}\,dx$ alors que l'intégrale curviligne de g le long du segment « au dessous de la coupure » devient $\int_r^\varepsilon \frac{\sqrt{x}e^{i\pi}\,(\ln x + i2\pi)}{(1+x)^2}\,dx = \int_\varepsilon^r \frac{\sqrt{x}\,(\ln x + i2\pi)}{(1+x)^2}\,dx$. La somme de ces deux intégrales tend vers $2\int_0^{+\infty} \frac{\sqrt{x}\ln x}{(1+x)^2}\,dx + i2\pi \int_0^{+\infty} \frac{\sqrt{x}}{(1+x)^2}\,dx = 2J + i2\pi I$ lorsque ε tend vers 0 et r vers $+\infty$.

En posant $|z| = \rho$, on a $|zg(z)| = \rho\frac{\sqrt{\rho}\sqrt{\ln^2\rho + \arg^2 z}}{|1+z^2|} \leq \frac{\rho^{3/2}\sqrt{\ln^2\rho + 4\pi^2}}{|1+z^2|}$.

Pour ρ assez grand, on peut majorer $\frac{\rho^{3/2}\sqrt{\ln^2\rho + 4\pi^2}}{|1+z^2|}$ par $\frac{\rho^{3/2}\rho^{1/4}}{\rho^2 - 1} \sim_{+\infty} \rho^{-1/4}$. Lorsque z tend vers l'infini (*i.e.* lorsque ρ tend vers $+\infty$), $zg(z)$ tend vers 0, donc le premier lemme de Jordan s'applique : l'intégrale curviligne de g le long du cercle de centre 0 et de rayon r tend vers 0 lorsque r tend vers $+\infty$.

Lorsque z tend vers 0 (*i.e.* lorsque ρ tend vers 0), $\rho^{3/2}\sqrt{\ln^2\rho + 4\pi^2}$ tend vers 0 et $|1+z^2|$ tend vers 1, donc $zg(z)$ tend vers 0. Le deuxième lemme de Jordan s'applique lui aussi : l'intégrale curviligne de g le long du cercle de centre 0 et de rayon ε tend vers 0 lorsque ε tend vers 0.

La fonction g est holomorphe sur $\Omega \setminus \{-1\}$, donc -1 est un point singulier isolé de g. En fait, la proposition 3.1 s'applique. En effet, $(\sqrt{z}\,\mathrm{Log}\,z)|_{z:=-1} = \sqrt{|-1|}e^{i\pi/2}(\ln|-1| + i\pi) = -\pi \neq 0$, donc -1 est un pôle double de g. On a donc :

$$\mathrm{Res}\,(g, -1) = \frac{d}{dz}(\sqrt{z}\,\mathrm{Log}\,z)\Big|_{z:=-1} = \left(\frac{1}{2\sqrt{z}}\mathrm{Log}\,z + \sqrt{z}\,\frac{1}{z}\right)\Big|_{z:=-1} = \frac{1}{2i}i\pi - i = \frac{\pi}{2} - i$$

D'après le théorème des résidus, on a $\int_{(\gamma_{r,\varepsilon,\eta})} g(z)\,dz = 2i\pi(\frac{\pi}{2} - i) = 2\pi + i\pi^2$. La valeur de cette intégrale curviligne reste donc constante lorsque η et ε tendent vers 0 et r vers $+\infty$. On obtient, à la limite, l'égalité $2\pi + i\pi^2 = 2J + i2\pi I$. Les intégrales I et J sont des réels, donc, en séparant les parties réelle et imaginaire, on obtient $I = \int_0^{+\infty} \frac{\sqrt{x}}{(1+x)^2}\,dx = \frac{\pi}{2}$ et $J = \int_0^{+\infty} \frac{\sqrt{x}\ln x}{(1+x)^2}\,dx = \pi$.

Chapitre XI

Fonctions analytiques en analyse de Fourier

Les applications de l'étude des fonctions de la variable complexe sont nombreuses et variées. Nous avons déjà vu que le théorème des résidus permet d'obtenir la valeur de certaines intégrales ne se laissant pas calculer par « primitivation ». Parmi les notions non étudiées dans ce livre et relevant de la théorie des fonctions analytiques, citons le principe du maximum[1]*, le principe de l'argument et le théorème de Rouché*[2]*, l'étude des fonctions harmoniques*[3]*, les transformations conformes*[4] *et la représentation de certaines fonctions analytiques sous forme de séries ou de produit infini*[5]*. Par souci de cohérence, nous avons fait le choix de présenter ici uniquement des applications de la théorie des fonctions analytiques se rapportant à l'analyse de Fourier.*

1 Fonctions analytiques et séries de Fourier

1.1 Série de Laurent et série de Fourier

Nous avons vu (cf. remarque page 297) que si f est holomorphe dans $D(z_0, R)$, alors en notant $(a_n)_{n\in\mathbb{N}}$ les coefficients de Taylor de f dans ce disque, les coefficients de Fourier de la fonction 2π-périodique $\theta \mapsto f(z_0 + re^{i\theta})$ sont pour $0 < r < R$:

$$c_n = \begin{cases} a_n r^n & \text{pour} \quad n \geq 0 \\ 0 & \text{pour} \quad n \leq -1 \end{cases} \tag{XI.1}$$

Plus généralement, considérons f holomorphe sur une couronne $\Omega = \{z \in \mathbb{C}\,;\, a < |z - z_0| < b\}$ avec $0 \leq a < b \leq +\infty$ et notons $(a_n)_{n\in\mathbb{Z}}$ la suite des coefficients de Laurent de f dans cette couronne. Fixons r dans $]a, b[$ et notons g_r la fonction 2π-périodique $\theta \mapsto f(z_0 + re^{i\theta})$. D'après la formule (X.29), on a

$$a_n = \frac{1}{2i\pi}\int_0^{2\pi} \frac{f(z_0 + re^{i\theta})}{(re^{i\theta})^{n+1}}\, ire^{i\theta}\, d\theta = \frac{1}{2\pi r^n}\int_0^{2\pi} g_r(\theta)e^{-in\theta}\, d\theta$$

1. Ce principe énonce qu'une fonction f vérifiant la formule de la moyenne sur un ouvert Ω connexe et borné (ce qui est le cas en particulier lorsque f est holomorphe sur Ω), continue sur la fermeture de Ω, atteint le maximum de son module en un point de la frontière de Ω.

2. Ces deux théorèmes permettent de compter les zéros d'une fonction holomorphe entourés par un lacet.

3. Ce sont les fonctions f solutions sur un ouvert de $\mathbb{R}^2$ de l'équation de Laplace $\Delta f = \frac{\partial^2 f}{\partial x^2} + \frac{\partial^2 f}{\partial y^2} = 0$.

4. Ce sont les transformations du plan conservant les angles et leur orientation.

5. Pour tous ces sujets, le lecteur pourra consulter *Fonctions analytiques d'une ou plusieurs variables complexes* de Cartan et *Fonctions analytiques* de Boccara

Autrement dit, pour $a < r < b$, les coefficients de Fourier complexes de g_r sont

$$\forall n \in \mathbb{Z} \quad c_n(g_r) = a_n r^n \tag{XI.2}$$

Exemple. Soit a un nombre complexe non nul. Considérons la fonction $f : z \mapsto \frac{1}{a+z}$, holomorphe dans $\mathbb{C} \setminus \{-a\}$ et notons $g_r : \theta \mapsto \frac{1}{a+re^{i\theta}}$.

1. Pour $0 < r < |a|$, le développement en série de Fourier de g_r s'écrit

$$\forall \theta \in \mathbb{R} \quad g_r(\theta) = \sum_{n=0}^{+\infty} (-1)^n \frac{r^n}{a^{n+1}} e^{in\theta}$$

2. Pour $r > |a|$, le développement en série de Fourier de g_r s'écrit

$$\forall \theta \in \mathbb{R} \quad g_r(\theta) = \sum_{n=0}^{+\infty} (-1)^n \frac{a^n}{r^{n+1}} e^{-i(n+1)\theta}$$

1.2 Coefficients de Fourier des fonctions périodiques analytiques

Nous avons vu au paragraphe 2.6 du chapitre VII que plus une fonction périodique f est régulière, plus vite ses coefficients de Fourier convergent vers 0. En particulier, si f est de classe $\mathcal{C}^\infty$ sur $\mathbb{R}$, les $c_n(f)$ sont à décroissance rapide.

Considérons une fonction qui est la restriction à $\mathbb{R}$ d'une fonction analytique dans une bande horizontale $\{z \in \mathbb{C}\,;\, -A < \Im z < A\}$, où $A > 0$. On dit parfois d'une telle fonction qu'elle est $\mathbb{R}$-*analytique.*[6] Une fonction $\mathbb{R}$-analytique étant développable en série entière au voisinage de chaque réel, elle est de classe $\mathcal{C}^\infty$ sur $\mathbb{R}$. En fait, ces fonctions sont « encore plus régulières » que les fonctions $\mathcal{C}^\infty$. Le résultat suivant montre que pour une fonction périodique $\mathbb{R}$-analytique, on peut préciser à l'avance la rapidité de décroissance de ses coefficients de Fourier : c'est une décroissance exponentielle et elle est d'autant plus rapide que A est grand.

Proposition 1.1 *Soit f une fonction définie sur $\mathbb{R}$ et T-périodique, à valeurs complexes. On suppose qu'il existe $A > 0$ tel que f soit la restriction à $\mathbb{R}$ d'une fonction g analytique dans $\{z \in \mathbb{C}\,;\, -A < \Im z < A\}$ et de période T. Lorsque n tend vers $\pm\infty$, les coefficients de Fourier de f vérifient*

$$\forall a \in]0, A[\quad c_n(f) = \mathcal{O}\left(e^{-|n|\omega a}\right) \tag{XI.3}$$

Dans (XI.3), ω désigne la pulsation $2\pi/T$.

Preuve. Soit $n \in \mathbb{N}$ et $a \in]0, A[$. On intègre la fonction holomorphe $z \mapsto g(z)e^{-in\omega z}$ le long du lacet rectangulaire (γ) constitué de la juxtaposition des segments $[0, T]$, $[T, T - ia]$, $[T - ia, -ia]$ et $[-ia, 0]$. Remarquons que la somme des intégrales curvilignes le long des segments verticaux vaut

$$\int_0^a g(T - iy)e^{-in\omega(T-iy)} i\, dy + \int_a^0 g(-iy)e^{-in\omega(-iy)} i\, dy = 0$$

car $e^{-in\omega T} = e^{-in2\pi} = 1$ et g est 2π-périodique. Puisque $g(x) = f(x)$ pour tout $x \in \mathbb{R}$, la somme des intégrales curvilignes le long des segments horizontaux vaut :

$$\int_0^T f(x)e^{-in\omega x}\, dx + \int_T^0 g(x - ia)e^{-in\omega(x-ia)}\, dx$$

6. Cette terminologie peut être trompeuse : une fonction $\mathbb{R}$-analytique est *a priori* à valeurs complexes : c'est la variable qui est réelle.

En vertu du théorème de Cauchy, on a $\int_{(\gamma)} g(z)e^{-in\omega z}\,dz = 0$. On en déduit

$$\int_0^T f(x)e^{-in\omega x}\,dx = e^{-n\omega a}\int_0^T g(x-ia)e^{-in\omega x}\,dx$$

Autrement dit

$$c_n(f) = \frac{e^{-n\omega a}}{2\pi}\int_0^T g(x-ia)e^{-in\omega x}\,dx$$

On en déduit que

$$|c_n(f)| \leq \frac{e^{-n\omega a}}{2\pi}\int_0^T |g(x-ia)|\,dx$$

On a donc $c_n(f) = \mathcal{O}\left(e^{-n\omega a}\right)$ quand n tend vers $+\infty$. On démontre de la même façon que $c_n(f) = \mathcal{O}\left(e^{n\omega a}\right)$ quand n tend vers $-\infty$ en intégrant $z \mapsto g(z)e^{-in\omega z}$ le long du rectangle symétrique de (γ) par rapport à l'axe réel.

□

Remarque. On peut démontrer que la réciproque de la proposition 1.1 est vraie : si les coefficients de Fourier de f vérifient (XI.3), la fonction T-périodique f se prolonge en une fonction T-périodique analytique dans $\{z \in \mathbb{C}\,;\, -A < \Im z < A\}$.

Exemple. La fonction $f : \theta \mapsto \frac{1}{2+e^{i\theta}}$ est 2π-périodique et de classe $\mathcal{C}^\infty$ sur $\mathbb{R}$, donc ses coefficients de Fourier sont à décroissance rapide. On peut être plus précis en remarquant que f est la restriction à $\mathbb{R}$ de $g : z \mapsto \frac{1}{2+e^{iz}}$ qui est 2π-périodique et analytique sur l'ouvert $\{z \in \mathbb{C}\,;\, e^{iz} \neq -2\}$. L'équation $e^{iz} = -2$ a pour solutions les nombres complexes $z = \frac{1}{i}\operatorname{Log}(-2) = -i\left(\ln 2 + i(\pi + k2\pi)\right) = (2k+1)\pi - i\ln 2$, où $k \in \mathbb{Z}$. Il en résulte que g est analytique dans la bande horizontale $\{z \in \mathbb{C}\,;\, -\ln 2 < \Im z < \ln 2\}$, donc les coefficients de Fourier de f vérifient $c_n(f) = \mathcal{O}\left(e^{-|n|a}\right)$ pour $0 < a < \ln 2$. Pour cette fonction, on peut vérifier cette estimation directement car on sait calculer les $c_n(f)$ grâce au lien entre développement en série de Laurent et développement en série de Fourier étudié au paragraphe 1.1. Le développement en série de Fourier de f s'écrit

$$\forall \theta \in \mathbb{R} \quad f(\theta) = \sum_{n=0}^{+\infty} \frac{(-1)^n}{2^{n+1}} e^{in\theta}$$

Ainsi, on a $c_n(f) = 0$ pour $n \leq -1$ et $c_n(f) = \frac{(-1)^n}{2^{n+1}}$ pour $n \geq 0$, donc

$$c_n(f) = \mathcal{O}\left(2^{-|n|}\right) = \mathcal{O}\left(e^{-|n|\ln 2}\right)$$

L'estimation $c_n(f) = \mathcal{O}\left(e^{-|n|a}\right)$ est donc en fait valable pour $a = \ln 2$.

2 Fonctions holomorphes définies par une intégrale

2.1 Holomorphie d'une fonction définie par une intégrale.

Dans la suite de ce chapitre, nous serons amené à dériver par rapport à la variable complexe des fonctions définies par une intégrale. Rappelons que lorsqu'une intégrale dépend d'un paramètre *réel*, le théorème 2.3 du chapitre I permet, sous des hypothèses raisonnables, de dériver sous le signe $\int$ par rapport à ce paramètre. Le théorème suivant, que nous admettons, traite du cas où le paramètre est *complexe*. Sous réserve d'holomorphie par rapport au paramètre de la fonction à intégrer et d'une hypothèse de domination, il permet de dériver sous le signe $\int$ par rapport au paramètre complexe.

Théorème 2.1 *Soient I un intervalle de $\mathbb{R}$, Ω un ouvert de $\mathbb{C}$ et $f : I \times \Omega \to \mathbb{C}$ tels que*
- *pour tout $t \in I$, la fonction $z \mapsto f(t,z)$ est holomorphe sur Ω ;*
- *il existe une fonction g intégrable sur I telle que*

$$\forall z \in \Omega \quad \forall t \in I \quad |f(t,z)| \leq g(t) \tag{XI.4}$$

La fonction $z \mapsto U(z) = \int_I f(t,z)\,dt$ est holomorphe sur Ω et

$$\forall z \in \Omega \quad U'(z) = \int_I \frac{\partial f}{\partial z}(t,z)\,dt \tag{XI.5}$$

Autrement dit, sous ces hypothèses, on obtient $U'(z)$ en dérivant par rapport à la variable complexe sous le signe $\int$.

Remarques.

1. On notera que ce théorème est *a priori* plus simple d'utilisation que son homologue d'analyse réelle (théorème 2.3 du chapitre I) : l'hypothèse de domination (XI.5) porte sur f et non sur $\frac{\partial f}{\partial z}$. D'ailleurs, si J est un intervalle ouvert sur lequel $x \mapsto f(t,x)$ est de classe $\mathcal{C}^1$ et si on peut prolonger f à $I \times \Omega$, où Ω est un ouvert de $\mathbb{C}$ contenant J, de telle façon que $z \mapsto f(t,z)$ soit holomorphe dans Ω, pour démontrer que l'on peut dériver U sur I, on peut utiliser le théorème 2.1 plutôt que le théorème 2.3 du chapitre I. Cela peut parfois être plus facile. Cette situation se présente lorsque la fonction $x \mapsto f(t,x)$ est développable en série entière en tout point de l'intervalle J, car dans ce cas cette fonction est prolongeable en une fonction analytique sur un ouvert contenant J.
2. Lorsqu'il n'est pas possible de trouver $g : I \to \mathbb{R}^+$ intégrable majorant f sur Ω *en entier*, on peut essayer d'appliquer le théorème sur des ouverts *plus petits* recouvrant Ω. Cette stratégie aboutit à la même conclusion.

Nous allons traiter dans les paragraphes suivants des exemples d'application du théorème 2.1 et d'autres résultats d'analyse complexe (notamment le principe du prolongement analytique). Nous utiliserons la remarque 2 au paragraphe 2.2 pour démontrer l'holomorphie de la fonction Γ, au paragraphe 2.4, ainsi qu'au paragraphe 3 pour démontrer qu'une transformée de Laplace est holomorphe.

2.2 La fonction Γ

Nous avons déjà rencontré (cf. exercice I.7 page 30) la fonction Γ lorsque la variable est *réelle*. Plus généralement, considérons la fonction

$$z \in \mathbb{C} \mapsto \Gamma(z) = \int_0^{+\infty} e^{-t}\, t^{z-1}\,dt \tag{XI.6}$$

Cette fonction Γ est définie sur $\{z \in \mathbb{C}\,;\, \int_0^{+\infty} e^{-t}\,|t^{z-1}|\,dt < +\infty\}$. Puisque $|t^{z-1}| = |e^{(z-1)\ln t}| = e^{\Re((z-1)\ln t)} = t^{\Re(z)-1}$, il résulte de l'étude d'intégrabilité faite à l'exercice I.7 que $\Gamma(z)$ existe pour $\Re(z) > 0$.

Notons $D = \{z \in \mathbb{C}\,;\, \Re(z) > 0\}$ l'ensemble de définition de Γ, qui est ouvert, et démontrons que Γ est holomorphe sur D en appliquant le théorème 2.1. Pour tout $t > 0$, la fonction $z \mapsto e^{-t}\,e^{(z-1)\ln t}$ est holomorphe sur $\mathbb{C}$ (donc sur D). Il semble difficile de trouver une fonction g intégrable sur $]0,+\infty[$ et majorant $\left|e^{-t}\,e^{(z-1)\ln t}\right| = e^{-t}\,t^{\Re(z)-1}$ pour tout $z \in D$. Par contre, pour tout (a,b) tel que $0 < a < b$, la fonction g utilisée dans l'exercice I.7 et définie par (I.19) est telle que

$$a \leq \Re(z) \leq b \ \text{ et } \ t > 0 \implies e^{-t}\,t^{\Re(z)-1} \leq g(t)$$

Comme cette fonction g est intégrable sur $]0,+\infty[$, le théorème 2.1 permet d'affirmer que Γ est holomorphe sur la « bande verticale ouverte » $D_{a,b} = \{z \in \mathbb{C}\,; a < \Re(z) < b\}$ et que l'on obtient $\Gamma'(z)$ en dérivant sous le signe $\int$. Or, ces bandes ouvertes recouvrent D lorsque (a,b) varie de telle façon que $0 < a < b$ (pour tout $z \in D$, il existe un couple (a,b) tel que $z \in D_{a,b}$). On conclue que Γ est holomorphe sur D et que l'on a

$$\forall z \in D \quad \Gamma'(z) = \int_0^{+\infty} \frac{\partial}{\partial z}\left(e^{-t}\, e^{(z-1)\ln t}\right) dt = \int_0^{+\infty} e^{-t}\, t^{z-1} \ln t \, dt \tag{XI.7}$$

Comme dans le cas où la variable est réelle, une simple intégration par parties nous donne la formule

$$\forall z \in D \quad \Gamma(z+1) = z\Gamma(z) \tag{XI.8}$$

Il en résulte que Γ possède un prolongement analytique à l'ouvert $\Omega = \mathbb{C} \setminus \{-n\,; n \in \mathbb{N}\}$. En effet, comme $0 \notin D$, on déduit de (XI.8) la relation $\Gamma(z) = \frac{\Gamma(z+1)}{z}$, valable *a priori* dans D. Cependant, la fonction $z \mapsto \frac{\Gamma(z+1)}{z}$ est quant-à-elle définie et holomorphe sur l'ouvert $\{z \in \mathbb{C}\,;\, \Re(z+1) > 0\,,\, z \neq 0\}$. Cette fonction est donc un prolongement holomorphe (unique d'après le *principe du prolongement analytique*) de Γ à l'ouvert

$$\Omega_1 = \{z \in \mathbb{C}\,;\, \Re(z) > -1 \text{ et } z \neq 0\}$$

Rien n'empêche de recommencer : on a $\Gamma(z+1) = \frac{\Gamma(z+2)}{z+1}$ et la fonction $z \mapsto \frac{\Gamma(z+2)}{z+1}$ est définie et holomorphe sur $\{z \in \mathbb{C}\,;\, \Re(z) > -2 \text{ et } z \neq -1\}$. La fonction $z \mapsto \frac{\Gamma(z+2)}{z(z+1)}$ est donc un prolongement holomorphe de Γ à l'ouvert

$$\Omega_2 = \{z \in \mathbb{C}\,;\, \Re(z) > -2\,,\, z \neq 0\,,\, z \neq -1\}$$

En itérant ce procédé, on voit que pour tout $n \in \mathbb{N}^*$, la fonction Γ admet un (unique) prolongement analytique à l'ouvert

$$\Omega_n = \{z \in \mathbb{C}\,;\, \Re(z) > -n\,,\, z \neq 0\,,\, z \neq -1\,,\ldots,\, z \neq -n+1\} \tag{XI.9}$$

à savoir la fonction définie par

$$\forall z \in \Omega_n \quad \Gamma(z) = \frac{\Gamma(z+n)}{z(z+1)\ldots(z+n-1)} \tag{XI.10}$$

Comme n peut être choisi arbitrairement grand, il existe un (unique) prolongement analytique de Γ à l'ouvert à l'ouvert $\Omega = \mathbb{C} \setminus \{-n\,; n \in \mathbb{N}\}$.

2.3 T.F. d'une « gaussienne de module 1 »

Comme deuxième exemple d'application du théorème 2.1, nous allons calculer une transformée de Fourier fréquemment rencontrée en physique. Nous aurons également besoin pour cela du *théorème des zéros isolés*.

Nous appellerons « gaussienne de module 1 » toute fonction de la forme $x \mapsto e^{-icx^2}$ où c est une constante réelle non nulle. La raison de cette terminologie abusive [7] est la suivante.
Une « vraie » gaussienne est une fonction de la forme $x \mapsto K\, e^{-a(x-x_0)^2}$ où a est une constante complexe telle que $\Re a > 0$, x_0 une constante réelle et K une constante complexe. Notons respectivement b et c les parties réelle et imaginaire de a et faisons tendre $b > 0$ vers 0^+. La famille de gaussiennes $f_b : x \mapsto e^{-(b+ic)x^2}$ converge simplement sur $\mathbb{R}$ vers la fonction

7. Une « vraie » gaussienne tend vers 0 à l'infini, donc n'est pas de module 1.

$f : x \mapsto e^{-icx^2}$. Cette fonction f n'est pas une gaussienne mais d'une part elle est obtenue comme limite de gaussiennes, d'autre part on a $|f(x)| = 1$ pour tout $x \in \mathbb{R}$, d'où l'expression abusive « gaussienne de module 1 ».

Puisque $|f| = 1$, on a $f \notin L^1(\mathbb{R})$, de sorte que f n'admet pas de T.F. au sens usuel. Cependant, puisque f est bornée, sa distribution associée est tempérée. La fonction f admet donc une T.F. dans $\mathcal{S}'$, que nous allons calculer.

Calculons d'abord la T.F. d'une gaussienne $x \mapsto e^{-ax^2}$ dans le cas où a est un complexe tel que $\Re a = b > 0$. Nous allons démontrer que la relation (IV.26), prouvée *a priori* pour a réel strictement positif, est encore vraie dans ce cas plus général. Il convient d'abord de préciser la détermination de $\sqrt{a} = \sqrt{b+ic}$ que l'on considère dans la formule (IV.26). Puisque $\sqrt{b+ic}$ doit être égal à la racine carrée positive $\sqrt{b}$ lorsque $c = 0$, nous choisissons la détermination de $\sqrt{\cdot}$ définie sur l'ouvert $D = \{a \in \mathbb{C}\,;\, \Re a > 0\}$ par $\arg a \in]-\pi/2, \pi/2[$. Pour tout réel ξ, la fonction $a \mapsto \frac{\sqrt{\pi}}{\sqrt{a}} e^{-\frac{\pi^2\xi^2}{a}}$ est analytique dans D et elle coïncide sur $]0, +\infty[$ avec la fonction $a \mapsto \widehat{e^{-ax^2}}(\xi)$. Si nous prouvons que la fonction $a \mapsto \widehat{e^{-ax^2}}(\xi)$ est elle aussi analytique dans D, nous pourrons conclure grâce au théorème 4.4 du chapitre IX (qui est l'une des formes du *principe du prolongement analytique*) que ces deux fonctions sont égales sur D. Or, la fonction $a \mapsto e^{-ax^2} e^{-2i\pi x\xi}$ est holomorphe sur $\mathbb{C}$ (donc sur D) et pour tout $a_0 > 0$, on a

$$(\ \Re a > a_0\ ) \implies \Big((\ \forall x \in \mathbb{R}\ )\ \ (\ |e^{-ax^2} e^{-2i\pi x\xi}| = e^{-\Re a\, x^2} \leq e^{-a_0 x^2}\ ) \Big)$$

Comme la fonction $x \mapsto e^{-a_0x^2}$ est intégrable sur $\mathbb{R}$, il résulte du théorème 2.1 que la fonction $a \mapsto \int_{-\infty}^{+\infty} e^{-ax^2} e^{-2i\pi x\xi}\, dx$ est holomorphe sur tout ouvert de la forme $\{a \in \mathbb{C}\,;\, \Re a > a_0\}$, donc sur le demi-plan ouvert D en entier. Nous avons prouvé que

$$\text{Pour } \ \Re a > 0\,, \quad \mathcal{F}\big(e^{-ax^2}\big)(\xi) = \frac{\sqrt{\pi}}{\sqrt{a}}\, e^{-\frac{\pi^2\xi^2}{a}} \tag{XI.11}$$

où $\sqrt{a} = \sqrt{|a|}\, e^{\frac{i}{2} \arg a}$, avec $\arg a \in]-\pi/2, \pi/2[$.

Reprenons les notations $f_b : x \mapsto e^{-(b+ic)x^2}$ et $f : x \mapsto e^{-icx^2}$ et remarquons que la famille de distributions tempérées $(T_{f_b})_{b>0}$ converge vers T_f lorsque b tend vers 0^+, *i.e.*

$$\forall \phi \in \mathcal{S} \quad \lim_{b \to 0^+} \langle T_{f_b}, \phi \rangle = \langle T_f, \phi \rangle$$

En effet, pour tout $\phi \in \mathcal{S}$, $f_b(x)\, \phi(x)$ converge pour tout $x \in \mathbb{R}$ vers $f(x)\, \phi(x)$ lorsque b tend vers 0^+ et l'on a $|f_b(x)\, \phi(x)| = e^{-bx^2} |\phi(x)| \leq |\phi(x)|$, avec $\phi \in L^1(\mathbb{R})$. Le théorème de convergence dominée implique que $\langle T_{f_b}, \phi \rangle = \int_{\mathbb{R}} f_b(x) \phi(x)\, dx$ tend vers $\int_{\mathbb{R}} f(x) \phi(x)\, dx = \langle T_f, \phi \rangle$ lorsque b tend vers 0^+.

Le fait que $(T_{f_b})_{b>0}$ converge vers T_f lorsque b tend vers 0^+ implique que $(\mathcal{F}T_{f_b})_{b>0}$ converge dans $\mathcal{S}'$ vers $\mathcal{F}T_f$. En effet, pour tout $\phi \in \mathcal{S}$, on a $\widehat{\phi} \in \mathcal{S}$, donc $\langle \mathcal{F}T_{f_b}, \phi \rangle = \left\langle T_{f_b}, \widehat{\phi} \right\rangle$ tend vers $\left\langle T_f, \widehat{\phi} \right\rangle = \langle \mathcal{F}T_f, \phi \rangle$ lorsque b tend vers 0^+. Remarquons que ce raisonnement n'est qu'une adaptation de la démonstration de la proposition 2.10 du chapitre V et que le résultat n'est qu'un cas particulier de la continuité sur $\mathcal{S}'$ de l'opérateur de Fourier.

D'autre part, puisque $f_b \in L^1(\mathbb{R})$, on a $\mathcal{F}T_{f_b} = T_{\widehat{f_b}}$. Ainsi, $\mathcal{F}T_f$ est la limite dans $\mathcal{S}'$ de la famille de distributions associées aux fonctions $\xi \mapsto \frac{\sqrt{\pi}}{\sqrt{b+ic}}\, e^{-\frac{\pi^2\xi^2}{b+ic}}$ lorsque b tend vers 0^+.

La limite de $\sqrt{b+ic} = \sqrt{|b+ic|}\, e^{\frac{i}{2}\arg(b+ic)}$ vaut $\sqrt{c}\, e^{i\frac{\pi}{4}}$ pour $c > 0$ et vaut $\sqrt{-c}\, e^{-i\frac{\pi}{4}}$ pour $c < 0$, d'où l'on déduit

$$\lim_{b \to 0^+} \widehat{f_b}(\xi) = \begin{cases} \sqrt{\frac{\pi}{c}}\, e^{-i\pi/4}\, e^{-\frac{\pi^2}{ic}\xi^2} & \text{pour} \quad c > 0 \\ \sqrt{\frac{\pi}{-c}}\, e^{i\pi/4}\, e^{-\frac{\pi^2}{ic}\xi^2} & \text{pour} \quad c < 0 \end{cases}$$

Notons $g = \lim_{b\to 0^+} \widehat{f_b}$. Il nous reste à démontrer que la suite de distributions tempérées associées aux fonctions $\widehat{f_b}$ converge dans $\mathcal{S}'$ vers T_g lorsque b tend vers 0^+, ce qui prouvera que $\mathcal{F}T_f = T_g$ par unicité de la limite dans $\mathcal{S}'$. Pour tout $\phi \in \mathcal{S}$, on a

$$\left|\widehat{f_b}(\xi)\,\phi(\xi)\right| = \frac{\sqrt{\pi}}{(b^2+c^2)^{1/4}}\, e^{-\frac{b\,\pi^2}{b^2+c^2}\,\xi^2}|\phi(\xi)| \leq \frac{\sqrt{\pi}}{|c|^{1/2}}|\phi(\xi)|$$

avec $\phi \in L^1(\mathbb{R})$, donc (toujours par convergence dominée) $T_{\widehat{f_b}}$ converge vers T_g dans $\mathcal{S}'$ lorsque b tend vers 0^+. Finalement, la T.F. de la distribution associée à la fonction $f : x \mapsto e^{-icx^2}$ est la distribution asssociée à la fonction

$$g(\xi) = \begin{cases} \sqrt{\frac{\pi}{c}}\, e^{-i\pi/4}\, e^{i\frac{\pi^2}{c}\,\xi^2} & \text{pour} \quad c > 0 \\ \sqrt{\frac{\pi}{-c}}\, e^{i\pi/4}\, e^{i\frac{\pi^2}{c}\,\xi^2} & \text{pour} \quad c < 0 \end{cases} \tag{XI.12}$$

2.4 Base hilbertienne des polynômes d'Hermite

Comme troisième exemple d'application du théorème 2.1 à l'analyse de Fourier, nous allons prouver que la famille $(H_n)_{n\in\mathbb{N}}$ des *polynômes d'Hermite* est une base hilbertienne de $L^2_s(\mathbb{R})$ avec $s : x \mapsto e^{-x^2}$, comme nous l'annoncions au paragraphe 5.5 du chapitre VI. Nous savons déjà que $(H_n)_{n\in\mathbb{N}}$ est une famille orthogonale de $L^2_s(\mathbb{R})$. Il nous reste à prouver que cette famille orthogonale est *totale* dans $L^2_s(\mathbb{R})$. Considérons $f \in L^2_s(\mathbb{R})$ orthogonale dans $L^2_s(\mathbb{R})$ à tous les H_n, *i.e.*

$$\forall n \in \mathbb{N} \qquad \int_{-\infty}^{+\infty} f(x) H_n(x)\, e^{-x^2}\, dx = 0 \tag{XI.13}$$

Nous devons prouver que f est le vecteur nul de $L^2_s(\mathbb{R})$, *i.e.* la fonction nulle presque-partout. Puisque $(H_n)_{n\in\mathbb{N}}$ est une base de l'e.v. des fonctions polynomiales, toute fonction de la forme $x \mapsto x^k$ avec $k \in \mathbb{N}$ se décompose suivant les H_n, donc (XI.13) implique que

$$\forall k \in \mathbb{N} \qquad \int_{-\infty}^{+\infty} f(x) x^k\, e^{-x^2}\, dx = 0 \tag{XI.14}$$

Considérons la fonction de la variable complexe

$$F : z \mapsto \int_{-\infty}^{+\infty} f(x)\, e^{-x^2}\, e^{-2i\pi xz}\, dx$$

Démontrons que la fonction F est définie et holomorphe sur $\mathbb{C}$.
La fonction $z \mapsto f(x)\, e^{-x^2}\, e^{-2i\pi xz}$ est holomorphe sur $\mathbb{C}$ pour tout réel x. D'autre part, pour tout $M > 0$ et tout $x \in \mathbb{R}$, on a

$$\Im z \leq M \implies |f(x)\, e^{-x^2}\, e^{-2i\pi xz}| = |f(x)|\, e^{-x^2}\, e^{2\pi x\, \Im z} \leq |f(x)|\, e^{-x^2}\, e^{2\pi x M}$$

Puisque f et $x \mapsto e^{2\pi x M}$ sont éléments de $L^2_s(\mathbb{R})$, l'inégalité de Cauchy-Schwarz implique que

$$\int_{-\infty}^{+\infty} |f(x)|\, e^{-x^2}\, e^{2\pi x M}\, dx \leq \left(\int_{-\infty}^{+\infty} |f(x)|^2\, e^{-x^2}\, dx\right)^{1/2} \left(\int_{-\infty}^{+\infty} e^{-x^2}\, e^{4\pi x M}\, dx\right)^{1/2} < +\infty$$

D'après le théorème 2.1, il en résulte que F est holomorphe sur l'ouvert $\{z \in \mathbb{C}\,;\, \Im z < M\}$ pour tout $M > 0$, donc sur $\mathbb{C}$. On a de plus

$$\forall z \in \mathbb{C} \quad F'(z) = \int_{-\infty}^{+\infty} f(x)\, e^{-x^2}\, (-2i\pi x)\, e^{-2i\pi xz}\, dx$$

La fonction F étant holomorphe sur $\mathbb{C}$, elle est indéfiniment dérivable par rapport à la variable complexe. On laisse le lecteur justifier les dérivations successives sous le signe $\int$ comme on l'a fait pour la dérivée première. On obtient

$$\forall k \in \mathbb{N} \quad \forall z \in \mathbb{C} \quad F^{(k)}(z) = \int_{-\infty}^{+\infty} f(x)\, e^{-x^2}\, (-2i\pi x)^k\, e^{-2i\pi xz}\, dx$$

En particulier, d'après (XI.14), on a

$$\forall k \in \mathbb{N} \quad F^{(k)}(0) = \int_{-\infty}^{+\infty} f(x)\, e^{-x^2}\, (-2i\pi x)^k\, dx = 0$$

La fonction F est holomorphe sur $\mathbb{C}$ et ses coefficients de Taylor en 0 sont tous nuls, donc elle est identiquement nulle. Remarquons que F n'est autre que le prolongement à $\mathbb{C}$ de la T.F. de $x \mapsto f(x)\, e^{-x^2}$. La fonction $x \mapsto f(x)\, e^{-x^2}$, dont la T.F. est nulle, est nulle presque-partout (donc f aussi). Ainsi, le seul élément de $L^2_s(\mathbb{R})$ orthogonal à tous les H_n est la fonction nulle presque-partout, ce qui prouve que la famille orthogonale $(H_n)_{n\in\mathbb{N}}$ est totale dans $L^2_s(\mathbb{R})$.

Rappelons que cela implique que les *fonctions d'Hermite* $h_n \,:\, x \mapsto H_n(x)\, e^{-x^2/2}$ forment une base hilbertienne de $L^2(\mathbb{R})$.

On démontre de façon analogue que les *polynômes de Laguerre* forment une base hilbertienne de $L^2_s(]0, +\infty[)$ avec $s \,:\, x \mapsto e^{-x}$ (cf. exercice XI.1).

3 Transformation de Laplace

3.1 Transformée de Laplace bilatérale

Considérons une fonction f localement intégrable sur $\mathbb{R}$ et cherchons une condition garantissant l'existence, pour certaines valeurs du nombre complexe p, de l'intégrale suivante :

$$(\mathcal{L}f)(p) = \int_{-\infty}^{+\infty} f(t)e^{-pt}\, dt \tag{XI.15}$$

Lorsque son ensemble de définition n'est pas vide, la fonction $\mathcal{L}f$ est appelée *transformée de Laplace bilatérale* de f.

Puisque $f \in L^1_{loc}$, il en est de même de $t \mapsto f(t)e^{-pt}$. En effet, pour $a < b$, on a

$$\int_a^b \left|f(t)e^{-pt}\right| dt \leq \max_{t\in[a,b]} \left(e^{-t\,\Re p}\right) \int_a^b |f(t)|\, dt < +\infty$$

De plus, pour $c \leq \Re p \leq d$, la quantité $\max_{t\in[a,b]} \left(e^{-t\,\Re p}\right)$ est bornée. Par exemple, pour $0 \leq a < b$ et $0 \leq c \leq \Re p \leq d$, on a $\max_{t\in[a,b]} \left(e^{-t\,\Re p}\right) = e^{-a\Re p} \leq e^{-ac}$. Il existe donc une constante $A > 0$ telle que $|f(t)e^{-pt}| \leq A|f(t)|$ avec f intégrable sur $[a, b]$. Comme $p \mapsto f(t)e^{-pt}$ est holomorphe sur $\mathbb{C}$, il résulte du théorème 2.1 que la fonction $p \mapsto \int_a^b f(t)e^{-pt}\, dt$ est holomorphe sur tout ouvert de la forme $c < \Re p < d$, donc sur $\mathbb{C}$.

Ainsi, si f est *à support borné*, alors l'intégrale (XI.15) existe pour tout $p \in \mathbb{C}$ et définit une fonction $\mathcal{L}f$ holomorphe sur $\mathbb{C}$ dont la dérivée s'obtient par dérivation (par rapport à p) sous le signe $\int$.

Proposition 3.1 *Soit $f \in L^1_{loc}$ à support borné. La transformée de Laplace bilatérale de f est définie et holomorphe sur $\mathbb{C}$. On a de plus*

$$\forall p \in \mathbb{C} \quad (\mathcal{L}f)'(p) = \int_{-\infty}^{+\infty} -tf(t)e^{-pt}\, dt \tag{XI.16}$$

Lorsque f n'est pas à support borné, nous devons imposer à f des conditions supplémentaires afin que $t \mapsto f(t)e^{-pt}$ soit intégrable dans un voisinage de $-\infty$ et dans un voisinage de $+\infty$. Supposons qu'il existe $\alpha \in \mathbb{R}$, $M > 0$ et $t_0 \geq 0$ tels que

$$t \geq t_0 \implies |f(t)| \leq Me^{\alpha t} \tag{XI.17}$$

Lorsque (XI.17) est vérifié, on dit que f est *au plus à croissance exponentielle en* $+\infty$. On a dans ce cas

$$\Re p > \alpha \implies \int_{t_0}^{+\infty} \left|f(t)e^{-pt}\right| dt \leq M \int_{t_0}^{+\infty} e^{t(\alpha - \Re p)}\, dt = \frac{Me^{t_0(\alpha-\Re p)}}{\Re p - \alpha} < +\infty \tag{XI.18}$$

De plus, pour $t \geq t_0$ et $\Re p \geq c > \alpha$, on a $|f(t)e^{-pt}| \leq Me^{t(\alpha-c)}$. Or, la fonction $t \mapsto e^{t(\alpha-c)}$ est élément de $L^1([t_0, +\infty[)$. D'après le théorème 2.1, la fonction $p \mapsto \int_{t_0}^{+\infty} f(t)e^{-pt}\, dt$ est holomorphe sur tout ouvert de la forme $\Re p > c$ avec $c > \alpha$, donc sur $\{p \in \mathbb{C}\,;\, \Re p > \alpha\}$, et sa dérivée s'obtient par dérivation (par rapport à p) sous le signe $\int$.

De même, s'il existe $\beta \in \mathbb{R}$, $M' > 0$ et $t_1 \leq 0$ tels que

$$t \leq t_1 \implies |f(t)| \leq M'e^{\beta t} \tag{XI.19}$$

alors on a

$$\Re p < \beta \implies \int_{-\infty}^{t_1} \left|f(t)e^{-pt}\right| dt \leq M' \int_{-\infty}^{t_1} e^{t(\beta-\Re p)}\, dt = \frac{M'e^{t_1(\beta-\Re p)}}{\beta - \Re p} < +\infty$$

On démontre comme précédemment que la fonction $p \mapsto \int_{-\infty}^{t_1} f(t)e^{-pt}\, dt$ est holomorphe sur $\{p \in \mathbb{C}\,;\, \Re p < \beta\}$ et que sa dérivée s'obtient par dérivation sous le signe $\int$.

En faisant la synthèse des résultats précédents, nous obtenons la proposition suivante.

Proposition 3.2 *Soit $f \in L^1_{loc}$. On suppose qu'il existe $\alpha \in \mathbb{R}$, $\beta \in \mathbb{R}$, $t_0 \geq 0$, $t_1 \leq 0$, $M > 0$ et $M' > 0$ tels que f vérifie (XI.17) et (XI.19). Si $\alpha < \beta$, alors la transformée de Laplace bilatérale de f est définie et holomorphe sur $\{p \in \mathbb{C}\,;\, \alpha < \Re p < \beta\}$ et on a*

$$\alpha < \Re p < \beta \implies (\mathcal{L}f)'(p) = \int_{-\infty}^{+\infty} -tf(t)e^{-pt}\, dt \tag{XI.20}$$

La formule (XI.20) est généralement utilisée dans les applications de la façon suivante : sous les hypothèses de la proposition 3.2, la fonction $t \mapsto tf(t)$ admet une transformée de Laplace bilatérale et on a

$$\alpha < \Re p < \beta \implies \mathcal{L}\big(tf(t)\big)(p) = -(\mathcal{L}f)'(p) \tag{XI.21}$$

Exemple. Pour $a > 0$, considérons la fonction $f\,:\, t \mapsto e^{-a|t|}$. Puisque $f(t) = e^{at}$ pour $t \leq 0$ et $f(t) = e^{-at}$ pour $t \geq 0$, la fonction f vérifie les hypothèses de la proposition 3.2 avec $\alpha = -a$, $\beta = a$, $t_0 = t_1 = 0$, $M = M' = 1$, donc $(\mathcal{L}f)(p)$ existe pour $-a < \Re p < a$. Sous cette condition sur p, on a

$$(\mathcal{L}f)(p) = \int_{-\infty}^{0} e^{(a-p)t}\, dt + \int_{0}^{+\infty} e^{-(a+p)t}\, dt = \frac{1}{a-p} + \frac{1}{a+p} = \frac{2a}{a^2 - p^2}$$

On en déduit que, pour $-a < \Re p < a$, la transformée de Laplace de $t \mapsto te^{-a|t|}$ est $-(\mathcal{L}f)'(p) = -\frac{4ap}{(a^2-p^2)^2}$.

La *transformation de Laplace bilatérale* est l'opérateur $\mathcal{L}$ (manifestement linéaire) qui à une fonction f vérifiant les hypothèses de la proposition 3.2 associe la fonction holomorphe $\mathcal{L}f$.

3.2 Transformée de Laplace des distributions à support borné

Considérons une distribution u à support borné, *i.e.* $u \in \mathcal{E}'$. Pour tout $p \in \mathbb{C}$, on peut faire agir u sur la fonction $t \mapsto e^{-pt}$ car elle est de classe $\mathcal{C}^\infty$ sur $\mathbb{R}$. Bien que u ne soit pas nécessairement une fonction et que t ne soit qu'une variable muette, nous noterons abusivement $\langle u(t), e^{-pt}\rangle$ le résultat de cette action. Lorsque u est une distribution régulière associée à une fonction f localement intégrable à support borné, on a

$$\langle u(t), e^{-pt}\rangle = \int_{\mathbb{R}} f(t)e^{-pt}\,dt = (\mathcal{L}f)(p)$$

Ce procédé permet donc de généraliser à $\mathcal{E}'$ la définition de la transformée de Laplace bilatérale des fonctions localement intégrables à support borné.

Définition 3.1 *Soit $u \in \mathcal{E}'$. La fonction*

$$\mathcal{L}u \,:\, p \mapsto \langle u(t), e^{-pt}\rangle \tag{XI.22}$$

est appelée transformée de Laplace de u.

Nous admettrons que le résultat de la proposition 3.1 se généralise, *i.e.* que la fonction ainsi définie est holomorphe sur $\mathbb{C}$.

Proposition 3.3 *Soit $u \in \mathcal{E}'$. La fonction $\mathcal{L}u$ est holomorphe sur $\mathbb{C}$ et on a*

$$\forall p \in \mathbb{C} \quad (\mathcal{L}u)'(p) = \langle u(t), -te^{-pt}\rangle \tag{XI.23}$$

Autrement dit, pour une distribution à support borné, on peut dériver par rapport à p « sous les crochets ».

Exemple. Les masses de Dirac et leurs dérivées successives sont à support borné, donc elles admettent une transformée de Laplace. Pour tout $a \in \mathbb{R}$ et tout $k \in \mathbb{N}$, on a

$$\mathcal{L}(\delta_a^{(k)})(p) = \langle \delta_a^{(k)}, e^{-pt}\rangle = (-1)^k \left.\frac{d^k}{dt^k}(e^{-pt})\right|_{t:=a} = (-1)^k(-p)^k e^{-ap}$$

On a donc

$$\forall p \in \mathbb{C} \quad \mathcal{L}(\delta_a^{(k)})(p) = p^k e^{-ap} \tag{XI.24}$$

En particulier, la transformée de Laplace de δ est la fonction constante égale à 1.

Proposition 3.4 *Soient $u \in \mathcal{E}'$ et $k \in \mathbb{N}$. On a*

$$\forall p \in \mathbb{C} \quad \mathcal{L}(u^{(k)})(p) = p^k(\mathcal{L}u)(p) \tag{XI.25}$$

Preuve. Puisque u est à support borné, il en est de même de $u^{(k)}$, donc $u^{(k)}$ admet une transformée de Laplace définie et holomorphe sur $\mathbb{C}$. Pour tout $p \in \mathbb{C}$, on a

$$\mathcal{L}(u^{(k)})(p) = \langle u^{(k)}(t), e^{-pt}\rangle = (-1)^k \left\langle u(t), \frac{d^k}{dt^k}e^{-pt}\right\rangle = p^k(\mathcal{L}u)(p)$$

□

Exemple. On peut obtenir (XI.24) en calculant $\mathcal{L}(\delta_a)(p) = e^{-ap}$ et en utilisant (XI.25).

3.3 Transformée de Laplace monolatérale

Les conditions (XI.17) et (XI.19), qui expriment que la fonction f est au pire à croissance exponentielle en l'infini, sont en pratique souvent vérifiées. Par contre, la condition $\alpha < \beta$ garantissant l'existence de la transformée de Laplace bilatérale est plus rarement vérifiée. Pour cette raison, la transformation de Laplace est le plus souvent utilisée pour des fonctions définies sur $]t_0, +\infty[$ (respectivement sur $]-\infty, t_1[$). Dans un tel cas, on prolonge la fonction f sur $\mathbb{R}$ en lui donnant la valeur 0 sur $]-\infty, t_0]$ (respectivement sur $[t_1, +\infty[$) et sa transformée de Laplace est définie et holomorphe dans un demi-plan $\Re p > \alpha$ (respectivement $\Re p < \beta$) pourvu que f vérifie (XI.17) (respectivement (XI.19)).

Dans certaines applications (automatique, traitement du signal, étude des variables aléatoires positives) on utilise le plus souvent la transformation de Laplace pour des fonctions *causales* (ou pour des fonctions définies sur $]0, +\infty[$ que l'on prolonge par 0 sur $]-\infty, 0]$). L'étude générale de la transformation de Laplace bilatérale reste importante pour exploiter le lien avec la transformation de Fourier et pour étudier l'inversion de la transformation de Laplace (cf. paragraphe 3.4).

Lorsque f est causale, β peut être aussi grand qu'on veut et les conditions d'existence de la transformée de Laplace de f se simplifient pour donner la définition suivante.

Définition 3.2 *Soit f une fonction causale et localement intégrable. On suppose qu'il existe $\alpha \in \mathbb{R}$, $t_0 \geq 0$ et $M > 0$ tels que f vérifie (XI.17). La fonction définie pour $\Re p > \alpha$ par*

$$(\mathcal{L}f)(p) = \int_0^{+\infty} f(t)e^{-pt}\,dt \tag{XI.26}$$

est appelée transformée de Laplace monolatérale de f.

On emploie la même notation $\mathcal{L}f$ que dans le cas de la transformée bilatérale car, tenant compte du fait que f est causale, la transformée monolatérale de f n'est autre que sa transformée bilatérale. Nous parlerons donc dans la suite simplement de *transformée de Laplace.* L'étude de la transformation bilatérale nous fournit immédiatement le résultat suivant.

Proposition 3.5 *Sous les hypothèses de la définition 3.2, $\mathcal{L}f$ est holomorphe dans le demi-plan ouvert $\{p \in \mathbb{C}\,;\, \Re p > \alpha\}$ et on a*

$$\Re p > \alpha \implies (\mathcal{L}f)'(p) = \int_0^{+\infty} -tf(t)e^{-pt}\,dt \tag{XI.27}$$

Autrement dit, sous ces hypothèses, la fonction causale $t \mapsto tf(t)$ admet une transformée de Laplace et on a

$$\Re p > \alpha \implies \mathcal{L}\big(tf(t)\big)(p) = -(\mathcal{L}f)'(p) \tag{XI.28}$$

La formule (XI.28) se généralise immédiatement de la façon suivante.

Corollaire 3.1 *Sous les hypothèses de la définition 3.2, pour tout $k \in \mathbb{N}$, on a*

$$\Re p > \alpha \implies \mathcal{L}\big(t^k f(t)\big)(p) = (-1)^k(\mathcal{L}f)^{(k)}(p) \tag{XI.29}$$

Exemple. Pour $a \in \mathbb{C}$ et $k \in \mathbb{N}$, considérons $f_k : t \mapsto t^k e^{at} H(t)$, où H désigne la fonction d'Heaviside. La fonction f_0 est causale et continue par morceaux. De plus, on a $|f_0(t)| = e^{t\Re a}$ pour tout $t \geq 0$, donc f_0 admet une transformée de Laplace. Pour $\Re p > \Re a$, on a

$$\mathcal{L}\left(H(t)\,e^{at}\right)(p) = \int_0^{+\infty} e^{(a-p)t}\,dt = \frac{1}{p-a} \tag{XI.30}$$

Il résulte du corollaire 3.1 que pour $\Re p > \Re a$ on a $(\mathcal{L}f_k)(p) = (-1)^k \frac{d^k}{dp^k}\left(\frac{1}{p-a}\right)$, *i.e.*

$$\mathcal{L}\left(H(t)\,t^k e^{at}\right)(p) = \frac{k!}{(p-a)^{k+1}} \tag{XI.31}$$

Nous verrons à l'exercice XI.4 que (XI.31) se généralise de la façon suivante : pour s réel, $s > -1$, $a \in \mathbb{C}$ et $\Re p > \Re a$, on a

$$\mathcal{L}\left(H(t)\,t^s e^{at}\right)(p) = \frac{\Gamma(s+1)}{(p-a)^{s+1}} \tag{XI.32}$$

Remarque. Le fait qu'une transformée de Laplace soit une fonction holomorphe peut être exploité autrement qu'en dérivant. Supposons par exemple que le calcul d'une transformée de Laplace soit délicat pour p complexe tel que $\Re p > \alpha$ mais qu'on sache le faire pour p réel, $p > \alpha$. Dans cette situation, le *principe du prolongement analytique* permet en général de conclure sur la valeur de $F(p)$: voir les exercices XI.3 et XI.4 ainsi que l'exemple suivant.

Exemple. Soit f la fonction causale telle que $f(t) = \ln t$ pour $t > 0$, ce que nous noterons improprement $f(t) = H(t)\,\ln t$. La fonction f est localement intégrable et vérifie (XI.17) pour tout $\alpha > 0$, ce qui implique que $(\mathcal{L}f)(p)$ existe pour $\Re p > 0$. Calculons $(\mathcal{L}f)(p)$. Pour p réel, $p > 0$, le changement de variable $x = pt$ nous donne

$$(\mathcal{L}f)(p) = \int_0^{+\infty} \ln t\, e^{-pt}\,dt = \int_0^{+\infty} (\ln x - \ln p)\, e^{-x}\,\frac{1}{p}\,dx = \frac{1}{p}\int_0^{+\infty} \ln x\, e^{-x}\,dx - \frac{\ln p}{p}$$

En utilisant la fonction Γ, on pourrait démontrer que $\int_0^{+\infty} \ln x\, e^{-x}\,dx = -\gamma$, où γ est la *constante d'Euler*, définie par $\gamma = \lim_{n\to+\infty}\left(\sum_{k=1}^{n}\frac{1}{k} - \ln n\right)$. Ainsi, lorsque p est un réel strictement positif, on a $(\mathcal{L}f)(p) = -\frac{\gamma+\ln p}{p}$. La fonction $\mathcal{L}f$ est analytique dans le demi-plan $\Re p > 0$ et elle coïncide sur $]0,+\infty[$ avec la fonction analytique $p \mapsto -\frac{\gamma+\operatorname{Log} p}{p}$, où la détermination du logarithme est définie par $\arg p \in \left]-\frac{\pi}{2},\frac{\pi}{2}\right[$ (*i.e.* la détermination du logarithme complexe holomorphe pour $\Re p > 0$ qui se réduit à $\ln p$ lorsque p est réel, $p > 0$). Le principe du prolongement analytique implique que pour $\Re p > 0$, on a

$$\mathcal{L}\left(H(t)\,\ln t\right)(p) = -\frac{\gamma + \operatorname{Log} p}{p} \tag{XI.33}$$

La proposition suivante décrit des propriétés élémentaires (mais très utiles) de la transformation de Laplace monolatérale.

Proposition 3.6 *On suppose que f vérifie les hypothèses de la définition 3.2.*

1. ***Retard.*** *Pour tout $b \geq 0$, la fonction $t \mapsto f(t-b)$ admet une transformée de Laplace définie pour $\Re p > \alpha$ et on a*

$$\mathcal{L}\big(f(t-b)\big)(p) = e^{-bp}(\mathcal{L}f)(p) \tag{XI.34}$$

2. ***Produit par une exponentielle.*** *Pour tout $b \in \mathbb{C}$, la fonction $t \mapsto e^{bt}f(t)$ admet une transformée de Laplace définie pour $\Re p > \alpha + \Re b$ et on a*

$$\mathcal{L}\big(e^{bt}f(t)\big)(p) = (\mathcal{L}f)(p-b) \tag{XI.35}$$

3. ***Changement d'échelle.*** *Pour tout $b > 0$, la fonction $t \mapsto f(bt)$ admet une transformée de Laplace définie pour $\Re p > \alpha b$ et on a*

$$\mathcal{L}\big(f(bt)\big)(p) = \frac{1}{b}(\mathcal{L}f)\left(\frac{p}{b}\right) \tag{XI.36}$$

Preuve. Par hypothèse, il existe $\alpha \in \mathbb{R}$, $t_0 \geq 0$ et $M > 0$ tels que f vérifie (XI.17).

1. On a $|f(t-b)| \leq Me^{\alpha(t-b)} = Me^{-b\alpha}e^{\alpha t}$ pour $t \geq t_0 + b$, donc $\mathcal{L}(\tau_b f)(p)$ existe pour $\Re p > \alpha$. La formule (XI.34) s'obtient en effectuant le changement de variable $x = t - b$:

$$\mathcal{L}(\tau_b f)(p) = \int_0^{+\infty} f(t-b)e^{-pt}\,dt = \int_{-b}^{+\infty} f(x)e^{-p(x+b)}\,dx = e^{-bp}(\mathcal{L}f)(p)$$

En effet, f est causale, donc $\int_{-b}^0 f(x)e^{-px}\,dx = 0$.

2. On a $|e^{bt}f(t)| \leq Me^{(\alpha+\Re b)t}$ pour $t \geq t_0$, donc $\mathcal{L}(e^{bt}f(t))(p)$ existe pour $\Re p > \alpha + \Re b$ et vaut

$$\int_0^{+\infty} f(t)e^{bt}e^{-pt}\,dt = \int_0^{+\infty} f(t)e^{-(p-b)t}\,dt = (\mathcal{L}f)(p-b)$$

3. On a $|f(bt)| \leq Me^{\alpha bt}$ pour $t > t_0/b$, donc $\mathcal{L}(f(bt))(p)$ existe pour $\Re p > \alpha b$. La formule (XI.36) s'obtient en effectuant le changement de variable $x = bt$:

$$\mathcal{L}(f(bt))(p) = \int_0^{+\infty} f(bt)e^{-pt}\,dt = \int_0^{+\infty} f(x)e^{-p\frac{x}{b}}\frac{1}{b}\,dx = \frac{1}{b}(\mathcal{L}f)\left(\frac{p}{b}\right)$$

□

Remarque. Il est facile de voir que sous les hypothèses de la proposition 3.2, lorsque $\alpha < \beta$, les formules (XI.34), (XI.35) et (XI.36) sont encore vraies pour la transformation bilatérale, la première pour tout réel b et $\alpha < \Re p < \beta$, la deuxième pour $\alpha + \Re b < \Re p < \beta + \Re b$, la troisième pour $\alpha b < \Re p < \beta b$.

La proposition suivante est utile dans la résolution de certaines équations différentielles : voir par exemple les exercices XI.8, XI.9 et XI.10.

Proposition 3.7 *Soit f une fonction causale. On suppose qu'il existe $\alpha \in \mathbb{R}$, $t_0 \geq 0$ et $M > 0$ tels que f vérifie (XI.17). Si f est de classe $\mathcal{C}^1$ sur $]0, +\infty[$ et admet une limite finie en 0^+, alors f' admet une transformée de Laplace pour $\Re p > \alpha$ et on a*

$$\mathcal{L}(f')(p) = p(\mathcal{L}f)(p) - f(0^+) \tag{XI.37}$$

Preuve. Pour $0 < \varepsilon < A$, on calcule $\int_\varepsilon^A f'(t)e^{-pt}\,dt$ en intégrant par parties. On obtient $p\int_\varepsilon^A f(t)e^{-pt}\,dt + f(A)e^{-pA} - f(\varepsilon)e^{-p\varepsilon}$. Supposons que $\Re p > \alpha$. La fonction f est continue par morceaux (fonction causale continue sur $]0, +\infty[$ admettant une limite en 0^+). En particulier, f est localement intégrable. La fonction f vérifie donc les hypothèses de la définition 3.2. Il en résulte que l'intégrale $\int_\varepsilon^A f(t)e^{-pt}\,dt$ tend vers $(\mathcal{L}f)(p)$ lorsque A tend vers $+\infty$ et ε vers 0^+. On a de plus $|f(A)e^{-pA}| \leq Me^{A(\alpha-\Re p)}$ pour $A \geq t_0$, donc $f(A)e^{-pA}$ tend vers 0 lorsque A tend vers $+\infty$. Enfin, $f(\varepsilon)e^{-p\varepsilon}$ tend vers $f(0^+)$ lorsque ε tend vers 0, d'où (XI.37).

□

Supposons que f vérifie les hypothèses de la proposition 3.7 et que f' les vérifie également. La transformée de Laplace de f'' existe pour $\Re p$ assez grand et on a

$$\mathcal{L}(f'')(p) = p\mathcal{L}(f')(p) - f'(0^+) = p\big(p(\mathcal{L}f)(p) - f(0^+)\big) - f'(0^+) = p^2(\mathcal{L}f)(p) - pf(0^+) - f'(0^+)$$

Plus généralement nous avons le corollaire suivant de la proposition 3.7.

Corollaire 3.2 *Soient $k \in \mathbb{N}^*$ et f une fonction causale de classe $\mathcal{C}^k$ sur $]0,+\infty[$ telle que $f^{(j)}$ vérifie les hypothèses de la proposition 3.7 pour $j \in \{0,\dots,k-1\}$. Il existe $\sigma \in \mathbb{R}$ tel que $\mathcal{L}(f^{(k)})(p)$ existe pour $\Re p > \sigma$ et on a*

$$\mathcal{L}(f^{(k)})(p) = p^k(\mathcal{L}f)(p) - \sum_{j=0}^{k-1} p^{k-j-1} f^{(j)}(0^+) \tag{XI.38}$$

Exemple. Pour $\omega \in \mathbb{R}$, déterminons les transformées de Laplace de $f : t \mapsto H(t)\,\sin(\omega t)$, de $g : t \mapsto H(t)\,\cos(\omega t)$ et de $h : t \mapsto H(t-2)\,e^{-t}\cos\big(\omega(t-2)\big)$.
On utilise $\sin(\omega t) = \frac{1}{2i}(e^{i\omega t} - e^{-i\omega t})$ et la transformée de Laplace de $t \mapsto H(t)\,e^{at}$, déjà calculée. Pour $\Re p > 0$, nous avons

$$\mathcal{L}\big(H(t)\,\sin(\omega t)\big)(p) = \frac{1}{2i}\left(\frac{1}{p-i\omega} - \frac{1}{p+i\omega}\right) = \frac{\omega}{p^2+\omega^2} \tag{XI.39}$$

On utilise ensuite la proposition 3.7 : $(\mathcal{L}g)(p) = \frac{1}{\omega}\big(p(\mathcal{L}f)(p) - \sin(0)\big)$ pour $\Re p > 0$, *i.e.*

$$\mathcal{L}\big(H(t)\,\cos(\omega t)\big)(p) = \frac{p}{p^2+\omega^2} \tag{XI.40}$$

La formule (XI.34) nous donne $\mathcal{L}(\tau_2 g)(p) = e^{-2p}\frac{p}{p^2+\omega^2}$ pour $\Re p > 0$. En exploitant (XI.35) on obtient finalement $(\mathcal{L}h)(p) = e^{-2(p+1)}\frac{p+1}{(p+1)^2+\omega^2}$ pour $\Re p > -1$.

Nous avons vu au paragraphe 2.6 du chapitre III que le produit de convolution de deux fonctions causales et localement intégrables est défini presque-partout, causal et localement intégrable. La proposition suivante montre que la transformation de Laplace est un outil utile dans le cadre de la convolution des fonctions causales.

Proposition 3.8 *Soient f et g des fonctions vérifiant les hypothèses de la définition 3.2. Il existe $\sigma \in \mathbb{R}$ tel que $\mathcal{L}(f*g)(p)$ existe pour $\Re p > \sigma$ et on a*

$$\mathcal{L}(f*g)(p) = (\mathcal{L}f)(p)\,(\mathcal{L}g)(p) \tag{XI.41}$$

Preuve. La fonction $f*g$ est causale et localement intégrable. Il existe $t_0 \geq 0$, $t_0' \geq 0$, $M > 0$, $M' > 0$, $\alpha \in \mathbb{R}$ et $\alpha' \in \mathbb{R}$ tels que $|f(x)| \leq Me^{\alpha x}$ pour $x \geq t_0$ et $|g(y)| \leq M'e^{\alpha' y}$ pour $y \geq t_0'$. D'après le théorème de Tonelli, pour $\Re p > \sigma = \max(\alpha, \alpha')$, on a

$$\iint_{]0,+\infty[\times]0,+\infty[} |f(x)e^{-px}g(y)e^{-py}|\,dxdy = \int_0^{+\infty} |f(x)|e^{-x\Re p}\,dx \int_0^{+\infty} |g(y)|e^{-y\Re p}\,dy < +\infty$$

Ceci justifie l'utilisation du théorème de Fubini et le changement de variables $(t,u) = (x+y, y)$ dans le calcul suivant. Pour $\Re p > \sigma$, on a

$$\begin{aligned}(\mathcal{L}f)(p)\,(\mathcal{L}g)(p) &= \iint_{]0,+\infty[\times]0,+\infty[} f(x)e^{-px}g(y)e^{-py}\,dxdy \\ &= \int_0^{+\infty}\int_0^t f(t-u)g(u)\,du\,e^{-pt}\,dt\end{aligned}$$

Or, $\int_0^{+\infty}\int_0^t f(t-u)g(u)\,du\,e^{-pt}\,dt$ n'est autre que $\mathcal{L}(f*g)(p)$ car le produit de convolution des fonctions causales f et g s'écrit $(f*g)(t) = H(t)\int_0^t f(t-u)g(u)\,du$. Ainsi, $\mathcal{L}(f*g)(p)$ existe et est égale à $(\mathcal{L}f)(p)\,(\mathcal{L}g)(p)$ pour $\Re p > 0$.

□

3.4 Inversion de la transformation de Laplace

Remarquons tout d'abord qu'une fonction holomorphe sur un ouvert de $\mathbb{C}$ peut être la transformée de Laplace (bilatérale) de plusieurs fonctions suivant l'ensemble de variation de p que l'on considère.

Exemple. Nous avons vu que la transformée de Laplace de $f : t \mapsto e^{-a|t|}$ (où $a > 0$) est la fonction définie pour $-a < \Re p < a$ par $F(p) = \frac{1}{a+p} + \frac{1}{a-p} = \frac{2a}{a^2-p^2}$. D'autre part, la transformée de Laplace de $t \mapsto H(t)e^{at}$ est définie pour $\Re p > a$ et vaut $\frac{1}{p-a}$. La transformée de Laplace de $g : t \mapsto H(t)\big(-e^{at} + e^{-at}\big) = -2H(t)\sinh(at)$ est donc la fonction définie pour $\Re p > a$ par $G(p) = \frac{2a}{a^2-p^2}$. L'explication de ce phénomène est la suivante : la fonction $p \mapsto \frac{2a}{a^2-p^2}$ est un *prolongement analytique* des transformées de Laplace F et G à $\mathbb{C} \setminus \{-a, a\}$.

Pour que le problème de l'inversion d'une transformée de Laplace soit bien posé, il est donc nécessaire de soigneusement préciser l'ensemble de définition de la fonction à inverser. Pour une fonction F donnée holomorphe dans une bande verticale $-\infty \le \alpha < \Re p < \beta \le +\infty$, lorsqu'il existe une fonction f telle que $\mathcal{L}f = F$, on l'appelle un *original* de F. On voit qu'il est pratique d'introduire une classe de fonctions dont la transformée de Laplace est holomorphe dans une telle bande.

Définition 3.3 *Pour $-\infty \le \alpha < \beta \le +\infty$, $E_{\alpha,\beta}$ désigne le $\mathbb{C}$-e.v. des fonctions f localement intégrables vérifiant la propriété suivante : pour tout (α', β') tel que $\alpha < \alpha' < \beta' < \beta$, il existe $t_0 \ge 0$ et $t_1 \le 0$ tels que $|f(t)| \le e^{\alpha' t}$ pour $t \ge t_0$ et $|f(t)| \le e^{\beta' t}$ pour $t \le t_1$.*

Exemples. Soit P un polynôme et $r \in \mathbb{C}$. Notons $a = \Re(r)$. La fonction $t \mapsto P(t)e^{rt}H(t)$ est élément de $E_{a,+\infty}$. Si de plus $a > 0$, alors la fonction $t \mapsto P(t)e^{-r|t|}$ est élément de $E_{-a,a}$.

L'étude de l'holomorphie des transformées de Laplace nous donne immédiatement la proposition suivante.

Proposition 3.9 *Si $f \in E_{\alpha,\beta}$, alors $\mathcal{L}f$ est définie et holomorphe pour $\alpha < \Re p < \beta$.*

Notons σ et ω les parties réelle et imaginaire du nombre complexe p et supposons que la fonction $t \mapsto f(t)e^{-\sigma t}$ soit intégrable sur $\mathbb{R}$. Nous pouvons écrire[8]

$$(\mathcal{L}f)(\sigma + i\omega) = \int_{-\infty}^{+\infty} f(t)e^{-\sigma t}\, e^{-i\omega t}\, dt = \mathcal{F}\left(f(t)e^{-\sigma t}\right)(\omega) \tag{XI.42}$$

Or, pour $-\infty \le \alpha < \beta \le +\infty$, si $f \in E_{\alpha,\beta}$, alors on a justement $t \mapsto f(t)e^{-\sigma t} \in L^1(\mathbb{R})$ pour $\alpha < \Re p = \sigma < \beta$.

L'égalité (XI.42) établit un lien entre la transformation de Laplace et la transformation de Fourier qui a des conséquences importantes. Rappelons que la transformation de Fourier, définie sur $L^1(\mathbb{R})$ et à valeurs dans l'espace $\mathcal{C}_0^0$ des fonctions continues sur $\mathbb{R}$ tendant vers 0 à l'infini, est injective. Soit f une fonction vérifiant les hypothèses de la proposition 3.2 et telle que sa transformée de Laplace soit nulle dans une bande verticale $\alpha < \Re p < \beta$. Pour tout $\sigma \in]\alpha, \beta[$, la transformée de Fourier de $t \mapsto f(t)e^{-\sigma t}$ est la fonction nulle, donc, par injectivité de la transformation de Fourier, la fonction $t \mapsto f(t)e^{-\sigma t}$ est nulle presque-partout. On en déduit que f est nulle presque-partout. L'opérateur $\mathcal{L}$ défini sur l'e.v. $E_{\alpha,\beta}$ et à valeurs dans l'e.v. des fonctions holomorphes dans la bande $\alpha < \Re p < \beta$ est linéaire, donc si $\mathcal{L}f = \mathcal{L}g$ pour f et g dans $E_{\alpha,\beta}$, *i.e.* $\mathcal{L}(f - g) = 0$, alors $f - g = 0$ d'après ce qui précède, *i.e.* $f = g$.

8. en définissant ici la T.F. de $g \in L^1(\mathbb{R})$ par $(\mathcal{F}g)(\omega) = \int_{-\infty}^{+\infty} g(t)e^{-i\omega t}\, dt$.

Autrement dit, la transformation de Laplace est injective en restriction à $E_{\alpha,\beta}$: une fonction F holomorphe dans la bande $\alpha < \Re p < \beta$ ne peut avoir plus d'un original f dans $E_{\alpha,\beta}$. Ceci ne contredit pas l'introduction de ce paragraphe, puisqu'ici nous restreignons la transformation de Laplace à $E_{\alpha,\beta}$. Dans l'exemple introductif, $f\ :\ t \mapsto e^{-a|t|}$ est élément de $E_{-a,a}$ alors que $g\ :\ t \mapsto -2H(t)\sinh(at)$ est élément de $E_{a,+\infty}$. Or, les bandes verticales $-a < \Re p < a$ et $\Re p > a$ sont d'intersection vide.

Soit $f \in E_{\alpha,\beta}$, de sorte que la fonction $t \mapsto f(t)e^{-\sigma t}$ est dans $L^1(\mathbb{R})$ pour tout $\sigma \in]\alpha,\beta[$. Si la fonction $\omega \mapsto (\mathcal{L}f)(\sigma + i\omega)$ est elle aussi dans $L^1(\mathbb{R})$, alors le théorème d'inversion de Fourier dans L^1 s'applique et on en déduit la formule

$$\forall t \in \mathbb{R} \quad f(t)e^{-\sigma t} = \frac{1}{2\pi}\int_{-\infty}^{+\infty} (\mathcal{L}f)(\sigma + i\omega)e^{i\omega t}\, d\omega \tag{XI.43}$$

Notons Δ_σ la droite d'équation $\Re p = \sigma$ orientée « de bas en haut ». Si $\alpha < \sigma < \beta$, alors on obtient la formule d'inversion suivante, dite *de Bromwich* :

$$\forall t \in \mathbb{R} \quad f(t) = \frac{1}{i2\pi}\int_{\Delta_\sigma} (\mathcal{L}f)(p)e^{pt}\, dp \tag{XI.44}$$

Le membre de droite de (XI.44) est une intégrale curviligne d'un type un peu plus général que celles que nous avons étudiées au chapitre X. En effet, la droite verticale Δ_σ est un « chemin sans fin ». À ce détail près, il convient d'interpréter (XI.44) de la façon habituelle (lorsque p décrit Δ_σ, $p = \sigma + i\omega$ avec ω variant de $-\infty$ à $+\infty$ et $dp = id\omega$ le long de Δ_σ).

Il est remarquable que la valeur du second membre de (XI.44) ne dépende pas de $\sigma \in]\alpha,\beta[$.

Exemple. Soit $F\ :\ p \mapsto \frac{2}{1-p^2}$. La fonction holomorphe F possède deux points singuliers isolés. Si l'on considère F comme une transformée de Laplace *bilatérale*, on peut chercher à inverser F dans *trois* bandes d'holomorphie : $\Re p < -1$, $-1 < \Re p < 1$ et $\Re p > 1$. D'après ce qui précède, F possède au plus un original dans $E_{-\infty,-1}$, dans $E_{-1,1}$ et dans $E_{1,+\infty}$.
Déterminons l'original $f \in E_{-1,1}$ correspondant au domaine $-1 < \Re p < 1$ à l'aide de la formule d'inversion (XI.44), qui s'applique ici puisque $\omega \mapsto \frac{2}{1-(\sigma+i\omega)^2}$ est intégrable sur $\mathbb{R}$ pour tout $\sigma \in]-1,1[$. On fixe un tel σ et on introduit un lacet $(\gamma_{r,\sigma})$ constitué d'un segment vertical d'abscisse σ orienté « de bas en haut » et d'un demi-cercle de centre σ et de rayon r. Lorsque $t \geq 0$, on choisit ce demi-cercle dans le demi-plan $\Re p \leq \sigma$ et lorsque $t \leq 0$, on choisit ce demi-cercle dans le demi-plan $\Re p \geq \sigma$ (voir la figure XI.1 où nous avons représenté la bande d'holomorphie $-1 < \Re p < 1$, une droite Δ_σ qui convient et le lacet $(\gamma_{r,\sigma})$).
Lorsque r tend vers $+\infty$, l'intégrale curviligne de $F(p)e^{pt}$ le long du segment converge vers $\int_{\Delta_\sigma} F(p)e^{pt}\, dp$. Lorsque p est sur l'arc de cercle choisi en fonction du signe de t, on a

$$|e^{pt}| = \left|e^{t\,(\sigma+re^{i\theta})}\right| = e^{\sigma t}e^{t\,r\cos\theta} \leq e^{\sigma t}$$

Il en résulte que $(p-\sigma)\frac{2e^{pt}}{1-p^2}$ tend vers 0 quand p tend vers l'infini en restant dans le demi-plan contenant le demi-cercle, donc le lemme de Jordan s'applique à la fonction $p \mapsto \frac{2e^{pt}}{1-p^2}$. Ainsi, l'intégrale curviligne le long de l'arc de cercle tend vers 0 quand r tend vers $+\infty$.
En appliquant le théorème des résidus (attention au sens de parcours lorsque $t \leq 0$), la formule (XI.44) nous donne, quand r tend vers $+\infty$, l'égalité

$$f(t) = \begin{cases} \operatorname{Res}\left(\frac{2e^{pt}}{(1-p)(1+p)}, -1\right) & = & e^{-t} & \text{pour} & t \geq 0 \\ -\operatorname{Res}\left(\frac{2e^{pt}}{(1-p)(1+p)}, 1\right) & = & e^{t} & \text{pour} & t \leq 0 \end{cases}$$

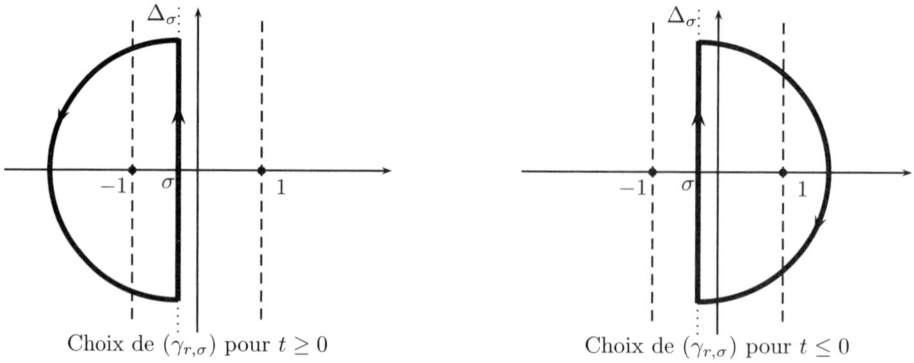

FIGURE XI.1 – Lacets utilisés lors du calcul de l'original de $F(p) = \frac{2}{1-p^2}$ pour $-1 < \Re p < 1$

i.e. $f(t) = e^{-|t|}$, ce qui est en accord avec l'exemple du début de ce paragraphe.

Dans le cadre des fonctions *causales* localement intégrables au plus à croissance exponentielle, on peut prendre $\beta = +\infty$ et les transformées de Laplace sont définies et holomorphes dans un demi-plan *droit* de la forme $\Re p > \alpha$ (avec éventuellement $\alpha = -\infty$). Lorsqu'on parle de la transformée de Laplace F sans préciser son ensemble de définition, il s'agit le plus souvent du prolongement analytique de la transformée de Laplace d'une fonction causale f. Dans ce contexte, pour pouvoir identifier F à $\mathcal{L}f$, il convient d'abord de repérer, s'il existe, le *point singulier* $\sigma_0 + i\omega_0$ de F *de plus grande partie réelle* et de restreindre F au demi-plan $\Re p > \sigma_0$. Il n'y a au plus qu'un élément f de $E_{\sigma_0,+\infty}$ dont F est la transformée de Laplace et, lorsqu'elle existe, c'est cette fonction f que l'on appelle l'original de F (ou « transformée de Laplace inverse de F »).

Exemple. Soit la fonction $F : p \mapsto \frac{e^{-2p}}{(p-1)(1+p^2)}$. On se demande si elle admet un original causal. La fonction F possède trois points singuliers : $-i$, i et 1. S'il existe une fonction f causale dont F est la transformée de Laplace, alors l'égalité $F(p) = (\mathcal{L}f)(p)$ n'est vraie qu'en restriction au demi-plan $\Re p > 1$ (dans ce cas, la fonction F donnée est en fait un prolongement analytique de $\mathcal{L}f$ à l'ouvert $\mathbb{C} \setminus \{-i, i, 1\}$). On sait qu'il y a au plus un original dans $E_{1,+\infty}$. En utilisant (XI.34) et la décomposition en éléments simples $\frac{1}{(p-1)(p^2+1)} = \frac{1}{2}\left(\frac{1}{p-1} - \frac{p+1}{p^2+1}\right)$, on trouve un original dans $E_{1,+\infty}$: la fonction $t \mapsto \frac{1}{2}H(t)(e^t - \cos t - \sin t)$ « retardée de 2 ». Ainsi, l'original causal de F existe, c'est la fonction $f : t \mapsto \frac{1}{2}H(t-2)\big(e^{t-2} - \cos(t-2) - \sin(t-2)\big)$.

Remarque. Dans l'exemple précédent, on n'a pas utilisé la formule d'inversion (XI.44) mais une simple décomposition en éléments simples et l'utilisation des transformées de Laplace usuelles (XI.30), (XI.39) et (XI.40). En pratique, on n'utilise la formule d'inversion que lorsque l'utilisation d'une *table* de transformées de Laplace et des formules (XI.28), (XI.34), (XI.35), (XI.36), (XI.37) et (XI.41) ne permet pas de retrouver l'original de F. On montre notamment que toute fraction rationnelle tendant vers 0 quand p tend vers l'infini possède un original causal qu'on calcule par décomposition en éléments simples. Lorsque l'on doit utiliser (XI.44), on recherche un lacet adapté et on utilise le théorème des résidus.

Exemple. Nous considérons de nouveau $F : p \mapsto \frac{2}{1-p^2}$, mais cette fois nous cherchons l'original dans $E_{1,+\infty}$. Une simple décomposition en éléments simples et l'utilisation de (XI.30) nous donne $f(t) = -2H(t)\sinh t$ conformément à ce que nous avons vu dans l'exemple introductif. Si toutefois on souhaite calculer $f(t)$ en utilisant (XI.44), on choisit Δ_σ avec $\sigma > 1$ et on utilise un lacet analogue à celui de la figure XI.1. Là aussi, le demi-cercle est choisi en fonction du signe de t de telle manière que l'intégrale curviligne le long du demi-cercle tende vers 0 quand r tend vers $+\infty$ (voir l'exercice XI.12). On remarque que lorsque

$t \leq 0$, le lacet n'entoure aucun pôle de $F(p)e^{pt}$, donc $f(t) = 0$ pour $t \leq 0$, *i.e.* f est causale. Par contre, pour $t \geq 0$, le lacet entoure (dans le sens direct) les deux pôles -1 et 1 de $F(p)e^{pt}$ et on trouve

$$f(t) = \operatorname{Res}\left(\frac{2e^{pt}}{(1-p)(1+p)}, -1\right) + \operatorname{Res}\left(\frac{2e^{pt}}{(1-p)(1+p)}, 1\right) = e^{-t} - e^{t} = -2\sinh t$$

4 Transformation en z

La transformation en z est un outil mathématique utilisé en traitement numérique du signal et en commande numérique. Cet outil s'introduit naturellement en raisonnant de la façon suivante. Échantillonnons au pas a le signal analogique $t \mapsto f(t)$ et notons $x(n) = f(na)$. Le signal échantillonné est un signal discret représenté par la suite $\big(x(n)\big)_{n\in\mathbb{Z}}$. On considère le signal analogique, dit « échantillonné-bloqué », égal à la fonction en escalier g telle que $g(t) = f(na)$ pour $t \in [na, (n+1)a[$, *i.e.*

$$\forall t \in \mathbb{R} \quad g(t) = \sum_{n=-\infty}^{+\infty} x(n)\mathbf{1}_{[na,(n+1)a[}(t) \tag{XI.45}$$

Considérons la transformée de Laplace bilatérale de g (on suppose qu'elle existe). On a

$$(\mathcal{L}g)(p) = \sum_{n=-\infty}^{+\infty} x(n) \int_{na}^{(n+1)a} e^{-pt}\, dt = \frac{1-e^{-ap}}{p} \sum_{n=-\infty}^{+\infty} x(n)e^{-pna}$$

Il est pratique de poser $z = e^{ap}$. On fait ainsi apparaître la fonction $z \mapsto \sum_{n=-\infty}^{+\infty} x(n)z^{-n}$, que l'on appelle la *transformée en z* du signal discret $\big(x(n)\big)_{n\in\mathbb{Z}}$.

4.1 Définitions et propriétés

Dans ce paragraphe, nous appelons *signal discret* toute suite complexe x indexée par $\mathbb{Z}$, *i.e.* $x = \big(x(n)\big)_{n\in\mathbb{Z}}$ où $x_n \in \mathbb{C}$.

Définition 4.1 *Sous réserve d'existence, la transformée en z du signal discret* $x = \big(x(n)\big)_{n\in\mathbb{Z}}$ *est la fonction de la variable complexe définie par*

$$(\mathcal{Z}x)(z) = \sum_{n=-\infty}^{+\infty} x(n)z^{-n} \tag{XI.46}$$

L'opérateur $\mathcal{Z}$ qui à x associe $\mathcal{Z}x$ est appelé *transformation en z*. Il est clairement linéaire.

Intéressons nous à l'ensemble de définition d'une transformée en z.
En écrivant $(\mathcal{Z}x)(z) = \sum_{n=1}^{+\infty} x(-n)z^{n} + \sum_{n=0}^{+\infty} x(n)z^{-n}$, on voit que $(\mathcal{Z}x)(z)$ existe lorsque l'on a à la fois $|z| < R_1$ et $|z^{-1}| < R_2$, où R_1 (respectivement R_2) est le rayon de convergence de la série entière $\sum_{n=1}^{+\infty} x(-n)z^{n}$ (respectivement le rayon de convergence de la série entière $\sum_{n=0}^{+\infty} x(n)z^{n}$). Nous dirons que x admet une transformée en z si $\frac{1}{R_2} < R_1$ et dans ce cas $\mathcal{Z}x$ est définie dans la couronne ouverte (centrée en 0) $\Omega = \left\{z \in \mathbb{C}\,;\, \frac{1}{R_2} < |z| < R_1\right\}$ (avec la convention $\frac{1}{R_2} = 0$ pour $R_2 = +\infty$).
La somme d'une série entière étant holomorphe dans le disque ouvert de convergence, la fonction $\mathcal{Z}x$ est holomorphe dans Ω, ses dérivées successives se calculant par dérivation terme à terme. Nous avons donc le résultat suivant.

Proposition 4.1 *Soient r et r' tels que $0 \leq r < r' \leq +\infty$. Si le signal discret $x = \big(x(n)\big)_{n\in\mathbb{Z}}$ admet une transformée en z définie dans la couronne $\Omega = \{z \in \mathbb{C}\,;\, r < |z| < r'\}$, alors la fonction $\mathcal{Z}x$ est holomorphe dans Ω, le signal $\big(nx(n)\big)_{n\in\mathbb{Z}}$ admet une transformée en z et on a*

$$\forall z \in \Omega \quad \mathcal{Z}\big(nx(n)\big)(z) = -z\,(\mathcal{Z}x)'(z) \tag{XI.47}$$

Exemples. Nous notons $\big(u(n)\big)_{n\in\mathbb{Z}}$ le signal discret tel que $u(n) = 0$ pour $n \leq -1$ et $u(n) = 1$ pour $n \in \mathbb{N}$. Il s'agit de *l'échelon unité discret.*

1. Soient $a \in \mathbb{C}^*$ et x le signal discret défini par $x(n) = a^n\,u(n)$. C'est la suite géométrique de raison a prolongée par 0 pour les « temps négatifs ».
   On a $(\mathcal{Z}x)(z) = \sum_{n=0}^{+\infty} a^n\,z^{-n} = \sum_{n=0}^{+\infty} \left(\frac{a}{z}\right)^n = \frac{1}{1-\frac{a}{z}}$ si $\left|\frac{a}{z}\right| < 1$. Autrement dit

   $$\mathcal{Z}\big(a^n\,u(n)\big)(z) = \frac{z}{z-a} \quad \text{pour } |z| > |a| \tag{XI.48}$$

   Grâce à (XI.47), on en déduit que

   $$\mathcal{Z}\big(na^n\,u(n)\big)(z) = -z\left(\frac{z}{z-a}\right)' = \frac{az}{(z-a)^2} \quad \text{pour } |z| > |a|. \tag{XI.49}$$

2. Soient $a \in \mathbb{C}^*$ et x le signal discret défini par $x(n) = a^{|n|}$.
   On a $(\mathcal{Z}x)(z) = \sum_{n=-\infty}^{-1} a^{-n}\,z^{-n} + \sum_{n=0}^{+\infty} a^n\,z^{-n} = \sum_{n=1}^{+\infty}(az)^n + \sum_{n=0}^{+\infty}\left(\frac{a}{z}\right)^n$. La première série converge ssi $|az| < 1$ et la deuxième converge ssi $\left|\frac{a}{z}\right| < 1$. Autrement dit, le signal x admet une transformée en z ssi $|a| < \frac{1}{|a|}$, *i.e.* $|a| < 1$. Sous cette condition

   $$\mathcal{Z}\big(a^{|n|}\big)(z) = \frac{az}{1-az} + \frac{z}{z-a} \quad \text{pour } |a| < |z| < \frac{1}{|a|} \tag{XI.50}$$

En pratique, on est souvent amené à raisonner à l'aide de *retards* ou d'*avances*. Par changement d'indice, si x admet une transformée en z définie dans une couronne, alors pour tout $k \in \mathbb{Z}$, le signal $\big(x(n-k)\big)_{n\in\mathbb{Z}}$ admet une transformée en z définie dans la même couronne et égale à

$$\mathcal{Z}\big(x(n-k)\big)(z) = z^{-k}(\mathcal{Z}x)(z) \tag{XI.51}$$

Nous dirons d'un signal discret x qu'il est *limité à gauche* s'il existe $n_0 \in \mathbb{Z}$ tel que

$$n < n_0 \implies x(n) = 0 \tag{XI.52}$$

Si de plus dans (XI.52), on peut prendre $n_0 = 0$, on dit que x est *causal.* On a bien sûr une définition analogue pour un signal *limité à droite.*

La transformée en z d'un signal limité à gauche s'écrit $(\mathcal{Z}x)(z) = \sum_{n=n_0}^{+\infty} x(n)z^{-n}$. C'est une fonction holomorphe dans une *couronne extérieure*, *i.e.* de la forme $\Omega = \{z \in \mathbb{C}\,;\, |z| > r\}$.

Pour les signaux discrets, on dispose aussi d'une notion de *convolution.*

Définition 4.2 *Soient $x = \big(x(n)\big)_{n\in\mathbb{Z}}$ et $y = \big(y(n)\big)_{n\in\mathbb{Z}}$ des signaux discrets. Sous réserve d'existence, le produit de convolution discret de x et de y est le signal discret $x * y$ défini par*

$$\forall n \in \mathbb{Z} \quad (x*y)(n) = \sum_{k=-\infty}^{+\infty} x(k)y(n-k) \tag{XI.53}$$

On notera l'analogie avec la convolution des fonctions d'une variable réelle. On démontre sans peine la proposition suivante.

Proposition 4.2 *Si les signaux discrets x et y sont causaux, alors $x * y$ existe, est causal et on a*

$$\forall n \in \mathbb{Z} \quad (x * y)(n) = u(n) \sum_{k=0}^{n} x(k) y(n-k) \tag{XI.54}$$

Exemple. Soit a et b des nombres complexes et x (respectivement y) le signal discret défini par $x(n) = a^n\, u(n)$ (respectivement $y(n) = b^n\, u(n)$). Le signal $x * y$ est causal et pour $n \in \mathbb{N}$, on a

$$(x * y)(n) = \sum_{k=0}^{n} a^k\, b^{n-k}$$

Pour $a = b$, on trouve

$$(x * x)(n) = (n+1)\, a^n\, u(n) \tag{XI.55}$$

Pour $a \neq b$, on trouve

$$(x * y)(n) = \frac{a^n - b^n}{a - b}\, u(n) \tag{XI.56}$$

La transformation en z joue vis à vis de la convolution discrète le rôle que joue la transformation de Laplace vis à vis de la convolution.

Proposition 4.3 *Soit x et y des signaux discrets causaux admettant une transformée en z, respectivement pour $|z| > r_1$ et pour $|z| > r_2$. Pour $|z| > \max(r_1, r_2)$, on a*

$$\mathcal{Z}\big(x * y\big)(z) = (\mathcal{Z}x)(z)\,(\mathcal{Z}y)(z) \tag{XI.57}$$

Preuve. On utilise un résultat classique sur le produit de séries. Pour $|z| > \max(r_1, r_2)$, les deux séries $\sum_{n=0}^{+\infty} x(n) z^{-n}$ et $\sum_{n=0}^{+\infty} y(n) z^{-n}$ convergent absolument, donc la « série produit », de terme général $\sum_{k=0}^{n} x(k) z^{-k}\, y(n-k) z^{-(n-k)} = z^{-n} \sum_{k=0}^{n} x(k) y(n-k)$, converge et sa somme est égale au produit des sommes des deux séries. Tenant compte de (XI.54), c'est exactement la formule (XI.57).

□

Exemple. Soit a et b des nombre complexes non nuls et x (respectivement y) le signal discret défini par $x(n) = a^n\, u(n)$ (respectivement $y(n) = b^n\, u(n)$). On peut retrouver les produits de convolution (XI.55) et (XI.56) par transformation en z. En utilisant (XI.57), on obtient en effet

$$\mathcal{Z}\big(x * y\big)(z) = \frac{z}{z-a}\,\frac{z}{z-b} \qquad \text{pour} \quad |z| > \max(|a|, |b|)$$

Il suffit de décomposer la fraction rationnelle $U : z \mapsto \frac{z^2}{(z-a)(z-b)}$ en éléments simples pour retrouver $(x * y)(n)$. On va en effet voir dans le paragraphe suivant que la fonction U, holomorphe dans la couronne $|z| > \max(|a|, |b|)$, admet un seul signal discret dont elle est la transformée en z et que ce signal (dit « transformée en z inverse de U ») peut s'obtenir par décomposition en éléments simples et identification de la transformée en z inverse de chaque élément simple.

Remarque. Il y a d'autres cas où la formule (XI.57) est vraie (la causalité de x et de y n'est pas une condition nécessaire).

4.2 Inversion de la transformation en z

Considérons une fonction $z \mapsto X(z)$ holomorphe dans $\Omega = \{z \in \mathbb{C}\,;\, r < |z| < r'\}$, où $0 \leq r < r' \leq +\infty$, et cherchons un signal discret tel que $(\mathcal{Z}x)(z) = X(z)$. Il existe un signal qui convient et il est unique : on effectue le développement en série de Laurent $X(z) = \sum_{m=-\infty}^{+\infty} a_m z^m$ de X dans la couronne Ω et on fait le changement d'indice $n = -m$. On obtient

$$\forall z \in \Omega \quad X(z) = \sum_{n=-\infty}^{+\infty} a_{-n} z^{-n}$$

ce qui signifie que $x(n) = a_{-n}$ pour tout $n \in \mathbb{Z}$.

Il est très important de préciser la couronne de travail : la même fonction X peut bien sûr être la transformée en z de plusieurs signaux différents suivant la couronne dans laquelle on la développe.

Cas particulier important. En traitement numérique du signal et en commande numérique, on doit souvent trouver la transformée en z inverse d'une fraction rationnelle $X(z) = \frac{P(z)}{Q(z)}$ dans la couronne extérieure $|z| > r$, où r est le maximum des modules des pôles de X. Notons $p = \deg P$ et $q = \deg Q$. En effectuant une division suivant les puissances croissantes de z^{-1}, on voit que pour $|z| > r$, $X(z)$ est de la forme $a_0 z^{-(q-p)} + a_1 z^{-(q-p+1)} + \ldots$.

Ainsi, **toute fraction rationnelle est la transformée en z d'un signal limité à gauche qui « démarre à » l'indice** $n = q-p$, *i.e.* $x(n) = 0$ pour $n \leq q-p-1$. On trouve ce signal en décomposant X en éléments simples et en développant en série de Laurent chaque élément simple. En réalité, il suffit d'utiliser la « formule du retard » (XI.51) et la transformée en z usuelle (XI.48). Lorsque X a un (ou plusieurs) pôle(s) double(s), on exploite (XI.49). Si nécessaire (lorsque X a un pôle d'ordre supérieur à 2), on exploite la transformée en z du signal discret de terme général $n^k a^n\, u(n)$, que l'on obtient en appliquant k fois la formule (XI.47).

Exemple. Cherchons la transformée en z inverse de $X(z) = \frac{2z^4 - 7z^3 + 8z^2 - 7z + 3}{(z+1)(z-2)^2}$ pour $|z| > 2$. Après calcul, on trouve que la décomposition de $X(z)$ en éléments simples est

$$X(z) = 2z - 1 + \frac{3}{z+1} + \frac{2}{z-2} - \frac{1}{(z-2)^2}$$

- Par identification, la transformée en z inverse de $2z - 1$ est le signal $\big(y(n)\big)_{n\in\mathbb{Z}}$ défini par $y(-1) = 2$, $y(0) = -1$ et $y(n) = 0$ pour $n \in \mathbb{Z} \setminus \{-1, 0\}$.
- La transformée en z inverse de $\frac{1}{z-a} = z^{-1}\frac{z}{z-a}$ est celle de $\frac{z}{z-a}$ retardée de 1, *i.e.* le signal discret de terme général $a^{n-1}u(n-1)$.
- La transformée en z inverse de $\frac{1}{(z-a)^2} = \frac{1}{a} z^{-1} \frac{az}{(z-a)^2}$ est celle de $\frac{1}{a}\frac{az}{(z-a)^2}$ retardée de 1, *i.e.* le signal discret de terme général $\frac{1}{a}(n-1)a^{n-1}u(n-1)$.

Par linéarité de l'opérateur $\mathcal{Z}$, on en déduit la transformée en z inverse de $X(z)$ pour $|z| > 2$. On constate comme prévu que $x(n)$ est nul pour $n \leq \deg Q - \deg P - 1 = 3 - 4 - 1 = -2$ et

$$x(-1) = 2,\ x(0) = -1,\ x(n) = 3 \cdot (-1)^{n-1} + 2 \cdot 2^{n-1} - \frac{1}{2}(n-1)2^{n-1} \quad \text{pour } n \geq 1$$

Il existe une formule qui donne la transformée en z inverse d'une fonction X dans une couronne donnée. Cette formule est une conséquence de l'expression intégrale des coefficients de Laurent vue au chapitre X et du théorème des résidus. Elle est très appréciée des utilisateurs mais elle n'est valable que sous la condition que X n'ait qu'un nombre fini de points singuliers (ce qui est le cas des fractions rationnelles).

Théorème 4.1 *Soit X une fonction holomorphe sur $\mathbb{C}\backslash\{z_1, \ldots, z_k\}$. Pour $0 \leq r < r' \leq +\infty$, soit $\Omega = \{z \in \mathbb{C} \, : \, r < |z| < r'\}$ une couronne dans laquelle X est holomorphe. La transformée en z inverse de X dans Ω est le signal discret x défini par*

$$\forall n \in \mathbb{Z} \quad x(n) = \sum_{|s| \leq r} \operatorname{Res}\left(X(z)z^{n-1}, s\right) \tag{XI.58}$$

Preuve. Soit $(a_n)_{n\in\mathbb{Z}}$ la suite des coefficients de Laurent de X pour la couronne Ω, de sorte que $x(n) = a_{-n}$. D'après la formule (X.29) page 298, pour tout $n \in \mathbb{Z}$, les coefficients a_n sont donnés par $a_n = \frac{1}{2i\pi}\int_{C(0,\rho)} \frac{X(\zeta)}{\zeta^{n+1}}\,d\zeta$, où $r < \rho < r'$ (le cercle étant orienté dans le sens direct). Autrement dit, on a

$$x(n) = a_{-n} = \frac{1}{2i\pi}\int_{C(0,\rho)} X(\zeta)\zeta^{n-1}\,d\zeta$$

La formule (XI.58) est alors une conséquence directe du théorème des résidus.

□

Remarque. Dans (XI.58), la somme est étendue à tous les points singuliers s de module au plus r de la fonction $z \mapsto X(z)z^{n-1}$. Que 0 soit ou non un point singulier de X, il est point singulier de $z \mapsto X(z)z^{n-1}$ pour certaines valeurs de n. On n'oubliera pas de tenir compte du résidu en 0 lorsque c'est nécessaire.
Lorsque X est une fraction rationnelle, la calcul du résidu en 0 est pénible, car l'ordre de 0 en tant que pôle de $z \mapsto X(z)z^{n-1}$ dépend de n. Mais lorsque l'on recherche la transformée en z inverse *limitée à gauche*, on n'a besoin de calculer $x(n)$ que pour $n \geq \deg Q - \deg P$. Cela simplifie beaucoup, voire fait disparaître, le problème du calcul du résidu en 0.

Exemple. On cherche la transformée en z inverse limitée à gauche de $X(z) = \frac{z}{(z+1)(z-2)^2}$. On doit donc travailler dans la couronne extérieure $|z| > 2$ et on sait à l'avance que $x(n) = 0$ pour $n \leq 1$. Or, 0 n'est pôle de $z \mapsto X(z)z^{n-1} = \frac{z^n}{(z+1)(z-2)^2}$ que si $n \leq -1$. Pour les valeurs de $n \leq -1$, le résidu de $\frac{z^n}{(z+1)(z-2)^2}$ en 0 n'est pas nul, mais il est inutile de le calculer puisqu'on sait que $x(n) = 0$. Il nous reste à calculer :

$$\begin{aligned}
\text{pour } n \geq 2 \quad x(n) &= \operatorname{Res}\left(\frac{z^n}{(z+1)(z-2)^2}, -1\right) + \operatorname{Res}\left(\frac{z^n}{(z+1)(z-2)^2}, 2\right) \\
&= \left.\frac{z^n}{(z-2)^2}\right|_{z:=-1} + \frac{d}{dz}\left(\frac{z^n}{z+1}\right)\bigg|_{z:=2} = \frac{(-1)^n}{9} + \frac{(3n-2)2^{n-1}}{9}
\end{aligned}$$

De plus, nous disposons d'un moyen pour repérer une erreur de calcul éventuelle. Le calcul précédent est en effet valable aussi pour $n = 0$ et pour $n = 1$, car dans ce cas 0 n'est pas un pôle de $X(z)z^{n-1}$. On doit donc trouver 0 en remplaçant n par 0 ou 1 dans la formule trouvée. C'est bien le cas. Finalement :

$$x(n) = \frac{1}{9}\left((-1)^n + (3n-2)2^{n-1}\right) u(n-2)$$

5 Exercices corrigés

Exercice XI.1 *On sait que la famille* $\left(L_n\right)_{n\in\mathbb{N}}$ *des polynômes de Laguerre (définie au chapitre VI) est orthogonale dans* $L^2_s(]0,+\infty[)$ *avec* $s : x \mapsto e^{-x}$*. Démontrer que* $\left(L_n\right)_{n\in\mathbb{N}}$ *est une base hilbertienne de* $L^2_s(]0,+\infty[)$*.*

Solution succincte. On montre que $\left(L_n\right)_{n\in\mathbb{N}}$ est totale dans $L^2_s(]0,+\infty[)$ par la méthode utilisée au paragraphe 2.4 pour démontrer le résultat analogue concernant les polynômes d'Hermite. Soit f orthogonale à tous les L_n dans $L^2_s(]0,+\infty[)$. On montre que la fonction de la variable complexe $F : z \mapsto \int_0^{+\infty} f(x)e^{-x}e^{-2i\pi xz}\,dx$ est holomorphe sur $\mathbb{C}$. Le fait que f soit orthogonale à tous les monômes $s \mapsto x^k$ ($k \in \mathbb{N}$) implique que F est la fonction nulle. Or, F n'est autre que le prolongement à $\mathbb{C}$ de la T.F. de la fonction causale $x \mapsto H(x)f(x)e^{-x}$. On conclut que f est nulle p.p. sur $]0,+\infty[$.

Exercice XI.2 *On appelle fonction* Γ *le prolongement analytique de la fonction de la variable complexe* $z \mapsto \int_0^{+\infty} t^{z-1}e^{-t}\,dt$ *à l'ouvert* $\Omega = \mathbb{C} \setminus \{0,-1,-2,\ldots\}$*. Démontrer que les entiers négatifs,* $-n$ *pour* $n \in \mathbb{N}$*, sont des pôles simples de* Γ *et calculer* $\operatorname{Res}(\Gamma,-n)$*.*

Solution. Pour $z \in \mathbb{C}$ vérifiant $\Re(z) > -n-1$, $z \neq -n$, $z \neq -n+1$, $\ldots$, $z \neq 0$, on peut écrire : $\Gamma(z) = \frac{\Gamma(z+n+1)}{z(z+1)\ldots(z+n-1)(z+n)}$ avec $\Gamma(z+n+1) = \int_0^{+\infty} t^{z+n}e^{-t}\,dt$ car $\Re(z+n+1) > 0$.
La fonction $z \mapsto \Gamma(z+n+1)$ est continue en $-n$, donc quand z tend vers $-n$, $\frac{\Gamma(z+n+1)}{z(z+1)\ldots(z+n-1)}$ tend vers $\frac{\Gamma(1)}{(-n)(-n+1)\ldots(-1)} = \frac{1}{(-1)^n n!} = \frac{(-1)^n}{n!}$. Cela nous donne la relation importante

$$\Gamma(z) \sim_{-n} \frac{(-1)^n}{n!\,(z+n)} \qquad \text{(XI.59)}$$

Cela prouve que $-n$ est un pôle simple de Γ et que $\operatorname{Res}(\Gamma,-n) = \frac{(-1)^n}{n!}$.

Exercice XI.3 *Soit* f *causale telle que* $f(t) = \frac{1}{\sqrt{t}}$ *pour* $t > 0$*. En considérant* $f * f$*, calculer la transformée de Laplace de* f*. En déduire la valeur de l'intégrale de Gauss* $I = \int_0^{+\infty} e^{-x^2}\,dx$*.*

Solution. La fonction f est causale et localement intégrable. Le calcul de $f * f$ a été fait page 70. On a $(f*f)(t) = \pi H(t)$. La fonction f tend vers 0 en $+\infty$, donc elle vérifie (XI.17) pour tout $\alpha > 0$. Il en résulte que pour $\Re p > 0$, on a $\mathcal{L}(f*f)(p) = (\mathcal{L}f)^2(p)$. Or, $(\mathcal{L}H)(p) = \frac{1}{p}$, donc $\mathcal{L}(f*f)(p) = \frac{\pi}{p}$. Pour p réel, on a $(\mathcal{L}f)(p) = \int_0^{+\infty} t^{-1/2}\,e^{-pt}\,dt > 0$. Ainsi, $\mathcal{L}f$ est holomorphe dans le demi-plan $\Re p > 0$ et vaut $\frac{\sqrt{\pi}}{\sqrt{p}}$ pour p réel strictement positif. Le principe du prolongement analytique implique que $(\mathcal{L}f)(p) = \frac{\sqrt{\pi}}{\sqrt{p}}$ pour $\Re p > 0$, où $\sqrt{p}$ désigne la détermination de la racine carrée qui est réelle positive lorsque p est réel positif.
Le changement de variable $t = x^2$ nous donne $I = \int_0^{+\infty} e^{-t}\frac{1}{2}\,t^{-1/2}\,dt = \frac{1}{2}(\mathcal{L}f)(1) = \frac{\sqrt{\pi}}{2}$.

Exercice XI.4 *Démontrer (XI.32).*

Solution. Soient s un nombre réel et f la fonction causale telle que $f(t) = t^s$ pour $t > 0$. La fonction f est localement intégrable ssi $s > -1$ et vérifie (XI.17) pour tout $\alpha > 0$. Ainsi, f admet une transformée de Laplace ssi $s > -1$. $(\mathcal{L}f)(p) = \int_0^{+\infty} t^s\,e^{-pt}\,dt$ est défini pour $\Re p > 0$. Supposons tout d'abord que p soit réel. On peut faire le changement de variable $x = pt$ et obtenir $(\mathcal{L}f)(p) = \frac{1}{p^s}\int_0^{+\infty} x^s\,e^{-x}\,\frac{1}{p}\,dx = \frac{\Gamma(s+1)}{p^{s+1}}$ pour $p > 0$. Pour étendre cette formule au demi-plan $\Re p > 0$, on utilise le fait que $\mathcal{L}f$ est analytique dans ce demi-plan. Le principe du prolongement analytique permet de conclure que $(\mathcal{L}f)(p) = \frac{\Gamma(s+1)}{p^{s+1}}$ où $p^{s+1} = e^{(s+1)\operatorname{Log} p}$ désigne la détermination qui est égale à $e^{(s+1)\ln p}$ pour $p > 0$, *i.e.* définie dans le demi-plan $\Re p > 0$ par $\arg p \in \left]-\frac{\pi}{2},\frac{\pi}{2}\right[$. On obtient (XI.32) en utilisant (XI.35).

Exercice XI.5 *Soient $T > 0$ et f une fonction localement intégrable telle que* $\operatorname{Supp} f \subset [0, T]$. *On note $\tilde{f}$ la fonction causale égale sur $[0, +\infty[$ à la T-périodisée de f (i.e. $\tilde{f}$ reproduit le « motif » f sur $[0, +\infty[$ et est causale). Calculer la transformée de Laplace de $\tilde{f}$ en fonction de celle de f.*

Solution. La fonction f étant localement intégrable et à support borné, elle admet une transformée de Laplace. On a $(\mathcal{L}f)(p) = \int_0^T f(t)e^{-pt}\,dt$. Sous réserve d'existence, on a

$$(\mathcal{L}\tilde{f})(p) = \sum_{n=0}^{+\infty} \int_{nT}^{(n+1)T} \tilde{f}(t)e^{-pt}\,dt = \sum_{n=0}^{+\infty} \int_0^T \tilde{f}(u + nT)e^{-p(u+nT)}\,du$$

Or, $\tilde{f}(u + nT) = \tilde{f}(u) = f(u)$ pour $u \in [0, T]$, donc $\big(\mathcal{L}\tilde{f}\big)(p) = \sum_{n=0}^{+\infty} e^{-pnT} \int_0^T f(u)e^{-pu}\,du$. La série converge ssi $|e^{-pT}| = e^{-T\Re p} < 1$, *i.e.* $\Re p > 0$. Sous cette condition, on obtient

$$\big(\mathcal{L}\tilde{f}\big)(p) = (\mathcal{L}f)(p)\,\frac{1}{1 - e^{-pT}}$$

Exercice XI.6 *Soit $f : t \mapsto H(t)E(t)$ où $E(t)$ désigne la partie entière de t. Calculer la transformée de Laplace de f.*

Solution. On a $(\mathcal{L}f)(p) = \int_0^{+\infty} E(t)e^{-pt}\,dt = \sum_{k=0}^{+\infty} k \int_k^{k+1} e^{-pt}\,dt = \frac{1-e^{-p}}{p} \sum_{k=0}^{+\infty} k(e^{-p})^k$. On a $\sum_{k=0}^{+\infty} k(e^{-p})^k = e^{-p} \sum_{k=1}^{+\infty} k(e^{-p})^{k-1} = e^{-p}\frac{1}{(1-e^{-p})^2}$ pour $|e^{-p}| < 1$ (dérivée de la série géométrique $\sum_{k=0}^{+\infty} z^k$ en $z = e^{-p}$). On trouve donc $(\mathcal{L}f)(p) = \frac{e^{-p}}{p(1-e^{-p})}$ pour $\Re p > 0$.

Exercice XI.7 *Soit f une fonction causale, localement bornée et au plus à croissance exponentielle en $+\infty$. Démontrer que pour p **réel** tendant vers $+\infty$, on a*

$$(\mathcal{L}f)(p) = \mathcal{O}\left(\frac{1}{p}\right) \tag{XI.60}$$

L'estimation (XI.60) reste-t-elle vraie si on suppose f seulement localement intégrable ?

Indication. Par hypothèse, il existe $\alpha \in \mathbb{R}$, $M > 0$ et $t_0 \geq 0$ tels que $|f(t)| \leq Me^{\alpha t}$ pour $t \geq t_0$. On suppose dans la suite que $\alpha \geq 0$, ce qui n'est pas restrictif. Rappelons que dire que f est localement bornée signifie que f est bornée sur tout compact, en particulier sur $[0, t_0]$. Il existe donc $A > 0$ tel que $|f(t)| \leq A$ pour $t \in [0, t_0]$. En utilisant l'inégalité (XI.18), on obtient, pour $\Re p > \alpha \geq 0$:

$$\begin{aligned}
\big|(\mathcal{L}f)(p)\big| &\leq \left|\int_0^{t_0} f(t)e^{-pt}\,dt\right| + \left|\int_{t_0}^{+\infty} f(t)e^{-pt}\,dt\right| \\
&\leq \int_0^{t_0} A|e^{-pt}|\,dt + \frac{Me^{t_0(\alpha-\Re p)}}{\Re p - \alpha} = \frac{A(1 - e^{-t_0\Re p})}{\Re p} + \frac{Me^{t_0(\alpha-\Re p)}}{\Re p - \alpha}
\end{aligned}$$

Puisque $e^{-t_0\Re p} \leq 1$ et $e^{t_0(\alpha-\Re p)} \leq 1$, on en déduit $\big|(\mathcal{L}f)(p)\big| \leq \frac{A}{\Re p} + \frac{M}{\Re p - \alpha}$, d'où

$$\Re p > \alpha \implies \big|(\mathcal{L}f)(p)\big| \leq \frac{K}{\Re p - \alpha} \tag{XI.61}$$

où $K = A + M$. Choisissons $K' > K$. Il existe $\beta > \alpha$ tel que $\frac{K}{\Re p - \alpha} \leq \frac{K'}{\Re p}$ pour $\Re p > \beta$. Lorsque p est réel, on obtient $\big|(\mathcal{L}f)(p)\big| \leq \frac{K'}{p}$ pour $p \geq \beta$, *i.e.* (XI.60).
En particulier, sous ces hypothèses sur f, la transformée de Laplace de f tend vers 0 quand p réel tend vers $+\infty$. Notamment, si f est continue par morceaux (par exemple si f est continue sur $]0, +\infty[$ et présente une limite finie en 0^+), alors f est localement bornée et sa transformée de Laplace tend vers 0 au moins à la vitesse de $1/p$ lorsque p réel tend vers $+\infty$.

Si on suppose seulement f localement intégrable (ce qui est moins fort que localement bornée), alors on n'a plus nécessairement l'estimation (XI.60) comme le montre l'exemple traité à l'exercice XI.3 : la transformée de Laplace de la fonction $t \mapsto H(t)\frac{1}{\sqrt{t}}$ (localement intégrable mais tendant vers $+\infty$ en 0^+) est $p \mapsto \frac{\sqrt{\pi}}{\sqrt{p}}$. Elle tend vers 0 quand p réel tend vers $+\infty$, mais seulement à la vitesse de $\frac{1}{p^{1/2}}$.

Exercice XI.8 *Résoudre* $y''(t) + 3y'(t) + 2y(t) = e^{-t}$ *avec* $y(0) = 0$ *et* $y'(0) = 1$.

Solution. On peut bien entendu utiliser la méthode usuelle pour résoudre cette équation différentielle linéaire à coefficients constants (résolution de l'équation homogène en passant par l'équation caractéristique $r^2 + 3r + 2 = 0$, puis recherche d'une solution particulière de la forme $P(t)e^{-t}$ où P est un polynôme de degré 1 car $r = 1$ est racine simple de l'équation caractéristique). On peut préférer la méthode suivante : on sait que la solution (unique en vertu des conditions initiales) est une combinaison linéaire de fonctions de la forme $Q(t)e^{rt}$ où P est polynomiale et $r \in \mathbb{C}$. Par conséquent, yH admet une transformée de Laplace Y et les hypothèses du corollaire 3.2 sont vérifiées pour tout entier k. On a donc $\mathcal{L}\big(H(t)y'(t)\big)(p) = pY(p) - y(0^+) = pY(p)$ et $\mathcal{L}\big(H(t)y''(t)\big)(p) = p^2Y(p) - py(0^+) - y'(0^+) = p^2Y(p) - 1$. En multipliant les deux membres de l'équation différentielle par $H(t)$, on en déduit que la fonction Y vérifie, pour $\Re p$ assez grand, la relation $p^2Y(p) - 1 + 3pY(p) + 2Y(p) = \frac{1}{p+1}$, d'où $Y(p) = \frac{1}{(p+1)^2}$. L'original de Y est $t \mapsto H(t)te^{-t}$. Ainsi, $y(t) = te^{-t}$ pour $t \in \mathbb{R}$.
On notera que l'intérêt de cette méthode est de tenir compte des conditions initiales et du second membre dès le début.

Exercice XI.9 *Résoudre le système d'équations différentielles*

$$(S) \quad \left\{ \begin{array}{rcl} x'(t) - y'(t) + x(t) & = & 2e^{-2t} + te^{-2t} \\ x'(t) + y'(t) + 4y(t) & = & 4e^{-2t} \end{array} \right. \qquad (x(0) = 0 \ , \ y(0) = 1)$$

Solution. (S) est un système linéaire à coefficients constants, pour lequel on peut utiliser la méthode usuelle. Néanmoins, l'utilisation de la transformation de Laplace permet là aussi de tenir compte des conditions initiales et des seconds membres dès le début. Notons X et Y les transformées de Laplace de $t \mapsto x(t)H(t)$ et de $t \mapsto y(t)H(t)$. Le système (S) nous donne

$$\left\{ \begin{array}{rcl} pX(p) - x(0) - pY(p) + y(0) + X(p) & = & \frac{2}{p+2} - \frac{d}{dp}\big(\frac{1}{p+2}\big) \\ pX(p) - x(0) + pY(p) - y(0) + 4Y(p) & = & \frac{4}{p+2} \end{array} \right.$$

où $\Re p > -2$. Après calcul, on obtient $X(p) = \frac{1}{(p+2)^2}$ et $Y(p) = \frac{p+3}{(p+2)^2}$, d'où

$$x(t) = te^{-2t} \quad \text{et} \quad y(t) = (t+1)e^{-2t}$$

Exercice XI.10 *Soit* L_n *le polynôme de Laguerre de degré* n*, défini par la formule de Rodrigues (VI.54) de la page 165. Déterminer la transformée de Laplace de* HL_n *et en déduire que* L_n *est solution de l'équation différentielle (VI.55)* $ty''(t) + (1-t)y'(t) + ny(t) = 0$.

Solution. On a $\mathcal{L}\big(H(t)t^n e^{-t}\big)(p) = \frac{n!}{(p+1)^{n+1}}$ pour $\Re p > -1$. Puisque 0 est racine d'ordre n de $t \mapsto t^n e^{-t}$, la formule (XI.38) nous donne $\mathcal{L}\big(H(t)\frac{d^n}{dt^n}(t^n e^{-t})\big)(p) = p^n \frac{n!}{(p+1)^{n+1}}$ pour $\Re p > -1$. Finalement, on obtient $\mathcal{L}\big(H(t)L_n(t)\big) = \mathcal{L}\big(H(t)\frac{1}{n!}e^t \frac{d^n}{dt^n}(t^n e^{-t})\big)(p) = \frac{(p-1)^n}{p^{n+1}}$ pour $\Re p > 0$.

Soit $y \in \mathcal{C}^2([0, +\infty[)$ solution sur $[0, +\infty[$ de l'équation différentielle (VI.55) et vérifiant les hypothèses du corollaire 3.2 pour $k = 2$. Notons Y la transformée de Laplace de Hy, définie et holomorphe dans un demi-plan $\Re p > \alpha$. On a $\mathcal{L}\big(H(t)ty'(t)\big)(p) = -\big(pY(p) - y(0)\big)' = -pY'(p) - Y(p)$

et $\mathcal{L}\big(H(t)ty''(t)\big)(p) = -\big(p^2Y(p) - py(0) - y'(0)\big)' = -p^2Y'(p) - 2pY(p) + y(0)$ pour $\Re p > \alpha$. Puisque y vérifie $ty''(t) + y'(t) - ty'(t) + ny(t) = 0$ pour $t \geq 0$, sa transformée de Laplace vérifie $-p^2Y'(p) - 2pY(p) + y(0) + pY(p) - y(0) + pY'(p) + Y(p) + nY(p) = 0$ pour $\Re p > \alpha$. Autrement dit, Y est une solution de l'équation différentielle $p(1-p)Y'(p) + (n-p+1)Y(p) = 0$, dont la solution générale sur $]1, +\infty[$ est $p \mapsto K\frac{(p-1)^n}{p^{n+1}}$, avec K constante complexe arbitraire. Comme $\mathcal{L}(HL_n)$ est l'une de ces solutions, cela prouve que $y = CL_n$ pour une certaine constante C. L'équation (VI.55) est linéaire et homogène, donc L_n est, comme y, solution de (VI.55).

Exercice XI.11 *Déterminer les fonctions $f \in \mathcal{C}^1([0, +\infty[)$, à croissance exponentielle en $+\infty$ et solutions de l'équation intégro-différentielle*

$$(E) \qquad tf'(t) + 2\int_0^t f(x)\sin(t-x)\,dx = \sin t \qquad (t \geq 0)$$

Solution. Notons fH la fonction inconnue f prolongée par 0 sur $]-\infty, 0[$. Nous avons l'équivalence

$$(E) \iff \forall t \in \mathbb{R} \quad H(t)\,tf'(t) + 2\big((fH) * (H\sin)\big)(t) = H(t)\,\sin t$$

Grâce aux hypothèses, fH admet une transformée de Laplace F dans un demi-plan $\Re p > \alpha$ et on peut justifier l'utilisation des formules (XI.28), (XI.37) et (XI.41) dans les calculs suivants. La fonction $t \mapsto tf'(t)H(t)$ a pour transformée de Laplace $p \mapsto -\big(\mathcal{L}(f')\big)'(p) = -\big(pF(p) - f(0)\big)' = -F(p) - pF'(p)$ pour $\Re p > \alpha$. Le produit de convolution $(Hf)*(H\sin)$ a pour transformée de Laplace $p \mapsto \frac{F(p)}{1+p^2}$ pour $\Re p > \beta = \max(0, \alpha)$. La fonction F est donc solution sur l'intervalle $]\beta, +\infty[$ de l'équation différentielle $pF'(p) + F(p)\frac{p^2-1}{p^2+1} = -\frac{1}{p^2+1}$. On résout cette équation différentielle linéaire du premier ordre avec second membre par la méthode habituelle (solution de l'équation homogène et variation de la constante). On trouve $F(p) = \frac{Kp-1}{p^2+1}$ où K est une constante complexe arbitraire. Ce résultat valable *a priori* sur l'intervalle $]\beta, +\infty[$ est en fait valable pour $\Re p > 0$ en vertu du principe du prolongement analytique et on en déduit que $f(t) = K\cos t - \sin t$.

Exercice XI.12 *Soit $F = \frac{P}{Q}$ une fraction rationnelle telle que* $\deg Q \geq \deg P + 2$. *Soit z_0 le pôle de F de plus grande partie réelle et soit a cette partie réelle. Déterminer une formule donnant l'unique original de F appartenant à $E_{a,+\infty}$.*

Solution. On cherche à inverser $F(p)$ pour $\Re p > a$. Soit f l'original recherché. Notons $z_0, z_1, \ldots, z_n$ les pôles de F. L'utilisation de la méthode élémentaire (décomposition en éléments simples et recherche de l'original de chaque élément simple) nous montre que f est causal et égal sur $\mathbb{R}^+$ à une combinaison linéaire de fonctions de la forme $t \mapsto p_k(t)e^{z_k t}$ où $\Re(z_k) \leq a$ et p_k polynomiale. On a donc bien $f \in E_{a,+\infty}$. Pour obtenir une formule « générale » donnant cet original f en fonction de F, on utilise la formule d'inversion $f(t) = \frac{1}{2i\pi}\int_{\Delta_\sigma} F(p)e^{pt}\,dp$ où Δ_σ est la droite verticale $x = \sigma$, avec $\sigma > a$. Cette formule s'applique : le fait que $\deg Q \geq \deg P + 2$ implique que $\omega \mapsto F(\sigma + i\omega)$ est intégrable sur $\mathbb{R}$ pour tout $\sigma > a$. On fixe un tel σ et on intègre $p \mapsto F(p)e^{pt}$ le long d'un des lacets $(\gamma_{r,\sigma})$ de la figure XI.2, en choisissant ce lacet en fonction du signe de t. Le lecteur vérifiera aisément que l'hypothèse $\deg Q \geq \deg P + 2$ implique que l'intégrale curviligne le long de l'arc de cercle tend (dans les deux cas) vers 0 quand r tend vers $+\infty$. En effet, tenant compte du signe de t, la quantité $|e^{pt}|$ est bornée le long de l'arc de cercle et le lemme de Jordan s'applique.
Lorsque $t \geq 0$, pour r assez grand, le lacet $(\gamma_{r,\sigma})$ entoure (dans le sens direct) tous les points singuliers $z_0, z_1, \ldots, z_n$, qui sont des pôles de $p \mapsto F(p)e^{pt}$. Quand r tend vers $+\infty$, l'intégrale long de l'arc de cercle tend vers 0 et l'intégrale le long du segment tend vers l'intégrale le long de Δ_σ, la somme des deux intégrales restant égale à $2i\pi\sum_{k=0}^n \operatorname{Res}\big(F(p)e^{pt}, z_k\big)$ en vertu du théorème des résidus. On obtient ainsi que l'intégrale le long de Δ_σ vaut $2i\pi\sum_{k=0}^n \operatorname{Res}\big(F(p)e^{pt}, z_k\big)$.
Lorsque $t \leq 0$, le lacet $(\gamma_{r,\sigma})$ n'entoure aucun point singulier de $p \mapsto F(p)e^{pt}$, donc l'intégrale le long du lacet est nulle (théorème de Cauchy). Lorsque r tend vers $+\infty$, on obtient $f(t) = 0$, *i.e.* on

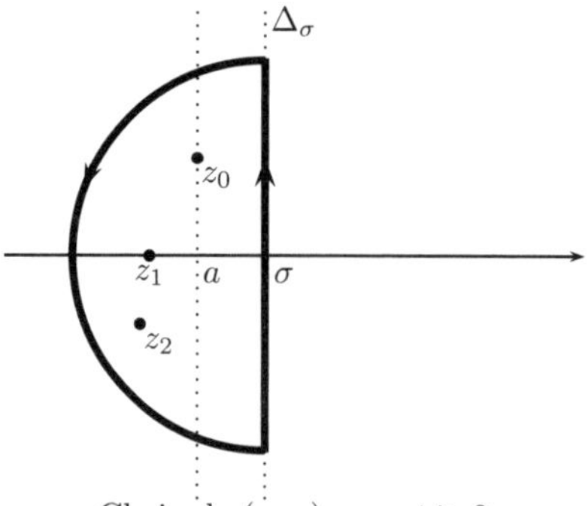

Choix de $(\gamma_{r,\sigma})$ pour $t \geq 0$

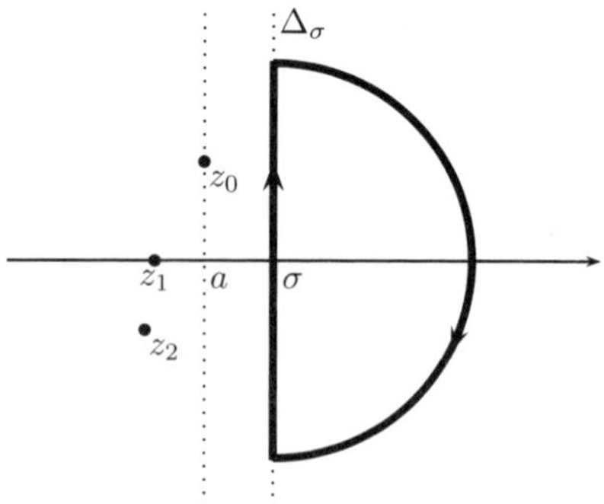

Choix de $(\gamma_{r,\sigma})$ pour $t \leq 0$

FIGURE XI.2 – Lacets utilisés lors du calcul de l'original causal d'une fraction rationnelle

retrouve le fait que f est causale. On a de plus démontré que sous l'hypothèse $\deg Q \geq \deg P + 2$, la fonction f est nulle en $t = 0$. C'est une fonction causale et continue sur $\mathbb{R}$.
Finalement, nous avons la formule

$$f(t) = H(t) \sum_{k=0}^{n} \operatorname{Res}\left(F(p)e^{pt}, z_k\right) \tag{XI.62}$$

Exercice XI.13 *Déterminer la transformée en z du signal discret x défini par $x(n) = \frac{u(n)}{n!}$ et la transformée en z inverse de $z \mapsto X(z) = e^z + e^{1/z}$.*

Solution. Pour $z \neq 0$, on a $\mathcal{Z}\left(\frac{u(n)}{n!}\right)(z) = \sum_{n=0}^{+\infty} \frac{z^{-n}}{n!} = e^{1/z}$. La couronne de convergence est $\mathbb{C}^*$. On développe $X(z)$ en série de Laurent dans la couronne $\mathbb{C}^*$. On obtient

$$X(z) = \sum_{n=0}^{+\infty} \frac{z^n}{n!} + \sum_{n=0}^{+\infty} \frac{z^{-n}}{n!} = \sum_{n=-\infty}^{-1} \frac{z^{-n}}{(-n)!} + 2 + \sum_{n=1}^{+\infty} \frac{z^{-n}}{n!}$$

Par identification, il en résulte que $x(0) = 2$ et que $x(n) = \frac{1}{|n|!}$ pour $n \in \mathbb{Z}^*$.

Exercice XI.14 *Interpréter le résultat de l'exercice X.10 en terme de transformée en z.*

Solution. Soit X la composée de la détermination de $z \mapsto \operatorname{Log}(1+z)$ défini par $\arg(z+1) \in [-\pi, \pi[$ et de la fonction $z \mapsto -1/z$. On a prouvé que X est holomorphe sur $\mathbb{C}\setminus[0,1]$ et que son développement en série de Laurent dans la couronne $\Omega = \{z \in \mathbb{C}\,;\, |z| > 1\}$ est $X(z) = -\sum_{n=1}^{+\infty} \frac{z^{-n}}{n}$. Formellement, on peut retenir la formule

$$X(z) = \operatorname{Log}\left(1 - \frac{1}{z}\right) = -\sum_{n=1}^{+\infty} \frac{z^{-n}}{n}$$

Cela montre que la transformée en z inverse de X dans la couronne Ω est le signal discret défini par $x(n) = -\frac{1}{n}\, u(n-1)$.

Exercice XI.15 *Résoudre l'équation récurrente $x(n+2) - 2x(n+1) + x(n) = 2^n$ pour $n \geq 0$ avec $x(0) = 0$ et $x(1) = 1$.*

Solution. Par analogie avec la méthode présentée à l'exercice XI.8, on utilise la transformation en z plutôt que la méthode classique. Cela permet d'exploiter les conditions initiales et de tenir compte du second membre 2^n dès le début. Pour cela, on multiplie les deux membres de l'équation par z^{-n} et on somme sur $\mathbb{N}$. On fait ainsi apparaître $X(z)$, transformée en z du signal causal $\big(x(n)u(n)\big)_{n\in\mathbb{Z}}$.

La fonction $z \mapsto X(z)$ est définie dans une certaine couronne extérieure $|z| > r$. Pour $|z| > r$, on a $\sum_{n=0}^{+\infty} x(n+1)z^{-n} = z\sum_{n=1}^{+\infty} x(n)z^{-n} = z\big(X(z) - x(0)\big)$ et $\sum_{n=0}^{+\infty} x(n+2)z^{-n} = z^2\sum_{n=2}^{+\infty} x(n)z^{-n} = z^2\big(X(z) - x(0) - x(1)z^{-1}\big)$.

Par ailleurs, la transformée en z du signal $\big(2^n u(n)\big)_{n\in\mathbb{Z}}$ est $\frac{z}{z-2}$ (pour $|z| > 2$), d'où la relation $z^2X(z) - z - 2zX(z) + X(z) = \frac{z}{z-2}$ pour $|z| > \max(r, 2)$. Ainsi, $X(z) = \frac{z}{(z-1)(z-2)} = -\frac{1}{z-1} + \frac{2}{z-2}$, dont la transformée en z inverse pour $|z| > 2$ est le signal de terme général $2\cdot 2^{n-1}\,u(n-1) - u(n-1) = \big(2^n - 1\big)\,u(n-1)$. Ainsi, la solution de l'équation récurrente est $x(n) = 2^n - 1$ pour $n \in \mathbb{N}$.

Exercice XI.16 *On rencontre dans des contextes variés (notamment en informatique dans la théorie des arbres binaires) les nombres de Catalan $c(n)$ définis pour $n \in \mathbb{N}^*$ par $c(1) = 1$ et*

$$\forall n \geq 2 \quad c(n) = \sum_{k=1}^{n-1} c(k)c(n-k)$$

Pour $n \in \mathbb{Z}$, on définit $x(n) = c(n+1)\,u(n)$. Déterminer une équation récurrente satisfaite par $\big(x(n)\big)_{n\in\mathbb{Z}}$ et en déduire la valeur de $c(n)$.

Solution. Pour $n \geq 0$, on a $x(n+1) = \sum_{k=1}^{n+1} c(k)c(n+2-k) = \sum_{k=0}^{n} x(k)x(n-k)$. On reconnaît le produit de convolution discret du signal causal x par lui-même. Le signal x est donc solution de l'équation récurrente $x(n+1) = (x * x)(n)$ avec $x(0) = c(1) = 1$.

Appelons X la transformée en z de x. En multipliant par z^{-n} et en sommant sur $\mathbb{N}$, on obtient la relation $z\big(X(z) - x(0)\big) = X^2(z)$, *i.e.* $X^2(z) - zX(z) + z = 0$. Formellement, on a donc $X(z) = \frac{z\pm\sqrt{z^2-4z}}{2} = \frac{z}{2}\big(1 \pm \sqrt{1-4/z}\big)$. Pour préciser la définition de $X(z)$, on peut choisir la détermination de $\sqrt{\cdot}$ qui est strictement positive sur $]0, +\infty[$, la composer avec la fonction $z \mapsto 1 - 4/z$ et décider laquelle des expressions $X(z) = \frac{z}{2}\big(1 + \sqrt{1-4/z}\big)$ et $X(z) = \frac{z}{2}\big(1 - \sqrt{1-4/z}\big)$ convient. En effet, une fois qu'on a choisi une détermination de la racine carrée continue sur un ouvert connexe, l'autre s'obtient en multipliant par -1.

On connaît le développement en série de Taylor en 0 de $\zeta \mapsto \sqrt{1+\zeta} = (1+\zeta)^{1/2}$: on applique la formule (IX.60) page 264 pour $\alpha = 1/2$ et $k = 0$ (afin que $(1+\zeta)^{1/2} > 0$ pour $\zeta > -1$, pour respecter le choix fait pour $\sqrt{\cdot}$). Ce développement étant valable pour $|\zeta| < 1$, on en déduit le développement en série de Laurent de $z \mapsto \sqrt{1-4/z}$ pour $\left|\frac{4}{z}\right| < 1$, *i.e.* dans la couronne extérieure $|z| > 4$. Or, pour déterminer la transformée en z inverse de X, on doit justement développer X dans une couronne extérieure (car x est causale). La causalité de x et la valeur de $x(0) = c(1) = 1$ permet de préciser laquelle des deux formules convient pour $X(z)$, car le développement de $\sqrt{1-4/z}$ commence par $1 - \frac{2}{z}$. Le signe + nous donnerait $X(z) = z - 1 + \ldots$, ce qui impliquerait $x(-1) = 1$ et $x(0) = -1$, qui ne sont pas les bonnes valeurs. Par contre le signe − nous donne $X(z) = 1 + \ldots$, ce qui implique comme prévu $x(n) = 0$ pour $n \leq -1$ et $x(0) = 1$. Finalement, on a

$$X(z) = \frac{z}{2}\left(1 - \sqrt{1-4/z}\right) \qquad \text{pour } |z| > 4$$

Le développement en série de Taylor en 0 de $(1+\zeta)^{1/2}$ est, pour $|\zeta| < 1$:

$$(1+\zeta)^{1/2} = 1 + \frac{1}{2}\zeta + \frac{(1/2)(1/2-1)}{2}\zeta^2 + \ldots + \frac{(1/2)(1/2-1)\ldots(1/2-n+1)}{n!}\zeta^n + \ldots$$

Pour $n \geq 2$, le coefficient en ζ^n s'écrit $\frac{(-1)^{n-1}}{2^n\,n!}\prod_{k=1}^{n-1}(2k-1)$ avec $\prod_{k=1}^{n-1}(2k-1) = \frac{(2n-3)!}{2^{n-2}\,(n-2)!}$. Pour $|z| > 4$, on a donc

$$X(z) = \frac{z}{2}\left(\frac{2}{z} - \sum_{n=2}^{+\infty}\frac{(-1)^{n-1}}{2^n\,n!}\,\frac{(2n-3)!}{2^{n-2}\,(n-2)!}\left(-\frac{4}{z}\right)^n\right) = 1 + \sum_{n=2}^{+\infty}\frac{2\,(2n-3)!}{n!\,(n-2)!}\,z^{-n+1}$$

Pour $n \geq 2$, le coefficient $\frac{2\,(2n-3)!}{n!\,(n-2)!}$ en $z^{-(n-1)}$ est égal à $x(n-1) = c(n)$. Les nombres de Catalan sont donc $c(1) = 1$ et

$$c(n) = \frac{2\,(2n-3)!}{n!\,(n-2)!} = \frac{(2n-2)!}{(n-1)\,n!\,(n-2)!} = \frac{1}{n-1}\mathrm{C}_{2n-2}^{n} \qquad \text{pour } n \geq 2$$

Annexe A

Topologie - Continuité

On rappelle ici les rudiments de topologie nécessaires à la lecture de ce livre, en se restreignant à l'espace $\mathbb{R}^n$, ainsi que les définitions et les résultats élémentaires concernant les fonctions continues d'une ou plusieurs variables réelles. Une grande partie de ce qui est traité dans cette annexe s'étend à un espace métrique E quelconque, i.e. un ensemble muni d'une distance, pour lequel on peut définir la notion de boule ouverte, un ouvert de E étant défini comme une réunion de boules ouvertes.

1 Topologie de $\mathbb{R}^n$

Ouverts de $\mathbb{R}^n$

On note $\|\cdot\|$ la norme euclidienne [1] de $\mathbb{R}^n$, définie pour $x = (x_1, \dots, x_n)$ par $\|x\| = \sqrt{\sum_{i=1}^n x_i^2}$.

Définition 1.1 *Soit $r > 0$ et $a \in \mathbb{R}^n$. On appelle boule ouverte de centre a et de rayon r l'ensemble $B(a,r) = \{x \in \mathbb{R}^n\,;\ \|x - a\| < r\}$.*

Dans la définition 1.1, on a $r > 0$. Il en résulte qu'une boule ouverte n'est pas vide.

Cas particuliers. Pour $n = 1$, on a $\|x\| = |x|$ et $B(a,r)$ n'est autre que l'intervalle ouvert $]a-r, a+r[$. Pour $n = 2$, $B(a,r) = \{(x_1,x_2) \in \mathbb{R}^2\,;\ (x_1 - a_1)^2 + (x_2 - a_2)^2 < r^2\}$ est le disque ouvert $D(a,r)$ de centre $a = (a_1, a_2)$ et de rayon r. La terminologie *boule ouverte* provient du cas particulier $n = 3$, pour lequel $B(a,r) = \{(x_1,x_2,x_3)\,;\ (x_1 - a_1)^2 + (x_2 - a_2)^2 + (x_3 - a_3)^2 < r^2\}$ est effectivement la boule ouverte de centre $a = (a_1, a_2, a_3)$ et de rayon r, au sens que l'on donne au mot « boule » en géométrie euclidienne dans $\mathbb{R}^3$.

Définition 1.2 *On appelle ouvert de $\mathbb{R}^n$ toute partie U de $\mathbb{R}^n$ qui soit est vide, soit a la propriété suivante : pour tout $x \in U$, il existe une boule ouverte incluse dans U et contenant x.*

Comme conséquence de la définition 1.2, les boules ouvertes, $\mathbb{R}^n$ et $\emptyset$ sont des ouverts de $\mathbb{R}^n$.

Définition 1.3 *Soit $x \in \mathbb{R}^n$. Un voisinage de x est un ensemble V qui contient une boule ouverte contenant x.*

Il résulte des définitions 1.3 et 1.2 qu'un ouvert est un voisinage de chacun de ses points.

Remarque. En ce qui concerne les ouverts de $\mathbb{C}$, ce sont ceux de $\mathbb{R}^2$, en assimilant $\mathbb{C}$ au « plan complexe ». Plus généralement les ouverts de $\mathbb{C}^n$ sont ceux de $\mathbb{R}^{2n}$.

La définition 1.2 implique qu'un ouvert non vide est une réunion de boules ouvertes. En effet, pour tout $x \in U$, il existe $r_x > 0$ tel que $B(x, r_x) \subset U$. On peut donc écrire

$$U = \bigcup_{x \in U} B(x, r_x) \tag{A.1}$$

1. Pour le sujet considéré ici, il serait en fait possible de travailler avec une norme quelconque sur $\mathbb{R}^n$, mais nous n'aurons pas besoin de cette généralisation.

On remarque que (A.1) est encore valable pour l'ouvert $\emptyset$. Réciproquement, il est clair que toute réunion de boules ouvertes est un ouvert de $\mathbb{R}^n$. Il en résulte le théorème suivant.

Théorème 1.1 *On a les propriétés suivantes.*

1. *Les ouverts de $\mathbb{R}^n$ sont les réunions quelconques de boules ouvertes.*
2. *Toute réunion d'ouverts de $\mathbb{R}^n$ est un ouvert de $\mathbb{R}^n$.*

Exemples.

1. Les ouverts de $\mathbb{R}$ sont les réunions d'intervalles ouverts. En utilisant la densité de $\mathbb{Q}$ dans $\mathbb{R}$, il est possible de démontrer que les ouverts de $\mathbb{R}$ sont en fait les réunions *dénombrables* d'intervalles ouverts.
2. Les ouverts de $\mathbb{R}^2$ (ou de $\mathbb{C}$) sont les réunions de disques ouverts.
3. L'ensemble $U =]-\infty, -1[\cup]1, 4[$ est un ouvert de $\mathbb{R}$.
4. Soit $a \in \mathbb{R}^n$. L'ensemble $U = \mathbb{R}^n \setminus \{a\}$ est ouvert.
5. L'ensemble $U = \{(x, y) \in \mathbb{R}^2 \,;\, x > 0\}$ est ouvert. Plus généralement, tout demi-plan ouvert, *i.e.* privé de la droite qui le délimite, est un ouvert de $\mathbb{R}^2$.
6. L'ensemble $U = \{(x, y, z) \in \mathbb{R}^3 \,;\, x > 0\}$ est ouvert. Plus généralement, tout demi-espace ouvert, *i.e.* privé du plan qui le délimite, est un ouvert de $\mathbb{R}^3$.
7. L'ensemble $U = \mathbb{R}^2 \setminus \{(x, 0) \,;\, x \leq 0\}$ est ouvert. Plus généralement, tout *plan coupé*, obtenu en enlevant à $\mathbb{R}^2$ une demi-droite *fermée* (*i.e.* contenant son extrémité) est un ouvert de $\mathbb{R}^2$ qui joue un rôle important dans la définition de certaines fonctions holomorphes.
8. Soit a et $b > a$ des réels. Dans $\mathbb{C}$, l'ensemble $U = \{z = x + iy \in \mathbb{C} \,;\, a < x < b\}$ (bande verticale ouverte) est un ouvert de $\mathbb{C}$.
9. L'ensemble $U = \{(x, y) \in \mathbb{R}^2 \,;\, x \neq 0\}$ est un ouvert de $\mathbb{R}^2$. Plus généralement, l'ensemble obtenu en enlevant à $\mathbb{R}^2$ une droite quelconque est un ouvert de $\mathbb{R}^2$.
10. L'ensemble $U = \{(x, y, z) \in \mathbb{R}^3 \,;\, x \neq 0\}$ est un ouvert de $\mathbb{R}^3$. Plus généralement, l'ensemble obtenu en enlevant à $\mathbb{R}^3$ un plan quelconque est un ouvert de $\mathbb{R}^3$.

Définition 1.4 *Soit A une partie de $\mathbb{R}^n$. On appelle intérieur de A le plus grand ouvert contenu dans A. On le note $\overset{\circ}{A}$.*

Cette définition a un sens pour toute partie A de $\mathbb{R}^n$. En effet, toute réunion d'ouverts étant un ouvert, la réunion de tous les ouverts contenus dans A est un ouvert. C'est clairement le plus grand ouvert contenu dans A.
À titre d'exemple, l'intérieur d'un intervalle quelconque dans $\mathbb{R}$ (par exemple $[a, +\infty[$) est l'intervalle ouvert correspondant (ici $]a, +\infty[$).

Connexité

Définition 1.5 *On dit qu'un ouvert U de $\mathbb{R}^n$ est connexe lorsqu'il possède la propriété suivante : si $U = U_1 \cup U_2$ avec U_1 et U_2 ouverts* ***disjoints*** *(i.e. $U_1 \cap U_2 = \emptyset$), alors soit U_1, soit U_2 est vide.*

La notion de connexité formalise l'idée intuitive d'ouvert « constitué d'un seul morceau ».

Exemples. Une boule ouverte est un ouvert connexe. $\mathbb{R}^n$ est connexe. Les ouverts des exemples 4, 5, 6, 7 et 8 sont connexes. Les ouverts des exemples 3, 9, 10 ne sont pas connexes. Pour ces trois ouverts non connexes, on a à chaque fois deux *composantes connexes.*

La notion de connexité peut être définie pour d'autres parties de $\mathbb{R}^n$ que des ouverts, mais nous n'aurons pas besoin de cette généralisation. De plus, pour les ouverts de $\mathbb{R}^n$, on a la caractérisation suivante des ouverts connexes, qui est fausse pour les parties connexes en général.

Proposition 1.1 *Pour qu'un ouvert U de $\mathbb{R}^n$ soit connexe il faut et il suffit que pour tout $(x, y) \in U$, il existe un chemin continu d'image incluse dans U et reliant x et y.*

Cette propriété est appelée *connexité par arcs.* Un *chemin continu* d'image incluse dans U est une application γ définie sur un intervalle $I = [a, b]$, à valeurs dans U, continue sur I. Dire que γ relie $x \in U$ et $y \in U$ signifie que $\gamma(a) = x$ et $\gamma(b) = y$.

Fermés de $\mathbb{R}^n$

Définition 1.6 *Une partie F de $\mathbb{R}^n$ est fermée si son complémentaire dans $\mathbb{R}^n$ est ouvert.*

Remarques.

1. La plupart des parties de $\mathbb{R}^n$ ne sont ni ouvertes, ni fermées. Par exemple, l'intervalle $]a, b]$ n'est pas ouvert ; il n'est pas fermé non plus puisque son complémentaire $]-\infty, a] \cup]b, +\infty[$ n'est pas ouvert.
2. Le complémentaire de $\mathbb{R}^n$ est $\emptyset$ qui est ouvert, donc $\mathbb{R}^n$ est fermé. Le complémentaire de $\emptyset$ est $\mathbb{R}^n$ qui est ouvert, donc $\emptyset$ est fermé. En fait, $\emptyset$ et $\mathbb{R}^n$ sont les seules parties de $\mathbb{R}^n$ à la fois ouvertes et fermées.
3. Une intersection de fermés est un fermé car son complémentaire est une réunion d'ouverts.

Exemples.

1. Un intervalle fermé est un fermé de $\mathbb{R}$. En effet le complémentaire de $[a, b]$ est $]-\infty, a[\cup]b, +\infty[$ (qui est ouvert) et le complémentaire de $[a, +\infty[$ (respectivement de $]-\infty, a]$) est l'ouvert $]-\infty, a[$ (respectivement $]a, +\infty[$).
2. Plus généralement une réunion d'intervalles fermés est un fermé de $\mathbb{R}$.
3. L'ensemble $F = \{(x, y) \in \mathbb{R}^2 \,;\, x \geq 0\}$ (demi-plan fermé) est un fermé de $\mathbb{R}^2$ car son complémentaire est $\{(x, y) \in \mathbb{R}^2 \,;\, x < 0\}$ qui est un demi-plan ouvert.
4. Dans $\mathbb{R}^2$, une droite est un fermé, car son complémentaire est la réunion de deux demis-plans ouverts.
5. Dans $\mathbb{R}^2$, une demi-droite fermée est un fermé, car son complémentaire est un plan coupé ouvert.

Définition 1.7 *Soit A une partie de $\mathbb{R}^n$.*

1. *On appelle adhérence de A (ou fermeture de A) le plus petit fermé de $\mathbb{R}^n$ qui contient A. On note $\overline{A}$ l'adhérence de A.*
2. *On appelle frontière de A l'intersection de l'adhérence de A et de l'adhérence du complémentaire de A dans $\mathbb{R}^n$. On note* $\mathrm{Fr}\, A$ *la frontière de A.*

Remarquons que la frontière de A est un fermé en tant qu'intersection de deux fermés.

Exemples.

1. L'adhérence de $]a, b[$, de $[a, b[$, de $]a, b]$ et de $[a, b]$ est $[a, b]$. La frontière de ces quatre intervalles est $\{a, b\}$.
2. L'adhérence de $]a, +\infty[$ et de $[a, +\infty[$ est $[a, +\infty[$. La frontière de ces deux intervalles est $\{a\}$.
3. L'adhérence de $[1, 2[\cup]4, +\infty[$ est $[1, 2] \cup [4, +\infty[$. Sa frontière est $\{1, 2, 4\}$.
4. L'adhérence de la boule ouverte $B(a, r)$ est $\overline{B(a, r)} = \{x \in \mathbb{R}^n \,;\, \|x - a\| \leq r\}$, *i.e.* la *boule fermée* de centre a et de rayon r. La frontière de la boule ouverte et de la boule fermée est $\{x \in \mathbb{R}^n \,;\, \|x - a\| = r\}$, *i.e.* la *sphère* de centre a et de rayon r. En particulier, dans $\mathbb{R}^2$, la frontière d'un disque est le cercle qui le limite.
5. Dans $\mathbb{R}^2$ l'adhérence du demi-plan ouvert $x > 0$ et du demi-plan fermé $x \geq 0$ est le demi-plan fermé $x \geq 0$. Leur frontière est la droite d'équation $x = 0$.
6. Dans $\mathbb{R}^2$ l'adhérence d'un plan coupé par une demi-droite est $\mathbb{R}^2$ en entier. Sa frontière est la demi-droite fermée.
7. L'adhérence de $\mathbb{Q}$ dans $\mathbb{R}$ est $\mathbb{R}$. C'est précisément ce que signifie « $\mathbb{Q}$ est dense dans $\mathbb{R}$ ».

Compacts de $\mathbb{R}^n$

Pour la notion générale de compacité dans les espaces métriques, on se reportera à un ouvrage spécialisé. Nous nous contentons de caractériser les compacts de $\mathbb{R}^n$ par une propriété très simple permettant de les reconnaître lorsqu'on les rencontre.

Proposition 1.2 *Les compacts de $\mathbb{R}^n$ sont les parties à la fois fermées et bornées.*

Rappelons qu'une partie B de $\mathbb{R}^n$ est *bornée* s'il existe $M > 0$ telle que B est incluse dans $B(0, M)$. Autrement dit, B est borné s'il existe $M > 0$ telle que tout $x \in B$) vérifie $\|x\| < M$.

Exemples.

1. L'intervalle fermé borné $[a, b]$ est compact dans $\mathbb{R}$
2. Plus généralement, la boule fermée $\overline{B(a,r)}$ est compacte dans $\mathbb{R}^n$.
3. $[0,1] \cup [3,6] \cup [7,9]$ est un compact de $\mathbb{R}$.
4. Un demi-plan, même fermé, n'est pas compact dans $\mathbb{R}^2$ car il n'est pas borné.
5. L'ensemble $\{(x,y) \in \mathbb{R}^2 \,;\, 0 < x^2+y^2 \leq r^2\} = \overline{B((0,0),r)} \setminus \{(0,0)\}$ n'est pas compact dans $\mathbb{R}^2$ bien qu'il soit borné, car il n'est pas fermé.

2 Fonctions continues

Limite en un point

Nous allons considérer des fonctions définies sur une partie A de $\mathbb{R}^n$ à valeurs dans $\mathbb{R}^p$. Nous notons $\|\cdot\|$ aussi bien la norme euclidienne de $\mathbb{R}^n$ que celle de $\mathbb{R}^p$.

Définition 2.1 *Soient A une partie de $\mathbb{R}^n$, $f : A \longrightarrow \mathbb{R}^p$, $a \in \overline{A}$ et $l \in \mathbb{R}^p$. On dit que f tend vers l en a (ou que $f(x)$ tend vers l quand x tend vers a) si*

$$(\forall \varepsilon > 0) \quad (\exists \eta > 0) \quad (\forall x \in A) \quad (\|x-a\| < \eta \Longrightarrow \|f(x) - l\| < \varepsilon) \tag{A.2}$$

On note cette situation $\lim_{x \to a} f(x) = l$.

Dans la définition 2.1, a n'est pas nécessairement un élément de A. Par contre il est essentiel que a soit dans l'adhérence de A : le point a doit être *adhérent* à l'ensemble de définition A de f pour que l'expression « tendre vers a » ait un sens.

Remarques.

1. (A.2) signifie que $f(x)$ peut être aussi proche de l que l'on veut pourvu que x soit suffisamment proche de a et dans l'ensemble de définition de f.
2. On démontre facilement que si la limite de f en a existe, alors elle est unique.
3. Notons $l = (l_1, \ldots, l_p) \in \mathbb{R}^p$ et, pour $i \in \{1, \ldots, p\}$, $f_i : A \longrightarrow \mathbb{R}$ les composantes de la fonction f. Il est facile de prouver que $f(x)$ tend vers l quand x tend vers a ssi pour tout $i \in \{1, \ldots, p\}$, $f_i(x)$ tend vers l_i quand x tend vers a. Ce résultat permet de considérer dans la suite uniquement des fonctions à valeurs réelles.
4. Pour montrer que f tend vers l en a, on peut chercher à majorer $\|f(x) - l\|$ par une expression de la forme $g(\|x-a\|)$ avec g fonction d'une seule variable réelle telle que $g(r)$ tende vers 0 lorsque r tend vers 0.

Regroupons dans la proposition suivante les règles de calcul sur les limites.

Proposition 2.1 *Soient A une partie de $\mathbb{R}^n$ et $a \in \overline{A}$.*

1. *Soient f et g définies sur A et à valeurs réelles. Soit λ un réel. On suppose que $f(x)$ (respectivement $g(x)$) tend vers l_1 (respectivement l_2) quand x tend vers a. Alors les fonctions λf, $f+g$ et fg tendent respectivement vers λl_1, $l_1 + l_2$, $l_1 l_2$ quand x tend vers a. Si de plus g ne s'annule pas sur A et $l_2 \neq 0$, alors la fonction f/g tend vers l_1/l_2 quand x tend vers a.*
2. *Soient $f : A \longrightarrow \mathbb{R}^p$ et $g : f(A) \longrightarrow \mathbb{R}^q$. Si $f(x)$ tend vers l quand x tend vers a et si $g(y)$ tend vers l' quand y tend vers l, alors $(g \circ f)(x)$ tend vers l' quand x tend vers a.*

Continuité des fonctions de plusieurs variables réelles

Définition 2.2 *Soient $A \subset \mathbb{R}^n$, $f : A \longrightarrow \mathbb{R}^p$ et $a \in A$. On dit que f est continue en a si $\lim_{x \to a} f(x) = f(a)$. Lorsque f est continue en tout point de $B \subset A$, on dit que f est continue sur B.*

Remarques.

1. Pour qu'une fonction f à valeurs dans $\mathbb{R}^p$ soit continue en un point a (ou sur un ensemble B) il faut et il suffit que ses composantes $f_1, \ldots, f_p$ soient toutes continues en a (respectivement sur B). On peut donc étudier la continuité composante par composante, *i.e.* se contenter d'étudier des fonctions à valeurs réelles.
2. Si f est continue, il en est de même de ses applications partielles (obtenues en fixant toutes les variables sauf une), mais la réciproque est fausse.
3. Il résulte immédiatement de la proposition 2.1 qu'une combinaison linéaire de fonctions continues en a (respectivement sur B) est continue en a (respectivement sur B). Le produit de deux fonctions à valeurs réelles continues en a (respectivement sur B) est continu en a (respectivement sur B). Il en est de même de leur quotient lorsque le dénominateur ne s'annule pas. Si $f : A \longrightarrow \mathbb{R}^p$ est continue en a (respectivement sur B) et si $g : f(A) \longrightarrow \mathbb{R}^q$ est continue en $f(a)$ (respectivement sur $f(B)$, alors $g \circ f$ est continue en a (respectivement sur B).
4. Soient $f : A \longrightarrow \mathbb{R}^p$ continue sur A et $a \in \overline{A} \setminus A$. Lorsque $\lim_{x \to a} f(x)$ existe et vaut l, on dit que f est *prolongeable par continuité* en a. La fonction $\tilde{f}$ égale à f en restriction à A et telle que $\tilde{f}(a) = l$ est alors continue sur $A \cup \{a\}$.

Les résultats suivants s'intéressent au lien entre continuité et propriétés topologiques.

Rappelons que l'image réciproque par une application $f : A \longrightarrow B$ d'un ensemble $C \subset B$ est l'ensemble $f^{-1}(C) = \{x \in A\,;\, f(x) \in C\}$. Contrairement à ce que peut laisser croire la notation, cet ensemble est défini même si f n'est pas bijective (*i.e.* même si l'application réciproque f^{-1} n'est pas définie). La notation est cohérente, car si de plus f est bijective, l'image réciproque de C par f est l'image directe par f^{-1} de C.

Proposition 2.2 *Soit $f : \mathbb{R}^n \longrightarrow \mathbb{R}^p$ une application continue.*

1. *Soit V un ouvert de $\mathbb{R}^p$. Alors $f^{-1}(V)$ est un ouvert de $\mathbb{R}^n$.*
2. *Soit F un fermé de $\mathbb{R}^p$. Alors $f^{-1}(F)$ est un fermé de $\mathbb{R}^n$.*
3. *Soit K un compact de $\mathbb{R}^n$. Alors $f(K)$ est un compact de $\mathbb{R}^p$.*

Exemple. Considérons l'ensemble $\{(x, y) \in \mathbb{R}^2\,;\, x^2 + 6y^3 - xy < 1\}$. Il semble difficile d'en donner une description géométrique simple. On sait néanmoins qu'il est ouvert dans $\mathbb{R}^2$ car c'est l'image réciproque de l'ouvert $]-\infty, 0[$ par l'application $(x, y) \mapsto x^2 + 6y^3 - xy - 1$ qui est continue sur $\mathbb{R}^2$, à valeurs dans $\mathbb{R}$. En remplaçant l'inégalité stricte par une inégalité large, on obtient une partie fermée de $\mathbb{R}^2$, puisque c'est alors l'image réciproque du fermé $]-\infty, 0]$ par la même application continue.

En revanche l'image directe d'un ouvert (respectivement d'un fermé) par une application continue n'est pas nécessairement un ouvert (respectivement un fermé) et l'image réciproque d'un compact par une application continue n'est pas nécessairement compacte.

Contre-exemples.

1. L'image de $\mathbb{R}$ (ouvert dans $\mathbb{R}$) par l'application $x \mapsto x^2$ (continue sur $\mathbb{R}$) est $[0, +\infty[$ (qui n'est pas ouvert).
2. L'image de $[0, +\infty[$ (fermé dans $\mathbb{R}$) par l'application $x \mapsto \frac{1}{1+x^2}$ (continue sur $\mathbb{R}$) est $]0, 1]$ (qui n'est pas fermé).
3. Soit $a \in \mathbb{R}$ et soit $f : \mathbb{R} \to \mathbb{R}$ définie par $f(x) = a$ (*i.e.* f est une fonction constante). Alors l'image réciproque de $\{a\}$ (qui est compact car fermé et borné) par la fonction continue f est $\mathbb{R}$ (qui n'est pas compact, car non borné).

Annexe B

Fonctions différentiables

On rappelle ici les définitions et les résultats élémentaires concernant la différentiabilité et les fonctions de classe $\mathcal{C}^1$ sur un ouvert de $\mathbb{R}^n$.

1 Différentiabilité

Il est important de noter que les applications considérées ici sont toutes définies sur un ***ouvert*** *de $\mathbb{R}^n$.*

Rappelons que dire que $f : \mathbb{R} \to \mathbb{R}$ est dérivable en a revient à dire que l'on peut approcher f au voisinage de a par une application *affine*, au sens suivant :

$$f(x) = f(a) + f'(a)(x-a) + (x-a)\varepsilon(x) \quad \text{où} \quad \lim_{x\to a} \varepsilon(x) = 0$$

On souhaite généraliser cette idée à des fonctions définies sur un ouvert de $\mathbb{R}^n$ et à valeurs dans $\mathbb{R}^p$. Remarquons que les applications affines de $\mathbb{R}^n$ dans $\mathbb{R}^p$ sont de la forme

$$x \in \mathbb{R}^n \mapsto A(x) = b + L(x) \in \mathbb{R}^p$$

où L est linéaire de $\mathbb{R}^n$ dans $\mathbb{R}^p$ et où b est un vecteur constant de $\mathbb{R}^p$.

Notion de différentielle

Définition 1.1 *Soit U un ouvert de $\mathbb{R}^n$ et soit $f : U \to \mathbb{R}^p$. On dit que f est différentiable en $a \in U$ s'il existe une application linéaire L_a de $\mathbb{R}^n$ dans $\mathbb{R}^p$ telle que*

$$\lim_{h\to 0_{\mathbb{R}^n}} \frac{f(a+h) - f(a) - L_a(h)}{\|h\|} = 0_{\mathbb{R}^p} \tag{B.1}$$

Remarquons que puisque U est ouvert, $a + h \in U$ lorsque $\|h\|$ est assez petit, de sorte que $f(a+h)$ est bien défini pour h dans un voisinage de $0_{\mathbb{R}^n}$.

Proposition 1.1 *Si $f : U \to \mathbb{R}^p$ est différentiable en $a \in U$, alors l'application linéaire L_a est unique. On l'appelle la différentielle de f en a et on la note df_a.*

Il est équivalent de dire que f est différentiable en $a \in U$ ou que f admet au voisinage de a le développement limité au premier ordre suivant :

$$f(a+h) = f(a) + df_a(h) + \|h\|\,\varepsilon(h) \quad \text{où} \quad \lim_{h\to 0_{\mathbb{R}^n}} \varepsilon(h) = 0_{\mathbb{R}^p} \tag{B.2}$$

En posant $x = a + h$ et $\epsilon(x) = \varepsilon(x - a)$, cela revient à écrire que

$$f(x) = f(a) + df_a(x-a) + \|x-a\|\,\epsilon(x) \quad \text{où} \quad \lim_{x\to a} \epsilon(x) = 0_{\mathbb{R}^p} \tag{B.3}$$

Dire que f est différentiable en a revient donc à dire que l'on peut approcher f au voisinage de a par l'application affine $x \mapsto f(a) + df_a(x-a)$.

Cas particuliers fondamentaux

Proposition 1.2 *Si $f : \mathbb{R}^n \to \mathbb{R}^p$ est linéaire, alors f est différentiable en tout point $a \in \mathbb{R}^n$ et l'on a $df_a = f$.*

En effet, si f est linéaire, on a $f(a+h) - f(a) - f(h) = 0_{\mathbb{R}^p}$ (la fonction ε est ici identiquement nulle).

La proposition suivante indique que la notion de différentiabilité coïncide avec la notion de dérivabilité pour les fonctions vectorielles d'une seule variable réelle.

Proposition 1.3 *Soit I un intervalle ouvert de $\mathbb{R}$ et soit $f : I \to \mathbb{R}^p$. Les deux assertions suivantes sont équivalentes.*

1. *f est dérivable en a.*
2. *f est différentiable en a.*

De plus, dans un tel cas, on a $df_a(h) = f'(a)h$.

Propriétés de la différentiabilité

Proposition 1.4 *Soit U un ouvert de $\mathbb{R}^n$. Si $f : U \to \mathbb{R}^p$ est différentiable en $a \in U$, alors f est continue en a.*

La réciproque est fausse. Par exemple, pour $n = 1$, il existe des fonctions continues en en un point et non dérivables en ce point (comme par exemple $x \mapsto \sqrt{x}$ ou $x \mapsto |x|$ en $a = 0$). Il existe même des fonctions continues en tout point de $\mathbb{R}$ et dérivables en aucun point.

Énonçons les résultats concernant les opérations sur les fonctions différentiables.

Proposition 1.5 *Soit f et g définies sur un ouvert U de $\mathbb{R}^n$ et à valeurs dans $\mathbb{R}^p$, et soit λ et μ des réels. Si f et g sont différentiables en $a \in U$, alors $\lambda f + \mu g$ est différentiable en a et l'on a*

$$d(\lambda f + \mu g)_a = \lambda df_a + \mu dg_a$$

Si $p = 1$, on a fg différentiable en a, ainsi que f/g si $g(a) \neq 0$.

Proposition 1.6 *Soient U un ouvert de $\mathbb{R}^n$, $f : U \to \mathbb{R}^p$, $g : V \to \mathbb{R}^q$ et V un ouvert de $\mathbb{R}^p$ tel que $f(U) \subset V$. Si f est différentiable en a et si g est différentiable en $f(a)$, alors $g \circ f$ est différentiable en a et l'on a*

$$d(g \circ f)_a = dg_{f(a)} \circ df_a \tag{B.4}$$

Remarquons que si $n = p = q = 1$, on retrouve la formule de dérivation d'une fonction composée, car $d(g \circ f)_a(h) = (g \circ f)'(a)h$, et $(dg_{f(a)} \circ df_a)(h) = g'(f(a))f'(a)h$.

Dérivées partielles

Définition 1.2 *Soit U un ouvert de $\mathbb{R}^n$ et $f : U \to \mathbb{R}^p$. Pour $k \in \{1, \ldots, n\}$, on dit que f admet une dérivée partielle par rapport à la k-ième variable (ou par rapport à la k-ième place) en $a \in U$ lorsque*

$$\lim_{t \to 0} \frac{f(a_1, \ldots, a_{k-1}, a_k + t, a_{k+1}, \ldots, a_n) - f(a_1, \ldots, a_{k-1}, a_k, a_{k+1}, \ldots, a_n)}{t} \quad \text{existe.}$$

Dans ce cas, cette limite est notée $D_k f(a)$, ou $\frac{\partial f}{\partial x_k}(a)$, ou $f'_{x_k}(a)$.

Cela signifie que *l'application partielle* obtenue en fixant toutes les coordonnées de a sauf la k-ième est dérivable en a_k (cette application partielle est une fonction d'une seule variable réelle). Dans les cas simples, il suffit donc de dériver formellement par rapport à x_k en fixant les autres variables, puis de remplacer $(x_1, \ldots, x_n)$ par $(a_1, \ldots, a_n)$.

Remarque. La première notation pour la dérivée partielle en a est la moins ambiguë. Les deux autres notations peuvent être sources d'erreur, notamment lorsqu'on effectue des changements de variables, si l'on perd de vue que x_k est seulement un nom générique pour la k-ième variable (par exemple, dans la notation $\frac{\partial f}{\partial x_k}(a)$, on peut remplacer x_k par y_k).

Lien entre différentielle et dérivées partielles

Théorème 1.1 *Soit U un ouvert de $\mathbb{R}^n$. Si $f : U \to \mathbb{R}^p$ est différentiable en $a \in U$, alors pour tout $k \in \{1, \dots, n\}$, f admet une dérivée partielle par rapport à la k-ième variable en a et l'on a*

$$\forall h = (h_1, \dots, h_n) \in \mathbb{R}^n \quad df_a(h) = \sum_{k=1}^{n} \frac{\partial f}{\partial x_k}(a)\, h_k \tag{B.5}$$

La réciproque est fausse pour $n \geq 2$: l'existence de toutes les dérivées partielles en un point a n'implique pas la différentiabilité en ce point. En fait, cela n'implique même pas la continuité de f en a.

On note que (B.5) généralise la formule donnant la différentielle en fonction de la dérivée dans le cas d'une seule variable réelle. Dans cette formule, h_k est un scalaire et $\frac{\partial f}{\partial x_k}(a)$ est un vecteur de $\mathbb{R}^p$.

On a vu que la différentielle en tout point d'une application linéaire est elle-même. Considérons la k-ème projection, *i.e.* $p_k : \mathbb{R}^n \to \mathbb{R}$ qui à $x = (x_1, \dots, x_n)$ associe x_k. L'application p_k est linéaire, donc $(dp_k)_a = p_k$ pour tout $a \in \mathbb{R}^n$. Comme $p_k(x) = x_k$, on note (abusivement) cette différentielle $p_k = dx_k$, de sorte que (B.5) s'écrit

$$df_a = \sum_{k=1}^{n} \frac{\partial f}{\partial x_k}(a)\, dx_k \tag{B.6}$$

(B.6) est une égalité dans l'e.v. $\mathcal{L}(\mathbb{R}^n, \mathbb{R}^p)$ des applications linéaires de $\mathbb{R}^n$ dans $\mathbb{R}^p$, alors que (B.5) est une égalité dans $\mathbb{R}^p$.

En physique, la formule (B.6) s'interprète de la façon suivante : si à un point $a = (a_1, \dots, a_n)$ on ajoute un « accroissement vectoriel » $(dx_1, \dots, dx_n)$, la fonction f subit, en faisant une *approximation au premier ordre*, un « accroissement » df_a donné par (B.6). Exprimé de cette façon, c'est incorrect, car dx_k n'est pas un réel mais une application linéaire. Cet abus de langage revient à noter $(dx_1, \dots, dx_n)$ ce qu'on devrait noter $h = (h_1, \dots, h_n) = \big(dx_1(h), \dots, dx_n(h)\big)$. La façon correcte d'expliquer ce qui se passe est la suivante : la fonction f étant différentiable en a, elle admet pour h au voisinage de $0_{\mathbb{R}^n}$ le développement limité au premier ordre :

$$f(a+h) = f(a) + df_a(h) + \|h\|\, \varepsilon(h)$$

avec $\varepsilon(h)$ tendant vers $0_{\mathbb{R}^p}$ quand h tend vers $0_{\mathbb{R}^n}$. L'accroissement $f(a+h) - f(a)$ est donc approximativement donné par $df_a(h) = \sum_{k=1}^{n} \frac{\partial f}{\partial x_k}(a)\, h_k$ lorsque $\|h\|$ est petit.

Supposons que f soit différentiable en tout point a de U. On dit dans un tel cas que f est *différentiable sur l'ouvert U*. On peut considérer l'application définie sur U et à valeurs dans $\mathcal{L}(\mathbb{R}^n, \mathbb{R}^p)$ qui à tout $a \in U$ associe sa différentielle en a. Cette application $a \mapsto df_a$ est, en toute logique, notée df. On peut retenir :

$$df = \sum_{k=1}^{n} \frac{\partial f}{\partial x_k}\, dx_k \tag{B.7}$$

Matrice jacobienne

Définition 1.3 *Soient U un ouvert de $\mathbb{R}^n$ et $f : U \to \mathbb{R}^p$ différentiable en $a \in U$. On appelle matrice jacobienne de f en a la matrice $Jf(a)$ de l'application linéaire df_a dans les bases canoniques de $\mathbb{R}^n$ et de $\mathbb{R}^p$. Pour $n = p$, le déterminant de $Jf(a)$ s'appelle le jacobien de f en a.*

La formule (B.5), lorsqu'on l'écrit matriciellement, montre que l'on a le résultat suivant.

Proposition 1.7 *Soit U un ouvert de $\mathbb{R}^n$ et soit $f : U \to \mathbb{R}^p$ différentiable en $a \in U$. La matrice jacobienne de f en a est*

$$Jf(a) = \left(\frac{\partial f_i}{\partial x_j}(a)\right)_{1 \leq i \leq p\,;\, 1 \leq j \leq n} \tag{B.8}$$

C'est très simple à retenir. Notamment, comme $Jf(a)$ représente une application linéaire d'un e.v. de dimension n dans un e.v. de dimension p, elle possède n colonnes et p lignes.

Dérivées partielles d'une fonction composée

Soient U un ouvert de $\mathbb{R}^n$, $f : U \to \mathbb{R}^p$ différentiable en $a \in U$, V un ouvert de $\mathbb{R}^p$ tel que $f(U) \subset V$ et $g : V \to \mathbb{R}^q$ différentiable en $f(a)$. La fonction $g \circ f$ est différentiable en a et on a $d(g \circ f)_a = dg_{f(a)} \circ df_a$. En interprétant matriciellement cette égalité entre applications linéaires, on obtient :

$$J(g \circ f)(a) = Jg\big(f(a)\big)Jf(a) \tag{B.9}$$

Si l'on écrit l'égalité matricielle (B.9) coefficient par coefficient, on en déduit les dérivées partielles des composantes de $g \circ f$ en fonction de celles de f et de g. Lorsque $q = 1$ (cas important dans les applications), on trouve :

$$D_j(g \circ f)(a) = \sum_{k=1}^{p} D_k g\big(f(a)\big) D_j f_k(a) \tag{B.10}$$

Exemple. Soit f l'application définie sur $\mathbb{R}^2$ par $f(r,\theta) = \big(f_1(r,\theta), f_2(r,\theta)\big)$ où $f_1(r,\theta) = r\cos\theta$ et $f_2(r,\theta) = r\sin\theta$ (passage en coordonnées polaires : voir paragraphe 2). Soit g une fonction différentiable sur un ouvert U de $\mathbb{R}^2$. On a $(g \circ f)(r,\theta) = g(r\cos\theta, r\sin\theta)$ (on dit qu'on a exprimé g en coordonnées polaires). La formule (B.10) nous donne

$$\begin{aligned}
D_1(g \circ f)(r,\theta) &= D_1 g(r\cos\theta, r\sin\theta)\, D_1 f_1(r,\theta) + D_2 g(r\cos\theta, r\sin\theta)\, D_1 f_2(r,\theta) \\
&= \cos\theta\, D_1 g(r\cos\theta, r\sin\theta) + \sin\theta\, D_2 g(r\cos\theta, r\sin\theta) \\
D_2(g \circ f)(r,\theta) &= D_1 g(r\cos\theta, r\sin\theta)\, D_2 f_1(r,\theta) + D_2 g(r\cos\theta, r\sin\theta)\, D_2 f_2(r,\theta) \\
&= -r\sin\theta\, D_1 g(r\cos\theta, r\sin\theta) + r\cos\theta\, D_2 g(r\cos\theta, r\sin\theta)
\end{aligned}$$

En pratique, on écrit plutôt

$$\begin{aligned}
\frac{\partial(g \circ f)}{\partial r}(r,\theta) &= \frac{\partial g}{\partial x}(r\cos\theta, r\sin\theta)\, \frac{\partial x}{\partial r}(r,\theta) + \frac{\partial g}{\partial y}(r\cos\theta, r\sin\theta)\, \frac{\partial y}{\partial r}(r,\theta) \\
&= \cos\theta\, \frac{\partial g}{\partial x}(r\cos\theta, r\sin\theta) + \sin\theta\, \frac{\partial g}{\partial y}(r\cos\theta, r\sin\theta) \\
\frac{\partial(g \circ f)}{\partial \theta}(r,\theta) &= \frac{\partial g}{\partial x}(r\cos\theta, r\sin\theta)\, \frac{\partial x}{\partial \theta}(r,\theta) + \frac{\partial g}{\partial y}(r\cos\theta, r\sin\theta)\, \frac{\partial y}{\partial \theta}(r,\theta) \\
&= -r\sin\theta\, \frac{\partial g}{\partial x}(r\cos\theta, r\sin\theta) + r\cos\theta\, \frac{\partial g}{\partial y}(r\cos\theta, r\sin\theta)
\end{aligned}$$

Cela peut se retenir en notant improprement $\frac{\partial g}{\partial r}$ et $\frac{\partial g}{\partial \theta}$ ce qu'on devrait noter $\frac{\partial(g \circ f)}{\partial r}$ et $\frac{\partial(g \circ f)}{\partial \theta}$, en écrivant abusivement :

$$\begin{aligned}
\frac{\partial g}{\partial r} &= \frac{\partial g}{\partial x}\frac{\partial x}{\partial r} + \frac{\partial g}{\partial y}\frac{\partial y}{\partial r} \\
\frac{\partial g}{\partial \theta} &= \frac{\partial g}{\partial x}\frac{\partial x}{\partial \theta} + \frac{\partial g}{\partial y}\frac{\partial y}{\partial \theta}
\end{aligned}$$

2 Fonctions de classe $\mathcal{C}^1$

$\mathcal{C}^1$ implique différentiable

Définition 2.1 *Soient U un ouvert de $\mathbb{R}^n$ et $f : U \to \mathbb{R}^p$. On dit que f est de classe $\mathcal{C}^1$ sur U si f admet en tout point $x \in U$ des dérivées partielles $D_j f(x)$ pour $j \in \{1, \ldots, n\}$ et si les fonctions $D_j f$, définies sur U, sont continues sur U.*

Dans un tel cas on dit aussi que f est *continument différentiable* (sur U).

Si f est différentiable en a, alors f admet des dérivées partielles en a, mais la réciproque est fausse. Toutefois, on peut démontrer que si les fonctions $D_j f$ sont définies au voisinage de a (ce qui implique

que les dérivées partielles existent dans tout un voisinage de a et non seulement en a) et si ces fonctions sont **continues** en a, alors f est différentiable en a, sa différentielle étant bien sûr donnée par (B.6). On a donc le résultat suivant, très utile en pratique.

Théorème 2.1 *Soit U un ouvert de $\mathbb{R}^n$. Si $f : U \longrightarrow \mathbb{R}^p$ est de classe $\mathcal{C}^1$ sur U, alors f est différentiable en tout point de U.*

Difféomorphismes

Définition 2.2 *Soit U et V deux ouverts de $\mathbb{R}^n$. On dit que $f : U \to V$ est un $\mathcal{C}^1$-difféomorphisme lorsque*

1. *f est bijective ;*
2. *f est de classe $\mathcal{C}^1$ sur U ;*
3. *l'application réciproque $f^{-1} : V \to U$ est de classe $\mathcal{C}^1$ sur V.*

Noter qu'ici on impose $p = n$. Ce n'est pas restrictif car on peut prouver que si une application d'un ouvert de $\mathbb{R}^n$ dans un ouvert de $\mathbb{R}^p$ est bijective et de classe $\mathcal{C}^1$ ainsi que f^{-1}, alors $p = n$. Un difféomorphisme représente en fait un *changement de variables* dans $\mathbb{R}^n$.

Proposition 2.1 *Soit U et V deux ouverts de $\mathbb{R}^n$ et soit $f : U \to V$ un $\mathcal{C}^1$-difféomorphisme. Pour tout $a \in U$, l'application linéaire df_a est un automorphisme de $\mathbb{R}^n$ et l'on a :*

$$\big(d(f^{-1})\big)_{f(a)} = (df_a)^{-1} \qquad \text{(B.11)}$$

$$\big(J(f^{-1})\big)\big(f(a)\big) = \big(Jf(a)\big)^{-1} \qquad \text{(B.12)}$$

$$\det\Big(\big(J(f^{-1})\big)\big(f(a)\big)\Big) = \frac{1}{\det\big(Jf(a)\big)} \qquad \text{(B.13)}$$

Rappelons qu'un automorphisme d'un e.v. E est une application de E dans E linéaire et bijective.

Le résultat suivant affirme que si la différentielle en a d'une application de classe $\mathcal{C}^1$ est une application linéaire *bijective*, alors on peut « inverser f au voisinage de a ».

Théorème 2.2 ***Théorème d'inversion locale***
Soit Ω un ouvert de $\mathbb{R}^n$ et soit $f : \Omega \to \mathbb{R}^n$ de classe $\mathcal{C}^1$. Si le jacobien de f en $a \in \Omega$ est non nul, alors il existe un ouvert $U \subset \Omega$ contenant a tel que f soit un $\mathcal{C}^1$-difféomorphisme de U sur $f(U)$.

Autrement dit, si df_a est bijective, alors f est **localement** un $\mathcal{C}^1$-difféomorphisme.

Corollaire 2.1 *Soit U et V deux ouverts de $\mathbb{R}^n$ et soit $f : U \to V$ de classe $\mathcal{C}^1$ et bijective. Si en tout $a \in U$ le jacobien de f est non nul, alors f est un $\mathcal{C}^1$-difféomorphisme.*

Utilisation. Ce corollaire permet de vérifier qu'une application est un difféomorphisme lorsqu'on ne sait pas, ou lorsqu'on ne veut pas, exprimer f^{-1}.

Exemple : le passage en coordonnées polaires.
Dans $\mathbb{R}^2$ muni d'un repère orthonormé $(O, \vec{i}, \vec{j})$, appelons (x, y) les coordonnées cartésiennes d'un point M. Le passage en coordonnées polaires peut se définir comme l'application $\phi : (x, y) \mapsto (r, \theta)$, où $r = OM = \sqrt{x^2 + y^2}$ et $\theta = (\vec{i}, \overrightarrow{OM}) \in [0, 2\pi[$.
L'application ϕ est bijective de l'ouvert $D = \mathbb{R}^2 \setminus \{(x, 0)\,;\, x \geq 0\}$ sur l'ouvert $D' =]0, +\infty[\times]0, 2\pi[$.
Bien que ce soit possible, il n'est pas très utile d'expliciter la deuxième composante $\phi_2 : (x, y) \mapsto \theta$ de l'application ϕ. Par contre, on connaît explicitement ϕ^{-1} :

$$(x, y) = \phi^{-1}(r, \theta) = (r\cos\theta, r\sin\theta)$$

L'application ϕ^{-1} est de classe $\mathcal{C}^1$ sur l'ouvert D'. Le jacobien de ϕ^{-1} vaut

$$\det\big(J(\phi^{-1})(r, \theta)\big) = \begin{vmatrix} \frac{\partial x}{\partial r} & \frac{\partial x}{\partial \theta} \\ \frac{\partial y}{\partial r} & \frac{\partial y}{\partial \theta} \end{vmatrix} = \begin{vmatrix} \cos\theta & -r\sin\theta \\ \sin\theta & r\cos\theta \end{vmatrix} = r$$

Pour $(r, \theta) \in D'$, on a $r > 0$. On déduit du corollaire 2.1 que $\phi : D \to D'$ et $\phi^{-1} : D' \to D$ sont des $\mathcal{C}^1$-difféomorphismes réciproques l'un de l'autre.

Index

Bibliographie

Pour tout rappel ou complément sur des notions de premier cycle :

- S. BALAC et F. STURM - *Algèbre et analyse - Cours de mathématiques de première année avec exercices corrigés* (Presses Polytechniques et Universitaires Romandes).
- S. BALAC et L. CHUPIN - *Analyse et algèbre - Cours de mathématiques de deuxième année avec exercices corrigés et illustration avec Maple* (P.P.U.R.).
- J.M. MONIER - *Algèbre (tomes 1 et 2), Analyse (tomes 1 à 4), Géométrie* (Dunod).

Pour approfondir la théorie de l'intégration à un niveau ingénieur :
N. BOCCARA - *Intégration* (Ellipses).

Pour approfondir la théorie des distributions à un niveau ingénieur :
N. BOCCARA - *Distributions* (Ellipses).

Pour approfondir la théorie des fonctions analytiques à un niveau ingénieur :

- H. CARTAN - *Théorie élémentaire des fonctions analytiques d'une ou plusieurs variables complexes* (Hermann).
- N. BOCCARA - *Fonctions analytiques* (Ellipses).

Pour une vision d'ensemble sur les ondelettes et leurs applications :
Y. MEYER - *Les ondelettes - algorithmes et applications* (Armand Colin).

Pour la théorie et le traitement du signal :
P. GAILLARD et R. LENGELLÉ - *Analyse et traitement du signal* (Ellipses).

Ouvrages d'analyse pour physiciens et ingénieurs (analyse de Fourier, distributions, équations aux dérivées partielles linéaires) :

- L. SCHWARTZ - *Méthodes mathématiques pour les sciences physiques* (Hermann).
- J.M. BONY - *Méthodes mathématiques pour les sciences physiques* (Ellipses).
- C. GASQUET et P. WITOMSKI - *Analyse de Fourier et applications* (Masson).

Ouvrages d'analyse de niveau master de mathématiques (distributions, espaces de Banach et de Hilbert, équations aux dérivées partielles, opérateurs compacts, théorie spectrale) :

- F. HIRSCH et G. LACOMBE - *Éléments d'analyse fonctionnelle* (Masson).
- C. ZUILY - *Éléments de distributions et d'équations aux dérivées partielles* (Dunod).

Dans la COLLECTION TECHNOSUP :

Niveau **A : Approche** — Niveau **B : Bases** — Niveau **C : Compléments**

calcul scientifique :
- VBA pour Excel. Bibliothèque mathématique avec applications pratiques 600 p. (C) — D. ROUX
- Faire des maths avec *Mathematica*. Initiation, thèmes d'étude 160 p. (B) — N. VERDIER
- Eléments d'analyse. Calcul différentiel et intégral 240 p. (A) — B. RADI, A. EL HAMI
- Mathématiques des sciences appliquées 216 p. (B) — Ph. GOLDNER
- Suites et séries. Cours et exercices corrigés 192 p. (B) — A-J. RIQUET
- Analyse harmonique. Cours et exercices 192 p. (B) — B. ROSSETTO
- Calcul scientifique avec *Matlab* 288 p. (C) — J. KOKO
- Modélisation et analyse des systèmes linéaires 224 p. (C) — J.F. MASSIEU, Ph. DORLÉANS
- Tenseurs, variations et milieux continus 288 p. (C) — J.-F. GANGHOFFER

mesure :
- Mesure physique et instrumentation 192 p. (A) — D. BARCHIESI
- Capteurs électrochimiques. Fonctionnement, utilisation, conception 288 p. (C) — C. GONDRAN, P. FABRY
- Systèmes d'acquisition de données 240 p. (B) — E. ETIEN
- Traitement des mesures. Interprétation, modélisation 384 p. (B) — R. JOURNEAUX
- Traitement statistique du signal 216 p. (C) — M. BARRET
- Analyse spectrale Cours Supélec 192 p. (C) — G. FLEURY

probabilités :
- Probabilités pour modéliser et décider 256 p. (A) — N. SAVY
- Calcul des probabilités 224 p. (B) — J-P. BOULAY
- Modélisation probabiliste pour l'ingénieur 312 p. (C) — A. SMOLARZ

statistiques :
- Statistique sans mathématique 224 p. (A) — J. BADIA, R. BASTIDA, J.R. HAÏT
- Assimiler et utiliser les statistiques 288 p. (A) — L. PIBOULEAU
- Statistiques et expérimentation en biologie 192 p. (A) — J-Cl. LABERCHE
- Statistique mathématique 360 p. (B) — J-P. BOULAY

mécanique quantique ::
- La mécanique quantique et ses applications Cours Supélec 224 p. (C) — A. et M.-F. CHARLIER

ondes, corpuscules :
- Ondes et matière 352 p. (C) — D. BARCHIESI, M. LAMY DE LA CHAPELLE
- Physique pour l'électronique. Corpuscule, onde, état quantique, structures 320 p. ((B) — A. et D. DEVILLE
- Éléments de propagation électromagnétique 160 p. (B) — Ph. ROSNET
- Techniques micro-ondes. Dispositifs passifs et tubes micro-ondes Cours Supélec 320 p. (C) — M. HÉLIER
- Optoélectronique. Composants photoniques et fibres optiques Cours Supélec 320 p. (C) — Z. TOFFANO
- Le radar. Théorie et pratique Cours Supélec 160 p. (C) — J.-M. COLIN

optique :
- Optique physique. Interférences, diffraction, holographie. Cours et exercices 192 p. (A) — Fl. WEIL
- Optique moderne. Polarisation, lasers, fibres optiques. Cours et exercices 224 p. (B) — Fl. WEIL
- Exercices corrigés d'optique. Optique instrumentale. Optique de Fourier 192 p. (B) — J. SURREL

acoustique :
- Biophysique de l'environnement sonore 192 p. (B) — C. GELIS
- Acoustique générale 352 p. (C) — C. POTEL, M. BRUNEAU

géophysique :
- Murmures ionosphériques. Techniques de réception sous le seuil de 100 kHz 216 p. (C) — J-J. DELCOURT

géologie :
- Pétrologie sédimentaire 264 p. (B) — F. BOULVAIN

environnement :
- Les traitements de l'eau. Cours et problèmes résolus 256 p. (B) — Cl. CARDOT
- Techniques appliquées au traitement de l'eau 256 p. (B) — (coord.) Cl. CARDOT
- Pollution atmosphérique. Causes, conséquences, solutions, perspectives 224 p. (B) — P. MASCLET
- La lutte biologique. Application aux arthropodes et adventices. 320 p. (B) — B. PINTUREAU
- Biodégradation des matériaux. (288 p. (C) — A. CORNET, F. FEEUGEAS, B. TRIBOULET
- Gestion des déchets. Réglementation, organisation, mise en œuvre 224 p. (A) — Th. ROGAUME
- Traitement des déchets. Valorisation, élimination. 288 p. (A) — A. ADDOU

chimie :
- Révisions et autoévaluation en chimie structurale. 240 p. (A) — C. WATERLOT
- Comprendre la chimie organique - 2e édition 240 p. (A) — A. LASSALLE, D. ROBERT
- Assimiler la chimie organique 192 p. (A) — A. LASSALLE, D. ROBERT
- La chimie en IUT et BTS. Cours et exercices résolus 224 p. (A) — F. VAISSIAUX
- Chimie des solutions. Résumés de cours et exercices corrigés 224 p. (B) — P.-L. FABRE

génie chimique :
- Thermodynamique et cinétique chimique. Résumés de cours et exercices 224 p. (B) — P.-L. FABRE
- Cinétique et catalyse hétérogènes 320 p. (C) — B. GILOT, R. GUIRAUD
- Réactions et réacteurs chimiques 288 p. (B) — M. GUISNET, S. LAFORGE, D. COUTON
- Génie chimique. Les opérations unitaires 312 p. (C) — D. MORVAN

analyse physico-chimique :
- Les techniques de laboratoire 160 p. (A) — E. BOURGUET, C. AUGÉ
- Spectrométrie de masse 320 p. (C) — G. DUGUAY
- Séparation et analyse des biomolécules. Méthodes physico-chimiques 256 p. (B) — J.-P. SINE

mécanique :
- Mécanique générale. Cours, exercices et problèmes corrigés 288 p. (B) — Cl. CHÈZE, H. LANGE
- Actions mécaniques. Statique. Inertie. De la théorie aux applications 224 p. (A) — Cl. CHÈZE, F. BRONSARD
- Vibrations des structures 224 p. (B) — G. VENIZELOS

milieux continus :
- Mécanique des milieux déformables 288 p. (B) — M. FOURAR, Cl. CHÈZE
- Théorie microscopique des liquides 480 p. (C) — J.-L. BRETONNET
- Les écoulements de fluides newtoniens 384 p. (C) — J.-N. GENCE

génie mécanique
- Détermination des éléments de machines 360 p. — A. BOURDON, L. MANIN, D. PLAY
- Conception et construction des moteurs alternatifs 288 p. (C) — Ph. ARQUÈS
- Transmissions mécaniques de puissance. Boites de vitesses automatiques 288 p. (C) — Ph. ARQUÈS
- Ingénierie des turbomachines. Cours et exercices résolus 288 p. (C) — M. PLUVIOSE

structures :
- Dimensionnement des structures. Résistance des matériaux 224 p. (B) — D. CHÈZE
- Mécanique des structures. Du calcul analytique au calcul matriciel 288 p. (B) — J.-Ch. CRAVEUR, Cl. CHÈZE
- Vibrations des structures pour l'ingénieur et le technicien 264 p. (C) — B. COMBES
- Comprendre les éléments finis. Structures 288 p. (C) — A. CHATEAUNEUF

thermodynamique :
- La thermodynamique des principes aux applications 312 p. (C) — Cl. CHEZE, P. BAUER
- Réactions thermiques en phase gazeuse. Modélisation 288 p. (C) — G.-M. CÔME
- La méthode modale en thermique 320 p. (C) — G. LEFEBVRE
- Transferts thermiques, application à l'habitat. Méthode nodale 224 p. (C) — H. CORTES, J. BLOT
- Combustion. Inflammation, combustion, pollution, applications 320 p. (C) — Ph. ARQUÈS

énergétique :
- Moteurs alternatifs à combustion interne. De la théorie à la compétition 288 p. (B) — Ph. ARQUÈS
- Machines à fluides. Principes et fonctionnement 288 p. (C) — M. PLUVIOSE
- Conversion d'énergie par turbomachines 288 p. (C) — M. PLUVIOSE
- Propulseurs aéronautiques et spatiaux 288 p. (C) — P. BAUER
- Piles à combustible. Principes, modélisation, applications 192 p. (B) — B. BLUNIER, A. MIRAOUI
- Énergie solaire. Calculs et optimisation 320 p. (B) — J. BERNARD
- Énergie nucléaire 1. De la théorie aux applications 256 p. (B) — J. BERNARD
- Énergie nucléaire 2. Les réacteurs nucléaires électrogènes 288 p. (B) — J. BERNARD

science des matériaux :
- Introduction à la cristallochimie. Solides cristallisés et empilements compacts 160 p. (A) — D. RIOU
- Propriétés et comportements des matériaux - 2e édition 336 p. (B) — A. CORNET, F. HLAWKA
- Métallurgie mécanique - 2e édition 320 p. (B) — A. CORNET, F. HLAWKA
- Fatigue des structures. Endurance, rupture, critères, contrôle, durabilité 320 p. (C) — G. HENAFF, F. MOREL
- Endommagement interfacial des métaux 256 p. (C) — G. SAINDRENAN, R. LE GALL, F. CHRISTIEN
- Cycle de vie des surfaces industrielles (312 p. (C) — F. HLAWKA, A. CORNET

génie civil :
- Béton armé. Application de l'eurocode 2 224 p. (B) — R. NICOT
- Analyse et dimensionnement sismiques 224 p. (B) — P. LESTUZZI

productique :
- Méthodes, productique et qualité 224 p. (B) — J.-M. CHATELET
- Maintenance industrielle 288p. (B) — J.M. AUBERVILLE
- Analyse et maintenance des automatismes industriels 192 p. (B) — A. REILLER
- TGAO La technologie de groupe 288 p. (C) — A. NADIF

génie industriel :
- Maîtriser la conduite de projet 192 p. (A) — C. ALONSO
- Management de projet technique 192 p. (B) — C. CAZAUBON, G. GRAMACIA, G. MASSARD
- Organisation et génie de production 224 p. (B) — F. LAMBERSEND
- Méthode d'aide à la décision. Approche théorique et études de cas 192 p. (B) — R. LABBÉ

électricité générale :
- Vade-mecum d'électrotechnique 312 p. (A) — C. LE TRIONNAIRE, J.-P. PICHENY
- Circuits électriques, Régimes continu, sinusoïdal et impulsionnel 192 p. (A) — J.-P. BANCAREL
- Les lois de l'électricité 288 p. (A) — M. PIOU
- Annales d'électrotechnique BTS Maintenance 256 p. (A) — D. VINCENT, N. ORTEGA
- Annales d'électrotechnique BTS Maintenance 1997/2008 224 p. (A) — D. VINCENT
- T.P. d'électrotechnique par simulation avec PSIMDEMO 224 p. (A) — F. LEPLUS

machines électriques :
- Moteurs à courant alternatif 288 p. (A) — D. JACOB
- Le moteur asynchrone. Régimes statique et dynamique 160 p. (C) — L. MUTREL
- Machines à courant alternatif 240 p. (B) — D. NAMANE
- Modélisation et commande des moteurs triphasés 256 p. (C) — G. STURTZER, E. SMIGIEL
- Électrotechnique. Machines et réseaux Cours Supélec 256 p. (C) — J.-P. FANTON

bases de données :

- Bases de données. Implémentation avec Access 256 p. (B) — J. AUBERT
- Conception méthodique des bases de données. Un guide de bonne pratique 224 p. (A) — G. BUENO
- Gradualité et imprécision dans les bases de données 320 p. (B) — P. BOSC, L. LIÉTARD, O. PIVERT, D. ROCACHER

bureautique :

- Excel pour l'ingénieur - 2e édition 336 p. (B) — Ph. BELLAN

processus temps réel :

- Approche du temps réel industriel 160 p. (A) — J.-M. DE GEETER
- Gestion des processus industriels temps réel 224 p. (B) — J.-J. MONTOIS

programmation :

- Alogorithmes fondamentaux et langage C 320 p. (B) — J.-L. IMBERT
- Le langage C par l'exemple 320 p. (A) — Ph. ROBINET
- Du procédural à l'objet : les langages C et C++ 352 p. (B) — J. PHILIPP
- Belle programmation et langage C Cours Supélec 192 p. (C) — Y. NOYELLE
- Programmation avec le langage Python 336 p. (C) — X. DUPRE
- Compilations des langages de programmation 192 p. (C) — M. GAUTIER

génie logiciel :

- Méthode orientée objet intégrale MACAO 320 p. (B) — J.-B. CRAMPES
- La conception orientée objet, évidence ou fatalité 160 p. (B) — J.-L. CAVARERO, R. LECAT
- Conception des systèmes d'information. Méthodes et techniques 320 p. (B) — P. ANDRÉ, A. VAILLY
- Spécification des logiciels. Deux exemples : Z et UML 320 p. (C) — P. ANDRÉ, A. VAILLY
- Exercices corrigés de conception logicielle. Modélisation par la pratique 320 p. (B) — P. ANDRÉ, A. VAILLY
- Exercices corrigés d'UML. Passeport pour une maîtrise de la notation 320 p. (C) — P. ANDRÉ, A. VAILLY
- Exercices corrigés en langage Z. Spécifications formelles par l'exemple 256 p. (C) — P. ANDRÉ, A. VAILLY

ergonomie :

- Interfaces graphiques ergonomiques. Conception, modélisation 192 p. (B) — J.-B. CRAMPES
- Analyse des tâches en ergonomie 160 p. (A) — M. MOSCATO

logistique :

- Logistique interne 160 p. (A) — L. AMODEO, F. YALAOUI

sécurité :

- Sécurité des ouvrages. Risques. Géotechnique 320 p. (C) — J.-L. FAVRE
- Risques et sécurité 224 p. (C) — J.-F. GUYONNET

économie :

- Gestion financière. Analyse et politique financières de l'entreprise 256 p. (B) — A. RIVET
- Méthodes mathématiques pour les finances 384 p. (C) — J.-Ph. ARGAUD, O. DUBOIS
- Les marchés à terme agricoles 256 p. (B) — N. HABERT
- La Bourse et les produits boursiers 320 p. (B) — D. ARNOULD

législation :

- La réglementation du travail 160 p. (A) — Ph. MALINGREY
- Le travail salarié 256 p. (A) — P. IRIART
- Connaître et comprendre le droit. Principes et cas pratiques 256 p. (B) — C. GABET

éthique :

- Science, technologie et éthique 288 p. (B) — S. LAVELLE

Achevé d'imprimer par Corlet, Imprimeur, S.A. - 14110 Condé-sur-Noireau
N° d'Imprimeur : 147589 - Dépôt légal : juin 2012 - *Imprimé en France*